Web 开发视频点播大系

JavaScript 从入门到精通

（微课视频版）（第 2 版）

未来科技　编著

中国水利水电出版社
www.waterpub.com.cn
·北京·

内 容 提 要

《JavaScript 从入门到精通（微课视频版）（第 2 版）》系统地讲解了 JavaScript 语言的使用，并结合 HTML5 介绍了如何开发更富可用性的 Web 程序。全书分为 5 大部分，共 26 章。第 1 部分为 JavaScript 概述，介绍 JavaScript 的发展与应用环境，以及如何快速上手测试 JavaScript 代码；第 2 部分为 JavaScript 核心编程，包括变量、数据类型、运算符、表达式、语句和程序结构、字符串、正则表达式、数组、函数、对象、构造函数、原型与继承的编程应用等；第 3 部分介绍了 JavaScript 客户端开发的相关知识和技术，如浏览器脚本化、网页脚本化、样式表脚本化以及事件处理等；第 4 部分讲解 JavaScript + HTML5 应用，如文件操作、图形绘制、本地存储、多线程处理、离线应用、JavaScript 通信、拖放操作、移动定位、帧动画和 DOM 观察器、全屏和隐藏显示处理等；第 5 部分为电子版综合案例，通过多个综合案例演示了如何使用 JavaScript 进行实战开发的过程。全书关键知识点均结合具体示例进行介绍，涉及的程序代码也给出了详细的注释，可以帮助读者轻松领会 JavaScript 语言精髓，快速提高开发技能。

《JavaScript 从入门到精通（微课视频版）（第 2 版）》配备了极为丰富的学习资源，其中配套资源有：**500 集教学视频**（可二维码扫描）、**素材源程序**；附赠的拓展学习资源有：**习题及面试题库、案例库、工具库、网页模板库、网页配色库、网页素材库、网页案例欣赏库等**。

《JavaScript 从入门到精通（微课视频版）（第 2 版）》适合作为 JavaScript 入门、JavaScript 实战、JavaScript 高级程序设计、HTML5 移动开发方面的自学用书，也可作为高等院校网页设计、网页制作、网站建设、Web 前端开发等专业的教学参考书或相关机构的培训教材。

图书在版编目（CIP）数据

JavaScript 从入门到精通：微课视频版 / 未来科技 编著. -- 2
版. -- 北京：中国水利水电出版社, 2019.9（2022.7 重印）

ISBN 978-7-5170-7656-8

I. ① J… II. ① 未… III. ① JAVA 语言－程序设计 IV. ①TP312.8

中国版本图书馆 CIP 数据核字（2019）第 087739 号

书　　名	JavaScript 从入门到精通（微课视频版）（第 2 版） JavaScript CONG RUMEN DAO JINGTONG (WEIKE SHIPIN BAN)	
作　　者	未来科技　编著	
出版发行	中国水利水电出版社	
	（北京市海淀区玉渊潭南路 1 号 D 座　100038）	
	网址：www.waterpub.com.cn	
	E-mail：zhiboshangshu@163.com	
	电话：（010）62572966-2205/2266/2201（营销中心）	
经　　售	北京科水图书销售有限公司	
	电话：（010）68545874、63202643	
	全国各地新华书店和相关出版物销售网点	
排　　版	北京智博尚书文化传媒有限公司	
印　　刷	涿州市新华印刷有限公司	
规　　格	203mm×260mm　16 开本　37 印张　1044 千字	
版　　次	2019 年 9 月第 1 版　2022 年 7 月第 2 次印刷	
印　　数	5001—7000 册	
定　　价	99.80 元	

凡购买我社图书，如有缺页、倒页、脱页的，本社营销中心负责调换

前 言

Preface

随着网络技术的不断进步，以及 HTML5 应用的不断拓展，其核心技术 JavaScript 越来越受到人们的关注。各种针对 JavaScript 的框架层出不穷，jQuery 就是这些框架中优秀的代表，它掀起了互联网技术的新一轮革命。

JavaScript 语言比较灵活、轻巧，兼顾函数式编程和面向对象编程的特性，备受 Web 开发人员的欢迎。本书将系统讲解 JavaScript 语言的使用，并结合 HTML5 介绍如何开发更富可用性的 Web 程序。

本书内容

本书是在第一版基础上进行重大升级，依据 ECMAScript 最新版本对 JavaScript 知识进行了优化和更新，同时补充和完善了 HTML5 实用的脚本开发技术。全书分为 5 大部分，共 26 章，具体结构划分及内容如下。

第 1 部分：JavaScript 概述，包括第 1 章，概述了 JavaScript 的发展与应用环境，以及如何快速上手测试 JavaScript 代码。

第 2 部分：JavaScript 核心编程，包括第 2～10 章，主要介绍 JavaScript 的核心部分——编程，包括变量、数据类型、运算符、表达式、语句和程序结构、字符串、正则表达式、数组、函数、对象、构造函数、原型与继承的编程应用等。

第 3 部分：JavaScript DOM，包括第 11～15 章，主要介绍 JavaScript 客户端开发的相关知识和技术，如浏览器脚本化、网页脚本化、样式表脚本化以及事件处理等。

第 4 部分：JavaScript + HTML5 应用，包括第 16～25 章，主要介绍 HTML5 应用新技术，如文件操作、图形绘制、本地存储、多线程处理、离线应用、JavaScript 通信、拖放操作、移动定位、帧动画和 DOM 观察器、全屏和隐藏显示处理等。

第 5 部分：综合案例（电子版，手机扫码阅读），通过多个综合案例演示了使用 JavaScript 进行实战开发的过程。

本书编写特点

📖 内容全面

本书不仅全面介绍 JavaScript 语言的基础知识，还系统讲解 JavaScript 客户端的开发，以及与 HTML5 相结合进行页面开发，并关注 JavaScript 拓展技术及其应用。

📖 语言简练

本书语言通俗、简练，读起来不累、不绕。对于重难点技术和知识点，力求简洁明了，避免专业式说明，或者钻牛角尖。这对于初学者学习技术、理解和铭记一些重难点概念和知识是非常必要的。

📖 循序渐进

本书以初、中级程序员为对象，先从 JavaScript 基础讲起，然后讲解 JavaScript 的核心技术，最后讲解 JavaScript 的高级应用。讲解过程中步骤详尽、内容新颖。

📖 讲解贴心

书中每一章节均提供声图并茂的语音视频教学录像，读者可以根据书中提供的视频位置，在资源包中找到。这些视频能够引导初学者快速入门，感受编程的快乐和成就感，增强进一步学习的信心，从而快速成为编程高手。

📖 实例丰富

通过例子学习是最好的学习方式。本书通过一个知识点、一个例子、一个结果、一段评析、一个综合应用的模式，透彻、详尽地讲述了实际开发中所需的各类知识。

📖 操作性强

书中几乎每章都提供了大量案例，帮助读者实践与练习。通过反复上机练习，读者可以重新回顾、熟悉所学的知识，举一反三，为进一步学习做好充分的准备。

本书显著特色

📖 体验好

二维码扫一扫，随时随地看视频。书中几乎每个章节都提供了二维码，读者朋友可以通过手机微信扫一扫，随时随地看相关的教学视频（若个别手机不能播放，请参考前言中的"本书学习资源列表及获取方式"下载后在计算机上可以一样观看）。

📖 资源多

从配套到拓展，资源库一应俱全。本书提供了几乎覆盖全书的配套视频和素材源文件。还提供了拓展的学习资源，如习题及面试题库、案例库、工具库、网页模板库、网页配色库、网页素材库、网页案例欣赏库等，拓展视野、贴近实战，学习资源一网打尽！

📖 案例多

案例丰富详尽，边做边学更快捷。跟着大量的案例去学习，边学边做，从做中学，使学习更深入、更高效。

📖 入门易

遵循学习规律，入门与实战相结合。本书编写模式采用"基础知识+中小实例+实战案例"的形式，内容由浅入深、循序渐进，从入门中学习实战应用，从实战应用中激发学习兴趣。

📖 服务快

提供在线服务，随时随地可交流。本书提供 QQ 群、网站下载等多渠道贴心服务。

本书学习资源列表及获取方式

本书的学习资源十分丰富，全部资源分布如下：

📖 配套资源

本书的配套同步视频共计 500 集，示例案例 880 个。

📖 拓展学习资源

（1）习题及面试题库（共计 1 000 题）。

（2）案例库（各类案例 4 396 个）。

（3）工具库（HTML 参考手册 11 部、CSS 参考手册 10 部、JavaScript 参考手册 26 部）。

（4）网页模板库（各类模板 1 636 个）。

（5）网页素材库（17 大类）。

（6）网页配色库（623 项）。

（7）网页欣赏案例库（共计 508 例）。

📖 本书资源获取方式

（1）读者可手机扫描并关注下面的"人人都是程序猿"微信公众号，输入"js76568"并发送到公众号后台获取资源下载链接（注意，本书提供百度网盘和 360 云盘两种下载方式，资源相同，选择其中一种方式下载即可，不必重复下载）。

（2）将该链接复制到电脑浏览器的地址栏中（一定要复制到电脑浏览器地址栏，通过电脑下载，手机不能下载，也不能在线解压，没有解压密码），按 Enter 键进入网盘资源界面。

➥ 如果用百度网盘下载，建议先选中资源前面的复选框，然后单击"保存到我的百度网盘"按钮，弹出百度网盘账号密码登录对话框，登录后，将资源保存到自己账号的合适位置。然后启动百度网盘客户端，选择存储在自己账号下的资源，单击"下载"按钮即可开始下载（注意，不能在网盘在线解压。另外，下载速度受网速和网盘规则所限，请耐心等待）。

➥ 如果用 360 云盘下载，进入网盘后不要直接下载整个文件夹，需打开文件夹，将其中的压缩包及文件一个一个单独下载（不要全选下载），否则容易下载出错！

本书交流方式

为了方便读者交流，本书创建了 QQ 群：691538568（若群满，会创建新群，加群时请注意提示，并根据提示加入对应的群），读者间可交流学习，作者也会不定时在线答疑解惑。

本书约定

运行本书示例，需要下列软件：

➥ Windows 2000、Windows Server 2003、Windows XP、Window7、Windows10 或 Mac OS X。

➥ IE 5.5 或更高版本。

- ➥ Mozilla 1.0 或更高版本。
- ➥ Opera 7.5 或更高版本。
- ➥ Safari 1.2 或更高版本。

为了节省版面，本书所显示的示例代码都是局部的，读者需要在网页中输入<script>标签，然后尝试把书中列举的 JavaScript 脚本代码写在<script>标签内，在 Web 浏览器中试验，以验证代码运行效果。针对部分示例可能需要服务器端的配合，读者可参阅示例所在章节的说明进行操作。

本书适用对象

本书适用于 JavaScript 从入门到高级程序设计的读者，适用于网页设计、网页制作、网站建设、Web 前端开发和后台设计人员，也可以作为高等院校相关专业的教学参考书，或作为相关机构的培训教材。

关于作者

未来科技是由一群热爱 Web 开发的青年骨干教师组成的一个松散组织，主要从事 Web 开发、教学培训、教材开发等业务。该群体编写的同类图书在很多网店上的销量名列前茅，让数十万的读者轻松跨进了 Web 开发的大门，为 Web 开发的普及和应用做出了积极贡献。

参与本书编写的人员有：李德光、刘坤、吴云、赵德志、马林、刘金、邹仲、谢党华、刘望、彭方强、雷海兰、郭靖、张卫其、杨艳、顾克明、班琦、蔡霞英、曾德剑、曾锦华、曾兰香、曾世宏、曾旺新、曾伟、常星、陈娣、陈凤娟、陈凤仪、陈福妹、陈国锋、陈海兰、陈华娟、陈金清、陈马路、陈石明、陈世超、陈世敏、陈文广等。

编　者

目 录

Contents

第 1 章　JavaScript 基础

JavaScript 是面向 Web 的编程语言，获得了所有网页浏览器的支持，是目前使用最广泛的脚本编程语言之一，也是网页设计和 Web 应用必须掌握的基本工具。本章将简单介绍 JavaScript 的发展历史、版本概况，以及基本用法。

【学习重点】
- ➘ 了解 JavaScript 历史。
- ➘ 了解 ECMAScript 版本。
- ➘ 熟悉 JavaScript 基本用法。

1.1　JavaScript 概述

1.1.1　JavaScript 历史

1995 年 2 月，Netscape 公司发布 Netscape Navigator 2 浏览器，并在这个浏览器中免费提供了一个开发工具——LiveScript。由于当时 Java 比较流行，Netscape 便把 LiveScript 改名为 JavaScript，这也是最初的 JavaScript 1.0 版本。

由于 JavaScript 1.0 很受欢迎，Netscape 在 Netscape Navigator 3 中又发布了 JavaScript 1.1 版本。不久，微软在 Internet Explorer 3 中也加入了脚本编程功能。为了避免与 Netscape 的 JavaScript 产生纠纷，微软特意将其命名为 JScript。

1997 年，欧洲计算机制造商协会（ECMA）以 JavaScript 1.1 为基础制订了脚本语言标准——ECMA-262，并命名为 ECMAScript。

1998 年，国际标准化组织和国际电工委员会（ISO/IEC）采用了 ECMAScript 标准（即 ISO/IEC-16262）。自此，浏览器厂商就以 ECMAScript 作为各自 JavaScript 实现的规范标准。JavaScript 正式从各自为政走向了规范统一。

1.1.2　ECMAScript 起源

1997 年，ECMA 发布 262 号标准文件（ECMA-262）的第一版，规定了脚本语言的实现标准，并将这种语言命名为 ECMAScript。这个版本就是 ECMAScript 1.0 版。之所以不叫 JavaScript，主要有以下两个原因。

- ➘ 商标限制。Java 是 Sun 公司的商标，根据授权协议，只有 Netscape 公司可以合法使用 JavaScript 这个名字，而且 JavaScript 已经被 Netscape 公司注册为商标。
- ➘ 体现公益性。该标准的制订者是 ECMA 组织，而不是 Netscape 公司，这样有利于确保规范的开放性和中立性。

简单概括，ECMAScript 是 JavaScript 语言的规范标准，JavaScript 是 ECMAScript 的一种实现。注意，这两个词在一般语境中是可以互换的。

1.1.3　ECMAScript 版本

1998 年 6 月，ECMAScript 2.0 版发布。

1999 年 12 月，ECMAScript 3.0 版发布，并成为 JavaScript 的通用标准，获得广泛支持。

2007 年 10 月，ECMAScript 4.0 版草案发布，对 3.0 版做了大幅升级。由于 4.0 版的目标过于激进，各方对于是否通过这个标准产生了严重分歧。

2008 年 7 月，ECMA 中止 ECMAScript 4.0 的开发，将其中涉及现有功能改善的一小部分发布为 ECMAScript 3.1。不久，ECMAScript 3.1 改名为 ECMAScript 5。

2009 年 12 月，ECMAScript 5.0 版正式发布。

2011 年 6 月，ECMAScript 5.1 版发布，并且成为 ISO 国际标准（ISO/IEC 16262:2011）。

2013 年 12 月，ECMAScript 6 版草案发布。

2015 年 6 月，ECMAScript 6 发布正式版本，并更名为 ECMAScript 2015。Mozilla 在这个标准的基础上推出了 JavaScript 2.0。

从此以后，JavaScript 开始以年份命名，新版本将按照"ECMAScript+年份"的形式发布。目前最新版本为 ECMAScript 2018，于 2018 年 7 月正式发布。

1.1.4　浏览器支持

目前 5 大主流浏览器都支持 ECMAScript 5，具体说明如下。

- Opera 11.60+。
- IE9+。
- Firefox 4+。
- Safari 5.1+。
- Chrome 13+。

详细信息可以访问 http://kangax.github.io/compat-table/es5/了解。

ECMAScript 6 的支持情况可以访问 http://kangax.github.io/compat-table/es6/了解。

◀》提示：

　IE9 不支持严格模式，直到 IE10 才开始；Safari 5.1 仍不支持 Function.prototype.bind，尽管 Function.prototype.bind 已经被 Webkit 所支持。

对于旧版浏览器的支持信息，可以查看 Juriy Zaytsev 的 ECMAScript 5 兼容性列表（http://kangax.github.io/compat-table/es5/）。

1.1.5　JavaScript 构成

ECMAScript 是 JavaScript 的标准，但它并不等同于 JavaScript，也不是唯一被标准化的规范。实际上，一个完整的 JavaScript 实现由以下 3 个不同部分组成。

- 核心（ECMAScript）：语言核心部分。
- 文档对象模型（Document Object Model，DOM）：网页文档操作标准。
- 浏览器对象模型（BOM）：客户端和浏览器窗口操作基础。

Web 浏览器只是 ECMAScript 实现的宿主环境之一。宿主环境不仅提供基本的 ECMAScript 实现，同时也会提供各种扩展功能。

文档对象模型是 HTML 的应用程序编程接口（API）。DOM 把整个文档映射为一个树形节点结构，以方便 JavaScript 脚本快速访问和操作。

IE3.0 和 Netscape Navigator 3.0 提供了一种新特性，即 BOM（浏览器对象模型）。使用 BOM 可以对浏览器窗口进行访问和操作，如移动窗口、访问历史记录、动态导航等。与 DOM 不同，BOM 只是 JavaScript 的一个部分，并没有形成规范性标准，但是所有浏览器都默认支持。

1.2 初步使用 JavaScript

JavaScript 程序不能够独立运行，只能在宿主环境中执行。一般情况下可以把 JavaScript 代码放在网页中，借助浏览器环境来运行。

1.2.1 编写第一个程序

在 HTML 页面中嵌入 JavaScript 脚本需要使用<script>标签，用户可以在<script>标签中直接编写 JavaScript 代码。

【操作步骤】

第 1 步，新建 HTML 文档，保存为 test.html。

第 2 步，在<head>标签内插入一个<script>标签。

第 3 步，为<script>标签设置 type="text/javascript"属性。

📢 提示：

> 现代浏览器默认<script>标签的脚本类型为 JavaScript，因此可以省略 type 属性；如果考虑到兼容早期版本浏览器，则需要设置 type 属性。

第 4 步，在<script>标签内输入 JavaScript 代码：document.write("<h1>Hi,JavaScript!</h1>");。

```
<!doctype html>
<html>
<head>
<meta charset="utf-8">
<title>第一个 JavaScript 程序</title>
<script type="text/javascript">
document.write("<h1>Hi,JavaScript!</h1>");
</script>
</head>
<body></body>
</html>
```

在 JavaScript 脚本中，document 表示网页文档对象；document.write()表示调用 Document 对象的 write()方法，在当前网页源代码中写入 HTML 字符串"<h1>Hi,JavaScript!</h1>"。

第 5 步，保存网页文档，在浏览器中预览，显示效果如图 1.1 所示。

图 1.1 第一个 JavaScript 程序

1.2.2　新建 JavaScript 文件

　　　　JavaScript 程序不仅可以直接放在 HTML 文档中，也可以放在 JavaScript 文件中。
JavaScript 文件是文本文件，扩展名为.js，使用任何文本编辑器都可以编辑。新建 JavaScript 文件的步骤
如下。

　　【操作步骤】

　　第 1 步，新建文本文件，保存为 test.js。注意，扩展名为.js，它表示该文本文件是 JavaScript 类型的
文件。

　　第 2 步，打开 test.js 文件，在其中编写如下 JavaScript 代码。

```
alert("Hi, JavaScript!");
```

　　在上面代码中，alert()表示 Window 对象的方法，调用该方法将弹出一个提示对话框，显示参数字符
串" Hi, JavaScript! "。

　　第 3 步，保存 JavaScript 文件。在此建议把 JavaScript 文件和网页文件放在同一个目录下。

🚗 **注意：**

　　JavaScript 文件不能够独立运行，需要导入到网页中，通过浏览器来执行。使用<script>标签可以导入 JavaScript
文件。

　　第 4 步，新建 HTML 文档，保存为 test.html。

　　第 5 步，在<head>标签内插入一个<script>标签。定义 src 属性，设置属性值为指向外部 JavaScript
文件的 URL 字符串。代码如下：

```
<script type="text/javascript" src="test.js"></script>
```

📢 **提示：**

　　使用<script>标签包含外部 JavaScript 文件时，默认文件类型为 Javascript。因此，不管加载的文件扩展名是不是.js，
浏览器都会按 JavaScript 脚本来解析。

　　第 6 步，保存网页文档，在浏览器中预览，显示效果如图 1.2 所示。

图 1.2　在网页中导入 JavaScript 文件

🚗 **注意：**

　　定义 src 属性的<script>标签不应再包含 JavaScript 代码。如果嵌入了代码，则只会下载并执行外部 JavaScript 文
件，嵌入代码将被忽略。

1.2.3　执行 JavaScript 程序

　　　　浏览器在解析 HTML 文档时，将根据文档流从上到下逐行解析和显示。JavaScript 代
码也是 HTML 文档的组成部分，因此 JavaScript 脚本的执行顺序也是根据<script>标签的位置来确定的。

　　【示例】使用浏览器测试下面示例，会看到 JavaScript 代码从上到下逐步被解析的过程。

```
<!doctype html>
<script>
alert("顶部脚本");
</script>
<html>
<head>
<meta charset="utf-8">
<title>test</title>
<script>
alert("头部脚本");
</script>
</head>
<body>
<h1>网页标题</h1>
<script>
alert("页面脚本");
</script>
<p>正文内容</p>
</body>
<script>
alert("底部脚本");
</script>
</html>
```

在浏览器中浏览上面示例网页，首先弹出提示文本"顶部脚本"，然后显示网页标题"test"，接着弹出提示文本"头部脚本"，下面才显示一级标题文本"网页标题"，继续弹出提示文本"页面脚本"，接着显示段落文本"正文内容"，最后弹出提示文本"底部脚本"。

◀》提示：

对于导入的 JavaScript 文件，也将按照<script>标签在文档中出现的顺序来执行，而且执行过程是文档解析的一部分，不会单独解析或者延期执行。

🚗 注意：

一般情况下，在文档的<head>标签中包含 JavaScript 脚本，或者导入的 JavaScript 文件。这意味着必须等到全部 JavaScript 代码都被加载、解析和执行完以后，才能继续解析后面的 HTML 部分。如果加载的 JavaScript 文件很大，HTML 文档解析就容易出现延迟。

为了避免这个问题，在开发 Web 应用程序时，建议把导入 JavaScript 文件的操作放在<body>后面，让浏览器先将网页内容解析并呈现出来后，再去加载 JavaScript 文件，以便加快网页响应速度。

1.2.4　延迟执行 JavaScript 文件

<script>标签有一个布尔型属性 defer，设置该属性能够将 JavaScript 文件延迟到页面解析完毕后再运行。

【示例】在下面示例中，外部文件 test.js 包含的脚本将延迟到浏览器解析完网页之后再执行。浏览器先显示网页标题和段落文本，然后才弹出提示文本。如果不设置 defer 属性，则执行顺序是相反的。

➲ test.html

```
<!doctype html>
<html>
<head>
<script type="text/javascript" defer src="test.js"></script>
</head>
<body>
```

```
<h1>网页标题</h1>
<p>正文内容</p>
</body>
</html>
```

❯ test.js
```
alert("外部文件");
```

🔊 提示：

defer 属性适用于外部 JavaScript 文件，不适用于<script>标签包含的 JavaScript 脚本。

1.2.5 异步加载 JavaScript 文件

在默认情况下，网页都是同步加载外部 JavaScript 文件的，如果 JavaScript 文件比较大，就会影响后面 HTML 代码的解析。在 1.2.3 节最后提到一种解决方法：就是最后加载 JavaScript 文件。

现在可以为<script>标签设置 async 属性，让浏览器异步加载 JavaScript 文件，即在加载 JavaScript 文件时，浏览器不会暂停，而是继续解析。这样能节省时间，提升响应速度。

【示例】以 1.2.4 节示例为例，如果为<script>标签设置 async 属性，然后在浏览器中预览，则会看到网页标题和段落文本同步，或者先显示出来，然后同步弹出提示文本。如果不设置 async 属性，则先弹出提示文本，然后才开始解析并显示网页标题和段落文本。

```
<!doctype html>
<html>
<head>
<script type="text/javascript" async src="test.js"></script>
</head>
<body>
<h1>网页标题</h1>
<p>正文内容</p>
</body>
</html>
```

🔊 提示：

async 是 HTML5 新增的布尔型属性，通过设置 async 属性，就不用考虑<script>标签的放置位置，用户可以根据习惯继续把很多大型 JavaScript 库文件放在<head>标签内。

1.2.6 认识 JavaScript 代码块

代码块就是使用<script>标签包含的 JavaScript 代码段。

【示例1】在下面示例中，使用了两个<script>标签分别定义两个 JavaScript 代码块。

```
<script>
//JavaScript 代码块 1
var a =1;
</script>
<script>
//JavaScript 代码块 2
function f(){
    alert(1);
}
</script>
```

浏览器在解析这个 HTML 文档时，如果遇到第一个<script>标签，则 JavaScript 解释器会等到这个代码块的代码都加载完后，再对代码块进行预编译，然后执行。执行完毕，将继续解析后面的 HTML 代码，同时 JavaScript 解释器也准备好处理下一个代码块。

【示例 2】如果在一个 JavaScript 代码块中调用后面代码块中声明的变量或函数，就会提示语法错误。例如，当 JavaScript 解释器执行下面代码时就会提示语法错误，显示变量 a 未定义，如图 1.3 所示。

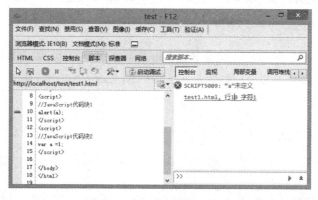

图 1.3　错误的代码块顺序

```
<script>
//JavaScript 代码块 1
alert(a);
</script>
<script>
//JavaScript 代码块 2
var a =1;
</script>
```

如果把两块代码放在一起，就不会出现上述错误。合并代码如下：

```
<script>
//JavaScript 代码块
alert(a);
var a =1;
</script>
```

📢 提示：

JavaScript 是按块执行的，但是不同块都属于同一个作用域（全局作用域），下面块中的代码可以访问上面块中的变量。因此，如果把上面示例中两个代码块的顺序调换一下，就不会出现语法错误。

```
<script>
//JavaScript 代码块 2
var a =1;
</script>
<script>
//JavaScript 代码块 1
alert(a);
</script>
```

1.3　在 线 学 习

本节为线上继续学习入口，通过扫码读者可以进行巩固练习、补充知识、获取参考资料、拓展阅读。

第 2 章　JavaScript 基本语法

JavaScript 遵循 ECMA-262 规范，目前其最新版是 ECMAScript 2018，而获得所有主流浏览器完全支持的则是 ECMAScript 5。本章以及后续各章节将以 ECMAScript 5 版本为基础，兼顾 ECMAScript 6 版本中获得较大支持的新特性进行介绍。

【学习重点】
- ⬝ 熟悉 JavaScript 基本词法。
- ⬝ 正确使用变量。
- ⬝ 掌握基本数据类型。
- ⬝ 能够正确检测数据类型。
- ⬝ 能够灵活转换数据类型。

2.1　基 本 词 法

JavaScript 语法就是指构成合法的 JavaScript 程序的所有规则和特征的集合，包括词法和句法。简单描述如下。
- ⬝ 词法定义了 JavaScript 的基本名词规范，包括字符编码、命名规则、标识符、关键字、注释规则、运算符和分隔符等。
- ⬝ 句法定义了 JavaScript 的基本运算逻辑和程序结构，包括短语、句子和代码段的基本规则，如表达式、语句和程序结构等。

本节将重点介绍词法基础，句法基础将在第 3、4 章中详细介绍。

2.1.1　字符编码

JavaScript 遵循 Unicode 字符编码规则。Unicode 字符集中每个字符使用 2 个字节来表示，这意味着用户可以使用中文来命名 JavaScript 变量。

📢 提示：

> Unicode 是 Latin-1 字符集的超集，编码数目达到百万级；Latin-1 是 ASCII 字符集的扩展，包含 256 个拉丁字母；ASCII 字符集包含 128 个基本字符，即常用英文字母和符号。

【示例】新建 HTML5 文档，保存为 test.html。在页面中嵌入<script>标签，然后在该标签中输入下面代码，即可正常执行，效果如图 2.1 所示。

图 2.1　使用中文编写脚本运行效果

```
<script>
var 书名 = "《JavaScript 从入门到精通（微课视频版）（第 2 版）》",
    姓名 = "张三";
function 彩蛋(谁){
    document.write("<h1>" + 谁 + "</h1><p>欢迎你学习 " + 书名 + "。</p>");
}
彩蛋(姓名);
</script>
```

🚓 注意：

在 JavaScript 第 1、2 版本中，仅支持 ASCII 字符编码，Unicode 字符只能出现在注释或者引号包含的字符串中。考虑到 JavaScript 版本的兼容性以及开发习惯，不建议使用双字节的中文字符命名变量或函数名。

📢 提示：

由于 JavaScript 脚本一般都嵌入在网页中，并最终由浏览器来解释，因此在考虑到 JavaScript 字符编码的同时，还要兼顾 HTML 文档的字符编码，以及浏览器支持的编码。一般建议保持 HTML 文档的字符编码与 JavaScript 字符编码一致，以免出现乱码。

2.1.2　区分大小写

JavaScript 严格区分大小写。为了避免输入混乱和语法错误，建议采用小写字符编写代码。在以下特殊情况下可以使用大写形式：

（1）构造函数的首字母建议大写。构造函数不同于普通函数，详细说明可以参阅第 10 章。

【示例】下面示例调用预定义的构造函数 Date()，创建一个时间对象，然后把时间对象转换为字符串显示出来。

```
d = new Date();                    //获取当前日期和时间
document.write(d.toString());      //显示日期
```

（2）如果标识符由多个单词组成，可以考虑使用骆驼命名法——除首个单词外，后面单词的首字母大写。例如：

```
typeOf();
printEmployeePaychecks();
```

📢 提示：

上述都是约定俗成的一般习惯，不构成强制性要求，用户可以根据个人习惯进行命名。

2.1.3　标识符

标识符（Identifier）就是名称的专业术语。JavaScript 标识符包括变量名、函数名、参数名和属性名。合法的标识符应该注意以下强制规则。

- 第一个字符必须是字母、下划线（_）或美元符号（$）。
- 除了第一个字符外，其他位置可以使用 Unicode 字符。一般建议仅使用 ASCII 编码的字母，不建议使用双字节的字符。
- 不能与 JavaScript 关键字、保留字重名。
- 可以使用 Unicode 转义序列。例如，字符 a 可以使用 "\u0061" 表示。

【示例】在下面示例中，定义变量 a，使用 Unicode 转义序列表示变量名。

```
var \u0061 = "字符 a 的 Unicode 转义序列是\\u0061";
document.write(\u0061);
```

2.1.4 直接量

直接量（Literal）就是具体的值，即能够直接参与运算或显示的值，如字符串、数值、布尔值、正则表达式、对象直接量、数组直接量、函数直接量等。

【示例】下面示例分别定义不同类型的直接量：字符串、数值、布尔值、正则表达式、特殊值、对象、数组和函数。

```
""                                    //空字符串直接量
1                                     //数值直接量
true                                  //布尔值直接量
/a/g                                  //正则表达式直接量
null                                  //特殊值直接量
{}                                    //空对象直接量
[]                                    //空数组直接量
function(){}                          //空函数直接量，也就是函数表达式
```

2.1.5 关键字和保留字

关键字就是 ECMA-262 规定的 JavaScript 语言内部使用的一组名称（或称为命令）。这些名称具有特定的用途，用户不能自定义同名的标识符。具体说明如表 2.1 所示。

表 2.1　ECMAScript 关键字

break	delete	if	this	while
case	do	in	throw	with
catch	else	instanceof	try	
continue	finally	new	typeof	
debugger（ECMAScript 5 新增）	for	return	var	
default	function	switch	void	

保留字就是 ECMA-262 规定的 JavaScript 语言内部预备使用的一组名称（或称为命令）。这些名称目前还没有具体的用途，是为 JavaScript 升级版本预留备用的，建议用户不要使用。具体说明如表 2.2 所示。

表 2.2　ECMAScript 保留字

abstract	double	goto	native	static
boolean	enum	implements	package	super
byte	export	import	private	synchronized
char	extends	int	protected	throws

续表

class	final	interface	public	transient
const	float	long	short	volatile

提示：

ECMAScript 3 将 Java 所有关键字都列为保留字，而 ECMAScript 5 规定较为灵活。

例如，在非严格模式下，仅规定 class、const、enum、export、extends、import、super 为保留字，其他 ECMAScript 3 保留字可以自由使用；在严格模式下，ECMAScript 5 变得更加谨慎，严格限制 implements、interface、let、package、private、protected、public、static、yield、eval（非保留字）、arguments（非保留字）的使用。

JavaScript 预定义了很多全局变量和函数，用户也应该避免使用它们。具体说明如表 2.3 所示。

表 2.3　JavaScript 预定义全局变量和函数

arguments	encodeURL	Infinity	Number	RegExp
Array	encodeURLComponent	isFinite	Object	String
Boolean	Error	isNaN	parseFloat	SyntaxError
Date	eval	JSON	parseInt	TypeError
decodeURL	EvalError	Math	RangeError	undefined
decodeURLComponent	Function	NaN	ReferenceError	URLError

提示：

不同的 JavaScript 运行环境都会预定义一些全局变量和函数，表 2.3 列出的仅针对 Web 浏览器运行环境，如果在其他运行环境（如 Node.js 等）下，用户还应该注意一些特定要求，在此就不再展开说明。

2.1.6　分隔符

分隔符就是各种不可见字符的集合，如空格（\u0020）、水平制表符（\u0009）、垂直制表符（\u000B）、换页符（\u000C）、不中断空白（\u00A0）、字节序标记（\uFEFF）、换行符（\u000A）、回车符（\u000D）、行分隔符（\u2028）、段分隔符（\u2029）等。

在 JavaScript 中，分隔符不被解析，主要用来分隔各种记号，如标识符、关键字、直接量等信息。在 JavaScript 脚本中，常用分隔符来格式化代码，以方便阅读。

【示例 1】对于下面一行代码：

```
function toStr(a){return a.toString();}
```

可以使用分隔符格式化显示：

```
function toStr(a) {
    return a.toString();
}
```

这样更容易阅读，用户可以根据个人习惯设计排版格式。

提示：

一般 JavaScript 编辑器都会提供代码格式化的功能。

分隔符使用时需要注意以下几点。

（1）分隔符虽然无实际意义，但是在脚本中却不能缺少。如果在标识符与关键字之间不使用分隔符分隔，JavaScript 就会抛出异常。

【示例 2】在下面代码中,把关键字 function 与标识符 toStr 连在一起,以及把关键字 return 与 toString 标识符连在一起都是错误的。

```
functiontoStr(a){returna.toString();}        //错误写法
function toStr(a){return a.toString();}       //正确写法
```

（2）JavaScript 解析器一般采用最长行匹配原则,不恰当地换行显示一句代码,容易引发异常或错误。

【示例 3】下面代码会返回意外的结果。

```
function toStr(a){
    return
    a.toString();                                   //错误的换行
}
document.write(toStr("abc"));                        //实际返回 undefined,应该返回"abc"
```

这是因为 return 作为一条独立语句,JavaScript 解析器可以正确解析它,虽然它后面没有分号,解析器在正确解析的前提下会自动为其补加一个分号,以表示该句已经结束。这样换行显示的 a.toString();就是下一句待执行的命令,而不是被返回的值。

（3）不能在标识符、关键字等内部使用分隔符。

【示例 4】在下面函数中使用空格把 toString()分为两部分,JavaScript 会因无法识别而抛出异常。

```
function toStr(a){
    return a.to String();                           //错误分隔符
}
```

（4）在字符串或者正则表达式内,分隔符是有意义的,不能够随意省略或替换。

【示例 5】在下面代码中,变量 a 和 b 被赋予相同的字符串,但是变量 b 中插入了空格,则比较结果是不相等的。

```
var a = "空格";
var b = "空格 ";
document.write((a==b));                              //返回 false,说明不相同
```

2.1.7 注释

注释就是不被解析的一串字符。JavaScript 注释有以下两种方法。

➥ 单行注释：//单行注释信息。
➥ 多行注释：/*多行注释信息*/。

【示例 1】把位于"//"字符后一行内的所有字符视为单行注释信息。下面几条注释语句可以位于代码段的不同位置,分别描述不同区域代码的功能。

```
//程序描述
function toStr(a){                                   //块描述
    //代码段描述
    return a.toString();                            //语句描述
}
```

使用单行注释时,在"//"后面的同一行内的任何字符或代码都会被忽视,不再解析。

【示例 2】使用"/*"和"*/"可以定义多行注释信息。

```
/*!
 * jQuery JavaScript Library v3.3.1
 * https://jquery.com/
 *
 * Includes Sizzle.js
```

```
 * https://sizzlejs.com/
 *
 * Copyright JS Foundation and other contributors
 * Released under the MIT license
 * https://jquery.org/license
 *
 * Date: 2018-01-20T17:24Z
 */
```

在多行注释中，包含在“/*”和“*/”符号之间的任何字符都视被为注释文本而忽略掉。

2.1.8　转义序列

转义序列就是字符的一种表示方式（映射）。由于各种原因，很多字符无法直接在代码中输入或输出，只能通过转义序列间接表示。

- Unicode 转义序列方法：\u + 4 位十六进制数字。
- Latin-1 转义序列方法：\x + 2 位十六进制数字。

【示例】对于字符“©”，Unicode 转义为\u00A9，ASCII 转义为\xA9。

```
document.write("\xa9");                    //显示字符©
document.write("\u00a9");                  //显示字符©
```

提示：

在 2.3.3 节中还会详细讲解转义字符，这里仅简单了解一下。

2.2　变　　量

变量相当于容器，值相当于容器内装的东西，而变量名就是容器上贴着的标签，通过标签可以找到变量，以便读、写它存储的值。

2.2.1　声明变量

在 JavaScript 中，声明变量使用 var 语句。

【示例 1】在一个 var 语句中，可以声明一个或多个变量，也可以为变量赋值，未赋值的变量初始化为 undefined（未定义）值。当声明多个变量时，应使用逗号运算符分隔。

```
var a;                                     //声明一个变量
var a, b, c;                               //声明多个变量
var b = 1;                                 //声明并赋值
document.write(a);                         //返回 undefined
document.write(b);                         //返回 1
```

【示例 2】在 JavaScript 中，可以重复声明同一个变量，也可以反复初始化变量的值。

```
var a = 1;
var a = 2;
var a = 3;
document.write(a);                         //返回 3
```

注意：

在非严格模式下，JavaScript 允许不声明变量就直接为其赋值，这是因为 JavaScript 解释器能够自动隐式声明变量。隐式声明的变量总是作为全局变量使用。在严格模式下，变量必须先声明，然后才能使用。

2.2.2　赋值变量

使用等号（=）运算符可以为变量赋值，等号左侧为变量，右侧为被赋的值。

【示例】变量提升。JavaScript 在预编译期会先预处理声明的变量，但是变量的赋值操作发生在 JavaScript 执行期，而不是预编译期。

```
document.write( a );                              //显示 undefined
a =1;
document.write( a );                              //显示 1
var a;
```

在上面示例中，声明变量放在最后，赋值操作放在前面。由于 JavaScript 在预编译期已经对变量声明语句进行了预解析，所以第一行代码读取变量值时不会抛出异常，而是返回未初始化的值 undefined。第三行代码是在赋值操作之后读取，故显示为数字 1。

🔊 提示：

> JavaScript 引擎的解析方式是：先解析代码，获取所有被声明的变量，然后再一行一行地运行。这样，所有声明的变量都会被提升到代码的头部，这就叫作变量提升（Hoisting）。有关 JavaScript 解析过程，感兴趣的读者可以扫码了解一下。

2.2.3　变量作用域

变量作用域（Scope）是指变量在程序中可以访问的有效范围，也称为变量的可见性。JavaScript 变量可以分为全局变量和局部变量。

➥ 全局变量：变量在整个页面脚本中都是可见的，可以被自由访问。

➥ 局部变量：变量仅能在声明的函数内部可见，函数外是不允许访问的。

【示例 1】下面示例演示了全局变量和局部变量的关系。

```
var a = 1;                                        //声明并初始化全局变量
function f(){                                     //声明函数
    document.write(a);                            //显示 undefined
    var a = 2;                                    //声明并初始化局部变量
    document.write(a);                            //显示 2
}
f();                                              //调用函数
```

由于在函数内部声明了一个同名局部变量 a，所以在预编译期，JavaScript 使用该变量覆盖掉全局变量在函数内部的影响。而在执行初期，局部变量 a 未赋值，所以在函数内第 1 行代码读取局部变量 a 的值也就是 undefined 了。当执行到函数第 2 行代码时，为局部变量赋值 2，所以在第 3 行中就显示为 2。

【示例 2】下面示例演示了如果不显式声明局部变量所带来的后果。

```
var jQuery = 1;
(function(){
    jQuery = window.jQuery = window.$ = function(){};
})()
document.write(jQuery);                           //显示函数代码：function(){}
```

因此，在函数体内使用全局变量是一种危险的行为。为了避免此类问题，应该养成在函数体内使用 var 语句显式声明局部变量的习惯。

2.2.4 变量类型

JavaScript 是弱类型语言，对于变量类型的规范比较松散。具体表现如下。

↘ 变量的类型分类不严谨、不明确，带来使用的随意性。

↘ 声明变量时，不要求指定类型。

↘ 使用过程不严格，可以根据需要自动转换变量类型。

↘ 变量的转换和类型检查没有一套统一、规范的方法，导致开发效率低下。

由此带来的优缺点如下。

↘ 优点：使用灵活，简化了代码编写。

↘ 缺点：执行效率低，在开发大型应用时，程序性能会受到影响。

2.2.5 变量污染

定义全局变量有 3 种方式。

↘ 在任何函数体外直接使用 var 语句声明。

```
var f = 'value';
```

↘ 直接添加属性到全局对象上。在 Web 浏览器中，全局作用域对象为 window。

```
window.f = 'value';
```

↘ 直接使用未经声明的变量，以这种方式定义的全局变量被称为隐式的全局变量。

```
 f = 'value';
```

🚗 注意：

全局变量在全局作用域内都是可见的，因此具有污染性。大量使用全局变量会降低程序的可靠性，用户应该避免使用全局变量。

减少使用全局变量的方法有两种，下面以示例形式演示说明。

【示例 1】在脚本中创建一个全局变量，作为当前应用的唯一接口，然后通过对象直接量的形式包含所有应用程序变量。

```
var MyAPP = {};                          //定义 APP 访问接口
MyAPP.name = {                           //定义 APP 配置变量
   "id" : "应用程序的 ID 编号"
};
MyAPP.work = {
   num : 123,                            //APP 计数器等内部属性
   sub : { name : "sub_id " },           //APP 应用分支
   doing : function(){                   //具体方法
      //执行代码
   }
};
```

把应用程序的所有变量都追加在该唯一名称空间下，降低与其他应用程序相互冲突的概率，应用程序也会变得更容易阅读。

【示例 2】使用函数体封装应用程序，这是最常用的一种方法。

```
(function(window){
   var MyAPP = {};                       //定义 APP 访问接口
   MyAPP.name = {                        //定义 APP 配置变量
      "id" : "应用程序的 ID 编号"
   };
   MyAPP.work = {
```

```
    num : 123,                          //APP 计数器等内部属性
    sub : { name : "sub_id " },         //APP 应用分支
    doing : function(){                 //具体方法
        //执行代码
    }
  };
  window.MyAPP;                         //对外开放应用程序接口
})(window)
```

在 JavaScript 函数体内，所有声明的私有变量、参数、内部函数对外都是不可见的，如果不主动开放，外界是无法访问内部数据的，因此使用函数体封装应用程序是最佳实践。

2.3 数据类型

JavaScript 的数据类型分为两种：简单的值（原始值）和复杂的数据结构（泛指对象）。值包含字符串、数字和布尔值，此外，还有两个特殊值——null（空值）和 undefined（为定义）；对象包括狭义的对象、数组和函数。

2.3.1 基本类型

JavaScript 定义了 6 种基本数据类型，如表 2.4 所示。

表 2.4 JavaScript 的基本数据类型

数 据 类 型	说　　明
null	空值，表示非对象
undefined	未定义的值，表示未赋值的初始化值
number	数字，数学运算的值
string	字符串，表示信息流
boolean	布尔值，逻辑运算的值
object	对象，表示复合结构的数据集

使用 typeof 运算符可以检测数据的基本类型。

【示例 1】下面代码使用 typeof 运算符分别检测常用值的类型，显示效果如图 2.2 所示。

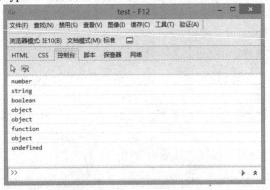

图 2.2 检测基本数据类型

```
console.log(typeof 1);                  //返回字符串"number"
console.log(typeof "1");                //返回字符串"string"
```

```
console.log(typeof true);                    //返回字符串"boolean"
console.log(typeof {});                       //返回字符串"object"
console.log(typeof []);                       //返回字符串"object"
console.log(typeof function(){});             //返回字符串"function"
console.log(typeof null);                     //返回字符串"object"
console.log(typeof undefined);                //返回字符串"undefined"
```

🚗 注意：

typeof 运算符以字符串的形式返回 6 种基本类型之一，不过通过比较可以发现，typeof 返回值与表 2.4 存在两点差异，简单说明如下。

➥ 把 null 归为 Object 类型，而不是作为一种特殊类型（Null）的值。

➥ 把 function(,){}归为 Function 类型。即把函数视为一种独立的基本数据类型，而不是 Object 类型的一种特殊子类。

【示例 2】由于 null 值返回类型为 Object，使用下面自定义函数可以避开因为 null 值影响基本类型检测。

```
// 如果是 null 值，则先返回字符串"null"，否则返回(typeof o)的值
function typeOf(o){
    return (o === null) ? "null" : (typeof o);
}
console.log( typeOf(1) );                      //返回字符串"number"
console.log( typeOf("1") );                    //返回字符串"string"
console.log( typeOf(true) );                   //返回字符串"boolean"
console.log( typeOf({}) );                     //返回字符串"object"
console.log( typeOf(null) );                   //返回字符串"null"
console.log( typeOf(undefined) );              //返回字符串"undefined"
```

📢 提示：

在 JavaScript 中，函数是一种比较特殊的结构。它可以是一段代码集合，也可以是一种数据类型；可以作为对象来使用，还可以作为构造函数创建类型。JavaScript 函数的用法比较灵活，这也是 JavaScript 语言敏捷的一种表现（函数式编程）。

2.3.2 数字

数字（Number）也称为数值或数。

1. 数值直接量

当数字直接出现在程序中时，被称为数值直接量。在 JavaScript 程序中，直接输入的任何数字都被视为数值直接量。

【示例 1】数值直接量可以细分为整型直接量和浮点型直接量。浮点数就是带有小数点的数值，而整数是不带小数点的数值。

```
var int = 1;                                   //整型数值
var float = 1.0;                               //浮点型数值
```

整数一般都是 32 位数值，而浮点数一般都是 64 位数值。

🚗 注意：

JavaScript 中的所有数字都是以 64 位浮点数形式存储，包括整数。例如，2 与 2.0 是同一个数。

【示例 2】浮点数可以使用科学计数法来表示。

```
var float = 1.2e3;
```

其中 e（或 E）表示底数，其值为 10，而 e 后面跟随的是 10 的指数。指数是一个整型数值，可以取正负值。上述代码等价于：

```
var float = 1.2*10*10*10;
var float = 1200;
```

【示例3】科学计数法表示的浮点数也可以转换为普通的浮点数。

```
var float = 1.2e-3;
```

等价于：

```
var float = 0.0012;
```

但不等于：

```
var float = 1.2*1/10*1/10*1/10;        //返回 0.0012000000000000001
var float = 1.2/10/10/10;              //返回 0.0012000000000000001
```

📢 提示：

- 整数精度：$-2^{53} \sim 2^{53}$（-9007199254740992~9007199254740992），如果超出了这个范围，整数将会失去尾数的精度。
- 浮点数精度：$\pm 1.7976931348623157 \times 10^{308} \sim \pm 5 \times 10^{-324}$，遵循 IEEE 754 标准定义的 64 位浮点格式。

2. 二进制、八进制和十六进制数值

JavaScript 支持把十进制数值转换为二进制、八进制和十六进制等不同进制的数值。

【示例4】十六进制数值以"0X"或"0x"作为前缀，后面跟随十六进制的数值直接量。

```
var num = 0x1F4;                       //十六进制数值
document.write(num);                   //返回 500
```

十六进制的数值是 0~9 和 a~f 的数字或字母任意组合，用来表示 0~15 之间的某个字。

📢 提示：

在 JavaScript 中，可以使用 Number 的 toString(16)方法把十进制整数转换为十六进制字符串的形式表示。

【示例5】八进制数值以数字 0 为前缀，其后跟随一个八进制的数值直接量。

```
var num = 0764;                        //八进制数值
document.write(num);                   //返回 500
```

📢 提示：

八进制或十六进制的数值在参与数学运算之后，返回的都是十进制数值。

🚗 注意：

考虑到安全性，不建议使用八进制数值，因为 JavaScript 可能会误解为十进制数值。

二进制数值以"0B"或"0b"作为前缀，后面跟随二进制的数值直接量。例如：

```
0b11                                   //等于十进制的 3
```

🚗 注意：

各主流浏览器对二进制数值表示方法的支持不是很统一，应慎重使用。

3. 数值运算

使用算术运算符，数值可以参与各种计算，如加、减、乘、除等运算操作。

【示例6】为了解决复杂数学运算，JavaScript 提供了大量的数值运算函数，这些函数作为 Math 对象的方法可以直接调用，详细说明请参阅 JavaScript 参考手册。

```
var a = Math.floor(20.5);              //调用数学函数，向下舍入
var b = Math.round(20.5);              //调用数学函数，四舍五入
document.write(a);                     //返回 20
document.write(b);                     //返回 21
```

【示例 7】toString()方法可以根据所传递的参数把数值转换为对应进制的数字字符串。参数范围为

2~36 之间的任意整数。

```
var a = 32;
document.writeln(a.toString(2));        //返回字符串 100000
document.writeln(a.toString(4));        //返回字符串 200
document.writeln(a.toString(16));       //返回字符串 20
document.writeln(a.toString(30));       //返回字符串 12
document.writeln(a.toString(32));       //返回字符串 10
```

◀》提示：

数值直接量不能直接调用 **toString()** 方法，必须先使用小括号或其他方法强制把数字转换为对象。

```
document.writeln(32.toString(16));      //抛出语法错误
document.writeln((32).toString(16));    //返回 20
```

4. 浮点数溢出

执行数值计算时，要防止浮点数溢出。例如，0.1+0.2 并不等于 0.3。

```
num = 0.1+0.2;                          //0.30000000000000004
```

这是因为 JavaScript 遵循二进制浮点数算术标准（IEEE 754）而导致的问题。这个标准适合很多应用，但它违背了数字基本常识。

解决方法：浮点数中的整数运算是精确的，所以小数表现出来的问题可以通过指定精度来避免。例如，针对上面的相加可以这样进行处理。

```
a = (1+2)/10;                           //0.3
```

这种处理经常在货币计算中用到。例如，元可以通过乘以 100 而转成分，然后就可以准确地将每项相加，求和后的结果可以除以 100 再转换回元。

5. 特殊数值

JavaScript 定义了几个特殊的数值常量，说明如表 2.5 所示。

表 2.5　特殊数值

特　殊　值	说　　明
Infinity	无穷大。当数值超过浮点型所能够表示的范围；反之，负无穷大为-Infinity
NaN	非数值。不等于任何数值，包括自己。如当 0 除以 0 时会返回这个特殊值
Number.MAX_VALUE	表示最大数值
Number.MIN_VALUE	表示最小数值，一个接近 0 的值
Number.NaN	非数值，与 NaN 常量相同
Number.POSITIVE_INFINITY	表示正无穷大的数值
Number.NEGATIVE_INFINITY	表示负无穷大的数值

6. NaN

NaN（Not a Number，非数字值）是在 IEEE 754 中定义的一个特殊的数值。

```
typeof NaN === 'number'                 //true
```

当试图将非数字形式的字符串转换为数字时，就会生成 NaN。

```
+ '0'                                   //0
+ 'oops'                                //NaN
```

当 NaN 参与数学运算时，运算结果也是 NaN。因此，如果表达式的运算值为 NaN，那么可以推断其中至少一个运算数是 NaN。

typeof 不能分辨数字和 NaN，并且 NaN 不等同于它自己。

```
NaN === NaN                                    //false
NaN !== NaN                                    //true
```

使用 isNaN() 全局函数可以判断 NaN。

```
isNaN(NaN)                                     //true
isNaN(0)                                       //false
isNaN('oops')                                  //true
isNaN('0')                                     //false
```

使用 isFinite() 全局函数可以判断 NaN 和 Infinity。因此，可以使用它来检测 NaN、正负无穷大。如果是有限数值，或者可以转换为有限数值，那么将返回 true。如果只是 NaN、正负无穷大的数值，则返回 false。

【示例 8】isFinite() 会试图把检测到的值转换为一个数字。如果值不是一个数字，那么使用 isFinite() 直接检测就不是有效的方法。通过自定义 isNumber 函数可以避免 isFinite() 的缺陷。下面自定义函数先判断值是否为数值类型，如果是数值类型，再使用 isFinite() 过滤出有效数字。

```
var isNumber = function isNumber(value) {
    return typeof value === 'number' && isFinite(value);
}
```

2.3.3　字符串

JavaScript 字符串（String）就是由零个或多个 Unicode 字符组成的字符序列。零个字符表示空字符串。

1．字符串直接量

字符串必须包含在单引号或双引号中。字符串直接量有以下几个特点。

（1）如果字符串包含在双引号中，则字符串内可以包含单引号；反之，也可以在单引号中包含双引号。例如，定义 HTML 字符串时，习惯使用单引号表示字符串，HTML 中包含的属性值使用双引号表示，这样不容易出现错误。

```
console.log('<meta charset="utf-8">');
```

（2）在 ECMAScript 3 中，字符串必须在一行内表示，换行表示是不允许的。例如，下面字符串直接量的写法是错误的。

```
console.log("字符串
直接量");                                        //抛出异常
```

如果要换行显示字符串，可以在字符串中添加换行符（\n）。例如：

```
console.log("字符串\n 直接量");                     //在字符串中添加换行符
```

（3）在 ECMAScript 5 中，字符串允许多行表示。实现方法：在换行结尾处添加反斜杠（\）。反斜杠和换行符不作为字符串直接量的内容。例如：

```
console.log("字符串\
直接量");                                        //显示"字符串直接量"
```

（4）在字符串中插入特殊字符，需要使用转义字符，如单引号、双引号等。例如，英文中常用单引号表示撇号，此时如果使用单引号定义字符串，就应该添加反斜杠转义字符，单引号就不再被解析为字符串标识符，而是作为撇号使用。

```
console.log('I can\'t read.');                  //显示"I can't read."
```

（5）字符串中每个字符都有固定的位置。第 1 个字符的下标位置为 0，第 2 个字符的下标位置为 1……以此类推，最后一个字符的下标位置是字符串长度减 1。

2．转义字符

转义字符是字符的一种间接表示方式。在特殊语境中，无法直接使用字符自身。例如，在字符串中包含说话内容。

```
"子曰:"学而不思则罔，思而不学则殆。""
```

由于 JavaScript 已经赋予了双引号为字符串直接量的标识符，如果在字符串中包含双引号，就必须使用转义字符表示。

```
"子曰:\"学而不思则罔，思而不学则殆。\""
```

JavaScript 定义反斜杠加上字符可以表示字符自身。注意，一些字符加上反斜杠后会表示特殊字符，而不是原字符本身，这些特殊转义字符被称为转义序列，具体说明如表 2.6 所示。

表 2.6 JavaScript 转义序列

序　列	代 表 字 符
\0	Null 字符（\u0000）
\b	退格符（\u0008）
\t	水平制表符（\u0009）
\n	换行符（\u000A）
\v	垂直制表符（\u000B）
\f	换页符（\u000C）
\r	回车符（\u000D）
\"	双引号（\u0022）
\'	撇号或单引号（\u0027）
\\	反斜杠（\u005C）
\xXX	由 2 位十六进制数值 XX 指定的 Latin-1 字符
\uXXXX	由 4 位十六进制数值 XXXX 指定的 Unicode 字符
\XXX	由 1~3 位八进制数值（000 到 377）指定的 Latin-1 字符，可表示 256 个字符。如\251 表示版权符号。注意，ECMAScript 3.0 不支持，考虑到兼容性不建议使用

📢 提示：

如果在一个正常字符前添加反斜杠，JavaScript 会忽略该反斜杠。例如：

```
document.write("子曰:\"学\而\不\思\则\罔\，\思\而\不\学\则\殆\。\"")
```

等价于：

```
document.write("子曰:\"学而不思则罔，思而不学则殆。\"")
```

3．字符串操作

借助 String 类型的原型方法，可以灵活操作字符串。再配合正则表达式，还可以完成复杂的字符串处理任务。有关字符串和正则表达式的使用技巧将在后面各章节中详细介绍。

在 JavaScript 中，可以使用加号（+）运算符连接两个字符串，使用字符串的 length 属性获取字符串的字符个数（长度）。

【示例 1】下面代码先合并两个字符串，然后计算它们的长度。

```
var str1 = "学而不思则罔",
    str2 = "思而不学则殆",
    string = str1 + "," + str2;
```

```
document.write( string );              //显示"学而不思则罔,思而不学则殆"
document.write( string.length );       //显示 13
```

4. 字符序列

JavaScript 字符串是固定不变的字符序列，虽然可以使用各种方法对字符串执行操作，但是返回的都是新的字符串，原字符串保持固定不变。此外，也不能使用 delete 运算符删除字符串中指定位置的字符。

在 ECMAScript 5 中，字符串可以作为只读数组使用。除了使用 charAt()访问其中的字符外，还可以使用中括号运算符来访问。位置下标从 0 开始，最大位置下标为 length-1。

【示例 2】下面代码使用 for 语句逐个读取字符串中每个字符并显示出来，演示效果如图 2.3 所示。注意，字符串中的字符不能被 for/in 语句循环枚举。

```
var str1 = "学而不思则罔,思而不学则殆";
for(var i=0; i<str1.length; i++){
    console.log(str1[i]);
}
```

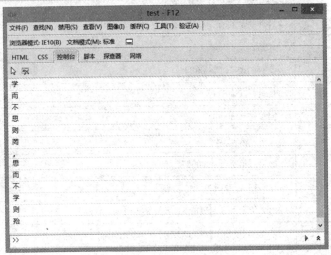

图 2.3　逐个读取字符串中的字符

2.3.4　布尔型

布尔型（Boolean）仅包含两个固定的值：true 和 false。其中，true 代表"真"，而 false 代表"假"。

🚗 注意：

在 JavaScript 中，undefined、null、""、0、NaN 和 false 这 6 个特殊值转换为布尔值时为 false，被称为假值。除了假值以外，其他任何类型的数据转换为布尔值时都是 true。

【示例】使用 Boolean()函数可以强制转换值为布尔值。

```
console.log(Boolean(0));               //返回 false
console.log(Boolean(NaN));             //返回 false
console.log(Boolean(null));            //返回 false
console.log(Boolean(""));              //返回 false
console.log(Boolean(undefined));       //返回 false
```

2.3.5　Null

Null 类型只有一个值，即 null，它表示空值，定义一个空对象指针。

使用 typeof 运算符检测 null 值，返回 Object，表明它属于对象类型，但是 JavaScript 把它归为一类特殊的值。

设置变量的初始化值为 null，可以定义一个备用的空对象，即特殊的对象值，或称为非对象。例如，如果检测一个对象为空的，则可以对其进行初始化。

```
if( men == null) {
    men = {
        //初始化对象 men
    }
}
```

2.3.6　Undefined

undefined 是 Undefined 类型的唯一值，它表示未定义的值。当声明变量未赋值时，或者定义属性未设置值时，默认值都为 undefined。

【示例 1】undefined 派生自 null，null 和 undefined 都表示空缺的值，转化为布尔值时都是假值，可以相等。

```
console.log(null == undefined);              //返回 true
```

null 和 undefined 属于两种不同类型，使用全等运算符（===）或 typeof 运算符可以进行检测。

```
console.log(null === undefined);             //返回 false
console.log(typeof null);                    //返回 "object"
console.log(typeof undefined);               //返回 "undefined"
```

【示例 2】检测一个变量是否初始化，可以使用 undefined 快速检测。

```
var a;                                       //声明变量
console.log(a);                              //返回变量默认值为 undefined
(a == undefined) && (a = 0);                 //检测变量是否初始化，否则为其赋值
console.log(a);                              //返回初始值 0
```

也可以使用 typeof 运算符检测变量的类型是否为 undefined。

```
(typeof a == "undefined") && (a = 0);        //检测变量是否初始化，否则为其赋值
```

【示例 3】在下面代码中，声明了变量 a，但没有声明变量 b，然后使用 typeof 运算符检测它们的类型，返回的值都是字符串"undefined"。说明不管是声明的变量，还是未声明的变量，都可以通过 typeof 运算符检测变量是否初始化。

```
var a;
console.log(typeof a);                        //返回 "undefined"
console.log(typeof b);                        //返回 "undefined"
```

🚗 注意：

对于未声明的变量 b 来说，如果直接在表达式中使用，会引发异常。

```
console.log(b == undefined);                  //提示未定义的错误信息
```

【示例 4】对于函数来说，如果没有明确的返回值，则默认返回值也为 undefined。

```
function f(){}
console.log(f());                             //返回 "undefined"
```

📢 提示：

undefined 隐含着意外的空值，而 null 隐含着意料之中的空值。因此，设置一个变量、参数为空值时，建议使用 null，而不是 undefined。

2.4 严格模式

ECMAscript 5 新增了严格运行模式。推出严格模式的目的如下。

- 消除 JavaScript 语法中不合理、不严谨的用法。
- 消除代码运行的一些安全隐患。
- 提高编译器效率，提升程序运行速度。
- 为未来新版本的规范化做好铺垫。

2.4.1 启用严格模式

在代码首部添加以下一行字符串，即可启用严格模式。

```
"use strict"
```

不支持严格模式的浏览器会把它作为字符串直接量忽略掉。

📢 提示：

首部就是指其前面没有任何有效的 JavaScript 代码。例如，以下用法都不会触发严格模式。

（1）"use strict"前有可执行的代码：

```
var width = 10;
'use strict';                              /*无效的严格模式*/
globalVar = 100;
```

（2）"use strict"前有空语句：

```
;
'use strict';                              /*无效的严格模式*/
globalVar = 100;
```

或者：

```
;'use strict';                             /*无效的严格模式*/
globalVar = 100;
```

🚗 注意：

注释语句不作为有效的 JavaScript 代码。例如，下面用法会触发严格模式。

```
//严格模式
'use strict';                              /*有效的严格模式*/
globalVar = 100;
```

因此，只要前面没有会产生实际运行结果的语句，"use strict"就可以不在第一行。

严格模式有两种应用场景，简单说明如下。

1. 全局模式

将"use strict"放在脚本文件的第一行，则整个脚本都将以严格模式运行。如果不在第一行，则整个脚本将以正常模式运行。

【示例 1】下面示例在页面中添加两个 JavaScript 代码块，第一个代码块将开启严格模式，第二个代码块将按正常模式解析。

```
<script>
"use strict";
console.log("这是严格模式。");
</script>
<script>
```

```
console.log("这是正常模式。");
</script>
```

2. 局部模式

将"use strict"放在函数内首部，则整个函数将以严格模式运行。

【示例2】下面示例定义了两个函数，其中第一个函数开启了严格模式，第二个函数按正常模式运行。

```
function strict(){
    "use strict";
    return "这是严格模式。";
}
function notStrict(){
    return "这是正常模式。";
}
```

📢 **注意：**

全局模式不利于 JavaScript 文件合并。例如，如果一个开启了严格模式的 JavaScript 库，被导入到一个正常模式的网页脚本中，由于无法确保"use strict"位于脚本的首部位置，容易导致严格模式失效。因此，推荐的最佳实践是使用局部模式，将整个 JavaScript 文件脚本放在一个立即执行的匿名函数中，在匿名函数内启动严格模式。当 JavaScript 库文件被导入到不同模式的网页中，就不用担心严格模式失效了。

```
(function (){
    "use strict";
    // JavaScript 库文件 代码
})();
```

2.4.2 严格模式的执行限制

严格模式对 JavaScript 的语法和行为有着严格的限制。对于初学 JavaScript 语言的读者来说，应该养成好的习惯。例如，变量必须先声明后使用，否则会抛出语法错误。

【示例】执行下面代码，将会提示语法错误。因此，必须先用 var 语句声明，然后再使用。

```
"use strict";                           //开启严格模式
v = 1;                                  //报错，v 未声明
```

📢 **提示：**

本节大部分知识涉及后面各章节内容，建议初步了解 JavaScript 语言后再返回学习。感兴趣的读者可以扫码阅读。

2.5 类 型 检 测

在 2.3.1 节中介绍了 typeof 运算符，使用它可以检测基本数据类型，但是 typeof 有很多局限性。本节介绍两种更灵活的方法，以应对高级开发可能遇到的各种复杂情况。

2.5.1 使用 constructor

constructor 是 Object 类型的原型属性，它能够返回当前对象的构造器（类型函数）。利用该属性，可以检测复合型数据的类型，如对象、数组和函数等。

【示例1】下面代码可以检测对象和数组的类型，以此可以过滤对象、数组。

```
var o = {};
var a = [];
```

```
if(o.constructor == Object) document.write("o 是对象");
if(a.constructor == Array) document.write("a 是数组");
```

结合 typeof 运算符和 constructor 原型属性，可以检测不同类型的数据。表 2.7 中列举了常用类型数据的检测结果。

表 2.7　常用数据类型检测结果

值（value）	typeof value（表达式返回值）	value.constructor（构造函数的属性值）
var value = 1	"number"	Number
var value = "a"	"string"	String
var value = true	"boolean"	Boolean
var value = {}	"object"	Object
var value = new Object()	"object"	Object
var value = []	"object"	Array
var value = new Array()	"object"	Array
var value = function(){}	"function"	Function
function className(){}; var value = new className();	"object"	className

【示例 2】undefined 和 null 没有 constructor 属性，不能够直接读取，否则会抛出异常。因此，一般应先检测值是否为 undefined 和 null 等特殊值，然后再调用 constructor 属性。

```
var value = undefined;
console.log(value && value.constructor);    //返回 undefined
var value = null;
console.log(value && value.constructor);    //返回 null
```

数值直接量也不能直接读取 constructor 属性，应该先把它转换为对象再调用。

```
console.log(10.constructor);                //抛出异常
console.log((10).constructor);              //返回 Number 类型
console.log(Number(10).constructor);        //返回 Number 类型
```

2.5.2　使用 toString

toString 是 Object 类型的原型方法，它能够返回当前对象的字符串表示。利用该属性，可以检测复合型数据的类型，如对象、数组、函数、正则表达式、错误对象、宿主对象、自定义类型对象等；也可以对值类型数据进行检测。

【示例 1】下面示例简单演示 toString()方法的使用。

```
var o = {};                        //对象
var a = [1,2];                     //数组
var f = function(){};              //函数
console.log( o.toString() );       //表示为"[object Object]"
console.log( a.toString() );       //表示为"1,2"
console.log( f.toString() );       //表示为"function(){}"
```

测试发现，不同类型对象调用 toString()方法时返回的字符串格式并不统一，这是因为不同类型的子类在继承 Object 的原型方法 toString()时重写了该方法。如果在对象上调用 Object 的原型方法 toString()，就会返回统一格式的字符串表示。例如：

```
var  toString = Object.prototype.toString; //引用 Object 的原型方法 toString()
//使用 apply 方法在对象上动态调用 Object 的原型方法 toString()
```

```
console.log( _toString.apply( o ) );        //表示为"[object Object]"
console.log( _toString.apply( a ) );        //表示为"[object Array]"
console.log( _toString.apply( f ) );        //表示为"[object Function]"
```

提示：

关于 Object 原型和动态调用技术，可参阅第 8、9 章内容。

【示例 2】重写 toString()方法，利用其返回的数据类型的字符串表示，可以设计一种更安全、更强健的类型检测方法，而且用户可以扩展检测类型的范围，如用户自定义类型、宿主类型等。

【设计思路】

首先，仔细分析不同类型对象的 toString()方法返回值，会发现由 Object 的原型方法 toString()直接返回的字符串格式如下：

```
[object Class]
```

其中，object 表示对象的基本类型，Class 表示对象的子类型，子类型的名称与该对象的构造函数名一一对应。例如，Object 对象的 Class 为"Object"，Array 对象的 Class 为"Array"，Function 对象的 Class 为"Function"，Date 对象的 Class 为"Date"，Math 对象的 Class 为"Math"， Error 对象（包括 Error 子类）的 Class 为"Error"等。

宿主对象也有预定义的 Class 值，如"Window""Document"和"Form"等。用户自定义对象的 Class 为"Object"。用户自定义的类型，可以根据该格式自定义类型表示。

Class 值提供的信息与 constructor 属性值都能够检测数据类型，但是 Class 值是以字符串的形式提供这些信息，这在开发环境中是非常有用的。而使用 typeof 运算符进行类型检测，由于其返回的字符串表示比较有限，无法准确分辨 Object、Function 和 Array 等类型。

【实现代码】

下面是比较完整的数据类型检测函数。

```
//强健的数据类型检测工具函数
//参数：obj 表示待检测的值
//返回值：返回字符串表示，格式与 typeof 运算符相同，
//如"undefined""number""boolean""string""function"
//"regexp""array""date""error""object"或"null"
function typeOf(obj){
    var _toString = Object.prototype.toString; //引用 Object 的原型方法 toString()
    //列举所有可能的类型字符串表示
    //模仿 typeof 运算符返回值，通过映射，统一字符串表示的值
    var _type ={
        "undefined" : "undefined",
        "number" : "number",
        "boolean" : "boolean",
        "string" : "string",
        "[object Function]" : "function",
        "[object RegExp]" : "regexp",
        "[object Array]" : "array",
        "[object Date]" : "date",
        "[object Error]" : "error"
        .../// 在这里可以继续展开要检测的类型
    }
    //把值转换为字符串表示，然后匹配 _type 对象中的键值对，最后处理特殊值 null
    return _type[typeof obj] || _type[_toString.call(obj)] || (obj ? "object" : "null");
}
```

在上面检测函数中，先引用 Object 的原型方法 toString()，然后列举出所有可能存在的数据类型，把

不同形式的字符串表示通过对象的键值对映射进行统一，模拟 typeof 运算符的返回值格式，设计所有类型返回的字符串表示都以小写的单个词来表示。接着使用 typeof 运算符或者 toString()原型方法获取类型的字符串表示，再通过对象映射获得统一的字符串表示并返回。最后，单独处理特殊值 null，定义其返回值为"null"；对于不能映射的类型，则统一返回根类型表示"object"。

【应用代码】

```javascript
var _abs = Math.abs;                    //引用 Math 对象的 abs 方法
console.log(typeOf(_abs));              //返回字符串表示"function"
                                        //说明该方法为一个 Function 类型
```

上述方法适用于 JavaScript 基本类型和内置对象，如果要检测宿主对象和自定义类型，则需要用户添加_type 对象的键值对，以扩展类型检测的范围，这里就不再详细说明。

2.6 类 型 转 换

JavaScript 能够根据运算环境自动转换值的类型，以满足运算需要。但是在很多情况下需要开发者手动转换数据类型，以控制运算过程。

2.6.1 转换为字符串

常用值转换为字符串说明如下。

1	=>	"1"
0	=>	"0"
true	=>	"true"
false	=>	"false"
""	=>	""
undefined	=>	"undefined"
null	=>	"null"
NaN	=>	"NaN"
Infinity	=>	"Infinity"

把值转换为字符串的常用方法有 2 种，具体说明如下。

1．使用加号运算符

当值与空字符串相加运算时，JavaScript 会自动把值转换为字符串。
（1）把数字转换为字符串，返回数字本身。

```javascript
var n = 123;
n = n + "";
console.log(typeof n);                  //返回类型为 string
```

（2）把布尔值转换为字符串，返回字符串"true"或"false"。

```javascript
var b = true;
b = b + "";
console.log(b);                         //返回字符串"true"
```

（3）把数组转换为字符串，返回数组元素列表，以逗号分隔。如果是空数组，则返回空字符串。

```javascript
var a = [1,2,3];
a = a + "";
console.log(a);                         //返回字符串"1,2,3"
```

（4）把函数转换为字符串，返回函数的具体代码字符串。

```
var f = function(){return 1;};
f = f + "";
console.log(f);                          //返回字符串"function(){return 1;}"
```

① 如果是内置类型函数，则只返回构造函数的基本结构，省略函数的具体实现代码。而自定义类型函数与普通函数一样，返回函数的具体实现代码字符串。

```
d = Date + "";
console.log(d);                          //返回字符串"function Date () { [ native code ]}"
```

② 如果是内置静态函数，则返回[object Class]格式的字符串表示。

```
m = Math + "";
console.log(m);                          //返回字符串"[object Math]"
```

（5）如果把对象实例转换为字符串，则返回的字符串会根据不同类型或定义对象的方法和参数而不同。具体说明如下。

① 对象直接量，则返回字符串为"[object object]"。

```
var a = {
    x :1
}
a = a + "";
console.log(a);                          //返回字符串"[object object]"
```

② 如果是自定义类的对象实例，则返回字符串为"[object object]"。

```
var a =new function(){}();
a = a + "";
console.log(a);                          //返回字符串"[object object]"
```

③ 如果是内置对象实例，具体返回字符串将根据参数而定。

正则表达式对象会返回匹配模式字符串，时间对象会返回当前 GMT 格式的时间字符串，数值对象会返回传递的参数值字符串或者 0 等。

```
a = new RegExp(/^\w$/) + "";
console.log(a);                          //返回字符串"/^\w$/"
```

📢 提示：

加号运算符有两个计算功能：数值求和、字符串连接。但是字符串连接操作的优先级要大于求和运算。因此，在可能的情况下，即运算元的数据类型不一致时，加号运算符会尝试把数值运算元转换为字符串，再执行连接操作。

但是当多个加号运算符位于同一行时，这个问题就比较复杂。例如：

```
var a = 1 + 1 + "a";
var b = "a" + 1 + 1;
console.log(a);                          //返回字符串"2a"
console.log(b);                          //返回字符串"a11"
```

通过上面代码可以看到，加号运算符还会考虑运算的顺序。对于变量 a 来说，按照从左到右的运算顺序，加号运算符会执行求和运算，然后再执行连接操作。但是对于变量 b 来说，由于"a" + 1 表达式运算将根据连接操作来执行，所以返回字符串"a1"，然后再用这个字符串与数值 1 进行运算，再次执行连接操作，最后返回字符串"a11"，而不是字符串"a2"。

如果要避免此类现象的发生，可以考虑使用小括号运算符来改变表达式的运算顺序。

```
var b = "a" + (1 + 1);                   //返回字符串"a2"
```

2．使用 toString()方法

当为简单的值调用 toString()方法时，JavaScript 会自动把它们封装为对象。然后再调用 toString()方法，获取对象的字符串表示。

```
var a = 123456;
```

```
a.toString();
console.log(a);                          //返回字符串"123456"
```

使用加号运算符转换字符串，实际上也是调用 toString()方法来完成，只不过是 JavaScript 自动调用 toString()方法实现的。

🚗 注意：

JavaScript 能够根据运算环境自动转换变量的类型。在自动转换中，JavaScript 一般根据运算的类型环境，按需进行转换。例如，如果在执行字符串连接操作，会把数字转换为字符串；如果在执行基本数学运算，则会尝试把字符串转换为数值；如果在逻辑运算环境中，则会尝试把值转换为布尔值等。

2.6.2 转换为数字模式字符串

toString()是 Object 类型的原型方法，Number 子类继承该方法后，重写了 toString()，允许传递一个整数参数，设置显示模式。数字默认为十进制显示模式，通过设置参数可以改变数字模式。

（1）如果省略参数，则 toString()方法会采用默认模式，直接把数字转换为数字字符串。

```
var a = 1.000;
var b = 0.0001;
var c = 1e-4;
console.log(a.toString());               //返回字符串"1"
console.log(b.toString());               //返回字符串"0.0001"
console.log(c.toString());               //返回字符串"0.0001"
```

toString()方法能够直接输出整数和浮点数，保留小数位。小数位末尾的零会被清除。但是对于科学计数法，则会在条件许可的情况下把它转换为浮点数，否则就使用科学计数法形式输出字符串。

```
var a = 1e-14;
console.log(a.toString());               //返回字符串"1e-14;"
```

在默认情况下，无论数值采用什么模式表示，toString()方法返回的都是十进制的数字字符串。因此，对于八进制、二进制或十六进制的数字，toString()方法都会先把它们转换为十进制数值之后再输出。

```
var a = 010;                             //八进制数值10
var b = 0x10;                            //十六进制数值10
console.log(a.toString());               //返回字符串"8"
console.log(b.toString());               //返回字符串"16"
```

（2）如果设置参数，则 toString()方法会根据参数把数值转换为对应进制的值之后，再输出为字符串表示。

```
var a = 10;                              //十进制数值10
console.log(a.toString(2));              //返回二进制数字字符串"1010"
console.log(a.toString(8));              //返回八进制数字字符串"12"
console.log(a.toString(16));             //返回二进制数字字符串"a"
```

2.6.3 转换为小数格式字符串

使用 toString()方法把数值转换为字符串时，无法保留小数位。这对于货币格式化、科学计数等专业领域输出显示数字来说，无疑是不方便的。为此，JavaScript 提供了 3 个专用方法，具体说明如下。

（1）toFixed()

toFixed()能够把数值转换为字符串，并显示小数点后的指定位数。

```
var a = 10;
console.log(a.toFixed(2));               //返回字符串"10.00"
```

```
console.log(a.toFixed(4));              //返回字符串"10.0000"
```

（2）toExponential()

toExponential()方法专门用来把数字转换为科学计数法形式的字符串。

```
var a = 123456789;
console.log(a.toExponential(2));        //返回字符串"1.23e+8"
console.log(a.toExponential(4));        //返回字符串"1.2346e+8"
```

toExponential()方法的参数指定了保留的小数位数。省略部分采用四舍五入的方式进行处理。

（3）toPrecision()

toPrecision()方法与 toExponential()方法相似，但它可以指定有效数字的位数，而不是指定小数位数。

```
var a = 123456789;
console.log(a.toPrecision(2));          //返回字符串"1.2e+8"
console.log(a.toPrecision(4));          //返回字符串"1.235e+8"
```

2.6.4　转换为数字

常用值转换为数字说明如下：

```
1            =>    1
0            =>    0
true         =>    1
false        =>    0
""           =>    0
undefined    =>    NaN
null         =>    0
NaN          =>    NaN
Infinity     =>    Infinity
```

把值转换为数字的常用方法有 3 种，具体说明如下。

1．使用 parseInt()

parseInt()是一个全局方法，它可以把值转换为整数。转换的过程如下：

第 1 步，先解析位置 0 处的字符，如果不是有效数字，则直接返回 NaN。

第 2 步，如果位置 0 处的字符是数字，或者可以转换为有效数字，则继续解析位置 1 处的字符，如果不是有效数字，则直接返回位置 0 处的有效数字。

第 3 步，以此类推，按从左到右的顺序，逐个分析每个字符，直到发现非数字字符为止。

第 4 步，parseInt()将把前面分析合法的数字字符全部转换为数值并返回。

```
console.log(parseInt("123abc"));        //返回数字 123
console.log(parseInt("1.73"));          //返回数字 1
console.log(parseInt(".123"));          //返回值 NaN
```

🚗 注意：

浮点数中的点号对于 parseInt()来说属于非法字符，因此不会转换小数部分值。

如果是以 0 开头的数字字符串，则 parseInt()会把它作为八进制数字处理：先把它转换为八进制数值，然后再转换为十进制的数字返回。

如果是以 0x 开头的数字字符串，则 parseInt()会把它作为十六进制数字处理：先把它转换为十六进制数值，然后再转换为十进制的数字返回。

```
var d = 010;                            //八进制数字字符串
```

```
var e = "0x10";                        //十六进制数字字符串
console.log(parseInt(d));              //返回十进制数字 8
console.log(parseInt(e));              //返回十进制数字 16
```

parseInt()也支持基模式，可以把二进制、八进制、十六进制等不同进制的数字字符串转换为整数。基模式由 parseInt()函数的第二个参数指定。

【示例 1】下面代码把十六进制数字字符串"123abc"转换为十进制整数。

```
var a = "123abc";
console.log(parseInt(a,16));           //返回十进制整数 1194684
```

【示例 2】下面代码把二进制、八进制和十进制数字字符串转换为十进制的整数。

```
console.log(parseInt("10",2));         //把二进制数字 10 转换为十进制整数，为 2
console.log(parseInt("10",8));         //把八进制数字 10 转换为十进制整数，为 8
console.log(parseInt("10" ,10));       //把十进制数字 10 转换为十进制整数，为 10
```

【示例 3】如果第一个参数是十进制的值，包含 0 前缀，为了避免被误解为八进制的数字，则应该指定第二个参数值为 10，即显式定义基模式，而不是采用默认基模式。

```
console.log(parseInt("010"));          //把默认基模式数字 010 转换为十进制整数为 10
console.log(parseInt("010",8));        //把八进制数字 010 转换为十进制整数为 8
console.log(parseInt("010",10));       //把十进制数字 010 转换为十进制整数为 10
```

2. 使用 parseFloat()函数

parseFloat()也是一个全局方法，它可以把值转换为浮点数，即它能够识别第一个出现的小数点，而第二个小数点被视为非法。解析过程与 parseInt()方法相同。

```
console.log(parseFloat("1.234.5")); //返回数值 1.234
```

parseFloat()的参数必须是十进制形式的字符串，而不能使用八进制或十六进制的数字字符串。同时对于数字前面的 0（八进制数字标识）会忽略，对于十六进制形式的数字将返回 0。

```
console.log(parseFloat("123"));       //返回数值 123
console.log(parseFloat("123abc"));    //返回数值 123
console.log(parseFloat("010"));       //返回数值 10
console.log(parseFloat("0x10"));      //返回数值 0
console.log(parseFloat("x10"));       //返回数值 NaN
```

3. 使用乘号运算符

如果变量乘以 1，则变量会被 JavaScript 自动转换为数值。乘以 1 之后，结果没有发生变化，但是值的类型被转换为数值。如果值无法被转换为合法的数值，则返回 NaN。

```
var a = 1;                             //数值
var b = "1";                           //数字字符串
console.log(a + (b * 1));              //返回数值 2
```

2.6.5　转换为布尔值

常用值转换为布尔值说明如下：

1	=>	true
0	=>	false
true	=>	true
false	=>	false
""	=>	false
undefined	=>	false
null	=>	false

NaN　　　　　=>　　false
Infinity　　　=>　　true

把值转换为布尔值的常用方法有 2 种，具体说明如下。

1. 使用双重逻辑非

一个逻辑非运算符（!）可以把值转换为布尔值并取反，两个逻辑非运算符就可以把值转换为正确的布尔值。

```
console.log( !!0 );                    //返回 false
console.log( !!1 );                    //返回 true
console.log( !!"" );                   //返回 false
console.log( !!NaN );                  //返回 false
console.log( !!null );                 //返回 false
console.log( !!undefined );            //返回 false
console.log( !![] );                   //返回 true
console.log( !!{} );                   //返回 true
console.log( !!function(){} );         //返回 true
```

2. 使用 Boolean()函数

使用 Boolean()函数可以强制把值转换为布尔值。

```
console.log( Boolean(0) );             //返回 false
console.log( Boolean(1) );             //返回 true
```

2.6.6　转换为对象

使用 new 命令调用 String、Number、Boolean 类型函数，可以把字符串、数字和布尔值 3 类简单值封装为对应类型的对象。

【示例】下面示例分别使用 String、Number、Boolean 类型函数执行实例化操作，并把值"123"传进去，使用 new 运算符创建实例对象，简单值分别被封装为字符串型对象、数值型对象和布尔型对象。

```
var n = "123" ;
console.log( typeof new String(n) );        //返回 object
console.log( typeof new Number(n) );        //返回 object
console.log( typeof new Boolean(n) );       //返回 object
console.log( Object.prototype.toString.call( new String(n) ) ); //返回[object String]
console.log( Object.prototype.toString.call( new Number(n) ) ); //返回[object Number]
console.log( Object.prototype.toString.call( new Boolean(n) ) ); //返回 [object Boolean]
```

2.6.7　转换为简单值

1. 在逻辑运算环境中

在逻辑运算环境中，所有复合型数据对象转换为布尔值都为 true。

【示例 1】下面代码创建 3 个不同类型的对象，然后参与逻辑与运算。因为不管其值是什么，凡是对象转换为布尔值都为 true，所以才看到不同的显示结果。

```
var b = new Boolean(false);        //封装 false 为对象
var n = new Number(0);             //封装数字 0 为对象
var s = new String("");            //封装空字符串对象
b && console.log(b);               //如果 b 为 true，则显示"false"
n && console.log(n);               //如果 n 为 true，则显示"0"
```

```
s && console.log(s);                    //如果 s 为 true，则显示""
```

2. 在数值运算环境中

在数值运算环境中，对象会尝试调用 valueOf()方法；如果不成功，则再调用 toString()方法，获取一个值。然后尝试把该值转换为数字，如果成功，则取用该值参与运算；如果转换失败，则取用 NaN 参与运算。

【示例 2】下面代码使用 Boolean 类型函数把布尔值 true 转换为布尔型对象，然后通过 b-0 数值运算，把布尔型对象转换为数字 1。

```
var b = new Boolean(true);              //把 true 封装为对象
console.log(b.valueOf());               //测试该对象的值为 true
console.log(typeof (b.valueOf()));      //测试值的类型为 boolean
var n = b - 0;                          //投放到数值运算环境中
console.log(n);                         //返回值为 1
console.log(typeof n);                  //测试类型，则为 number
```

3. 在字符串运算环境中

在字符串运算环境中，对象会调用 toString()方法，获取对象的字符串表示，以此作为转换的值。有关 toString()方法的应用，上面多节已经详细介绍过，这里不再赘述。

4. 转换数组

数组转换为简单值时，会调用 toString()方法，获取一个字符串表示，然后根据具体运算环境，再把该字符串转换为对应类型的简单值。转换方法可以参考上面几节介绍。

- 如果为空数组，则转换为空字符串。
- 如果仅包含一个元素，则取该元素值。
- 如果包含多个元素，则转换为多个元素的值组合的字符串，并以逗号分隔。

5. 转换对象

- 当对象与数值进行加运算时，会尝试把对象转换为数值，然后参与求和运算。如果不能转换为有效数值，则执行字符串连接操作。

```
var a = new String("a");                //字符串封装为对象
var b = new Boolean(true);              //布尔值封装为对象
console.log(a+0);                       //返回字符串"a0"
console.log(b+0);                       //返回数值 1
```

- 当对象与字符串进行加运算时，则直接转换为字符串，执行连接操作。

```
var a = new String(1);
var b = new Boolean(true);
console.log(a+"");                      //返回字符串"1"
console.log(b+"");                      //返回字符串"true"
```

- 当对象与数值进行比较运算时，则尝试把对象转换为数值，然后参与比较运算。如果不能转换为有效数值，则执行字符串比较运算。

```
var a = new String("true");             //无法转换为数值
var b = new Boolean(true);              //可以转换为数值 1
console.log(a>0);                       //返回 false，以字符串形式进行比较
console.log(b>0);                       //返回 true，以数值形式进行比较
```

- 当对象与字符串进行比较运算时，则直接转换为字符串，进行比较操作。

对于 Date 对象来说，加号运算符会先调用 toString()方法进行转换。因为当加号运算符作用于 Date 对象时，一般都是字符串连接操作。当比较运算符作用于 Date 对象时，则会转换为数字，以便比较时间的先后。

6．转换函数

函数转换为简单值时，会调用 toString()方法，获取字符串表示（对于普通函数，则返回的是函数代码本身）。然后根据不同运算环境，再把该字符串表示转换为对应类型的值。转换方法同上。

```
var f = function(){return 5;};
console.log( String(f) );            //返回字符串 function(){return 5;}
console.log( Number(f) );            //返回 NaN
console.log( Boolean(f) );           //返回 true
```

2.6.8　强制类型转换

JavaScript 支持使用以下函数进行强制类型转换。

- Boolean(value)：把参数值转换为布尔型值。
- Number(value)：把参数值转换为数字。
- String(value)：把参数值转换为字符串。

【示例】在下面代码中，分别调用上述 3 个函数，把参数值强制转换为新的类型值。

```
console.log( String(true) );         //返回字符串"true"
console.log( String(0) );            //返回字符串"0"
console.log( Number("1") );          //返回数值 1
console.log( Number(true) );         //返回数值 1
console.log( Number("a") );          //返回 NaN
console.log( Boolean(1) );           //返回 true
console.log( Boolean("") );          //返回 false
```

注意：

- true 被强制转换为数值 1，false 被强制转换为数值 0，而使用 parseInt()方法转换时，都返回 NaN。

```
console.log( Number(true) );         //返回 1
console.log( Number(false) );        //返回 0
console.log( parseInt(true) );       //返回 NaN
console.log( parseInt(false) );      //返回 NaN
```

- 当值包含至少一个字符的字符串、非 0 数字或对象时，Boolean()强制转换后都会返回 true。
- 如果值是空字符串、数字 0、undefined 或 null，Boolean()强制转换后都会返回 false。
- Number()强制转换与 parseInt()和 parseFloat()方法的处理方式不同，Number()转换的是整体，而不是局部值。

```
console.log( Number("123abc") );     //返回 NaN
console.log( parseInt("123abc") );   //返回数值 123
```

- String()能够把 null 和 undefined 强制转换为对应字符串，而调用 toString()方法将引发错误。

```
console.log( String(null) );                 //返回字符串"null"
console.log( String(undefined) );            //返回字符串"undefined"
console.log( null.toString() );              //抛出异常
console.log( undefined.toString() );         //抛出异常
```

在 JavaScript 中，使用强制类型转换非常有用，但是应该根据具体应用场景使用，以确保正确转换值。

2.6.9　自动类型转换

JavaScript 能够根据具体运算环境自动转换参与运算的值的类型，转换方法可参考上面多节描述。下面简单介绍常用值在不同运算环境中被自动转换的值列表，如表 2.8 所示。

表 2.8 数据类型自动转换列表

值（value）	字符串操作环境	数字运算环境	逻辑运算环境	对象操作环境
undefined	"undefined"	NaN	false	Error
null	"null"	0	false	Error
非空字符串	不转换	字符串对应的数字值 NaN	true	String
空字符串	不转换	0	false	String
0	"0"	不转换	false	Number
NaN	"NaN"	不转换	false	Number
Infinity	"Infinity"	不转换	true	Number
Number.POSITIVE_INFINITY	"Infinity"	不转换	true	Number
Number.NEGATIVE_INFINITY	"-Infinity"	不转换	true	Number
-Infinity	"-Infinity"	不转换	true	Number
Number.MAX_VALUE	"1.7976931348623157e+ 308"	不转换	true	Number
Number.MIN_VALUE	"5e-324"	不转换	true	Number
其他所有数字	"数字的字符串值"	不转换	true	Number
true	"true"	1	不转换	Boolean
false	"false"	0	不转换	Boolean
对象	toString()	valueOf()或 toString()或 NaN	true	不转换

2.7 在 线 学 习

本节为线上继续学习入口，通过扫码读者可以进行巩固练习、补充知识，获取参考资料、拓展阅读。

第3章 运算符和表达式

运算符就是根据特定的运算规则对操作数执行运算，并返回计算值的符号。运算符必须与操作数配合使用，组成一个表达式，才能够发挥作用。运算符、操作数和表达式的关系描述如下。

- ➥ 运算符：代表特定功能的运算。大部分用标点符号表示（如+、–、=等），还有 5 个用关键字表示，即 delete、typeof、void、instanceof 和 in。
- ➥ 操作数：参与运算的对象，包括直接量、变量、对象、对象成员、数组、数组元素、函数、表达式等。
- ➥ 表达式：表示计算的式子，由运算符和操作数组成。表达式必须返回一个计算值。最简单的表达式是一个变量或直接量；使用运算符把多个简单的表达式连接在一起，就构成了一个复杂的表达式。

【学习重点】
- ➥ 了解什么是运算符和表达式。
- ➥ 正确使用位运算符和算术运算符。
- ➥ 灵活使用逻辑运算符和关系运算符。
- ➥ 掌握赋值运算符、对象操作运算符和其他运算符。

3.1 运 算 符

JavaScript 定义了 47 个运算符，列表比较说明的内容可以扫码了解。

另有 4 个存在争议的运算符，本书没有收入 JavaScript 运算符列表之中。它们具有多重功能，在不同环境中可能会执行不同的操作，而且它们拥有更高的优先级（15 级）。简单说明如下。

- ➥ .（点号）：读、写对象的属性，语法格式为"对象.属性"。
- ➥ []（中括号）：读、写数组的元素，或者读、写对象的属性，语法格式为"数组[整数]""对象['属性名称']"。
- ➥ ()（小括号）：定义函数、调用函数、表达式分组等，常用语法格式为"函数(参数)""(表达式)"。
- ➥ new：创建实例对象或者调用函数，语法格式为"new 类型""new 函数"。

3.1.1 操作数的个数

一般情况下，运算符与操作数配合才能使用。其中，运算符指定执行运算的方式，操作数提供运算的内容。例如，1 加 1 等于 2，用表达式表示就是"n=1+1"。其中，1 是被操作的数，符号"+"表示两个值相加的运算，符号"="表示赋值运算，n 表示接受赋值的变量。

不同的运算符需要配合的操作数的个数不同，可以分为以下 3 类。

- ➥ 一元运算符：一个运算符仅对一个操作数执行某种运算，如取反、递加、递减、转换数字、类型检测、删除属性等运算。
- ➥ 二元运算符：一个运算符必须包含两个操作数。例如，两个数相加、两个值比较。大部分运算符都需要两个操作数配合才能够完成运算。

➦ 三元运算符：一个运算符必须包含三个操作数。JavaScript 中仅有一个三元运算符——条件运算符 "?:"（if 语句的简化形式）。

3.1.2　操作数的类型

运算符操作的数据并不是随意的，大部分都有类型限制。例如，加、减、乘、除四则运算要求参与的操作数必须是数值，逻辑运算要求参与的操作数必须是布尔值。另外，每个运算符执行运算之后，都会有明确的返回类型。

🔊 提示：

JavaScript 能够根据运算环境自动转换操作数的类型，以便完成运算任务。

【示例】在下面代码中，两个操作数都是字符串，于是 JavaScript 自动把它们转换为数字，并执行减法运算，返回数字结果。

```
console.log("10"-"20");                      //返回-10
```

在下面代码中，数字 0 本是数值类型，JavaScript 会把它转换为布尔值 false，然后再执行条件运算。

```
console.log(0?1:2);                          //返回 2
```

在下面代码中，字符串 5 被转换为数字，然后参与大小比较运算，并返回布尔值。

```
console.log(3>"5");                          //返回 false
```

在下面代码中，数字 5 被转换为字符编码，参与字符串的顺序比较运算。

```
console.log("a">5);                          //返回 false
```

在下面代码中，加号运算符能够根据数据类型执行相加或者相连运算。

```
console.log(10+20);                          //返回 30
console.log("10"+"20");                      //返回"1020"
```

在下面代码中，布尔值 true 被转换为数字 1，参与乘法运算，并返回 5。

```
console.log(true*"5");                       //返回 5
```

3.1.3　运算符的优先级

运算符的优先级决定执行运算的顺序。例如，1+2*3 结果是 7，而不是 9，因为乘法优先级高，虽然加号位于左侧。

🚗 注意：

使用小括号可以改变运算符的优先顺序。例如，(1+2)*3 结果是 9，而不再是 7。

【示例】在下面代码中，第 2 行与第 3 行返回结果相同，但是它们的运算顺序是不同的。第 2 行先计算 5 减 2，再乘以 2，最后赋值给变量 n，并显示变量 n 的值；而第 3 行先计算 5 减 2，再把结果赋值给变量 n，最后变量 n 乘以 2，并显示两者所乘结果。

```
console.log(n=5-2*2);                        //返回 1
console.log(n=(5-2)*2);                      //返回 6
console.log((n=5-2)*2);                      //返回 6
```

🚗 注意：

不正确地使用小括号也会引发异常。

```
console.log((1+n=5-2)*2);                    //返回异常
```

在上面代码中，加号运算符优先级高，先执行加运算，但是此时的变量 n 还是一个未知数，所以就会抛出异常。

3.1.4 运算符的结合性

一元运算符、三元运算符和赋值运算符都是按照先右后左的顺序进行结合并运算。

【示例】在下面代码中，右侧的 typeof 运算符先与数字 5 结合，运算结果是字符串"number"，然后左侧的 typeof 运算符再与返回的字符串"number"结合，运算结果是字符串"string"。

```
console.log(typeof typeof 5);              //返回"string"
```

其运算顺序使用小括号表示如下：

```
console.log(typeof (typeof 5));            //返回"string"
```

对于下面表达式，左侧加号先结合，1+2 等于 3；然后 3 与右侧加号结合，3+3 等于 6；6 再与右侧加号结合，6+4 等于 10；最后返回结果。

```
1+2+3+4                                    //返回 10
```

其运算顺序使用小括号表示如下：

```
((1+2)+3)+4                                //返回 10
```

3.1.5 左值、赋值及其副作用

左值就是只能出现在赋值运算符左侧的值，在 JavaScript 中主要指变量、对象的属性、数组的元素。

运算符一般不会对操作数本身产生影响。例如，a = b + c，其中的操作数 b 和 c 不会因为加法运算而导致自身的值发生变化。不过，具有赋值功能的运算符能够改变操作数的值，进而潜在干扰程序的运行状态，并可能对后面的运算造成影响，因此具有一定的副作用，使用时应该保持警惕。具体说明如下。

➥ 赋值运算符（=）。

➥ 附加操作的赋值运算符（如+=、%=等）。

➥ 递增（++）和递减（−−）运算符。

➥ delete 运算符（功能等同于赋值 undefined）。

【示例 1】在下面代码中，变量 a 经过赋值运算和递加运算后，其值发生了两次变化。

```
var a = 0;
a++;
console.log(a);                           //返回 1
```

【示例 2】在下面代码中，变量 a 在参与运算的过程中，其值不断地被改写，显然这个过程干扰了程序的正常运行结果。

```
var a = 1;
a = (a++)+(++a)-(a++)-(++a);
console.log(a);                           //返回-4
```

拆解(a++)+(++a)-(a++)-(++a)表达式如下：

```
var a = 1;                                //初始值为 1
b = a++;                                  //a 先赋 1 给 b，再递加变为 2
c = ++a;                                  //a 先递加变为 3，再赋 3 给 c
d = a++;                                  //a 赋 3 给 d，再递加变为 4
e = ++a;                                  //a 先递加变为 5，再赋 5 给 e
console.log(b+c-d-e);                     //返回-4
```

🚗 注意：

从可读性考虑，在一个表达式中最好不要对同一个操作数执行两次或多次赋值运算。

【示例3】下面代码由于每个操作数仅执行了一次赋值运算，所以不会引发歧义，也不会干扰后续运算。

```
a = (b++)+(++c)-(d++)-(++e);
console.log(a);                                    //返回-4
```

3.2 算术运算

算术运算符包括：加（+）、减（-）、乘（*）、除（/）、求余运算符（%）、数值取反运算符（-）。

3.2.1 加法运算

【示例1】注意特殊操作数的求和运算。

```
var n = 5;                                          //定义并初始化任意一个数值
console.log(NaN + n);                               //NaN 与任意操作数相加，结果都是 NaN
console.log(Infinity + n);                          // Infinity 与任意操作数相加，结果都是 Infinity
console.log(Infinity + Infinity);                   // Infinity 与 Infinity 相加，结果是 Infinity
console.log(( - Infinity) + ( - Infinity));         //负 Infinity 相加，结果是负 Infinity
console.log(( - Infinity) + Infinity);              //正负 Infinity 相加，结果是 NaN
```

【示例2】加运算符能够根据操作数的数据类型，决定是相加操作，还是相连操作。

```
console.log(1 + 1);                                 //如果操作数都是数值，则进行相加运算
console.log(1 + "1");                               //如果操作数中有一个是字符串，则进行相连运算
console.log(3.0 + 4.3 + "")                         //先求和，再连接，返回"7.3"
console.log(3.0 + "" + 4.3)                         //先连接，再连接，返回"34.3"，
                                                    //3.0 转换为字符串 3
```

📢 提示：

在使用加法运算符时，应先检查操作数的数据类型是否符合需要。

3.2.2 减法运算

【示例1】注意特殊操作数的减法运算。

```
var n = 5;                                          //定义并初始化任意一个数值
console.log(NaN - n);                               //NaN 与任意操作数相减，结果都是 NaN
console.log(Infinity - n);                          // Infinity 与任意操作数相减，结果都是 Infinity
console.log(Infinity - Infinity);                   //Infinity 与 Infinity 相减，结果是 NaN
console.log(( - Infinity) - ( - Infinity));         //负 Infinity 相减，结果是 NaN
console.log(( - Infinity) - Infinity);              //正负 Infinity 相减，结果是-Infinity
```

【示例2】在减法运算中，如果操作数为字符串，先尝试把它转换为数值，再进行运算。如果有一个操作数不是数字，则返回 NaN。

```
console.log(2 - "1");                               //返回 1
console.log(2 - "a");                               //返回 NaN
```

✖ 技巧：

使用值减去 0，可以快速把值转换为数字。例如，HTTP 请求中查询字符串一般都是字符串型数字，可以先把这些参数值减去 0 转换为数值。这与调用 parseFloat()方法的结果相同，但减法更高效、快捷。减法运算符的隐性转换如果失败，则返回 NaN，这与使用 parseFloat()方法执行转换时的返回值是不同的。

例如，对于字符串"100aaa"而言，parseFloat()方法能够解析出前面几个数字，而对于减法运算符来说，则必须是完整的数字，才可以进行转换。

```
console.log(parseFloat("100aaa"));                  //返回 100
```

```
console.log("100aaa" - 0);                      //返回 NaN
```

对于布尔值来说，parseFloat()方法能够把 true 转换为 1，把 false 转换为 0，而减法运算符视其为 NaN。

对于对象来说，parseFloat()方法会尝试调用对象的 toString()方法进行转换，而减法运算符先尝试调用对象的 valueOf()方法进行转换，失败之后再调用 toString()进行转换。

3.2.3　乘法运算

【示例】注意特殊操作数的乘法运算。

```
var n = 5;                                      //定义并初始化任意一个数值
console.log(NaN * n);                           //NaN 与任意操作数相乘，结果都是 NaN
console.log(Infinity * n);                      //Infinity 与任意非零正数相乘，结果都是 Infinity
console.log(Infinity * ( - n));                 //Infinity 与任意非零负数相乘，结果都是-Infinity
console.log(Infinity * 0);                      //Infinity 与 0 相乘，结果是 NaN
console.log(Infinity * Infinity);               //Infinity 与 Infinity 相乘，结果是 Infinity
```

3.2.4　除法运算

【示例】注意特殊操作数的除法运算。

```
var n = 5;                                      //定义并初始化任意一个数值
console.log(NaN / n);                           //如果一个操作数是 NaN，结果都是 NaN
console.log(Infinity / n);                      //Infinity 被任意数字除，结果是 Infinity 或-Infinity，
                                                //符号由第二个操作数的符号决定
console.log(Infinity / Infinity);               //返回 NaN
console.log(n / 0);
//0 除一个非无穷大的数字，结果是 Infinity 或-Infinity，符号由第二个操作数的符号决定
console.log(n / -0);                            //返回-Infinity，解释同上
```

3.2.5　求余运算

求余运算也称模运算。例如：
```
console.log(3 % 2);                             //返回余数 1
```
模运算主要针对整数进行操作，也适用于浮点数。例如：
```
console.log(3.1 % 2.3);                         //返回余数 0.8000000000000003
```
【示例】注意特殊操作数的求余运算。

```
var n = 5;                                      //定义并初始化任意一个数值
console.log(Infinity % n);                      //返回 NaN
console.log(Infinity % Infinity);               //返回 NaN
console.log(n % Infinity);                      //返回 5
console.log(0 % n);                             //返回 0
console.log(0 % Infinity);                      //返回 0
console.log(n % 0);                             //返回 NaN
console.log(Infinity % 0);                      //返回 NaN
```

3.2.6　取反运算

取反运算符是一元运算符，也称一元减法运算符。

【示例】注意特殊操作数的取反运算。

```
console.log(-5);                                //返回-5。正常数值取负数
console.log(-"5");                              //返回-5。先转换字符串数字为数值类型
console.log(-"a");                              //返回 NaN。无法完全匹配运算，返回 NaN
```

```
console.log(-Infinity);                    //返回-Infinity
console.log(-(-Infinity));                 //返回 Infinity
console.log(-NaN);                         //返回 NaN
```

📢 提示：

与一元减法运算符相对应的是一元加法运算符，利用它可以快速把一个值转换为数值。

3.2.7 递增和递减

递增（++）和递减（--）运算就是通过不断地加 1 或减 1，然后把结果赋值给左侧操作数，以实现改变自身结果的一种简洁方法。

作为一元运算符，递增运算符和递减运算符只能作用于变量、数组元素或对象属性，不能作用于直接量。根据位置不同，可以分为 4 种运算方式。

- ➥ 前置递增（++n）：先递增，再赋值。
- ➥ 前置递减（--n）：先递减，再赋值。
- ➥ 后置递增（n++）：先赋值，再递增。
- ➥ 后置递减（n--）：先赋值，再递减。

【示例】下面比较递增和递减的 4 种运算方式所产生的结果。

```
var a=b=c=4;
console.log(a++);                 //返回 4，先赋值，再递增，运算结果不变
console.log(++b);                 //返回 5，先递增，再赋值，运算结果加 1
console.log(c++);                 //返回 4，先赋值，再递增，运算结果不变
console.log(c);                   //返回 5，变量的值加 1
console.log(++c);                 //返回 6，先递增，再赋值，运算结果加 1
console.log(c);                   //返回 6，变量的值也加 1
```

📢 提示：

递增和递减是相反的操作，在运算之前都会试图转换值为数值类型，如果失败则返回 NaN。

3.3 逻 辑 运 算

逻辑运算又称布尔代数，就是布尔值（true 和 false）的"算术"运算。逻辑运算符包括：逻辑与（&&）、逻辑或（||）和逻辑非（!）。

3.3.1 逻辑与运算

逻辑与运算（&&）是 AND 布尔操作。只有两个操作数都为 true 时，才返回 true，否则返回 false。具体描述如表 3.1 所示。

表 3.1 逻辑与运算

第一个操作数	第二个操作数	运 算 结 果
true	true	true
true	false	false
false	true	false
false	false	false

【逻辑解析】

逻辑与是一种短路逻辑，如果左侧表达式为 false，则直接短路返回结果，不再运算右侧表达式。运算逻辑如下。

第 1 步，计算第一个操作数（左侧表达式）的值。

第 2 步，检测第一个操作数的值。如果左侧表达式的值可转换为 false（如 null、underfined、NaN、0、""、false），那么就会结束运算，直接返回第一个操作数的值。

第 3 步，如果第一个操作数可以转换为 true，则计算第二个操作数（右侧表达式）的值。

第 4 步，返回第二个操作数的值。

【示例 1】 下面代码利用逻辑与运算检测变量并进行初始化。

```
var user;                                    //定义变量
( ! user && console.log("没有赋值"));          //返回提示信息"没有赋值"
```

等效于：

```
var user;                                    //定义变量
if( ! user){                                 //条件判断
    console.log("变量没有赋值");
}
```

🚗 **注意：**

如果变量 user 值为 0 或空字符串等假值转换为布尔值时，则为 false，那么当变量赋值之后，依然提示变量没有赋值。因此，在设计时必须确保逻辑与左侧的表达式返回值是一个可以预测的值。

```
var user = 0;                                //定义并初始化变量
( ! user && console.log("变量没有赋值"));       //返回提示信息"变量没有赋值"
```

同时，注意右侧表达式不应该包含赋值、递增、递减和函数调用等有效运算，因为当左侧表达式为 false 时，则直接跳过右侧表达式，会给后面的运算带来潜在影响。

【示例 2】 使用逻辑与运算符可以代替设计多重分支结构。

```
var n = 3;
(n == 1) && console.log(1);
(n == 2) && console.log(2);
(n == 3) && console.log(3);
( ! n) && console.log("null");
```

上面代码等效于下面多重分支结构。

```
var n = 3;                                   //定义变量
switch (n){                                  //指定判断的变量
  case1:                                     //条件 1
    console.log(1);
    break;                                   //结束结构
  case2:                                     //条件 2
    console.log(2);
    break;                                   //结束结构
  case3:                                     //条件 3
    console.log(3);
    break;                                   //结束结构
  default:                                   //默认条件
    console.log("null");
}
```

🔊 **提示：**

逻辑与运算的操作数可以是任意类型的值，并返回原始表达式的值，而不是把操作数转换为布尔值再返回。

↘ 对象被转换为布尔值时为 true。例如，一个空对象与一个布尔值进行逻辑与运算。

```
console.log(typeof({} && true))             //返回第二个操作数的值 true 的类型：布尔型
console.log(typeof(true && {}))             //返回第二个操作数的值{}的类型：对象
```
➥ 如果操作数中包含 null，则返回值总是 null。例如，字符串"null"与 null 类型值进行逻辑与运算，不管位置如何，始终都返回 null。
```
console.log(typeof("null" && null))         //返回 null 的类型：对象
console.log(typeof(null && "null"))         //返回 null 的类型：对象
```
➥ 如果操作数中包含 NaN，则返回值总是 NaN。例如，字符串"NaN"与 NaN 类型值进行逻辑与运算，不管位置如何，始终都返回 NaN。
```
console.log(typeof("NaN" && NaN))           //返回 NaN 的类型：数值
console.log(typeof(NaN && "NaN"))           //返回 NaN 的类型：数值
```
➥ 对于 Infinity 来说，将被转换为 true，与普通数值一样参与逻辑与运算。
```
console.log(typeof("Infinity" && Infinity)) //返回第二个操作数 Infinity 的类型：数值
console.log(typeof(Infinity && "Infinity")) //返回第二个操作数"Infinity"的类型：字符串
```
➥ 如果操作数中包含 undefined，则返回 undefined。例如，字符串"undefined"与 undefined 类型值进行逻辑与运算，不管位置如何，始终都返回 undefined。
```
console.log(typeof("undefined" && undefined))   //返回 undefined
console.log(typeof(undefined && "undefined"))   //返回 undefined
```

3.3.2 逻辑或运算

逻辑或运算（||）是布尔 OR 操作。如果两个操作数都为 true，或者其中一个为 true，就返回 true，否则返回 false。具体描述如表 3.2 所示。

表 3.2 逻辑或运算

第一个操作数	第二个操作数	运 算 结 果
true	true	true
true	false	true
false	true	true
false	false	false

【逻辑解析】

逻辑或也是一种短路逻辑，如果左侧表达式为 true，则直接短路返回结果，不再运算右侧表达式。运算逻辑如下。

第 1 步，计算第一个操作数（左侧表达式）的值。

第 2 步，检测第一个操作数的值。如果左侧表达式的值可转换为 true，那么就会结束运算，直接返回第一个操作数的值。

第 3 步，如果第一个操作数可以转换为 false，则计算第二个操作数（右侧表达式）的值。

第 4 步，返回第二个操作数的值。

【示例1】针对下面 4 个表达式：

```
var n = 3;
(n == 1) && console.log(1);
(n == 2) && console.log(2);
(n == 3) && console.log(3);
(! n) && console.log("null");
```

可以使用逻辑或对其进行合并：

```
var n = 3;
(n == 1) && console.log(1) ||
```

```
(n == 2) && console.log(2) ||
(n == 3) && console.log(3) ||
(! n) && console.log("null");
```

由于 "&&" 运算符的优先级高于 "||" 运算符的优先级，所以不必使用小括号进行分组。不过使用小括号分组后，代码更容易阅读。

```
var n = 3;
((n == 1) && console.log(1)) ||          //为 true 时，结束并返回该行值
((n == 2) && console.log(2)) ||          //为 true 时，结束并返回该行值
((n == 3) && console.log(3)) ||          //为 true 时，结束并返回该行值
((! n) && console.log("null"));          //为 true 时，结束并返回该行值
```

注意：

逻辑与（&&）和逻辑或（||）运算符具有下面 2 个特点。

- 在逻辑运算过程中，临时把操作数转换为布尔值，然后根据布尔值决定下一步的操作，但是不会影响操作数的类型和最后返回结果。
- 受控于第一个操作数，可能不会执行第二个操作数。

【示例 2】在下面条件分支中，由于 a = "string" 操作数可以转换为 true，则逻辑或运算就不再执行右侧的定义对象表达式。最后 console.log(b.a);语句抛出异常。

```
if(a = "string" || (b ={
    a : "string"
    })
) console.log(b.a);                      //调用 b 的属性 a
```

如果使用逻辑与运算，就可以避免上述问题。

```
if(a = "string" && (b ={
    a : "string"
    })
) console.log(b.a);                      //调用 b 的属性 a，返回字符串"string"
```

【示例 3】下面代码设计了一个复杂的嵌套结构，根据变量 a 决定是否执行下一个循环。

```
var a = b = 2;                           //定义并连续初始化
if(a){                                   //条件结构
  while(b ++ < 10){                      //循环结构
    console.log(b ++);                   //循环执行语句
  }
}
```

使用逻辑与和逻辑或运算符进行简化：

```
var a = b = 2;                           //定义并连续初始化
while(a && b ++ < 10) console.log(b ++ ); //逻辑与运算符合并的多条件表达式
```

如果转换为如下嵌套结构就不能够继续使用上述表达式进行简化，因为下面的代码是先执行循环体，后执行条件检测。

```
while(b ++ < 10){                        //先执行循环
  if(a){                                 //再判断条件
    console.log(b++);
  }
}
```

3.3.3　逻辑非运算

逻辑非运算（!）是布尔取反操作（NOT）。作为一元运算符，直接放在操作数之前，把操作数的值转换为布尔值，然后取反并返回。

【示例 1】下面列举一些特殊操作数的逻辑非运算返回值。

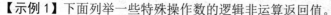

```
console.log(!{});                          //如果操作数是对象，则返回 false
console.log(!0);                           //如果操作数是 0，则返回 true
console.log(!(n = 5));                      //如果操作数是非零的任何数字，则返回 false
console.log(!null);                        //如果操作数是 null，则返回 true
console.log(!NaN);                         //如果操作数是 NaN，则返回 true
console.log(!Infinity);                    //如果操作数是 Infinity，则返回 false
console.log(!( - Infinity));               //如果操作数是-Infinity，则返回 false
console.log(!undefined);                   //如果操作数是 undefined，则返回 true
```

【示例 2】如果对操作数执行两次逻辑非运算操作，就相当于把操作数转换为布尔值。

```
console.log(!0);                           //返回 true
console.log(!!0);                          //返回 false
```

🚗 注意：

逻辑与和逻辑或运算的返回值不必是布尔值，但是逻辑非运算的返回值一定是布尔值。

3.4 关系运算

关系运算也称比较运算，需要两个操作数，运算返回值总是布尔值。

3.4.1 大小比较

比较大小关系的运算符有 4 个，说明如表 3.3 所示。

表 3.3 大小关系运算符

大小运算符	说　　明
<	如果第一个操作数小于第二个操作数，则返回 true；否则返回 false
<=	如果第一个操作数小于或者等于第二个操作数，则返回 true；否则返回 false
>=	如果第一个操作数大于或等于第二个操作数，则返回 true；否则返回 false
>	如果第一个操作数大于第二个操作数，则返回 true；否则返回 false

比较运算中的操作数可以是任意类型的值，但是在执行运算时，会被转换为数字或字符串，然后再进行比较。如果是数字，则比较大小；如果是字符串，则根据字符编码表中的编号值，从左到右逐个比较每个字符。具体规则说明如下。

➥ 如果两个操作数都是数字，或者一个是数值，另一个可以被转换成数字，则将根据数字大小进行比较。

```
console.log(4>3);                          //返回 true，直接利用数字大小进行比较
console.log("4">Infinity);                 //返回 false，无穷大比任何数字都大
```

➥ 如果两个操作数都是字符串，则执行字符串比较。

```
console.log("4">"3");                      //返回 true，根据字符编码表的编号值比较
console.log("a">"b");                      //返回 false，a 编码为 61，b 编码为 62
console.log("ab">"cb");                    //返回 false，c 编码为 63
console.log("abd">"abc");                  //返回 true，d 编码为 64，
                                           //如果前面相同，则比较下一个字符，以此类推
```

🚗 注意：

字符比较是区分大小写的，一般小写字符大于大写字符。如果不区分大小写，则建议使用 toLowerCase() 或 toUpperCase() 方法把字符串统一为小写或大写形式之后再比较。

➯ 如果一个操作数是数字，或者被转换为数字，另一个是字符串，或者被转换为字符串，则使用 parseInt()将字符串转换为数字（对于非数字字符串，将被转换为 NaN），最后以数字方式进行比较。

➯ 如果一个操作数为 NaN，或者被转换为 NaN，则始终返回 false。

```
console.log("a">"3");                //返回 true，字符 a 编码为 61，字符 3 编码为 33
console.log("a">3);                  //返回 false，字符 a 被强制转换为 NaN
```

➯ 如果一个操作数是对象，则先使用 valueOf()取其值，再进行比较；如果没有 valueOf()方法，则使用 toString()取其字符串表示，再进行比较。

➯ 如果一个操作数是布尔值，则先转换为数值，再进行比较。

➯ 如果操作数都无法转换为数字或字符串，则比较结果为 false。

🚗 注意：

为了设计可控的比较运算，建议先检测操作数的类型，主动转换类型。

3.4.2 相等和全等

等值检测运算符包括 4 个，详细说明如表 3.4 所示。

表 3.4 等值检测运算符

等值检测运算符	说明
==（相等）	比较两个操作数的值是否相等
!=（不相等）	比较两个操作数的值是否不相等
===（全等）	比较两个操作数的值是否相等，同时检测它们的类型是否相同
!==（不全等）	比较两个操作数的值是否不相等，同时检测它们的类型是否不相同

在相等运算中，应注意以下几个问题。

➘ 如果操作数是布尔值，则先转换为数值，其中 false 转为 0，true 转换为 1。

➘ 如果一个操作数是字符串，另一个操作数是数字，则先尝试把字符串转换为数字。

➘ 如果一个操作数是字符串，另一个操作数是对象，则先尝试把对象转换为字符串。

➘ 如果一个操作数是数字，另一个操作数是对象，则先尝试把对象转换为数字。

➘ 如果两个操作数都是对象，则比较引用地址。如果引用地址相同，则相等；否则不等。

【示例1】下面是特殊操作数的相等比较。

```
console.log("1" == 1)                //返回 true。字符串被转换为数字
console.log(true == 1)               //返回 true。true 被转换为 1
console.log(false == 0)              //返回 true。false 被转换为 0
console.log(null == 0)               //返回 false
console.log(undefined == 0)          //返回 false
console.log(undefined == null)       //返回 true
console.log(NaN == "NaN")            //返回 false
console.log(NaN == 1)                //返回 false
console.log(NaN == NaN)              //返回 false
console.log(NaN != NaN)              //返回 true
```

📢 提示：

NaN 与任何值都不相等，包括它自己。null 和 undefined 值相等，但是它们是不同类型的数据。在相等比较中，null 和 undefined 不允许被转换为其他类型的值。

【示例2】下面两个变量的值是相等的。

```
var a = "abc" + "d";
var b = "a" + "bcd";
console.log(a == b);                          //返回 true
```

📢 提示：

数值和布尔值的相等比较运算效率比较高，而字符串需要逐个字符进行比较，相等比较运算效率比较低。

在全等运算中，应注意以下几个问题。

🔽 如果两个操作数都是简单的值，则只要值相等，类型相同，就全等。

🔽 如果一个操作数是简单的值，另一个操作数是复合型对象，则不全等。

🔽 如果两个操作数都是复合型对象，则比较引用地址是否相同。

【示例3】下面是特殊操作数的全等比较。

```
console.log(null === undefined)               //返回 false
console.log(0 === "0")                         //返回 false
console.log(0 === false)                       //返回 false
```

【示例4】下面是两个对象的比较，由于它们都引用了相同的地址，所以返回 true。

```
var a = {};
var b = a;
console.log(a === b);                          //返回 true
```

下面两个对象虽然结构相同，但是地址不同，所以不全等。

```
var a = {};
var b = {};
console.log(a === b);                          //返回 false
```

【示例5】对于复合型对象，主要比较引用的地址，不比较对象的值。

```
var a = new String("abcd")                     //定义字符串"abcd"对象
var b = new String("abcd")                     //定义字符串"abcd"对象
console.log(a === b);                          //返回 false
console.log(a == b);                           //返回 false
```

在上面示例中，两个对象的值相等，但是引用地址不同，所以它们既不相等，也不全等。因此，对于复合型对象来说，相等（==）和全等（===）运算的结果是相同的。

【示例6】对于简单的值，只要类型相同、值相等，它们就是全等，不考虑表达式运算的过程变化，也不用考虑变量的引用地址。

```
var a = "1" + 1;
var b = "11" ;
console.log(a === b);                          //返回 true
```

【示例7】表达式(a > b || a == b)与表达式(a >= b)并不完全相等。

```
var a = 1;
var b = 2;
console.log((a > b || a == b) == (a >= b))    //返回 true，此时似乎相等
```

如果为变量 a 和 b 分别赋值 null 和 undefined，则返回值为 false，说明这两个表达式并非完全等价。

```
var a = null;
var b = undefined;
console.log((a > b || a == b) == (a >= b))    //返回 false，表达式的值并非相等
```

因为 null==undefined 等于 true，所以表达式(a > b || a == b)的返回值为 true，但是表达式 null>=undefined 的返回值为 false。

3.5　赋值运算

赋值运算符左侧的操作数必须是变量、对象属性或数组元素，也称为左值。例如，下面的写法是错误的，因为左侧的值是一个固定的值，不允许操作。

```
1 = 100;                              //返回错误
```

赋值运算有以下两种形式。

➥ 简单的赋值运算（=）：把等号右侧操作数的值直接复制给左侧的操作数，因此左侧操作数的值会发生变化。

➥ 附加操作的赋值运算：赋值之前先对右侧操作数执行某种操作，然后把运算结果复制给左侧操作数。具体说明如表 3.5 所示。

表 3.5　附加操作的赋值运算符

赋值运算符	说　明	示　例	等　效　于
+=	加法运算或连接操作并赋值	a += b	a = a + b
-=	减法运算并赋值	a -= b	a = a - b
*=	乘法运算并赋值	a *= b	a = a * b
/=	除法运算并赋值	a /= b	a = a / b
%=	取模运算并赋值	a %= b	a = a % b
<<=	左移位运算并赋值	a <<= b	a = a << b
>>=	右移位运算并赋值	a >>= b	a = a >> b
>>>=	无符号右移位运算并赋值	a >>>= b	a = a >>> b
&=	位与运算并赋值	a &= b	a = a & b
|=	位或运算并赋值	a |= b	a = a | b
^=	位异或运算并赋值	a ^= b	a = a ^ b

【示例1】使用赋值运算符设计复杂的连续赋值表达式。

```
var a = b = c = d = e = f = 100;           //连续赋值
//在条件语句的小括号内进行连续赋值
for(var a = b = 1; a < 5; a ++ ){console.log(a + "" + b );}
```

赋值运算符的结合性是从右向左，最右侧的赋值运算先执行，然后再向左赋值，以此类推，所以连续赋值运算不会引发异常。

【示例2】在下面表达式中，逻辑与左侧的操作数是一个赋值表达式，右侧的操作数也是一个赋值表达式。但是左侧赋的值是一个简单值，右侧是把一个函数赋值给变量 b。

```
var a;                                 //定义变量 a
console.log(a = 6 && (b = function(){   //逻辑与运算表达式
    return a;                          //返回变量 a 的值
  })()                                 
);                                     //结果返回 undefined
```

在逻辑与运算中，左侧的赋值并没有真正地复制给变量 a，当逻辑与运算执行右侧的表达式时，该表达式是把一个函数赋值给变量 b，然后利用小括号运算符调用这个函数，返回变量 a 的值，结果并没有返回变量 a 的值 6，而是 undefined。

由于赋值运算作为表达式使用具有副作用，使用时要慎重，确保不会引发风险。对于上面的表达式，更安全的写法如下：

```
var a = 6;                              //定义并初始化变量 a
b = function(){                         //定义函数对象 b
  return a;
}
console.log(a && b());                  //逻辑与运算，根据 a 决定是否调用函数 b
```

3.6 对象操作运算

对象操作运算主要是针对对象、数组、函数这 3 类复合型对象执行某种操作，涉及的运算符包括 in、instanceof、delete。

3.6.1 归属检测

in 运算符能够检测左侧操作数是否为右侧操作数的成员。其中左侧操作数是一个字符串，或者可以转换为字符串的表达式，右侧操作数是一个对象或数组。

【示例 1】下面代码使用 in 运算符检测属性 a、b、c、valueOf 是否为对象 o 的成员。

```
var o = {                               //定义对象
  a:1,                                  //定义属性 a
  b:function(){}                        //定义方法 b
}
console.log("a" in o);                  //返回 true
console.log("b" in o);                  //返回 true
console.log("c" in o);                  //返回 false
console.log("valueOf" in o);            //返回 true，继承 Object 的原型方法
console.log("constructor" in o);        //返回 true，继承 Object 的原型属性
```

instanceof 运算符能够检测左侧的对象是否为右侧类型的实例。

【示例 2】下面代码使用 instanceof 检测数组 a 是否为 Array、Object 和 Function 的实例。

```
var a = new Array();                    //定义数组
console.log(a instanceof Array);        //返回 true
console.log(a instanceof Object);       //返回 true，Array 是 Object 的子类
console.log(a instanceof Function);     //返回 false
```

◆)) 提示：

如果左侧操作数不是对象，或者右侧操作数不是类型函数，则返回 false。如果右侧操作数不是复合型对象，则将返回错误。

3.6.2 删除属性

delete 运算符能够删除指定对象的属性、数组元素或变量。如果删除操作成功，则返回 true；否则返回 false。

【示例 1】下面代码使用 delete 运算符删除对象 a 的属性 x。

```
var a ={                                //定义对象 a
  x : 1,                                //定义对象成员
  y : 2                                 //定义对象成员
};
console.log(a.x);                       //调用对象成员，返回 1
```

```
console.log( delete a.x);               //删除对象成员 x 成功，返回 true
console.log(a.x);                        //返回 undefined，没有找到该对象成员
```

☕ 注意：

部分 JavaScript 内置成员和客户端成员，以及使用 var 语句声明的变量不允许删除。

```
c= 1;                                    //初始化变量 c，没有使用 var 语句声明
console.log(delete c);                   //返回 true，说明删除成功
var b = 1;                               //使用 var 语句声明并初始化变量
console.log(delete b);                   //返回 false，说明不允许删除
console.log(delete Object.constructor);  //返回 true，说明部分内部成员可以被删除
```

【示例 2】如果删除不存在的对象成员，或者非对象成员、数组元素、变量，则返回 true。因此，使用 delete 运算符时，要注意区分成功删除与无效操作。

```
var a ={};                               //定义对象 a
console.log(delete a);                   //返回 false，说明不允许删除
console.log(delete a.z);                 //返回 true，说明不存在该属性
console.log(delete b);                   //返回 true，说明不存在该变量
```

【示例 3】下面代码使用 delete 运算符，配合 in 运算符，实现对数组成员执行检测、插入、删除或更新操作。

```
var a =[];                               //定义数组对象
if("x" in a)                             //如果对象 a 中存在 x
    delete a["x"];                       //则删除成员 x
else                                     //如果不存在成员 x
    a["x"] = true;                       //则插入成员 x，并为其赋值 true
console.log(a.x);                        //返回 true。查看成员 x 的值
if(delete a["x"])                        //如果删除成员 x 成功
    a["x"] = false;                      //更新成员 x 的值为 false
console.log(a.x);                        //返回 false。查看成员 x 的值
```

3.7　位　运　算

位运算就是对二进制数执行计算，是整数的逐位运算。例如，1+1=2，在十进制计算中是正确的，但是在二进制计算中，1+1= 10；对于二进制数 100 取反，等于 001，而不是-100。

位运算符有 7 个，分为两类。

➥ 逻辑位运算符：位与（&）、位或（|）、位异或（^）和位非（~）。

➥ 移位运算符：左移（<<）、右移（>>）和无符号右移（>>>）。

3.7.1　逻辑位运算

逻辑位运算符与逻辑运算符的运算方式是相同的，但是针对的对象不同。逻辑位运算符针对的是二进制的整数值，而逻辑运算符针对的是非二进制的值。

1．"&"运算符

"&"运算符（位与）用于对两个二进制操作数逐位进行比较，并根据表 3.6 所示的换算表返回结果。

表3.6   "&" 运算符

第一个数的位值	第二个数的位值	运 算 结 果
1	1	1
1	0	0
0	1	0
0	0	0

📢 提示：

在位运算中，数值1表示true，0表示false；反之亦然。

【示例1】12和5进行位与运算，则返回值为4。

```
console.log(12&5);                                //返回值4
```

图3.1以算式的形式解析了12和5进行位与运算的过程。通过位与运算，只有第3位的值为全为true，故返回true，其他位均返回false。

$$0000\ 0000\ 0000\ 0000\quad 0000\ 0000\ 0000\ \mathbf{1100}\ \Big|\ =\ \mathbf{12}$$
$$\&\ 0000\ 0000\ 0000\ 0000\quad 0000\ 0000\ 0000\ \mathbf{0101}\ \Big|\ =\ \mathbf{5}$$
$$\overline{\qquad\qquad\qquad\qquad\qquad\qquad\qquad\qquad}$$
$$0000\ 0000\ 0000\ 0000\quad 0000\ 0000\ 0000\ \mathbf{0100}\ \Big|\ =\ \mathbf{4}$$

图3.1   12和5进行位与运算

2. "|" 运算符

"|" 运算符（位或）用于对两个二进制操作数逐位进行比较，并根据表3.7所示的换算表返回结果。

表3.7   "|" 运算符

第一个数的位值	第二个数的位值	运 算 结 果
1	1	1
1	0	1
0	1	1
0	0	0

【示例2】12和5进行位或运算，则返回值为13。

```
console.log(12|5);                                //返回值13
```

图3.2以算式的形式解析了12和5进行位或运算的过程。通过位或运算，除第2位的值为false外，其他位均返回true。

$$0000\ 0000\ 0000\ 0000\quad 0000\ 0000\ 0000\ \mathbf{1100}\ \Big|\ =\ \mathbf{12}$$
$$|\ 0000\ 0000\ 0000\ 0000\quad 0000\ 0000\ 0000\ \mathbf{0101}\ \Big|\ =\ \mathbf{5}$$
$$\overline{\qquad\qquad\qquad\qquad\qquad\qquad\qquad\qquad}$$
$$0000\ 0000\ 0000\ 0000\quad 0000\ 0000\ 0000\ \mathbf{1101}\ \Big|\ =\ \mathbf{13}$$

图3.2   12和5进行位或运算

3. "^" 运算符

"^" 运算符（位异或）用于对两个二进制操作数逐位进行比较，并根据表 3.8 所示的换算表返回结果。

表 3.8   "^" 运算符

第一个数的位值	第二个数的位值	运 算 结 果
1	1	0
1	0	1
0	1	1
0	0	0

【示例 3】12 和 5 进行位异或运算，则返回值为 9。

```
console.log(12^5);                              //返回值 9
```

图 3.3 以算式的形式解析了 12 和 5 进行位异或运算的过程。通过位异或运算，第 1、4 位的值为 true，而第 2、3 位的值为 false。

```
    0000 0000 0000 0000   0000 0000 0000 1100  |  =  12
^   0000 0000 0000 0000   0000 0000 0000 0101  |  =   5

    0000 0000 0000 0000   0000 0000 0000 1001  |  =   9
```

图 3.3   12 和 5 进行位异或运算

4. "~" 运算符

"~" 运算符（位非）用于对一个二进制操作数逐位进行取反操作。

第 1 步，把运算数转换为 32 位的二进制整数。

第 2 步，逐位进行取反操作。

第 3 步，把二进制反码转换为十进制浮点数。

【示例 4】对 12 进行位非运算，则返回值为 -13。

```
console.log(~12);                               //返回值 -13
```

图 3.4 以算式的形式解析了对 12 进行位非运算的过程。

```
~   0000 0000 0000 0000   0000 0000 0000 1100  |  =  12

    1111 1111 1111 1111   1111 1111 1111 0011  |  = -13
```

图 3.4   对 12 进行位非运算

📣 提示：

位非运算实际上就是对数字进行取负运算，再减 1。例如：

```
console.log(~12 == -12-1);                      //返回 true
```

3.7.2　移位运算

移位运算就是对二进制值进行有规律地移位。移位运算可以设计很多奇妙的效果，在图形图像编程中应用广泛。

1. "<<" 运算符

"<<" 运算符执行左移位运算。在移位运算过程中，符号位始终保持不变。如果右侧空出位置，则自动填充为 0；超出 32 位的值，则自动丢弃。

【示例 1】把数字 5 向左移动 2 位，则返回值为 20。

```
console.log(5<<2);                      //返回值20
```

用算式进行演示，如图 3.5 所示。

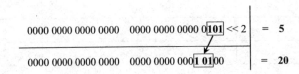

图 3.5 把 5 向左位移 2 位运算

2. ">>" 运算符

">>" 运算符执行有符号右移位运算。与左移运算操作相反，它把 32 位数字中的所有有效位整体右移，再使用符号位的值填充空位。移动过程中超出的值将被丢弃。

【示例 2】把数值 1000 向右移 8 位，则返回值为 3。

```
console.log(1000>>8);                   //返回值3
```

用算式进行演示，如图 3.6 所示。

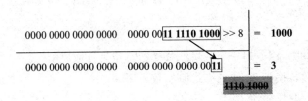

图 3.6 把 1000 向右位移 8 位运算

【示例 3】把数值-1000 向右移 8 位，则返回值为-4。

```
console.log(-1000>>8);                  //返回值-4
```

用算式进行演示，如图 3.7 所示。当符号位值为 1 时，则有效位左侧的空位全部使用 1 进行填充。

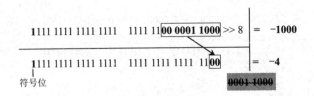

图 3.7 把-1000 向右位移 8 位运算

3. ">>>" 运算符

">>>" 运算符执行无符号右移位运算。它把无符号的 32 位整数所有数位整体右移。对于无符号数或正数右移运算，无符号右移与有符号右移运算的结果是相同的。

【示例 4】下面两行表达式的返回值是相同的。

```
console.log(1000>>8);                   //返回值3
console.log(1000>>>8);                  //返回值3
```

【示例5】对于负数来说，无符号右移将使用 0 来填充所有的空位，同时会把负数作为正数来处理，所得结果会非常大。所以，使用无符号右移运算符时要特别小心，避免意外错误。

```
console.log(-1000>>8);                    //返回值-4
console.log(-1000>>>8);                   //返回值 16777212
```

用算式进行演示，如图 3.8 所示。左侧空位不再用符号位的值来填充，而是用 0 来填充。

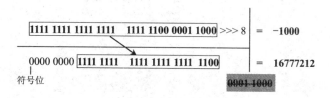

图 3.8 把-1000 向右无符号位移 8 位运算

3.8 其 他 运 算

下面介绍其他几个运算符，这些运算符很重要，比较实用。另外，typeof 运算符可以检测值的类型，在第 2 章已详细介绍过，本节不再赘述。

3.8.1 条件运算符

条件运算符是唯一的三元运算符，其语法格式如下：

```
b ? x : y
```

b 操作数必须是一个布尔型的表达式，x 和 y 是任意类型的值。

➥ 如果操作数 b 的返回值为 true，则执行 x 操作数，并返回该表达式的值。

➥ 如果操作数 b 的返回值为 false，则执行 y 操作数，并返回该表达式的值。

【示例】定义变量 a，然后检测 a 是否被赋值，如果赋值则使用该值；否则设置默认值。

```
var a = null;                             //定义变量 a
typeof a != "undefined" ? a = a : a = 0;  //检测变量 a 是否赋值，否则设置默认值
console.log(a);                           //显示变量 a 的值，返回 null
```

条件运算符可以转换为条件结构：

```
if( typeof a != "undefined" )             //赋值
    a=a;
else                                      //没有赋值
    a = 0;
console.log(a);
```

也可以转换为逻辑表达式：

```
(typeof a != "undefined") && (a = a) || (a = 0);    //逻辑表达式
console.log(a);
```

在上面表达式中，如果 a 已赋值，则执行(a=a)表达式，执行完毕就不再执行逻辑或运算符后面的(a = 0)表达式；如果 a 未赋值，则不再执行逻辑与运算符后面的(a=a)表达式，转而执行逻辑或运算符后面的表达式(a = 0)。

🚗 注意：

在实战中需要考虑假值的干扰。使用 typeof a != "undefined"进行检测，可以避开变量赋值为 false、null、""、NaN 等假值时，也被误认为没有赋值。

3.8.2　逗号运算符

逗号运算符是二元运算符，它能够先执行运算符左侧的操作数，然后再执行右侧的操作数，最后返回右侧操作数的值。

【示例 1】逗号运算符可以实现连续运算，如多个变量连续赋值。

```
var a = 1, b = 2, c = 3, d = 4;
```

等价于：

```
var a = 1;
var b = 2;
var c = 3;
var d = 4;
```

🚗 注意：

与条件运算符、逻辑运算符根据条件来决定是否执行所有或特定操作数不同的是，逗号运算符会执行所有的操作数，但并非返回所有操作数的结果，它只返回最后一个操作数的值。

【示例 2】在下面代码中，变量 a 的值是逗号运算之后，通过第二个操作数 c=2 的执行结果赋值得到的。第一个操作数的执行结果没有返回，但是这个表达式被执行了。

```
a = (b=1,c=2);                          //连续执行和赋值
console.log(a);                         //返回 2
console.log(b);                         //返回 1
console.log(c);                         //返回 2
```

📢 提示：

逗号运算符可以作为仅需执行表达式的工具，这些表达式不需要返回值，但必须要运算。在特定环境中，可以在一个表达式中包含多个子表达式，通过逗号运算符让它们全部执行，而不用返回结果。

【示例 3】for 循环结构的小括号内包含 3 个表达式，第一个表达式为初始化值，第二个表达式为监测条件，第三个表达式为递增表达式。使用逗号运算符可以在 3 个表达式中添加多个额外的计算任务，但要确保第二个表达式的最后一个子表达式返回一个可控布尔值，否则会导致死循环。

```
for(var a = 1, b = 10, c = 100; ++ c, a < b; a ++ , c -- ){
    console.log(a * c);
}
```

【示例 4】逗号运算符的优先级是最低的。在下面代码中，赋值运算符优先于逗号运算符，也就是说数值 1 被赋值给变量 b 之后，继续赋值给变量 a，最后才执行逗号运算符。

```
a = b=1,c=2;                            //连续执行和赋值
console.log(a);                         //返回 1
console.log(b);                         //返回 1
console.log(c);                         //返回 2
```

3.8.3　void 运算符

void 是一元运算符，它可以出现在任意类型的操作数之前执行操作数，却忽略操作数的返回值，返回一个 undefined。void 常用于 HTML 脚本中执行 JavaScript 表达式，但不需要返回表达式的计算结果。

【示例 1】在下面代码中，使用 void 运算符让表达式返回 undefined。

```
var a = b = c = 2;                      //定义并初始化变量的值
d = void (a -= (b *= (c += 5)));        //执行 void 运算符，并把返回值赋予变量 d
```

```
console.log(a);                          //返回-12
console.log(b);                          //返回 14
console.log(c);                          //返回 7
console.log(d);                          //返回 undefined
```

由于 void 运算符的优先级比较高（14），高于普通运算符的优先级，所以在使用时应该使用小括号明确 void 运算符操作的操作数，避免引发错误。

【示例 2】在下面两行代码中，由于第一行代码没有使用小括号运算符，则 void 运算符优先执行，返回值 undefined 再与 1 执行减法运算，所以返回值为 NaN。在第二行代码中由于使用小括号运算符明确 void 的操作数，减法运算符先被执行，然后执行 void 运算，最后返回值是 undefined。

```
console.log(void 2 - 1);                 //返回 NaN
console.log(void (2 - 1));               //返回 undefined
```

【示例 3】void 运算符也能像函数一样使用，如 void(0)也是合法的。在特殊环境下一些复杂的语句可能不方便使用 void 运算符，而必须使用 void 函数。

```
console.log(void(i=0));                  //返回 undefined
console.log(void(i=0, i++));             //返回 undefined
```

3.9　表　达　式

在语法概念中，运算符属于词，表达式属于短语。表达式是由一个或多个运算符、操作数组成的运算式。表达式的功能是执行计算，并返回一个值。

3.9.1　表达式的形式

表达式是一个比较富有弹性的运算单元。简单的表达式就是一个直接量、常量或变量。例如：

```
1                                        //数值直接量，计算后返回数值 1
"string"                                 //字符串直接量，计算后返回字符串"string"
false                                    //布尔直接量，计算后返回布尔值 false
null                                     //特殊值直接量，计算后返回直接量 null
/regexp/                                 //正则直接量，计算后返回正则表达式对象
{a:1,b:"1"}                              //对象直接量，计算后返回对象
[1,"1"]                                  //数组直接量，计算后返回数组
function(a,b){return a+b}                //函数直接量，计算后返回函数
a                                        //变量，计算后返回变量的值
```

它们也是最原始的表达式，一般很少单独使用。

使用运算符把一个或多个简单的表达式连接起来，可以构成复杂的表达式。复杂的表达式还可以嵌套组成更复杂的表达式。但是，不管表达式的形式多么复杂，最后都要求返回一个唯一的值。

3.9.2　表达式的类型

根据功能的不同，表达式可以分为很多类型。常用类型说明如下。

➥ 定义表达式，如定义变量、定义函数。

```
var a = [];
var f = function(){};
```

➥ 初始化表达式，与定义表达式和赋值表达式常常混用。

```
var a = [1, 2];
var o = {x:1, y:2};
```

➥ 访问表达式。

```
console.log([1, 2][1]);                    //返回2
console.log(({x:1, y:2}).x);               //返回1
console.log(({x:1, y:2})["x"]);            //返回1
```

➥ 调用表达式。

```
console.log(function(){return 1;}());      //返回1
console.log([1,3, 2].sort());              //返回1, 2, 3
```

➥ 实例化对象表达式。

```
console.log(new Object());                 //返回实例对象
console.log(new Object);                   //返回实例对象
```

根据运算符的类型，表达式还可以分为：算术表达式、关系表达式、逻辑表达式、赋值表达式等。

3.9.3　表达式的运算顺序

表达式可以嵌套组成复杂的表达式。JavaScript 在解析时，先计算最小单元的表达式，然后把返回值投入到外围表达式（上级表达式）的运算，依次逐级上移。

表达式严格遵循"从左到右"的顺序执行运算，但是也会受到每个运算符的优先级和结合性的影响。同时，为了控制计算，用户可以通过小括号分组提升子表达式的优先级。

【示例 1】对于下面这个复杂表达式来说，通过小括号可以把表达式分为 3 组，形成 3 个子表达式，每个子表达式又嵌套多层表达式。

```
(3-2-1)*(1+2+3)/(2*3*4)
```

JavaScript 首先计算"3-2-1"子表达式，然后计算"1+2+3"子表达式，接着计算"2*3*4"子表达式，最后再执行乘法运算和除法运算。其逻辑顺序如下：

```
var a = 1+2+3,
    b = 2*3*4,
    c = 3-2-1,
    d = c * a / b;
```

【示例 2】下面这个复杂表达式不容易阅读。

```
(a + b > c && a - b < c || a > b > c)
```

使用小括号进行分组优化，则逻辑运算的顺序就非常清楚了，这是一种好的设计习惯。

```
((a + b > c) && ((a - b < c) || (a > b > c)))
```

3.9.4　表达式的优化

表达式的优化包括两种方法。

➥ 运算顺序分组优化。

➥ 逻辑运算结构优化。

下面重点介绍逻辑优化。

在复杂表达式中，一些不良的逻辑结构与人的思维方式相悖，会影响代码阅读，这时就应该根据人的思维习惯来优化表达式的逻辑结构。

【示例 1】设计一个筛选学龄人群的表达式。如果使用表达式来描述就是：年龄大于等于 6 岁，且小于 18 岁的人。

```
if(age >= 6 && age < 18){  }
```

表达式 age>=6 && age<18 可以很容易阅读和理解。

如果再设计一个更复杂的表达式：筛选所有弱势年龄人群，以便在购票时实施半价优惠。如果使用表达式来描述，就是年龄大于等于 6 岁，且小于 18 岁，或者年龄大于等于 65 岁的人。

```
if(age >= 6 && age < 18 || age >= 65){ }
```

从逻辑上分析，上面表达式没有错误；但是在结构上分析就比较紊乱。为此先使用小括号对逻辑结构进行分组，以便于阅读。

```
if((age >= 6 && age < 18) || age >= 65){ }
```

人的思维具有线性的、有联系的、有参照的品质，模型如图3.9所示。

图3.9　人的思维模型

如果仔细分析 age >= 6 && age < 1 || age >= 65 表达式的逻辑，模型如图3.10所示。可以看到它是一种非线性的，呈多线交叉模式。

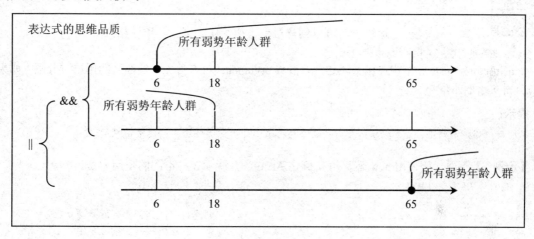

图3.10　该表达式的思维模型

对于机器来说，表达式本身没有问题。但是对于阅读者来说，思维比较紊乱，不容易形成一条逻辑线。逻辑结构紊乱的原因：随意混用关系运算符。

如果调整一下表达式的结构顺序，就会非常清晰。

```
if(( 6 <= age && age < 18) || 65 <= age ){ }
```

这里使用统一的大于小于号，即所有参与比较的项都按照从左到右、从小到大的思维顺序进行排列，而不再恪守变量位置。

【示例2】优化逻辑表达式的嵌套。例如，对于下面这个条件表达式，该如何进行思维？

```
if(!(!isA || !isB)){}
```

经过优化如下：

```
if(!(!(isA && isB))){}
```

类似的逻辑表达式嵌套如下：

```
if(!(!isA && ! isB)){}
```

经过优化如下：

```
if(!(!(isA || isB))){}
```

【示例3】条件运算符在表达式运算中经常使用，但是不容易阅读，必要时可以考虑使用 if 语句对其进行优化。例如，下面代码使用条件运算符设计一个复杂表达式。

```
var a = {};
a.e = function(x){return x;};
a.f = function(x){return x + "";};
a.b = new Object(a.d ? a.e(1): a.f(1));
```

使用 if 语句优化之后，就非常清晰了。

```
if(a.d){
    a.b = new Object(a.e(1));
}else{
    a.b = new Object(a.f(0));
}
```

3.10　案例实战

3.10.1　使用 new

new 是一个运算符，可以创建对象，初始化实例。其语法格式如下：

```
new constructor(arguments)
```

constructor 必须是一个构造函数表达式，参数 arguments 可有可无，参数之间用逗号分隔。如果没有参数，可以省略小括号。

📢 提示：

在最新的参考资料中，new 已从运算符列表中被移出，作为命令使用，扮演多重角色。

【示例1】下面代码使用 new 运算符实例化 Array，并演示 3 种不同的使用方法。

```
var a = new Array;                      //创建数组，省略小括号
var b = new Array();                    //创建数组
var c = new Array(1,2,3);               //创建数组，并初始化元素值
console.log(c[2]);                      //读取创建数组对象的元素值，返回 3
```

new 被执行时，首先会创建一个新对象，然后调用指定的构造函数，并根据传入参数初始化实例，最后把初始化的实例传递给新对象。

【示例2】下面代码自定义类，然后使用它创建新的对象。

```
var a = function(){                     //自定义类型函数 a
    this.x = 1;                         //属性 x
    this.y = 2;                         //属性 y
};
var b = new a;                          //创建对象
console.log(b.x);                       //调用对象属性 x，返回 1
```

3.10.2　使用中括号和点号

使用中括号运算符（[]）可以存取数组元素值，使用点运算符（.）可以存取对象属性值。其语法格式如下：

```
a.b                                     //点运算符的用法
c[d]                                    //中括号运算符的用法
```

操作数 a 表示对象，操作数 b 表示属性名。如果属性值是函数，应增加小括号，实现方法调用操作。注意，操作数 b 是不能使用字符串或者字符串表达式的。

操作数 c 可以是数组，也可以是对象。具体说明如下：

> ➥ 如果左侧操作数是数组，则中括号包含的操作数应是一个值为非负整数的表达式，作为下标值，
> 用来指定元素在数组中的位置。
> ➥ 如果左侧操作数是对象，则中括号包含的操作数应是一个值为字符串的表达式，映射对象的属性名。

📢 提示：

中括号和点号应该属于运算符范畴，但是新版本 JavaScript 把它们视为语言核心命令来使用。

【示例 1】中括号运算符（[]）不仅可以存取数组元素的值，也可以存取对象属性值。

➥ 存取数组元素的值。

```
var a =[1,"x",true,{}];              //定义数组 a
console.log(a[1]);                   //读取第 2 个元素的值，返回字符串"x"。
a[3] = false;                        //为第 4 个元素写入 false 值
console.log(a[3]);                   //第 4 个元素原来的值被覆盖，返回 false。
```

➥ 存取对象属性的值。

```
var a ={
    x : 1,                           //定义对象属性 x
    y : function(){                  //定义对象方法 y
        return 2;                    //返回值
    }
};
console.log(a["y"]());               //调用方法 y，返回 2
a["x"] = 3;                          //重置属性 x 的值
console.log(a["x"]);                 //读取属性 x 的值，返回 3
```

【示例 2】使用点运算符（.）可以存取对象属性的值，它比中括号灵活、方便，因为点运算符右侧
可以直接指定属性名称，而不是属性名称的字符串。

```
var a ={x : 1,};                     //定义对象 a
console.log(a.x);                    //返回 1。读取对象属性 a 的值
a.x = 2;                             //重写对象属性 a 的值
console.log(a.x);                    //返回 2。再次读取对象属性 a 的值
```

对于中括号运算符，可以通过变量或字符串表达式来传递特定值。

```
var b = "x";                         //把属性 x 的标识符名作为字符串存储在变量 b 中
var a ={x : 1};                      //定义对象
console.log(a[b]);                   //返回 1。通过变量间接获取对象 a 的属性 x 的值
console.log(a.b);                    //返回 undefined。点运算符无法识别变量引用
```

【示例 3】下面两种方法都可以读取数组 a 中第二个元素的值。虽然说 a["1"]中参数是一个字符串，
但是中括号运算符能够把它转换为数字。

```
var a = ["x",true,{}];               //定义数组
console.log(a[1]);                   //返回 true
console.log(a["1"]);                 //返回 true
```

📢 提示：

如果中括号运算符的第二个操作数为对象，会调用 toString()方法把对象转换为字符串表示。如果是布尔值 true
和 false，将被转换为字符串"true"和"false"，而不是 1 和 0。

```
var a = {                            //定义对象
    "true":1,                        //定义属性"true"
    "false":0                        //定义属性"false"
}
console.log(a[true]);                //返回 1。把布尔值 true 转换为字符串"true"
console.log(a[false]);               //返回 0。把布尔值 false 转换为字符串"false"
```

【示例 4】在不确定对象属性时，使用中括号运算符来遍历对象属性会很方便，但如果使用点运算符
则容易引发异常。下面代码使用中括号运算符遍历客户端 window 对象的所有属性以及属性值。

```
for(o in window){                                      //遍历 window 对象属性
    document.write("window." + o + " = " + window[o] + "<br />");
}
```

3.10.3　使用小括号

　　小括号有多种功能，可以调用函数、定义函数、传递参数、表达式分组等。作为一个特殊的运算符，它没有固定数目的操作数。在函数调用中，语法格式如下：

```
f (a,b,c,…)
```

　　操作数 f 是一个函数名或者引用函数的表达式，a、b、c…是数目不详的参数，这些参数可以是任意类型的表达式。

　　【示例】下面代码演示了如何使用小括号调用函数。

```
function hi(who){                                      //定义函数 a
    console.log("Hi, " + who);                         //函数体代码
}
hi("张三");                                            //直接调用，返回"Hi, 张三"
```

🔊 提示：

　　在大量示例中都会用到小括号，就小括号的其他用法本节不再赘述。

3.10.4　连续运算

　　JavaScript 是函数式编程语言，表达式运算的能力比较强大，通过连续运算可以设计敏捷的程序代码。

　　【示例1】最常用的是连续赋值运算。

```
var a = b = c = 1;
```

　　上面代码相当于声明 3 个变量，并全部初始化值为1。

　　【示例2】条件运算符在连续运算中扮演着重要的角色，它可以把复杂的分支结构浓缩到一个表达式中。例如，在事件处理函数中，经常会用下面表达式处理事件对象兼容问题。

```
event ? event : window.event;
```

　　拆分为分支结构：

```
if(event)
    event = event;                                     //如果支持 event 参数，则直接使用 event
else
    event = window.event;                              //否则调用 window 对象 event 属性
```

　　【示例3】下面使用条件运算符设计多重分支结构。

```
var a = (( a == 1 ) ? console.log( 1 ) :               //如果 a 等于 1，则提示 1
         ( a == 2 ) ? console.log( 2 ) :               //如果 a 等于 2，则提示 2
         ( a == 3 ) ? console.log( 3 ) :               //如果 a 等于 3，则提示 3
         ( a == 4 ) ? console.log( 4 ) :               //如果 a 等于 4，则提示 4
         console.log( undefined )                       //否则提示 undefined
);
```

　　拆分为多重分支结构：

```
switch (a){
    case 1:
        console.log(1);
        break;
    case 2:
        console.log(2);
        break;
```

```
    case 3:
        console.log(3);
        break;
    case 4:
        console.log(4);
        break;
    default:
        console.log(undefined);
}
```

【示例 4】 对于复合型数据——对象、数组、函数，都可以作为操作数，参与表达式运算。例如，对于下面操作：先定义函数，再调用函数。

```
var f = function(x,y){                  //定义匿名函数
    return (x+y)/2;
}
console.log(f(10,20));                   //调用匿名函数
```

使用表达式表示：

```
console.log(
    (function( x, y ){
        return ( x + y ) / 2;
    })( 10, 20 )                         //直接调用匿名函数
);                                       //返回值 15
```

【示例 5】 通过小括号连续调用，使用表达式可以设计多层嵌套的函数结构。

```
console.log(
    ( function(){
        return function(x, y){
            return function(){
                return ( x + y ) / 2;
            }
        }
    })()( 10, 20 )()                     //连续 3 次调用运算
);                                       //返回值 15
```

如果转换为命令式语句，则代码如下。

```
var f = function(){
    return function(x, y){
        return function(){
            return ( x + y ) / 2;
        }
    }
}
var f1 = f();                            //第一次调用外层函数
var f2 = f1(10,20);                      //第二次调用中层函数
var f3 = f2();                           //第三次调用内层函数
console.log(f3);                         //返回值 15
```

【示例 6】 下面示例演示如何使用表达式创建对象。

```
var o = typeof 56;                       //返回数值 56 的类型
console.log(
    (new (                               //根据多条件运算式返回值创建对象
        (o == "string") ? String :
        (o == "number") ? Number :
        (o == "boolean") ? Boolean :
        (o == "array") ? Array :
        Object
    )
    ).toString()                         //把创建的对象转换为字符串返回
)
```

上面代码使用条件运算符的嵌套，连续判断变量 o 的值，然后使用 new 创建对象，最后通过点运算符调用 toString()方法把新创建的对象转换为字符串并返回。

◁» 提示：

如果使用逻辑运算符，可以进一步浓缩表达式。代码如下：
```
console.log((new ((o == "string") ? String :(o == "number") ? Number :(o == "boolean") ?
Boolean :(o == "array") ? Array :Object)).toString())
```

3.10.5 把命令转换为表达式

在表达式运算中，求值是运算的核心。由于运算只产生值，因此可以把所有命令式语句都转换为表达式，并进行求值。

◁» 提示：

把命令转换为表达式，循环和分支中的一些子句可以弃用，如 break、continue，以及标签语句等。变量声明语句不需要了，只需要值声明和函数内的 return 子句，其他命令都可以省略。

【示例1】使用条件运算符或逻辑运算符，可以把分支结构转换为表达式。
```
var a = (( a == 1 ) && console.log( 1 ) ||     //如果a等于1，则提示1
         ( a == 2 ) && console.log( 2 ) ||     //如果a等于2，则提示2
         ( a == 3 ) && console.log( 3 ) ||     //如果a等于3，则提示3
         ( a == 4 ) && console.log( 4 ) ||     //如果a等于4，则提示4
    console.log( undefined )                   //否则提示 undefined
);
```
上面代码主要利用逻辑运算符 "&&" 和 "||" 来执行连续运算。对于逻辑与运算来说，如果运算符左侧的操作数为 true，才会执行右侧的操作数，否则忽略右侧的操作数；而对于逻辑或运算来说，如果运算符左侧的操作数为 false，才会执行右侧的操作数，否则忽略右侧的操作数。

逻辑与和逻辑或的组合使用可以模拟条件运算符的运算功能。这也说明 JavaScript 逻辑运算符并非是为了布尔计算来设计的，它实际上是分支结构的一种表达式化。

【示例2】使用递归运算可以把循环结构转换为表达式。
```
for( var i = 1 ; i < 100; i ++ ){
    console.log( i );                          //可执行命令
}
```
使用递归函数进行设计。
```
var i = 1;                                     //声明变量 i，并初始化
(function(){                                   //定义匿名函数
    console.log( i );                          //可执行命令
    (++i < 100 ) && arguments.callee();
                                               //如果递增后变量 i 小于 100，则执行递归运算
}) ()                                          //调用函数
```
使用嵌套函数进一步封装。
```
(function(){
    var i = 1;
    return function(){
        console.log( i );                      //可执行命令
        (++i < 100) && arguments.callee();     //有条件递归运算
    }
}) () ()                                        //调用函数的返回函数
```

◁» 提示：

函数递归运算需要为每次函数调用保留私有空间，因此会消耗大量的系统资源。不过使用尾递归可以避免此类问题。

函数也可以作为表达式的操作数,具有值的含义。不管函数内部结构多么复杂,最终返回的只是一个值,因此可以在函数内封装复杂的逻辑。

例如,在函数中包含循环语句来执行高效运算,这样就间接地实现了把语句作为表达式的一部分投入连续运算中。在特殊环境下只能使用表达式运算,如浏览器地址栏内仅能够运行表达式代码等。

【示例3】下面示例是一个连续运算的表达式,该表达式是一个分支结构,并在分支结构中包含函数体,用以判断两种表达式的大小并输出提示信息。整个代码以表达式的形式运算,与命令式语言风格迥然不同。

```javascript
( ( function f( x, y ){
    return ( x + y ) * ( x + y );
})( 25, 36 )>
( function f( x, y ){
    return x * x + y * y;
})( 25, 36 ) ) ?
console.log( "( x + y )^2" ) : console.log( "x ^2+ y^2" ) //返回提示信息"( x + y )^2"
```

【示例4】下面示例使用函数封装复杂的循环结构,然后直接参与到表达式运算。

```javascript
console.log(( function( x, y ){
    var c=0,a =[]
    for( var i = 0; i < x; i ++ ){
        for( var j = 0; j < y; j ++ ) {
            a[c] = i.toString() + j.toString();
            document.write(++c + " ");
        }
        document.write( "<br />");
    }
    return a;
}
) ( 10, 10 ) );
```

上面代码把两个嵌套的循环结构封装在函数体内,从而实现连续求值的目的。因此,使用连续运算的表达式可以设计足够复杂的逻辑。

🚗 注意:

类似下面这种复杂的表达式也存在一定的风险,不容易阅读,也不容易调试。
```javascript
console.log(( function( x, y ){var c=0,a =[];for( var i = 0; i < x; i ++ )
{for( var j = 0; j < y; j ++ )
{a[c] = i.toString() + j.toString();document.write
(++c + " ");}document.write
( "<br />");}return a;} )( 10, 10 ) );
```

应该养成良好的编码习惯,设计良好的结构可以降低代码难度。对于长表达式,应该对其进行格式化。从语义上分析,函数的调用过程实际上就是表达式运算中求值的过程。从这一点来看,在函数式编程中,函数是一种高效的连续运算的工具。例如,对于循环结构来说,使用递归运算会存在系统损耗,但是如果把循环语句封装在函数结构中,然后把函数作为值参与表达式的运算,实际上也是高效实现循环结构的表达式化。

3.11 在线学习

本节为线上继续学习入口,通过扫码读者可以进行巩固练习、补充知识、获取参考资料、拓展阅读。

第4章 语句和程序结构

在计算机编程语言中，语句就是可执行的命令，用来完成特定的任务。多条语句能够组成一段程序，而完整的项目可能需要成千上万条语句。大部分语句用于控制流程，如 if 条件判断语句、switch 多分支语句、for 循环语句、while 循环语句、do/while 循环语句、break 中断语句、continue 继续执行语句等。

【学习重点】
- ➥ 了解 JavaScript 语句。
- ➥ 灵活设计分支结构。
- ➥ 灵活设计循环结构。
- ➥ 正确使用流程控制语句和异常处理语句。

4.1 语　　句

4.1.1 语句分类

JavaScript 语言定义了 20 套（或个）语句命令，分别执行不同的操作。

以用途划分，JavaScript 语句可以分为：声明、分支控制、循环控制、流程控制、异常处理和其他，详细的比较说明可以扫码了解。

以结构划分，JavaScript 语句又可以分为单句和复句。

- ➥ 单句：也称单行语句，由一个或多个关键字和表达式构成，用来完成简单的运算。
- ➥ 复句：使用大括号包含一个或多个单句，用来设计代码块、控制流程等复杂操作。

4.1.2 定义语句

在 JavaScript 中，使用分号可以定义一条语句。例如：

```
var a;
```

当语句单独一行显示时，可以省略分号，JavaScript 在解析时会自动补全分号。

🚗 注意：

只有当省略分号，JavaScript 无法合并上下行进行解析时，才会补加分号。例如：

```
var a
a = 1
```

合并为一行后等于：

```
var a a = 1
```

JavaScript 无法理解这句话的意思，于是添加分号，定义为两条语句来解析。但是，对于下面 3 行代码：

```
var b = ""
var a = b
(a = "abc").toUpperCase()
```

如果不添加分号，JavaScript 就会错误解析为如下两条语句。

```
var b = "";
```

```
var a = b(a = "abc").toUpperCase();
```

第 2 行结尾是变量 b，第 3 行开头是小括号，于是 JavaScript 就理解为 b()函数的调用。

◀)) 提示：

以[、(、/、+、-这 5 个符号开头的一行代码，很容易与上一行代码结合。例如：

```
a
[3].length                                //上下行合并解析为：a[3].length
a
/b/                                       //上下行合并解析为：a/b/
a
-1                                        //上下行合并解析为：a-1
a
+1                                        //上下行合并解析为：a+1
```

但是，对于下面两种特例需要警惕。

第一，return、break 和 continue 三个语句，如果分行显示，JavaScript 不会自动合并下一行进行解析。例如：

```
return
.1;                                       //不会合并，直接解析为两条语句：return 和 1；
```

第二，++（递增）和--（递减）运算符会与下一行变量主动合并解析，但不会与上一行变量合并解析。例如：

```
var a = b = 1;
a                                         //结果为1
++
b                                         //结果为2
```

因此，当所有句子结束时，建议养成良好习惯，使用分号进行定义。只有这样，当代码被压缩时，才不至于出现各种异常。

4.1.3 单句

单句比较简单，一般占据一行，可以不执行任何任务，或者运算表达式，或者执行简短的命令等。单句主要包括：

❧ 空语句
❧ 表达式语句
❧ 声明语句
❧ 调试语句
❧ 启用严格模式语句

下面分别进行介绍，其中启用严格模式语句可以参考 2.4 节内容。

4.1.4 复句

多个句子（Statement）放在一起就是一个语句段（Statement Block），如果使用大括号括起来，就成了复句（Statements）。单个句子被包括在大括号中也是复句。

复句又称语句块，语句块是一个独立运行的单元。在没有流程控制的情况下，块内语句要么都执行，要么都不执行。复句不需要使用分号与后面代码进行分隔，不过添加分号也不会出错。

【示例】复句结构比较复杂，它可以包含子句，也可以包含复句，形成结构嵌套。复句内的子句可以通过缩排版式以增强代码的可读性。

```
{
```

```
    //空复句
}
{
    console.log("单复句");
}
{
    console.log("外层复句");
    {
        console.log("内层复句");
    }
}
```

4.1.5　空语句

空语句就是没有任何可执行的代码，只有一个分号（;）。空语句没有任何副作用，也不会执行任何动作，相当于一个占位符。

【示例】在循环结构中使用空语句可以设计假循环。下面代码在大括号内没有写入分号，但是 JavaScript 能够自动添加分号，定义一个空语句。

```
for(var i = 0; i < 10; i ++ ){ }
```

上面代码可以简写为：

```
for(var i = 0; i < 10; i ++ );
```

上面写法容易引发错误，可以加上注释，或者使用复合。

```
for(var i = 0; i < 10; i ++ )/*空语句*/;
for(var i = 0; i < 10; i ++ ){  ;  }
```

4.1.6　表达式语句

任何表达式加上分号就是表达式语句。

【示例 1】下面是一行最简单的句子。只有一个直接量，也是最简单的表达式。

```
true;                                    //最简单的句子
```

【示例 2】下面是赋值语句，代码虽然很长，不过也只是一个表达式语句。

```
o =new ((o == "String")?String:(o == "Array")?Array:(o ==
"Number")?Number:(o == "Math")?Math:(o == "Date")?Date:(o ==
"Boolean")?Boolean:(o == "RegExp")?RegExp:Object);
```

赋值运算符右侧是一个多重条件运算，格式化显示如下：

```
new ((o == "String")?String           :
(o == "Array")?Array                   :
(o == "Number")?Number                 :
(o == "Math")?Math                     :
(o == "Date")?Date                     :
(o == "Boolean")?Boolean               :
(o == "RegExp")?RegExp                 :
Object);
```

📢 提示：

表达式与语句的区别。

❯ 子句法角度分析，表达式是短语；语句是一个句子。

❯ 从结构角度分析，表达式由操作数和运算符组成；语句由命令（关键字）和表达式组成。表达式之间可以通过空格分隔；而语句之间必须通过分号分隔。表达式可以包含子表达式，语句也可以包含子语句。

❯ 从表现角度分析，表达式呈现静态性；而语句呈现动态性。

❯ 从结果趋向分析，表达式必须返回一个值；而语句则是完成特定操作。

4.1.7 声明语句

声明语句包括三种：声明变量、声明函数和声明标签。

使用 var 语句可以声明变量，具体用法可以参考 2.2.1 小节内容。

【示例1】 下面代码分别以不同形式声明多个变量并初始化（赋值）。

```
var a = 0, b = true, c, d;                    //声明 4 个变量，并部分赋值
```

使用 function 语句可以声明函数，具体用法可以参考 8.1 节内容。

【示例2】 下面代码使用 function 语句声明一个函数，函数名为 f。

```
function f(){
    console.log("声明函数");
}
```

声明标签的具体方法请参考 4.4.1 小节的介绍。

4.1.8 调试语句

debugger 语句用于停止执行 JavaScript，同时如果调试函数可用，会调用调试函数。

debugger 语句可以放在代码的任何位置用以中止脚本执行，但不会关闭任何文件或清除任何变量，类似于在代码中设置断点。

🚗 **注意：**

> 如果调试工具不可用，则调试语句将无法工作。一般可以在浏览器中按 **F12** 键开启调试工具。

【示例】 下面代码使用 debugger 语句中止执行 for 循环的每一次迭代。先在 IE 中开启调试工具，演示效果如图 4.1 所示。

```
for(i = 1; i<5; i++) {
    console.log("循环次数： " + i);
    debugger;
}
```

图 4.1　使用调试语句

4.1.9 with 语句

with 语句能够临时改变作用域。语法格式如下：

```
with (object)
    statement
```

参数 object 表示一个对象，它临时定义了 with 结构体内所有变量的作用域，当执行完 with 结构之后，又恢复变量的原始状态。

with 关键字后面必须跟随一个由小括号包含的对象，而不是表达式。这个对象能够临时划定一个范围，指定 with 结构体内的变量都以它作为作用域。

【示例】对于下面语句。

```
document.getElementsByTagName("input")[0].value = 0;
document.getElementsByTagName("input")[1].value = 1;
document.getElementsByTagName("input")[2].value = 2;
```

可以把它转换为 with 结构来表示。

```
with(o=document.getElementsByTagName("input")){
    o[0].value = 0;
    o[1].value = 1;
    o[2].value = 3;
}
```

with 结构可能会破坏变量的作用域，不推荐使用。建议使用变量引用的方法。

```
var o = document.getElementsByTagName("input");
o[0].value = 0;
o[1].value = 1;
o[2].value = 3;
```

4.2 分支结构

在正常情况下，JavaScript 脚本是按顺序从上到下执行的，这种结构被称为顺序结构。如果使用 if、else/if 或 switch 语句，可以改变这种流程顺序，让代码根据条件选择执行的方向，这种结构被称为分支结构。

4.2.1 if 语句

if 语句允许根据特定的条件执行指定的语句。语法格式如下：

```
if (expr)
    statement
```

如果表达式 expr 的值为真，则执行语句 statement；否则，将忽略语句 statement。流程控制示意如图 4.2 所示。

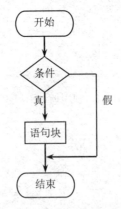

图 4.2 if 语句流程控制示意图

【示例】下面示例使用内置函数 Math.random()随机生成一个 1 到 100 之间的整数，然后判断该数能否被 2 整除，如果可以整除，则输出显示。

```
var num = parseInt( Math.random()*99 + 1 );        //使用 random()函数生成一个随机数
if (num % 2 == 0){                                  //判断变量 num 是否为偶数
    console.log(num + "是偶数。");
}
```

📢 提示：

如果 statement 为单句，可以省略大括号，例如：

```
if (num % 2 == 0)
    console.log(num + "是偶数。");
```

🚗 注意：

建议养成良好的编码习惯，不管是单句，还是复句，都应使用大括号，以避免疏忽大意引发的错误。例如，不小心在 if(num % 2 == 0)后面加上分号，JavaScript 解释器就会把条件表达式之后的分号视为一个空语句，从而改变条件表达式影响的范围，导致后面的语句永远被执行。

```
if (num % 2 == 0) ;
    console.log(num + "是偶数。");
```

这种错误不容易被发现，也不会引发异常。

4.2.2 else 语句

else 语句仅在 if 或 else/if 语句的条件表达式为假的时候执行。语法格式如下：

```
if (expr)
    statement1
else
    statement2
```

如果表达式 expr 的值为真，则执行语句 statement1；否则，将执行语句 statement2。流程控制示意如图 4.3 所示。

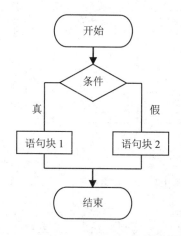

图 4.3 else/if 语句组合流程控制示意图

【示例 1】针对上节示例，可以设计二重分支，实现根据条件显示不同的提示信息。

```
var num = parseInt( Math.random()*99 + 1 );//使用 random()函数生成一个随机数
if (num % 2 == 0){                          //判断变量 num 是否为偶数
    console.log(num + "是偶数。");
} else {
    console.log(num + "是奇数。");
}
```

【**示例2**】if/else 结构可以嵌套，以便设计多重分支结构。

```
var num = parseInt( Math.random()*99 + 1 );//使用 random()函数生成一个 1 到 100 的随机数
if (num < 60 ){
    console.log( "不及格" );
}
else{
    if (num < 70 ){
        console.log( "及格" );
    }
    else {
        if (num < 85 ){
            console.log( "良好" );
        }
        else {
            console.log( "优秀" );
        }
    }
}
```

一般可以简化为如下语法格式，这样更方便编写和维护。

```
var num = parseInt( Math.random()*99 + 1 );//使用 random()函数生成一个 1 到 100 的随机数
if ( num < 60 ){ console.log( "不及格" ); }
else if ( num < 70 ){ console.log( "及格" ); }
else if ( num < 85 ){ console.log( "良好" ); }
else{ console.log( "优秀" ); }
```

把 else 与 if 关键字组合在一行内显示，然后重新格式化每个句子，使整个嵌套结构的逻辑思路就变得清晰。其流程控制示意如图 4.4 所示。

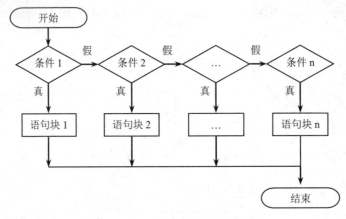

图 4.4　else/if 语句流程控制示意图

🚗 **注意：**

设计嵌套分支结构时，建议使用复句。如果是一行单句，也应该使用大括号包裹起来，避免条件歧义。例如，下面嵌套结构就容易引发误解。

```
if(0)
    if(1)
        console.log(1);
else
    console.log(0);
```

针对上面代码，JavaScript 解释器将根据就近原则，按如下逻辑层次进行解释。

```
if(0)
    if(1)
        console.log(1);
```

```
else
    console.log(0);
因此使用复句可以避免很多问题。
if(0){
    if(1)  console.log(1);
}else{
    console.log(0);
}
```

4.2.3 switch 语句

switch 语句专门用来设计多分支条件结构。与 else/if 多分支结构相比，switch 结构更简洁，执行效率更高。语法格式如下：

```
switch (expr){
    case value1:
        statementList1
        break;
    case value2:
        statementList2
        break;
    …
    case valuen:
        statementListn
        break;
    default:
        default statementList
}
```

switch 语句根据表达式 expr 的值，依次与 case 后表达式的值进行比较，如果相等，则执行其后的语句段，只有遇到 break 语句，或者 switch 语句结束才终止；如果不相等，则继续查找下一个 case。switch 语句包含一个可选的 default 语句，如果在前面的 case 中没有找到相等的条件，则执行 default 语句，它与 else 语句类似。switch 语句流程控制示意如图 4.5 所示。

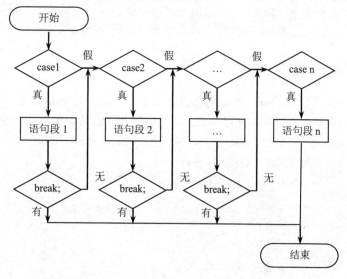

图 4.5 switch 语句流程控制示意图

【示例 1】下面示例使用 switch 语句设计网站登录会员管理模块。

```
var id = 1;
switch ( id ) {
```

```
    case 1:
        console.log( "普通会员" );
        break;                              //停止执行，跳出 switch
    case 2:
        console.log( "VIP 会员" );
        break;                              //停止执行，跳出 switch
    case 3:
        console.log( "管理员" );
        break;                              //停止执行，跳出 switch
    default:                                //上述条件都不满足时，默认执行的代码
        console.log( "游客" );
```

📢 提示：

当 JavaScript 解析 switch 结构时，先计算条件表达式，然后计算第一个 case 子句后的表达式的值，并使用全等（===）运算符来检测两值是否相同。由于使用的是全等运算符，因此不会自动转换每个值的类型。

【示例 2】case 子句可以省略语句，这样当匹配时，不管下一个 case 条件是否满足，都会继续执行下一个 case 子句的语句。下面示例演示了把普通会员和 VIP 会员合并在一起进行检测。

```
var id = 1;
switch ( id ) {
    case 1:                                 //空匹配
    case 2:
        console.log( "VIP 会员" );
        break;
    case 3:
        console.log( "管理员" );
        break;
    default:
        console.log( "游客" );
}
```

💥 注意：

在 switch 语句中，case 子句只是指明了执行起点，但是没有指明执行的终点，如果在 case 子句中没有 break 语句，就会发生连续执行的情况，从而忽略后面 case 子句的条件限制，这样就容易破坏 switch 结构的逻辑。如果在函数中使用 switch 语句，可以使用 return 语句终止 switch 语句，防止代码继续执行。

4.2.4　default 语句

4.2.3 节介绍过 default 语句的基本用法。default 是 switch 的子句，可以位于 switch 内任意位置，不会影响多重分支的正常执行。下面结合示例介绍使用 default 语句应该注意 3 个问题。

【示例 1】如果 default 下面还有 case 子句，应该在 default 后面添加 break 语句，终止 switch 结构，防止程序突破 case 条件的限制继续执行下面 case 子句。

```
var id = 1;
switch ( id ) {
    default:                                //默认条件语句
        console.log( "游客" );
        break;                              //终止执行
    case 1:
        console.log( "普通会员" );
        break;
    case 2:
        console.log( "VIP 会员" );
        break;
    case 3:
```

```
        console.log( "管理员" );
        break;
}
```

【示例2】在下面代码中，JavaScript 先检测 case 表达式的值，由于 case 表达式的值都不匹配，则跳转到 default 子句执行，然后继续执行 case 1 和 case 2 子句。但是，最后不会返回 default 子句再重复执行。

```
var id = 3;
switch ( id ) {
    default:
        console.log( "游客" );
    case 1:
        console.log( "普通会员" );
    case 2:
        console.log( "VIP 会员" );
}
```

【示例3】下面示例使用 switch 语句设计一个四则运算函数。在 switch 结构内，先使用 case 枚举 4 种可预知的算术运算，当然还可以继续扩展 case 子句，枚举所有可能的操作，但是无法枚举所有不测，因此最后使用 default 处理意外情况。

```
function oper(a, b, opr){
    switch (opr){
        case "+" :                    //正常枚举
            return a + b;
        case "-" :                    //正常枚举
            return a - b;
        case "*" :                    //正常枚举
            return  a * b;
        case "/" :                    //正常枚举
            return a / b;
        default:                      //异常处理
            return "非预期的 opr 值";
    }
}
console.log(oper(2, 5, "*"));         //返回 10
```

提示：

default 语句与 case 语句简单比较如下。
- 语义不同：default 为默认项，case 为判例。
- 功能扩展：default 选项是唯一的，不可以扩展。而 case 选项是可扩展的，没有限制。
- 异常处理：default 与 case 扮演的角色不同，case 用于枚举，default 用于异常处理。

4.3 循 环 结 构

在程序开发中，存在大量的重复性操作或计算，这些任务必须依靠循环结构来完成。JavaScript 定义了 while、for 和 do/while 三种类型循环语句。

4.3.1 while 语句

while 语句是最基本的循环结构。语法格式如下：

```
while (expr)
    statement
```

当表达式 expr 的值为真时，将执行 statement 语句，执行结束后，再返回到 expr 表达式继续进行判断。直到表达式的值为假，才跳出循环，执行下面的语句。while 循环语句的流程控制示意如图 4.6 所示。

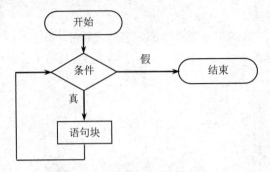

图 4.6　while 语句流程控制示意图

【示例】下面使用 while 语句输出 1 到 100 之间的偶数。

```
var n = 1;                         //声明并初始化循环变量
while(n <= 100){                   //循环条件
    n ++ ;                         //递增循环变量
    if( n%2 == 0) document.write( n + " " );       //执行循环操作
}
```

📢 提示：

也可以在循环的条件表达式中设计循环增量。代码如下：
```
var n = 1;                                      //声明并初始化循环变量
while(n++ <= 100)                               //循环条件
    if( n%2 == 0) document.write( n + " " );    //执行循环操作
```

4.3.2　do/while 语句

　　do/while 与 while 循环非常相似，区别在于表达式的值是在每次循环结束时检查，而不是在开始时检查。因此 do/while 循环能够保证至少执行一次循环，而 while 循环就不一定了，如果表达式的值为假，则直接终止循环，不进入循环。语法格式如下：
```
do
    statement
while (expr)
```
do/while 循环语句的流程控制示意如图 4.7 所示。

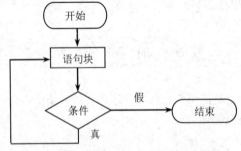

图 4.7　do/while 语句流程控制示意图

【示例】针对上节示例使用 do/while 结构来设计，则代码如下：

```
var n = 1;                                      //声明并初始化循环变量
do {                                            //循环条件
    n ++ ;                                      //递增循环变量
    if( n%2 == 0) document.write( n + " " );    //执行循环操作
```

```
} while(n <= 100);
```

📢 提示：

建议在 do/while 结构的尾部使用分号表示语句结束，避免意外情况发生。

4.3.3 for 语句

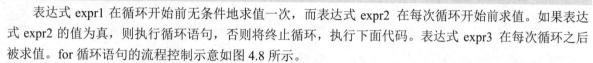

for 语句是一种更简洁的循环结构。语法格式如下：

```
for (expr1; expr2; expr3)
    statement
```

表达式 expr1 在循环开始前无条件地求值一次，而表达式 expr2 在每次循环开始前求值。如果表达式 expr2 的值为真，则执行循环语句，否则将终止循环，执行下面代码。表达式 expr3 在每次循环之后被求值。for 循环语句的流程控制示意如图 4.8 所示。

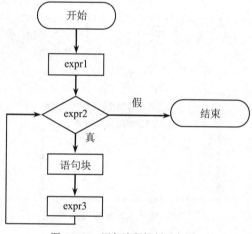

图 4.8 for 语句流程控制示意图

🚗 注意：

for 语句中 3 个表达式都可以为空，或者包括以逗号分隔的多个子表达式。在表达式 expr2 中，所有用逗号分隔的子表达式都会计算，但只取最后一个子表达式的值进行检测。expr2 为空，会默认其值为真，意味着将无限循环下去。除了使用 expr2 表达式结束循环外，也可以在循环语句中使用 break 语句结束循环。

【示例 1】针对上节示例，使用 for 循环来设计。

```
for(var n =1; n<=100; n++){
    if(n%2 == 0) document.write( n + " " ); //执行循环操作
}
```

【示例 2】下面示例使用嵌套循环求 1 到 100 之间的所有素数。外层 for 循环遍历每个数字，在内层 for 循环中，使用当前数字与其前面的数字求余。如果有至少一个能够整除，则说明它不是素数；如果没有一个被整除，则说明它是素数，最后输出当前数字。

```
for(var i=2; i<100; i++){             //打印 2~100 之间的素数
    var b = true;
    for(var j = 2; j < i; j++){
                                      //判断 i 能否被 j 整除，能被整除则说明不是素数，修改布尔值为 false
        if(i%j == 0)  b = false ;
    }
    if(b)  document.writeln(i + " "); //打印素数
}
```

4.3.4　for/in 语句

for/in 语句是 for 语句的一种特殊形式。语法格式如下：

```
for ( [var] variable in <object | array> )
    statement
```

variable 表示一个变量，可以在其前面附加 var 语句，用来直接声明变量名。in 后面是一个对象或数组类型的表达式。在遍历对象或数组过程中，把获取的每一个值赋值给 variable。

然后，执行 statement 语句，其中可以访问 variable 来读取每个对象属性或数组元素的值。执行完毕，返回继续枚举下一个元素，以此类推，直到所有元素都被枚举为止。

🚗 **注意：**

对于数组来说，值是数组元素的下标；对于对象来说，值是对象的属性名或方法名。

【示例 1】下面示例使用 for/in 语句遍历数组，并枚举每个元素及其值，效果如图 4.9 所示。

```
var a = [1, true, "0", [false], {}];          //声明并初始化数组变量
for(var n in a){                              //遍历数组
    document.write( "a[" + n + "] = " + a[n] + "<br>" );     //显示每个元素及其值
}
```

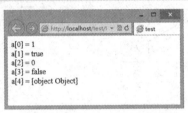

图 4.9　使用 for/in 遍历数组

📢 **提示：**

使用 while 或 for 语句可以实现相同的遍历操作。例如：

```
var a = [1, true, "0", [false], {}];          //声明并初始化数组变量
for(var n=0; n<a.length; n++){                //遍历数组
    document.write( "a[" + n + "] = " + a[n] + "<br>" );     //显示每个元素的值
}
```

【示例 2】在下面示例中，定义一个对象 o，设置 3 个属性。然后使用 for/in 迭代对象属性，把每个属性值寄存到一个数组中。

```
var o ={ x : 1, y : true, z : "true"},        //定义包含 3 个属性的对象
    a = [],                                    //临时寄存数组
    n = 0;                                     //定义循环变量，初始化为 0
for(a[n ++ ] in o);                            //遍历对象 o，然后把所有属性都赋值到数组中
```

其中 for(a[n ++] in o);语句实际上是一个空循环结构，分号为一个空语句。

【示例 3】for/in 适合枚举不确定长度的对象。在下面示例中，使用 for/in 读取客户端 document 对象的所有可读属性。

```
for(var i = 0 in document){
    document.write("document."+i+"="+document[i] +"<br />");
}
```

🚗 **注意：**

如果对象属性被设置为只读、存档或不可枚举等限制特性，那么使用 for/in 语句就无法枚举了。枚举没有固定的顺序，因此在遍历结果中会看到不同的排列顺序。

【示例 4】for/in 能够枚举可枚举的属性，包括原生属性和继承属性。

```
Array.prototype.x = "x";              //自定义数组对象的继承属性
var a = [1,2,3];                      //定义数组对象，并赋值
a.y = "y";                           //定义数组对象的额外属性
for(var i in a){                      //遍历数组对象 a
    document.write( i+": " + a[i] + "<br />");
}
```

在上面示例中，共获取 5 个元素，其中包括 3 个原生元素，一个继承的属性 x 和一个额外的属性 y，效果如图 4.10 所示。

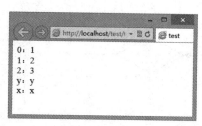

图 4.10　枚举数组对象

如果仅想获取数组 a 的元素值，只能使用 for 循环结构。

```
for(var i = 0; i < a.length ; i ++ )
    document.write( i + ": " + a[i] + "<br />");
```

💨 注意:

for/in 语句适合枚举长度不确定的对象属性。

4.4　流　程　控　制

使用 label、break、continue、return 语句可以中途改变分支结构、循环结构的流程方向，以提升程序的执行效率。return 语句将在函数一章中详细说明，本节不再介绍。

4.4.1　label 语句

在 JavaScript 中，使用 label 语句可以为一行语句添加标签，以便在复杂结构中设置跳转目标。语法格式如下:

```
label : statements
```

label 为任意合法的标识符，但不能使用保留字。然后使用冒号分隔标签名与标签语句。

💨 注意:

由于标签名与变量名属于不同的命名体系，所以标签名与变量名可以重复。但是，标签名与属性名语法相似，就不能重名，例如，下面写法是错误的。

```
a:{                                   //标签名
    a:true                            //属性名
}
```

使用点语法、中括号语法可以访问属性，但是无法访问标签语句。

```
console.log(o.a);                     //可以访问属性
console.log(b.a);                     //不能访问标签语句，将抛出异常
```

label 与 break 语句配合使用，主要应用在循环结构、多分支结构中，以便跳出内层嵌套体。

4.4.2　break 语句

break 语句能够结束当前 for、for/in、while、do/while 或者 switch 语句的执行；同时 break 也可以接受一个可选的标签名，来决定跳出的结构语句。语法格式如下：

```
break label;
```

如果没有设置标签名，则表示跳出当前最内层结构。break 语句流程控制示意如图 4.11 所示。

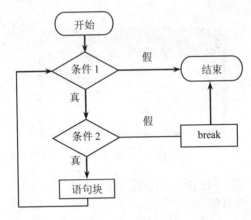

图 4.11　break 语句流程控制示意图

【**示例 1**】下面示例设计在客户端查找 document 的 bgColor 属性。如果完全遍历 document 对象，会浪费时间，因此设计一个条件，判断所枚举的属性名是否等于"bgColor"，如果相等，则使用 break 语句跳出循环。

```
for(i in document){
    if(i.toString() == "bgColor"){
        document.write("document." + i + "=" + document[i] + "<br />");
        break;
    }
}
```

在上面代码中，break 语句并非跳出当前的 if 结构体，而是跳出当前最内层的循环结构。

【**示例 2**】在下面嵌套结构中，break 语句并没有跳出 for/in 结构，仅仅退出 switch 结构。

```
for(i in document){
    switch(i.toString()){
        case "bgColor":
            document.write("document." + i + "=" + document[i] + "<br />");
            break;
        default:
            document.write("没有找到");
    }
}
```

【**示例 3**】针对示例 2，可以为 for/in 语句定义一个标签 outloop，然后在最内层的 break 语句中设置该标签名，这样当条件满足时就可以跳出最外层的 for/in 循环结构。

```
outloop:for(i in document){
    switch(i.toString()){
        case "bgColor":
            document.write("document." + i + "=" + document[i] + "<br />");
            break outloop;
```

```
        default:
            document.write("没有找到");
        }
    }
```

break 语句和 label 语句配合使用仅限于嵌套的循环结构，或者嵌套的 switch 结构，且需要退出非当前层结构。break 与标签名之间不能包含换行符，否则 JavaScript 会解析为两个句子。

　　break 语句主要功能是提前结束循环或多重分支，主要用在无法预控的环境下，避免死循环或者空循环。

4.4.3　continue 语句

　　continue 语句用在循环结构内，用于跳过本次循环中剩余的代码，并在表达式的值为真时，继续执行下一次循环。它可以接受一个可选的标签名，来决定跳出的循环语句。语法格式如下：

```
continue label;
```

continue 语句流程控制示意如图 4.12 所示。

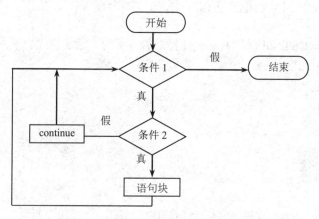

图 4.12　continue 语句流程控制示意图

　　【示例】下面示例使用 continue 语句过滤数组中的字符串值。

```
var a = [1, "hi", 2, "good", "4", , "" , 3, 4],    //定义并初始化数组 a
    b = [], j = 0;                                  //定义数组 b 和变量 j
for(var i in a){                                    //遍历数组 a
    if(typeof a[i] == "string")                     //如果为字符串，则返回继续下一次循环
        continue;
    b[j ++ ] = a[i];                                //把数字寄存到数组 b
}
document.write(b);                                  //返回 1, 2, 3, 4
```

continue 语句只能用在 while、do/while、for、for/in 语句中，对于不同的循环结构，其执行顺序略有不同。

- ☑ 对于 for 语句来说，将会返回顶部计算第 3 个表达式，然后再计算第 2 个表达式，如果第 2 个表达式为 true，则继续执行下一次循环。
- ☑ 对于 for/in 语句来说，将会以下一个赋给变量的属性名开始，继续执行下一次循环。
- ☑ 对于 while 语句来说，将会返回顶部计算表达式，如果表达式为 true，则继续执行下一次循环。
- ☑ 对于 do/while 语句来说，会跳转到底部计算表达式，如果表达式为 true，则会返回顶部开始下一次循环。

4.5 异常处理

ECMA-262 规范了 7 种错误类型，具体说明如下。其中 Error 是基类，其他 6 种错误类型是子类，都继承 Error 基类。Error 类型的主要用途是自定义错误对象。

- Error：普通异常。与 throw 语句和 try/catch 语句一起使用，属性 name 可以读写异常类型，message 属性可以读写详细错误信息。
- EvalError：不正确地使用 eval()方法时抛出。
- SyntaxError：出现语法错误时抛出。
- RangeError：数字超出合法范围时抛出。
- ReferenceError：读取不存在的变量时抛出。
- TypeError：值的类型发生错误时抛出。
- URIError：URI 编码和解码错误时抛出。

4.5.1　try/catch/finally 语句

try/catch/finally 是 JavaScript 异常处理语句。语法格式如下：

```
try{
    //调试代码块
}
catch(e){
    //捕获异常，并进行异常处理的代码块
}
finally{
    //后期清理代码块
}
```

在正常情况下，JavaScript 按顺序执行 try 子句中的代码，如果没有异常发生，将会忽略 catch 子句，跳转到 finally 子句中继续执行。

如果在 try 子句运行时发生错误，或者使用 throw 语句主动抛出异常，则执行 catch 子句中的代码，同时传入一个参数，引用 Error 对象。

🚗 注意：

在异常处理结构中，大括号不能省略。

【示例 1】下面示例先在 try 子句中制造一个语法错误，然后在 catch 子句中获取 Error 对象，读取错误信息，最后在 finally 子句中提示代码。

```
try{
    1=1;                                        //非法语句
}
catch(error){                                   //捕获错误
    console.log(error.name);                    //访问错误类型
    console.log(error.message);                 //访问错误详细信息
}
finally{                                        //清除处理
    console.log("1=1");                         //提示代码
}
```

catch 和 finally 子句是可选的，在正常情况下应该包含 try 和 catch 子句。

```
try{ 1=1; }
catch(error){}
```

🚨 **注意：**

不管 try 语句是否完全执行，finally 语句最后都必须要执行，即使使用了跳转语句跳出了异常处理结构，也必须在跳出之前先执行 finally 子句。

【示例 2】下面示例在函数体内设计一个异常处理结构，为每个子句添加一个 return 语句。调用函数后，实际返回的是"finally"，而不是"try"，因为 finally 子句必须最后执行，把 finally 子句去掉，函数才会返回"try"。

```
function test(){
    try{
        return "try";
    }catch(error){
        return "catch";
    }finally{
        return "finally";
    }
}
console.log( test());                      //返回"finally"
```

🔊 **提示：**

try/catch/finally 语句允许嵌套使用，嵌套的层数不限，同时形成一条词法作用域链。在 try 中发生异常时，JavaScript 会停止程序的正常执行，并跳转到层级最近的 catch 子句（异常处理器）。如果没有找到异常处理器，则会沿着作用域链，检查上一级的 catch 子句，以此类推，直到找到一个异常处理器。如果在程序中没有找到任何异常处理器，将会显示错误。

【示例 3】下面代码就是一个多层嵌套的异常结构，在处理一系列的异常时，内层的 catch 子句通过将异常抛出，就可以将异常抛给外层的 catch 子句来处理。

```
try{                                      //外层异常处理结构
    try{                                  //内层异常处理结构
        test();                           //错误调用
    }
    catch(error){
                                          //如果是异常引用，则提示这样的信息
        if (error.name == "ReferenceError") console.log("错误参考");
        else  throw error;                //否则再次抛出一个异常，并把错误信息向上传递
    }
}
catch(error){                             //获取内层异常处理结构中抛出的异常
    console.log("内层 try/catch 不能够处理这个错误");
}
```

4.5.2　throw 语句

throw 语句能够主动抛出一个异常，语法格式如下：

```
throw expression;
```

expression 是任意类型的表达式，一般为 Error 对象，或者 Error 子类实例。

当执行 throw 语句时，程序会立即停止执行。只有当使用 try/catch 语句捕获到被抛出的值时，程序

才会继续执行。

【示例】下面示例在循环体内设计当循环变量大于 5 时，定义并抛出一个异常。

```
try{
    for(var i=0; i<10;i++){
        if(i>5) throw new Error("循环变量的值大于 5 了");//定义错误对象，并抛出异常
        console.log(i);
    }
}
catch(error){ }                           //捕获错误，其中 error 就是 new Error() 的实例
```

在抛出异常时，JavaScript 也会停止程序的正常执行，并跳转到最近的 catch 子句。如果没有找到 catch 子句，则会检查上一级的 catch 子句，以此类推，直到找到一个异常处理器为止。如果在程序中没有找到任何异常处理器，将会显示错误。

4.6　案例实战

4.6.1　优化多分支结构：选择 if 和 switch

if 和 switch 都可以设计多重分支结构，一般情况下 switch 执行效率要高于 if 语句。但是，也不能一概而论，应根据具体问题具体分析。简单比较如表 4.1 所示。

表 4.1　if 和 switch 的比较

语　句	If 语句	Switch 语句
结构	通过嵌套结构实现多重分支	专为多重分支设计
条件	可以测试多个条件表达式	仅能测试一个条件表达式
逻辑关系	可以处理复杂的逻辑关系	仅能处理多个枚举的逻辑关系
数据类型	可以适用任何数据类型	仅能应用整数、枚举、字符串等类型

相对而言，下面情况更适宜选用 switch 语句。

➥ 枚举表达式的值。这种枚举是可以期望的、平行的逻辑关系。

➥ 表达式的值具有离散性，是不具有线性的非连续的区间值。

➥ 表达式的值是固定的，不会动态变化。

➥ 表达式的值是有限的，不是无限的，一般应该比较少。

➥ 表达式的值一般为整数、字符串等简单的值。

下面情况更适宜选用 if 语句。

➥ 具有复杂的逻辑关系。

➥ 表达式的值具有线性特征，如对连续的区间值进行判断。

➥ 表达式的值是动态的。

➥ 测试任意类型的数据。

【示例 1】本例设计根据学生分数进行等级评定：如果分数小于 60，则不及格；如果分数在 60 与 75 之间，则评定为合格；如果分数在 75 与 85 之间，则评定为良好；如果分数在 85 到 100 之间，则评定为优秀。

根据上述需求描述，确定检测的分数是一个线性区间值，因此选用 if 语句会更适合。

```
if(score < 60){ console.log("不及格"); }        //线性区间值判断
else if(score < 75){ console.log("合格"); }     //线性区间值判断
else if(score < 85){ console.log("良好"); }     //线性区间值判断
else { console.log("优秀"); }
```

如果使用 switch 结构，则需要枚举 100 种可能，如果分数值还包括小数，这种情况就更加复杂了，此时使用 switch 结构就不是明智之举。

【示例 2】设计根据性别进行分类管理。这个案例属于有限枚举条件，使用 switch 会更高效。

```
switch(sex){                               //离散值判断
    case 1:
        console.log("女士");
        break;
    case 2:
        console.log("男士");
        break;
    default:
        console.log("请选择性别");
}
```

4.6.2　优化多分支结构：优化思路

多分支结构的优化有很多好处：既方便代码维护，又可以提升代码执行效率。例如，设计有多个条件，只有当多个条件都成立时，才允许执行特定任务。

【示例 1】遵循简单的设计思路，使用多重分支逐个检测这些条件。

```
if(a){
    if(b){
        if(c){
            if(d){ console.log("所有条件都成立!"); }
            else{ console.log("条件 d 不成立!"); }
        } else{ console.log("条件 c 不成立!"); }
    } else{ console.log("条件 b 不成立!"); }
}else{ console.log("条件 a 不成立!");}
```

【示例 2】上述设计没有错误，结构嵌套合法。不过可以使用逻辑运算符进行优化。

```
if(a && b && c && d){ console.log("所有条件都成立!"); }
```

比较而言，使用 if 语句逐个检测每个条件的合法性，并对某个条件是否成立进行个性化处理，以方便跟踪。但是使用 if(a && b && c && d)条件表达式，就没法进行过程跟踪。例如，如果 a 条件不成立，则程序会自动退出整个流程，而不管 b、c 和 d 的条件是否成立。这会使代码跟踪变得很困难。

【示例 3】优化设计思路，采用排除法，对每个条件逐一进行排除，如果全部成立则再执行特定任务。在排除过程中，使用一个标志变量把每一次条件检测联系在一起，最后根据这个标志变量决定是否完成特定任务。

```
var t = true;                           //初始化标志变量为 true
if(!a){
    console.log("条件 a 不成立!");
    t = false;                          //如果条件 a 不成立则标志变量为 false
}
if(!b){
    console.log("条件 b 不成立!");
    t = false;                          //如果条件 b 不成立则标志变量为 false
}
if(!c){
```

```
        console.log("条件 c 不成立!");
        t = false;                                  //如果条件 c 不成立则标志变量为 false
    }
    if(!d){
        console.log("条件 d 不成立!");
        t = false;                                  //如果条件 d 不成立则标志变量为 false
    }
    if(t){                                          //如果标志变量为 true，则执行特定任务
        console.log("所有条件都成立!");
    }
```

　　排除法有效避免了条件嵌套的复杂性，不过这种设计也存在一定的局限性，例如，一旦发生错误，后面的操作将被放弃。为此还可以再设计一个标志变量来跟踪错误。4.3.3 小节示例 2 正是采用排除法筛选所有素数的，实际开发中也经常应用这种方法解决复杂的问题。

4.6.3　优化多分支结构：数据映射

　　在多分支检测中，表达式的重复运算会影响性能。如果检测的条件满足下面两条，可以考虑使用数据映射法来快速匹配，这样有助于保持代码的可读性，大大提高了程序的响应速度。

➥ 条件体的数目庞大。

➥ 测试的条件值呈现离散状态。

实现方法：通过数组或普通对象实现。

【示例 1】在下面代码中，使用 switch 多分支检测离散值。

```
function map(value){
    switch(value) {
        case 0: return "result0";
        case 1: return "result1";
        case 2: return "result2";
        case 3: return "result3";
        case 4: return "result4";
        case 5: return "result5";
        case 6: return "result6";
        case 7: return "result7";
        case 8: return "result8";
        case 9: return "result9";
        default: return "result10";
    }
}
```

　　【示例 2】针对示例 1 可以使用数组查询替代 switch 语句。下面代码把所有离散值存储到一个数组中，然后通过数组下标快速检测元素的值。

```
function map(value){
    var results = ["result0", "result1", "result2", "result3", "result4", "result5",
                "result6", "result7", "result8", "result9", "result10"]
    return results[value];
}
```

　　使用数据映射法可以消除所有条件判断，但由于没有条件判断，当候选值数量增加时，基本不会增加额外的性能开销。

　　如果每个键映射的不是简单的值，而是一系列的动作，则使用 switch 更适合。当然，也可以把这些动作包装在函数中，再把函数作为一个值与键进行映射。

【示例 3】如果条件查询中键名不是有序数字，则无法与数组下标映射，这时可以使用对象数据映射法。

```javascript
function map(value){
    var results = {
        "a":"result0", "b":"result1", "c":"result2","d": "result3", "e":"result4","f":
        "result5", "g":"result6", "h":"result7", "i":"result8", "j":"result9", "k":"result10"
    }
    return results[value];
}
```

4.6.4　优化多分支结构：调整分支顺序

在多分支结构中，各种条件存在先后、轻重的顺序。如果把最可能的条件放在前面，把最不可能的条件放在后面，那么程序被执行时总会按照代码先后顺序检测所有条件，直到发现匹配的条件时才停止。如果把最可能的条件放在前面，就等于降低了程序的检测次数，自然也就提升了分支结构的执行效率，避免空转。这在大批量数据检测中效果非常明显。

【示例 1】对于一个论坛系统来说，普通会员的数量要远远大于版主和管理员的数量。大部分登录的用户都是普通会员，如果把普通会员的检测放在分支结构的前面，就会减少每次检测的次数。

```javascript
switch(level){                              //优化分支顺序
    case 1:
        console.log("普通会员");
        break;
    case 2:
        console.log("版主");
        break;
    case 3:
        console.log("管理员");
        break;
    default:
        console.log("请登录");
}
```

在性能影响不大的情况下，遵循条件检测的自然顺序会更易于理解。

【示例 2】设计检测周一到周五值日任务安排的分支结构。可能周五的任务比较重要，或者周一的任务比较轻，但是对于这类有着明显顺序的结构，遵循自然顺序比较好。打乱顺序，把周五的任务安排在前面，对于整个分支结构的执行性能没有太大帮助，打乱的顺序不方便阅读。因此，按自然顺序来安排结构会更富有可读性。

```javascript
switch(day){                                //遵循自然分支的顺序
    case 1 :
        console.log("周一任务安排");
        break;
    case 2 :
        console.log("周二任务安排");
        break;
    case 3 :
        console.log("周三任务安排");
        break;
    case 4 :
        console.log("周四任务安排");
        break;
    case 5 :
```

```
        console.log("周五任务安排");
        break;
    default :
        console.log("异常处理");
}
```

分支之间的顺序应注意优化，当然，对于同一个条件表达式内部也应该考虑逻辑顺序问题。由于逻辑与或逻辑或运算时，有可能会省略右侧表达式的计算，如果希望右侧表达式不管条件是否成立都被计算，就应该考虑逻辑顺序问题。

【示例 3】有两个条件 a 和 b，其中条件 a 多为真，而 b 是一个必须执行的表达式，那么下面逻辑顺序的设计就欠妥当。

```
if(a && b){
                                           //执行任务
}
```

如果条件 a 为 false，则 JavaScript 会忽略表达式 b 的计算。如果 b 表达式影响到后面的运算，则不执行表达式 b，自然会对后面的逻辑产生影响。因此，可以采用下面的设计思路，在 if 结构前先执行表达式 b，这样即使条件 a 的返回值为 false，也能够保证 b 表达式被计算。

```
var c = b;
if(a && b){
                                           //执行任务
}
```

4.6.5 优化循环结构：选择 while 和 for

for 和 while 语句都可以完成特定动作的重复性操作。不过，使用时不可随意替换。简单比较如下。

1. 语义

for 语句是以变量的变化来控制循环进程的，整个循环流程是计划好的，可以事先知道循环的次数、每次循环的状态等信息。

while 语句是根据特定条件来决定循环进程的，这个条件是动态的，无法预知的，存在不确定性，每一次循环时都不知道下一次循环的状态如何，只能通过条件的动态变化来确定。

因此，for 语句常用于有规律的重复操作中，如数组、对象等迭代。while 语句更适用于特定条件的重复操作，以及依据特定事件控制的循环操作。

2. 模式

在 for 语句中，把循环的三要素（起始值、终止值和步长）定义为 3 个基本表达式，作为结构语法的一部分固定在 for 语句内，使用小括号进行语法分隔，这与 while 语句内条件表达式截然不同，这样更有利于 JavaScript 解释器进行快速编译。

for 语句适合简单的数值迭代操作。

【示例 1】下面代码使用 for 语句迭代 10 之内的正整数。

```
for(var n = 1; n < 10; n ++ ) {            //循环操作的环境条件
    console.log(n);                        //循环操作的语句
}
```

用户可以按以下方式对 for 循环进行总结。

执行循环条件：1 < n < 10、步长为 n++。

执行循环语句：console.log(n)。

这种把循环操作的环境条件和循环操作语句分离开的设计模式能够提高程序的执行效率，同时也避免了把循环条件与循环语句混在一起而造成的遗误。如果使用简化的示意图来描述这种思维模式，则如图 4.13 所示。

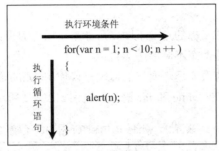

图 4.13　for 结构的数值迭代计算

如果循环条件比较复杂，for 语句就必须考虑如何把循环条件和循环语句联系起来才可以正确执行整个 for 结构。因为根据 for 结构的运算顺序，for 语句首先计算第一、二个表达式，然后执行循环体语句，最后返回执行 for 语句第三个表达式，如此周而复始。

【示例 2】下面代码使用 for 语句模拟 while 语句在循环体内的检测条件，并根据递增变量的值是否小于 10。如果大于等于 10，则设置条件变量 a 的值为 false，终止循环。

```
for(var a = true, b = 1; a; b ++ ){
    if(b > 9)                          //在循环体内间接计算迭代的步长
    a = false;
    console.log(b);
}
```

在上面示例中，for 语句的第三个表达式不是直接计算步长的，整个 for 结构也没有明确告知循环步长的表达式，要确知迭代的步长就必须根据循环体内的语句来决定。于是整个 for 结构的逻辑思维就存在一个回旋的过程，如图 4.14 所示。

由于 for 结构的特殊性，导致在执行复杂条件时会大大降低效率。相对而言，while 结构天生就是为复杂的条件而设计的，它将复杂的循环控制放在循环体内执行，而 while 语句自身仅用于检测循环条件，这样就避免了结构分离和逻辑跳跃。

【示例 3】下面代码使用 while 语句迭代 10 以内的正整数。如果使用示意图来勾勒这种思维变化，则如图 4.15 所示。

```
var a = true, b = 1;
while(a) {
    if(b > 9)              //在循环体内间接计算迭代
    a = false;
    console.log(b);
    b ++;                  //在循环体内间接计算迭代
}
```

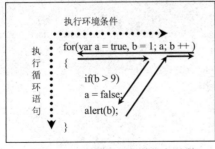

图 4.14　for 结构的条件迭代计算

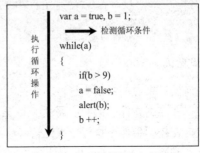

图 4.15　while 结构的条件计算

3. 目标

有些循环次数在循环之前就可以预测,如计算 1~100 之间的数字和;而有些循环则具有不可预测性,用户无法事先确定循环的次数,甚至无法预知循环操作的趋向。这些都构成了在设计循环结构时必须考虑的达成目标问题。

即使是相同的操作,如果达成目标的角度不同,可能重复操作的设计也不同。例如,统计全班学生的成绩和统计合格学生的成绩就是两个不同的达成目标。

一般来说,在循环结构中动态改变循环变量的值时建议使用 while 结构,而对于静态的循环变量,则可以考虑使用 for 结构。简单比较 while 和 for 语句,区别如表 4.2 所示。

表 4.2 while 语句和 for 语句的比较

语 句	while 语句	for 语句
条件	根据条件表达式的值决定循环操作	根据操作次数决定循环操作
结构	比较复杂,结构相对宽松	比较简洁,要求比较严格
效率	存在一定的安全隐患	执行效率比较高
变种	do/while 语句	for/in 语句

4.6.6 优化循环结构：优化代码

循环是最耗费资源的操作,任意一点小小的损耗都会被成倍放大,从而影响到程序整体运行的效率。以下两个因素会影响到循环的性能。

➜ 每次迭代做什么。

➜ 迭代的次数。

通过减少这两者中一个或全部的执行时间,可以提高循环的整体性能。如果一次循环需要较长时间,那么多次循环将需要更长时间。

【示例1】下面使用 3 类循环语句设计一个典型的数组遍历操作。

```
//方法1
for (var i=0; i < items.length; i++){
    process(items[i]);
}
//方法2
var j=0;
while (j < items.length){
    process(items[j++]);
}
//方法3
var k=0;
do {
    process(items[k++]);
} while (k < items.length);
```

1. 减少查询

对于任何循环来说,每次执行循环体都要发生以下操作。

第 1 步,在控制条件中读一次属性（items.length）。

第 2 步,在控制条件中执行一次比较（i < items.length）。

第 3 步,判断 i < items.length 表达式的值是不是 true(i < items.length == true)。

第 4 步，一次自加操作（i++）。

第 5 步，一次数组查找（items[i]）。

第 6 步，一次函数调用（process(items[i])）。

在循环体内，代码运行速度很大程度上由 process()对每个项目的操作决定，即便如此，减少每次迭代中操作的总数也可以大幅度提高循环的性能。

优化循环的第一步是减少对象成员和数组项查找的次数。在大多数浏览器上，这些操作比访问局部变量或直接量需要更长的时间。

【示例 2】在上面代码中，每次循环都查找 items.length，这是一种浪费，因为该值在循环体执行过程中不会改变，因此产生了不必要的性能损失。可以简单地将此值存入一个局部变量中，在控制条件中使用这个局部变量，从而提高循环性能。

```
for (var i=0, len=items.length; i < len; i++){
    process(items[i]);
}
var j=0, count = items.length;
while (j < count){
    process(items[j++]);
}
var k=0, num = items.length;
do {
    process(items[k++]);
} while (k < num);
```

这些重写后的循环只在循环执行之前对数组长度进行一次属性查询，使控制条件中只有局部变量参与运算，所以速度更快。

2．倒序循环

还可以通过改变循环的顺序来提高循环性能。通常，数组元素的处理顺序与任务无关，可以从最后一个开始，直到处理完第一个元素。倒序循环是编程语言中常用的性能优化方法。

【示例 3】在 JavaScript 中，倒序循环可以略微提高循环性能。

```
for (var i=items.length; i--;){
    process(items[i]);
}
var j = items.length;
while (j--){
    process(items[j]);
}
var k = items.length-1;
do {
    process(items[k]);
} while (k--);
```

在上面代码中使用了倒序循环，并在控制条件中使用了自减。每个控制条件只是简单地与 0 进行比较。控制条件与 true 值进行比较，任何非零数字自动强制转换为 true，而 0 等同于 false。

实际上，控制条件已经从两次比较减少到一次比较，大幅提高了循环速度。与原始版本相比，现在每次迭代中只进行以下操作。

第 1 步，在控制条件中进行一次比较（i == true）。

第 2 步，一次减法操作（i--）。

第 3 步，一次数组查询（items[i]）。

第 4 步，一次函数调用（process(items[i])）。

每次迭代中减少两个操作，如果迭代次数成千上万地增长，那么性能将显著提升。

3. 嵌套设计

循环结构常与分支结构混用在一起，但是如何嵌套就非常讲究了。

【示例 4】在一个循环体内，设计只有在特定条件下才执行循环体。

```javascript
var a = true;
for(var b = 1; b < 10; b ++) {              //循环结构
    if(a == true) {                          //条件判断
        console.log(b);
    }
}
```

很明显，在这个循环中 if 语句会被反复执行。如果 if 的条件不受循环变量的影响，则不妨采用下面嵌套结构来设计。

```javascript
if(a == true) {                              //条件判断
    for(var b = 1; b < 10; b ++) {          //循环结构
        console.log(b);
    }
}
```

这样 if 语句只被执行一次，如果 if 条件不成立，则直接省略 for 语句的执行，从而使程序的执行效率大大提高。但是如果 if 条件表达式受循环结构的制约，就不能够采用这种方式。

4. 重复声明

在循环体内经常会存在不必要的重复声明。

【示例 5】下面示例设计在循环内声明数组。

```javascript
for(var b = 0; b < 10; b ++) {              //循环
    var a = new Array(1,2,3,4,5,6,7,8,9,10); //声明并初始化数组
    console.log(a[b]);
}
```

如果把声明数组放在循环体外会更高效。

```javascript
var a = new Array(1,2,3,4,5,6,7,8,9,10);    //声明并初始化数组
for(var b = 0; b < 10; b ++) {              //循环
    console.log(a[b]);
}
```

5. 定义循环变量

对于 for 语句来说，当循环变量仅用于循环控制时，不妨在 for 内定义。

【示例 6】计算 100 之内数字的和。

```javascript
var s = 0;                                   //声明变量
for(var i = 0; i <= 100; i ++) {            //循环语句
    s += i;
}
console.log(s);
```

显然下面做法就不妥当，会增大系统开销。

```javascript
var i = 0;                                   //声明变量
var s = 0;                                   //声明变量
for(i = 0; i <= 100; i ++) {                //循环语句
    s += i;
}
```

4.6.7　设计杨辉三角

杨辉三角是一个经典的编程案例，它揭示了多次方二项式展开后各项系数的分布规律。简单描述，就是每行开头和结尾的数字为 1，除第一行外，每个数都等于它上方两数之和，如图 4.16 所示。

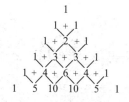

图 4.16 杨辉三角

【设计思路】

定义两个数组，数组 1 为上一行数字列表，为已知数组；数组 2 为下一行数字列表，为待求数组。假设上一行数组为[1,1]，即第二行数字。那么，下一行数组的元素值就等于上一行相邻两个数字的和，即为 2，然后数组两端的值为 1，这样就可以求出下一行数组，即第三行数字列表。求第四行数组的值，可以把已计算出的第三数组作为上一行数组，而第四行数字为待求的下一行数组，以此类推。

【实现代码】

使用嵌套循环结构，外层循环遍历高次方的幂数（即行数），内层循环遍历每次方的项数（即列数）。实现的核心代码如下：

```javascript
var a1 = [1, 1];                        //上一行数组，初始化为[1, 1]
var a2 = [1, 1];                        //下一行数组，初始化为[1, 1]
for(var i = 2; i <= n; i ++){           //从第 3 行开始遍历高次方的幂数，n 为幂数
    a2[0] = 1;                          //定义下一行数组的第一个元素为 1
    for(var j = 1; j < i - 1; j ++){    //遍历上一行数组，并计算下一行数组中间的数字
        a2[j] = a1[j - 1] + a1[j];
    }
    a2[j] = 1;                          //定义下一行数组的最后一个元素为 1
    for(var k = 0; k <= j; k ++){       //把数组的值传递给上一行数组，实现交替循环
        a1[k] = a2[k];
    }
}
```

完成算法设计之后，就可以设计输出数表，完整代码请参考本实例源码，效果如图 4.17 所示。

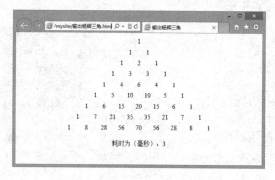

图 4.17 9 次幂杨辉三角数表分布图

4.7 在 线 学 习

本节为线上继续学习入口，通过扫码读者可以进行巩固练习、补充知识、获取参考资料、拓展阅读。

第 5 章　操作字符串

字符串是有限字符序列，包括字母、数字、特殊字符（如空格符等）。在 JavaScript 中，字符串是一类简单的值，通过 String 类型提供的大量原型方法可以操作字符串。这些原型方法在表单开发、HTML文本解析、Ajax 响应处理等方面被广泛应用。

【学习重点】
- ➘ 定义字符串。
- ➘ 字符串长度和编码。
- ➘ 字符串连接和截取。
- ➘ 字符串查找和替换。
- ➘ 字符串检测和加解密。

5.1　字符串操作基础

字符串操作主要包括匹配、替换、截取、转换、比较、格式化等，下面分别进行说明。

5.1.1　定义字符串

在 JavaScript 中，定义字符串有以下 3 种方法。

1. 字符串直接量

使用双引号或单引号包含任意长度的文本。

【示例1】任何被引号包含的文本都被称为字符串型数据。

```
var s = "true";                          //把布尔值转换为字符串
var s = "123";                           //把数值转换为字符串
var s = "[1,2,3]";                       //把数组转换为字符串
var s = "{x:1,y:2}";                     //把对象转换为字符串
var s = "console.log('Hello,World')";    //把可执行表达式转换为字符串
```

【示例2】单引号和双引号可以配合使用，定义特殊形式的字符串。

```
var s = 'console.log("Hello,World")';
```

单引号可以包含双引号，或者双引号包含单引号。但是，不能够在单引号中包含单引号，或者在双引号中包含双引号。

【示例3】由于一些字符包含多重语义，在字符串中需要转义表示，避免产生歧义。转义字符的基本方法：在字符前面加反斜杠。

```
var s = "\"";                            //有效的引号字符
```

◁)) 提示：

有关字符转义的详细介绍，可以参考 2.3.3 小节内容。

【示例4】对于字符串化脚本，可以调用全局方法 eval()执行字符串代码。

```
var s = "console.log('Hello,World')";    //表达式字符串
eval(s);                                 //执行表达式字符串
```

2. 构造字符串

使用 String()类型函数可以构造字符串，该函数可以接收一个参数，并把它作为值来初始化字符串。

【示例5】下面使用 new 运算符调用 String()构造函数创建一个字符串型对象。

```
var s = new String();                    //创建一个空字符串对象，并赋值给变量 s
var s = new String("我是构造字符串");     //创建字符串对象，初始化之后赋值给变量 s
```

🚗 **注意：**

通过 String 构造函数，构造的字符串与字符串直接量的类型是不同的。前者为引用型对象，后者为值类型字符串。

【示例6】下面代码比较了构造字符串和字符串直接量的数据类型的不同。

```
var s1 = new String( 1 );            //构造字符串
var s2 = "1";                        //定义字符串直接量
console.log( typeof s1 );            //返回 object，说明是引用型对象
console.log( typeof s2 );            //返回 string，说明是值类型字符串
```

【示例7】String()也可以作为普通函数使用，把参数转换为字符串类型的值返回。

```
var s = String( 123456 );            //包装字符串
console.log( s );                    //返回字符串"123456"
console.log( typeof s );             //返回 string，说明是简单的值
```

【示例8】String()允许传入多个参数，但是仅处理第一个参数，并把它转换为字符串返回。

```
var s = String( 1, 2, 3, 4, 5, 6 );  //带有多个参数
console.log( s );                    //返回字符串"1"
console.log( typeof s );             //返回 string，数值被转换为字符串
```

但是，所有参数表达式都会被 JavaScript 计算。

【示例9】下面变量 n 在构造函数内经过多次计算之后，最后值递增为5。

```
var n = 1;                           //初始化变量
var s = new String(++n, ++n, ++n, ++n);  //字符串构造处理
console.log( s );                    //返回 2
console.log( n );                    //返回 5
console.log( typeof s );             //返回 object，说明是引用型对象
console.log( typeof n );             //返回 number，说明是数值类型
```

3. 使用字符编码

使用 fromCharCode()方法可以把字符编码转换为字符串。该方法可以包含多个整数参数，每个参数代表字符的 Unicode 编码，返回值为字符编码的字符串表示。

【示例10】下面代码演示了如何把一组字符串编码转换为字符串。

```
var a = [35835, 32773, 24744, 22909], b = [];  //声明一个字符编码的数组
for( var i in a ){                              //遍历数组
    b.push( String.fromCharCode( a[i] ) );      //把每个字符编码都转换为字符串存入数组
}
console.log( b.join( "" ) );                    //返回字符串"读者您好"
```

可以把所有字符按顺序传给 fromCharCode()。

```
var b = String.fromCharCode(35835, 32773, 24744, 22909);  //传递多个参数
```

也可以使用 apply()方法动态调用 fromCharCode()方法。

```
var a = [35835, 32773, 24744, 22909], b = [];
var b = String.fromCharCode.apply( null, a );   //动态调用 fromCharCode()方法，并传递数组
console.log( b );                               //返回字符串"读者您好"
```

📢 **提示：**

fromCharCode()方法是 String 类型的静态方法，不能通过字符串来调用。与 fromCharCode()方法相反，charCodeAt()方法可以把字符转换为 Unicode 编码。

5.1.2 字符串的值和长度

1. 字符串的值

使用字符串的 toString()方法可以返回字符串的字符表示，使用 valueOf()方法可以返回字符串的值。两个方法的返回值始终相同，所以一般不直接调用这两个方法。

【示例1】下面示例使用 toString()方法获取字符串"JavaScript"的字符表示。

```javascript
var s = "JavaScript";
var a = s.toString();                      //返回字符串"JavaScript"
var b = s.valueOf();                       //返回字符串"JavaScript"
```

【示例2】可以重写 toString()和 valueOf()方法，以便个性化显示字符串。

```javascript
//重写 toString()原型方法，参数 color 表示显示颜色
String.prototype.toString = function(color){
    var color = color || "red";            //如果省略参数，则显示为红色
    return '<span style="color:' + color + '";>' + this.valueOf() + '</span>';
                                           //返回格式化显示带有颜色的字符串
}
document.write(s.toString());              //显示红色字符串"JavaScript"
document.write(s.toString("blue"));        //显示蓝色字符串"JavaScript"
```

上面示例重写 toString()方法，可以以 HTML 格式化方式显示字符串的值。

2. 字符串的长度

使用字符串的 length 属性可以读取字符串的长度。长度以字符为单位，该属性为只读属性。

【示例3】下面代码使用字符串的 length 属性获取字符串的长度。

```javascript
var s = "String 类型长度";                  //定义字符串
console.log(s.length);                     //返回 10 个字符
```

🚗 注意：

JavaScript 支持的字符包括单字节、双字节两种类型，为了精确计算字符串的字节长度，可以采用下面方法来计算。

【示例4】为 String 扩展原型方法 byteLength()，该方法将枚举每个字符，并根据字符编码，判断当前字符是单字节还是双字节，然后统计字符串的字节长度。

```javascript
String.prototype.byteLength = function( ){     //获取字符串的字节数，扩展 String 类型方法
    var b = 0, l = this.length;                //初始化字节数递加变量，并获取字符串参数的字符个数
    if( l ){                                    //如果存在字符串，则执行计算
        for( var i = 0; i < l; i ++ ){          //遍历字符串，枚举每个字符
            if(this.charCodeAt( i ) > 255 ){    //字符编码大于255，说明是双字节字符
                b += 2;                          //则累加2个
            }else{
                b ++ ;                           //否则递加一次
            }
        }
        return b;                               //返回字节数
    }else{
        return 0;                               //如果参数为空，则返回 0 个
    }
}
```

应用原型方法：

```javascript
var s = "String 类型长度";                  //定义字符串直接量
```

```
console.log(s.byteLength())                    //返回 14
```

📢 提示：

在检测字符是否为双字节或单字节时，下面再提供两种设计思路。

```
for( var i = 0; i < l; i ++ ){
    var c = this.charAt( i );                  //获取当前字符
    if ( escape( c ).length > 4 ) {            //如果字符的转义序列大于 4 位，说明是双字节
        b += 2;
    }else if( c != "\r" ) { b ++ ; }
}
```

或者使用正则表达式进行字符编码验证。

```
for( var i = 0; i < l; i ++ ){
    var c = this.charAt( i );
    if ( /^[\u0000-\u00ff]$/.test(c) ) {       //其中/^[\u0000-\u00ff]$/表示匹配单字节字符
        b ++ ;
    }else { b += 2; }
}
```

5.1.3　字符串连接

1. 使用加号运算符

连接字符串最简便的方法是使用加号运算符。

【示例 1】下面代码使用加号运算符连接两个字符串。

```
var s1 = "abc", s2 = "def";
console.log(s1+s2);                            //返回字符串"abcdef"
```

2. 使用 concat()方法

使用字符串的 concat()方法可以把多个参数添加到指定字符串的尾部。该方法的参数类型和个数没有限制，它会把所有参数都转换为字符串，然后按顺序连接到当前字符串的尾部，最后返回连接后的字符串。

【示例 2】下面代码使用字符串的 concat()方法把多个字符串连接在一起。

```
var s1 = "abc";
var s2 = s1.concat( "d", "e", "f" );           //调用 concat()连接字符串
console.log( s2 );                             //返回字符串"abcdef"
```

📢 提示：

concat()方法不会修改原字符串的值，与数组的 concat()方法操作相似。

3. 使用 join()方法

在特定的操作环境中，也可以借助数组的 join()方法来连接字符串，如 HTML 字符串输出等。

【示例 3】下面代码演示了如何借助数组的方法来连接字符串。

```
var s = "JavaScript", a = [];                  //定义一个字符串
for(var i = 0; i < 1000; i ++)                 //循环执行 1000 次
    a.push(s);                                 //把字符串装入数组
var str = a.join("");                          //通过 join()方法把数组元素连接在一起
a = null;                                      //清空数组
document.write(str);
```

在上面示例中，使用 for 语句把 1000 个"JavaScript"字符串装入数组，然后调用数组的 join()方法把元素的值连接成一个长长的字符串。使用完毕应该立即清除数组，避免占用系统资源。

🔊 提示：

在传统浏览器中，使用数组的 join() 方法连接超大字符串时，速度会很快，是推荐的最佳方法。随着现代浏览器优化了加号运算符的算法，使用加号运算符连接字符串速度也非常快，同时使用简单。一般推荐使用加号运算符来连接字符串，而 concat() 和 join() 方法可以用在特定的代码环境中。

5.1.4 字符串查找

在开发中经常需要检索字符串、查找特定字符串。用户可以选用下面的方法执行相应的操作，说明如表 5.1 所示。

表 5.1 String 类型的查找字符串方法

字符串方法	说　明
charAt()	返回字符串中的第 n 个字符
charCodeAt()	返回字符串中的第 n 个字符的代码
indexOf()	检索字符串
lastIndexOf()	从后向前检索一个字符串
match()	找到一个或多个正则表达式的匹配
search()	检索与正则表达式相匹配的子串

1. 查找字符

使用字符串的 charAt() 和 charCodeAt() 方法，可以根据参数（非负整数的下标值）返回指定位置的字符或字符编码。

🔊 提示：

对于 charAt() 方法来说，如果参数不在 0 和字符串的 length-1 之间，则返回空字符串；而对于 charCodeAt() 方法来说，则返回 NaN，而不是 0 或空字符串。

【示例 1】下面示例为 String 类型扩展一个原型方法，用来把字符串转换为数组。在函数中使用 charAt() 方法读取字符串中每个字符，然后装入一个数组并返回。

```
String.prototype.toArray = function(){      //把字符串转换为数组
    var l = this.length, a = [];            //获取当前字符串长度，并定义空数组
    if( l ){                                //如果存在则执行循环操作，预防空字符串
        for( var i = 0; i < l; i ++ ){      //遍历字符串，枚举每个字符
            a.push( this.charAt( i ) );     //把每个字符按按顺序装入数组
        }
    }
    return a;                               //返回数组
}
```

应用原型方法：

```
var s = "abcdefghijklmn".toArray();         //把字符串转换为数组
for(var i in s){                            //遍历返回数组，显示每个字符
    console.log(s[i]);
}
```

2. 查找字符串

使用字符串的 indexOf() 和 lastIndexOf() 方法，可以根据参数字符串，返回指定子字符串的下标位置。

这两个方法都有两个参数，说明如下。

> 第一个参数为一个子字符串，指定要查找的目标。

> 第二个参数为一个整数，指定查找的起始位置，取值范围是 0~length-1。

对于第二个参数来说，需要注意以下几种特殊情况。

> 如果值为负数，则视为 0，相当于从第一个字符开始查找。

> 如果省略了这个参数，也将从字符串的第一个字符开始查找。

> 如果值大于等于 length 属性值，则视为当前字符串中没有指定的子字符串，返回-1。

【示例 2】下面代码查询字符串中首个字母 a 的下标位置。

```
var s = "JavaScript";
var i = s.indexOf("a");
console.log(i);                              //返回值为 1，即字符串中第二个字符
```

indexOf()方法只返回查找到的第一个子字符串的起始下标值，如果没有找到则返回-1。

【示例 3】下面代码查询 URL 字符串中首个字母 w 的下标位置。

```
var s = "http://www.mysite.cn/";
var a = s.indexOf( "www" );                  //返回值为 7，即第一个字符 w 的下标位置
```

如果要查找下一个子字符串，则可以使用第二个参数来限定范围。

【示例 4】下面代码分别查询 URL 字符串中两个点号字符的下标位置。

```
var s = "http://www.mysite.cn/";
var b = s.indexOf( "." );                    //返回值为 10，即第 1 个字符.的下标位置
var e = s.indexOf( ".", b + 1 );             //返回值为 17，即第 2 个字符.的下标位置
```

🚗 注意：

indexOf()方法是按照从左到右的顺序进行查找的。如果希望从右到左来进行查找，则可以使用 lastIndexOf()方法来查找。

【示例 5】下面代码按从右到左的顺序查询 URL 字符串中最后一个点号字符的下标位置。

```
var s = "http://www.mysite.cn/index.html";
var n = s.lastIndexOf( "." );                //返回值为 26，即第 3 个字符.的下标位置
```

🚗 注意：

lastIndexOf()方法的查找顺序是从右到左，但是其参数和返回值都是根据字符串的下标按照从左到右的顺序来计算的，即字符串第一个字符下标值始终都是 0，而最后一个字符的下标值始终都是 length-1。

【示例 6】lastIndexOf()方法的第二个参数指定开始查找的下标位置，但是，将从该点开始向左查找，而不是向右查找。

```
var s = "http://www.mysite.cn/index.html";
var n = s.lastIndexOf( "." , 11 );           //返回值为 10，而不是 17
```

其中第二个参数值 11 表示字符 c（第 1 个）的下标位置，然后从其左侧开始向左查找，所以就返回第一个点号的位置。如果找到，则返回第一次找到的字符串的起始下标值。

```
var s = "http://www.mysite.cn/index.html";
var n = s.lastIndexOf( "www" );              //返回值为 7（第 1 个 w），而不是 10
```

如果没有设置第二个参数，或者为参数负值，或者参数大于等于 length，则将遵循 indexOf()方法进行操作。

3. 搜索字符串

search()方法与 indexOf()的功能是相同的，查找指定字符串第一次出现的位置。但是 search()方法仅有一个参数，定义匹配模式。该方法没有 lastIndexOf()的反向检索功能，也不支持全局模式。

【示例 7】下面代码使用 search() 方法匹配斜杠字符在 URL 字符串的下标位置。

```
var s = "http://www.mysite.cn/index.html";
var n = s.search( "//" );                           //返回值为 5
```

🚗 注意：

➷ search() 方法的参数为正则表达式（RegExp 对象）。如果参数不是 RegExp 对象，则 JavaScript 会使用 RegExp() 函数把它转换成 RegExp 对象。

➷ search() 方法遵循从左到右的查找顺序，并返回第一个匹配的子字符串的起始下标位置值。如果没有找到，则返回 -1。

➷ search() 方法无法查找指定的范围，始终返回的第一个匹配子字符串的下标值，没有 indexOf() 方法灵活。

4．匹配字符串

match() 方法能够找出所有匹配的子字符串，并以数组的形式返回。

【示例 8】下面代码使用 match() 方法找到字符串中所有字母 h，并返回它们。

```
var s = "http://www.mysite.cn/index.html";
var a = s.match( /h/g );                             //全局匹配所有字符 h
console.log( a );                                    //返回数组 [h,h]
```

match() 方法返回的是一个数组，如果不是全局匹配，那么 match() 方法只能执行一次匹配。例如，下面匹配模式没有 g 修饰符，只能够执行一次匹配，返回仅有一个元素 h 的数组。

```
var a = s.match( /h/ );                              //返回数组 [h]
```

如果没有找到匹配字符，则返回 null，而不是空数组。

当不执行全局匹配时，如果匹配模式包含子表达式，则返回子表达式匹配的信息。

【示例 9】下面代码使用 match() 方法匹配 URL 字符串中所有点号字符。

```
var s = "http://www.mysite.cn/index.html"; //匹配字符串
var a = s.match( /(\.).*(\.).*(\.)/ );       //执行一次匹配检索
console.log( a.length );                     //返回 4，包含 4 个元素的数组
console.log( a[0] );                         //返回字符串".mysite.cn/index."
console.log( a[1] );                         //返回第 1 个点号.，由第 1 个子表达式匹配
console.log( a[2] );                         //返回第 2 个点号.，由第 2 个子表达式匹配
console.log( a[3] );                         //返回第 3 个点号.，由第 3 个子表达式匹配
```

在这个正则表达式 "/(\.).*(\.).*(\.)/" 中，左右两个斜杠是匹配模式分隔符，JavaScript 解释器能够根据这两个分隔符来识别正则表达式。在正则表达式中小括号表示子表达式，每个子表达式匹配的文本信息会被独立存储。点号需要转义，因为在正则表达式中它表示匹配任意字符，星号表示前面的匹配字符可以匹配任意多次。

在上面示例中，数组 a 包含 4 个元素，其中第一个元素存放的是匹配文本，其余元素存放的是每个正则表达式的子表达式匹配的文本。

另外，返回的数组还包含两个对象属性，其中 index 属性记录匹配文本的起始位置，input 属性记录的是被操作的字符串。

```
console.log( a.index );        //返回值 10，第 1 个点号字符的起始下标位置
console.log( a.input );        //返回字符串"http://www.mysite.cn/index.html"
```

🚗 注意：

在全局匹配模式下，match() 将执行全局匹配。此时返回的数组元素存放的是字符串中所有匹配文本，该数组没有 index 属性和 input 属性；同时不再提供子表达式匹配的文本信息，也不提示每个匹配子串的位置。如果需要这些信息，可以使用 RegExp.exec() 方法。

5.1.5 字符串截取

String 定义了 3 个字符串截取的原型方法，说明如表 5.2 所示。

表 5.2　String 类型的截取子字符串方法

字符串方法	说　明
slice()	抽取一个子串
substr()	抽取一个子串
substring()	返回字符串的一个子串

1．截取指定长度字符串

substr()方法能够根据指定长度来截取子字符串。它包含两个参数，第一个参数表示准备截取的子串的起始下标，第二个参数表示截取的长度。

【示例 1】在下面示例中使用 lastIndexOf()获取字符串的最后一个点号的下标位置，然后从其后的位置开始截取 4 个字符。

```
var s = "http://www.mysite.cn/index.html";
var b = s.substr( s.lastIndexOf( "." )+1, 4 );  //截取最后一个点号后 4 个字符
console.log( b );                                //返回子字符串"html"
```

🚗 注意：
- 如果省略第二个参数，则表示截取从起始位置开始到结尾的所有字符。考虑到扩展名的长度不固定，省略第二个参数会更灵活。
  ```
  var b = s.substr( s.lastIndexOf( "." )+1 );
  ```
- 如果第一个参数为负值，则表示从字符串的尾部开始计算下标位置，即-1 表示最后一个字符，-2 表示倒数第二个字符，以此类推。这对于左侧字符长度不固定时非常有用。

📢 提示：

ECMAScript 不再建议使用该方法，推荐使用 slice()和 substring()方法。

2．截取起止下标位置字符串

slice()和 substring()方法都是根据指定的起止下标位置来截取子字符串。它们都可以包含两个参数，第一个参数表示起始下标，第二个参数表示结束下标。

【示例 2】下面代码使用 substring()方法截取 URL 字符串中网站主机名信息。

```
var s = "http://www.mysite.cn/index.html";
var a = s.indexOf( "www" );           //获取起始点的下标位置
var b = s.indexOf( "/", a );          //获取结束点后面的下标位置
var c = s.substring( a, b );          //返回字符串 www.mysite.cn
var d = s.slice( a, b );              //返回字符串 www.mysite.cn
```

🚗 注意：
- 截取的字符串包含第一个参数所指定的字符。结束点不被截取，即不包含在子字符串中。
- 第二个参数如果省略，表示截取到结尾的所有字符串。

📢 提示：
- 如果第一个参数值比第二个参数值大，substring()方法能够在执行截取之前先交换两个参数，而对于 slice()方法来说则被视为无效，并返回空字符串。

【示例3】下面代码比较 substring()方法和 slice()方法用法不同。

```
var s = "http://www.mysite.cn/index.html";
var a = s.indexOf( "www" );                //获取起始点的下标
var b = s.indexOf( "/", a );               //获取结束点后面的下标
var c = s.substring( b, a );               //返回字符串 www.mysite.cn
var d = s.slice( b, a );                   //返回空字符串
```

◀》提示：

当起始点和结束点的值大小无法确定时，使用 substring()方法更合适。

如果参数值为负值，slice()方法能够把负号解释为从右侧开始定位，这与 Array 的 slice()方法相同。但是 substring() 方法会视其为无效，并返回空字符串。

【示例4】下面代码比较 substring()方法和 slice()方法用法的不同。

```
var s = "http://www.mysite.cn/index.html";
var a = s.indexOf( "www" );                //获取起始点的下标
var b = s.indexOf( "/", a );               //获取结束点后面的下标
var l = s.length;                          //获取字符串的长度
var c = s.substring( a-l, b-l );           //返回空字符串
var d = s.slice( a-l, b-l );               //返回子字符串 www.mysite.cn
```

5.1.6　字符串替换

使用字符串的 replace()方法可以替换指定的子字符串。该方法包含两个参数，第一个参数表示执行匹配的正则表达式，第二个参数表示准备替换匹配的子字符串。

【示例1】下面代码使用 replace()方法替换字符串中的"html"为"htm"。

```
var s = "http://www.mysite.cn/index.html";
var b = s.replace( /html/, "htm" );    //把字符串 html 替换为 htm
console.log( b );                      //返回字符串"http://www.mysite.cn/index.htm"
```

该方法第一个参数是一个正则表达式对象，也可以传递字符串，如下所示。

```
var b = s.replace("html", "htm" );        //把字符串 html 替换为 htm
```

与查找字符串中 search()和 match()等方法不同，replace()方法不会把字符串转换为正则表达式对象，而是以字符串直接量的文本模式进行匹配。第二个参数可以是替换的文本，或者是生成替换文本的函数，把函数返回值作为替换文本来替换匹配文本。

【示例2】下面代码在使用 replace()方法时，灵活使用替换函数修改匹配字符串。

```
var s = "http://www.mysite.cn/index.html";
function f( x ){                           //替换文本函数
    return x.substring( x.lastIndexOf(".")+1, x.length - 1 ) //获取扩展名部分字符串
}
var b = s.replace(/(html)/, f(s));    //调用函数指定替换文本操作
console.log( b );                     //返回字符串"http://www.mysite.cn/index.htm"
```

replace()方法同时执行查找和替换两个操作。它将在字符串中查找与正则表达式相匹配的子字符串，然后调用第二个参数值或替换函数替换这些子字符串。如果正则表达式具有全局性质，那么将替换所有的匹配子字符串；否则，只替换第一个匹配子字符串。

【示例3】在 replace()方法中约定了一个特殊的字符（$），这个美元符号如果附加一个序号就表示对正则表达式中匹配的子表达式存储的字符串进行引用。

```
var s = "JavaScript";
var b = s.replace(/(Java)(Script)/, "$2-$1");  //交换位置
console.log( b );                              //返回字符串"Script-Java"
```

在上面示例中，正则表达式/(java)(script)/中包含两对小括号，按顺序排列，其中第一对小括号表示

第 1 个子表达式，第二对小括号表示第 3 个子表达式，在 replace()方法的参数中可以分别使用字符串"$1"和"$2"来表示对它们匹配文本的引用。另外，美元符号与其他特殊字符组合还可以包含更多的语义，详细说明如表 5.3 所示。

表 5.3　replace()方法第二个参数中特殊字符

约定字符串	说　明
$1、$2、...、$99	与正则表达式中的第 1~99 个子表达式相匹配的文本
$&（美元符号+连字符）	与正则表达相匹配的子字符串
$`（美元符号+切换技能键）	位于匹配子字符串左侧的文本
$'（美元符号+单引号）	位于匹配子字符串右侧的文本
$$	表示$符号

【示例 4】重复字符串。

```
var s = "JavaScript";
var b = s.replace(/.*/, "$&$&");          //返回字符串"JavaScriptJavaScript"
```

由于字符串"$&"在 replace()方法中被约定为正则表达式所匹配的文本，利用它可以重复引用匹配的文本，从而实现字符串重复显示效果。其中正则表达式"/.*/"表示完全匹配字符串。

【示例 5】对匹配文本左侧的文本完全引用。

```
var s = "JavaScript";
var b = s.replace(/Script/, "$& != $'");  //返回字符串"JavaScript != Java"
```

其中字符"$&"代表匹配子字符串"Script"，字符"$'"代表匹配左侧文本"Java"。

【示例 6】对匹配文本右侧的文本完全引用。

```
var s = "JavaScript";
var b = s.replace(/Java/, "$&$' is ");    //返回字符串"JavaScript is Script"
```

其中字符"$&"代表匹配子字符串"Java"，字符"$'"代表匹配文本右侧文本"Script"。然后把"$&$' is "所代表的字符串"JavaScript is"替换，与原字符串中的"Java"子字符串即可组成一个新的字符串"JavaScript is Script"。

5.1.7　字符串大小转换

String 定义了 4 个原型方法实现字符串大小写转换操作，说明如表 5.4 所示。

表 5.4　String 字符串大小写转换方法

字符串方法	说　明
toLocaleLowerCase()	把字符串转换成小写
toLocaleUpperCase()	将字符串转换成大写
toLowerCase()	将字符串转换成小写
toUpperCase()	将字符串转换成大写

【示例】下面代码把字符串全部转换为大写形式。

```
var s = "JavaScript";
console.log(s.toUpperCase());             //返回字符串"JAVASCRIPT"
```

📢 提示：

5.1.8　字符串比较

JavaScript 能够根据字符的 Unicode 编码大小逐位比较字符串大小。

【示例1】小写字母 a 的编码为97，大写字母 A 的编码为65，则字符"a"就大于"A"。

```
console.log( "a" > "A" );                    //返回 true
```

使用字符串的 localeCompare()方法，可以根据本地约定顺序来比较两个字符串的大小。ECMAScript 标准没有规定如何进行本地化比较操作。

localeCompare()方法包含一个参数，指定要比较的目标字符串。如果当前字符串小于参数字符串，则返回小于 0 的数；如果大于参数字符串，则返回大于 0 的数；如果两个字符串相等，或与本地排序约定没有区别，则该方法返回 0。

【示例2】下面代码把字符串"JavaScript"转换为数组，然后按本地字符顺序进行排序。

```
var s = "JavaScript";                        //定义字符串直接量
var a = s.split( "" );                       //把字符串转换为数组
var s1 = a.sort( function( a, b ) {          //对数组进行排序
    return a.localeCompare( b )              //将根据前后字符在本地的约定进行排序
});
a = s1.join( "" );                           //然后再把数组还原为字符串
console.log( a );                            //返回字符串"aaciJprStv"
```

5.1.9　字符串与数组转换

使用字符串的 split()方法可以根据指定的分隔符把字符串切分为数组。

📢 提示：

如果使用数组的 join()方法，可以把数组元素连接为字符串。

【示例1】如果参数为空字符串，则 split()方法能够按单个字符进行切分，然后返回与字符串等长的数组。

```
var s = "JavaScript";
var a = s.split("");                         //按字符空隙分割
console.log( s.length );                      //返回值为 10
console.log( a.length );                      //返回值为 10
```

【示例2】如果参数为空，则 split()方法能够把整个字符串作为一个元素的数组返回。

```
var s = "JavaScript";
var a = s.split();                           //空分割
console.log( a.constructor == Array );       //返回 true，说明是 Array 实例
console.log( a.length );                     //返回值为 1，说明没有对字符串进行分割
```

【示例3】如果参数为正则表达式，则 split()方法能够以匹配文本作为分隔符进行切分。

```
var s = "a2b3c4d5e678f12g";
var a = s.split(/\d+/);                       //把以匹配的数字为分隔符来切分字符串
console.log( a );                            //返回数组[a,b,c,d,e,f,g]
console.log( a.length );                     //返回数组长度为 7
```

【示例4】如果正则表达式匹配的文本位于字符串的边沿，则 split()方法也执行切分操作，且为数组

添加一个空元素。

```
var s = "122a2b3c4d5e678f12g";           //字符串左侧有匹配的数字
var a = s.split(/\d+/);                   //以匹配的数字作为分隔符来切分字符串
console.log( a );                         //返回数组[,a,b,c,d,e,f,g]
console.log( a.length );                  //返回数组长度为8
```

如果在字符串中指定的分隔符没有找到，则返回一个包含整个字符串的数组。

【示例 5】split()方法支持第二个参数，该参数是一个可选的整数，用来指定返回数组的最大长度。如果设置了该参数，则返回的数组长度不会大于这个参数指定的值；如果没有设置该参数，那么整个字符串都被分割，不会考虑数组长度。

```
var s = "JavaScript";
var a = s.split("",4);                    //按顺序从左到有，仅分切 4 个元素的数组
console.log( a );                         //返回数组[J,a,v,a]
console.log( a.length );                  //返回值为 4
```

【示例 6】如果想使返回的数组包括分隔符或分隔符的一个或多个部分，可以使用带子表达式的正则表达式来实现。

```
var s = "aa2bb3cc4dd5e678f12g";
var a = s.split(/(\d)/);                  //使用小括号包含数字分隔符
console.log(a);                           //返回数组[aa,2,bb,3,cc,4,dd,5,e,6,,7,,8,f,1,,2,g]
```

5.1.10 字符串格式化

JavaScript 定义了一组格式化字符串显示的方法，说明如表 5.5 所示。

注意：

由于这些方法没有获得 ECMAScript 标准的支持，应慎重使用。

表 5.5 String 类型的格式化字符串方法

方 法	说 明
anchor()	返回 HTML a 标签中 name 属性值为 String 字符串文本的锚
big()	返回使用 HTML big 标签定义的大字体
blink()	返回使用 HTML blink 标签定义的闪烁字符串
bold()	返回使用 HTML b 标签定义的粗体字符串
fixed()	返回使用 HTML tt 标签定义的单间距字符串
fontcolor()	返回使用 HTML font 标签中 color 属性定义的带有颜色的字符串
fontsize()	返回使用 HTML font 标签中 size 属性定义的指定尺寸的字符串
italics()	返回使用 HTML i 标签定义的斜体字符串
link()	返回使用 HTML a 标签定义的链接
small()	返回使用 HTML small 标签定义的小字体的字符串
strike()	返回使用 HTML strike 标签定义删除线样式的字符串
sub()	返回使用 HTML sub 标签定义的下标字符串
sup()	返回使用 HTML sup 标签定义的上标字符串

【示例】下面示例演示了如何使用上面字符串方法为字符串定义格式化显示属性。

```
var s = "abcdef";
```

```
document.write(s.bold());                               //定义加粗显示字符串"abcdef"
document.write(s.link("http://www.mysite.cn/"));//为字符串"abcdef"定义超链接
document.write(s.italics());                            //定义斜体显示字符串"abcdef"
document.write(s.fontcolor("red"));                     //定义字符串"abcdef"红色显示
```

📢 提示：

由于这些方法都是针对早期浏览器定义的，虽然获得大部分浏览器的支持，但是 IE 不支持 blink 标签，所以字符串调用 blink()之后，在 IE 下是无效的。

5.1.11　清除两侧空字符

ECMAScript 5 为 String 新增了 trim()原型方法，用以从字符串中移除前导空字符、尾随空字符和行终止符。该方法在表单处理中非常实用。

📢 提示：

空字符包括空格、制表符、换页符、回车符和换行符。

【示例】下面代码使用 trim()方法快速清除掉字符串首尾空格。

```
var s = "    abc def      \r\n ";
s = s.trim();
console.log("[" + s + "]");                   //[abc def]
console.log(s.length);                        //7
```

5.1.12　Unicode 编码和解码

JavaScript 定义了 6 个全局方法用于 Unicode 字符串的编码和解码，说明如表 5.6 所示。

表 5.6　JavaScript 编码和解码方法

方　　法	说　　明
escape()	使用转义序列替换某些字符来对字符串进行编码
unescape()	对使用 escape()编码的字符串进行解码
encodeURI()	通过转义某些字符对 URI 进行编码
decodeURI()	对使用 encodeURI()方法编码的字符串进行解码
encodeURIComponent()	通过转义某些字符对 URI 的组件进行编码
decodeURIComponent()	对使用 encodeURIComponent()方法编码的字符串进行解码

1. escape()和 unescape()方法

escape()方法能够把除 ASCII 之外的所有字符转换为%xx 或%uxxxx（x 表示十六进制的数字）的转义序列。从\u0000 到\u00ff 的 Unicode 字符由转义序列%xx 替代，其他所有 Unicode 字符由%uxxxx 序列替代。

【示例 1】下面代码使用 escape()方法编码字符串。

```
var s = "JavaScript 中国";
s = escape(s);
console.log(s);                               //返回字符串"JavaScript%u4E2D%u56FD"
```

可以使用该方法对 Cookie 字符串进行编码，以避免与其他约定字符发生冲突，因为 Cookie 包含的标点符号是有限制的。

与 escape()方法对应，unescape()方法能够对 escape()编码的字符串进行解码。

【示例 2】下面代码使用 unescape()方法解码被 escape()方法编码的字符串。

```
var s = "JavaScript 中国";
s = escape(s);                              //Unicode 编码
console.log(s);                             //返回字符串"JavaScript%u4E2D%u56FD"
s = unescape(s);                            //Unicode 解码
console.log(s);                             //返回字符串"JavaScript 中国"
```

【示例 3】这种被解码的代码是不能够直接运行的，读者可以使用 eval()方法来执行它。

```
var s = escape('console.log("JavaScript 中国");');   //编码脚本
var s = unescape(s);                        //解码脚本
eval(s);                                    //执行被解码的脚本
```

2．encodeURI()和 decodeURI()方法

ECMAScript v3.0 版本推荐使用 encodeURI()和 encodeURIComponent()方法代替 escape()方法，使用 decodeURI()和 decodeURIComponent()方法代替 unescape()方法。

【示例 4】encodeURI()方法能够把 URI 字符串进行转义处理。

```
var s = "JavaScript 中国";
s = encodeURI(s);
console.log(s);   //返回字符串"JavaScript%E4%B8%AD%E5%9B%BD"
```

encodeURI()方法与 escape()方法的编码结果是不同的，但是它们都不会编码 ASCII 字符。

相对而言，encodeURI()方法更加安全。它能够将字符转换为 UTF-8 编码字符，然后用十六进制的转义序列（形式为%xx）对生成的 1 字节、2 字节或 4 字节的字符进行编码。

使用 decodeURI()方法可以对 encodeURI()方法的结果进行解码。

【示例 5】下面代码演示了如何对 URL 字符串进行编码和解码操作。

```
var s = "JavaScript 中国";
s = encodeURI(s);                           //URI 编码
console.log(s); //返回字符串"JavaScript%E4%B8%AD%E5%9B%BD"
s = decodeURI(s);                           //URI 解码
console.log(s);                             //返回字符串"JavaScript 中国"
```

3．encodeURIComponent()和 decodeURIComponent()

encodeURIComponent()与 encodeURI()方法不同。它们的主要区别在于，encodeURIComponent()方法假定参数是 URI 的一部分，例如，协议、主机名、路径或查询字符串。因此，它将转义用于分隔 URI 各个部分的标点符号。而 encodeURI()方法仅把它们视为普通的 ASCII 字符，并没有转换。

【示例 6】下面代码是 URL 字符串被 encodeURIComponent()方法编码前后的比较。

```
var s = "http://www.mysite.cn/navi/search.asp?keyword=URI";
a = encodeURI(s);
console.log(a);
b = encodeURIComponent(s);
console.log(b);
```

输出显示为：

```
http://www.mysite.cn/navi/search.asp?keyword=URI
http%3A%2F%2Fwww.mysite.cn%2Fnavi%2Fsearch.asp%3Fkeyword%3DURI
```

第一行字符串是 encodeURI()方法编码的结果，第二行字符串是 encodeURIComponent()方法编码的结果。与 encodeURI()方法一样，encodeURIComponent()方法对于 ASCII 字符不编码，用于分隔 URI 各种组件的标点符号，都由一个或多个十六进制的转义序列替换。

使用 decodeURIComponent()方法可以对 encodeURIComponent()方法编码的结果进行解码。

```
var s = "http://www.mysite.cn/navi/search.asp?keyword=URI";
b = encodeURIComponent(s);
b = decodeURIComponent(b)
console.log(b);
```

5.1.13 Base64 编码和解码

Base64 是一种编码方法，可以将任意字符（包括二进制字符流）转成可打印字符。
JavaScript 定义了两个与 Base64 相关的全局方法。

- ➴ btoa()：字符串或二进制值转为 Base64 编码。
- ➴ atob()：把 Base64 编码转为原来字符。

🚗 注意：

Base64 方法不能够操作非 ASCII 字符。

【示例】要将非 ASCII 码字符转为 Base64 编码，必须使用上一节介绍的方法把 Unicode 双字节字符
串转换为 ASCII 字符表示，再使用这两个方法。

```
function b64Encode(str) {
    return btoa(encodeURIComponent(str));
}
function b64Decode(str) {
    return decodeURIComponent(atob(str));
}
var b = b64Encode('JavaScript 从入门到精通');
var a = b64Decode(b);
console.log(b); //返回 SmF2YVNjcmlwdCVFNCVCQiUiU4RSVFNSU4NSVBNSVFOSU5NyVBOCVFNSU
4OCVCMCVFNyVCMiVCRSVFOSU4MCU5QQ==
console.log(a); //返回'JavaScript 从入门到精通'
```

5.2 案例实战

5.2.1 字符串智能替换

replace()方法的第二个参数可以使用函数，当匹配时会调用该函数，函数的返回值将
作为替换文本使用，同时函数可以接收以$为前缀的特殊字符，用来引用匹配文本的相关信息。

【示例 1】下面代码把字符串中每个单词转换为首字母大写形式显示。

```
var s = 'javascript is script , is not java.';   //定义字符串
//定义替换文本函数，参数为第一个子表达式匹配文本
var f = function($1){
    //把匹配文本的首字母转换为大写
    return $1.substring( 0, 1 ).toUpperCase() + $1.substring( 1 ).toLowerCase();}
var a = s.replace( /(\b\w+\b)/g, f );  //匹配文本并进行替换
console.log( a );                       //返回字符串"Javascript Is Script , Is Not Java."
```

在上面示例中，替换函数的参数为特殊字符"$1"，它表示正则表达式/(\b\w+\b)/中小括号匹配的文本。
然后在函数结构内对这个匹配文本进行处理，截取其首字母并转换为大写形式，余下字符全为小写，然后返
回新处理的字符串。replace()方法是在原文本中使用这个返回的新字符串替换掉每次匹配的子字符串。

【示例 2】对于上面的示例还可以进一步延伸，使用小括号来获取更多匹配信息。例如，直接利用小
括号传递单词的首字母，然后进行大小写转换处理，处理结果都是一样的。

```
var s = 'javascript is script , is not java.';    //定义字符串
var f = function($1,$2,$3){                        //定义替换文本函数，请注意参数的变化
    return $2.toUpperCase()+$3 ;
}
var a = s.replace( /\b(\w)(\w*)\b/g, f );
console.log( a );
```

在函数 f()中，第一个参数表示每次匹配的文本，第二个参数表示第一个小括号的子表达式所匹配的文本，即单词的首字母，第二个参数表示第二个小括号的子表达式所匹配的文本。

replace()方法的第二个参数是一个函数，replace()方法会给它传递多个实参，这些实参都包含一定的意思，具体说明如下。

➤ 第一个参数表示与匹配模式相匹配的文本，如上面示例中每次匹配的单词字符串。

➤ 其后的参数是与匹配模式中子表达式相匹配的字符串，参数个数不限，根据子表达式数而定。

➤ 后面的参数是一个整数，表示匹配文本在字符串中的下标位置。

➤ 最后一个参数表示字符串自身。

【示例 3】把上面示例中替换文本函数改为如下形式。

```
var f = function(){
    return arguments[1].toUpperCase()+arguments[2];
}
```

也就是说，如果不为函数传递形参，直接调用函数的 arguments 属性同样能够读取到正则表达式中相关匹配文本的信息。其中：

➤ arguments[0]：表示每次匹配的文本，即单词。

➤ arguments[1]：表示第一个子表达式匹配的文本，即单词的首个字母。

➤ arguments[2]：表示第二个子表达式匹配的文本，即单词的余下字母。

➤ arguments[3]：表示匹配文本的下标位置，如第一个匹配单词"javascript"的下标位置就是 0，以此类推。

➤ arguments[4]：表示要执行匹配的字符串，这里表示"javascript is script , is not java."。

【示例 4】下面代码利用函数的 arguments 对象主动获取 replace()方法的第一个参数中正则表达式所匹配的详细信息。

```
var s = 'javascript is script , is not java.'; //定义字符串
var f = function(){
    for( var i = 0; i < arguments.length; i ++ ){
        console.log( "第" + ( i + 1 ) + "个参数的值：" + arguments[i] );
    }
    console.log( "---------------------" );
}
var a = s.replace( /\b(\w)(\w*)\b/g, f );
```

在函数结构体中，使用 for 循环结构遍历 arguments 属性时，发现每次匹配单词时，都会弹出 5 次提示信息，分别显示上面所列的匹配文本信息。其中，arguments[1]、arguments[2]会根据每次匹配文本的不同，分别显示当前匹配文本中子表达式匹配的信息，arguments[3]显示当前匹配单词的下标位置。而 arguments[0]总是显示每次匹配的单词，arguments[4]总是显示被操作的字符串。

【示例 5】下面代码设计从服务器端读取学生成绩（JSON 格式），然后使用 for 语句把所有数据转换为字符串。再来练习自动提取字符串中的分数，并汇总、算出平均分。最后，利用 replace()方法提取每个分值，与平均分进行比较以决定替换文本的具体信息，效果如图 5.1 所示。

```
var score = {                                //从服务器端接收的 JSON 数据
    "张三":56,
    "李四":76,
```

```
    "王五":87,
    "赵六":98
}, _score="";
for(var id in score){                       //把 JSON 数据转换为字符串
    _score += id + score[id];
}
var a = _score.match( /\d+/g ), sum = 0;    //匹配出所有分值，输出为数组
for(var i= 0 ; i<a.length ; i++){           //遍历数组，求总分
    sum += parseFloat(a[i]);                //把元素值转换为数值后递加
};
var avg = sum / a.length;                   //求平均分
function f(){
    var n = parseFloat(arguments[1]);       //把匹配的分数转换为数值，第一个子表达式
    return " : " + n + "分" + " ( " + (( n > avg ) ? ( "超出平均分" + ( n - avg ) ) :
    ( "低于平均分" + ( avg - n )) + "分 ) <br> ";   //设计替换文本的内容
}
var s1 = _score.replace( /(\d+)/g, f );     //执行匹配、替换操作
document.write( s1 );
```

图 5.1　字符串智能处理效果

🚗 **注意:**

遍历数组时不能使用 for/in 语句，因为数组中还存储有其他相关的匹配文本信息。应该使用 for 结构来实现。由于截取的数字都是字符串类型，应该把它们都转换为数值类型，再把数字连接在一起，或者按字母顺序进行比较等。

5.2.2　检测特殊字符

在接收表单数据时，经常需要检测特殊字符，过滤敏感词汇。本例为 String 扩展一个原型方法 filter()，用来检测字符串中是否包含指定的特殊字符。

【设计思路】

定义 filter() 的参数为任意长度和个数的特殊字符列表，检测的返回结果为布尔值。如果检测到任意指定的特殊字符，则返回 true；否则返回 false。

【实现代码】

```
//检测特殊字符，参数为特殊字符列表，返回 true 表示存在；否则不存在
String.prototype.filter = function(){
    if(arguments.length < 1) throw new Error("缺少参数");//如果没有参数，则抛出异常
    var a = [], _this = this;                 //定义空数组，把字符串存储在内部变量中
    for(var i = 0; i < arguments.length; i ++ ){ //遍历参数，把参数列表转换为数组
        a.push(arguments[i]);                 //把每个参数值推入数组
    }
    var i = - 1;                              //初始化临时变量为-1
    a.forEach(function(key){                  //迭代数组，检测字符串中是否包含特殊字符
        if(i != - 1) return true;             //如果临时变量不等于-1，提前返回 true
        i = _this.indexOf(key)                //检索到的字符串下标位置
```

```
   });
   if(i == - 1){   //如果 i 等于-1，返回 false，说明没有检测到特殊字符
      return false;
   }else{          //如果 i 不等于-1，返回 true，说明检测到特殊字符
      return true;
   }
}
```

【应用代码】

下面应用 String 类型的扩展方法 check()来检测字符串中是否包含特殊字符尖角号，以判断字符串中是否存在 HTML 标签。

```
var s = '<script language="javascript" type="text/javascript">';   //定义字符串直接量
var b = s.filter("<",">");                          //调用 String 扩展方法，检测字符串
console.log(b);                                     //返回 true，说明存在"<"或">"，即存在标签
```

由于 Array 的原型方法 forEach()能够多层迭代数组，所以可以以数组的形式传递参数。

```
var s = '<script language="javascript" type="text/javascript">';
var a = ["<", ">","\"","\'","\\","\/","\;","\|"];
var b = s.check(a);
console.log(b);
```

把特殊字符存储在数组中，这样更方便管理和引用。

5.2.3 自定义编码和解码

本例将根据字符在 Unicode 字符表中的编号对字符串进行个性编码。例如，字符中的 Unicode 编码为 20013，如果在网页中使用 Unicode 编码显示，则可以输入"中"。

【设计思路】

使用 charCodeAt()方法能够把指定的字符转换为 Unicode 编码，然后利用 replace()方法逐个对字符进行匹配、编码转换，最后返回以网页能够显示的编码格式的信息。

【编码实现】

下面代码利用字符串的 charCodeAt()方法对字符串进行自定义编码。

```
var toUnicode = String.prototype.toUnicode = function(){//对字符串进行编码操作
   var _this = arguments[0] || this;    //判断是否存在参数，如果存在则使用静态方法调用参数
                                        //值，否则作为字符串对象的方法来处理当前字符串对象
   function f(){//定义替换文本函数
      return "&#" + arguments[0].charCodeAt(0) + ";";   //以网页编码格式显示被编码的字符串
   }
   return _this.replace(/[^\u00-\uFF]|\w/gmi, f);  //使用 replace()方法执行匹配、替换操作
};
```

在函数体内首先判断参数，以决定执行操作的方式；然后，在 replace()字符替换方法中借助替换函数完成被匹配字符的转码操作。

【应用代码】

```
var s = "JavaScript 中国";                     //定义字符串
s = toUnicode(s);                              //以静态函数的方式调用
console.log(s);
//&#106;&#97;&#118;&#97;&#115;&#99;&#114;&#105;&#112;&#116;&#20013;&#22269;
var s = "JavaScript 中国";
s = s.toUnicode();                             //以 String 原型方法的方式调用
document.write(s);                             //显示为"JavaScript 中国"
```

【解码实现】

与 toUnicode()编码操作相反，设计思路和代码实现基本相同。

```
var fromUnicode = String.prototype.fromUnicode = function(){//对 Unicode 编码进行解码操作
```

```
var _this = arguments[0] || this;  //判断是否存在参数，如果存在则使用静态方法调用参数值，
                                    //否则作为字符串对象的方法来处理当前字符串对象
function f(){                                   //定义替换文本函数
   return String.fromCharCode(arguments[1]); //把第一个子表达式值转换为字符
}
return _this.replace(/&#(\d*);/gmi, f);        //使用replace()匹配并替换Unicode编码为字符
};
```

对于 ASCII 字符来说，其 Unicode 编码在\u00~\uFF（十六进制）之间，而对于双字节的汉字来说，则应该是大于\uFF 编码的字符集，因此在判断时要考虑到不同的字符集合。

【应用代码】

```
var s = "JavaScript 中国";                      //定义字符串
s = s.toUnicode();                              //对字符串进行 Unicode 编码
console.log(s);
//返回字符串"&#106;&#97;&#118;&#97; &#115; &#99;&#114;&#105;&#112;&#116;&#20013;&#22269;"
s = s.fromUnicode();                            //对被编码的字符串进行解码
console.log(s);                                 //返回字符串"JavaScript 中国"
```

5.2.4 字符串加密和解密

字符串加密和解密的关键是算法设计，字符串经过复杂的编码处理，返回一组看似杂乱无章的字符串。对于常人来说，输入的字符串是可以阅读的信息，但是被函数打乱或编码之后显示的字符串就会变成无意义的信息。要想把这些垃圾信息变为可用信息，还需要使用相反的算法把它们逆转回来。

【设计思路】

如果把字符串中的"中"进行自定义加密。可以考虑利用 charCodeAt()方法获取该字符的 Unicode 编码。

```
var s = "中";
var b = s.charCodeAt(0);                        //返回值 20013
```

然后以 36 为倍数不断取余数。

```
b1 = b % 36;                                    //返回值 33，求余数
b = (b - b1) / 36;                              //返回值 555，求倍数
b2 = b % 36;                                    //返回值 15，求余数
b = (b - b2) / 36;                              //返回值 15，求倍数
b3 = b % 36;                                    //返回值 15，求余数
```

那么不断求得的余数，可以通过下面公式反算出原编码值。

```
var m = b3 * 36 * 36 + b2 * 36 + b1;            //返回值 20013，反求字符"中"的编码值
```

有了这种算法，就可以实现字符与加密数值之间的相互转换。

再定义一个密钥：

```
var key = "0123456789ABCDEFGHIJKLMNOPQRSTUVWXYZ";
```

把余数定位到与密钥中某个下标值相等的字符上，这样就实现了加密效果。反过来，如果知道某个字符在密钥中的下标值，然后反算出被加密字符的 Unicode 编码值，最后就可以逆推出被加密字符的原信息。

本例设定密钥是以 36 个不同的数值和字母组成的字符串。不同的密钥，加密解密的结果是不同的，加密结果以密钥中的字符作为基本元素。

【实现代码】

加密字符串：

```
var toCode = function(str){                     //加密字符串
   // 定义密钥，36 个字母和数字
```

```
var key = "0123456789ABCDEFGHIJKLMNOPQRSTUVWXYZ";
var l = key.length;                    //获取密钥的长度
var a = key.split("");                 //把密钥字符串转换为字符数组
var s = "", b, b1, b2, b3;             //定义临时变量
for(var i = 0; i < str.length; i ++ ){  //遍历字符串
    b = str.charCodeAt(i);              //逐个提取每个字符，并获取 Unicode 编码值
    b1 = b % l;                         //求 Unicode 编码值的余数
    b = (b - b1)/l;                     //求最大倍数
    b2 = b % l;                         //求最大倍数的余数
    b = (b - b2)/l;                     //求最大倍数
    b3 = b % l;                         //求最大倍数的余数
    s += a[b3] + a[b2] + a[b1];         //根据余数值映射到密钥中对应下标位置的字符
}
return s;;                              //返回这些映射的字符
}
```

解密字符串：

```
var fromCode = function(str){                        //解密 toCode()方法加密的字符串
    //定义密钥，36 个字母和数字
    var key = "0123456789ABCDEFGHIJKLMNOPQRSTUVWXYZ";
    var l = key.length;                              //获取密钥的长度
    var b, b1, b2, b3, d = 0, s;                      //定义临时变量
    s = new Array(Math.floor(str.length / 3))        //计算加密字符串包含的字符数，并定义数组
    b = s.length;                                    //获取数组的长度
    for(var i = 0; i < b; i ++ ){                    //以数组的长度为循环次数，遍历加密字符串
        b1 = key.indexOf(str.charAt(d))              //截取周期内第一个字符，计算在密钥中的下标值
        d ++ ;
        b2 = key.indexOf(str.charAt(d))              //截取周期内第二个字符，计算在密钥中的下标值
        d ++ ;
        b3 = key.indexOf(str.charAt(d))              //截取周期内第三个字符，计算在密钥中的下标值
        d ++ ;
        s[i] = b1 * l * l + b2 * l + b3              //利用下标值，反推被加密字符的 Unicode 编码值
    }
    b = eval("String.fromCharCode(" + s.join(',') + ")");//用 fromCharCode()算出字符串
    return b;                                        //返回被解密的字符串
}
```

【应用代码】

```
var s = "JavaScript 中国";               //字符串直接量
s = toCode(s);                          //加密字符串
console.log(s);
//返回"02Y02P03A02 P03702R03602X034038FFXH6L"
s = fromCode(s);                        //解密被加密的字符串
console.log(s);                         //返回字符串"JavaScript 中国"
```

5.3 在线学习

本节为线上继续学习入口，通过扫码读者可以进行巩固练习、补充知识、获取参考资料、拓展阅读。

第 6 章　使用正则表达式

正则表达式也称规则表达式（Regular Expression），是操作字符串的一种逻辑公式，就是用事先规定好的一些特定字符以及这些特定字符的组合，组成一个"规则字符串"，这个"规则字符串"用来表达对字符串的一种匹配模式。ECMAScript 3 以 Perl 为基础，规范了 JavaScript 正则表达式，实现了 Perl 5 正则表达式的子集。

【学习重点】
- ❯ 定义正则表达式。
- ❯ 使用 RegExp 对象。
- ❯ 熟练匹配模式的基本规则。
- ❯ 灵活使用正则表达式操作字符串。

6.1　正则表达式对象

JavaScript 通过内置 RegExp 类型支持正则表达式，String 和 RegExp 类型都提供了执行正则表达式匹配操作的方法。

6.1.1　定义正则表达式

定义正则表达式的方法有以下两种。

1. 构造正则表达式

使用 RegExp 构造函数可以定义正则表达式对象，具体语法格式如下：

```
new RegExp(pattern, attributes)
```

参数 pattern 是一个字符串，指定匹配模式或者正则表达式对象。参数 attributes 是一个可选的修饰性标志，包含"g""i"和"m"三个选项，分别设置全局匹配、区分大小写的匹配和多行匹配；如果参数 pattern 是正则表达式对象，则必须省略该参数。

该函数将返回一个新的 RegExp 对象，该对象包含指定的匹配模式和匹配标志。

【示例 1】下面示例使用 RegExp 构造函数定义了一个简单的正则表达式，匹配模式为字符"a"，没有设置第二个参数，所以这个正则表达式只能匹配字符串中第一个小写字母"a"，后面的字母"a"将无法被匹配到。

```
var r = new RegExp("a");              //构造最简单的正则表达式
var s = "JavaScript!=JAVA";           //定义字符串直接量
var a = s.match(r);                   //调用正则表达式执行匹配操作，返回匹配的数组
console.log(a);                       //返回数组["a"]
console.log(a.index);                 //返回值为1，匹配的下标位置
```

【示例 2】如果希望匹配字符串中所有的字母 a，且不区分大小写，则可以在第 2 个参数中设置 g 和 i 修饰词。

```
var r = new RegExp("a","gi");         //设置匹配模式为全局匹配，且不区分大小写
var s = "JavaScript!=JAVA";           //字符串直接量
```

```
var a = s.match(r);                              //匹配查找
console.log(a);                                  //返回数组["a","a","A","A"]
```

【示例 3】在正则表达式中可以使用特殊字符。下面示例的正则表达式将匹配字符串"JavaScript JAVA"中每个单词的首字母。

```
var r = new RegExp("\\b\\w","gi");               //构造正则表达式对象
var s = "JavaScript JAVA";                       //字符串直接量
var a = s.match(r);                              //匹配查找
console.log(a);                                  //返回数组["j", "J"]
```

在上面示例中，字符串"\\b\\w"表示一个匹配模式，其中"\b"表示单词的边界，"\w"表示任意 ASCII 字符，反斜杠表示转义序列。为了避免 Regular()构造函数的误解，必须使用"\\"替换所有"\"字符，使用双反斜杠表示斜杠本身的意思。

🔊 提示：

在脚本中动态创建正则表达式时，使用构造函数 RegExp()会更方便。例如，如果检索的字符串是由用户输入的，那么就必须在运行时使用 RegExp()构造函数来创建正则表达式，而不能使用其他方法。

【示例 4】如果 RegExp()构造函数的第 1 个参数是一个正则表达式，则第 2 个参数可以省略。这时 RegExp()构造函数将创建一个参数相同的正则表达式对象。

```
var r = new RegExp("\\b\\w","gi");               //构造正则表达式对象
var r1 = new RegExp(r);                          //把正则表达式传递给 RegExp()构造函数
var s = "JavaScript JAVA";                       //字符串直接量
var a = s.match(r);                              //匹配查找
console.log(a);                                  //返回数组["j", "J"]
```

🔊 提示：

把正则表达式直接量传递给 RegExp()构造函数，可以进行类型封装。

【示例 5】RegExp()也可以作为普通函数使用，这时与使用 new 运算符调用构造函数功能相同。不过如果函数的参数是正则表达式，那么它仅返回正则表达式，而不再创建一个新的 RegExp 对象。

```
var a = new RegExp("\\b\\w","gi");               //构造正则表达式对象
var b = new RegExp(a);                           //对正则表达式对象进行再封装
var c = RegExp(a);                               //返回正则表达式直接量
console.log(a.constructor == RegExp);            //返回 true
console.log(b.constructor == RegExp);            //返回 true
console.log(c.constructor == RegExp);            //返回 true
```

2. 正则表达式直接量

正则表达式直接量使用双斜杠作为分隔符进行定义，双斜杠之间包含的字符为正则表达式的字符模式，字符模式不能使用引号，标志字符放在最后一个斜杠的后面。语法如下：

```
/pattern/attributes
```

【示例 6】下面示例定义一个正则表达式直接量，然后进行调用。

```
var r = /\b\w/gi;
var s = "JavaScript JAVA";
var a = s.match(r);                              //直接调用正则表达式直接量
console.log(a);                                  //返回数组["j", "J"]
```

🔊 提示：

在 RegExp()构造函数与正则表达式直接量语法中，匹配模式的表示是不同的。对于 RegExp()构造函数来说，它接收的是字符串，而不是正则表达式的匹配模式。所以，在上面示例中，RegExp()构造函数中第 1 个参数里的特殊字符，必须使用双反斜杠来表示，以防止字符串中的字符被 RegExp()构造函数转义。同时对于第 2 个参数中的修饰

词也应该使用引号来包含。而在正则表达式直接量中每个字符都按正则表达式的规则来定义，普通字符与特殊字符都会被正确解释。

【示例 7】 在 RegExp() 构造函数中可以传递变量，而在正则表达式直接量中是不允许的。

```
var r = new RegExp("a"+ s + "b","g");        //动态创建正则表达式
var r = /"a"+ s + "b"/g;                      //错误的用法
```

在上面示例中，对于正则表达式直接量来说，"" 和 "+" 都将被视为普通字符进行匹配，而不是作为字符与变量的语法标识符进行连接操作。

🔊 **提示：**

JavaScript 正则表达式支持"g" "i"和"m"三个标志修饰符，简单说明如下。

- ➥ "g": global（全局）的缩写，定义全局匹配，即正则表达式将在指定字符串范围内执行所有匹配，而不是找到第一个匹配结果后就停止匹配。
- ➥ "i": case-insensitive（大小写不敏感）中 insensitive 的缩写，定义不区分大小写匹配，即对于字母大小写视为等同。
- ➥ "m": multiline（多行）的缩写，定义多行字符串匹配。

这三个修饰词分别指定了匹配操作的范围、大小写和多行行为，关键词可以自由组合。

6.1.2　执行匹配

使用正则表达式的 exec() 方法可以执行通用的匹配操作。具体语法格式如下：

```
regexp.exec(string)
```

regexp 表示正则表达式对象，参数 string 是要检索的字符串。返回一个数组，其中存放匹配的结果。如果未找到匹配结果，则返回 null。

返回数组的第 1 个元素是与正则表达式相匹配的文本，第 2 个元素是与正则表达式的第 1 个子表达式相匹配的文本（如果有的话），第 3 个元素是与正则表达式的第 2 个子表达式相匹配的文本（如果有的话），以此类推。

除了数组元素和 length 属性之外，exec() 方法还会返回下面两个属性。

- ➥ index：匹配文本的第一个字符的下标位置。
- ➥ input：存放被检索的原型字符串，即参数 string 自身。

🔊 **提示：**

在非全局模式下，exec() 方法返回的数组与 String.match() 方法返回的数组是相同的。

在全局模式下，exec() 方法与 String.match() 方法返回的结果不同。当调用 exec() 方法时，会为正则表达式对象定义 lastIndex 属性，指定执行下一次匹配的起始位置，同时返回匹配数组，与非全局模式下的数组结构相同；而 String.match() 仅返回匹配文本组成的数组，没有附加信息。

因此，在全局模式下获取完整的匹配信息只能使用 exec() 方法。

当 exec() 方法找到了与表达式相匹配的文本后，会重置 lastIndex 属性为匹配文本的最后一个字符下标位置加 1，为下一次匹配设置起始位置。因此，通过反复调用 exec() 方法，可以遍历字符串，实现全局匹配操作，如果找不到匹配文本时，将返回 null，并重置 lastIndex 属性为 0。

【示例】 在下面示例中，定义正则表达式，然后调用 exec() 方法，逐个匹配字符串中每个字符，最后使用 while 语句显示完整的匹配信息。

```
var s = "JavaScript";                        //测试使用的字符串直接量
var r = /\w/g;                               //匹配模式
while((a = r.exec(s)) ){                     //循环执行匹配操作
    console.log("匹配文本 = " + a[0] + "    a.index = " + a.index + "    r.lastIndex = "+
```

```
                r.lastIndex);                    //显示每次匹配操作后返回的数组信息
    }
```

在 while 语句中，把返回结果作为循环条件，当返回值为 null 时，说明字符串检测完毕，立即停止迭代；否则继续执行。在循环体内，读取返回数组 a 中包含的匹配结果，并读取结果数组的 index 属性，以及正则表达式对象的 lastIndex 属性，演示效果如图 6.1 所示。

图 6.1 执行全局匹配操作结果

🚗 注意：

正则表达式对象的 lastIndex 属性是可读可写的。针对指定正则表达式对象，如果使用 exec()方法对一个字符串执行匹配操作后，再对另一个字符串执行相同的匹配操作，则应该手动重置 lastIndex 属性为 0；否则不会从字符串的第一个字符开始匹配，返回的结果也会不同。

6.1.3 执行检测

使用正则表达式的 test()方法可以检测一个字符串是否包含另一个字符串。语法格式如下：

```
regexp.test(string)
```

regexp 表示正则表达式对象，参数 string 表示要检测的字符串。如果字符串 string 中含有与 regexp 正则表达式匹配的文本，则返回 true；否则返回 false。

【示例 1】在下面示例中，使用 test()方法检测字符串中是否包含字符。

```
var s = "JavaScript";
var r = /\w/g;                               //匹配字符
var b = r.test(s);                           //返回 true
```

同样使用下面正则表达式也能够进行匹配，并返回 true。

```
var r = /JavaScript/g;
var b = r.test(s);                           //返回 true
```

但是如果使用下面这个正则表达式进行匹配，就会返回 false，因为在字符串"JavaScript"中找不到对应的匹配。

```
var r = /\d/g;                               //匹配数字
var b = r.test(s);                           //返回 false
```

🚗 注意：

在全局模式下，test()等价于 exec()方法。配合循环语句，它们都能够迭代字符串，执行全局匹配操作，test()返回布尔值，exec()返回数组或者 null。虽然 test()方法的返回值是布尔值，但是通过正则表达式对象的属性和 RegExp 静态属性，依然可以获取到每次迭代操作的匹配信息。

有关这两个对象的属性将在下面两节中进行详细介绍。

【示例2】针对上一节示例，下面使用 test()方法代替 exec()方法可以实现相同的设计效果。

```javascript
var s = "JavaScript";                          //测试字符串
var r = /\w/g;                                 //匹配模式
while(r.test(s)){                              //循环执行匹配检测，如果 true，则继续验证
    console.log("匹配文本 = " + RegExp.lastMatch + "   r.lastIndex = " + r.lastIndex);
                                               //利用 RegExp 静态属性显示当前匹配的信息
}
```

RegExp.lastMatch 记录了每次匹配的文本，正则表达式对象的 lastIndex 属性记录下一次匹配的起始位置。

🚗 注意：

使用 test()执行匹配时，IE 支持 RegExp.index 记录了匹配文本的起始下标位置、RegExp.lastIndex 记录下一次匹配的起始位置，但是其他浏览器不支持。

📖 拓展：

除了正则表达式内置方法外，字符串对象中很多方法也支持正则表达式的模式匹配操作，下面列表比较了字符串对象和正则表达式对象包含的 6 种模式匹配的方法，如表 6.1 所示。

表 6.1　比较各种模式匹配的方法

方　　法	所属对象	参　　数	返　回　值	通　用　性	特　殊　性
exec()	正则表达式	字符串	匹配结果的数组。如果没有找到，返回值为 null	通用强大	一次只能匹配一个单元，并提供详细的返回信息
test()	正则表达式	字符串	布尔值，表示是否匹配	快速验证	一次只能匹配一个单元，返回信息与 exec()方法基本相似
search()	字符串	正则表达式	匹配起始位置。如果没有找到任何匹配的字符串，则返回-1	简单字符定位	不执行全局匹配，将忽略标志 g，也会忽略正则表达式的 lastIndex 属性
match()	字符串	正则表达式	匹配的数组，或者匹配信息的数组	常用字符匹配方法	将根据全局模式的标志 g 决定匹配操作的行为
replace()	字符串	正则表达式，或替换文本	返回替换后的新字符串	匹配替换操作	可以支持替换函数，同时可以获取更多匹配信息
split()	字符串	正则表达式，或分割字符	返回数组	特殊用途	把字符串分割为字符串数组

6.1.4　编译正则表达式

使用正则表达式的 compile()方法，能够重新编译正则表达式。这样在脚本执行过程中可以动态修改正则表达式的匹配模式。

compile()方法的用法与 RegExp()构造函数的用法是相同的。具体语法格式如下：

```
regexp.compile(regexp,modifier)
```

参数 regexp 表示正则表达式对象，或者匹配模式字符串。当第 1 个参数为匹配模式字符串时，可以设置第 2 个参数 modifier，使用它定义匹配的类型，如"g""i""gi"等。

【示例】在上一节示例基础上，设计当匹配到第 3 个字母时，重新修改字符模式，定义在后续操作中，仅匹配大写字母，结果就只匹配到 S 这个大写字母，演示效果如图 6.2 所示。

```javascript
var s = "JavaScript";                          //测试字符串
var r = /\w/g;                                 //匹配模式
```

```
var n=0
while(r.test(s)){                              //循环执行匹配验证
    if(r.lastIndex == 3){                      //当匹配第 3 个字符时，调整匹配模式
        r.compile(/[A-Z]/g);                   //修改字符模式，定义仅匹配大写字母
        r.lastIndex = 3;                       //设置下一次匹配的起始位置
    }
    console.log("匹配文本 = " + RegExp.lastMatch + "  r.lastIndex = " + r.lastIndex);
}
```

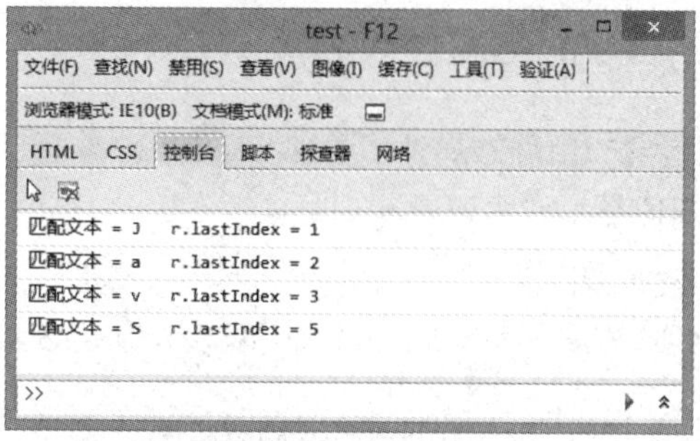

图 6.2 在匹配迭代中修改正则表达式

在上面示例代码中，r.compile(/[A-Z]/g);可以使用 r.compile("[A-Z]","g");代替。

🚗 注意：

> 重新编译正则表达式之后，正则表达式所包含的信息都被恢复到初始化状态，如 lastIndex 变为 0。因此，如果想继续匹配，就需要设置 lastIndex 属性，定义继续匹配的起始位置。反之，当执行正则表达式匹配操作之后，如果想用该正则表达式去继续匹配其他字符串，不妨利用下面方法恢复其初始状态，而不用手动重置 lastIndex 属性。
> ```
> regexp.compile(regexp);
> ```
> 其中 regexp 表示同一个正则表达式。

6.1.5 正则表达式的属性

每个正则表达式对象都包含一组属性，说明如表 6.2 所示。

表 6.2 RegExp 对象属性

属 性	说 明
global	返回 Boolean 值，检测 RegExp 对象是否具有标志 g
ignoreCase	返回 Boolean 值，检测 RegExp 对象是否具有标志 i
multiline	返回 Boolean 值，检测 RegExp 对象是否具有标志 m
lastIndex	一个整数，返回或者设置执行下一次匹配的下标位置
source	返回正则表达式的字符模式源码

🚗 注意：

> global、ignoreCase、multiline 和 source 属性都是只读属性。lastIndex 属性可读可写，通过设置该属性，可以定义匹配的起始位置。

【示例】下面示例演示了如何读取正则表达式对象的基本信息，以及 lastIndex 属性在执行匹配前后的变化。

```
var s = "JavaScript";                          //测试字符串
```

```
var r = /\w/g;                                //匹配模式
console.log("r.global = " + r.global);        //返回 true
console.log("r.ignoreCase = " + r.ignoreCase); //返回 true
console.log("r.multiline = " + r.multiline);  //返回 false
console.log("r.source = " + r.source);        //返回 a
console.log("r.lastIndex = " + r.lastIndex);  //返回 0
r.exec(s);                                    //执行匹配操作
console.log("r.lastIndex = " + r.lastIndex);  //返回 1
```

6.1.6 RegExp 静态属性

RegExp 类型包含一组静态属性，通过 RegExp 对象直接访问。这组属性记录了当前脚本中最新正则表达式匹配的详细信息，说明如表 6.3 所示。

◀)) 提示：

这些静态属性大部分有两个名字：长名（全称）和短名（简称，以$开头表示）。

表 6.3 RegExp 静态属性

长　　名	短　　名	说　　明
input	$_	返回当前所作用的字符串，初始值为空字符串""
index		当前模式匹配的开始位置，从 0 开始计数。初始值为-1，每次成功匹配时，index 属性值都会随之改变
lastIndex		当前模式匹配的最后一个字符的下一个字符位置，从 0 开始计数，常被作为继续匹配的起始位置。初始值为-1，表示从起始位置开始搜索，每次成功匹配时，lastIndex 属性值都会随之改变
lastMatch	$&	最后模式匹配的字符串，初始值为空字符串""。在每次成功匹配时，lastMatch 属性值都会随之改变
lastParen	$+	最后子模式匹配的字符串，如果匹配模式中包含有子模式（包含小括号的子表达式），在最后模式匹配中最后一个子模式所匹配到的子字符串。初始值为空字符串""。每次成功匹配时，lastParen 属性值都会随之改变
leftContext	$`	在当前所作用的字符串中，最后模式匹配的字符串左边的所有内容。初始值为空字符串""。每次成功匹配时，其属性值都会随之改变
rightContext	$'	在当前所作用的字符串中，最后模式匹配的字符串右边的所有内容。初始值为空字符串""。每次成功匹配时，其属性值都会随之改变
$1~$9	$1~$9	只读属性，如果匹配模式中有小括号包含的子模式，$1~$9 属性值分别是第 1 个到第 9 个子模式所匹配到的内容。如果有超过 9 个以上的子模式，$1~$9 属性分别对应最后的 9 个子模式匹配结果。在一个匹配模式中，可以指定任意多个小括号包含的子模式，但 RegExp 静态属性只能存储最后 9 个子模式匹配的结果。在 RegExp 实例对象的一些方法所返回的结果数组中，可以获得所有圆括号内的子匹配结果

【示例 1】下面示例演示了 RegExp 类型静态属性使用，匹配字符串"JavaScript"。

```
var s = "JavaScript,not JavaScript";
var r = /(Java)Script/gi;
var a = r.exec(s);                      //执行匹配操作
console.log(RegExp.input);              //返回字符串"JavaScript,not JavaScript"
console.log(RegExp.leftContext);        //返回空字符串，左侧没有内容
console.log(RegExp.rightContext);       //返回字符串",not JavaScript"
console.log(RegExp.lastMatch);          //返回字符串"JavaScript"
console.log(RegExp.lastParen);          //返回字符串"Java"
```

执行匹配操作后，各个属性的返回值说明如下。

➥ input 属性记录操作的字符串："JavaScript,not JavaScript"。

➥ leftContext 属性记录匹配文本左侧的字符串，在第一次匹配操作时，左侧文本为空。而 rightContext 属性记录匹配文本右侧的文本，即为",not JavaScript"。

➘ lastMatch 属性记录匹配的字符串，即为"JavaScript "。

➘ lastParen 属性记录匹配的分组字符串，即为"Java"。

如果匹配模式中包含多个子模式，则最后一个子模式所匹配的字符就是"RegExp.lastParen"。

```javascript
var r = /(Java)(Script)/gi;
var a = r.exec(s);                    //执行匹配操作
console.log(RegExp.lastParen);        //返回字符串"Script"，而不再是"Java"
```

【示例2】针对上面示例也可以使用短名来读取相关信息。

```javascript
var s = "JavaScript,not JavaScript";
var r = /(Java)(Script)/gi;
var a = r.exec(s);
console.log(RegExp.$_);               //返回字符串"JavaScript,not JavaScript"
console.log(RegExp["$`"]);            //返回空字符串
console.log(RegExp["$'"]);            //返回字符串",not JavaScript"
console.log(RegExp["$&"]);            //返回字符串"JavaScript"
console.log(RegExp["$+"]);            //返回字符串"Script"
```

🚓 注意:

这些属性的值都是动态的，在每次执行匹配操作时，都会被重新设置。

6.2　字符模式

正则表达式的语法体现在字符模式上。字符模式是一组特殊格式的字符串，它由一系列特殊字符和普通字符构成，其中每个特殊字符都包含一定的语义和功能。

6.2.1　描述字符

根据正则表达式语法规则，大部分字符仅能够描述自身，这些字符被称为普通字符，如所有的字母、数字等。

元字符就是拥有特定功能的特殊字符，大部分需要加反斜杠进行标识，以便与普通字符进行区别，而少数元字符，需要加反斜杠，以便转义为普通字符使用。JavaScript 正则表达式支持的元字符如表 6.4 所示。

表 6.4　元字符

元 字 符	描　　述
.	查找单个字符，除了换行和行结束符
\w	查找单词字符
\W	查找非单词字符
\d	查找数字
\D	查找非数字字符
\s	查找空白字符
\S	查找非空白字符
\b	匹配单词边界
\B	匹配非单词边界
\0	查找 NUL 字符

元 字 符	描 述
\n	查找换行符
\f	查找换页符
\r	查找回车符
\t	查找制表符
\v	查找垂直制表符
\xxx	查找以八进制数 xxx 规定的字符
\xdd	查找以十六进制数 dd 规定的字符
\uxxxx	查找以十六进制数 xxxx 规定的 Unicode 字符

表示字符的方法有多种，除了可以直接使用字符本身外，还可以使用 ASCII 编码或者 Unicode 编码来表示。

【示例 1】下面使用 ASCII 编码定义正则表达式直接量。

```
var r = /\x61/;                      //以 ASCII 编码匹配字母 a
var s = "JavaScript";
var a = s.match(r);                  //匹配第一个字符 a
```

由于字母 a 的 ASCII 编码为 97，被转换为十六进制数值后为 61，因此如果要匹配字符 a，就应该在前面添加"\x"前缀，以提示它为 ASCII 编码。

【示例 2】除了十六进制外，还可以直接使用八进制数值表示字符。

```
var r = /\141/;                      //141 是字母 a 的 ASCII 编码的八进制值
var s = "JavaScript";
var a = s.match(r);                  //即匹配第 1 个字符 a
```

使用十六进制需要添加"\x"前缀，主要是为了避免语义混淆，而八进制则不需要添加前缀。

【示例 3】ASCII 编码只能够匹配有限的单字节字符，使用 Unicode 编码可以表示双字节字符。Unicode 编码方式："\u"前缀加上 4 位十六进制值。

```
var r = /\u0061/;                    //以 Unicode 编码匹配字母 a
var s = "JavaScript";                //字符串直接量
var a = s.match(r);                  //匹配第一个字符 a
```

🚗 注意：

在 RegExp()构造函数中使用元字符时，应使用双斜杠。

```
var r = new RegExp("\\u0061");
```

RegExp()构造函数的参数只接受字符串，而不是字符模式。在字符串中，任何字符加反斜杠还表示字符本身，如字符串 "\u" 就被解释为字符 u 本身，所以对于"\u0061"字符串来说，在转换为字符模式时，就被解释为"u0061"，而不是"\u0061"，此时反斜杠就失去转义功能。解决方法：在字符 u 前面加双反斜杠。

6.2.2 描述字符范围

在正则表达式语法中，方括号表示字符范围。在方括号中可以包含多个字符，表示匹配其中任意一个字符。如果多个字符的编码顺序是连续的，可以仅指定开头和结尾字符，省略中间字符，仅使用连字符（-）表示。如果在方括号内添加脱字符（^）前缀，还可以表示范围之外的字符。例如：

- ❧ [abc]：查找方括号内任意一个字符。
- ❧ [^abc]：查找不在方括号内的字符。
- ❧ [0-9]：查找从 0 至 9 范围内的数字，即查找数字。

➥ [a-z]：查找从小写 a 到小写 z 范围内的字符，即查找小写字母。

➥ [A-Z]：查找从大写 A 到大写 Z 范围内的字符，即查找大写字母。

➥ [A-z]：查找从大写 A 到小写 z 范围内的字符，即所有大小写的字母。

【示例 1】字符范围遵循字符编码的顺序进行匹配。如果将要匹配的字符恰好在字符编码表中特定区域内，就可以使用这种方式表示。

如果匹配任意 ASCII 字符：

```
var r = /[\u0000-\u00ff]/g;
```

如果匹配任意双字节的汉字：

```
var r = /[^\u0000-\u00ff]/g;
```

如果要匹配任意大小写字母和数字：

```
var r = /[a-zA-Z0-9]/g;
```

使用 Unicode 编码设计，匹配数字：

```
var r = /[\u0030-\u0039]/g;
```

使用下面字符模式可以匹配任意大写字母：

```
var r = /[\u0041-\u004A]/g;
```

使用下面字符模式可以匹配任意小写字母：

```
var r = /[\u0061-\u007A]/g;
```

【示例 2】在字符范围内可以混用各种字符模式。

```
var s = "abcdez";                    //字符串直接量
var r = /[abce-z]/g;                 //字符 a、b、c，以及从 e~z 之间的任意字符
var a = s.match(r);                  //返回数组["a","b","c","e","z"]
```

【示例 3】在中括号内不要有空格，否则会误解为还要匹配空格。

```
var r = /[0-9 ]/g;
```

【示例 4】字符范围可以组合使用，以便设计更灵活的匹配模式。

```
var s = "abc4 abd6 abe3 abf1 abg7"; //字符串直接量
var r = /ab[c-g][1-7]/g;            //前两个字符为 ab，第三个字符为从 c 到 g，第四个字符为
                                    //1~7 的任意数字
var a = s.match(r);                 //返回数组["abc4","abd6","abe3","abf1","abg7"]
```

【示例 5】使用反义字符范围可以匹配很多无法直接描述的字符，达到以少应多的目的。

```
var r = /[^0123456789]/g;
```

在这个正则表达式中，将会匹配除了数字以外任意的字符。反义字符类比简单字符类的功能更加强大和实用。

6.2.3 选择匹配

选择匹配类似于 JavaScript 的逻辑与运算，使用竖线（|）描述，表示在两个子模式的匹配结果中任选一个。例如：

➥ 匹配任意数字或字母。

```
var r = /\w+|\d+/;                              //选择重复字符类
```

➥ 可以定义多重选择模式。设计方法：在多个子模式之间加入选择操作符。

```
var r = /(abc)|(efg)|(123)|(456)/;             //多重选择匹配
```

🚗 注意：

为了避免歧义，应该为选择操作的多个子模式加上小括号。

【示例】设计对提交的表单字符串进行敏感词过滤。先设计一个敏感词列表，然后使用竖线把它们连接在一起，定义选择匹配模式，最后使用字符串的 repalce() 方法把所有敏感字符替换为可以显示的编码格式，演示效果如图 6.3 所示。

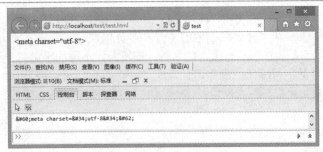

图 6.3　过滤 HTML 字符串

```
var s = '<meta charset="utf-8">';        //待过滤的表单提交信息
var r = /\'|\"|\<|\>/gi;                  //过滤敏感字符的正则表达式
function f(){                             //替换函数
    //把敏感字符替换为对应的网页显示的编码格式
    return "&#" + arguments[0].charCodeAt(0) + ";";
}
var a = s.replace(r,f);                   //执行过滤替换
document.write(a);                        //在网页中显示正常的字符信息
console.log(a);                           //返回"&#60;meta charset=&#34;utf-8&#34;&#62;"
```

6.2.4　重复匹配

在正则表达式语法中，定义了一组重复类量词，如表 6.5 所示。它们定义了重复匹配字符的确数或约数。

表 6.5　重复类量词列表

量　　词	描　　述
n+	匹配任何包含至少一个 n 的字符串
n*	匹配任何包含零个或多个 n 的字符串
n?	匹配任何包含零个或一个 n 的字符串
n{x}	匹配包含 x 个 n 的序列的字符串
n{x,y}	匹配包含最少 x 个、最多 y 个 n 的序列的字符串
n{x,}	匹配包含至少 x 个 n 的序列的字符串

【示例】下面结合示例进行演示说明，先设计一个字符串。

```
var s = "ggle gogle google gooogle goooogle gooooogle goooooogle goooooogle goooooooogle"
```

⬎　如果仅匹配单词 ggle 和 gogle，可以设计：

```
var r = /go?gle/g;                        //匹配前一项字符 o0 次或 1 次
var a = s.match(r);                        //返回数组["ggle", "gogle"]
```

量词 "?" 表示前面字符或子表达式为可有可无，等效于：

```
var r = /go{0,1}gle/g;                    //匹配前一项字符 o0 次或 1 次
var a = s.match(r);                        //返回数组["ggle", "gogle"]
```

⬎　如果匹配第 4 个单词 gooogle，可以设计：

```
var r = /go{3}gle/g;                      //匹配前一项字符 o 重复显示 3 次
var a = s.match(r);                        //返回数组["gooogle"]
```

等效于：

```
var r = /gooogle/g;        //匹配字符 gooogle
```

```
var a = s.match(r);              //返回数组["gooogle"]
```

➥ 如果匹配第4个到第6个之间的单词,可以设计:

```
var r = /go{3,5}gle/g;           //匹配第4个到第6个之间的单词
var a = s.match(r);              //返回数组["gooogle", "goooogle", "gooooogle"]
```

➥ 如果匹配所有单词,可以设计:

```
var r = /go*gle/g;               //匹配所有的单词
var a = s.match(r);              //返回数组["ggle", "gogle", "google", "gooogle", "goooogle",
                                 "gooooogle", "goooooogle", "gooooooogle", "goooooooogle"]
```

量词 " * " 表示前面字符或子表达式可以不出现,或者重复出现任意多次。等效于:

```
var r = /go{0,}gle/g;            //匹配所有的单词
var a = s.match(r);              //返回数组["ggle", "gogle", "google", "gooogle", "goooogle",
                                 "gooooogle", "goooooogle", "gooooooogle", "goooooooogle"]
```

➥ 如果匹配包含字符"o"的所有单词,可以设计:

```
var r = /go+gle/g;               //匹配的单词中字符"o"至少出现1次
var a = s.match(r);              //返回数组["gogle", "google", "gooogle", "goooogle",
                                 "gooooogle", "goooooogle", "gooooooogle", "goooooooogle"]
```

量词 " + " 表示前面字符或子表达式至少出现1次,最多重复次数不限。等效于:

```
var r = /go{1,}gle/g;            //匹配的单词中字符"o"至少出现1次
var a = s.match(r);              //返回数组["gogle", "google", "gooogle", "goooogle",
                                 "gooooogle", "goooooogle", "gooooooogle", "goooooooogle"]
```

🚗 注意:

重复类量词总是出现在它们所作用的字符或子表达式后面。如果想作用于多个字符,需要使用小括号把它们包裹在一起形成一个子表达式。

6.2.5 惰性匹配

重复类量词都具有贪婪性,在条件允许的前提下,会匹配尽可能多的字符。

➥ ?、{n}和{n, m}重复类具有弱贪婪性,表现为贪婪的有限性。

➥ *、+和{n, }重复类具有强贪婪性,表现为贪婪的无限性。

【示例1】越是排在左侧的重复类量词匹配优先级越高。下面示例显示当多个重复类量词同时满足条件时,会在保证右侧重复类量词最低匹配次数基础上,使最左侧的重复类量词尽可能占有所有字符。

```
var s ="<html><head><title></title></head><body></body></html>";
var r = /(<.*>)(<.*>)/
var a = s.match(r);
//左侧子表达式匹配"<html><head><title></title></head><body></body>"
console.log(a[1]);
console.log(a[2]);                              //右侧子表达式匹配"</html>"
```

与贪婪匹配相反,惰性匹配将遵循另一种算法:在满足条件的前提下,尽可能少地匹配字符。定义惰性匹配的方法:在重复类量词后面添加问号(?)限制词。贪婪匹配体现了最大化匹配原则,惰性匹配则体现最小化匹配原则。

【示例2】下面示例演示了如何定义惰性匹配模式。

```
var s ="<html><head><title></title></head><body></body></html>";
var r = /<.*?>/
var a = s.match(r);                             //返回单个元素数组["<html>"]
```

在上面示例中,对于正则表达式/<.*?>/来说,它可以返回匹配字符串"<>",但是为了能够确保匹配条件成立,在执行中还是匹配了带有4个字符的字符串 " html " 。惰性取值不能够以违反模式限定的条件而返回,除非没有找到符合条件的字符串,否则必须满足它。

📢 提示：

> 针对 6 种重复类惰性匹配的简单描述如下。
> ➥ {n, m}?：尽量匹配 n 次，但是为了满足限定条件也可能最多重复 m 次。
> ➥ {n}? ：尽量匹配 n 次。
> ➥ {n, }?：尽量匹配 n 次，但是为了满足限定条件也可能匹配任意次。
> ➥ ?? ：尽量匹配，但是为了满足限定条件也可能最多匹配 1 次，相当于 {0, 1}?。
> ➥ +?：尽量匹配 1 次，但是为了满足限定条件也可能匹配任意次，相当于 {1, }?。
> ➥ *?：尽量不匹配，但是为了满足限定条件也可能匹配任意次，相当于 {0, }?。

6.2.6　边界量词

边界就是确定匹配模式的位置，如字符串的头部或尾部，具体说明如表 6.6 所示。

表 6.6　JavaScript 正则表达式支持的边界量词

量　词	说　明
^	匹配开头，在多行检测中，会匹配一行的开头
$	匹配结尾，在多行检测中，会匹配一行的结尾

【示例】下面代码演示如何使用边界量词。先定义字符串：

```
var s = "how are you";
```

➥ 匹配最后一个单词

```
var r = /\w+$/;
var a = s.match(r);                    //返回数组["you"]
```

➥ 匹配第一个单词

```
var r = /^\w+/;
var a = s.match(r);                    //返回数组["how"]
```

➥ 匹配每一个单词

```
var r = /\w+/g;
var a = s.match(r);                    //返回数组["how", "are" , "you"]
```

6.2.7　声明量词

声明表示条件的意思。声明量词包括正向声明和反向声明两种模式。

1．正向声明

指定匹配模式后面的字符必须被匹配，但又不返回这些字符。语法格式如下：

```
匹配模式(?=匹配条件)
```

声明包含在小括号内，它不是分组，因此作为子表达式。

【示例 1】下面代码定义一个正前向声明的匹配模式。

```
var s = "one:1;two=2";
var r = /\w*(?==)/;                    //使用正前向声明，指定执行匹配必须满足的条件
var a = s.match(r);                    //返回数组["two"]
```

在上面示例中，通过 (?==)锚定条件，指定只有在\w*所能够匹配的字符后面跟随一个等号字符，才能够执行\w*匹配。所以，最后匹配的是字符串"two"，而不是字符串"one"。

2．反向声明

与正向声明匹配相反，指定接下来的字符都不必被匹配。语法格式如下：

匹配模式(?!匹配条件)

【示例2】下面代码定义一个反前向声明的匹配模式。

```
var s = "one:1;two=2";
var r = /\w*(?!=)/;                        //使用反向声明，指定执行匹配不必满足的条件
var a = s.match(r);                        //返回数组["one"]
```

在上面示例中，通过(?!=)锚定条件，指定只有在"\w*"所能够匹配的字符后面不跟随一个等号字符，才能够执行\w*匹配。所以，最后匹配的是字符串"one"，而不是字符串"two"。

6.2.8 子表达式

使用小括号可以对字符模式进行任意分组，在小括号内的字符串表示子表达式，也称为子模式。子表达式具有独立的匹配功能，保存独立的匹配结果；同时，小括号后的量词将会作用于整个子表达式。

通过分组可以在一个完整的字符模式中定义一个或多个子模式。当正则表达式成功地匹配目标字符串后，也可以从目标字符串中抽出与子模式相匹配的子内容。

【示例】在下面代码中，不仅能匹配出每个变量声明，同时还抽出每个变量及其值。

```
var s ="ab=21,bc=45,cd=43";
var r = /(\w+)=(\d*)/g;
while(a = r.exec(s)){
    console.log(a);                        //返回类似 ["ab=21","ab","21"]三个数组
}
```

6.2.9 反向引用

在字符模式中，后面的字符可以引用前面的子表达式。实现方法如下：

```
\ + 数字
```

数字指定了子表达式在字符模式中的顺序。如"\1"引用的是第1个子表达式，"\2"引用的是第2个子表达式。

【示例1】在下面代码中，通过引用前面子表达式匹配的文本，实现成组匹配字符串。

```
var s ="<h1>title<h1><p>text<p>";
var r = /(<\/?\w+>).*\1/g;
var a = s.match(r);                        //返回数组["<h1>title<h1>" , "<p>text<p>"]
```

🔊 **提示：**

由于子表达式可以相互嵌套，它们的顺序将根据左括号的顺序来确定。例如，下面示例定义匹配模式包含多个子表达式。

```
var s = "abc";
var r = /(a(b(c)))/;
var a = s.match(r);                        //返回数组["abc", "abc", "bc", "c"]
```

在这个模式中，共产生了3个反向引用，第1个是"(a(b(c)))"，第2个是"(b(c))"，第3个是"(c)"。它们引用的匹配文本分别是字符串"abc""bc"和"c"。

🚗 **注意：**

对子表达式的引用，是指引用前面子表达式所匹配的文本，而不是子表达式的匹配模式。如果要引用前面子表达式的匹配模式，则必须使用下面方式，只有这样才能够达到匹配目的。

```
var s ="<h1>title</h1><p>text</p>";
var r = /((<\/?\w+>).*(<\/?\w+>))/g;
var a = s.match(r);                        //返回数组["<h1>title</h1>","<p>text</p>"]
```

反向引用在开发中主要有以下几种常规用法。

【示例2】在正则表达式对象的test()方法，以及字符串对象的match()和search()等方法中使用。在这些方法中，反向引用的值可以从RegExp()构造函数中获得。

```
var s = "abcdefghijklmn";
var r = /(\w)(\w)(\w)/;
r.test(s);
console.log(RegExp.$1);                    //返回第 1 个子表达式匹配的字符 a
console.log(RegExp.$2);                    //返回第 2 个子表达式匹配的字符 b
console.log(RegExp.$3);                    //返回第 3 个子表达式匹配的字符 c
```

通过上面示例可以看到，正则表达式执行匹配测试后，所有子表达式匹配的文本都被分组存储在 RegExp()构造函数的属性内，通过前缀符号$与正则表达式中子表达式的编号来引用这些临时属性。其中属性$1 标识符指向第 1 个值引用，属性$2 标识符指向第 2 个值引用，以此类推。

【示例 3】可以直接在定义的字符模式中包含反向引用。这可以通过使用特殊转义序列（如\l、\2 等）来实现（详细内容可以参阅上一节内容）。

```
var s = "abcbcacba";
var r = /(\w)(\w)(\w)\2\3\1\3\2\1/;
var b = r.test(s);                         //验证正则表达式是否匹配该字符串
console.log(b);                            //返回 true
```

在上面示例的正则表达式中，"\1"表示对第 1 个反向引用(\w)所匹配的字符 a 进行引用，"\2"表示对第 2 个反向引用(\w)所匹配的字符 b 进行引用，"\3"表示对第 3 个反向引用(\w)所匹配的字符 c 进行引用。

【示例 4】可以在字符串对象的 replace()方法中使用。通过使用特殊字符序列$1、$2、$3 等来实现。例如，在下面的示例中将颠倒相邻字母和数字的位置。

```
var s = "aa11bb22c3d4e5f6";
var r = /(\w+?)(\d+)/g;
var b = s.replace(r,"$2$1");
console.log(b);                            //返回字符串"11aa22bb3c 4d5e6f"
```

在上面例子中，正则表达式包括两个分组，第 1 个分组匹配任意连续的字母，第 2 个分组匹配任意连续的数字。在 replace()方法的第 2 个参数中，$1 表示对正则表达式中第 1 个子表达式匹配文本的引用，而$2 表示对正则表达式中第 2 个子表达式匹配文本的引用，通过颠倒$1 和$2 标识符的位置，即可实现字符串的颠倒来替换原字符串。

6.2.10　禁止引用

反向引用会占用一定的系统资源，在较长的正则表达式中，反向引用会降低匹配速度。如果分组仅仅是为了方便操作，可以禁止反向引用。

实现方法：在左括号的后面加上一个问号和冒号。

【示例】下面代码演示了如何禁止引用。

```
var s1 = "abc";
var r = /(?:\w*?)|(?:\d*?)/;                //非引用型分组
var a = r.test(s1);                        //返回 true
```

非引用型分组对于必须使用子表达式，但是又不希望存储无用的匹配信息，或者希望提高匹配速度来说，是非常重用的方法。

6.3　案例实战

6.3.1　设计时间匹配模式

以 24 小时制为例，时间字符串格式如下：

```
23:59
02:07
```

【模式分析】

- ↘ 共 4 位数字，第 1 位数字可以为 [0-2]。

- ↘ 当第 1 位为"2"时，第 2 位可以为 [0-3]，其他情况时，第 2 位为[0-9]。

- ↘ 第 3 位数字为[0-5]，第 4 位为 [0-9]。

【实现代码】

```
var regex = /^([01][0-9]|[2][0-3]):[0-5][0-9]$/;
console.log( regex.test("23:59") );          // => true
console.log( regex.test("02:07") );          // => true
```

如果要求匹配"7:9"格式，也就是说时分前面的"0"可以省略。优化后的代码如下：

```
var regex = /^(0?[0-9]|1[0-9]|[2][0-3]):(0?[0-9]|[1-5][0-9])$/;
console.log( regex.test("23:59") );          // => true
console.log( regex.test("02:07") );          // => true
console.log( regex.test("7:9") );            // => true
```

6.3.2 设计日期匹配模式

常见日期格式：yyyy-mm-dd。例如：2018-06-10。

【模式分析】

- ↘ 年：4 位数字即可，可用 [0-9]{4}。

- ↘ 月：共 12 个月，分两种情况："01""02"…"09" 和 "10""11""12"，可用 (0[1-9]|1[0-2])。

- ↘ 日：最大 31 天，可用 (0[1-9]|[12][0-9]|3[01])。

【实现代码】

```
var regex = /^[0-9]{4}-(0[1-9]|1[0-2])-(0[1-9]|[12][0-9]|3[01])$/;
console.log( regex.test("2018-06-10") );   // => true
```

6.3.3 设计货币数字匹配模式

货币数字的千位分隔符格式，如"12345678"表示为"12,345,678"。

【操作步骤】

第 1 步，根据千位把相应的位置替换成","，以最后一个逗号为例。解决方法：(?=\d{3}$)。

```
var result = "12345678".replace(/(?=\d{3}$)/g, ',')
console.log(result);                          // => "12345,678"
```

其中(?=\d{3}$)匹配\d{3}$前面的位置，而\d{3}$ 匹配的是目标字符串最后 3 位数字。

第 2 步，确定所有的逗号。因为逗号出现的位置，要求后面 3 个数字一组，也就是\d{3}至少出现一次。此时可以使用量词+：

```
var result = "12345678".replace(/(?=(\d{3})+$)/g, ',')
console.log(result);                          // => "12,345,678"
```

第 3 步，匹配其余数字，会发现问题如下：

```
var result = "123456789".replace(/(?=(\d{3})+$)/g, ',')
console.log(result);                          // => ",123,456,789"
```

因为上面的正则表达式，从结尾向前数，只要是 3 的倍数，就把其前面的位置替换成逗号。那么如何解决匹配的位置不能是开头呢？

第 4 步，匹配开头可以使用^，但要求该位置不是开头，可以考虑使用(?!^)。实现代码如下：

```
var regex = /(?!^)(?=(\d{3})+$)/g;
var result = "12345678".replace(regex, ',')
```

```
console.log(result);                              // => "12,345,678"
result = "123456789".replace(regex, ',');
console.log(result);                              // => "123,456,789"
```

第 5 步，如果要把"12345678 123456789"替换成"12,345,678 123,456,789"，此时需要修改正则表达式，可以把里面的开头^和结尾$修改成\b。实现代码如下：

```
var string = "12345678 123456789",
regex = /(?!\b)(?=(\d{3})+\b)/g;
var result = string.replace(regex, ',')
console.log(result);                              // => "12,345,678 123,456,789"
```

其中 (?!\b)要求当前是一个位置，但不是\b 前面的位置，其实 (?!\b) 说的就是\B。因此最终正则变成了：/\B(?=(\d{3})+\b)/g。

第 6 步，进一步格式化。千分符表示法一个常见的应用就是货币格式化。例如：

```
1888
```

格式化为：

```
$ 1888.00
```

有了前面的铺垫，可以很容易地实现，具体代码如下：

```
function format (num) {
    return num.toFixed(2).replace(/\B(?=(\d{3})+\b)/g, ",").replace(/^/, "$$");
};
console.log( format(1888) );                      // => "$ 1,888.00"
```

6.3.4 表单验证

本节示例将利用 HTML5 表单内建校验机制，设计一个表单验证页面，效果如图 6.4 所示。

图 6.4 设计 HTML5 验证表单

【操作步骤】

第 1 步，新建 HTML5 文档，设计一个 HTML5 表单页面。

```
<form method="post" action="" name="myform" class="form" >
    <label for="user_name">真实姓名<br/>
        <input id="user_name" type="text" name="user_name" required pattern="^
```

```
                     ([\u4e00-\u9fa5]+|([a-z]+\s?)+)$" />
    </label>
    <label for="user_item">比赛项目<br/>
        <input list="ball" id="user_item" type="text" name="user_item" required/>
    </label>
    <datalist id="ball">
        <option value="篮球"/>
        <option value="羽毛球"/>
        <option value="桌球"/>
    </datalist>
    <label for="user_email">电子邮箱<br/>
        <input id="user_email" type="email" name="user_email" pattern="^[0-9a-z]
                 [a-z0-9\._-]{1,}@[a-z0-9-]{1,}[a-z0-9]\.[a-z\.]{1,}[a-z]$" required />
    </label>
    <label for="user_phone">手机号码<br/>
        <input id="user_phone" type="tel" name="user_phone" pattern="^1\d{10}$|^
                 (0\d{2,3}-?|\(0\d{2,3}\))?[1-9]\d{4,7}(-\d{1,8})?$" required/>
    </label>
    <label for="user_id">身份证号
        <input id="user_id" type="text" name="user_id" required pattern="^[1-9]\ d{5}[1-9]\
                 d{3}((0\d)|(1[0-2]))(([0|1|2]\d)|3[0-1])\d{3}([0-9]|X)$" />
    </label>
    <label for="user_born">出生年月
        <input id="user_born" type="month" name="user_born" required />
    </label>
    <label for="user_rank">名次期望 <span>第<em id="ranknum">5</em>名</span></label>
    <input id="user_rank" type="range" name="user_rank" value="5" min="1" max="10" step=
          "1" required /> <br/>
    <button type="submit" name="submit" value="提交表单">提交表单</button>
</form>
```

第2步，设计表单控件的验证模式。"真实姓名"选项为普通文本框，要求必须输入 required，验证模式为中文字符。

```
pattern="^([\u4e00-\u9fa5]+|([a-z]+\s?)+)$"
```

"比赛项目"选项设计一个数据列表，使用 datalist 元素设计，并使用 list="ball"绑定到文本框上。

第3步，"电子邮箱"选项设计 type="email"类型，同时使用如下匹配模式兼容老版本浏览器。

```
pattern="^[0-9a-z][a-z0-9\._-]{1,}@[a-z0-9-]{1,}[a-z0-9]\.[a-z\.]{1,}[a-z]$"
```

第4步，"手机号码"选项设计 type="tel"类型，同时使用如下匹配模式兼容老版本浏览器。

```
pattern="^1\d{10}$|^(0\d{2,3}-?|\(0\d{2,3}\))?[1-9]\d{4,7}(-\d{1,8})?$"
```

第5步，"身份证号"选项使用普通文本框设计，要求必须输入，定义匹配模式如下：

```
pattern="^[1-9]\d{5}[1-9]\d{3}((0\d)|(1[0-2]))(([0|1|2]\d)|3[0-1])\d{3}([0-9]|X)$"
```

第6步，"出生年月"选项设计 type="month"类型，这样就不需要进行验证，用户必须在日期选择器面板中进行选择，无法作弊。

第7步，"名次期望"选项设计 type="range"类型，限制用户只能在 1~10 之间进行选择。

6.4 在线学习

本节为线上继续学习入口，通过扫码读者可以进行巩固练习、补充知识、获取参考资料、拓展阅读。

第7章 使用数组

数组（Array）是有序数据集合，数组中的每个成员被称为元素（Element），每个元素的名称（键）被称为数组下标（Index）。数组内不同元素的值可以为不同类型。数组的长度是弹性的、可读写的。在 JavaScript 脚本中数组主要用于临时寄存同类数据，进行高速批量运算。

【学习重点】
- ➥ 定义数组。
- ➥ 灵活访问数组。
- ➥ 正确检测数组。
- ➥ 可以编辑数组。
- ➥ 能够使用数组处理批量数据。

7.1 定义数组

定义数组的方法有两种：构造数组和数组直接量。

7.1.1 构造数组

使用 new 运算符调用 Array() 类型函数时，可以构造一个新数组。

【示例1】直接调用 Array() 函数，不传递参数，可以创建一个空数组。

```
var a = new Array();                        //空数组
```

【示例2】传递多个值，可以创建一个实数组。

```
var a = new Array(1,true,"string",[1,2],{x:1,y:2});    //实数组
```

每个参数指定一个元素的值，值的类型没有限制。参数的顺序也是数组元素的顺序，数组的 length 属性值等于所传递参数的个数。

【示例3】传递一个数值参数，可以定义数组的长度，即包含元素的个数。

```
var a = new Array(5);                       //指定长度的数组
```

参数值等于数组的 length 属性值，每个元素的值默认值为 undefined。

【示例4】如果传递一个参数，值为 1，则 JavaScript 将定义一个长度为 1 的数组，而不是包含一个元素，其值为 1 的数组。

```
var a = new Array(1);
console.log(a[0]);                          //返回 undefined，说明参数为长度值
```

7.1.2 数组直接量

数组直接量的语法格式：在中括号中包含多个值列表，值之间用逗号分隔。

【示例】下面代码使用数组直接量定义数组。

```
var a = [];                                 //空数组
var a = [1,true,"0",[1,0],{x:1,y:0}];       //包含具体元素的数组
```

推荐使用数组直接量定义数组，因为数组直接量是定义数组最简便、最高效的方法。

7.1.3 多维数组

JavaScript 不支持多维数组，设置元素的值等于数组，可以模拟二维数组结构。如果三维数组中每个元素的值也为数组，则可以模拟三维数组，以此类推，通过数组嵌套的形式可以定义多维数组。

【示例 1】下面代码定义一个二维数组。

```
var a = [                           //定义二维数组
    [1.1, 1.2],
    [2.1, 2.2]
];
```

【示例 2】下面示例使用嵌套 for 语句，把 1~100 的正数以二维数组的形式进行存储，设计二维数列。

```
var a = [];
for( var i = 0; i < 10; i ++ ){     //行循环
    var b = [];                     //辅助数组
    for( var j = 0; j < 10; j ++ ){ //列循环
        b[j] = i * 10 + j + 1;      //定义数组 b 的元素值
    }
    a[i] = b;                       //把数组 b 赋值给数组 a
}
console.log( a );                   //返回 1~100 的二维数列
```

数列格式如下：

```
a = [
    [1, 2, 3, 4, 5, 6, 7, 8, 9, 10],
    [11, 12, 13, 14, 15, 16, 17, 18, 19, 20],
    [21, 22, 23, 24, 25, 26, 27, 28, 29, 30],
    [31, 32, 33, 34, 35, 36, 37, 38, 39, 40],
    [41, 42, 43, 44, 45, 46, 47, 48, 49, 50],
    [51, 52, 53, 54, 55, 56, 57, 58, 59, 60],
    [61, 62, 63, 64, 65, 66, 67, 68, 69, 70],
    [71, 72, 73, 74, 75, 76, 77, 78, 79, 80],
    [81, 82, 83, 84, 85, 86, 87, 88, 89, 90],
    [91, 92, 93, 94, 95, 96, 97, 98, 99, 100]
] ;
```

【示例 3】JavaScript 不支持二维数组，用户可以模仿二维数组的语法格式来定义数组。下面的写法在语法上虽然不符合规定，但是 JavaScript 不会抛出异常。

```
var a = [];
a[0,0] = 1;
a[0,1] = 2;
a[1,0] = 3;
a[1,1] = 4;
```

如果调用 length 属性，返回值为 2，说明仅有两个元素，分别读取元素的值。

```
console.log(a.length);              //返回 2，说明仅有两个元素有效
console.log(a[0]);                  //返回 3
console.log(a[1]);                  //返回 3
```

JavaScript 把二维数组的下标视为一个逗号表达式，其运算的返回值是最后一个值。前面两行代码赋值就被后面两行代码赋值覆盖了。因此，如果经过计算之后才确定了下标值，然后再进行存取操作，则可以按如下方式进行设计。

```
var a = [], i = 1;                  //初始化变量
while( i < 10 ){                    //指定循环次数
    a[i *= 2, i] = i;               //指定下标为 2 的幂数时才进行赋值
```

```
}
console.log( a.length );                    //返回 17
console.log( a );                           //返回数组[,,2,, 4,,,, 8,,,,,,,, 16]
```

7.1.4　空位数组

空位数组就是数组中包含空元素。所谓空元素，就是在语法上数组中两个逗号之间没有任何值。出现空位数组的情况如下。

↘ 直接量定义

```
var a = [1, , 2];
a.length;                                   //返回 3
```

如果最后一个元素后面加逗号，不会产生空位，与没有逗号时效果一样。

```
var a = [1, 2, ];
a.length;                                   //返回 2
```

↘ 构造函数定义

```
var a = new Array(3);                       //指定长度的数组
a.length;                                   //返回 3，产生 3 个空元素
```

↘ delete 删除

```
var a = [1, 2, 3];
delete a[1];
console.log( a[1] );                        //undefined
console.log( a.length );                    //3
```

上面代码使用 delete 命令删除了数组的第 2 个元素，这个位置就形成了空位。

空元素可以读写，length 属性不排斥空位。如果使用 for 语句和 length 属性遍历数组，空元素都可以被读取，空元素返回值为 undefined。

```
var a = [, , ,];
for(var i =0; i<a.length;i++)
    console.log( a[i]);                     //返回 3 个 undefined
```

🚗 注意：

空元素与元素的值为 undefined 是两个不同的概念，即使空元素的返回值也是 undefined。JavaScript 在初始化数组时，只有真正存储有值的元素才可以分配内存。

使用 forEach()方法、for/in 语句以及 Object.keys()方法进行遍历时，空元素都会被跳过，但是值为 undefined 元素，能够被正常迭代。

```
var a = [, , undefined,];
for (var i in a) {
    console.log(i);                         //返回 2，仅读取了第 3 个元素
}
console.log(a.length);                      //返回 3，包含 3 个元素
```

7.1.5　关联数组

如果数组的下标值超出范围，如负数、浮点数、布尔值、对象或其他值，JavaScript 会自动把它转换为一个字符串，并定义为关联数组。

关联数组就是与数组关联的对象，简单地说就是数组对象，字符串下标就是数组对象的属性。

【示例 1】在下面示例中，数组下标 false、true 将不会被强制转换为数值 0、1，JavaScript 会把变量 a 视为对象，false 和 true 转换的字符串被视为对象的属性名。

```
var a = [];                                 //声明数组
```

```
a[false] = false;
a[true] = true;
console.log( a[0] );                        //返回 undefined
console.log( a[1] );                        //返回 undefined
console.log( a[false] );                    //返回 false
console.log( a[true] );                     //返回 true
console.log( a["false"] );                  //返回 false
console.log( a["true"] );                   //返回 true
```

【示例2】关联数组是一种数据格式，被称为哈希表。哈希表的数据检索速度要优于数组。

```
var a = [["张三",1],["李四",2],["王五",3]];  //二维数组
for(var i in a){                            //遍历二维数组
    if(a[i][0] == "李四") console.log(a[i][1]); //检索指定元素
}
```

如果使用文本下标会更为高效。

```
var a = [];                                 //定义空数组
a["张三"] = 1;                              //以文本下标来存储元素的值
a["李四"] = 2;
a["王五"] = 3;
console.log(a["李四"] );                    //快速定位检索
```

【示例3】对象也可以作为数组下标，JavaScript 会试图把对象转换为数值，如果不行，则把它转换为字符串，然后以文本下标的形式进行操作。

```
var a = [];                                 //数组直接量
var b = function(){                         //函数直接量
    return 2;
}
a[b] = 1;                                   //把对象作为数组下标
console.log( a.length );                    //返回长度为 0
console.log( a[b] );                        //返回 1
```

可以这样读取元素值。

```
var s =b.toString();                        //获取对象的字符串
console.log( a[s] );                        //利用文本下标读取元素的值
```

还可以这样设计下标，此时为数组的元素，而不是关联属性了。

```
a[b()] = 1;                                 //在下标处调用函数，则返回值为 2
console.log( a[2] );                        //所以可以使用 2 来读取该元素值
console.log( a.length );                    //返回数组长度为 3
```

7.1.6 伪类数组

伪类数组，也称为类数组，即类似数组结构的对象。简单地说，就是对象的属性名为非负整数，且从 0 开始，有序递增，同时包含 length 属性，还应确保其值与有序下标属性个数保持动态一致，以方便对伪类数组进行迭代操作。大家所熟知的 jQuery 对象就是一个伪类数组。

【示例】在下面示例中，obj 是一个对象直接量，当使用数组下标为其赋值时，JavaScript 不再把它看作是数组下标，而是把它看作对象的属性名。

```
var obj = {};                               //定义对象直接量
obj[0] = 0;
obj[1] = 1;
obj[2] = 2;
obj.length = 3;
console.log( obj["2"] );                     //返回 2
```

它相当于一个对象直接量。

```
var obj = {
    0 : 0,
    1 : 1,
    2 : 2,
    length : 3
};
```

由于数字是非法的标识符，所以不能使用点语法来读写属性。

```
console.log( obj.0 );
```

而应该使用中括号语法来读写属性。

```
console.log( obj["2"] );
```

7.2 访 问 数 组

数组是复合型数据，数组名称是一个指向数组的引用型变量，因此数组属于引用型对象。

7.2.1 读写数组

访问数组就是访问数组元素。元素相当于变量，数组的元素是一组有序排列的变量，它们没有标识符，以下标进行索引，下标从 0 开始，有序递增。注意，数组下标是非负整数型表达式，或者是字符型数字，不可以为其他类型的值或表达式。

使用中括号（[]）可以读写数组。中括号左侧是数组名称，中括号内为数组下标。

数组[下标表达式]

下标表达式是值为非负整数的表达式。

【示例 1】下面代码使用中括号为数组写入数据，然后再读取数组元素的值。

```
var a = [];                           //声明一个空数组
a[0] = 0;                             //为第 1 个元素赋值为 0
a[2] = 2;                             //为第 3 个元素赋值为 2
console.log( a[0] );                  //读取第 1 个元素，返回值为 0
console.log( a[1] );                  //读取第 2 个元素，返回值为 undefined
console.log( a[2] );                  //读取第 3 个元素，返回值为 2
```

在上面代码中仅为 0 和 2 下标位置的元素赋值，下标为 1 的元素为空，读取时为空的元素返回值默认为 undefined。

【示例 2】下面代码使用 for 语句批量为数组赋值，其中数组下标是一个递增表达式。

```
var a = new Array();                  //创建一个空数组
for( var i = 0; i < 10; i ++ ){       //循环为数组赋值
    a[i ++ ] = ++ i;                  //不按顺序为数组元素赋值
}
console.log( a );                     //返回 2,,,5 ,,,8,,, 11
```

【示例 3】设计有两个变量，不需要其他变量的帮助实现值互换。

一般情况下实现变量交换，需要定义一个临时变量做中转。

```
var a = 10, b = 20;                   //变量初始化
var temp = a;                         //定义临时变量存储 a
a = b;                                //把 b 的值赋值给 a
b = temp;                             //把临时变量的值赋值给 b
```

利用数组就可以这样设计。

```
var a = 10, b = 20;                   //变量初始化
```

```
a = [b, b = a][0];                         //通过数组快速交换数据
```

【设计技巧】

数组的元素允许使用表达式，表达式的值与元素的值是两个不同概念，本质上元素也是一个变量，标识符是下标编号。在一个匿名数组中，把变量 b 的值传递给第 1 个元素，然后在第 2 个元素中以赋值表达式运算的方式把变量 a 的值赋值给变量 b，再把变量 b 的值传递给第 2 个元素。这个过程是按顺序执行的，变量 b 的值被重写，同时数组也被添加了两个元素，最后使用中括号语法读取第 1 个元素的值，并赋值给变量 a，从而实现值互换。

7.2.2　访问多维数组

读写多维数组的方法与普通数组的方法相同，都是使用中括号进行访问，具体格式如下。

➷ 二维数组
```
数组[下标表达式] [下标表达式]
```
➷ 三维数组
```
数组[下标表达式] [下标表达式] [下标表达式]
```
以此类推。

【示例】下面代码设计一个二维数组，然后分别访问第 1 行第 1 列的元素值，以及第 2 行第 2 列的元素值。

```
var a = [];                                //声明二维数组
a[0] = [1,2];                              //为第 1 个元素赋值为数组
a[1] = [3,4];                              //为第 2 个元素赋值为数组
console.log(a[0][0])                       //返回 1，读取第 1 个元素的值
console.log(a[1][1])                       //返回 4，读取第 4 个元素的值
```

🚗 注意：

在存取多维数组时，左侧中括号内的下标值不能够超出数组范围，否则就会抛出异常。因为，如果第一个下标超出数组范围，返回值为 undefined，显然表达式 undefined[1]是错误的。

7.2.3　数组长度

每个数组都有一个 length 属性，该属性返回数组的最大长度，即其值等于最大下标值加 1。由于数组下标必须小于 $2^{32}-1$，所以 length 属性最大值等于 $2^{32}-1$。

【示例 1】下面代码定义了一个空数组，然后为下标等于 100 的元素赋值，则 length 属性返回 101。因此，length 属性不能体现数组元素的实际个数。

```
var a = [];                                //声明空数组
a[100] =2;
console.log(a.length);                     //返回 101
```

length 属性可读可写，是一个动态属性。length 属性值也会随数组元素的变化而自动更新。同时，如果重置 length 属性值，也将影响数组的元素，具体说明如下。

➷ 如果 length 属性被设置了一个比当前 length 值小的值，则数组会被截断，新长度之外的元素值都会丢失。

➷ 如果 length 属性被设置了一个比当前 length 值大的值，那么空元素就会被添加到数组末尾，使得数组增长到新指定的长度，读取值都为 undefined。

【示例 2】下面代码演示了 length 属性值动态变化对数组的影响。

```
var a = [1,2,3];                           //声明数组直接量
a.length = 5;                              //增长数组长度
```

```
console.log(a[4]);                          //返回 undefined，说明该元素还没有被赋值
a.length = 2;                               //缩短数组长度
console.log(a[2]);                          //返回 undefined，说明该元素的值已经丢失
```

7.2.4 使用 for 迭代

for 和 for/in 语句都可以迭代数组。for 语句需要配合 length 属性和数组下标来实现，执行效率没有 for/in 语句高。另外，for/in 语句会跳过空元素。

📢 提示：

对于超长数组来说，建议使用 for/in 语句进行迭代。

【示例 1】下面示例使用 for 语句迭代数组，过滤出所有数字元素。

```
var a = [1, 2, ,,,,,,true,,,,,,, "a",,,,,,,,,,,,,4,,,,56,,,,,,"b"]; //定义数组
var b = [], num=0;
for( var i = 0; i < a.length ; i ++ ){      //遍历数组
    if( typeof a[i] == "number" )           //如果为数字，则返回该元素的值
        b.push( a[i]);
    num++;                                   //计数器
}
console.log( num );                          //返回 42，说明循环了 42 次
console.log( b );                            //返回[1,2,4,56]
```

【示例 2】下面代码使用 for/in 语句迭代示例 1 中的数组 a。在 for/in 循环结构中，变量 i 表示数组的下标，而 a[i]为可以读取指定下标的元素值。

```
var b = [], num=0;
for( var i in a ){                           //遍历数组
    if( typeof a[i] == "number" )            //如果为数字，则返回该元素的值
        b.push( a[i]);
    num++;                                    //计数器
}
console.log( num );                           //返回 7，说明循环了 7 次
console.log( b );                             //返回[1,2,4,56]
```

通过计时器可以看到，for/in 语句迭代数组，仅循环了 7 次，而 for 语句循环了 42 次。

7.2.5 使用 forEach 迭代

Array 类型为每个数组定义了 forEach()原型方法，使用该方法可以为数组执行迭代操作。具体用法如下：

```
array.forEach(callbackfn[, thisArg])
```

参数说明如下。

➥ array：一个数组对象。

➥ callbackfn：必需参数，最多可以接收三个参数的函数。forEach 将为数组中的每个元素调用 callbackfn 函数一次。

➥ thisArg：可选参数，callbackfn 函数中的 this 可引用的对象。如果省略 thisArg，则 this 的值为 undefined。

对于数组中出现的每个元素，forEach 方法都会调用 callbackfn 函数一次，采用升序索引顺序，但不会为数组中空元素调用回调函数。

◀》提示：

　　除了数组对象之外，forEach 方法还可以用于具有 length 属性且具有已按数字编制索引的属性名的任何对象，如关联数组对象、Arguments 等。

　　回调函数语法如下：

```
function callbackfn(value, index, array)
```

最多可以使用三个参数来声明回调函数。回调函数的参数说明如下。

- ↘ value：数组元素的值。
- ↘ index：数组元素的数字索引。
- ↘ array：包含该元素的数组对象。

📖 拓展：

　　forEach 方法不直接修改原始数组，但回调函数可能会修改它。在 forEach 方法启动后修改数组对象所获得的结果说明如表 7.1 所示。

表 7.1　回调函数修改数组的影响

forEach 方法启动后的条件	元素是否传递给回调函数
在数组的原始长度之外添加元素	否
添加元素以填充数组中缺少的元素	是，如果该索引尚未传递给回调函数
元素已更改	是，如果该元素尚未传递给回调函数
从数组中删除元素	否，除非该元素已传递给回调函数

　　【示例 1】下面示例使用 forEach 迭代数组 a，然后把每个元素的值和下标索引输出显示，如图 7.1 所示。

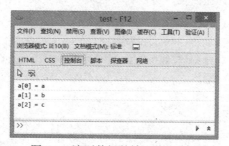

图 7.1　遍历数组并输出值和索引

```
function f(value, index, array) {
    console.log( "a[" + index + "] = " + value )
}
var a = ['a', 'b', 'c'];
a.forEach(f);
```

　　【示例 2】下面示例使用 forEach 迭代数组 a，然后计算数组元素的和并输出。

```
var a = [10, 11, 12], sum = 0;
a.forEach(function(value){
    sum += value;
});
console.log(sum);                         //返回 33
```

　　【示例 3】下面示例演示如何使用 foeEach() 方法的第二个参数，该参数为回调函数的 this 传递对象。当迭代数组过程中，先读取数组元素的值，然后改写它的值。

```
var obj = {
    f1: function(value, index, array) {
```

```
        console.log( "a[" + index + "] = " + value );
        array[index] = this.f2(value);
    },
    f2: function(x) { return x * x }
};
var a = [12, 26, 36];
a.forEach(obj.f1, obj);
console.log(a);                                    //返回[144,676,1296]
```

7.2.6 使用 keys 迭代

keys()是 Object 的静态函数，专门用来遍历对象获取键名。Object.keys()函数的参数是一个对象，返回一个数组，元素是该对象所有本地属性名。如果使用该函数迭代数组，可以汇集数组的所有元素下标值。

【示例 1】 下面代码直观地比较了 keys 迭代对象和数组的不同。

```
var o = {a:"A", b:"B",c:"C"}
console.log(Object.keys(o));                       //返回["a", "b", "c"]
var a = ["A", "B", "C"]
console.log(Object.keys(a));                       //返回["0", "1", "2"]
```

keys 功能比较专一，应用范围比较窄，但是执行效率比较高。

【示例 2】 除了获取键名集合外，使用 keys 还可以间接统计对象的长度。

```
var o = {a:"A", b:"B",c:"C"}
console.log(Object.keys(o).length );               //返回 3
var a = ["A", "B", "C"]
console.log(Object.keys(a).length );               //返回 3
```

Object 类型没有定义 length 原型属性，可以利用 keys 方法获取对象的长度。

辨析：

Object 还有一个类似的静态函数：getOwnPropertyNames()，与 keys 用法相同，参数都是对象，返回值都是一个数组，数组元素都是属性名。不同点：keys 仅能迭代本地、可枚举的属性，getOwnPropertyNames 可以迭代所有本地属性。

```
var o = {a:"A", b:"B",c:"C"}
console.log(Object.keys(o));                       //返回["a", "b", "c"]
console.log(Object.getOwnPropertyNames(o));//返回["a", "b", "c"]
var a = ["A", "B", "C"]
console.log(Object.keys(a));                       //返回["0", "1", "2"]
console.log(Object.getOwnPropertyNames(a));//返回["0", "1", "2", "length"]
```

数组的 length 是不可枚举的属性，所以仅能在 Object.getOwnPropertyNames 返回结果中看到。因此，要快速迭代数组，可以使用 keys 方法。

7.3 操 作 数 组

JavaScript 为 Array 对象定义了很多原型方法，灵活使用这些方法，可以解决很多实际问题。

7.3.1 栈操作

使用 push()和 pop()方法可以在数组尾部执行操作。其中 push()方法能够把一个或多个参数值附加到数组的尾部，并返回添加元素后的数组长度。pop()方法能够删除数组中最后一个元素，并返回被删除的元素。

【示例1】下面代码使用 push()和 pop()方法在数组尾部执行交替操作，模拟入栈、出栈行为。

```
var a = [];                          //定义数组，模拟空栈
console.log( a.push(1) );            //入栈，栈值为[1]，length 为 1
console.log( a.push(2) );            //入栈，栈值为[1,2]，length 为 2
console.log( a.pop() );              //出栈，栈值为[1]，length 为 1
console.log( a.push(3,4) );          //入栈，栈值为[1,3,4]，length 为 3
console.log( a.pop() );              //出栈，栈值为[1,3]，length 为 2
console.log( a.pop() );              //出栈，栈值为[1]，length 为 1
```

📢 提示：

栈（stack）也称堆栈，是一种运算受限的线性表，即仅允许在表的顶端进行插入和删除运算。这一端被称为栈顶，另一端称为栈底。向一个栈中插入新元素称作入栈，把顶部新插入的元素删除称作出栈，示意如图 7.2 所示。

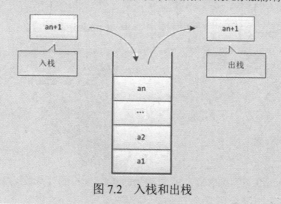

图 7.2　入栈和出栈

栈遵循先进后出、后进先出原则，类似的行为在生活中比较常见，如叠放物品，叠在上面的总是先使用。还有弹夹中的子弹，以及文本框中输入和删除字符操作等。

【示例2】下面运用栈运算来设计一个进制转换的问题。定义一个函数，接收十进制数字，然后返回一个二进制的字符串表示。

【设计思路】

把十进制数字转换为二进制值，实际上就是把数字与 2 进行取余，然后再使用相除结果与 2 继续进行取余。在运算过程中把每次的余数推入栈中，最后再出栈组合为字符串即可。

例如，把 10 转换为二进制的过程为：10/2 == 5 余 0，5/2 == 2 余 1，2/2 == 1 余 0，1 小于 2 余 1，入栈后为 "0101"，出栈后为 "1010"，即 10 转换为二进制值为 1010。

【实现代码】

```
function d2b (num) {
    var a = [], r, b = '';               //a 为栈，r 为余数，b 为二进制字符串
    while (num>0) {                      //逐步求余
        r = Math.floor(num % 2);        //获取余数
        a.push(r);                      //把余数推入栈中
        num = Math.floor(num / 2);      //获取相除后整数部分值，准备下一步求余
    }
    while (a.length) {                  //依次出栈，然后拼接为字符串
        b += a.pop().toString();
    }
    return b;                           //返回二进制字符串
}
```

【应用代码】

```
console.log(d2b(59));                          //返回 111011
console.log((59).toString(2));                 //返回 111011
```

十进制转二进制时，余数是 0 或 1，同理十进制转八进制时，余数为 0 到 8 的整数。但是十进制转十六进制时，余数为 0~9 之间的数字加上 A、B、C、D、E、F（对应 10、11、12、13、14 和 15），因此，还需要对栈中的数字进行转化。

7.3.2　队列操作

使用 unshift() 和 shift() 方法可以在数组头部执行操作。其中 unshift() 能够把一个或多个参数值附加到数组的头部，第 1 个参数为数组新的元素 0，第 2 个参数为新的元素 1，以此类推，最后返回添加元素后的数组长度。

shift() 方法能够删除数组第 1 个元素，并返回该元素，然后将余下所有元素前移 1 位，以填补数组头部的空缺。如果数组为空，shift() 将不进行任何操作，返回 undefined。

【示例 1】使用 unshift() 分批插入元素与一次性插入元素结果是不同的。

```
var a = [0];                                   //定义数组
a.unshift(1,2);                                //一次性增加两个元素
console.log(a);                                //返回[1,2,0]
var a = [0];
a.unshift(1);                                  //增加元素 1
a.unshift(2);                                  //增加元素 2
console.log(a);                                //返回[2,1,0]
```

【示例 2】将 pop() 与 unshift() 方法结合，或者将 push() 与 shift() 方法结合使用，可以模拟队列操作。下面的示例利用队列模式把数组元素的所有值放大 10 倍。

```
var a = [1,2,3,4,5];                           //定义数组
for(var i in a){                               //遍历数组
    var t = a.pop();                           //尾部弹出
    a.unshift(t*10);                           //头部推入，把推进的值放大 10 倍
}
console.log(a);                                //返回[10,20,30,40,50]
```

📢提示：

队列也是一种运算受限的线性表，不过与栈操作不同，队列只允许在一端进行插入操作，在另一端进行删除操作。队列遵循先进先出、后进后出的原则，类似的行为在生活中比较常见，如排队购物、任务排序等。在 JavaScript 动画设计中，也会用到队列操作来设计回调函数。

【示例 3】下面示例是一个经典的编程游戏：有一群猴子排成一圈，按 1、2、3、…、n 依次编号。然后从第 1 只开始数，数到第 m 只，则把它踢出圈，然后从它后面再开始数，当再次数到第 m 只，继续把它踢出去，以此类推，直到只剩下一只猴子为止，那只猴子就叫作大王。要求编程模拟此过程，输入 m、n，输出最后那个大王的编号。

```
//n 表示猴子个数，m 表示踢出位置
function f(n, m){
    //将猴子编号并放入数组
    var arr = [];
    for(i = 1; i < n+1; i++){
        arr.push(i);
    }
    //当数组内只剩下一只猴子时跳出循环
    while(arr.length > 1){
```

```
    for(var i=0; i< m-1; i++){        //定义排队轮转的次数
        arr.push(arr.shift());        //队列操作，完成猴子的轮转
    }
    arr.shift();                      //踢出第 m 只猴子
}
    return arr;                       //返回包含最后一只猴子的数组
}
console.log(f(5,3));                  //编号为 4 的猴子胜出
```

7.3.3　删除元素

使用 pop()方法可以删除尾部的元素，使用 shift()方法可以删除头部的元素。前面两节已经介绍，这里就不再赘述。也可以选择下面 3 种方法来删除元素。

【示例 1】使用 delete 运算符能删除指定下标位置的数组元素，删除后的元素为空位元素，删除数组的 length 保持不变。

```
var a = [1, 2, true, "a", "b"];      //定义数组
delete a[0];                         //删除指定下标的元素
console.log(a);                      //返回[, 2, true, "a", "b"]
```

【示例 2】使用 length 属性可以删除尾部一个或多个元素，甚至可以清空整个数组。删除元素之后，数组的 length 将会动态保持更新。

```
var a = [1, 2, true, "a", "b"];      //定义数组
a.length = 3 ;                       //删除最后两个元素
console.log(a);                      //返回[1, 2, true]
```

【示例 3】使用 splice()方法可以删除指定下标位置后一个或多个数组元素。该方法的参数比较多，功能也很多，本节示例仅演示它如何删除数组元素。其中第 1 个参数为操作的起始下标位置，第 2 个参数指定要删除元素的个数。

```
var a = [1,2,3,4,5];                 //定义数组
a.splice(1,2)                        //执行删除操作
console.log(a);                      //返回[1, 4, 5]
```

在 splice(1,2,3,4,5)方法中，第 1 个参数值 1 表示从数组 a 的第 2 个元素位置开始，删除 2 个元素，删除后数组 a 仅剩下 3 个元素。

◁))提示：

如果给 splice()方法传递一个参数，则该方法仅执行删除操作，参数值指定删除元素的起始下标（包括该下标元素），splice()方法将删除后面所有元素。

```
var a = [1,2,3,4,5];                 //定义数组
a.splice(2);                         //从第三个元素开始执行删除
console.log(a);                      //返回[1, 2]
```

7.3.4　添加元素

使用 push()方法可以在尾部添加一个或多个元素，使用 unshift()方法可以在头部附加一个或多个元素。前面两节已经介绍，这里就不再赘述。也可以选择下面 3 种方法来添加元素。

【示例 1】通过中括号和下标值，可以为数组指定下标位置添加新元素。

```
var a = [1,2,3];                     //定义数组
a[3] =4;                             //为数组添加一个元素
console.log(a);                      //返回[1,2,3,4]
```

【示例 2】concat()方法能够把传递的所有参数按顺序添加到数组的尾部。下面代码为数组 a 添加

3 个元素。

```
var a = [1,2,3,4,5];                    //定义数组
var b = a.concat(6,7,8);                //为数组 a 连接 3 个元素
console.log(b);                         //返回[1,2,3,4,5,6,7,8]
```

🚗 注意：

concat()方法比较特殊，使用时应注意下面两个问题。

第一，concat()方法可以跟随多个参数，并把它们作为元素按顺序连接到数组的尾部。如果参数是数组，则 concat()方法会把它打散，分别作为单独的元素连接到数组的尾部。

```
var b = a.concat([1,2,3],[4,5]);        //连接数组
console.log(b.length);                  //返回 10，说明参数数组被打散了
```

不过 concat()方法仅能够打散一维数组，它不会递归打散参数数组中包含的数组。

```
var b = a.concat([[1,2],3],[4,5]);      //连接数组
console.log(b.length);                  //返回 9，说明数组[1,2]没有被打散
```

第二，concat()方法将创建并返回一个新数组，而不是在原来数组基础上添加新元素。所以，如果要在原数组基础上添加元素，建议使用 push()方法和 unshift()方法来实现。但是 push()方法和 unshift()方法不能够打散参数数组，而是把它作为单独的参数执行添加操作。

【示例 3】使用 splice()方法在指定下标位置后添加一个或多个元素。splice()方法不仅可以删除元素，也可以在数组中插入元素。其中第 1 个参数为操作的起始下标位置，设置第 2 个参数为 0，不执行删除操作，然后通过第 3 个及后面参数设置要插入的元素。

```
var a = [1,2,3,4,5];                    //定义数组
a.splice(1,0,3,4,5)                     //执行插入操作
console.log(a);                         //返回[1,3,4,5,2,3,4,5]
```

在上面代码中，第 1 个参数值 1 表示从数组 a 的第 1 个元素位置后插入元素 3、4 和 5。

7.3.5　截取数组

截取子数组（数组片段）的方法有两种，简单说明如下。

1. 使用 splice()方法

splice()方法可以添加元素、删除元素，也可以截取数组片段。删除元素时，将返回被删除的数组片段，因此可以使用 splice()方法截取数组片段。

🚗 注意：

由于 splice()方法的功能多，参数复杂，使用时应该注意下面几个问题。

第一，splice()方法的参数都是可选的。如果不给它传递参数，则该方法不执行任何操作。如果给它传递一个参数，则该方法仅执行删除操作，参数值指定删除元素的起始下标（包括该下标元素），splice()方法将删除后面所有元素。

- ↘ 如果指定两个参数，则第 2 个参数值表示要删除元素的个数。
- ↘ 如果指定三个或多个参数，则第 3 个以及后面所有参数都被视为插入的元素。
- ↘ 如果不执行删除操作，第 2 个参数值应该设置为 0，但是不能够空缺，否则该方法无效。

第二，splice()方法的删除和插入操作是同时进行的，且是在原数组基础上执行操作。插入的元素将填充被删除元素的位置，并根据插入元素个数适当调整插入点位置。而不是在删除数组之后重新计算插入点的位置。

第三，splice()方法执行的返回值是被删除的子数组。

```
var a = [1,2,3,4,5];                    //定义数组
var b = a.splice(2);                    //从第三个元素开始执行删除
console.log(b);                         //被删除的子数组是[1, 2]
```

如果没有删除元素，则返回的是一个空数组。

```
var b = a.splice(2,0);                  //不执行删除操作
```

```
console.log(b.constructor == Array);          //返回 true, 说明是一个空数组
```

第四，当第 1 个参数值大于 length 属性值时，被视为在数组尾部执行操作，因此删除无效，但是可以在尾部插入多个指定元素。

```
var a = [1,2,3,4,5];                          //定义数组
var b = a.splice(6,2,2,3);                     //起始值大于 length 属性值
console.log(a);                                //返回[1, 2, 3, 4, 5, 2, 3]
```

第五，参数取负值问题。如果第 1 个参数为负值，则按绝对值从数组右侧开始向左侧定位。如果第 2 个参数为负值，则被视为 0。

```
var a = [1,2,3,4,5];                          //定义数组
var b = a.splice(-2,-2,2,3);                   //第一、二个参数都为负值
console.log(a);                                //返回[1, 2, 3, 2, 3, 4, 5]
```

2. 使用 slice()方法

slice()方法与 splice()方法功能相近，但是它仅能够截取数组中指定区段的元素，并返回这个子数组。该方法包含两个参数，分别指定截取子数组的起始和结束位置的下标。

```
var a = [1,2,3,4,5];                          //定义数组
var b = a.slice(2,5);                          //截取第三个元素到第六个元素前的所有元素
console.log(b);                                //返回[3, 4, 5]
```

📢 提示：

使用该方法时，应该注意下面几个问题。

第一，第 1 个参数指定起始下标位置，包括该值指定的元素；第 2 个参数指定结束位置，不包括指定的元素。

第二，该方法的参数可以自由设置。如果不传递参数，则不会执行任何操作；如果仅指定一个参数，则表示从该参数值指定的下标位置开始，截取到数组的尾部所有元素。

```
var b = a.slice(2);                            //截取数组中第三个元素，以及后面所有元素
console.log(b);                                //返回[3, 4, 5]
```

第三，当参数为负值时，表示按从右到左的顺序进行定位，即倒数定位法，而不再按正数顺序定位（从左到右），但取值顺序依然是从左到右。

```
var b = a.slice(-4,-2);                        //截取倒数第四个元素到倒数第二个元素前的元素
console.log(b);                                //返回[2, 3]
```

如果起始下标值大于或等于结束下标值，将不执行任何操作。

```
var b = a.slice(-2,-4);                        //截取倒数第二个元素到倒数第四个元素前元素
console.log(b);                                //返回空集
```

上面示例说明数组在截取时，始终是按从左到右的顺序执行操作，而不会是从右到左的反向操作。

第四，当起始参数值大于或等于 length 属性值时，将不会执行任何操作，返回空数组。而如果第二个参数值大于 length 属性值时，将被视为 length 属性值。

```
var b = a.slice(3,10);                         //截取第四个元素，直到后面所有元素
console.log(b);                                //返回[ 4, 5]
```

第五，slice()方法将返回数组的一部分（子数组），但不会修改原数组。而 splice()方法是在原数组基础上进行截取。如果希望在原数组基础上进行截取操作，而不是截取为新的数组，这时候就只能够使用 splice()方法了。

7.3.6 数组排序

数组排序是一项重要的操作，Array 对象定义了两个方法来调整数组顺序。

1. 使用 reverse()方法

reverse()方法能够颠倒数组元素的排列顺序，该方法不需要参数。

```
var a = [1,2,3,4,5];                          //定义数组
a.reverse();                                   //颠倒数组顺序
console.log(a);                                //返回数组[5,4,3,2,1]
```

🚗 注意：

该方法是在原数组基础上进行操作，而不是创建新的数组。

2. 使用 sort()方法

sort()方法能够根据一定条件对数组元素进行排序。如果调用 sort()方法时没有传递参数，则按字母顺序对数组中的元素进行排序。

```
var a = ["a","e","d","b","c"];          //定义数组
a.sort();                               //按字母顺序对元素进行排序
console.log(a);                         //返回数组[a,b,c,d,e]
```

📢 提示：

使用该方法时，应该注意下面几个问题。

第一，所谓的字母顺序，实际上是根据字母在字符编码表中的顺序进行排列的，每个字符在字符表中都有一个唯一的编号。

第二，如果元素不是字符串，则 sort()方法试图把数组元素都转换成字符串，以便进行比较。

第三，sort()方法将根据元素值进行逐位比较，而不是根据字符串的个数进行排序。

```
var a = ["aba","baa","aab"];            //定义数组
a.sort();                               //按字母顺序对元素进行排序
console.log(a);                         //返回数组[aab,aba,baa]
```

在排序时，首先比较每个元素的第 1 个字符，在第 1 个字符相同的情况下，再比较第 2 个字符，以此类推。

第四，在任何情况下，数组中 undefined 的元素都被排列在末尾。

第五，sort()方法是在原数组基础上进行排序操作的，不会创建新的数组。

sort()方法不仅按字母顺序进行排序，还可以根据其他顺序执行操作。这时就必须为方法提供一个函数参数，该函数要比较两个值，然后返回一个用于说明这两个值的相对顺序的数字。排序函数应该具有两个参数 a 和 b，其返回值如下。

- ↘ 如果根据自定义评判标准，a 小于 b，在排序后的数组中 a 应该出现在 b 之前，就返回一个小于 0 的值。
- ↘ 如果 a 等于 b，就返回 0。
- ↘ 如果 a 大于 b，就返回一个大于 0 的值。

【示例1】在下面示例中，将根据排序函数比较数组中每个元素的大小，并按从小到大的顺序执行排序。

```
function f(a, b){                       //排序函数
    return (a - b)                      //返回比较参数
}
var a = [3, 1, 2, 4, 5, 7, 6, 8, 0, 9]; //定义数组
a.sort(f);                              //根据数字大小由小到大进行排序
console.log(a);                         //返回数组[0,1,2,3,4,5,6,7,8,9]
```

如果按从大到小的顺序执行排序，则让返回值取反即可。代码如下：

```
function f(a, b){                       //排序函数
    return -(a - b)                     //取反并返回比较参数
}
var a = [3, 1, 2, 4, 5, 7, 6, 8, 0, 9]; //定义数组
a.sort(f);                              //根据数字大小由大到小进行排序
console.log(a);                         //返回数组[9,8,7,6,5,4,3,2,1,0]
```

【示例2】根据奇偶性质排列数组。

sort()用法比较灵活，主要是排序函数比较。例如，如果根据奇偶数顺序排列数组，只需要判断排序函数中两个参数是否为奇偶数，并决定排列顺序。

```
function f(a, b){                       //排序函数
```

```
    var a = a % 2;                              //获取参数 a 的奇偶性
    var b = b % 2;                              //获取参数 b 的奇偶性
    if(a == 0) return 1;                        //如果参数 a 为偶数，则排在左边
    if(b == 0) return -1;                       //如果参数 b 为偶数，则排在右边
}
var a = [3, 1, 2, 4, 5, 7, 6, 8, 0, 9];         //定义数组
a.sort(f);                                      //根据数字大小由大到小进行排序
console.log(a);                                 //返回数组[3,1,5,7,9,0,8,6,4,2]
```

sort()方法在调用排序函数时，对每个元素值传递给排序函数，如果元素值为偶数，则保留其位置不动；如果元素值为奇数，则调换参数 a 和 b 的显示顺序，从而实现对数组中所有元素执行奇偶排序。如果希望偶数排在前面，奇数排在后面，则只需要取返回值。排序函数如下：

```
function f(a, b){
    var a = a % 2;
    var b = b % 2;
    if(a == 0) return -1;
    if(b == 0) return 1;
}
```

【示例 3】不区分大小写排序字符串。

在正常情况下，对字符串进行排序是区分大小写的，这是因为每个大写字母和小写字母在字符编码表中的顺序是不同的，大写字母大于小写字母。

```
var a = ["aB", "Ab", "Ba", "bA"];               //定义数组
a.sort();                                       //默认方法排序
console.log(a);                                 //返回数组["Ab","Ba","aB","bA"]
```

大写字母总是排在左侧，如果让小写字母总是排在左侧，可以设计：

```
function f(a, b){                               //如果 a 小于 b，则 a、b 位置不动，反之换位
    return (a < b);
}
var a = ["aB", "Ab", "Ba", "bA"];
a.sort(f);                                      //根据排序函数进行排序
console.log(a);                                 //返回数组["Ab","Ba","aB","bA"]
```

对于字母比较大小时，JavaScript 是根据字符编码大小来决定的，当为 true 时，则返回 1；为 false 时，则返回-1。

如果不希望区分大小写，大写字母和小写字母按相同顺序排列，可以设计：

```
function f(a, b){                               //排序函数
    var a = a.toLowerCase;                      //转换为小写形式
    var b = b.toLowerCase;                      //转换为小写形式
    if(a < b){                                  //如果 a 的编码小于 b，则换位操作
        return 1;
    }
    else{                                       //否则，保持原位不动
        return -1;
    }
}
var a = ["aB", "Ab", "Ba", "bA"];               //定义数组
a.sort(f);                                      //执行排序
console.log(a);                                 //返回数组["aB","Ab","Ba","bA"]
```

如果要调整排序顺序，则设置返回值取反即可。

【示例 4】把浮点数和整数分开显示。

```
function f(a, b){                               //排序函数
    if(a > Math.floor(a)) return 1;             //如果 a 是浮点数，则调换位置
```

```
        if(b > Math.floor(b)) return - 1;        //如果 b 是浮点数，则调换位置
    }
    var a = [3.55555, 1.23456, 3, 2.11111, 5, 7, 3];    //定义数组
    a.sort(f);                                    //进行筛选
    console.log(a);                               //返回数组[3,5,7,3,2.11111,1.23456,3.55555]
```

如果要调整排序顺序，则设置返回值取反即可。

7.3.7 数组转换

  JavaScript 允许数组与字符串之间相互转换。其中 Array 对象定义了 3 个方法，可以把数组转换为字符串，如表 7.2 所示。

表 7.2   Array 对象的数组与字符串相互转换方法

数 组 方 法	说　明
toString()	将数组转换成一个字符串
toLocaleString()	把数组转换成本地约定的字符串
join()	将数组元素连接起来以构建一个字符串

【示例 1】下面使用 toString() 方法读取数组的值。

  在数组中 toString() 方法能够把每个元素转换为字符串，然后以逗号连接输出显示。

```
    var a = [1, 2, 3, 4, 5, 6, 7, 8, 9, 0];    //定义数组
    var s = a.toString();                       //把数组转换为字符串
    console.log(s);                             //返回字符串"1, 2, 3, 4, 5, 6, 7, 8, 9, 0"
    console.log(typeof s);                      //返回字符串 string，说明是字符串类型
```

  当数组用于字符串环境中时，JavaScript 会自动调用 toString() 方法将数组转换成字符串。在某些情况下，需要明确调用这个方法。

```
    var a = [1, 2, 3, 4, 5, 6, 7, 8, 9, 0];    //定义数组
    var b = [1, 2, 3, 4, 5, 6, 7, 8, 9, 0];    //定义数组
    var s = a + b;                              //数组连接操作
    console.log(s);    //返回"1, 2, 3, 4, 5, 6, 7, 8, 9, 01, 2, 3, 4, 5, 6, 7, 8, 9, 0"
    console.log(typeof s);                      //返回字符串 string，说明是字符串类型
```

  toString() 在把数组转换成字符串时，首先要将数组的每个元素都转换成字符串。当每个元素都被转换成字符串时，才使用逗号进行分隔，以列表的形式输出这些字符串。

```
    var a = [[1, [2, 3], [4, 5]], [6, [7, [8, 9], 0]]];//定义多维数组
    var s = a.toString();                       //把数组转换为字符串
    console.log(s);                             //返回字符串"1, 2, 3, 4, 5, 6, 7, 8, 9, 0"
```

  其中数组 a 是一个多维数组，JavaScript 会以迭代的方式调用 toString() 方法把所有数组都转换为字符串。

【示例 2】下面使用 toLocalString() 方法读取数组的值。

  toLocalString() 方法与 toString() 方法用法基本相同，主要区别在于 toLocalString() 方法能够使用用户所在地区特定的分隔符把生成的字符串连接起来，形成一个字符串。

```
    var a = [1, 2, 3, 4, 5];                    //定义数组
    var s = a.toLocaleString();                 //把数组转换为本地字符串
    console.log(s);                             //返回字符串"1.00, 2.00 , 3.00 , 4.00, 5 .00 "
```

  在上面示例中，toLocalString() 方法根据中国的使用习惯，先把数字转换为浮点数之后再执行字符串转换操作。

【示例 3】下面使用 join()方法可以把数组转换为字符串。

join()方法可以把数组转换为字符串，不过它可以指定分隔符。在调用 join()方法时，可以传递一个参数作为分隔符来连接每个元素。如果省略参数，默认使用逗号作为分隔符，这时与 toString()方法转换操作效果相同。

```
var a = [1, 2, 3, 4, 5];                    //定义数组
var s = a.join("==");                       //指定分隔符
console.log(s);                             //返回字符串"1==2==3==4==5"
```

【示例 4】下面使用 split()方法把字符串转换为数组。

split()方法是 String 对象方法，与 join()方法操作正好相反。该方法可以指定两个参数，第 1 个参数为分隔符，指定从哪儿进行分隔的标记；第 2 个参数指定要返回数组的长度。

```
var s = "1==2== 3==4 ==5";                  //定义字符串
var a = s.split("==");                      //分隔字符串为数组
console.log(a);                             //返回数组[1, 2, 3, 4, 5]
console.log(a.constructor == Array);        //返回 true，说明是数组
```

7.3.8 元素定位

使用 indexOf()和 lastIndexOf()方法可以检索数组元素，返回指定元素的索引位置。与 String 的 indexOf()和 lastIndexOf()原型方法用法相同。

1．indexOf

indexOf 返回某个元素值在数组中的第 1 个匹配项的索引，如果没有找到指定的值，则返回-1。用法如下：

```
array.indexOf(searchElement[,fromIndex])
```

参数说明如下。

➥ array：表示一个数组对象。

➥ searchElement：必需参数，要在 array 中定位的值。

➥ fromIndex：可选参数，用于开始搜索的数组索引。如果省略该参数，则从索引 0 处开始搜索。如果 fromIndex 大于或等于数组长度，则返回-1。如果 fromIndex 为负，则搜索从数组长度加上 fromIndex 的位置处开始。

📢 提示：

indexOf 方法是按升序索引顺序执行搜索，即从左到右进行检索。检索时，会让数组元素与 searchElement 参数值进行全等比较（===）。

【示例 1】下面代码演示了如何使用 indexOf 方法。

```
var a = ["ab", "cd", "ef", "ab", "cd"];
console.log(a.indexOf("cd"));               //1
console.log(a.indexOf("cd", 2));            //4
console.log(a.indexOf("gh"));               //-1
console.log(a.indexOf("ab", -2));           //3
```

2．lastIndexOf

lastIndexOf 返回指定的值在数组中的最后一个匹配项的索引，其用法与 indexOf 相同。

【示例 2】下面代码演示了如何使用 lastIndexOf()方法。

```
var a = ["ab", "cd", "ef", "ab", "cd"];
console.log(a.lastIndexOf("cd"));           //4
console.log(a.lastIndexOf("cd", 2));        //1
```

```
console.log(a.lastIndexOf("gh"));          //-1
console.log(a.lastIndexOf("ab", -3));      //0
```

7.3.9 检测数组

isArray 是 Array 类型的一个静态方法，使用它可以判断一个值是否为数组。

```
var a = [1, 2, 3];
console.log( typeof a);                     //"object"
console.log( Array.isArray(a)) ;            //true
```

在上面代码中，typeof 运算符只能显示数组的类型是 Object，而 Array.isArray 方法可以直接返回布尔值。在条件表达式中，使用该方法非常实用。

使用运算符 in 可以检测某个值是否存在于数组中。注意，in 运算符主要用于对象，但也适用于数组。

【示例】在下面代码中，数组存在键名为 2 的键。由于键名都是字符串，所以数值 2 会自动转成字符串。

```
var a = [1, 2, 3];
console.log( 2 in a );                      //true
console.log( '2' in a );                    //true
console.log( 4 in a );                      //false
```

🚗 注意：

如果数组的某个位置是空位，in 运算符将返回 false。

7.3.10 遍历元素检测

1. 检测是否全部符合

使用 every 方法可以确定数组的所有元素是否都满足指定的测试。具体用法如下：

```
array.every(callbackfn[, thisArg])
```

参数说明如下。

➥ array：必需参数，一个数组对象。

➥ callbackfn：必需参数，一个接收最多三个参数的函数。every 方法会为 array 中的每个元素调用 callbackfn 函数，直到 callbackfn 返回 false，或直到到达数组的结尾。

➥ thisArg：可选参数，可在 callbackfn 函数中为其引用 this 关键字的对象。如果省略 thisArg，则 undefined 将用作 this 值。

如果 callbackfn 函数为所有数组元素返回 true，则返回值为 true；否则返回值为 false。如果数组没有元素，则 every 方法将返回 true。

every 方法会按升序顺序对每个数组元素调用一次 callbackfn 函数，直到 callbackfn 函数返回 false。如果找到导致 callbackfn 返回 false 的元素，则 every 方法会立即返回 false；否则，every 方法返回 true。every 方法不为数组中缺少的元素调用该回调函数。

除了数组对象之外，every 方法可由具有 length 属性且具有已按数字编制索引的属性名的任何对象使用，如关联数组对象、Arguments 等。

回调函数语法如下：

```
function callbackfn(value, index, array)
```

用户可以使用最多三个参数来声明回调函数。回调函数的参数说明如下。

➥ value：数组元素的值。

- ↘ index：数组元素的数字索引。
- ↘ array：包含该元素的数组对象。

📢 提示：

> 数组对象可由回调函数修改。在 every 方法启动后，修改数组对象所获得的结果可以参阅 forEach 方法说明。

【示例1】下面示例检测数组中元素是否都为偶数，并进行提示。

```
function f(value, index, ar) {
    if (value % 2 == 0) return true;
    else  return false;
}
var a = [2, 4, 5, 6, 8];
if (a.every(f)) console.log("都是偶数。");
else console.log("不全为偶数。");
```

【示例2】下面示例检测数组中元素的值是否在指定范围内。范围值通过一个对象来设置。通过本示例演示 thisArg 参数的用法。

```
var f = function(value) {
    if (typeof value !== 'number') return false;
    else  return value >= this.min && value <= this.max;
}
var a = [10, 15, 19];
var obj = { min: 10, max: 20 }
if (a.every(f, obj)) console.log ("都在指定范围内。");
else console.log ("部分不在范围内。");
```

2. 检测是否存在符合

使用 some 方法可以确定数组的元素是否存在满足指定的测试，或者检测数组是否全部都不能够满足指定的测试。具体用法如下：

```
array.some(callbackfn[, thisArg])
```

参数说明如下。

- ↘ array：必需参数，一个数组对象。
- ↘ callbackfn：必需参数，一个接收最多三个参数的函数。some 方法会为 array 中的每个元素调用 callbackfn 函数，直到 callbackfn 返回 true，或直到到达数组的结尾。
- ↘ thisArg：可选参数，可在 callbackfn 函数中为其引用 this 关键字的对象。如果省略 thisArg，则 undefined 将用作 this 值。

some 方法会按升序索引顺序对每个数组元素调用 callbackfn 函数，直到 callbackfn 函数返回 true。如果找到导致 callbackfn 返回 true 的元素，则 some 方法会立即返回 true。如果回调不对任何元素返回 true，则 some 方法会返回 false。

some 方法不为数组中缺少的元素调用该回调函数。除了数组对象之外，some 方法可由具有 length 属性且具有已按数字编制索引的属性名的任何对象使用，如关联数组对象、Arguments 等。

回调函数的语法与 every 方法用法相同，这里就不再重复说明。

【示例3】下面示例检测数组中元素的值是否都为奇数。如果 some 方法检测到偶数，则返回 true，并提示不全是奇数；如果没有检测到偶数，则提示全部是奇数。

```
function f(value, index, ar) {
    if (value % 2 == 0) return true;
}
var a = [1, 15, 4, 10, 11, 22];
```

```
var evens = a.some(f);
if(evens) console.log("不全是奇数。");
else  console.log("全是奇数。");
```

7.3.11　映射数组

使用 map 方法可以对数组的每个元素调用指定的回调函数，并返回包含结果的数组。具体用法如下：

```
array.map(callbackfn[, thisArg])
```

参数说明如下。

- ⇘ array：必需参数，一个数组对象。
- ⇘ callbackfn：必需参数，最多可以接收三个参数的函数。对于数组中的每个元素，map 方法都会调用 callbackfn 函数一次。
- ⇘ thisArg：可选参数，callbackfn 函数中的 this 关键字可引用的对象。如果省略 thisArg，则 undefined 将用作 this 值。

map 方法将返回一个新数组，其中每个元素均为关联的原始数组元素的回调函数返回值。对于数组中的每个元素，map 方法都会调用 callbackfn 函数一次（采用升序索引顺序），并不会为数组中缺少的元素调用回调函数。

除了数组对象之外，map 方法可由具有 length 属性，且具有已按数字编制索引的属性名的任何对象使用，如 Arguments 参数对象。

回调函数的语法如下：

```
function callbackfn(value, index, array)
```

用户可以使用最多三个参数来声明回调函数。回调函数的参数说明如下。

- ⇘ value：数组元素的值。
- ⇘ index：数组元素的数字索引。
- ⇘ array：包含该元素的数组对象。

📖 拓展：

map 方法不直接修改原始数组，但回调函数可能会修改它。在 map 方法启动后修改数组对象所获得的结果说明如表 7.3 所示。

表 7.3　回调函数修改数组的影响

map 方法启动后的条件	元素是否传递给回调函数
在数组的原始长度之外添加元素	否
添加元素以填充数组中缺少的元素	是，如果该索引尚未传递给回调函数
元素已更改	是，如果该元素尚未传递给回调函数
从数组中删除元素	否，除非该元素已传递给回调函数

【示例 1】下面示例使用 map 方法映射数组，把数组中每个元素的值平方，乘以 PI 值，把返回的圆的面积值作为新数组的元素值，最后返回这个新数组。

```
function f(radius) {
    var area = Math.PI * (radius * radius);
    return area.toFixed(0);
}
var a = [10, 20, 30];
```

```
var a1 = a.map(f);
console.log(a1);                           //314,1257,2827
```

【示例 2】下面示例使用 map 方法映射数组，把数组中每个元素的值除以一个阈值，然后返回这个新数组。其中回调函数和阈值都以对象的属性存在，通过这种方法演示如何在 map 中使用 thisArg 参数。

```
var obj = {
    val: 10,
    f: function (value) {
        return value % this.val;
    }
}
var a = [6, 12, 25, 30];
var a1 = a.map(obj.f, obj);
console.log(a1);                           //6,2,5,0
```

【示例 3】下面示例演示如何使用 JavaScript 内置方法作为回调函数。

```
var a = [9, 16];
var a1 = a.map(Math.sqrt);
console.log(a1);                           //3,4
```

【示例 4】下面示例演示如何使用 map 方法应用于一个类数组。在示例中通过动态调用的方法（Call）把 map 作用于一个字符串上，则 map 将遍历字符串中每个字符，并调用回调函数 threeChars，把每个字符左右 3 个字符截取出来，映射到一个新数组中。

```
function f(value, index, str) {
    return str.substring(index - 1, index + 2);
}
var s = "Thursday";
var a = [].map.call(s, f);
console.log(a);                            //Th,Thu,hur,urs,rsd,sda,day,ay
```

7.3.12 数组过滤

使用 filter 方法可以返回数组中满足指定条件的元素。具体用法如下：

```
array.filter(callbackfn[, thisArg])
```

参数说明如下。

- ➥ array：必需参数，一个数组对象。
- ➥ callbackfn：必需参数，一个接收最多三个参数的函数。对于数组中的每个元素，filter 方法都会调用 callbackfn 函数一次。
- ➥ thisArg：可选参数，可在 callbackfn 函数中为其引用 this 关键字的对象。如果省略 thisArg，则 undefined 将用作 this 值。

返回值是一个包含回调函数为其返回 true 的所有值的新数组。如果回调函数为 array 的所有元素返回 false，则新数组的长度为 0。

对于数组中的每个元素，filter 方法都会调用 callbackfn 函数一次（采用升序索引顺序）。不为数组中缺少的元素调用该回调函数。回调函数的用法与 map 相同，这里就不再重复说明。

◀》提示：

除了数组对象之外，filter 方法可由具有 length 属性，且具有已按数字编制索引的属性名的任何对象使用。

【示例 1】下面示例演示如何使用 filter 方法筛选出数组中的素数。

```
function f(value, index, ar) {
    high = Math.floor(Math.sqrt(value)) + 1;
    for (var div = 2; div <= high; div++) {
```

```
        if (value % div == 0) {
            return false;
        }
    }
    return true;
}
var a = [31, 33, 35, 37, 39, 41, 43, 45, 47, 49, 51, 53];
var a1 = a.filter(f);
console.log(a1);                          //31,37,41,43,47,53
```

【示例 2】下面示例演示如何使用 filter 方法过滤掉数组中在指定范围外的元素。

```
var f = function(value) {
    if (typeof value !== 'number') return false;
    else return value >= this.min && value <= this.max;
}
var a = [6, 12, "15", 16, "the", -12];
var obj = { min: 10, max: 20 }
var r = a.filter(f, obj);
console.log(r);                           //12,16
```

【示例 3】下面示例演示如何使用 filter 方法过滤字符串中每个单词的首字母。

```
function f(value, index, ar) {
    if (index == 0) return true;          //第一个字母直接选择
    else  return ar[index - 1] === " ";   //如果字母前面是空字符，则返回这个字母
}
var a = "The quick brown fox jumps over the lazy dog.";
var subset = [].filter.call(a, f);
console.log(subset);                      //T,q,b,f,j,o,t,l,d
```

7.3.13 数组汇总

使用 reduce 和 reduceRight 方法可以汇总数组元素的值。

1. reduce

reduce 方法可对数组中的所有元素调用指定的回调函数。该回调函数的返回值为累积结果，并且此返回值在下一次调用该回调函数时作为参数提供。具体用法如下：

```
array.reduce(callbackfn[, initialValue])
```

参数说明如下。

 - ➥ array：必需参数，一个数组对象。
 - ➥ callbackfn：必需参数，一个接受最多四个参数的函数。对于数组中的每个元素，reduce 方法都会调用 callbackfn 函数一次。
 - ➥ initialValue：可选参数，如果指定 initialValue，则它将用作初始值来启动累积。第一次调用 callbackfn 函数会将此值作为参数而非数组值提供。

reduce 方法的返回值是通过最后一次调用回调函数获得的累积结果。

如果提供了参数 initialValue，则 reduce 方法会对数组中的每个元素调用一次 callbackfn 函数（按升序索引顺序）；如果未提供 initialValue，则 reduce 方法会对从第 2 个元素开始的每个元素调用 callbackfn 函数。

回调函数的返回值在下一次调用回调函数时作为 previousValue 参数提供。最后一次调用回调函数获得的返回值作为 reduce 方法的返回值。该方法不为数组中缺少的元素调用该回调函数。

回调函数的语法如下：

```
function callbackfn(previousValue, currentValue, currentIndex, array)
```

回调函数参数说明如下。

- ↳ previousValue：通过上一次调用回调函数获得的值。如果向 reduce 方法提供 initialValue，则在首次调用函数时，previousValue 为 initialValue。
- ↳ currentValue：当前数组元素的值。
- ↳ currentIndex：当前数组元素的数字索引。
- ↳ array：包含该元素的数组对象。

在第一次调用回调函数时，作为参数提供的值取决于 reduce 方法是否具有 initialValue 参数。如果向 reduce 方法提供 initialValue，则 previousValue 参数为 initialValue，currentValue 参数是数组中的第 1 个元素的值。

如果未提供 initialValue，则 previousValue 参数是数组中的第 1 个元素的值，currentValue 参数是数组中的第 2 个元素的值。

数组对象可由回调函数修改，在 reduce 方法启动后修改数组对象所获得的结果可以参阅 forEach 方法中说明。

【示例 1】下面示例演示将数组值连接成字符串，各个值用 "::" 分隔开。由于未向 reduce 方法提供初始值，第一次调用回调函数时会将 "abc" 作为 previousValue 参数，并将 "def" 作为 currentValue 参数。

```
function f(pre, curr) {
    return pre + "::" + curr;
}
var a = ["abc", "def", 123, 456];
var r = a.reduce(f);
console.log(r);                          //abc::def::123::456
```

【示例 2】下面示例向数组中添加值。currentIndex 和 array 参数用于回调函数。

```
function f(pre, curr, i, array) {
    var e = (array.length - 1) - i;
    var d = curr * Math.pow(10, e);
    return pre + d;
}
var a = [4, 1, 2, 5];
var r = a.reduce(f, 0);
console.log (r);                         //4125
```

【示例 3】下面示例获取一个数组，该数组仅包含另一个数组中的介于 1 和 10 之间的值，提供给 reduce 方法的初始值是一个空数组。

```
function f(pre, curr) {
    var next;
    if (curr >= 1 && curr <= 10)
        next = pre.concat(curr);
    else
        next = pre;
    return next;
}
var a1 = [20, 1, -5, 6, 50, 3];
var a = new Array();
var r = a1.reduce(f, a);
console.log(r);                          //1,6,3
```

2. reduceRight

reduceRight 方法可从右向左对数组中的所有元素调用指定的回调函数。该回调函数的返回值为累积结果，并且此返回值在下一次调用该回调函数时作为参数提供。具体用法如下：

```
array1.reduceRight(callbackfn[, initialValue])
```

该方法的语法和用法与 reduce 方法大概相同，唯一不同的是，它是从数组右侧开始调用回调函数。如果提供了 initialValue，则 reduceRight 方法会按降序索引顺序对数组中的每个元素调用一次 callbackfn 函数。如果未提供 initialValue，则 reduceRight 法会按降序索引顺序对每个元素（从倒数第 2 个元素开始）调用 callbackfn 函数。

【示例 4】下面示例使用 reduceRight 方法，以"::"为分隔符，从右到左把数组元素的值连接在一起。

```
function f (pre, curr) {
    return pre + "::" + curr;
}
var a = ["abc", "def", 123, 456];
var r = a.reduceRight(f);
console.log(r);                          //456::123::def::abc
```

7.4 案例实战

数组是一个非常实用的数据处理器，灵活使用数组可以使代码更灵巧，执行效率更高。

7.4.1 自动初始化数组

在 JavaScript 中，数组在默认状态下是不会初始化的。如果使用[]运算符创建一个新数组，那么此数组将是空的。如果访问的是数组中不存在的元素，则得到的值将是 undefined。因此，在 JavaScript 程序设计中应该时刻考虑这个问题：在尝试读取每个元素之前，都应该预先设置它的值。如果在设计中假设每个元素都从一个已知的值开始（如 0），那么就必须预定义这个数组。

【示例 1】下面为 JavaScript 自定义一个静态函数，用于定义并初始化普通数组。

```
//第一个参数设置元素的个数，第二个参数设置元素的初始值
Array.dim = function(dimension, initial) {
    var a = [], i;
    for( i = 0; i < dimension; i += 1) {
        a[i] = initial;
    }
    return a;
};
```

借助该工具函数可以创建并初始化数组。例如，创建一个包含 100 个 0 的数组。

```
var myArray = Array.dim(100, 0);
```

【示例 2】下面再为 Array 定义一个矩阵式二维数组定义函数。

```
//参数 m 表示行数，n 表示列数，initial 表示初始值
Array.matrix = function(m, n, initial) {
    var a, i, j, mat = [];
    for(i = 0; i < m; i += 1) {
        a = [];
        for(j = 0; j < n; j += 1) {
            a[j] = initial;
        }
        mat[i] = a;
    }
```

```
        return mat;
};
```

下面就利用这个矩阵数组定义函数构建一个 5*5 的矩阵数组，且每个元素的初始值为 0。

```
var myMatrix = Array.matrix(5, 5, 0);
console.log(myMatrix[2][4]);                    //返回值 0
```

7.4.2 扩展数组原型方法

Array 内置了很多方法，但是无法满足所有用户的需求，这时可以为 Array 对象扩展方法，以便提高代码重用率。扩展数组的方法一般通过 Array 的原型来实现。

【设计模式】

```
Array.prototype._m = Array.prototype.m ||
( Array.prototype.m = function(){
    //扩展方法的具体代码
});
Object.prototype.m = Array.prototype._m
```

上面代码是一种数组扩展方法的通用模式，详细解析如下。

其中 Array 是数组构造函数，prototype 是构造函数的属性，由于该属性指向一个原型对象，然后通过点运算符为其定义属性或方法，这些属性和方法将被构造函数的所有实例对象继承。

首先，利用判断数组中是否存在名称为 m 的原型方法，如果存在则直接引用该原型方法即可，不再定义；否则定义原型方法 m()。

其次，把定义的原型方法 m()引用给原型方法 _m()，这样做的目的是防止当原型方法 m()引用给 Object 对象的原型时发生死循环调用，可以兼容 Firefox 浏览器。

最后，把数组的临时原型方法 _m()引用给 Object 对象的原型，这样能够确保所有对象都可以调用这个扩展方法。经过临时原型方法 _m()的中转，就可以防止数组（Array）和对象（Object）都定义了同名方法，如果把该方法传递给 Object，而 Object 的原型方法又引用了 Array 的同名原型方法，就会发生循环引用现象。

【示例】为数组扩展一个求所有元素和的方法。

【实现代码】

```
Array.prototype._sum = Array.prototype.sum  ||    //检测是否存在同名方法
( Array.prototype.sum = function(){                //定义该方法
    var _n = 0, _this=[];                          //临时汇总变量
    for(var i in this){                            //遍历当前数组对象
        if( _this[i] = parseFloat( this[i] ) ) _n += _this[i];
                                                   //如果数组元素是数字，则进行累加
    };
    return _n;                                     //返回累加的和
});
Object.prototype.sum = Array.prototype._sum;       //把临时方法赋值给对象的原型方法 sum()
```

该原型方法 sum()能够计算当前数组中元素为数字的和。在该方法的循环结构体中，首先试图把每个元素转换为浮点数，如果转换成功，则把它们相加；转换失败将返回 NaN，会忽略该元素的值。

【应用代码】

```
var a = [1, 2, 3, 4, 5, 6, 7, 8, "9"];           //定义数组直接量
console.log( a.sum() );                           //返回 45
```

其中第 9 个元素是一个字符串类型的数字，汇总时也被转换为数值进行相加。

7.4.3 设计迭代器

JavaScript 为数组定义了多个具有迭代功能的方法，如 forEach、filter、map、every、some。本节练习使用 JavaScript 设计自己的迭代器。

迭代器（Iterator）提供了一种对数据集合中每个元素执行重复操作的机制，通常与循环结构配合使用，因此也称为循环器。它能够根据传递的函数型参数为集合中每个元素反复执行相同的命令，直到满足某些条件为止。迭代器通常用于迭代数组的值，或者执行重复的任务。

【实现代码】

```
Array.prototype.each = function( f ){          //数组迭代器，扩展 Array 原型方法
    try{                                        //异常处理，避免不可预测的错误
        this.i || ( this.i = 0 );               //初始化迭代计数器
        if( this.length > 0 && f.constructor == Function ){
                                                //如果数组长度大于 0，参数为函数
            while( this.i < this.length ){      //遍历数组
                var e = this[this.i];           //获取当前元素
                if( e && e.constructor == Array ){  //如果元素存在，且为数组
                    e.each( f );                //递归调用迭代器
                }else{                          //否则，在元素上调用参数函数，并传递值
                    f.apply( e, [e] );
                }
                this.i ++;                      //递加计数器
            }
            this.i = null;                      //如果遍历完毕，则清空计数器
        }
    }
    catch( w ){ }                               //捕获异常，暂不处理
    return this                                 //返回当前数组
}
```

【应用代码】

```
var a = [1, [2, [3, 4]]]
var f = function( x ){
    console.log( x );
}
a.each( f );                                    //调用迭代器，为每个元素执行一次函数传递
```

🚗 注意：

不能使用 for/in 语句进行循环操作，因为 for/in 能够迭代本地属性。

【扩展应用】

【示例 1】动态改变数组中每个元素的值。

```
Array.prototype._edit = Array.prototype.edit ||
( Array.prototype.edit = function(){            //数组元素批处理方法
    var b = arguments, a = [];                  //获取参数，并定义一个临时数组
    this.each( function(){                      //调用迭代器，遍历所有元素
        a.push( b[0].call( b[1], this ) );      //调用参数函数，把当前元素作为参数传入
    });
    return a;                                    //返回临时数组
});
Object.prototype.edit = Array.prototype._edit;
```

【设计思路】

为 Array 对象定义一个原型方法 edit()，该方法能够根据参数函数编辑数组中每个元素，并返回这个编辑后的数组。

在这个原型方法中，首先定义临时变量获取 edit()方法的参数，并定义一个临时数组，用来存储编辑后的数组元素值。然后调用迭代器 each()，遍历数组中所有元素，为迭代器传递一个函数，该函数将在每个元素上执行。在该函数中包含一句处理语句，它通过 call()方法调用传递给 edit()的参数函数，并把当前元素作为参数传递给该参数函数进行执行，执行结果被推进临时数组 a 中，最后返回这个临时的数组 a。

【应用代码】

```
var a = [1, 2, 3, 4];                    //定义数组直接量
var f = function( x ){                   //求平方值
    return x * x;
}
var b = a.edit( f );                     //为数组元素执行求平方操作
console.log( b );                        //返回[1, 4, 9, 16]
```

🚗 注意：

在处理多维数组时，该原型方法会把它们全部转换为一维数组。

【示例 2】 过滤数组元素。

```
Array.prototype._filter = Array.prototype.filter || ( Array.prototype.
filter = function(){                     //过滤数组元素方法
    var b = arguments, a = [];
    this.each( function(){               //遍历数组
        if( b[0].call( b[1], this ) )    //如果执行参数函数时，返回值为 true
        a.push( this );                  //把该元素存储到临时数组中
    });
    return a;                            //最后返回这个临时数组元素
});
Object.prototype.filter = Array.prototype._filter;
```

【设计思路】

定义一个过滤函数，对每个元素进行检测。如果满足条件，则返回 true，否则返回 false。最后把过滤函数传递给迭代器，即可达到过滤数组元素的目的。

【应用代码】

定义数组和一个过滤函数，设计如果参数值大于 4，则返回 true。

```
var a = [1, 2, 3, 4, 5, 6, 7, 8, 9]
var f = function( x ){
    if( x > 4 ) return true;
}
```

调用数组 a 的原型方法 filter()，并把过滤函数作为参数传递给方法 filter()。

```
var b = a.filter( f );                   //调用数组元素过滤方法
console.log( b );                        //返回[5, 6, 7, 8, 9]
```

7.5　在　线　学　习

本节为线上继续学习入口，通过扫码读者可以进行巩固练习、补充知识、获取参考资料、拓展阅读。

第 8 章 使用函数

函数是一段被封装的代码，可以被反复调用。在 JavaScript 中，函数也可以是一个值、一个对象、一类数据，还可以是一个表达式，因此函数可以赋值、可以运算、可以拥有属性和方法，甚至可以临时存储值、构造实例等。JavaScript 拥有函数式编程的很多特性和风格，灵活使用函数，可以编写出功能强大、代码简洁、设计优雅的程序。

【学习重点】
➥ 定义函数。
➥ 灵活调用函数。
➥ 正确使用函数参数和返回值。
➥ 理解并正确使用函数表达式进行运算。

8.1 定义函数

在 JavaScript 中定义函数的方法有 3 种，即使用 function 语句、使用 Function()构造函数和定义函数直接量。

8.1.1 声明函数

在 JavaScript 中可以使用 function 语句声明函数。具体用法如下：

```
function funName([args]){
    statements
}
```

funName 是函数名，与变量名一样都必须是 JavaScript 合法的标识符。在函数名之后是一个由小括号包含的参数列表，参数之间以逗号分隔。参数是可选的，没有数量限制。

作为标识符，参数仅在函数体内被访问，参数是函数作用域的私有成员。调用函数时，通过为函数传递值，然后使用参数获取外部传入的值，并在函数体内干预函数的运行。

在小括号之后是一个大括号，大括号内包含的语句就是函数体结构的主要内容。在函数体中，大括号是必不可少的，缺少大括号，JavaScript 将会抛出语法错误。

【示例】 function 语句必须包含函数名、小括号和大括号，其他代码都可省略，因此最简单的函数体是一个空函数。

```
function funName(){}                          //空函数
```
如果使用匿名函数，则可以省略函数名。
```
function(){}                                  //匿名空函数
```

📢 **提示：**

var 语句和 function 语句都是声明语句，它们声明的变量和函数都在 JavaScript 预编译时被解析，也被称为变量提升和函数提升。在预编译期，JavaScript 引擎会为每个 function 创建上下文，定义变量对象，同时把函数内所有形参、私有变量、嵌套函数作为属性注册到变量对象上。

8.1.2　构造函数

使用 Function()构造函数可以快速生成函数。具体用法如下：

```
var funName = new Function(p1, p2, ..., pn, body);
```

Function()的参数类型都是字符串，p1~pn 表示所创建函数的参数名称列表，body 表示所创建函数的函数结构体语句，在 body 语句之间以分号分隔。

【示例1】可以省略所有参数，仅传递一个字符串，用来表示函数体。

```
var f = new Function("a", "b", "return a+b");   //通过构造函数来克隆函数结构
```

在上面代码中，f 就是所创建函数的名称。同样是定义函数，使用 function 语句可以设计相同结构的函数。

```
function f(a, b){                               //使用 function 语句定义函数结构
    return a + b;
}
```

【示例2】使用 Function()构造函数可以不指定任何参数，创建一个空函数结构体。

```
var f = new Function();                         //定义空函数
```

【示例3】在 Function()构造函数参数中，p1~pn 是参数名称的列表，即 p1 不仅能代表一个参数，还可以是一个逗号隔开的参数列表。下面的定义方法是等价的。

```
var f = new Function("a", "b", "c", "return a+b+c")
var f = new Function("a, b, c", "return a+b+c")
var f = new Function("a,b", "c", "return a+b+c")
```

🚗 注意：

使用 Function()构造函数不是很常用，因为一个函数体通常会包含很多代码，如果将这些代码以一行字符串的形式进行传递，代码的可读性会很差。

📢 提示：

使用 Function()构造函数可以动态地创建函数，它不会把用户限制在 function 语句预声明的函数体中。使用 Function()构造函数能够把函数当作表达式来使用，而不是当作一个结构，因此使用起来会更灵活。其缺点就是，Function()构造函数在执行期被编译，执行效率非常低，一般不推荐使用。

8.1.3　函数直接量

函数直接量也称为匿名函数，即函数没有函数名，仅包含 function 关键字、参数和函数体。具体用法如下：

```
function([args]){
    statements
}
```

【示例1】下面代码定义一个函数直接量。

```
function(a, b){                                 //函数直接量
    return a + b;
}
```

在上面代码中，函数直接量与使用 function 语句定义函数结构基本相同，它们的结构都是固定的。但是函数直接量没有指定函数名，而是直接利用关键字 funciton 来表示函数的结构，这种函数也被称为匿名函数。

【示例2】匿名函数就是一个表达式，即函数表达式，而不是函数结构的语句。下面把匿名函数作为一个值赋值给变量 f。

```
//把函数作为一个值直接赋值给变量 f
var f = function(a, b){
    return a + b;
};
```

当把函数结构作为一个值赋值给变量之后，变量就可以作为函数被调用，此时变量就指向那个匿名函数。

```
console.log(f(1,2));                            //返回数值 3
```

【示例 3】匿名函数作为值，可以参与更复杂的表达式运算。针对上面示例可以使用以下代码完成函数定义和调用一体化操作。

```
console.log(                                    //把函数作为一个操作数进行调用
    (function(a, b){
        return a + b;
    })(1,2));                                   //返回数值 3
```

8.1.4 定义嵌套函数

JavaScript 允许函数相互嵌套，因此可以定义复杂的嵌套结构函数。

【示例 1】使用 function 语句声明两个相互嵌套的函数体结构。

```
function f(x, y){                               //外层函数
    function e(a, b){                           //内层函数
        return a * b;
    }
    return x + y;
}
```

【示例 2】嵌套的函数只能在函数体内可见，函数外不允许直接访问、调用。

```
function f(x, y){
    function e(a, b){
        return a * b;
    }
    return e(3, 6) + y;                         //内层函数参与表达式运算有效
    console.log(e(3, 6));                       //无效的调用
}
console.log(f(3, 6));                           //调用外层函数
```

8.2 调用函数

JavaScript 提供 4 种函数调用模式：函数调用、方法调用、使用 call 或 apply 动态调用、使用 new 间接调用，下面分别介绍。

8.2.1 函数调用

在默认状态下，函数是不会被执行的。使用小括号"()"可以激活并执行函数。在小括号中可以包含零个或多个参数，参数之间通过逗号进行分隔。

【示例 1】在下面示例中，使用小括号调用函数，然后直接把返回值传入函数，进行第二次运算，这样可以节省两个临时变量。

```
function f(x,y){                                //定义函数
    return x*y;                                 //返回值
```

```
}
console.log(f(f(5,6),f(7,8)));                    //返回 1680。重复调用函数
```

【示例 2】如果函数返回值为一个函数，则在调用时可以使用多个小括号反复调用。

```
function f(x, y){                                 //定义函数
   return function(){                             //返回函数类型的数据
      return x * y;
   }
}
console.log(f(7, 8)());                           //返回值 56，反复调用函数
```

【示例 3】设计递归调用函数，即在函数内调用自身，这样可以反复调用，但最终返回的都是函数自身。

```
function f(){                                     //定义函数
   return f;                                      //返回函数自身
}
console.log(f()()()()()()()()()()());            //返回函数自身
```

当然，上述设计方法在实际开发中没有任何应用价值，不建议使用。

8.2.2 函数的返回值

函数提供两个接口实现与外界的交互，其中参数作为入口，接收外界信息；返回值作为出口，把运算结果反馈给外界。

在函数体内，使用 return 语句可以设置函数的返回值。一旦执行 return 语句，将停止函数的运行，并运算和返回 return 后面的表达式的值。如果函数不包含 return 语句，则执行完函数体内每条语句后，返回 undefined 值。

📢 提示：

> JavaScript 是一种弱类型语言，所以函数对接收和输出的值都没有类型限制，JavaScript 也不会自动检测输入和输出值的类型。

【示例 1】下面代码定义函数的返回值为函数。

```
function f(){
   return function(x, y){                         //返回值为函数
      return x + y;
   }
}
```

【示例 2】函数的参数没有限制，但是返回值只能是一个；如果要输出多个值，可以通过数组或对象进行设计。

```
function f(){
   var a = [];
   a[0] = true;
   a[1] = function(x, y){
      return x + y;
   }
   a[2] = 123;
   return a;                                      //返回多个值
}
```

在上面代码中，函数返回值为数组，该数组包含 3 个元素，从而实现使用一个 return 语句，返回多个值的目的。

【示例 3】在函数体内可以包含多条 return 语句，但是仅能执行一条 return 语句，因此在函数体内可以使用分支结构决定函数返回值，或者使用 return 语句提前终止函数运行。

```
function f(x, y){
    //如果参数为非数字类型，则终止函数执行
    if( typeof x != "number" || typeof y != "number") return;
    //根据条件返回值
    if(x > y) return x - y;
    if(x < y) return y - x;
    if(x * y <= 0) return x + y;
}
```

8.2.3 方法调用

当一个函数被设置为对象的属性值时，称之为方法。使用点语法可以调用一个方法。

【示例】下面示例创建一个 obj 对象，它有一个 value 属性和一个 increment 方法。increment 方法接收一个可选参数，如果该参数不是数字，那么默认使用数字 1。

```
var obj = {
    value : 0,
    increment : function(inc) {
        this.value += typeof inc === 'number' ? inc : 1;
    }
}
obj.increment();
console.log(obj.value);                    //1
obj.increment(2);
console.log(obj.value);                    //3
```

使用点语法可以调用对象 obj 的方法 increment，然后通过 increment 方法改写 value 属性的值。在 increment 方法中可以使用 this 访问 obj 对象，然后使用 obj.value 方式读写 value 属性值。

📢 提示：

有关对象、属性和方法的相关知识，可参考第 9、10 章内容。

8.2.4 使用 call 和 apply 调用

call 和 apply 是 Function 的原型方法，它们能够将特定函数当作一个方法绑定到指定对象上，并进行调用。具体用法如下：

```
function.call(thisobj, args…)
function.apply(thisobj, [args])
```

function 表示要调用的函数；参数 thisobj 表示绑定对象，即 this 指代的对象；参数 args 表示要传递给被调用函数的参数。call 方法可以接收多个参数列表，而 apply 只能接收一个数组或者伪类数组，数组元素将作为参数列表传递给被调用的函数。

【示例 1】下面示例使用 call 动态调用函数 f，并传入参数值 3 和 4，返回运算值。

```
function f(x,y){                          //定义求和函数
    return x+y;
}
console.log(f.call(null, 3, 4));          //返回7
```

在上面示例中，f 是一个简单的求和函数，通过 call 方法把函数 f 绑定到空对象 null 身上，以实现动态调用函数 f，同时把参数 3 和 4 传递给函数 f，返回值为 7。实际上，f.call(null, 3, 4)等价于 null.m(3,4)。

【示例 2】示例 1 使用 call 调用，实际上也可以使用 apply 方法来调用函数 f。

```
function f(x,y){                                //定义求和函数
    return x+y;
}
console.log( f.apply(null, [3, 4] ));          //返回 7
```

🚗 注意：

如果把一个数组或伪类数组的所有元素作为参数进行传递，使用 apply 方法就非常便利。

【示例 3】下面使用 apply 方法设计一个求最大值的函数。

```
function max(){                                 //求最大值函数
    var m = Number.NEGATIVE_INFINITY;           //声明一个负无穷大的数值
    for( var i = 0; i < arguments.length; i ++ ){   //遍历所有实参
        if( arguments[i] > m )                  //如果实参值大于变量 m,
        m = arguments[i];                       //则把该实参值赋值给 m
    }
    return m;                                    //返回最大值
}
var a = [23, 45, 2, 46, 62, 45, 56, 63];        //声明并初始化数组
var m = max.apply( Object, a );                 //动态调用 max，绑定为 Object 的方法
console.log( m );                               //返回 63
```

在上面示例中，设计定义一个函数 max()，用来计算所有参数中的最大值参数。首先通过 apply 方法动态调用 max() 函数，然后把它绑定为 Object 对象的一个方法，并把包含多个值的数组传递给它，最后返回经过 max() 计算后的最大数组元素。

如果使用 call 方法，就需要把数组所有元素全部读取出来，再逐一传递给 call 方法，显然这种做法不是很方便。

【示例 4】也可以动态调用 Math 的 max() 方法来计算数组的最大值元素。

```
var a = [23, 45, 2, 46, 62, 45, 56, 63];   //声明并初始化数组
var m = Math.max.apply( Object, a );        //调用系统函数 max
console.log( m );                           //返回 63
```

【示例 5】使用 call 和 apply 方法可以把一个函数转换为指定对象的方法，并在这个对象上调用该方法。当函数动态调用之后，这个对象的临时方法也就不存在了。

```
function f() {
    return "函数 f";
}
var obj = {};
f.call( obj );                  //把函数 f 绑定为 obj 对象的方法
console.log( obj.f() );         //再次调用该方法，则返回编译错误
```

🚗 注意：

call 和 apply 方法的主要功能如下：
- 调用函数。
- 修改函数体内的 this 指代对象。
- 为对象绑定方法。
- 跨越限制调用不同类型的方法。

本小节主要介绍了如何使用 call 和 apply 方法调用函数，由于涉及类型、对象和 this 知识，其他功能将在第 9、10 章中详细介绍。

8.2.5 使用 new 调用

使用 new 命令可以实例化对象，这是它的主要功能，但是在创建对象的过程中会激活并运行函数。因此，使用 new 命令可以间接调用函数。

🚗 注意：

使用 new 命令调用函数时，返回的是对象，而不是 return 的返回值。如果不需要返回值，或者 return 的返回值是对象，则可以选用 new 间接调用函数。

【示例】下面示例简单演示了如何用 new 命令，把传入的参数值显示在控制台。

```
function f(x,y){                          //定义函数
    console.log("x = " + x + ", y = " + y);
}
new f(3, 4);
```

📢 提示：

关于 new 命令的详细用法可参考第 9、10 章内容。

8.3 函 数 参 数

参数是函数对外联系的唯一入口，用户只能通过参数来控制函数的运行。

8.3.1 形参和实参

函数的参数包括以下两种类型。

➥ 形参：在定义函数时，声明的参数变量仅在函数内部可见。

➥ 实参：在调用函数时，实际传入的值。

【示例 1】定义 JavaScript 函数时，可以设置零个或多个参数。

```
function f(a,b){                          //设置形参 a 和 b
    return a+b;
}
var x=1,y=2;                              //声明并初始化变量
console.log(f(x,y));                      //调用函数并传递实参
```

在上面示例中，a、b 就是形参，而在调用函数时向函数传递的变量 x、y 就是实参。

一般情况下，函数的形参和实参数量应该相同，但是 JavaScript 并没有要求形参和实参必须相同。在特殊情况下，函数的形参和实参数量可以不相同。

【示例 2】如果函数实参数量少于形参数量，那么多出来的形参的值默认为 undefined。

```
(function(a,b){                           //定义函数，包含两个形参
    console.log(typeof a);                //返回 number
    console.log(typeof b);                //返回 undefined
})(1);                                    //调用函数，传递一个实参
```

【示例 3】如果函数实参数量多于形参数量，那么多出来的实参就不能够通过形参进行访问，函数会忽略掉多余的实参。在下面这个示例中，实参 3 和 4 就被忽略掉了。

```
(function(a,b){                           //定义函数，包含两个形参
    console.log(a);                       //返回 1
    console.log(b);                       //返回 2
})(1,2,3,4);                              //调用函数，传入四个实参值
```

在实际应用中，经常出现实参数量少于形参数量的情况，但是在函数内依然可以使用这些形参，这是因为在定义函数时，已经对它们进行了初始化，设置了默认值。在调用函数时，如果用户不传递或少传递参数，则函数会采用默认值。而形参数量少于实参的情况比较少见，这种情况一般发生在参数数量不确定的函数中。

8.3.2　获取参数个数

使用 arguments 对象的 length 属性可以获取函数的实参个数。arguments 对象只能在函数体内可见，因此 arguments.length 也只能在函数体内使用。

使用函数对象的 length 属性可以获取函数的形参个数。该属性为只读属性，在函数体内、体外都可以使用。

【示例】下面示例设计一个 checkArg()函数，用来检测一个函数的形参和实参是否一致，如果不一致则抛出异常。

```
function checkArg( a ){                    //检测函数实参与形参是否一致
    if( a.length != a.callee.length )      //如果实参与形参个数不同，则抛出错误
    throw new Error( "实参和形参不一致" );
}
function f(a, b){                          //求两个数的平均值
    checkArg( arguments );                 //根据 arguments 来检测函数实参和形参是否一致
    return ((a*1 ? a: 0) + (b*1 ? b: 0)) / 2; //返回平均值
}
console.log( f(6) );                       //抛出异常。调用函数 f，传入一个参数
```

8.3.3　使用 arguments 对象

arguments 对象表示函数的实参集合，仅能够在函数体内可见，并可以直接访问。

【示例 1】在下面示例中，函数没有定义形参，但是在函数体内通过 arguments 对象可以获取调用函数时传入的每一个实参值。

```
function f(){                              //定义没有形参的函数
    for(var i = 0; i < arguments.length; i ++){ //遍历 arguments 对象
        console.log(arguments[i]);        //显示指定下标的实参的值
    }
}
f(3, 3, 6);                               //逐个显示传递的实参
```

arguments 对象是一个伪类数组，不能够继承 Array 的原型方法。可以使用数组下标的形式访问每个实参，如 arguments[0]表示第一个实参。下标值从 0 开始，直到 arguments.length-1。其中 length 是 arguments 对象的属性，表示函数包含的实参个数。同时，arguments 对象允许更新其包含的实参值。

【示例 2】在下面示例中使用 for 循环遍历 arguments 对象，然后把循环变量的值传入 arguments，以便改变实参值。

```
function f(){
    for(var i = 0; i < arguments.length; i ++){ //遍历 arguments 对象
        arguments[i] =i;                   //修改每个实参的值
        console.log(arguments[i]);         //提示修改的实参值
    }
}
f(3, 3, 6);                               //返回提示 0、1、2，而不是 3、3、6
```

【示例 3】通过修改 length 属性值，也可以改变函数的实参个数。当 length 属性值增大时，则增加的实参值为 undefined；如果 length 属性值减小，则会丢弃 length 长度值之后的实参值。

```
function f(){
    arguments.length = 2;                      //修改 arguments 对象的 length 属性值
    for(var i = 0; i < arguments.length; i ++ ){
        console.log(arguments[i]);
    }
}
f(3, 3, 6);                                     //返回提示 3、3
```

8.3.4　使用 callee

callee 是 arguments 对象的属性，它引用当前 arguments 对象所在的函数。使用该属性可以在函数体内调用函数自身。在匿名函数中，callee 属性比较有用。例如，利用它可以设计递归调用。

【示例】在下面示例中，使用 arguments.callee 获取匿名函数，然后通过函数的 length 属性获取函数形参个数，最后比较实参个数与形参个数，以检测用户传递的参数是否符合要求。

```
function f(x, y, z){
    var a = arguments.length;                  //获取函数实参的个数
    var b = arguments.callee.length;           //获取函数形参的个数
    if (a != b){                               //如果形参和实参个数不相等，则提示错误信息
        throw new Error("传递的参数不匹配");
    }
    else{                                      //如果形参和实参个数相同，则返回它们的和
        return x + y + z;
    }
}
console.log(f(3, 4, 5));                        //返回值为 12
```

📢 提示：

arguments.callee 等价于函数名，在上面示例中，arguments.callee 等于 f。

8.3.5　应用 arguments 对象

在实际开发中，arguments 对象非常有用。灵活使用 arguments 对象，可以提升使用函数的灵活性，增强函数在抽象编程中的适应能力和纠错功能。下面结合几个典型示例展示 arguments 的应用。

（1）技巧一，使用 arguments 对象能够增强函数应用的灵活性。例如，如果函数的参数个数不确定，或者函数的参数个数很多，而又不想逐一定义每一个形参，则可以省略定义参数，直接在函数体内使用 arguments 对象来访问调用函数的实参值。

【示例 1】下面示例定义一个求平均值的函数，该函数借助 arguments 对象来计算参数的平均值。在调用函数时，可以传入任意多个参数。

```
function avg(){                                //求平均数
    var num = 0, l = 0;                        //声明并初始化临时变量
    for(var i = 0; i < arguments.length; i ++ ){//遍历所有实参
        if(typeof arguments[i] != "number")    //如果参数不是数值
            continue;                          //则忽略该参数值
        num += arguments[i];                   //计算参数的数值之和
```

```
        l ++;                              //计算参与和运算的参数个数
    }
    num /= l;                              //求平均值
    return num;                            //返回平均值
}
console.log(avg(1, 2, 3, 4));             //返回 2.5
console.log(avg(1, 2, "3", 4));           //返回 2.3333333333333335
```

【示例 2】在页面设计中经常需要验证表单输入值，下面示例检测文本框中输入的值是否为合法的邮箱地址。

```
function isEmail(){
    if(arguments.length>1) throw new Error("只能够传递一个参数");  //检测参数个数
    var regexp = /^\w+((-\w+)|(\.\w+))*\@[A-Za-z0-9]+((\.|-)[A-Za-z0-9]+)*\.
                [A-Za-z0-9]+$/;            //定义正则表达式
    if (arguments[0].search(regexp) != -1) //匹配实参的值
        return true;                       //如果匹配则返回 true
    else
        return false;                      //如果不匹配则返回 false
}
var email = "zhangsan@css8.cn";           //声明并初始化邮箱地址字符串
console.log(isEmail(email));              //返回 true
```

（2）技巧二，arguments 对象是伪类数组，不是数组，可以通过 length 属性和中括号语法来遍历或访问实参的值。不过，通过动态调用的方式，也可以使用数组的方法，如 push、pop、slice 等。

【示例 3】使用 arguments 可以模拟重载。实现方法：通过 arguments.length 属性值判断实际参数的个数和类型，决定执行不同的代码。

```
function sayHello() {
    switch (arguments.length) {
        case 0:
            return "Hello";
        case 1:
            return "Hello, " + arguments[0];
        case 2:
            return (arguments[1] == "cn" ? "你好, " : "Hello, ") + arguments[0];
    };
}
console.log( sayHello() );                //"Hello"
console.log( sayHello("Alex") );          //"Hello, Alex"
console.log( sayHello("Alex", "cn") );    //"你好, Alex"
```

【示例 4】下面示例使用动态调用的方法，让 arguments 对象调用数组方法 slice()，可以把函数的参数对象转换为数组。

```
function f() {
    return [].slice.apply(arguments);
}
console.log(f(1,2,3,4,5,6));              //返回 [1,2,3,4,5,6]
```

8.4 函数作用域

在 2.2.3 节中曾经介绍过变量的作用域，JavaScript 支持全局作用域和局部作用域。这个局部作用域也就是函数作用域，局部变量在函数内可见，也称为私有变量。

8.4.1 词法作用域

作用域（Scope）表示变量的作用范围、可见区域，包括词法作用域和执行作用域。

- 词法作用域：根据代码的结构关系来确定作用域。词法作用域是一种静态的词法结构，JavaScript 解析器主要根据词法结构确定每个变量的可见性和有效区域。
- 执行作用域：当代码被执行时，才能够确定变量的作用范围和可见性。与词法作用域相对，它是一种动态作用域，函数的作用域会因为调用对象不同而发生变化。

🚗 注意：

JavaScript 支持词法作用域，JavaScript 函数只能运行在被预先定义好的词法作用域里，而不是被执行的作用域里。

8.4.2 执行上下文和活动对象

JavaScript 代码是按顺序从上到下被解析的，当然 JavaScript 引擎并非逐行地分析和执行代码，而是逐段地去分析和执行。当执行一段代码时，先进行预处理，如变量提升、函数提升等。

JavaScript 可执行代码包括 3 种类型：全局代码、函数代码、eval 代码。每执行一段可执行代码，都会创建对应的执行上下文。在脚本中可能存在大量的可执行代码段，所以 JavaScript 引擎先创建执行上下文栈，来管理脚本中所有执行上下文。

🔊 提示：

执行上下文是一个专业术语，比较抽象，实际上就是在内存中开辟的一块独立运行的空间。执行上下文栈相当于一个数组，数组元素就是一个个独立的执行上下文区域。

当 JavaScript 开始解释程序时，最先遇到的是全局代码，因此在初始化程序的时候，首先向执行上下文栈压入一个全局执行上下文，并且只有当整个应用程序结束的时候，全局执行上下文才被清空。

当执行一个函数的时候，会创建一个函数的执行上下文，并且压入到执行上下文栈，当函数执行完毕，会将函数的执行上下文从栈中弹出。

每个执行上下文都有 3 个基本属性：变量对象、作用域链和 this。下面将重点介绍变量对象。

变量对象是与执行上下文相关的数据作用域，存储了在上下文中定义的变量和函数声明。JavaScript 代码不能直接访问该对象，但是可以访问该对象的成员（如 arguments）。不同代码段中的变量对象也不相同，简单说明如下。

1. 全局上下文的变量对象

全局上下文的变量对象，初始化是全局对象。

全局对象是预定义的对象，作为 JavaScript 的全局函数和全局属性的占位符。通过全局对象，可以访问其他所有预定义的对象、函数和属性。

在客户端 JavaScript 中，全局对象是 window 对象，通过 window 对象的 window 属性指向自身。

【示例 1】下面代码演示了在全局作用域中声明变量 b，并赋值，然后通过 window 对象的属性 b 来读取这个全局变量值。同时演示了使用 this 访问 window 对象，使用 this.window 同样可以访问 window 对象。

```
var b = true;
console.log(window.b);                      //true
this.window.b = false;
console.log(this.b);                        //false
```

2. 函数上下文的变量对象

变量对象是 ECMAScript 规范术语。在一个执行上下文中，变量对象才被激活。只有激活的变量对象，其各种属性才能被访问。

在函数执行上下文中，变量对象常常被称为活动对象，两者意思相同。活动对象是在进入函数上下文时被创建，初始化时只包括 Arguments 对象。它通过函数的 arguments 属性访问，arguments 属性值为 Arguments 对象。

函数执行上下文的代码处理可以分成两个阶段：分析和执行，简单说明如下。

【执行过程】

第 1 步，进入执行上下文。当进入执行上下文时，不会执行代码，只进行分析。此时变量对象包括：

- 函数的所有形参（如果是函数上下文）——由名称和对应值组成的一个变量对象的属性被创建。如果没有实参，属性值设为 undefined。
- 函数声明——由名称和对应值（函数对象）组成的一个变量对象的属性被创建。如果变量对象已经存在相同名称的属性，则会完全替换这个属性。
- 变量声明——由名称和对应值（undefined）组成的一个变量对象的属性被创建。如果变量名称与已经声明的形参或函数相同，则变量声明不会覆盖已经存在的这类属性。

【示例 2】在进入函数执行上下文时，会给变量对象添加形参、函数声明、变量声明等初始的属性值。下面代码简单演示了这个阶段的处理过程。

```
function f(a) {                          //声明外部函数
    var b = 1;                           //声明局部变量，并赋值 1
    function c() {}                      //声明内部函数
    var d = function() {};               //声明局部变量，并赋值为匿名函数
    b = 2;                               //修改变量 b 的值为 2
}
f(3);                                    //调用函数，并传入实参值 3
```

在进入函数执行上下文后，活动对象的结构模拟如下。

```
AO = {
    arguments: {
        0: 3,                            //实参值
        length: 1                        //实参长度
    },
    a: 3,                                //实参值
    b: undefined,                        //声明局部变量 b
    c: function c(){},                   //声明函数 c，引用 function c(){}
    d: undefined                         //声明局部变量 d
}
```

第 2 步，执行代码。在代码执行阶段会按顺序执行代码，这时可能会修改变量对象的值。

【示例 3】在代码执行阶段，可能会修改变量对象的属性值。针对上面示例，当代码执行完后，活动对象的结构模拟如下。

```
AO = {
    arguments: {
        0: 3,                            //实参值
        length: 1                        //实参长度
    },
    a: 3,                                //实参值
    b: 1,                                //初始化赋值
    c: function c(){},                   //引用声明的函数 c
    d: function(){}                      //引用函数表达式"d"
}
```

8.4.3　作用域链

JavaScript 作用域属于静态概念，根据词法结构来确定，而不是根据执行来确定。作用域链是 JavaScript 提供的一套解决标识符的访问机制——JavaScript 规定每一个作用域都有一个与之相关联的作用域链。

作用域链用来在函数执行时求出标识符的值。该链中包含多个对象，在对标识符进行求值的过程中，会从链首的对象开始，然后依次查找后面的对象，直到在某个对象中找到与标识符名称相同的属性。如果在作用域链的顶端（全局对象）中仍然没有找到同名的属性，则返回 undefined 的属性值。

🚗 **注意：**

> 在每个对象中进行属性查找的时候，还会使用该对象的原型域链（可参考第 10 章内容）。在一个执行上下文中，与其关联的作用域链只会被 with 语句和 catch 子句影响。

【**示例 1**】在下面示例中，通过多层嵌套函数设计一个作用域链，在最内层函数中可以逐级访问外层函数的私有变量。

```
var a = 1;                          //全局变量
(function(){
   var b = 2;                       //第 1 层局部变量
   (function(){
      var c = 3;                    //第 2 层局部变量
      (function(){
         var d = 4;                 //第 3 层局部变量
         console.log(a+b+c+d);      //返回 10
      })()                          //直接调用函数
   })()                             //直接调用函数
})()                                //直接调用函数
```

在上面代码中，JavaScript 引擎首先在最内层活动对象中查询属性 a、b、c 和 d，从中只找到了属性 d，并获得它的值（4）；然后沿着作用域链，在上一层活动对象中继续查找属性 a、b 和 c，从中找到了属性 c，获得它的值（3）……以此类推，直到找到所有需要的变量值为止，如图 8.1 所示。

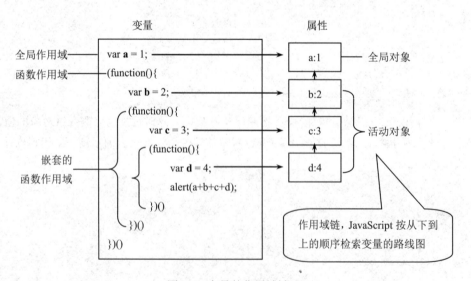

图 8.1　变量的作用域链

下面结合一个示例，通过函数的创建和激活两个阶段来介绍作用域链的创建过程。

↘ 函数创建

函数的作用域在函数定义的时候就已经确定。每个函数都有一个内部属性[[scope]]，当函数创建的时候，[[scope]]保存所有父变量对象的引用，[[scope]]就是一个层级链。注意，[[scope]]并不代表完整的作用域链。例如：

```
function f1() {
    function f2() {
        //…
    }
}
```

在函数创建时，每个函数的[[scope]]如下，其中 globalContext 表示全局上下文，VO 表示变量对象，f1Context 表示函数 f1 的上下文，AO 表示活动对象。

```
f1.[[scope]] = [
    globalContext.VO
];
f2.[[scope]] = [
    f1Context.AO,
    globalContext.VO
];
```

↘ 函数激活

当函数激活时，进入函数上下文，创建 VO/AO 后，就会将活动对象添加到作用域链的前端。这时如果命名执行上下文的作用域链为 Scope，则可以表示为：

```
Scope = [AO].concat([[Scope]]);
```

至此，作用域链创建完毕。

【示例2】下面示例结合变量对象和执行上下文栈，总结函数执行上下文中作用域链和变量对象的创建过程。

```
var g = "global scope";              //全局变量
function f(){                        //声明函数
    var l = 'local scope';           //私有变量
    return l;                        //返回私有变量
}
f();                                 //调用函数
```

【执行过程】

第1步，f 函数被创建，保存作用域链到内部属性[[scope]]。

```
f.[[scope]] = [                      //当前函数的作用域链
    globalContext.VO                 //全局上下文的变量对象
];
```

第2步，执行 f 函数，创建 f 函数的执行上下文，f 函数的执行上下文被压入执行上下文栈。

```
ECStack = [                          //执行上下文栈
    fContext,                        //函数的执行上下文
    globalContext                    //全局上下文
];
```

第3步，f 函数并不立刻执行，开始做准备工作。准备工作包括以下 3 项。

（1）复制函数 f 的[[scope]]属性，创建作用域链。

```
fContext = {                         //函数的执行上下文
    Scope: f.[[scope]],              //把函数的作用域链添加到函数的执行上下文
}
```

（2）使用 arguments 创建活动对象，然后初始化活动对象，加入形参、函数声明、变量声明。

```
fContext = {                         //函数的执行上下文
```

```
    AO: {                                       //函数的活动对象
        arguments: {                            //为活动对象添加 arguments
            length: 0
        },
        l: undefined                            //创建本地变量
    }
}
```

（3）将活动对象压入 f 作用域链顶端。

```
fContext = {                                    //函数的执行上下文
    AO: {                                       //活动对象
        arguments: {                            //参数集合
            length: 0
        },
        l: undefined                            //本地变量
    },
    Scope: [AO, [[Scope]]]                      //作用域链
}
```

第 4 步，准备工作做完，开始执行函数。随着函数的执行，修改 AO 的属性值。

```
fContext = {                                    //函数的执行上下文
    AO: {                                       //活动对象
        arguments: {                            //参数集合
            length: 0
        },
        l: 'local scope'                        //初始化本地变量
    },
    Scope: [AO, [[Scope]]]                      //作用域链
}
```

第 5 步，查找到本地变量 l 的值，然后返回 l 的值。

第 6 步，函数执行完毕，函数上下文从执行上下文栈中弹出。

```
ECStack = [                                     //执行上下文栈
    globalContext                               //全局上下文
];
```

8.4.4　this 和调用对象

JavaScript 函数的作用域是静态的，但是函数的调用却是动态的。由于函数可以在不同的运行环境内执行，因此 JavaScript 在函数体内定义了 this 关键字，用来获取当前的运行环境。

this 是一个指针型变量，它动态引用当前的运行环境。具体来说，就是调用函数的对象。调用对象是可以访问的 JavaScript 对象，而执行上下文的变量对象是一个不可访问的抽象概念。同时，在一个执行上下文中会存在多个可调用函数的对象，但是只有一个变量对象。

【示例 1】下面示例在全局上下文中声明一个变量 x，初始化值为 1。然后在 obj 对象内定义一个属性 x，初始化值为 2。使用函数 f 检测不同运行环境下 x 值的变化，以此检测 this 指针的引用对象。

```
var x = 1;                                      //声明全局变量并初始化
var obj = {
    f: function () {                            //定义方法 f
        console.log(this.x);                    //访问当前运行环境中 x 属性值
    },
    x: 2,                                       //定义属性 x，赋值为 2
};
//obj 环境执行
```

```
obj.f()                                        //2
var f1 = obj.f;
//window 环境执行
f1();                                          //1
```

在上面代码中，obj.f()表示在 obj 对象上调用 f 函数，则调用对象为 obj，此时 this 就指向 obj，this.x 就等于 obj.x，即返回结果为 2。若把 obj.f 赋值给变量 f1，然后在全局上下文中调用 f1 函数，则 f 函数体的运行环境在全局上下文中执行，此时 this 就指向 window，this.x 就等于 window.x，即返回结果为 1。

【示例 2】this 总是指代函数的当前运行环境。针对示例 1 的代码，如果使用下面 3 种方式调用 f 函数，会发现返回值都是 1。

```
var x = 1;                                     //声明全局变量并初始化
var obj = {
    f: function () {                           //定义方法 f
        console.log(this.x);                   //访问当前运行环境中 x 属性值
    },
    x: 2,                                      //定义属性 x，赋值为 2
};
(obj.f = obj.f)();                             //1
(false || obj.f)();                            //1
(obj.f, obj.f)();                              //1
```

在上面代码中，小括号左侧都是一个表达式，表达式的值都是 obj.f，而在示例 1 中可以看到使用 obj.f()调用函数 f，返回值是 2。为什么现在换一种表示方法返回值都是 1 呢？

问题的关键是如何正确理解"运行环境"。上面 3 个表达式中，obj.f = obj.f 是赋值表达式，把 obj.f 赋值给 obj.f，obj.f 是一个地址，把地址赋值给 obj.f 属性，表达式的运行环境发生在全局上下文中，所以此时函数 f 内的 this 就指向了全局上下文的调用对象 window。

false || obj.f 是一个逻辑表达式，左侧操作数为 false，则运算右侧操作数，返回 obj.f 的值，即引用地址。由于这个逻辑表达式运算发生在全局作用域内，此时的 f 函数内 this 就指向了全局对象。

obj.f, obj.f 是一个逗号运算表达式，逗号左侧和右侧的 obj.f 都是一个地址，都被运算一次，最后返回第 2 个操作数的值，即返回引用地址。由于这个操作发生在全局作用域内，所以 f 函数内 this 也指向了全局对象。

但是，对于下面形式的调用，不会返回 1，而是返回 2，即 this 指向 obj 对象。因为小括号不是一个运算符，它仅是一个逻辑分隔符，不执行运算，不会产生运行环境。当使用小括号调用函数时，此时生成的运行环境就是 obj 了。

```
(obj.f)();                                     //2
```

8.4.5   比较 3 种函数的作用域

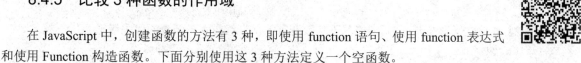

在 JavaScript 中，创建函数的方法有 3 种，即使用 function 语句、使用 function 表达式和使用 Function 构造函数。下面分别使用这 3 种方法定义一个空函数。

```
function f() {}
var f = function() {}
var f = new Function()
```

通过这 3 种方法创建的函数对象的[[scope]]属性值会有所不同，进而影响函数执行过程中的作用域链。

❯ 使用 function 语句声明的函数对象是在进入执行上下文时的变量初始化过程中创建的。该对象的[[scope]]属性值是它被创建时的执行上下文对应的作用域链。

❯ 使用 function 表达式定义的函数对象是在该表达式被执行的时候创建的。该对象的[[scope]]属性值与使用 function 声明创建的对象一样。

➥ 使用 Function 构造器声明一个函数通常使用两种方式。常用格式是 var funcName = new Function(p1, p2,..., pn, body)，其中 p1, p2, ..., pn 表示的是该 function 的形式参数，body 是 function 的内容。使用该方式的 function 对象是在构造器被调用的时候创建的。该对象的[[scope]]属性值总是一个只包含全局对象的作用域链。

这 3 种方法的详细比较如表 8.1 所示。

表 8.1　函数定义方法比较

函数定义方法	使用 function 语句	使用 Function()构造函数	使用函数表达式
兼容	完全	JavaScript 1.1 及以上	JavaScript 1.2 及以上
形式	句子	表达式	表达式
名称	有名	匿名	匿名
主体	标准语法	字符串	标准语法
性质	静态	动态	静态
解析	以命令的形式构造一个函数对象	解析函数体，能够动态创建一个新的函数对象	以表达式的形式构造一个函数对象
作用域	具有函数作用域	顶级函数，具有顶级作用域	具有函数作用域

8.4.6　函数的标识符

在函数结构中，一般包含以下类型的标识符。

➥ 函数参数。

➥ arguments。

➥ 局部变量。

➥ 内部函数。

➥ this。

其中 this 和 arguments 是系统默认标识符，不需要特别声明。这些标识符在函数体内的优先级是（其中左侧优先级要大于右侧）：this → 局部变量 → 形参 → arguments → 函数名。

【示例1】下面示例将在函数结构内显示函数结构的字符串。

```
function f(){                              //定义函数
    console.log(f)                         //提示函数结构
}
f();                                       //调用函数，返回函数 f
```

【示例2】如果定义形参 f，则同名情况下参数变量的优先级会大于函数的优先级。

```
function f(f){                             //定义形参与函数同名
    console.log(f)                         //提示标识符 f 的值
}
f(true);                                   //返回 true，而不是函数 f
```

【示例3】比较形参与 arguments 属性的优先级。

```
function f(arguments){                     //函数形参名与参数属性 arguments 同名
    console.log(typeof arguments)          //提示参数的类型
}
f(true);                                   //返回 boolean，而不是属性 arguments 的类型 object
```

上面示例说明了形参变量会优先于 arguments 属性对象。

【示例 4】比较 arguments 属性与函数名的优先级。

```
function arguments(){                    //定义函数名与 arguments 属性名同名
    console.log(typeof arguments)        //返回 arguments 的类型
}
arguments();                             //返回 arguments 属性的类型 object
```

【示例 5】比较局部变量和形参变量的优先级。

```
function f(x){                           //定义普通函数
    var x = 10;                          //定义局部变量并赋值
    console.log(x);                      //显示变量 x 的值
}
f(5);                                    //传递参数值为 5,返回提示为 10
```

上面示例说明函数内局部变量要优先于形参变量的值。

【示例 6】如果局部变量没有赋值,则会选择形参变量。

```
function f(x){                           //定义普通函数
    var x;                               //定义局部变量
    console.log(x);                      //显示变量 x 的值
}
f(5);                                    //传递参数值为 5,返回提示为 5
```

如果局部变量与形参变量重名,局部变量没有赋值,则形参变量要优先于局部变量。

【示例 7】下面示例演示当局部变量与形参变量混在一起使用时的微妙关系。

```
function f(x){
    var x = x;                           //把形参 x 传递给局部变量 x
    console.log(x);
}
f(5);                                    //返回提示为 5
```

如果从局部变量与形参变量之间的优先级来看,则 var x = x 左右两侧都应该是局部变量。由于 x 初始化值为 undefined,所以该表达式就表示把 undefined 传递给自身。但是从上面示例来看,这说明左侧的是由 var 语句声明的局部变量,而右侧的是形参变量。也就是说,当局部变量没有初始化时,应用的是形参变量优先于局部变量。

8.5 闭　　包

闭包是 JavaScript 的重要特性之一,在函数式编程中有着重要的作用,本节将介绍闭包的结构和基本用法。

8.5.1 定义闭包

闭包就是一个能够持续存在的函数上下文活动对象。

1. 形成原理

函数被调用时,会产生一个临时上下文活动对象。它是函数作用域的顶级对象,作用域内所有私有变量、参数、私有函数等都将作为上下文活动对象的属性而存在。

函数被调用后,在默认情况下上下文活动对象会被立即释放,避免占用系统资源。但是,若函数内的私有变量、参数、私有函数等被外界引用,则这个上下文活动对象暂时会继续存在,直到所有外界引用被注销。

但是,函数作用域是封闭的,外界无法访问。那么在什么情况下,外界可以访问到函数内的私有成员呢？

根据作用域链，内部函数可以访问外部函数的私有成员。如果内部函数引用了外部函数的私有成员，同时内部函数又被传给外界，或者对外界开放，那么闭包体就形成了。这个外部函数就是一个闭包体，它被调用后，活动对象暂时不会被注销，其属性会继续存在，通过内部函数可以持续读写外部函数的私有成员。

2. 闭包结构

典型的闭包体是一个嵌套结构的函数。内部函数引用外部函数的私有成员，同时内部函数又被外界引用，当外部函数被调用后，就形成了闭包。这个函数也称为闭包函数。

下面是一个典型的闭包结构。

```
function f(x){                          //外部函数
    return function(y){                 //内部函数，通过返回内部函数，实现外部引用
        return x + y;                   //访问外部函数的参数
    };
}
var c = f(5);                           //调用外部函数，获取引用内部函数
console.log(c(6));                      //调用内部函数，原外部函数的参数继续存在
```

解析过程简单描述如下。

第 1 步，在 JavaScript 脚本预编译期，声明的函数 f 和变量 c，先被词法预解析。

第 2 步，在 JavaScript 执行期，调用函数 f，并传入值 5。

第 3 步，在解析函数 f 时，将创建执行环境（函数作用域）和活动对象，并把参数和私有变量、内部函数都映射为活动对象的属性。

第 4 步，参数 x 的值为 5，映射到活动对象的 x 属性。

第 5 步，内部函数通过作用域链引用了参数 x，但是还没有被执行。

第 6 步，外部函数被调用后，返回内部函数，导致内部函数被外界变量 c 引用。

第 7 步，JavaScript 解析器检测到外部函数的活动对象的属性被外界引用，无法注销该活动对象，于是在内存中继续维持该对象的存在。

第 8 步，当调用 c，即调用内部函数时，可以看到外部函数的参数 x 存储的值继续存在。这样就可以实现后续运算操作，返回 x+y=5+6=11。

🚗 注意：

> 如下结构形式也可以形成闭包：通过全局变量引用内部函数，实现内部函数对外开放。
>
> ```
> var c;                              //声明全局变量
> function f(x){                      //外部函数
>     c = function(y){               //内部函数，通过向全局变量开放实现外部引用
>         return x + y;              //访问外部函数的参数
>     };
> }
> f(5);                              //调用外部函数
> console.log(c(6));                 //使用全局变量 c 调用内部函数，返回 11
> ```

3. 闭包变体

除了嵌套函数外，如果外部引用函数内部的私有数组或对象，也容易形成闭包。

```
var add;                            //全局变量，定义访问闭包的通道
function f(){                       //外部函数
    var a = [1,2,3];                //私有变量，引用型数组
    add = function(x){              //测试函数，对外开放
```

```
      a[0] = x*x;                           //修改私有数组的元素值
   }
   return a;                                //返回私有数组的引用
}
var c = f();
console.log(c[0]);                          //读取闭包内数组，返回 1
add(5);                                     //测试修改数组
console.log(c[0]);                          //读取闭包内数组，返回 25
add(10);                                    //测试修改数组
console.log(c[0]);                          //读取闭包内数组，返回 100
```

与函数相同，对象和数组也是引用型数据。调用函数 f，返回私有数组 a 的引用，即传址给全局变量 c，而 a 是函数 f 的私有变量，当被调用后，活动对象继续存在，这样就形成了闭包。

🚗 注意：

这种特殊形式的闭包没有实际应用价值，因为其功能单一，只能作为一个静态的、单向的闭包。而闭包函数可以设计各种复杂的运算表达式，它是函数式编程的基础。

反之，如果返回的是一个简单的值，就无法形成闭包，值传递是直接复制。外部变量 c 得到的仅是一个值，而不是对函数内部变量的引用。这样当函数调用后，将直接注销活动对象。

```
function f(x){                              //外部函数
   var a = 1;                               //私有变量，简单值
   return a;
}
var c = f(5);
console.log(c);                             //仅是一个值，返回 1
```

8.5.2 使用闭包

下面结合示例介绍闭包的简单使用，以加深对闭包的理解。

【示例 1】使用闭包实现优雅的打包，定义存储器。

```
var f = function(){                         //外部函数
   var a = []                               //私有数组初始化
   return function(x){                      //返回内部函数
      a.push(x);                            //添加元素
      return a;                             //返回私有数组
   };
}();                                        //直接调用函数，生成执行环境
var a = f(1);                               //添加值
console.log(a);                             //返回 1
var b = f(2);                               //添加值
console.log(b);                             //返回 1,2
```

在上面示例中，通过外部函数设计一个闭包，定义一个永久的存储器。当调用外部函数生成执行环境之后，就可以利用返回的匿名函数不断地向闭包体内的数组 a 传入新值，传入的值会持续存在。

【示例 2】在网页中事件处理函数很容易形成闭包。

```
<script>
function f(){                               //事件处理函数，闭包
   var a = 1;                               //私有变量 a，初始化为 1
   b = function(){                          //开放私有函数
      console.log( "a = " + a );            //读取 a 的值
   }
   c = function(){                          //开放私有函数
```

```
        a ++ ;                              //递增 a 的值
    }
    d = function(){                         //开放私有函数
        a --;                               //递减 a 的值
    }
}
</script>
<button onclick="f()">生成闭包</button>
<button onclick="b()">查看 a 的值</button>
<button onclick="c()">递 增</button>
<button onclick="d()">递 减</button>
```

在浏览器中浏览时，首先单击"生成闭包"按钮，生成一个闭包；单击"查看 a 的值"按钮，可以随时查看闭包内私有变量 a 的值；单击"递增""递减"按钮时，可以动态修改闭包内变量 a 的值，效果如图 8.2 所示。

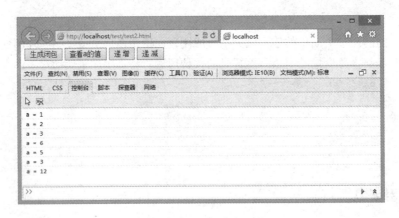

图 8.2　事件处理函数闭包

8.5.3　闭包的局限性

闭包的价值是方便在表达式运算过程中存储数据。但是，它的缺点也不容忽视。

- 由于函数调用后，无法注销调用对象，会占用系统资源，在脚本中大量使用闭包，容易导致内存泄露。解决方法：慎用闭包，不要滥用。
- 由于闭包的作用，其保存的值是动态的，如果处理不当，容易出现异常或错误。下面结合示例进行具体说明。

【示例】设计一个简单的选项卡效果。

HTML 结构如下：

```
<div class="tab_wrap">
    <ul class="tab" id="tab">
        <li id="tab_1" class="hover">Tab1</li>
        <li id="tab_2" class="normal">Tab2</li>
        <li id="tab_3" class="normal">Tab3</li>
    </ul>
    <div class="content" id="content">
        <div id="content_1" class="show"><img src="images/1.jpg" height="200" /></div>
        <div id="content_2" class="none"><img src="images/2.jpg" height="200" /></div>
        <div id="content_3" class="none"><img src="images/3.jpg" height="200" /></div>
    </div>
```

```
</div>
```

CSS 样式代码就不再细说，读者可以参考本节示例源码。下面重点看下 JavaScript 脚本。

```
window.onload = function(){
    var tab = document.getElementById("tab").getElementsByTagName("li"),
        content = document.getElementById("content").getElementsByTagName("div");
    for(var i = 0; i < tab.length; i ++ ){
        tab[i].addEventListener("mouseover", function(){
            for(var n = 0; n < tab.length; n ++ ){
                tab[n].className = "normal";
                content[n].className = "none";
            }
            tab[i].className = "hover";
            content[i].className = "show";
        });
    }
}
```

在 load 事件处理函数中，使用 for 语句为每个 li 元素绑定 mouseover 事件；在 mouseover 事件处理函数中重置所有选项卡 li 的类样式，然后设置当前 li 选项卡高亮显示，同时显示对应的内容容器。

但是在浏览器中预览时，会发现浏览器抛出异常。

SCRIPT5007：无法设置未定义或 null 引用的属性"className"

在 mouseover 事件处理函数中跟踪变量 i 的值，i 的值都变为了 3，tab[3]自然是一个 null，所以也不能够读取 className 属性。

【原因分析】

上面 JavaScript 代码是一个典型的嵌套函数结构。外部函数为 load 事件处理函数，内部函数为 mouseover 事件处理函数，变量 i 为外部函数的私有变量。

通过事件绑定，mouseover 事件处理函数被外界引用（li 元素），这样就形成了一个闭包体。虽然在 for 语句中为每个选项卡 li 分别绑定事件处理函数，但是这个操作是动态的，因此 tab[i]中 i 的值也是动态的，所以就出现了上述异常。

【解决方法】

解决闭包的缺陷，最简单的方法是阻断内部函数对外部函数的变量引用，这样就形成不了闭包体。针对本节示例，我们可以在内部函数（mouseover 事件处理函数）外边增加一层防火墙，不让其直接引用外部变量。

```
window.onload = function(){
    var tab = document.getElementById("tab").getElementsByTagName("li"),
        content = document.getElementById("content").getElementsByTagName("div");
    for(var i = 0; i < tab.length; i ++ ){
        (function(j){
            tab[j].addEventListener("mouseover", function(){
                for(var n = 0; n < tab.length; n ++ ){
                    tab[n].className = "normal";
                    content[n].className = "none";
                }
                tab[j].className = "hover";
                content[j].className = "show";
            });
        })(i);
    }
}
```

在 for 语句中，直接调用匿名函数，把外部函数的 i 变量传给调用函数，在调用函数中接收这个值，而不是引用外部变量 i，规避了闭包体带来的困惑。最终效果如图 8.3 所示。

图 8.3　Tab 选项卡效果

8.6　函数式运算

函数式编程有两种最基本的运算：compose（函数合成）和 curry（柯里化）。

8.6.1　函数合成

【问题提出】

在函数式编程中，经常见到如下表达式运算。

```
a(b(c(x)));
```

这是"包菜式"多层函数调用，但不是很优雅。为了解决函数多层调用的嵌套问题，我们需要用到函数合成。其语法格式如下：

```
var f = compose(a, b, c);              //合成函数
f(x);
```

例如：

```
var compose = function (f, g) {        //两个函数合成
    return function (x) {
        return f(g(x));
    };
};
var add = function (x) { return x + 1;}    //加法运算
var mul = function (x) { return x * 5;}    //乘法运算
compose(mul, add)(2);                  //合并加法运算和乘法运算，返回15
```

在上面代码中，compose 函数的作用就是组合函数，将函数串联起来执行，一个函数的输出结果是另一个函数的输入参数，一旦第 1 个函数开始执行，就会像多米诺骨牌一样推导执行了。

🚗 注意：

使用 compose 要注意以下 3 点。
- ➷ compose 的参数是函数，返回的也是一个函数。
- ➷ 除了初始函数（最右侧的一个）外，其他函数的接收参数都是上一个函数的返回值，所以初始函数的参数可以是多元的，而其他函数的接收值是一元的。
- ➷ compose 函数可以接收任意的参数，所有的参数都是函数，且执行方向为自右向左。初始函数一定要放到参数的最右侧。

【实现代码】

下面来完善 compose 实现，实现无限函数合成。

【设计思路】

既然函数以多米诺骨牌式执行，那么可以使用递归或迭代，在函数体内不断地执行 arguments 中的函数，将上一个函数的执行结果作为下一个执行函数的输入参数。

```javascript
//函数合成，从右到左合成函数
var compose = function() {
    var _arguments = arguments;                    //缓存外层参数
    var length = _arguments.length;                //缓存长度
    var index = length;                            //定义游标变量
    //检测参数，如果存在非函数参数，则抛出异常
    while (index--) {
        if (typeof _arguments[index] !== 'function') {
            throw new TypeError('参数必须为函数!');
        }
    }
    return function() {
        var index = length-1;                      //定位到最后一个参数下标
        //如果存在两个及以上参数，则调用最后一个参数函数，并传入内层参数；否则直接返回第 1 个参数函数
        var result = length ? _arguments[index].apply(this, arguments) : arguments[0];
        //迭代参数函数
        while ( index-- ) {
            //把右侧函数的执行结果作为参数传给左侧参数函数，并调用
            result = _arguments[index].call(this, result);
        }
        return result;                             //返回最左侧参数函数的执行结果
    }
}
//反向函数合成，即从左到右合成函数
var composeLeft = function() {
    return compose.apply(null, [].reverse.call(arguments));
}
```

【应用代码】

在上面实现代码中，compose 实现是从右到左进行合成，也提供了从左到右的合成，即 composeLeft，同时在 compose 体内添加了一层函数的校验，允许传递一个或多个参数。

```javascript
var add = function (x) { return x + 5;}        //加法运算
var mul = function (x) { return x * 5;}        //乘法运算
var sub = function (x) { return x - 5;}        //减法运算
var div = function (x) { return x / 5;}        //除法运算
var fn = compose(add, mul, sub, div);
console.log(fn(50));                            //返回 30
var fn = compose(add, compose(mul, sub, div));
console.log(fn(50));                            //返回 30
var fn = compose(compose(add, mul), sub, div);
console.log(fn(50));                            //返回 30
```

上面几种组合方式都可以，最后都返回 30。注意，排列顺序要保持一致。

8.6.2　函数柯里化

【问题提出】

函数合成是把多个单一参数函数合成一个多参数函数的运算。例如，a(x)和 b(x)组合为 a(b(x))，则合成为 f(a, b, x)。注意，这里的 a(x)和 b(x)都只能接收一个参数。如果接收多个参数，如 a(x, y)和 b(a, b, c)，那么函数合成就比较麻烦。

这时就要用到函数柯里化。所谓柯里化，就是把一个多参数的函数转化为单一参数函数。有了柯里化运算之后，我们就能做到所有函数只接收一个参数。

【设计思路】

先用传递给函数的一部分参数来调用它，让它返回一个函数，然后再去处理剩下的参数。也就是说，把多参数的函数分解为多步操作的函数，以实现每次调用函数时，仅需要传递更少或单个参数。例如，下面是一个简单的求和函数 add()。

```
var add = function (x, y) {
    return x + y;
}
```

每次调动 add()，需要同时传入两个参数。如果希望每次仅传入一个参数，可以这样进行柯里化。

```
var add = function (x) {                    //柯里化
    return function (y) {
        return x + y
    }
}
console.log(add(2)(6));                      //8，连续调用
var add1 = add(200);
console.log(add1(2));                        //202，分步调用
```

函数 add 接收一个参数，并返回一个函数，这个返回的函数可以再接收一个参数，并返回两个参数之和。从某种意义上讲，这是一种对参数的"缓存"，是一种非常高效的函数式运算方法。柯里化在 DOM 的回调中非常有用。

【实现代码】

设想 curry 可以接收一个函数，即原始函数，返回的也是一个函数，即柯里化函数。这个返回的柯里化函数在执行的过程中会不断地返回一个存储了传入参数的函数，直到触发了原始函数执行的条件。例如，设计一个 add()函数，计算两个参数之和。

```
var add = function (x, y) {
    return x + y;
}
```

柯里化函数：

```
var curryAdd = curry(add)
```

这个 add 需要两个参数，但是执行 curryAdd 时，可以传入更少的参数。当传入的参数少于 add 需要的参数时，add 函数并不会执行，curryAdd 就会将这个参数记录下来，并且返回另外一个函数，这个函数可以继续执行传入参数。如果传入参数的总数等于 add 所需参数的总数，则执行原始参数，返回想要的结果。如果没有参数限制，最后根据空的小括号作为执行原始参数的条件，返回运算结果。

curry 实现的封装代码如下：

```
//柯里化函数
function curry(fn) {
    var _argLen = fn.length;                 //记录原始函数的形参个数
    var _args = [].slice.call(arguments,1); //把传入的第 2 个及以后参数转换为数组
```

```
function wrap() {                                    //curry 函数
    //把当前参数转换为数组，与前面参数进行合并
    _args = _args.concat([].slice.call(arguments));
    function act() {                                 //参数处理函数
        //把当前参数转换为数组，与前面参数进行合并
        _args = _args.concat([].slice.call(arguments));
        //如果传入参数总和大于等于原始参数的个数，触发执行条件
        if ( (_argLen == 0 && arguments.length == 0) ||
            (_argLen > 0 && _args.length >= _argLen) ) {
            //执行原始函数，并把每次传入参数传入进去，返回执行结果，停止 curry
            return fn.apply(null, _args);
        }
        return arguments.callee;
    }
    //如果传入参数大于等于原始函数的参数个数，即触发了执行条件
    if ( (_argLen == 0 && arguments.length ==0) ||
        (_argLen > 0 && _args.length >= _argLen)) {
        //执行原始函数，并把每次传入参数传入进去，返回执行结果，停止 curry
        return fn.apply(null, _args);
    }
    act.toString = function () {//定义处理函数的字符串表示为原始函数的字符串表示
        return fn.toString();
    }
    return act;                                      //返回处理函数
}
return wrap;                                         //返回 curry 函数
}
```

【应用代码】

➥ 应用函数无形参限制

设计求和函数，没有形参限制，柯里化函数将根据空小括号作为最后调用原始函数的条件。

```
//求和函数，参数不限
var add= function () {//把参数转换为数组，然后调用数组的 reduce 方法
    //迭代所有参数值，返回最后汇总的值
    return [].slice.call(arguments).reduce(function (a, b) {
        //如果元素的值为数值，则参与求和运算，否则设置为 0，跳过非数字的值
        return (typeof a == "number" ? a : 0) + (typeof b == "number" ? b : 0);
    })
}
//柯里化函数
var curried = curry(add);
console.log(curried(1)(2)(3)());                     //6
var curried = curry(add);
console.log(curried(1, 2, 3)(4)());                  //10
var curried = curry(add,1);
console.log(curried(1, 2)(3)(3)());                  //10
var curried = curry(add,1,5);
console.log(curried(1, 2, 3, 4)(5)());               //21
```

➥ 应用函数有形参限制

设计求和函数，返回 3 个参数之和。

```
var add = function (a,b,c) {                          //求和函数，3 个参数之和
    return a+b+c;
}
```

```
//柯里化函数
var curried = curry(add,2)
console.log(curried(1)(2));                    //5
var curried = curry(add,2,1)
console.log(curried(2));                        //5
var curried = curry(add)
console.log(curried(1)(2)(6));                  //9
var curried = curry(add)
console.log(curried(1, 2, 6));                  //9
```

📢 提示：

curry 函数的设计不是固定的，可以根据具体应用场景灵活定制。curry 主要有 3 个作用：缓存参数、暂缓函数执行、分解执行任务。

8.7 高 阶 函 数

高阶函数也称算子（运算符）或泛函。作为函数式编程最显著的特征，高阶函数是对函数运算进行进一步的抽象。高阶函数的形式应至少满足下列条件之一：

❥ 函数可以作为参数被传入，也称为回调函数，如函数合成运算。

❥ 可以返回函数作为输出，如函数柯里化运算。

下面结合不同的应用场景，介绍高阶函数的常规应用。

8.7.1 回调函数

把函数作为值传入另一个函数，当传入函数被调用时，就称为回调函数，即异步调用已绑定的函数。例如，事件处理函数、定时器中的回调函数、异步请求中的回调函数、replace 方法中的替换函数、数组迭代中的回调函数（sort、map、forEach、filter、some、every、reduce 和 reduceRight 等），都是回调函数的不同应用形式。这些回调函数将结合各章具体的知识点进行介绍，这里不再赘述。下面仅举两个示例，演示回调函数的应用。

【示例 1】下面代码根据日期对对象进行排序。

```
//声明 3 个对象，每个对象都有属性 id 和 date
var a  = {id:1, date:new Date(2019,3,12)},
   b  = {id:2, date:new Date(2019,1,14)},
   c  = {id:3, date:new Date(2019,2,26)};
var arr = [a, b, c];                    //存入 arr 数组中
arr.sort(function(x,y){
    return x.date-y.date;
});                                      //按日期进行排序
for(var i=0; i<arr.length; i++){
    console.log(arr[i].id + " " + arr[i].date.toLocaleString());
}
```

输出结果：

```
2 2019 年 2 月 14 日 0:00:00
3 2019 年 3 月 26 日 0:00:00
1 2019 年 4 月 12 日 0:00:00
```

在数组排序的时候，会迭代数组每个元素，并逐一调用回调函数 function (x,y) {return x.date-y.date; }。

【示例 2】在第 7 章中曾经介绍过数组的 map 方法，实际上很多函数式编程语言均有此函数。其语

法格式为：map(array, func)。map 表达式将 func 函数作用于 array 的每一个元素，并返回一个新的 array。下面使用 JavaScript 实现 map(array, func)表达式运算。

```javascript
function map(array, func){
    var res = [];
    for(var i in array) {
        res.push(func(array[i]));
    }
    return res;
}
console.log( map([1, 3, 5, 7, 8], function(n){  //返回元素值的平方
    return n*n;
}));                                             //1, 9, 25, 49, 64
console.log( map(["one", "two", "three", "four"], function(item) {//返回首字母大写
    return  item[0].toUpperCase() + item.slice(1).toLowerCase();
}));                                             //One, Two, Three, Four
```

两次调用 map，却得到了截然不同的结果，是因为 map 的参数本身已经进行了一次抽象，map 函数做的是第二次抽象。注意：高阶的"阶"可以理解为抽象的层次。

8.7.2 单例模式

下面将针对高阶函数返回函数的不同应用场景分节进行介绍，本节重点介绍单例模式。

单例就是保证一个类只有一个实例。实现方法：先判断实例是否存在，如果存在则直接返回，否则就创建实例再返回。

单例模式可以确保一个类型只有一个实例对象。在 JavaScript 中，单例可以作为一个命名空间，提供一个唯一的访问点来访问该对象。单例模式封装代码如下：

```javascript
var getSingle = function(fn) {
    var ret;
    return function() {
        return ret || (ret = fn.apply(this, arguments));
    };
};
```

【示例1】在脚本中定义 XMLHttpRequest 对象。由于一个页面可能需要多次创建异步请求对象，使用单例模式封装之后，就不用重复创建实例对象，共用一个即可。

```javascript
function XHR(){                          //定义 XMLHttpRequest 对象
    return new XMLHttpRequest();
}
var xhr = getSingle(XHR);               //封装 XHR 实例
var a = xhr();                          //实例1
var b = xhr();                          //实例2
console.log(a===b);                     //true，说明两个实例实际上相同
```

【示例2】可以限定函数仅能调用一次，避免重复调用，这在事件处理函数中非常有用。

```javascript
<button>仅能点击一次</button>
<script>
function getSingle(fn) {                 //封装单例模式
    var ret;
    return function() {
        return ret || (ret = fn.apply(this, arguments));
    };
```

```
};
var f = function(){console.log(this.nodeName);}//事件处理函数
document.getElementsByTagName("button")[0].onclick = getSingle(f);
</script>
```

8.7.3 实现 AOP

AOP（面向切面编程）就是把一些与业务逻辑模块无关的功能抽离出来，如日志统计、安全控制、异常处理等，然后通过"动态织入"的方式掺入业务逻辑模块中。这样设计的好处是：首先可以保证业务逻辑模块的纯净和高内聚性；其次可以方便地复用日志统计等功能模块。

【示例】在 JavaScript 中实现 AOP，一般是把一个函数"动态织入"到另外一个函数中。具体的实现方法有很多，下面通过扩展 Function.prototype 方法实现 AOP。

```
Function.prototype.before = function(beforefn) {
    var __self = this;                          //保存原函数的引用
    return function() {                         //返回包含了原函数和新函数的"代理"函数
        beforefn.apply(this, arguments);        //执行新函数，修正this
        return __self.apply(this, arguments);   //执行原函数
    }
};
Function.prototype.after = function(afterfn) {
    var __self = this;                          //保存原函数的引用
    return function() {                         //返回包含了原函数和新函数的"代理"函数
        var ret = __self.apply(this,arguments); //执行原函数
        afterfn.apply(this, arguments);         //执行新函数，修正this
        return ret;
    }
};
var func = function() {
    console.log(2);
};
func = func.before(function() {
    console.log(1);
}).after(function() {
    console.log(3);
});
func();                                         //按顺序输出 1，2，3
```

8.7.4 函数节流

函数节流就是降低函数被调用的频率，主要是针对 DOM 事件暴露出的问题提出的一种解决方案。例如，使用 resize、mousemove、mouseover、mouseout、keydown、keyup 等事件，都会频繁地触发事件。如果这些事件的处理函数中包含大量耗时操作，如 Ajax 请求、数据库查询、DOM 遍历等，则可能会让浏览器崩溃，严重影响用户体验。

例如，在大型网店平台的导航栏中，为了减轻 mouseover 和 mouseout 移动过快给浏览器处理带来的负担，特别是减轻涉及 Ajax 调用给服务器造成的极大负担，都会进行函数节流处理。

【设计思想】

让代码在间断的情况下重复执行。

【实现方法】

使用定时器对函数进行节流。

【实现代码】

```
//函数节流封装代码，参数 method 表示要执行的函数，delay 表示要延迟的时间，单位为毫秒
function throttle(method,delay){
    var timer=null;                            //定时器句柄
    return function(){                         //返回节流函数
        var context=this, args=arguments;      //上下文环境和参数对象
        clearTimeout(timer);                   //先清理未执行的函数
        timer=setTimeout(function(){           //重新定义定时器，记录新的定时器句柄
            method.apply(context,args);        //执行预设的函数
        },delay);
    }
}
```

【应用代码】

设计文本框的 keyup 事件和窗口的 resize 事件，在浏览器中拖动窗口，或者在文本框中输入字符，然后在控制台查看事件响应次数和速度。

```
<input id="search" type="text" name="search">
<script>
    function queryData(text){console.log("搜索: " + text);}
    var input = document.getElementById("search");
    input.addEventListener("keyup", function(event){queryData(this.value);});
    var n=0;                            //记录响应次数
    function f(){console.log("响应次数: " + ++n);}
    window.onresize=f;
</script>
```

通过观察可以发现，在拖动改变窗口的一瞬间，resize 事件响应了几十次。如果在文本框中输入字符，keyup 事件会立即响应，等不到用户输入完一个单词。

下面使用 throttle() 封装函数，把上面的事件处理函数转换为节流函数，同时设置延迟时间为 500 毫秒。

```
input.addEventListener("keyup", function(event){
    throttle(queryData, 500)(this.value);
});
window.onresize=throttle(f, 500);
```

重新进行测试，会发现拖动一次窗口改变大小，仅响应一次，而在文本框中输入字符时，也不会立即响应，等了半秒钟后，才显示输入的字符。

◁» 提示：

完整示例请参考本节示例源码。

8.7.5　分时函数

分时函数与函数节流的设计思路相近，但应用场景略有不同。当批量操作影响到页面性能时，如一次往页面中添加大量 DOM 节点，显然会给浏览器渲染带来影响，极端情况下可能会出现卡顿或假死等现象。

【设计思路】

把批量操作分批处理，如把 1 秒钟创建 1000 个节点，改为每隔 200 毫秒创建 100 个节点等。

【实现代码】

```javascript
var timeChunk = function(ary, fn, count) {
    var t;
    var start = function() {
        for ( var i = 0; i < Math.min( count || 1, ary.length ); i++ ){
            var obj = ary.shift();
            fn( obj );
        }
    };
    return function() {
        t = setInterval(function() {
            if (ary.length === 0) {              //如果全部节点都已经被创建好
                return clearInterval(t);
            }
            start();
        }, 200);                                 //分批执行的时间间隔，也可以用参数的形式传入
    };
};
```

　　timeChunk 函数接收 3 个参数，第 1 个参数表示批量操作时需要用到的数据，第 2 个参数封装了批量操作的逻辑函数，第 3 个参数表示分批操作的数量。

【应用代码】

　　下面在页面中插入 10000 个 span 元素，由于数量巨大，这里使用分时函数进行分批操作。

```javascript
var arr = [];
for(var i=1; i <= 10000;i++){
    var span = document.createElement("span");
    span.style.padding = "6px 12px";
    span.innerHTML = i;
    arr.push(span);
}
var fn = function(obj){
    document.body.appendChild(obj);
}
timeChunk(arr, fn, 100) ();
```

8.7.6　惰性载入函数

　　惰性载入就是当第 1 次根据条件执行函数后，第 2 次调用函数时，就不再检测条件，直接执行函数。

【问题由来】

　　由于浏览器之间的行为差异，很多脚本会包含大量的条件检测，通过条件决定不同行为的浏览器执行不同的代码。

【设计思路】

　　第 1 步，当函数第 1 次被调用的时候，执行一次条件检测。

　　第 2 步，在第 1 次调用的过程中，使用另外一个根据条件检测，按合适方式执行的函数，覆盖掉第 1 次调用的函数。

第3步,当再次调用该函数时,不再是原来的函数,而是直接调用被覆盖后的函数,这样就不用再次执行条件检测了。

【示例】在注册事件处理函数时,经常需要考虑浏览器的事件模型。先要检测当前浏览器是 DOM 模型,还是 IE 的事件模型,然后调用不同的方法进行注册。

```javascript
var addEvent = function(element, type, handle) {
    if(element.addEventListener){
        element.addEventListener(type, handle, false);
    }else{
        element.attachEvent("on" + type, handle);
    }
}
addEvent(document, "mousemove", function(){
    console.log("移动鼠标: " + (( this.n)?(++this.n ):(this.n = 1)));
})
addEvent(window, "resize", function(){
    console.log("改变窗口大小: " + (( this.n)?(++this.n ):(this.n = 1)));
})
```

如此简单的条件检测,如果在高频、巨量的操作中,每次调用 addEvent()方法都需要做一次条件检测,无疑是不经济的。下面使用惰性载入方法,重写 addEvent()函数。

```javascript
var addEvent = function(element, type, handle) {
    //先检测浏览器,然后把合适的操作函数覆盖掉当前 addEvent()
    addEvent = element.addEventListener ? function(element, type, handle) {
        element.addEventListener(type, handle, false);
    } : function(element, type, handle) {
        element.attachEvent("on" + type, handle);
    };
    //在第一次执行 addEvent 函数时,修改了 addEvent 函数之后,必须执行一次
    addEvent(element, type, handle);
}
```

在上面代码中,当第 1 次调用 addEvent()函数时做一次条件检测;然后根据浏览器选择相应的事件注册方法,同时把这个操作封装在一个匿名函数中;接着使用该函数覆盖掉 addEvent()函数;最后执行第 1 次事件注册操作。这样,当第 2 次开始再次注册事件时,就不需要做条件检测了。

8.7.7 分支函数

分支函数与惰性载入函数都是解决条件检测的问题。分支函数类似面向对象编程的接口,对外提供相同的操作接口,内部实现则会根据不同的条件执行不同的操作。分支函数与惰性载入函数在设计原理上是非常相近的,只是在代码实现方面略有差异。

【示例】使用分支函数解决浏览器兼容性的重复判断。解决浏览器兼容性的一般方法是使用 if 语句进行特性检测或能力检测,然后根据浏览器的不同,实现功能上的兼容。这样做的问题是,每执行一次代码,可能都需要进行一次浏览器兼容性方面的检测,这是没有必要的。

分支函数的设计思路:在代码初始化执行的时候检测浏览器的兼容性,在之后的代码执行过程中,就不再进行检测。

下面声明一个 XMLHttpRequest 实例对象。

```javascript
var XHR = function() {
    var standard = {
        createXHR : function() {
```

```
            return new XMLHttpRequest();
        }
    }
    var newActionXObject = {
        createXHR : function() {
            return new ActionXObject("Msxml2.XMLHTTP");
        }
    }
    var oldActionXObject = {
        createXHR : function() {
            return new ActionXObject("Microsoft.XMLHTTP");
        }
    }
    if(standard.createXHR()) {
        return standard;
    } else {
        try {
            newActionXObject.createXHR();
            return newActionXObject;
        } catch(o) {
            oldActionXObject.createXHR();
            return oldActionXObject;
        }
    }
}();
var xhr = XHR.createXHR();                    //创建 XMLHttpRequest 实例对象
```

　　在代码初始化执行之后，XHR 被初始化为一个对象，拥有 createXHR()方法，该方法的实现已经在初始化阶段根据当前浏览器选择了合适的方法，当调用 XHR.createXHR()方法创建 XMLHttpRequest 实例对象时，就不再去检测浏览器的兼容性问题。

8.7.8　偏函数

　　偏函数是函数柯里化运算的一种特定应用场景。简单描述，就是把一个函数的某些参数先固化，也就是设置默认值，返回一个新的函数，在新函数中继续接收剩余参数，这样调用这个新函数会更简单。

【示例 1】下面是一个类型检测函数，接收两个参数，第 1 个表示类型字符串，第 2 个表示检测的数据。

```
var isType=function(type, obj){
    return Object.prototype.toString.call(obj)=='[object ' + type+ ']';
}
```

该函数包含两个设置参数，使用时比较烦琐。一般常按以下方式进行设计。

```
var isString=function(obj){
    return Object.prototype.toString.call(obj)=='[object String]';
};
var isFunction=function(obj){
    return Object.prototype.toString.call(obj)=='[object Function]';
};
```

　　函数接收的参数单一，检测的功能也单一和明确，这样更便于在表达式运算中有针对性地调用。下面对 isType()函数进行扁平化设计，代码如下：

```
var isType=function(type){                      //偏函数
    return function(obj){
        return Object.prototype.toString.call(obj)=='[object ' + type+ ']';
    }
}
```

然后根据偏函数获取不同类型检测函数。

```
var isString = isType("String");                //专一功能检测函数，检测字符串
var isFunction = isType("Function");            //专一功能检测函数，检测函数
```

应用代码如下：

```
console.log(isString("12"));                    //true
console.log(isFunction(function(){}));          //true
console.log(isFunction({}));                    //false
```

【示例 2】下面示例设计一个 wrap()偏函数，该函数的主要功能是产生一个 HTML 包裹函数，即样式标签。

```
function wrap(tag) {
    var stag = '<' + tag + '>';
    var etag = '</' + tag.replace(/s.*/, '') + '>';
    return function(x) {
        return stag + x + etag;
    }
}
var b = wrap('b');
document.write(b('粗体字'));
var i = wrap('i');
document.write(i('斜体字'));
var u = wrap('u');
document.write(u('下划线字'));
```

8.7.9　泛型函数

JavaScript 具有动态类型语言的部分特点，如用户不用关心一个对象是否拥有某个方法，一个对象也不限于只能使用自己的方法——使用 call 或 apply 动态调用，可以使用其他对象的方法。这样该方法中的 this 就不再局限于原对象，而是被泛化，从而得到更广泛的应用。

泛型函数（Uncurry）的设计目的是：将泛化 this 的过程提取出来，将 fn.call 或 fn.apply 抽象成通用的函数。

【实现代码】

```
Function.prototype.uncurry = function() {   //泛型函数
    var self = this;
    return function() {
        return Function.prototype.apply.apply(self, arguments);
    }
};
```

【应用代码】

下面将 Array.prototype.push 原型方法进行泛化，此时 push 函数的作用与 Array.prototype.push 一样，但不局限于操作 Array 对象，还可以操作 Object 对象。

```
//泛化 Array.prototype.push
var push = Array.prototype.push.uncurry();
var obj = {};
```

```
push(obj, [3, 4, 5]);                           //可以把数组转换为类数组
for(var i in obj)
    console.log(i);                             //输出类数组：{0: 3, 1: 4, 2: 5, length: 3}
```

【逆向解析】

简单逆向分析一下泛型函数的设计思路。

首先，调用 push(obj, [3, 4, 5]);，等效于以下原始动态调用的方法。

```
Array.prototype.push.apply(obj, [3, 4, 5]);
```

其次，调用 Array.prototype.push.uncurry();泛型化后，实际上 push()就是以下函数。

```
push = function(){
    return Function.prototype.apply.apply(Array.prototype.push, arguments);
}
```

最后，调用 push(obj, [3, 4, 5]);，代码进行以下逻辑转换。

```
Array.prototype.push.(Function.prototype.apply)(obj, [3, 4, 5]);
```

即为：

```
Array.prototype.push.apply(obj, [3, 4, 5]);
```

实际上，上面代码使用了两个 apply 动态调用，实现逻辑思路的两次翻转。

8.7.10 类型检测

在第 2 章中曾经介绍过利用 toString()方法封装 typeOf()函数，以便检测值的类型。本节利用 JavaScript 高阶函数特性来重新设计 typeOf()函数，并提供单项类型判断函数。

【实现代码】

```
function typeOf(obj){                           //类型检测函数，返回字符串表示
    var str = Object.prototype.toString.call(obj);
    return str.match(/\[object (.*?)\]/)[1].toLowerCase();
};
['Null', 'Undefined', 'Object', 'Array', 'String', 'Number', 'Boolean', 'Function',
'RegExp'].forEach(function (t) {                 //类型判断，返回布尔值
    typeOf['is' + t] = function (o) {
        return typeOf(o) === t.toLowerCase();
    };
});
```

【应用代码】

```
//类型检测
console.log( typeOf({}) );                       //"object"
console.log( typeOf([]) );                       //"array"
console.log( typeOf(0) );                        //"number"
console.log( typeOf(null) );                     //"null"
console.log( typeOf(undefined) );                //"undefined"
console.log( typeOf(//) );                       //"regex"
console.log( typeOf(new Date()) );               //"date"
//类型判断
console.log( typeOf.isObject({}) );              //true
console.log( typeOf.isNumber(NaN) );             //true
console.log( typeOf.isRegExp(true) );            //false
```

8.8 递 归 函 数

递归就是调用自身的一种编程技巧，在程序设计中应用广泛。递归函数就是函数对自身的调用，是循环运算的一种算法模式。

8.8.1 递归运算

递归必须由以下两部分组成。

➘ 递归调用的过程。

➘ 递归终止的条件。

在没有限制的情况下，递归运算会无终止地自身调用。因此，在递归运算中要结合 if 语句进行控制，只有在某个条件成立时才允许执行递归，否则不允许调用自身。

递归运算的应用场景如下。

1. 求解递归问题

主要解决一些数学运算，如阶乘函数、幂函数和斐波那契数列。

【示例 1】下面示例使用递归运算来设计阶乘函数。

```
var f = function( x ){
    if ( x < 2 )  return 1;                  //递归终止条件
    else  return x * f( x - 1 );             //递归调用过程
}
console.log( f( 5 ) );                       //返回 5 的阶乘值为 120
```

在这个过程中，利用分支结构把递归结束条件和递归运算分开。

2. 解析递归型数据结构

很多数据结构都具有递归特性，如 DOM 文档树、多级目录结构、多级导航菜单、家族谱系结构等。对于这类数据结构，使用递归算法进行遍历比较合适。

【示例 2】下面使用递归运算计算指定节点内所包含的全部节点数。

```
function f( n ){                              //统计指定节点及其所有子节点的元素个数
    var l = 0;                                //初始化计数变量
    if( n.nodeType == 1 ) l ++;              //如果是元素节点，则计数
    var child = n.childNodes;                 //获取子节点集合
    for( var i = 0; i < child.length; i ++ ){    //遍历所有子节点
        l += f( child[i] );                   //递归运算，统计当前节点下所有子节点数
    }
    return l;                                 //返回节点数
}
window.onload = function(){
    console.log( f( document.body ) )         //返回 2，即 body 和 script 两个节点
}
```

3. 适合使用递归法解决问题

有些问题最适合采用递归的方法求解，如汉诺塔问题。

【示例 3】下面使用递归运算设计汉诺塔演示函数。参数说明：n 表示金片数；a、b、c 表示柱子，注意排列顺序。返回说明：当指定金片数，以及柱子名称，将输出整个移动的过程。

```
function f( n, a, b, c ){
    if( n == 1 )                              //当为 1 片时，直接移动
        document.write("移动 【盘子"+n+"】 从 【"+ a + "柱】 到 【" + c + "柱】<br>");
                                              //直接让参数 a 移给 c
    else{
        f( n - 1, a, c, b );                  //调整参数顺序，让参数 a 移给 b
        document.write("移动 【盘子"+n+"】 从 【" + a + "柱】 到 【" + c + "柱】<br>");
```

```
        f( n - 1, b, a, c );                      //调整参数顺序，让参数 b 移给 c
    }
}
f( 3, "A", "B", "C" );                            //调用汉诺塔函数
```

运行结果如下：

```
移动 【盘子1】 从 【A柱】 到 【C柱】
移动 【盘子2】 从 【A柱】 到 【B柱】
移动 【盘子1】 从 【C柱】 到 【B柱】
移动 【盘子3】 从 【A柱】 到 【C柱】
移动 【盘子1】 从 【B柱】 到 【A柱】
移动 【盘子2】 从 【B柱】 到 【C柱】
移动 【盘子1】 从 【A柱】 到 【C柱】
```

8.8.2　尾递归

尾递归是递归的一种优化算法，递归函数执行时会形成一个调用记录，当子一层的函数代码执行完成之后，父一层的函数才会销毁调用记录，这样就形成了调用栈，栈的叠加可能会产生内存溢出。而尾递归函数的每子一层函数不再需要使用父一层的函数变量，所以当父一层的函数执行完毕就会销毁栈记录，避免了内存溢出，节省了内存空间。

【示例】下面是阶乘的一种普通线性递归运算。

```
function f( n ){
    return ( n == 1 ) ? 1 : n * f( n - 1 );
}
console.log(f(5));                                //120
```

使用尾递归算法后，则可以使用以下方法。

```
function f( n, a ){
    return( n == 1 ) ? a : f( n - 1, a * n );
}
console.log( f(5 , 1) );                          //120
```

当 n = 5 时，线性递归的递归过程如下。

```
f(5) = {5 * f(4)}
     = {5 * {4 * f(3)}}
     = {5 * {4 * {3 * f(2)}}}
     = {5 * {4 * {3 * {2 * f(1)}}}}
     = {5 * {4 * {3 * {2 * 1}}}}
     = {5 * {4 * {3 * 2}}}
     = {5 * {4 * 6}}
     = {5 * 24}
     = 120
```

而尾递归的递归过程如下。

```
f(5) = f(5, 1)
     = f(4, 5)
     = f(3, 20)
     = f(2, 60)
     = f(1, 120)
     = 120
```

很容易看出，普通递归比尾递归更加消耗资源，每次重复的过程调用都使得调用链条不断加长，系统不得不使用栈进行数据保存和恢复，而尾递归就不存在这样的问题，因为它的状态完全由变量 n 和 a 保存。

🔊 提示：

从理论上分析，尾递归也是递归的一种类型，不过其算法具有迭代算法的特征。上面的阶乘尾递归可以改写为下面的迭代循环。

```
var n = 5
var w = 1;
for( var i = 1; i <= 5; i ++ ){
    w = w * i;
}
console.log( w );
```

尾递归由于直接返回值，不需要保存临时变量，所以性能不会产生线性增加，同时 JavaScript 引擎会将尾递归形式优化成非递归形式。

8.8.3　递归与迭代

递归和迭代都是循环的一种，简单比较如下。

➥ 在程序结构上，递归是重复调用函数自身实现循环，迭代是通过循环结构实现。

➥ 在结束方式上，递归当满足终止条件时会逐层返回再结束，迭代直接使用计数器结束循环。

➥ 在执行效率上，迭代的效率明显高于递归。因为递归需要占用大量系统资源，如果递归深度很大，系统资源可能会不够用。

➥ 在编程实现上，递归可以很方便地把数学公式转换为程序，易理解，易编程。迭代虽然效率高，不需要系统开销，但不容易理解，编写复杂问题时比较麻烦。

🚗 注意：

在实际应用中，能不用递归就不用递归，递归都可以用迭代来代替。

【示例】下面以斐波那契数列为例进行说明。

斐波那契数列就是一组数字，从第 3 项开始，每一项都等于前两项之和。例如：

1、1、2、3、5、8、13、21、34、55、89、144、233、377、610、987、1597、2584、4181

使用递归函数计算斐波那契数列，其中最前面的两个数字是 0 和 1。

```
var fibonacci = function(n) {
    return n < 2 ? n : fibonacci(n - 1) + fibonacci(n - 2);
};
console.log(fibonacci(19))                    //4181
```

尝试传入更大的数字，会发现递归运算的次数加倍递增，速度加倍递减，返回值加倍放大。如果尝试计算 100 的斐波那契数列，则浏览器基本瘫痪。

下面使用迭代算法来设计斐波那契数列，代码如下（测试瞬间完成，基本没有任何延迟）：

```
var fibonacci = function(n) {
    var a=[0,1];                      //记录数列的数组，第 1、2 个元素值确定
    for(var i=2; i<=n; i++){          //从第 3 个数字开始循环
        a.push( a[i-2] + a[i-1] );    //计算新数字，并推入数组
    }
    return a[n];                      //返回指定位数的数列结果
};
console.log(fibonacci(19))                    //4181
```

下面使用 JavaScript 高阶函数进行设计，把斐波那契数列函数封装在一个闭包体内，然后返回斐波那契数列函数。在闭包内使用 memo 数组持久记录每级斐波那契数列函数的求值结果。在下一次求值之前，先在数组中检索是否存在同级（数列的个数，数组的下标位置）计算结果，如果存在，则直接返回，

避免重复行计算；如果没有找到结果，则调用斐波那契数列函数进行求和。实现代码如下：

```javascript
var fibonacci = ( function() {
    var memo = [0, 1];
    var fib = function(n) {
        var result = memo[n];
        if( typeof result !== 'number') {
            result = fib(n - 1) + fib(n - 2);
            memo[n] = result;
        }
        return result;
    };
    return fib;
}());
console.log(fibonacci(100));                    //354224848179262000000
```

在浏览器中测试，可以看到，求 100 的斐波那契数列基本上不会延迟。

8.9　在　线　学　习

本节为线上继续学习入口，通过扫码读者可以进行巩固练习、补充知识、获取参考资料、拓展阅读。

第9章 使用对象

在 JavaScript 中，对象是一个泛化的概念，任何值都可以转换为对象，以对象的方式进行使用，如数字对象、布尔值对象、字符串对象、类型对象、函数对象、数组对象等，它们都继承 Object 类型对象，拥有共同的基本属性和方法。此外，JavaScript 也允许自定义对象。从狭义的概念来分析，对象（Object）是最基本的数据类型，是复合型的结构、引用型的数据，它是无序数据集合，对象中每个成员被称为属性。

【学习重点】
❯ 定义对象。
❯ 访问对象。
❯ 使用对象属性。
❯ 使用内置对象。

9.1 定义对象

在 JavaScript 中定义对象的方法有 3 种，简单介绍如下。

9.1.1 构造对象

使用 new 运算符调用构造函数，可以构造一个实例对象。具体用法如下。

```
var objectName = new functionName(args);
```

参数说明如下。

❯ objectName：返回的实例对象。

❯ functionName：构造函数，与普通函数基本相同，但是不需要 return 返回值，返回实例对象，在函数内可以使用 this 预先访问。

❯ args：实例对象初始化配置参数列表。

【示例】下面示例使用不同类型的构造函数定义各种实例。

```
var o = new Object();                      //定义一个空对象
var a = new Array();                       //定义一个空数组
var f = new Function();                    //定义一个空函数
```

9.1.2 对象直接量

使用直接量可以快速定义对象，也是最高效、最简便的方法。具体用法如下。

```
var objectName = {
    属性名1 : 属性值1,
    属性名2 : 属性值2,
    …
    属性名n : 属性值n
};
```

在对象直接量中，属性名与属性值之间通过冒号进行分隔，属性值可以是任意类型的数据，属性名可以是 JavaScript 标识符，或者是字符串型表达式。属性与属性之间通过逗号进行分隔，最后一个属性末尾不需要逗号。

【示例 1】下面代码使用对象直接量定义两个对象。

```
var o = {                               //对象直接量
   a : 1,                               //定义属性
   b : true                             //定义属性
}
var o1 = {                              //对象直接量
   "a" : 1,                             //定义属性
   "b" : true                           //定义属性
}
```

【示例 2】属性值可以是任意类型的值。如果属性值是函数，则该属性也称为方法。

```
var o = {                               //对象直接量
   a : function(){                      //定义方法
      return 1;
   }
}
```

【示例 3】如果属性值是对象，可以设计嵌套结构的对象。

```
var o = {                               //对象直接量
   a : {                                //嵌套对象
      b:1
   }
}
```

【示例 4】如果不包含任何属性，则可以定义一个空对象。

```
var o = { }                             //定义一个空对象直接量
```

9.1.3 使用 Object.create

Object.create 是 ECMAScript 5 新增的一个静态方法，用来定义一个实例对象。该方法可以指定对象的原型和对象特性。具体用法如下。

```
Object.create(prototype, descriptors)
```

参数说明如下。

➥ prototype：必须参数，指定原型对象，可以为 null。

➥ descriptors：可选参数，包含一个或多个属性描述符的 JavaScript 对象。属性描述符包含数据特性和访问器特性，其中数据特性说明如下。

    ↺ value：指定属性值。

    ↺ writable：默认为 false，设置属性值是否可写。

    ↺ enumerable：默认为 false，设置属性是否可枚举（for/in）。

    ↺ configurable：默认为 false，设置是否可修改属性特性和删除属性。

访问器特性包含两个方法，简单说明如下。

    ↺ set()：设置属性值。

    ↺ get()：返回属性值。

【示例 1】下面示例使用 Object.create 定义一个对象，继承 null，包含两个可枚举的属性 size 和 shape，属性值分别为"large"和"round"。

```
var newObj = Object.create(null, {
      size: {                           //属性名
         value: "large",               //属性值
```

```
            enumerable: true            //可以枚举
        },
        shape: {                        //属性名
            value: "round",             //属性值
            enumerable: true            //可以枚举
        }
});
console.log(newObj.size);                //large
console.log(newObj.shape);              //round
console.log(Object.getPrototypeOf(newObj)); //null
```

【示例 2】下面示例使用 Object.create 定义一个与对象直接量具有相同原型的对象。

```
var obj = Object.create(Object.prototype, { //继承 Object.prototype 原型对象
    x: {
        value: undefined,               //属性值
        writable: true,                 //可写
        configurable: true,             //可以配置
        enumerable: true                //可以枚举
    }
});
console.log("obj.prototype = " + Object.getPrototypeOf(obj));
                                        //"obj.prototype = [object Object]"
```

📢 提示：

Object.getPrototypeOf() 函数可获取原始对象的原型。如果要获取对象的属性描述符，可以使用 Object.getOwnPropertyDescriptor()函数。

【示例 3】下面示例定义一个对象，使用访问器属性 b 来读写数据属性 a。

```
var obj = Object.create(Object.prototype, {
    a: {                                //数据属性 a
        writable:true,
        value: "a"
    },
    b: {                                //访问器属性 b
        get: function() {
            return this.a;
        },
        set: function(value) {
            this.a = value;
        }
    }
});
console.log(obj.a);                      //"a"
console.log(obj.b);                      //"a"
obj.b = 20;
console.log(obj.b);                     //20
```

9.2　操作对象

对象是引用型、复合型数据，因此对象的操作主要包括引用、复制、克隆和销毁等。

9.2.1 引用对象

对象是引用型数据，赋值操作实际上就是赋予地址。

【示例】下面示例定义一个对象 obj，然后赋值给 obj1 后，obj 就全等于 obj1，它们都引用同一个对象，也就是说它们的值都是同一个地址。

```
var obj = {                              //定义对象
    x:true,
    y:false
}
var obj1 = obj;                          //引用对象
console.log(obj1 === obj);               //true，说明两个对象相同
console.log(obj1.x);                     //true
console.log(obj.x);                      //true
```

9.2.2 复制对象

复制对象就是利用 for/in 遍历对象，然后把每个对象成员赋值给另一个对象。

【示例】在下面示例中，通过复制操作把 obj 的属性转移给 obj1 对象。

```
var obj = {                              //定义对象
    x:true,
    y:false
}
var obj1 = {};
for(var i in obj){                       //遍历obj对象,把它的所有成员赋值给对象obj1
    obj1[i] = obj[i];
}
console.log(obj1 === obj);               //false，说明两个对象不同
console.log(obj1.x);                     //true
console.log(obj.x);                      //true
```

9.2.3 克隆对象

克隆对象也是一种复制操作，不过它的执行效率更高一些。

【实现方法】

第 1 步，封装一个克隆工具。为 Function 类型扩展一个原型方法。

```
var clone = function(obj){               //对象克隆方法
    function Temp(){};                   //新建空构造函数
    Temp.prototype = obj;                //把参数对象赋值给该构造函数的原型对象
    return new Temp();                   //返回实例化后的对象
}
```

第 2 步，调用工具函数 clone()把 obj 克隆给 obj1。

```
var obj = {                              //定义对象
    x:true,
    y:false
}
var obj1 = {};                           //新的空对象
obj1 = clone(obj);                       //克隆对象
```

第 3 步，检测对象 obj1，其拥有对象 obj 所有属性，但是它们不全等。

```
console.log(obj1 === obj);               //false，说明两个对象不同
```

```
console.log(obj1.x);                        //true
console.log(obj.x);                         //true
```

这里通过直接赋值的方式把一个对象传递给另一个临时构造函数的原型对象，然后实例化类型函数，并返回这个实例对象，它拥有了参数对象的所有成员，但是不再与原参数对象保持联系。

9.2.4　销毁对象

JavaScript 能够自动回收无用存储单元，当一个对象没有被引用时，该对象就被废除了，JavaScript 会自动销毁所有废除的对象。把对象的所有引用都设置为 null，可以强制废除对象。

【示例】当对象不被任何变量引用时，JavaScript 会自动回收对象所占用的资源。

```
var obj = {                                 //定义对象，被变量 obj 引用
    x:true,
    y:false
}
obj = null;                                 //设置为空，废除引用
```

9.3　操 作 属 性

属性也称为名值对，包括属性名和属性值。属性名可以是包含空字符串在内的任意字符串，一个对象中不能存在两个同名的属性。属性值可以是任意类型的数据。

9.3.1　定义属性

1. 直接量定义

在对象直接量中，属性名与属性值之间通过冒号分隔，冒号左侧是属性名，右侧是属性值，名值对（属性）之间通过逗号分隔。

【示例 1】在下面示例中，使用直接量方法定义对象 obj，然后添加了两个成员，一个是属性，另一个是方法。

```
var obj = {                                 //定义对象
    x:1,                                    //属性
    y:function(){                           //方法
        return this.x + this.x;
    }
}
```

2. 点语法定义

【示例 2】通过点语法，可以在构造函数内或者对象外添加属性。

```
var obj = {}                                //定义空对象
obj.x = 1;                                  //定义属性
obj.y = function(){                         //定义方法
    return this.x + this.x;
}
```

3. 使用 Object.defineProperty

使用 Object.defineProperty()函数可以为对象添加属性，或者修改现有属性。如果指定的属性名在对

象中不存在，则执行添加操作；如果在对象中存在同名属性，则执行修改操作。

具体用法如下：

```
Object.defineProperty(object, propertyname, descriptor)
```

参数说明如下。

➢ object：指定要添加或修改属性的对象，可以是 JavaScript 对象或者 DOM 对象。

➢ propertyname：表示属性名的字符串。

➢ descriptor：定义属性的描述符，包括对数据属性或访问器属性。

Object.defineProperty 返回值为已修改的对象。

【示例 3】下面示例先定义一个对象直接量 obj，然后使用 Object.defineProperty()函数为 obj 对象定义属性，属性名为 x，值为 1，可写、可枚举、可修改特性。

```
var obj = {};
Object.defineProperty(obj, "x", {
    value: 1,
    writable: true,
    enumerable: true,
    configurable: true
});
console.log(obj.x);                           //1
```

4. 使用 Object.defineProperties

使用 Object.defineProperties()函数可以一次定义多个属性。具体用法如下：

```
object.defineProperties(object, descriptors)
```

参数说明如下。

➢ object：对其添加或修改属性的对象，可以是本地对象或 DOM 对象。

➢ descriptors：包含一个或多个描述符对象，每个描述符对象描述一个数据属性或访问器属性。

【示例 4】在下面示例中，使用 Object.defineProperties()函数将数据属性和访问器属性添加到对象 obj 上。

```
var obj = {};
Object.defineProperties(obj, {
    x: {                                      //定义属性 x
        value: 1,
        writable: true,                       //可写
    },
    y: {                                      //定义属性 y
        set: function (x) {                   //设置访问器属性
            this.x = x;                       //改写 obj 对象的 x 属性的值
        },
        get: function () {                    //设置访问器属性
            return this.x;                    //获取 obj 对象的 x 属性的值
        },
    }
});
obj.y = 10;
console.log ( obj.x );                        //10
```

9.3.2　读写属性

1. 使用点语法

使用点语法可以快速读写对象属性，点语法左侧是引用对象的变量，右侧是属性名。

【示例1】下面示例定义对象 obj，包含属性 x，然后使用点语法读取属性 x 的值。

```
var obj = {                                //定义对象
    x:1,
}
console.log(obj.x);                        //访问对象属性 x, 返回 1
obj.x = 2;                                 //重写属性值
console.log(obj.x);                        //访问对象属性 x, 返回 2
```

2. 使用中括号语法

从结构上分析，对象与数组相似，因此可以使用中括号来读写对象属性。

【示例2】针对上面示例，可以使用中括号语法读写对象 obj 的属性 x 的值。

```
console.log(obj["x"]);                     //2
obj["x"] = 3;                              //重写属性值
console.log(obj["x"]);                     //3
```

🚗 注意：

（1）在中括号语法中，必须以字符串形式指定属性名，不能使用标识符。
（2）中括号内可以使用字符串，也可以使用字符型表达式，即只要表达式的值为字符串即可。

【示例3】下面示例使用 for/in 遍历对象的可枚举属性，并读取它们的值，然后重写属性值。

```
for(var i in obj){                         //遍历对象
    console.log(obj[i]);                   //读取对象的属性值
    obj[i] = obj[i] + obj[i];              //重写属性值
    console.log(obj[i]);                   //读取修改后属性值
}
```

在上面代码中，中括号中的表达式 i 是一个变量，其返回值为 for/in 遍历对象时枚举的每个属性名。

3. 使用 Object.getOwnPropertyNames

使用 Object.getOwnPropertyNames()函数能够返回指定对象私有属性的名称。私有属性是指用户在本地定义的属性，而不是继承的原型属性。具体用法如下：

```
Object.getOwnPropertyNames(object)
```

参数 object 表示一个对象，返回值为一个数组，其中包含所有私有属性的名称。其中包括可枚举的和不可枚举的属性和方法的名称。如果仅返回可枚举的属性和方法的名称，应该使用 Object.keys()函数。

【示例4】在下面示例中定义一个对象，该对象包含三个属性，然后使用 getOwnPropertyNames 获取该对象的私有属性名称。

```
var obj = { x:1, y:2, z:3 }
var arr = Object.getOwnPropertyNames( obj );
console.log (arr);                         //返回属性名：x,y,z
```

4. 使用 Object.keys

使用 Object.keys()函数仅能获取可枚举的私有属性名称。具体用法如下：

```
Object.keys(object)
```

参数 object 表示指定对象，可以是 JavaScript 对象或 DOM 对象。返回值是一个数组，其中包含对象的可枚举属性名称。

5. Object.getOwnPropertyDescriptor

使用 Object.getOwnPropertyDescriptor()函数能够获取对象属性的描述符。具体用法如下：

```
Object.getOwnPropertyDescriptor(object, propertyname)
```

参数 object 表示指定的对象，propertyname 表示属性的名称。返回值为属性的描述符对象。

【示例5】在下面示例中定义一个对象obj，包含3个属性，然后使用Object.getOwnPropertyDescriptor()函数获取属性 x 的数据属性描述符，并使用该描述符将属性 x 设置为只读。最后，调用 Object.defineProperty()函数，使用数据属性描述符修改属性 x 的特性。遍历修改后的对象，可以发现只读特性 writable 为 false。

```javascript
var obj = { x:1, y:2, z:3 }                   //定义对象
var des = Object.getOwnPropertyDescriptor(obj, "x");    //获取属性 x 的数据属性描述符
for (var prop in des) {                        //遍历属性描述符对象
    console.log(prop + ': ' + des[prop]);      //显示特性值
}
des.writable = false;                          //重写特性，不允许修改属性
des.value = 100;                               //重写属性值
Object.defineProperty(obj, "x", des);          //使用修改后的数据属性描述符覆盖属性 x
var des = Object.getOwnPropertyDescriptor(obj, "x");  //重新获取属性 x 的数据属性描述符
for (var prop in des) {                        //遍历属性描述符对象
    console.log(prop + ': ' + des[prop]);      //显示特性值
}
```

🚗 注意：

一旦为未命名的属性赋值后，对象就会自动定义该属性的名称，在任何时候和位置为该属性赋值，都不需要定义属性，而只会重新设置它的值。如果读取未定义的属性，则返回值都是 undefined。

9.3.3　删除属性

使用 delete 运算符可以删除对象的属性。

【示例】下面示例使用 delete 运算符删除指定属性。

```javascript
var obj = { x: 1}                              //定义对象
delete obj.x;                                  //删除对象的属性 x
console.log(obj.x);                            //返回 undefined
```

📢 提示：

当删除对象属性之后，不是将该属性值设置为 undefined，而是从对象中彻底清除属性。如果使用 for/in 语句枚举对象属性，只能枚举属性值为 undefined 的属性，但不会枚举已删除属性。

9.3.4　使用方法

方法也是函数，当函数被赋值给对象的属性，就被称为方法。方法的使用与函数是相同的，唯一的不同点是在方法内常用 this 引用调用对象，其实在普通函数内也有 this，只不过不常用。

使用点语法或中括号语法可以访问方法，使用小括号可以激活方法。

【示例1】与普通函数用法一样，可以在调用方法时传递参数，也可以设计返回值。

```javascript
var obj = {}
obj.f = function( n ){                         //定义对象的方法
    return 10*n;
}
var n = obj.f(5);                              //调用方法，设置参数为 5
console.log(n);                                //返回值 50
```

【示例2】在方法内 this 总是指向当前调用对象。在下面示例中，当在不同运行环境中调用对象 obj 的方法 f()时，该方法的 this 指向是不同的。

```
var obj = {                          //定义对象
    f:function(){                     //定义对象的方法
        console.log(this);           //访问当前对象
    }
}
obj.f();                             //此时 this 指向对象 obj
var f1 = obj.f;                      //引用对象 obj 的方法 f
f1();                                //此时 this 指向对象 window
```

9.3.5 对象与数组

对象（Object）与数组（Array）是两种不同类型的数据集合，其中对象是包含已命名的值的无序集合，而数组则是包含已编码的值的有序集合。

【示例 1】下面示例分别使用对象和数组来存储 1 和 true 这两个值。代码结构如下：

```
var o = {                            //对象
    x : 1,                           //该值命名为 x
    y : true                         //该值命名为 y
}
var a = [                            //数组
    1,                               //该值隐含编码为 0
    true                             //该值隐含编码为 1
]
```

对象的存储形式很像数组，因此被称为关联数组，但它不是真正意义上的数组。关联数组就是将值与特定字符串关联在一起。真正的数组与字符串没有联系，但是它将值和非负整数的下标关联在一起。

```
console.log(o["x"]);                 //返回 1，在对象 o 中，值 1 与字符串 x 关联
console.log(a[0]);                   //返回 1，在数组 a 中，值 1 与数值 0 关联
```

使用点语法（.）可以存取对象属性，而数组使用中括号（[]）来存取属性。针对上面对象属性的读取操作，下面两行代码的意思是相同的。

```
o.x;                                 //返回 1，使用点语法存取属性
o["x"];                              //返回 1，使用中括号存取属性
```

使用点语法存取属性时，属性名是标识符；而使用中括号存取属性时，属性名是字符串。

【示例 2】当用点号运算符来存取对象属性时，属性名是用标识符表示的；当用中括号来存取对象属性时，属性名是用字符串表示的，因此可以在运行过程中动态生成字符串。

```
var o = {                            //对象直接量
    p1 : 1,
    p2 : true
}
for( var i = 1; i < 3; i ++ ){       //循环读取对象的属性值
    console.log( o["p" + i] );
}
```

通过关联数组法访问带有字符串表达式的对象属性是非常灵活的。当对象属性非常多时，使用点语法来存取对象属性会比较麻烦。另外，在一些特殊情况下只能使用关联数组形式来存取对象属性。

9.4 属性描述对象

属性描述对象是 ECMAScript 5 新增的一个内部对象，用来描述对象的属性的特性。

9.4.1 属性描述对象的结构

在定义对象、定义属性时，我们曾经介绍过属性描述符，属性描述符实际上就是一个对象。属性描述对象包含 6 个属性，可以选择使用。

➥ value：设置属性值，默认值为 undefined。

➥ writable：设置属性值是否可写，默认值为 true。

➥ enumerable：设置属性是否可枚举，即是否允许使用 for/in 语句或 Object.keys()函数遍历访问，默认为 true。

➥ configurable：设置是否可设置属性特性，默认为 true。如果为 false，将无法删除该属性，不能够修改属性值，也不能修改属性的属性描述对象。

➥ get：取值函数，默认为 undefined。

➥ set：存值函数，默认为 undefined。

【示例 1】下面示例演示了使用 value 读写属性值的基本用法。

```
var obj = {};                                              //定义空对象
Object.defineProperty(obj, 'x', { value: 100 });           //添加属性 x，值为 100
console.log( Object.getOwnPropertyDescriptor(obj, 'x').value ); //返回 100
```

【示例 2】下面示例演示了使用 writable 属性禁止修改属性 x。

```
var obj = {};
Object.defineProperty(obj, 'x', {
    value: 1,                          //设置属性默认值为 1
    writable: false                    //禁止修改属性值
});
obj.x = 2;                             //修改属性 x 的值
console.log( obj.x )                   //1，说明修改失败
```

📢 提示：

在正常模式下，如果 writable 为 false，重写属性值不会报错，但是操作失败，而在严格模式下则会抛出异常。

【示例 3】enumerable 可以禁止 for/in 语句、Object.keys()函数、JSON.stringify()方法遍历访问指定属性，这样可以设置隐藏属性。

```
var obj = {};
Object.defineProperty(obj, 'x', {          //定义属性
    value: 1,                              //定义属性值
    enumerable: false                      //禁止遍历
});
console.log( obj.x );                       //1，直接读取
for (var key in obj) {                      //遍历
    console.log(key);
}                                           //空，没有找到属性
console.log( Object.keys(obj) );            //[]
console.log( JSON.stringify(obj) );         //"{}"
```

【示例 4】configurable 可以禁止修改属性描述对象，当其值为 false 时，value、writable、enumerable 和 configurable 禁止修改，同时禁止删除属性。在下面示例中，当设置属性 x 禁止修改配置后，下面操作都是不允许的，其中 obj.x =5;若操作失败，则后面 4 个操作方法都将抛出异常。

```
var obj = Object.defineProperty({}, 'x', {
    configurable: false                              //禁止配置
});
```

```
obj.x =5;                                          //试图修改其值
console.log( obj.x );                              //修改失败，返回 undefined
Object.defineProperty(obj, 'x', {value: 2});       //抛出异常
Object.defineProperty(obj, 'x', {writable: true}); //抛出异常
Object.defineProperty(obj, 'x', {enumerable: true}); //抛出异常
Object.defineProperty(obj, 'x', {configurable: true}); //抛出异常
```

🚗 注意：

当 configurable 为 false 时，如果把 writable=true 改为 false 是允许的。只要 writable 或 configurable 有一个为 true，则 value 也允许修改。

9.4.2 访问器

除了使用点语法或中括号语法访问属性的 value 外，还可以使用访问器，包括 set 和 get 两个函数。其中，set()函数可以设置 value 属性值，而 get()函数可以读取 value 属性值。

借助访问器，可以为属性的 value 设计高级功能，如禁用部分特性、设计访问条件、利用内部变量或属性进行数据处理等。

【示例1】下面示例设计对象 obj 的 x 属性值必须为数字。为属性 x 定义了 get 和 set 特性，obj.x 取值时，就会调用 get；赋值时，就会调用 set。

```
var obj = Object.create(Object.prototype, {
    _x : {                                         //数据属性
        value : 1,                                 //初始值
        writable:true
    },
    x: {                                           //访问器属性
        get: function( ) {                         //getter
            return  this._x ;                      //返回_x属性值
        },
        set: function(value) {                     //setter
            if(typeof value != "number" ) throw new Error('请输入数字');
            this._x = value;                       //赋值
        }
    }
});
console.log(obj.x);                                //1
obj.x = "2";                                       //抛出异常
```

【示例2】JavaScript 也支持一种简写方法。针对示例1，通过以下方式可以快速定义属性。

```
var obj ={
    _x : 1,                                        //定义_x属性
    get x() { return this._x },                    //定义x属性的getter
    set x( value ) {                               //定义x属性的setter
        if(typeof value != "number" ) throw new Error('请输入数字');
        this._x = value;                           //赋值
    }
};
console.log(obj.x);                                //1
obj.x = 2;
console.log(obj.x);                                //2
```

🚗 注意：

取值函数 get()不能接收参数，存值函数 se()只能接收一个参数，用于设置属性的值。

9.4.3　操作属性描述对象

属性描述对象是一个内部对象，无法直接读写，可以通过下面几个函数进行操作。

- ➥ Object.getOwnPropertyDescriptor()：可以读出指定对象私有属性的属性描述对象。
- ➥ Object.defineProperty()：通过定义属性描述对象来定义或修改一个属性，然后返回修改后的对象，具体用法可以参考 9.3.1 节的内容。
- ➥ Object.defineProperties()：可以同时定义多个属性描述对象，具体用法可以参考 9.3.1 节的内容。
- ➥ Object.getOwnPropertyNames()：获取对象的所有私有属性，具体用法可以参考 9.3.2 节的内容。
- ➥ Object.keys()：获取对象的所有本地可枚举的属性，具体用法可以参考 9.3.2 节的内容。
- ➥ propertyIsEnumerable()：对象实例方法，直接调用，判断指定的属性是否可枚举。

【示例 1】针对 9.4.2 节示例 1，在下面示例中，定义 obj 的 x 属性允许配置特性，然后使用 Object.getOwnPropertyDescriptor()函数获取对象 obj 的 x 属性的属性描述对象。修改属性描述对象的 set 函数，重设检测条件，允许非数值型数字赋值。

```javascript
var obj = Object.create(Object.prototype, {
    _x : {                                        //数据属性
        value : 1,                                //初始值
        writable:true
    },
    x: {                                          //访问器属性
        configurable:true,                        //允许修改配置
        get: function( ) {                        //getter
            return  this._x ;                     //返回_x 属性值
        },
        set: function(value) {                    //setter
            if(typeof value != "number" ) throw new Error('请输入数字');
            this._x = value;                      //赋值
        }
    }
});
var des = Object.getOwnPropertyDescriptor(obj, "x");    //获取属性 x 的属性描述对象
des.set = function( value ){                   //修改属性 x 的属性描述对象的 set 函数
                                               //允许非数值型的数字，也可以进行赋值
    if(typeof value != "number" &&  isNaN(value * 1)) throw new Error('请输入数字');
    this._x = value;
}
obj = Object.defineProperty( obj, "x", des);
console.log(obj.x);                            //1
obj.x = "2";                                   //把一个非数值型数字赋值给属性 x
console.log(obj.x);                            //2
```

【示例 2】在 9.2.2 节和 9.2.3 节中介绍过对象复制的方法，但是上述操作方法无法复制属性描述符包含的丰富信息。下面示例先定义一个扩展函数，使用它可以把一个对象包含的属性以及丰富的信息复制给另一个对象。

【实现代码】

```javascript
function extend(toObj, fromObj) {              //扩展对象
    for (var property in fromObj) {            //遍历对象属性
```

```
        if (!fromObj.hasOwnProperty(property)) continue;  //过滤掉继承属性
        Object.defineProperty(                            //复制完整的属性信息
            toObj,                                        //目标对象
            property,                                     //私有属性
            Object.getOwnPropertyDescriptor(fromObj, property)    //获取属性描述对象
        );
    }
    return toObj;                                         //返回目标对象
}
```

【应用代码】

```
var obj = {};                                    //新建对象
obj.x = 1;                                       //定义对象属性
extend(obj, { get y(){ return 2 } })             //定义读取器对象
console.log(obj.y);                              //2
```

9.4.4 控制对象状态

JavaScript 提供了 3 种方法,用来精确控制一个对象的读写状态,防止对象被改变。

◢ Object.preventExtensions:阻止为对象添加新的属性。

◢ Object.seal:阻止为对象添加新的属性,同时也无法删除旧属性。等价于把属性描述对象的 configurable 属性设为 false。注意,该方法不影响修改某个属性的值。

◢ Object.freeze:阻止为一个对象添加新属性、删除旧属性、修改属性值。

同时提供 3 个对应的辅助检查函数,简单说明如下。

◢ Object.isExtensible:检查一个对象是否允许添加新的属性。

◢ Object.isSealed:检查一个对象是否使用了 Object.seal 方法。

◢ Object.isFrozen:检查一个对象是否使用了 Object.freeze 方法。

【示例】下面代码分别使用 Object.preventExtensions、Object.seal 和 Object.freeze 函数控制对象的状态,然后再使用 Object.isExtensible、Object.isSealed 和 Object.isFrozen 函数检测对象的状态。

```
var obj1 = {};
console.log( Object.isExtensible(obj1) );   //true
Object.preventExtensions(obj1);
console.log( Object.isExtensible(obj1) );   //false
var obj2 = {};
console.log( Object.isSealed(obj2) );       //true
Object.seal(obj2);
console.log( Object.isSealed(obj2) );       //false
var obj3 = {};
console.log( Object.isFrozen(obj3) );       //true
Object.freeze(obj3);
console.log( Object.isFrozen(obj3) );       //false
```

9.5 Object 原型方法

JavaScript 原生提供 Object 类型对象,其他所有对象都继承自 Object,都是 Object 的实例。Object 原生方法分成两类:Object 静态函数和 Object 原型方法。

Object 原型方法定义在 Object.prototype 对象上,也称为实例方法,所有 Object 的实例对象都继承了这些方法。本节重点介绍 Object 原型方法。

9.5.1 使用 toString()

toString()方法能够返回一个对象的字符串，它返回的字符串比较灵活，可能是一个具体的值，也可能是一个对象的类型标识符。

【示例1】下面代码显示对象实例与对象类型的 toString()方法返回值是不同的。

```
function F(x,y){                        //构造函数
    this.x = x;
    this.y = y;
}
var f = new F(1,2);                     //实例化对象
console.log(F.toString());              //返回函数的源代码
console.log(f.toString());              //返回字符串"[object Object]"
```

toString()方法返回信息简单，为了能够返回更多有用信息，用户可以重写该方法。例如，针对实例对象返回的字符串都是"[object Object]"，可以对其进行扩展，让对象实例能够返回构造函数的源代码。

```
Object.prototype.toString = function(){
    return this.constructor.toString();
}
```

调用 f.toString()，则返回函数的源代码，而不是字符串"[object Object]"。当然，重写方法不会影响 JavaScript 内置对象的 toString()返回值，因为它们都是只读的。

```
console.log(f.toString());              //返回函数的源代码
```

当把数据转换为字符串时，JavaScript 一般都会调用 toString()方法来实现。由于不同类型的对象在调用该方法时，所转换的字符串都不同，而且都有规律，所以开发人员常用它来判断对象的类型，弥补 typeof 运算符和 constructor 属性在检测对象数据类型的不足，详细内容请参阅 2.5.2 节。

【示例2】当自定义类型时，用户可以重置 toString()方法，自定义对象的数据类型。下面示例为自定义类型 Me 定义一个标识字符串"[object Me]"。

```
function Me(){}                         //自定义数据类型
Me.prototype.toString = function(){     //自定义 Me 数据类型的 toString()方法
    return "[object Me]";
}
var me = new Me();
console.log(me.toString());             //返回"[object Me]"
console.log(Object.prototype.toString.apply(me));   //默认返回"[object Object]"
```

📢 提示：

Object 还定义了 toLocaleString()方法，该方法主要作用——留出一个接口，允许不同的对象返回针对本地的字符串表示。在默认情况下，toLocaleString()方法返回值与 toString()方法返回值完全相同。

目前，主要有 3 个对象自定义了 toLocaleString()方法。

➤ Array.prototype.toLocaleString()

➤ Number.prototype.toLocaleString()

➤ Date.prototype.toLocaleString()

在 Array 中重写 toString()，让其返回数组元素值的字符串组合；在 Date 中重写 toString()，让其返回当前日期字符串表示；在 Number 中重写 toString()，让其返回数字的字符串表示；在 Date 中重写 toLocaleString()，让其返回当地格式化日期字符串。

9.5.2 使用 valueOf()

valueOf()方法能够返回对象的值。JavaScript 自动类型转换时会默认调用这个方法。

Object 对象默认 valueOf()方法返回值与 toString()方法返回值相同，但是部分类型对象重写了 valueOf() 方法。

【示例 1】Date 对象的 valueOf()方法返回值是当前日期对象的毫秒数。

```
var o = new Date();                          //对象实例
console.log(o.toString());                   //返回当前时间的 UTC 字符串
console.log(o.valueOf());                    //返回距离 1970 年 1 月 1 日午夜之间的毫秒数
console.log(Object.prototype.valueOf.apply(o)); //默认返回当前时间的 UTC 字符串
```

当 String、Number 和 Boolean 对象具有明显的原始值时，它们的 valueOf()方法会返回合适的原始值。

【示例 2】在自定义类型时，除了重写 toString()方法外，也可以重写 valueOf()方法。这样当读取自定义对象的值时，就能避免返回的值总是"[object Object]"。

```
function Point(x,y){                          //自定义数据类型
    this.x = x;
    this.y = y;
}
Point.prototype.valueOf = function(){        //自定义 Point 数据类型的 valueOf()方法
    return "(" + this.x + "," + this.y + ")";
}
var p = new Point(26,68);
console.log(p.valueOf());                    //返回当前对象的值"(26,68)"
console.log(Object.prototype.valueOf.apply(p)); //默认返回值为"[object Object]"
```

在特定环境下进行数据类型转换时（如把对象转换为字符串），valueOf()方法的优先级要比 toString()方法的优先级高。因此，如果一个对象的 valueOf()方法返回值和 toString()方法返回值不同，且希望转换的字符串为 toString()方法的返回值时，就必须明确调用对象的 toString()方法。

【示例 3】在下面示例中，当获取自定义类型的对象 p 时，console.log()方法会首先调用 valueOf()方法，而不是 toString()方法，如果需要获取该对象的字符串表示，则必须明确调用对象的 toString()方法。

```
function Point(x,y){                          //自定义数据类型
    this.x = x;
    this.y = y;
}
Point.prototype.valueOf = function(){        //自定义 Point 数据类型的 valueOf()方法
    return "(" + this.x + "," + this.y + ")";
}
Point.prototype.toString = function(){       //自定义 Point 数据类型的 toString()方法
    return "[object Point]";
}
var p = new Point(26,68);                     //实例化对象
console.log("typeof p = " + p);              //默认调用 valueOf()方法进行类型转换
console.log("typeof p = " + p.toString());   //直接调用 toString()方法进行类型转换
```

9.5.3 检测私有属性

根据继承关系不同，对象属性可以分为两类：私有属性和继承属性。

【示例 1】在下面自定义类型中，this.name 就表示对象的私有属性，而原型对象中的 name 属性就是继承属性。

```
function F(){                                 //自定义数据类型
    this.name = "私有属性";
}
F.prototype.name = "继承属性";
```

为了方便判定一个对象属性的类型，Object 对象预定义了 hasOwnProperty()方法，该方法可以快速检测属性的类型。

【示例 2】针对上面自定义类型，可以实例化对象，然后判定当前对象调用的属性 name 是什么类型。

```
var f = new F();                              //实例化对象
console.log(f.hasOwnProperty("name"));        //返回 true，说明当前调用的 name 是私有属性
console.log(f.name);                          //返回字符串"私有属性"
```

凡是构造函数的原型属性（原型对象包含的属性），都是继承属性，使用 hasOwnProperty()方法检测时，都会返回 false。但是，对于原型对象本身来说，这些原型属性又是原型对象的私有属性，所以返回值又是 true。

【示例 3】在下面示例中，演示了 toString()方法对于 Date 对象来说是继承属性，但是对于 Date 构造函数的原型对象来说，则是它的私有属性。

```
var d = Date;
console.log(d.hasOwnProperty("toString")); //返回 false，说明 toString()是 Date 的私有属性
var d = Date.prototype;
console.log(d.hasOwnProperty("toString")); //返回 true，说明 toString()是 Date.prototype 属性
```

hasOwnProperty()方法只能判断指定对象中是否包含指定名称的属性，无法检查对象原型链中是否包含某个属性，所以能够检测出来的属性必须是对象成员。

【示例 4】下面示例演示了 hasOwnProperty()方法所能检测的属性范围。

```
var o = {                                     //对象直接量
    o1 : {                                    //子对象直接量
        o2 :{                                 //孙子对象直接量
            name : 1                          //孙子对象直接量的属性
        }
    }
};
console.log(o.hasOwnProperty("o1"));          //返回 true，说明 o1 是 o 的私有属性
console.log(o.hasOwnProperty("o2"));          //返回 false，说明 o2 不是 o 的私有属性
console.log(o.o1.hasOwnProperty("o2"));       //返回 true，说明 o2 是 o1 的私有属性
console.log(o.o1.hasOwnProperty("name"));     //返回 false，说明 name 不是 o1 的私有属性
console.log(o.o1.o2.hasOwnProperty("name"));  //返回 true，说明 name 不是 o2 的私有属性
```

9.5.4　检测枚举属性

在大多数情况下，使用 in 运算符是探测对象中属性是否存在的最好途径。然而在某些情况下，可能希望仅在当一个属性是自有属性时才检查其是否存在。in 运算符会检查私有属性和原型属性，所以不得不选择 hasOwnProperty()方法。

```
var person = {
    'first-name': 'zhang',
    'last-name': 'san',
    sayName: function () {
        console.log(this['first-name']+ this['last-name']);
    }
};
console.log('first-name' in person);              //true
console.log(person.hasOwnProperty('first-name')); //true
console.log('toString' in person);                //true
console.log(person.hasOwnProperty('toString'));   //false
```

【示例 1】for/in 语句可用来遍历一个对象中的所有属性名，该枚举过程将会列出所有的属性，包括

原型属性和私有属性。很多情况下需要过滤掉一些不想要的值，如方法或原型属性。最为常用的过滤器是 hasOwnProperty 方法，也可以使用 typeof 运算符进行排除。

```
for (var name in person) {
    if (typeof person[name] != 'function')        //排除所有方法
        console.log(name+':'+ person[name] );
}
```

使用 for/in 语句枚举，属性名出现的顺序是不确定的，最好的办法就是完全避免使用 for/in 语句，可以创建一个数组，在其中以正确的顺序包含属性名。通过使用 for 语句，可以不用担心可能会出现原型属性，并且按正确的顺序取得它们的值。

```
var properties = ['sayName', 'first-name', 'last-name'];    //使用数组定义枚举顺序
for (var i = 0; i < properties.length; i += 1) {
    console.log(properties[i]+':'+ person[properties[i]]);
}
```

对于 JavaScript 对象来说，用户可以使用 for/in 语句遍历一个对象"可枚举"的属性。但并不是所有对象属性都可以枚举，只有用户自定义的私有属性和原型属性才允许枚举。

【示例 2】对于下面的自定义对象 o，使用 for/in 循环可以遍历它的所有私有属性、原型属性，但是 JavaScript 允许枚举的属性只有 a、b 和 c。

```
function F(){
    this.a =1;
    this.b =2;
}
F.prototype.c =3;
F.d = 4;
var o = new F();
for(var I in o){
    console.log(I);
}
```

【示例 3】为了判定指定私有属性是否允许枚举，Object 对象定义了 propertyIsEnumerable()方法。该方法的返回值为 true，则说明指定的私有属性可以枚举，否则是不允许枚举的。

```
console.log(o.propertyIsEnumerable("a"));    //返回值为 true，说明可以枚举
console.log(o.propertyIsEnumerable("b"));    //返回值为 true，说明可以枚举
console.log(o.propertyIsEnumerable("c"));    //返回值为 false，说明不可以枚举
console.log(o.propertyIsEnumerable("d"));    //返回值为 false，说明不可以枚举
var o = F;
console.log(o.propertyIsEnumerable("d"));    //返回值为 true，说明可以枚举
```

9.5.5 检测原型对象

在 JavaScript 中，Function 对象预定义了 prototype 属性，该属性指向一个原型对象。当定义构造函数时，系统会自动创建一个对象，并传递给 prototype 属性，这个对象被称为原型对象。原型对象可以存储构造类型的原型属性，以便于所有实例对象共享。

【示例 1】下面代码为自定义类型函数定义两个原型成员。

```
var f = function(){}                //定义函数
f.prototype = {                     //函数的原型对象
    a : 1,
    b : function(){
        return 2;
    }
```

```
}
console.log(f.prototype.a);                    //读取函数的原型对象的属性 a，返回 1
console.log(f.prototype.b());                   //读取函数的原型对象的属性 b，返回 2
```

当使用 new 运算符调用函数时，就会创建一个实例对象，这个实例对象将继承构造函数的原型对象中所有属性。

```
var o = new f();                                //实例对象
console.log(o.a);                               //访问原型对象的属性
console.log(o.b());                             //访问原型对象的属性
```

为了方便判定，Object 对象定义了 isPrototypeOf()方法，该方法可以检测一个对象的原型对象。

【示例 2】通过下面的示例，可以判断 f.prototype 就是对象 o 的原型对象，因为其返回值为 true。

```
var b = f.prototype.isPrototypeOf(o);
console.log(b);
```

【示例 3】下面示例演示了各种特殊对象的原型对象。

➥ 函数的原型对象可以是 Object.prototype，或者是 Function.prototype。

```
var f = function(){}
console.log(Object.prototype.isPrototypeOf(f));        //返回 true
console.log(Function.prototype.isPrototypeOf(f));      //返回 true
```

➥ Object 和 Function 对象的原型对象比较特殊。

```
console.log(Function.prototype.isPrototypeOf(Object));  //返回 true
console.log(Object.prototype.isPrototypeOf(Function));  //返回 true
```

➥ Object.prototype 和 Function.prototype 的原型对象不是 Object.prototype，Function.prototype 的原型对象可以是 Function.prototype，但是 Object.prototype 的原型对象绝对不是 Function.prototype。

```
console.log(Object.prototype.isPrototypeOf(Object.prototype));     //返回 false
console.log(Object.prototype.isPrototypeOf(Function.prototype));   //返回 true
console.log(Function.prototype.isPrototypeOf(Function.prototype)); //返回 false
console.log(Function.prototype.isPrototypeOf(Object.prototype));   //返回 false
```

9.6 Object 静态函数

Object 静态函数就是定义在 Object 对象上的方法，通过 Object 直接调用，不需要实例继承。

9.6.1 对象包装函数

Object()也是一个函数，它可以将任意值转为对象。如果参数为空，或者为 undefined 和 null，Object()将返回一个空对象。例如：

```
var obj = Object();
//等同于
var obj = Object(undefined);
var obj = Object(null);
```

【示例】如果参数为数组、对象、函数，则返回原对象，不进行转换。根据这个特性，可以设计一个类型检测函数，专门检测一个值是否为引用型对象。

```
function isObject(value) {
    return value === Object(value);
}
console.log( isObject([]));          //true
console.log( isObject(true) );       //false
```

9.6.2　对象构造函数

Object()不仅可以当作工具函数使用，还可以当作构造函数使用。如果使用 new 命令调用 Object()函数，将创建一个实例对象。例如，下面代码将创建一个新的实例对象。

```
var obj = new Object();
```

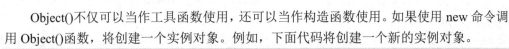提示：

有关构造函数的详细内容，请参考下一章讲解。

9.6.3　静态函数

Object 对象包含很多静态函数，在前面各章节中都分别进行了介绍，简单总结如下。

- 遍历对象
  - Object.keys：以数组形式返回参数对象包含的可枚举的私有属性名。
  - Object.getOwnPropertyNames：以数组形式返回参数对象包含的私有属性名。
- 对象属性
  - Object.getOwnPropertyDescriptor()：获取某个属性的描述对象。
  - Object.defineProperty()：通过描述对象，定义某个属性。
  - Object.defineProperties()：通过描述对象，定义多个属性。
- 对象状态控制
  - Object.preventExtensions()：防止对象扩展。
  - Object.isExtensible()：判断对象是否可扩展。
  - Object.seal()：禁止对象配置。
  - Object.isSealed()：判断一个对象是否可配置。
  - Object.freeze()：冻结一个对象。
  - Object.isFrozen()：判断一个对象是否被冻结。
- 对象原型
  - Object.create()：返回一个新的对象，并指定原型对象和属性。
  - Object.getPrototypeOf()：获取对象的 Prototype 对象。

9.7　案　例　实　战

本节将重点讲解 JavaScript 原生的 Math 和 Date 两个类型对象，以案例形式讲解它们提供的常用的方法和应用技巧。

9.7.1　生成指定范围的随机数和字符串

Math 是 JavaScript 的原生对象，提供各种数学运算功能，如各种常用数学常量、数学运算方法。该对象不是构造函数，不能生成实例，所有的属性和方法都必须在 Math 对象上调用。

使用 Math.random()静态函数可以返回从 0 到 1 之间的一个随机数。注意，随机数可能等于 0，但是一定小于 1。

【示例 1】获取指定范围的随机数。

```
var getRand = function(min, max) {
    return Math.random() * (max - min) + min;
}
console.log( getRand(10.1, 20.9) );          //18.69690815702027
```

【示例 2】 获取指定范围的随机整数。

```
var getRand = function(min, max) {
    return parseInt (Math.random() * (max - min)) + min;
}
console.log( getRand(2, 4) );                //3
```

【示例 3】 获取指定长度的随机字符串。

```
var getRandStr = function( length ) {
    var _string = "ABCDEFGHIJKLMNOPQRSTUVWXYZ";     //26 大写字母
      _string += 'abcdefghijklmnopqrstuvwxyz';        //26 个小写字母
      _string += '0123456789-_';                      //10 个数字、下划线、连字符
    var _temp = '', _length = _string.length - 1 ;
    for (var i = 0; i < length; i++) {                //根据指定长度生成随机字符串
        var n = parseInt (Math.random() * _length );  //获取随机数字
        _temp += _string[n];                          //映射成字符
    }
    return _temp;                                     //返回映射后的字符串
}
console.log( getRandStr( 16 ) );                      //Gz0BvwHEaGnILNge
```

9.7.2 数字取整

使用 parseInt()方法可以对小数进行取整，另外使用 Math 对象的静态函数也可以进行取整，简单说明如下。

➥ Math.floor()：返回小于参数值的最大整数。

➥ Math.ceil()：返回大于参数值的最小整数。

➥ Math.round()：四舍五入。

【示例 1】 下面代码简单比较了这 3 个方法的取值。

```
console.log( Math.floor(2.5) );          //2
console.log( Math.floor(-2.5) );         //-3
console.log( Math.ceil(2.5) );           //3
console.log( Math.ceil(-2.5) );          //-2
console.log( Math.round(2.5) );          //3
console.log( Math.round(-2.5) );         //-2
console.log( Math.round(-2.6) );         //-3
```

【示例 2】 下面代码结合 Math.floor()和 Math.ceil()方法，设计一个数字取整的函数。

```
var toInt = function( num ) {
    var num = Number(num);                           //强制转换为数字
    return num < 0 ? Math.ceil(num) : Math.floor(num);
}
console.log( toInt( 2.5 ) );                 //2
console.log( toInt( -2.5) );                 //-2
```

9.7.3 设计时间显示牌

Date 是 JavaScript 原生的时间管理对象，通过它提供的大量方法和函数可以创建时间对象，获取时间信息，如年、月、日、时、分、秒等，也可以设置时间信息。

本例设计一个时间显示牌，先使用 new Date()创建一个现在时间对象，然后使用 get 为前缀的时间读

取方法，分别获取现在时的年、月、日、时、分、秒等信息，最后通过定时器设置每秒执行一次，实现实时更新，效果如图 9.1 所示。

图 9.1　时间显示牌

【操作步骤】

第 1 步，设计时间显示函数，在这个函数中先创建 Date 对象，获取当前时间，然后分别获取年份、月份、日份、时、分、秒等信息，最后组装成一个时间字符串并返回。

```
var showtime = function() {
    var nowdate=new Date();              //创建 Date 对象，获取当前时间
    var year=nowdate.getFullYear(),      //获取年份
        month=nowdate.getMonth()+1,      //获取月份，getMonth()得到的是 0~11，需要加 1
        date=nowdate.getDate(),          //获取日份
        day=nowdate.getDay(),            //获取一周中的某一天，getDay()得到的是 0~6
        week=["星期日","星期一","星期二","星期三","星期四","星期五","星期六"],
        h=nowdate.getHours(),
        m=nowdate.getMinutes(),
        s=nowdate.getSeconds(),
        h=checkTime(h),                  //函数 checkTime 用于格式化时、分、秒
        m=checkTime(m),
        s=checkTime(s);
    return year+"年" + month + "月" + date + "日" + week[day] + " " + h + ":" + m + ":" + s;
}
```

第 2 步，因为平时看到的时间格式一般是 00:00:01，而 getHours()、getMinutes()、getSeconds()方法得到格式是 0 到 9，不是 00 到 09 这样的格式。所以在从 9 变成 10 的过程中，从一位数变成两位数，同样再从 59 秒变为 0 秒，或者 59 分变为 0 分，或者 23 时变为 0 时。例如，23:59:59 的下一秒应该为 00:00:00，实际为 0:0:0，这样格式上就不统一，在视觉上也是字数突然增加，或突然减少，产生一种晃动的感觉。

下面定义一个辅助函数，把一位数字的时间改为两位数字显示。

```
var checkTime = function (i) {
    if (i<10) {
        i="0"+i;
    }
    return i;
}
```

第 3 步，在页面中添加一个标签，设置 id 值。

```
<h1 id="showtime"></h1>
```

第 4 步，为标签绑定定时器，在定时器中设置每秒钟调用一次时间显示函数。

```
var div = document.getElementById("showtime");
setInterval(function(){
    div.innerHTML = showtime();
}, 1000);                               //反复执行函数
```

9.7.4 设计倒计时

本例设计一个倒计时显示牌，实现方法：用结束时间减去现在时，获取时间差，再利用数学方法从时间差中分别获取日、时、分、秒等信息，最后通过定时器设置每秒执行一次，实现实时更新，效果如图 9.2 所示。

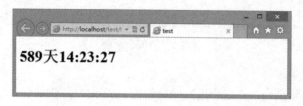

图 9.2 倒计时显示牌

【操作步骤】

第 1 步，使用 new Date() 获取当前时间，使用 new 调用一个带有参数的 Date 对象，定义结束的时间，endtime=new Date("2020/8/8")。使用 getTime() 方法获取现在时和结束时距离 1970 年 1 月 1 日的毫秒数。然后，求两个时间差。

把时间差转换为天数、小时数、分钟数和秒数显示。主要使用%取模运算。得到距离结束时间的毫秒数（剩余毫秒数），除以 1000 得到剩余秒数，再除以 60 得到剩余分钟数，再除以 60 得到剩余小时数。除以 24 得到剩余天数。剩余秒数 lefttime/1000 模 60 得到秒数，剩余分钟数 lefttime/(1000*60) 模 60 得到分钟数，剩余小时数 lefttime/(1000*60*60) 模 24 得到小时数。

完整代码如下：

```
var showtime = function() {
    var nowtime=new Date(),                      //获取当前时间
        endtime=new Date("2020/8/8");            //定义结束时间
    var lefttime=endtime.getTime()-nowtime.getTime(),  //距离结束时间的毫秒数
        leftd=Math.floor(lefttime/(1000*60*60*24)),    //计算天数
        lefth=Math.floor(lefttime/(1000*60*60)%24),    //计算小时数
        leftm=Math.floor(lefttime/(1000*60)%60),       //计算分钟数
        lefts=Math.floor(lefttime/1000%60);            //计算秒数
    return leftd+"天"+lefth+":"+leftm+":"+lefts;        //返回倒计时的字符串
}
```

第 2 步，使用定时器设计每秒钟调用倒计时函数一次。

```
var div = document.getElementById("showtime");
setInterval(function(){
    div.innerHTML = showtime();
}, 1000);                                         //反复执行函数本身
```

9.8 在 线 学 习

本节为线上继续学习入口，通过扫码读者可以进行巩固练习、补充知识、获取参考资料、拓展阅读。

第 10 章　构造函数、原型和继承

JavaScript 是基于对象，但不完全面向对象的编程语言。在面向对象的编程模式中，有两个核心概念：对象和类。在 ECMAScript 6 规范之前，JavaScript 没有类的概念，仅允许通过构造函数来模拟类，通过原型实现继承。

【学习重点】
- ❯ 理解构造函数和 this。
- ❯ 定义 JavaScript 类型。
- ❯ 正确使用原型继承。
- ❯ 能够设计基于对象的 Web 应用程序。

10.1　构　造　函　数

JavaScript 构造函数（Constructor）也称为构造器、类型函数，功能类似对象模板，一个构造函数可以生成任意多个实例，实例对象具有相同的属性、行为特征，但不相等。

10.1.1　定义构造函数

在语法和用法上，构造函数与普通函数没有任何区别。定义构造函数的方法如下：

```
function  类型名称 ( 配置参数 ) {
    this.属性 1 = 属性值 1;
    this.属性 2= 属性值 2;
    ...
    this.方法 1 = function(){
        //处理代码
    };
    ...
    //其他代码，可以包含 return 语句
}
```

📢 提示：

建议构造函数的名称首字母大写，以便与普通函数进行区分。

🚗 注意：

构造函数有两个显著特点。
- ❯ 函数体内使用 this，引用将要生成的实例对象。
- ❯ 必需使用 new 命令调用函数，生成实例对象。

【示例】下面示例演示定义一个构造函数，包含了两个属性和一个方法。

```
function Point(x,y){                          //构造函数
    this.x = x;                               //私有属性
    this.y = y;                               //私有属性
    this.sum = function(){                    //方法
```

```
        return this.x + this.y;
    }
}
```

在上面代码中，Point 就是构造函数，它提供模板，用来生成实例对象。

10.1.2　调用构造函数

使用 new 命令可以调用构造函数，创建实例，并返回这个对象。

【示例】针对 10.1.1 节示例，下面使用 new 命令调用构造函数，生成两个实例，然后分别读取属性，调用方法 sum()。

```
function Point(x,y){                          //构造函数
    this.x = x;                               //私有属性
    this.y = y;                               //私有属性
    this.sum = function(){                    //私有方法
        return this.x + this.y;
    }
}
var p1 = new Point(100,200);                  //实例化对象 1
var p2 = new Point(300,400);                  //实例化对象 2
console.log(p1.x);                            //100
console.log(p2.x);                            //300
console.log(p1.sum());                        //300
console.log(p2.sum());                        //700
```

📢 提示：

构造函数可以接收参数，以便初始化实例对象。如果不需要传递参数，可以省略小括号，直接使用 new 命令调用，下面两行代码是等价的。
```
var p1 = new Point();
var p2 = new Point;
```

🚗 注意：

如果不使用 new 命令，直接使用小括号调用构造函数，这时构造函数就是普通函数，不会生成实例对象，this 就代表调用函数的对象，在客户端指代全局对象 window。

为了避免误用，最有效的方法是在函数中启用严格模式。代码如下：
```
function Point(x,y){                          //构造函数
    'use strict';                             //启用严格模式
    this.x = x;                               //私有属性
    this.y = y;                               //私有属性
    this.sum = function(){                    //私有方法
        return this.x + this.y;
    }
}
```

这样调用构造函数时，必须使用 new 命令，否则将抛出异常。

或者使用 if 对 this 进行检测，如果 this 不是实例对象，则强迫返回实例对象。
```
function Point(x,y){                                //构造函数
    if(!(this instanceof Point)) return new Point(x, y);  //检测 this 是否为实例对象
    this.x = x;                                     //私有属性
    this.y = y;                                     //私有属性
    this.sum = function(){                          //私有方法
        return this.x + this.y;
    }
}
```

10.1.3 构造函数的返回值

构造函数允许使用 return 语句。如果返回值为简单值，则将被忽略，直接返回 this 指代的实例对象；如果返回值为对象，则将覆盖 this 指代的实例，返回 return 后面跟随的对象。

为什么会出现这种情况？这与 new 命令解析过程有关系，使用 new 命令调用函数的解析过程如下：

第 1 步，当使用 new 命令调用函数时，先创建一个空对象，作为实例返回。

第 2 步，设置实例的原型，指向构造函数的 prototype 属性。

第 3 步，设置构造函数体内的 this 值，让它指向实例。

第 4 步，开始执行构造函数内部的代码。

第 5 步，如果构造函数内部有 return 语句，而且 return 后面跟着一个对象，会返回 return 语句指定的对象；否则会忽略 return 返回值，直接返回 this 对象。

【示例】下面示例在构造函数内部定义 return 返回一个对象直接量，当使用 new 命令调用构造函数时，返回的不是 this 指代的实例，而是这个对象直接量，因此当读取 x 和 y 属性值时，与预期的结果是不同的。

```
function Point(x,y){                          //构造函数
    this.x = x;                               //私有属性
    this.y = y;                               //私有属性
    return { x : true, y : false }
}
var p1 = new Point(100,200);                  //实例化对象1
console.log(p1.x);                            //true
console.log(p1.y);                            //false
```

10.1.4 引用构造函数

在普通函数内，使用 arguments.callee 可以引用函数自身。如果在严格模式下，是不允许使用 arguments.callee 引用函数的，这时可以使用 new.target 来访问构造函数。

【示例】下面示例在构造函数内部使用 new.target 指代构造函数本身，以便对用户操作进行监测，如果没有使用 new 命令，则强制使用 new 实例化。

```
function Point(x,y){                          //构造函数
    'use strict';                             //启用严格模式
    if(!(this instanceof new.target)) return new new.target(x, y); //检测this是否为实例对象
    this.x = x;                               //私有属性
    this.y = y                                //私有属性
}
var p1 = new Point(100,200);                  //实例化对象1
console.log(p1.x);                            //100
```

🚨 注意：

IE 浏览器对其支持不是很完善，使用时要考虑兼容性。

10.2 this 指针

在第 8 章中曾经简单介绍过 this，本节将详细讲解 this 的具体应用。

10.2.1 使用 this

  this 是由 JavaScript 引擎在执行函数时自动生成的，存在于函数内的一个动态指针，指代当前调用对象。具体用法如下：

```
this[.属性]
```

  如果 this 未包含属性，则传递的是当前对象。

  this 用法灵活，其包含的值也是变化多端。例如，下面示例使用 call()方法不断改变函数内 this 指代对象。

```
var x = "window";                          //定义全局变量 x，初始化为字符串"window"
function a(){                               //定义构造函数 a
    this.x = "a";                          //定义私有属性 x，初始化为字符 a
}
function b(){                               //定义构造函数 b
    this.x = "b";                          //定义私有属性 x，初始化为字符 b
}
function c(){                               //定义普通函数，提示变量 x 的值
    console.log( x );
}
function f(){                               //定义普通函数，提示 this 包含的 x 的值
    console.log( this.x );
}
f();                                       //返回字符串"window",this 指向 window 对象
f.call( window );                          //返回字符串"window",this 指向 window 对象
f.call( new a() );                         //返回字符 a, this 指向函数 a 的实例
f.call( new b() );                         //返回字符 b, this 指向函数 b 的实例
f.call( c );                               //返回 undefined, this 指向函数 c 对象
```

  下面简单总结 this 在 5 种常用场景中的表现以及应对策略。

1. 普通调用

【示例 1】下面示例演示了函数引用和函数调用对 this 的影响。

```
var obj = {                                //父对象
    name : "父对象 obj",
    func : function(){
        return this;
    }
}
obj.sub_obj = {                            //子对象
    name : "子对象 sub_obj",
    func : obj.func                        //引用父对象 obj 的方法 func
}
var who = obj.sub_obj.func();
console.log(who.name);                     //返回"子对象 sub_obj",说明 this 代表 sub_obj
```

  如果把子对象 sub_obj 的 func 改为函数调用。

```
obj.sub_obj = {
    name : "子对象 sub_obj",
    func : obj.func()                      //调用父对象 obj 的方法 func
}
```

  则函数中的 this 所代表的是定义函数时所在的父对象 obj。

```
var who = obj.sub_obj.func;
console.log(who.name);                          //返回"父对象 obj"，说明 this 代表父对象 obj
```

2. 实例化

【示例 2】使用 new 命令调用函数时，this 总是指代实例对象。

```
var obj ={};
obj.func = function(){
    if(this == obj) console.log("this = obj");
    else if(this == window) console.log("this = window");
    else if(this.constructor == arguments.callee) console.log("this = 实例对象");
}
new obj.func;                                   //实例化
```

3. 动态调用

【示例 3】使用 call 和 apply 可以强制改变 this，使其指向参数对象。

```
function func(){
    //如果 this 的构造函数等于当前函数，则表示 this 为实例对象
    if(this.constructor == arguments.callee) console.log("this = 实例对象");
    //如果 this 等于 Window，则表示 this 为 window 对象
    else if (this == window) console.log("this = window 对象");
    //如果 this 为其他对象，则表示 this 为其他对象
    else console.log("this == 其他对象 \n this.constructor = " + this.constructor );
}
func();                                         //this 指向 window 对象
new func();                                     //this 指向实例对象
func.call(1);                                   //this 指向数值对象
```

在上面示例中，直接调用函数 func()时，this 代表 window 对象。当使用 new 命令调用函数时，将创建一个新的实例对象，this 就指向这个新创建的实例对象。

使用 call()方法执行函数 func()时，由于 call()方法的参数值为数字 1，则 JavaScript 引擎会把数字 1 强制封装为数值对象，此时 this 就会指向这个数值对象。

4. 事件处理

【示例 4】在事件处理函数中，this 总是指向触发该事件的对象。

```
<input type="button" value="测试按钮" />
<script>
    var button = document.getElementsByTagName("input")[0];
    var obj ={};
    obj.func = function(){
        if(this == obj) console.log("this = obj");
        if(this == window) console.log("this = window");
        if(this == button) console.log("this = button");
    }
    button.onclick = obj.func;
</script>
```

在上面代码中，func()所包含的 this 不再指向对象 obj，而是指向按钮 button，因为 func()是被传递给按钮的事件处理函数之后才被调用执行的。

如果使用 DOM2 级标准注册事件处理函数，程序如下：

```
if(window.attachEvent){                         //兼容 IE 模型
    button.attachEvent("onclick", obj.func);
} else{                                          //兼容 DOM 标准模型
```

```
    button.addEventListener("click", obj.func, true);
}
```

在 IE 浏览器中，this 指向 window 对象和 button 对象，而在 DOM 标准的浏览器中仅指向 button 对象。因为，在 IE 浏览器中，attachEvent()是 window 对象的方法，调用该方法时，this 会指向 window 对象。

为了解决浏览器兼容性问题，可以调用 call()或 apply()方法强制在对象 obj 身上执行方法 func()，避免出现不同浏览器对 this 解析不同的问题。

```
if(window.attachEvent){
    button.attachEvent("onclick", function(){    //用闭包封装call()方法强制执行func()
        obj.func.call(obj);
    });
}
else{
    button.addEventListener("click", function(){
        obj.func.call(obj);
    }, true);
}
```

当再次执行时，func()中包含的 this 始终指向对象 obj。

5. 定时器

【示例5】使用定时器调用函数。

```
var obj ={};
obj.func = function(){
    if(this == obj) console.log("this = obj");
    else if(this == window) console.log("this = window对象");
    else if(this.constructor == arguments.callee) console.log("this = 实例对象");
    else console.log("this == 其他对象 \n this.constructor = " + this.constructor);
}
setTimeout(obj.func, 100);
```

在 IE 中 this 指向 window 对象和 button 对象，具体原因与上面讲解的 attachEvent()方法相同。在符合 DOM 标准的浏览器中，this 指向 window 对象，而不是 button 对象。

因为方法 setTimeout()是在全局作用域中被执行的，所以 this 指向 window 对象。要解决浏览器兼容性问题，可以使用 call 或 apply 方法来实现。

```
setTimeout(function(){
    obj.func.call(obj);
}, 100);
```

10.2.2　this 安全策略

由于 this 的不确定性，会给开发带来很多风险，因此使用 this 时，应该时刻保持谨慎。锁定 this 有以下两种基本方法。

➥ 使用私有变量存储 this。

➥ 使用 call 和 apply 强制固定 this 的值。

下面结合 3 个案例进行说明。

【示例1】使用 this 作为参数来调用函数，可以避免产生 this 因环境变化而变化的问题。

例如，下面做法是错误的，因为 this 会始终指向 window 对象，而不是当前按钮对象。

```
<input type="button" value="按钮 1" onclick="func()" />
<input type="button" value="按钮 2" onclick="func()" />
<input type="button" value="按钮 3" onclick="func()" />
```

```
<script>
function func(){
    console.log(this.value);
}
</script>
```

如果把 this 作为参数进行传递，那么它就会代表当前对象。

```
<input type="button" value="按钮 1" onclick="func(this)" />
<input type="button" value="按钮 2" onclick="func(this)" />
<input type="button" value="按钮 3" onclick="func(this)" />
<script>
    function func(obj){
        console.log(obj.value);
    }
</script>
```

【示例 2】使用私有变量存储 this，设计静态指针。

例如，在构造函数中把 this 存储在私有变量中，然后在方法中使用私有变量来引用构造函数的 this，这样在类型实例化后，方法内的 this 不会发生变化。

```
function Base(){                          //基类
    var _this = this;                     //当初始化时，存储实例对象的引用指针
    this.func = function(){
        return _this;                     //返回初始化时实例对象的引用
    };
    this.name = "Base";
}
    function Sub(){                        //子类
        this.name = "Sub";
    }
Sub.prototype = new Base();               //继承基类
var sub = new Sub();                      //实例化子类
var _this = sub.func();
console.log(_this.name);                  //this 始终指向基类实例，而不是子类实例
```

【示例 3】使用 call 和 apply 强制固定 this 的值。

作为一个动态指针，this 也可以被转换为静态指针。实现方法：使用 call() 或 apply() 方法强制指定 this 的指代对象。

【实现代码】

```
//把 this 转换为静态指针
//参数 obj 表示预设置 this 所指代的对象，返回一个预备调用的函数
Function.prototype.pointTo = function(obj){
    var _this = this;                         //存储当前函数对象
    return function(){                         //返回一个闭包函数
        return _this.apply(obj, arguments);    //返回执行当前函数，并强制设置为指定对象
    }
}
```

为 Function 扩展一个原型方法 pointTo()，该方法将在指定的参数对象上调用当前函数，从而把 this 绑定到指定对象上。

【应用代码】

下面利用这个扩展方法，实现强制指定对象 obj1 的方法 func() 中的 this 始终指向 obj1。具体如下：

```
var obj1 = {
    name : "this = obj1"
```

```
}
obj1.func = (function(){
    return this;
}).pointTo(obj1);                    //把 this 绑定到对象 obj1 身上
var obj2 ={
    name : "this = obj2",
    func : obj1.func
}
var _this = obj2.func();
console.log(_this.name);            //返回"this=obj1",说明 this 指向 obj1,而不是 obj2
```

📖 **拓展：**

可以扩展 new 命令的替代方法，从而间接实现自定义实例化类。

```
//把构造函数转换为实例对象
//参数 func 表示构造函数，返回构造函数 func 的实例对象
function instanceFrom(func){
    var _arg = [].slice.call(arguments, 1); //获取构造函数可能需要的初始化参数
    func.prototype.constructor = func;      //设置构造函数的原型构造器指向自身
    func.apply(func.prototype, _arg);       //在原型对象上调用构造函数,
                                            //此时 this 指代原型对象,相当于实例对象
    return func.prototype;                  //返回原型对象
}
```

下面使用这个实例化类函数把一个简单的构造函数转换为具体的实例对象。

```
function F(){
    this.name = "F";
}
var f = instanceFrom(F);
console.log(f.name);
```

call()和 apply()具有强大的功能，它不仅能够执行函数，也能够实现 new 命令的功能。

10.2.3　绑定函数

绑定函数是为了纠正函数的执行上下文，把 this 绑定到指定对象上，避免在不同执行上下文中调用函数时，this 指代的对象不断变化。

【实现代码】

```
function bind(fn, context) {              //绑定函数
    return function() {
        return fn.apply(context, arguments); //在指定上下文对象上动态调用函数
    };
}
```

bind()函数接收一个函数和一个上下文环境，返回一个在给定环境中调用给定函数的函数，并且将返回函数的所有的参数原封不动地传递给调用函数。

🚓 **注意：**

这里的 arguments 属于内部函数，而不属于 bind()函数。在调用返回的函数时，会在给定的环境中执行被传入的函数，并传入所有参数。

【应用代码】

函数绑定可以在特定的环境中为指定的参数调用另一个函数，该特征常与回调函数、事件处理函数一起使用。

```
<button id="btn">测试按钮</button>
```

```
<script>
    var handler = {                              //事件处理对象
        message : 'handler',                     //名称
        click : function(event) {                //事件处理函数
            console.log(this.message);           //提示当前对象的 message 值
        }
    };
    var btn = document.getElementById('btn');
    btn.addEventListener('click', handler.click);    //undefined
</script>
```

在上面示例中，为按钮绑定单击事件处理函数，设计当单击按钮时，将显示 handler 对象的 message 属性值。但是，实际测试发现，this 最后指向了 DOM 按钮，而不是 handler。

解决方法：使用闭包进行修正。

```
var handler = {                              //事件处理对象
    message : 'handler',                     //名称
    click : function(event) {                //事件处理函数
        console.log(this.message);           //提示当前对象的 message 值
    }
};
var btn = document.getElementById('btn');
btn.addEventListener('click', function(){    //使用闭包进行修正：封装事件处理函数的调用
    handler.click();
});                                          //'handler'
```

改进方法：使用闭包比较麻烦，如果创建多个闭包可能会令代码变得难以理解和调试，而使用 bind() 绑定函数就很方便。

```
var handler = {                              //事件处理对象
    message : 'handler',                     //名称
    click : function(event) {                //事件处理函数
        console.log(this.message);           //提示当前对象的 message 值
    }
};
var btn = document.getElementById('btn');
btn.addEventListener('click', bind(handler.click, handler));    //'handler'
```

10.2.4　使用 bind

ECMAScript 5 为 Function 新增了 bind 原型方法，用来把函数绑定到指定对象上。在绑定函数中，this 对象被解析为传入的对象。具体用法如下：

```
function.bind(thisArg[,arg1[,arg2[,argN]]])
```

参数说明如下。

❥ function：必需参数，一个函数对象。

❥ thisArg：必需参数，this 可在新函数中引用的对象。

❥ arg1[,arg2[,argN]]：可选参数，要传递到新函数的参数的列表。

bind() 方法将返回与 function 函数相同的新函数，thisArg 对象和初始参数除外。

【示例 1】下面示例定义原始函数 check，用来检测传入的参数值是否在一个指定范围内，范围下限和上限根据当前实例对象的 min 和 max 属性决定。然后使用 bind() 方法把 check 函数绑定到对象 range 身上。如果再次调用这个新绑定后的函数 check1，就可以根据该对象的属性 min 和 max 来确定调用函数时传入值是否在指定的范围内。

```
var check = function (value) {
    if (typeof value !== 'number')  return false;
    else  return value >= this.min && value <= this.max;
}
var range = { min : 10,  max : 20 };
var check1 = check.bind(range);
var result = check1 (12);
console.log(result);                            //true
```

【示例 2】在上面示例基础上，下面示例为 obj 对象定义了两个上下限属性，以及一个方法 check。然后，直接调用 obj 对象的 check 方法，检测 10 是否在指定范围，返回值为 false，因为当前 min 和 max 值分别为 50 和 100。接着把 obj.check 方法绑定到 range 对象，再次传入值 10，返回值为 true，说明在指定范围，因为此时 min 和 max 值分别为 10 和 20。

```
var obj = {
    min: 50,
    max: 100,
    check: function (value) {
        if (typeof value !== 'number')
            return false;
        else
            return value >= this.min && value <= this.max;
    }
}
var result = obj.check(10);
console.log(result);                            //false
var range = { min: 10, max: 20 };
var check1 = obj.check.bind(range);
var result = check1(10);
console.log(result);                            //true
```

【示例 3】下面示例演示了如何利用 bind()方法为函数传递两次参数值，以便实现连续参数求值计算。

```
var func = function (val1, val2, val3, val4) {
    console.log(val1 + " " + val2 + " " + val3 + " " + val4);
}
var obj = {};
var func1 = func.bind(obj, 12, "a");
func1("b", "c");                                //12 a b c
```

10.2.5　链式语法

jQuery 框架最大亮点之一就是它的链式语法。实现方法：设计每一个方法的返回值都是 jQuery 对象（this），这样调用方法的返回结果可以为下一次调用其他方法做准备。

【示例】下面示例演示如何在函数中返回 this 来设计链式语法。分别为 String 扩展了 3 个方法：trim、writeln 和 log，其中 writeln 和 log 方法返回值都为 this，而 trim 方法返回值为修剪后的字符串。这样就可以用链式语法在一行语句中快速调用这 3 个方法。

```
Function.prototype.method = function(name, func) {
    if(!this.prototype[name]) {
        this.prototype[name] = func;
        return this;
    }
};
```

```
String.method('trim', function() {
    return this.replace(/^\s+|\s+$/g, '');
});
String.method('writeln', function() {
    console.log(this);
    return this;
});
String.method('log', function() {
    console.log(this);
    return this;
});
var str = "abc";
str.trim().writeln().log();
```

10.3　原　　型

在 JavaScript 中，函数都有原型，函数实例化后，实例对象通过 prototype 可以访问原型，实现继承机制。

10.3.1　定义原型

原型实际上就是一个普通对象，继承于 Object 类，由 JavaScript 自动创建并依附于每个函数身上，原型在 JavaScript 对象系统中的位置和关系如图 10.1 所示。

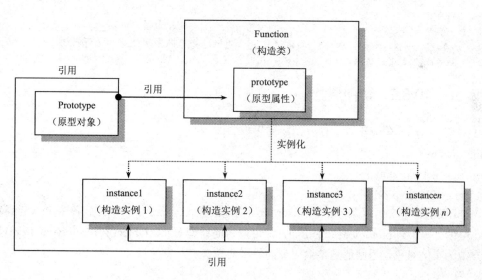

图 10.1　原型对象、原型属性及在对象系统中的位置关系

📢 提示：

　　Object 和 Function 是两个不同类型的构造函数，利用运算符 new 可以创建不同类型的实例对象。实例对象、类、Object 和 Function 之间的关系如图 10.2 所示。

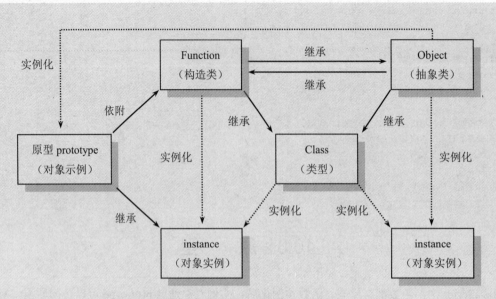

图 10.2　类型、原型和实例之间的关系

使用点语法，可以通过 function.prototype 访问和操作原型对象。

【示例】在下面代码中为函数 P 定义原型。

```
function P(x){                        //构造函数
    this.x = x;                       //声明私有属性，并初始化为参数 x
}
P.prototype.x = 1                     //添加原型属性 x，赋值为 1
var p1 = new P(10);                   //实例化对象，并设置参数为 10
P.prototype.x = p1.x                  //设置原型属性值为私有属性值
console.log(P.prototype.x);           //返回 10
```

10.3.2　访问原型

访问原型对象有三种方法，简单说明如下。

➥ obj.__proto__。

➥ obj.constructor.prototype。

➥ Object.getPrototypeOf(obj)。

其中，obj 表示一个实例对象，constructor 表示构造函数。__proto__（前后各两个下划线）是一个私有属性，可读可写，与 prototype 属性相同，都可以访问原型对象。Object.getPrototypeOf(obj)是一个静态函数，参数为实例对象，返回值是参数对象的原型对象。

🚗 注意：

　　__proto__属性是一个私有属性，存在浏览器兼容性问题，以及缺乏非浏览器环境的支持。使用 obj.constructor.prototype 也存在一定风险，如果 obj 对象的 constructor 属性值被覆盖，则 obj.constructor.prototype 将会失效。因此，比较安全的用法是使用 Object.getPrototypeOf(obj)。

【示例】下面代码创建一个空的构造函数，然后实例化，分别使用上述三种方法访问实例对象的原型。

```
var F = function(){};                     //构造函数
var obj = new F();                        //实例化
var proto1 = Object.getPrototypeOf( obj ); //引用原型
var proto2 =  obj.__proto__;              //引用原型，注意，IE 暂不支持
```

```
var proto3 = obj.constructor.prototype;        //引用原型
var proto4 = F.prototype;                       //引用原型
console.log( proto1 === proto2 );               //true
console.log( proto1 === proto3 );               //true
console.log( proto1 === proto4 );               //true
console.log( proto2 === proto3 );               //true
console.log( proto2 === proto4 );               //true
console.log( proto3 === proto4 );               //true
```

10.3.3　设置原型

设置原型对象有三种方法，简单说明如下。

> obj._ _proto_ _ = prototypeObj。

> Object.setPrototypeOf(obj, prototypeObj)。

> Object.create(prototypeObj)。

其中，obj 表示一个实例对象，prototypeObj 表示原型对象。注意，IE 不支持前面两种方法。

【示例】下面代码简单演示利用上述三种方法为对象直接量设置原型。

```
var proto = { name:"prototype"};               //原型对象
var obj1 = {};                                  //普通对象直接量
obj1._ _proto_ _ = proto;                       //设置原型
console.log( obj1.name);

var obj2 = {};                                  //普通对象直接量
Object.setPrototypeOf(obj2, proto);             //设置原型
console.log( obj2.name);

var obj3 = Object.create(proto);                //创建对象，并设置原型
console.log( obj3.name);
```

10.3.4　检测原型

使用 isPrototypeOf()方法可以判断该对象是否为参数对象的原型。isPrototypeOf()是一个原型方法，可以在每个实例对象上调用。

【示例】下面代码简单演示如何检测原型对象。

```
var F = function(){};                                          //构造函数
var obj = new F();                                             //实例化
var proto1 = Object.getPrototypeOf( obj );                     //引用原型
console.log( proto1.isPrototypeOf(obj) );                      //true
```

📢 提示：

也可以使用下面代码检测不同类型的实例。

```
var proto = Object.prototype;
console.log( proto.isPrototypeOf({}) );              //true
console.log( proto.isPrototypeOf([]) );              //true
console.log( proto.isPrototypeOf(//) );              //true
console.log( proto.isPrototypeOf(function(){}) );    //true
console.log( proto.isPrototypeOf(null) );            //false
```

10.3.5　原型属性和私有属性

原型属性可以被所有实例访问，而私有属性只能被当前实例访问。

【示例 1】在下面示例中，演示如何定义一个构造函数，并为实例对象定义私有属性。

```
function f(){                          //声明一个构造类型
    this.a = 1;                        //为构造类型声明一个私有属性
    this.b = function(){               //为构造类型声明一个私有方法
        return this.a;
    };
}
var e =new f();                        //实例化构造类型
console.log(e.a);                      //调用实例对象的属性a，返回1
console.log(e.b());                    //调用实例对象的方法b，提示1
```

构造函数 f 中定义了两个私有属性，分别是属性 a 和方法 b()。当构造函数实例化后，实例对象继承了构造函数的私有属性。此时可以在本地修改实例对象的属性 a 和方法 b()。

```
e.a = 2;
console.log(e.a);
console.log(e.b());
```

如果给构造函数定义了与原型属性同名的私有属性，则私有属性会覆盖原型属性值。

如果使用 delete 运算符删除私有属性，则原型属性会被访问。在上面示例的基础上删除私有属性，则会发现可以访问原型属性。

【示例 2】私有属性可以在实例对象中被修改，不同实例对象之间不会相互干扰。

```
function f(){                          //声明一个构造类型
    this.a = 1;                        //为构造类型声明一个私有属性
}
var e =new f();                        //实例e
var g =new f();                        //实例g
console.log(e.a);                      //返回值为1，说明它继承了构造函数的初始值
console.log(g.a);                      //返回值为1，说明它继承了构造函数的初始值
e.a = 2;                               //修改实例e的属性a的值
console.log(e.a);                      //返回值为2，说明e的属性a的值改变了
console.log(g.a);                      //返回值为1，说明g的属性a的值没有受影响
```

上面示例演示了如果使用私有属性，则实例对象之间就不会相互影响。但是如果希望统一修改实例对象中包含的私有属性值，就需要一个个地修改，工作量会很大。

【示例 3】原型属性将会影响所有实例对象，修改任何原型属性值，则该构造函数的所有实例都会看到这种变化，这样就省去了私有属性修改的麻烦。

```
function f(){}                         //声明一个构造类型
f.prototype.a = 1;                     //为构造类型声明一个原型属性
var e =new f();                        //实例e
var g =new f();                        //实例g
console.log(e.a);                      //返回值为1，说明它继承了构造函数的初始值
console.log(g.a);                      //返回值为1，说明它继承了构造函数的初始值
f.prototype.a = 2;                     //修改原型属性值
console.log(e.a);                      //返回值为2，说明实例e的属性a的值改变了
console.log(g.a);                      //返回值为2，说明实例g的属性a的值改变了
```

在上面示例中，原型属性值会影响所有实例对象的属性值，对于原型方法也是如此，这里就不再说明。原型属性或原型方法可以在构造函数结构体内定义。

```
function f(){}                         //声明一个空的构造类型
f.prototype.a = 1;                     //在结构体外为构造类型声明一个原型属性
f.prototype.b = function(){            //在结构体外为构造类型声明一个原型方法
    return f.prototype.a;              //返回原型属性值
}
```

prototype 属性属于构造函数，所以必须使用构造函数通过点语法来调用 prototype 属性，再通过

prototype 属性来访问原型对象。原型属性与私有属性之间的关系如图 10.3 所示。

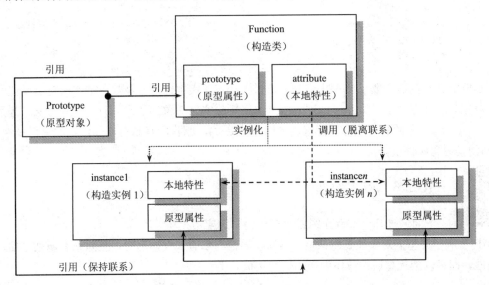

图 10.3 原型属性与私有属性之间的关系

Object 和 Function 都可以定义原型，它们的属性与原型关系如图 10.4 所示。

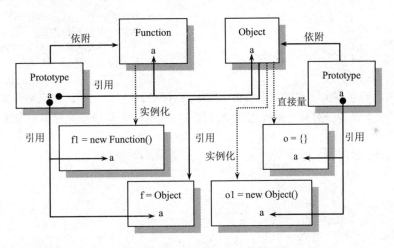

图 10.4 Function、Object、Prototype 及其属性间的关系

【示例 4】利用对象原型与私有属性之间的这种特殊关系可以设计以下有趣的演示效果。

```
function p(x,y,z){                          //构造函数
    this.x = x;                             //声明私有属性 x 并赋参数 x 的值
    this.y = y;                             //声明私有属性 y 并赋参数 y 的值
    this.z = z;                             //声明私有属性 z 并赋参数 z 的值
}
p.prototype.del = function(){               //定义原型方法
    for(var i in this){                     //遍历本地对象，删除实例内的所有属性和方法
        delete this[i];
    }
}
p.prototype = new p(1,2,3);                 //实例化，并把实例对象传递给原型对象
var p1 = new p(10,20,30);                   //实例化构造函数 p 为 p1
console.log(p1.x);                          //返回 10，私有属性 x 的值
```

```
console.log(p1.y);                      //返回20，私有属性 y 的值
console.log(p1.z);                      //返回30，私有属性 z 的值
p1.del();                               //调用原型方法，删除所有私有属性
console.log(p1.x);                      //返回1，原型属性 x 的值
console.log(p1.y);                      //返回2，原型属性 y 的值
console.log(p1.z);                      //返回3，原型属性 z 的值
```

上面示例定义了构造函数 p，声明了 3 个私有属性，并实例化构造函数，把实例对象赋值给构造函数的原型对象。同时定义了原型方法 del()，该方法将删除实例对象的所有私有属性和方法。最后，分别调用属性 x、y 和 z，返回的是私有属性值，调用方法 del()，删除所有私有属性，再次调用属性 x、y 和 z，则返回的是原型属性值。

10.3.6 应用原型

下面通过几个实例介绍原型在代码中的应用技巧。

【示例 1】利用原型为对象设置默认值。当原型属性与私有属性同名时，删除私有属性之后，可以访问原型属性，即可以把原型属性值作为初始化默认值。

```
function p(x){                          //构造函数
    if(x)                               //如果参数存在，则设置属性，该条件是关键
        this.x = x;                     //使用参数初始化私有属性 x 的值
}
p.prototype.x = 0;                      //利用原型属性，设置私有属性 x 的默认值
var p1 = new p();                       //实例化一个没有带参数的对象
console.log(p1.x);                      //返回0，即显示私有属性的默认值
var p2 = new p(1);                      //再次实例化，传递一个新的参数
console.log(p2.x);                      //返回1，即显示私有属性的初始化值
```

【示例 2】利用原型间接实现本地数据备份。把本地对象的数据完全赋值给原型对象，相当于为该对象定义一个副本，也就是备份对象。这样当对象属性被修改时，就可以通过原型对象来恢复本地对象的初始值。

```
function p(x){                          //构造函数
    this.x = x;
}
p.prototype.backup = function(){        //原型方法，备份本地对象的数据到原型对象中
    for(var i in this){
        p.prototype[i] = this[i];
    }
}
var p1 = new p(1);                      //实例化对象
p1.backup();                            //备份实例对象中的数据
p1.x =10;                               //改写本地对象的属性值
console.log(p1.x)                       //返回10，说明属性值已经被改写
p1 = p.prototype;                       //恢复备份
console.log(p1.x)                       //返回1，说明对象的属性值已经被恢复
```

【示例 3】利用原型还可以为对象属性设置"只读"特性，这在一定程序上可以避免对象内部数据被任意修改的问题。下面示例演示了如何根据平面上两点坐标来计算它们之间的距离。构造函数 p 用来设置定位点坐标，当传递两个参数值时，会返回以参数为坐标值的点。如果省略参数则默认点为原点（0,0）。而在构造函数 l 中通过传递的两点坐标对象计算它们的距离。

```
function p(x,y){                        //求坐标点构造函数
    if(x) this.x =x;                    //初始 x 轴值
    if(y) this.y = y;                   //初始 y 轴值
```

```
      p.prototype.x = 0;                          //默认 x 轴值
      p.prototype.y = 0;                          //默认 y 轴值
   }
   function l(a,b){                               //求两点距离构造函数
      var a = a;                                  //参数私有化
      var b = b;                                  //参数私有化
      var w = function(){                         //计算 x 轴距离，返回对函数引用
         return Math.abs(a.x - b.x);
      }
      var h = function(){                         //计算 y 轴距离，返回对函数引用
         return Math.abs(a.y - b.y);
      }
      this.length = function(){                   //计算两点距离，调用私有方法 w() 和 h()
         return Math.sqrt(w()*w() + h()*h());
      }
      this.b = function(){                        //获取起点坐标对象
         return a;
      }
      this.e = function(){                        //获取终点坐标对象
         return b;
      }
   }
   var p1 = new p(1,2);                           //实例化 p 构造函数，声明一个点
   var p2 = new p(10,20);                         //实例化 p 构造函数，声明另一个点
   var l1 = new l(p1,p2);                         //实例化 l 构造函数，传递两点对象
   console.log(l1.length())                       //返回 20.12461179749811，计算两点距离
   l1.b().x = 50;                                 //不经意改动方法 b() 的一个属性为 50
   console.log(l1.length())                       //返回 43.86342439892262，说明影响两点距离值
```

在测试中会发现，如果无意间修改了构造函数 l 的方法 b() 或 e() 的值，则构造函数 l 中的 length() 方法的计算值也随之发生变化。这种动态效果对于需要动态跟踪两点坐标变化来说，是非常必要的。但是，这里并不需要当初始化实例之后，随意地被改动坐标值。毕竟方法 b() 和 e() 与参数 a 和 b 是没有多大联系的。

为了避免因为改动方法 b() 的属性 x 值会影响两点距离，可以在方法 b() 和 e() 中新建一个临时性的构造类，设置该类的原型为 a，然后实例化构造类并返回，这样就阻断了方法 b() 与私有变量 a 的直接联系，它们之间仅是值的传递，而不是对对象 a 的引用，从而避免因为方法 b() 的属性值变化而影响私有对象 a 的属性值。

```
   this.b = function(){                           //方法 b()
      function temp(){};                          //临时构造类
      temp.prototype = a;                         //把私有对象传递给临时构造类的原型对象
      return new temp();                          //返回实例化对象，阻断直接返回 a 的引用关系
   }
   this.e = function(){                           //方法 f()
      function temp(){};                          //临时构造类
      temp.prototype = a;                         //把私有对象传递给临时构造类的原型对象
      return new temp();                          //返回实例化对象，阻断直接返回 a 的引用关系
   }
```

还有一种方法是在给私有变量 w 和 h 赋值时，不是赋值函数，而是函数调用表达式，这样私有变量 w 和 h 存储的是值类型数据，而不是对函数结构的引用，从而就不再受后期相关属性值的影响。

```
   function l(a,b){                               //求两点距离构造函数
      var a = a;                                  //参数私有化
```

```
    var b = b;                              //参数私有化
    var w = function(){                     //计算 x 轴距离，返回函数表达式的计算值
        return Math.abs(a.x - b.x);
    }()
    var h = function(){                     //计算 y 轴距离，返回函数表达式的计算值
        return Math.abs(a.y - b.y);
    }()
    this.length = function(){               //计算两点距离，直接使用私有变量 w 和 h 来计算
        return Math.sqrt(w()*w() + h()*h());
    }
    this.b = function(){                    //获取起点坐标对象
        return a;
    }
    this.e = function(){                    //获取终点坐标对象
        return b;
    }
}
```

【示例 4】利用原型进行批量复制。

```
function f( x ){                            //构造函数
    this.x = x;                            //声明私有属性
}
var a = [];                                //声明数组
for( var i = 0; i < 100; i ++ ){           //使用 for 循环结构批量复制构造类 f 的同一个实例
    a[i] = new f( 10 );                    //把实例分别存入数组
}
```

上面的代码演示了如何复制 100 次同一个实例对象。这种做法本无可非议，但是如果要在后期修改数组中每个实例对象时就会非常麻烦。现在可以尝试使用原型来进行批量复制操作。

```
function f( x ){                            //构造函数
    this.x = x;                            //声明私有属性
}
var a = [];                                //声明数组
function temp(){}                          //定义一个临时的空构造类 temp
temp.prototype = new f( 10 );              //实例化，并传递给构造类 temp 的原型对象
for( var i = 0; i < 100; i ++ ){           //使用 for 复制临时构造类 temp 的同一个实例
    a[i] = new temp();                     //把实例分别存入数组
}
```

把构造类 f 的实例存储在临时构造类的原型对象中，然后通过临时构造类 temp 实例来传递复制的值。这样，要想修改数组的值，只需要修改类 f 的原型即可，从而避免逐一修改数组中每个元素。

10.3.7　原型链

在 JavaScript 中，实例对象在读取属性时总是先检查私有属性。如果存在，则会返回私有属性值；否则就会检索 prototype 原型；如果找到同名属性，则返回 prototype 原型的属性值。

protoype 原型允许引用其他对象。如果在 protoype 原型中没有找到指定的属性，则 JavaScript 将会根据引用关系，继续检索 protoype 原型对象的 protoype 原型，以此类推。

【示例 1】下面示例演示了对象属性查找原型的基本方法和规律。

```
function a(x){                             //构造函数 a
    this.x = x;
}
a.prototype.x = 0;                         //原型属性 x 的值为 0
```

```
function b(x){                                    //构造函数 b
    this.x = x;
}
b.prototype = new a(1);                           //原型对象为构造函数 a 的实例
function c(x){                                     //构造函数 c
    this.x = x;
}
c.prototype = new b(2);                           //原型对象为构造函数 b 的实例
var d = new c(3);                                 //实例化构造函数 c
console.log(d.x);                                 //调用实例对象 d 的属性 x，返回值为 3
delete d.x;                                        //删除实例对象的私有属性 x
console.log(d.x);                                 //调用实例对象 d 的属性 x，返回值为 2
delete c.prototype.x;                             //删除 c 类的原型属性 x
console.log(d.x);                                 //调用实例对象 d 的属性 x，返回值为 1
delete b.prototype.x;                             //删除 b 类的原型属性 x
console.log(d.x);                                 //调用实例对象 d 的属性 x，返回值为 0
delete a.prototype.x;                             //删除 a 类的原型属性 x
console.log(d.x);                                 //调用实例对象 d 的属性 x，返回值为 undefined
```

原型链能够帮助用户更清楚地认识 JavaScript 面向对象的继承关系，如图 10.5 所示。

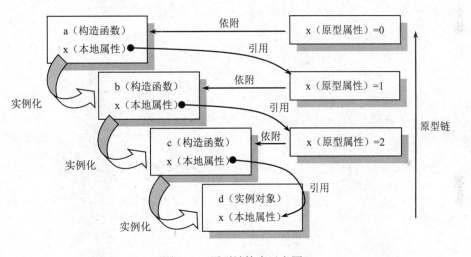

图 10.5　原型链检索示意图

【**示例 2**】在 JavaScript 中，一切都是对象，函数是第一型。Function 和 Object 都是函数的实例。构造函数的父原型指向 Function 的原型，Function.prototype 的原型是 Object 的原型，Object 的原型也指向 Function 的原型，Object.prototype 是所有原型的顶层。

```
Function.prototype.a = function(){                //Function 原型方法
    console.log( "Function" );
}
Object.prototype.a = function(){                  //Object 原型方法
    console.log( "Object" );
}
function f(){                                       //构造函数 f
    this.a = "a";
}
f.prototype = {                                    //构造函数 f 的原型方法
    w : function(){
        console.log( "w" );
```

```
   }
}
console.log( f instanceof Function );              //返回 true，说明 f 是 Function 的实例
console.log( f.prototype instanceof Object );      //返回 true，说明 f 的原型也是对象
console.log( Function instanceof Object );         //返回 true，说明 Function 是 Object 的实例
console.log( Function.prototype instanceof Object );//true，说明 Function 原型是 Object 的实例
console.log( Object instanceof Function );         //返回 true，说明 Object 是 Function 的实例
console.log( Object.prototype instanceof Function );//false，说明 Object.prototype 是原型顶层
```

10.3.8 原型继承

原型继承是一种简化的继承机制，也是 JavaScript 原生支持的继承模式。在原型继承中，类和实例概念被淡化了，一切都从对象的角度来考虑。原型继承不再需要使用类来定义对象的结构，直接定义对象，并被其他对象引用，这样就形成了一种继承关系，其中引用对象被称为原型对象。JavaScript 能够根据原型链来查找对象之间的这种继承关系。

【示例】下面使用原型继承的方法设计类型继承。

```
function A(x){                       //A 类
    this.x1= x;                      //A 的私有属性 x1
    this.get1 = function(){          //A 的私有方法 get1()
        return this.x1;
    }
}
function B(x){                       //B 类
    this.x2 = x;                     //B 的私有属性 x2
    this.get2 = function(){          //B 的私有方法 get2()
        return this.x2 + this.x2;
    };
}
B.prototype = new A(1);             //原型对象继承 A 的实例
function C(x){                       //C 类
    this.x3 = x;                     //C 的私有属性 x3
    this.get3 = function(){          //C 的私有方法 get3()
        return this.x3 * this.x3;
    };
}
C.prototype = new B(2);            //原型对象继承 B 的实例
```

在上面示例中，分别定义了 3 个构造函数，然后通过原型链把它们串连在一起，这样 C 就能够继承 B 和 A 函数的成员，而 B 能够继承 A 的成员。

prototype 最大的特点就是能够允许对象实例共享原型对象的成员。因此，如果把某个对象作为一个类型的原型，那么这个对象的类型也可以作为那些以这个对象为原型的实例的父类。

此时，可以在 C 的实例中调用 B 和 A 的成员。

```
var b = new B(2);                   //实例化 B
var c = new C(3);                   //实例化 C
console.log(b.x1);                  //在实例对象 b 中调用 A 的属性 x1，返回 1
console.log(c.x1);                  //在实例对象 c 中调用 A 的属性 x1，返回 1
console.log(c.get3());              //在实例对象 c 中调用 C 的方法 get3()，返回 9
console.log(c.get2());              //在实例对象 c 中调用 B 的方法 get2()，返回 4
```

基于原型的编程是面向对象编程的一种特定形式。在这种编程模型中，不需要声明静态类，而是通过复制已经存在的原型对象来实现继承关系的。因此，基于原型的模型没有类的概念，原型继承中的类

仅是一种模式，或者说是沿用面向对象编程的概念。

原型继承的优点是结构简练，使用简便，但是也存在以下几个缺点。

- ↘ 每个类型只有一个原型，所以它不支持多重继承。
- ↘ 不能友好地支持带参数的父类。
- ↘ 使用不灵活。在原型声明阶段实例化父类，并把它作为当前类型的原型，这限制了父类实例化的灵活性，无法确定父类实例化的时机和场合。
- ↘ prototype 属性固有的副作用。

10.3.9 扩展原型方法

JavaScript 允许通过 prototype 为原生类型扩展方法，扩展方法可以被所有对象调用。例如，通过 Function. prototype 为函数扩展方法，然后为所有函数调用。

【实现代码】

为 Function 添加一个原型方法 method，该方法可以为其他类型添加原型方法。

```
Function.prototype.method = function(name, func) {
    this.prototype[name] = func;
    return this;
};
```

【应用代码】

【示例1】下面利用 method 扩展方法为 Number 扩展一个 int 原型方法。该方法可以对浮点数进行取整。

```
Number.method('int', function() {
    return Math[this < 0 ? 'ceil' : 'floor'](this);
});
console.log((-10 / 3).int());                  //-3
```

Number.method 方法能够根据数字的正负来判断是使用 Math.ceil 还是 Math.floor，这样就不需要每次都编写上面的代码。

【示例2】下面利用 method 扩展方法为 String 扩展一个 trim 原型方法。该方法可以清除字符串左右两侧的空字符。

```
String.method('trim', function() {
    return this.replace(/^\s+|\s+$/g, '');
});
console.log('"' + " abc ".trim() + '"');     //返回带引号的字符串"abc"
```

trim 方法使用了一个正则表达式，把字符串中的左右两侧的空格符清除掉。

🚗 注意：

通过为原生的类型扩展方法，可以大大提高 JavaScript 编程灵活性。但是在扩展基类时务必小心，避免覆盖原生方法。建议在覆盖之前先确定是否已经存在该方法。

```
Function.prototype.method = function(name, func) {
    if(!this.prototype[name]) {                //检测是否已经存在同名属性
        this.prototype[name] = func;
        return this;
    }
};
```

另外，可以使用 hasOwnProperty 方法过滤原型属性或者私有属性。

10.4 类　型

JavaScript 是以对象为基础，以函数为模型，以原型为继承的面向对象开发模式。本节将介绍定义 JavaScript 类型的方法，以及实现继承的常用模式。

10.4.1 构造原型

直接使用 prototype 原型设计类的继承存在两个问题。

➥ 由于构造函数事先声明，而原型属性在类结构声明之后才被定义，因此无法通过构造函数参数向原型动态传递参数。这样实例化对象都是一个模样，没有个性。要改变原型属性值，则所有实例都会受到干扰。

➥ 当原型属性的值为引用类型数据时，如果在一个对象实例中修改该属性值，将会影响所有的实例。

【示例 1】简单定义 Book 类型，然后实例化。

```
function Book(){ }                          //声明构造函数
Book.prototype.o = {x:1,y:2}                //构造函数的原型属性 o 是一个对象
var book1 = new Book();                     //实例化对象 book1
var book2 = new Book();                     //实例化对象 book2
console.log(book1.o.x);                     //返回 1
console.log(book2.o.x);                     //返回 1
book2.o.x = 3;                              //修改实例化对象 book2 中的属性 x 的值
console.log(book1.o.x);                     //返回 3
console.log(book2.o.x);                     //返回 3
```

由于原型属性 o 为一个引用型的值，所以所有实例的属性 o 的值都是同一个对象的引用，一旦 o 的值发生变化，将会影响所有实例。

构造原型正是为了解决原型模式而诞生的一种混合设计模式，它把构造函数模式与原型模式混合使用，从而避免了上述问题的发生。

实现方法：对于可能会相互影响的原型属性，并且希望动态传递参数的属性，可以把它们独立出来使用构造函数模式进行设计。对于不需要个性设计、具有共性的方法或属性，则可以使用原型模式来设计。

【示例 2】遵循上述设计原则，把其中两个属性设计为构造函数模式，设计方法为原型模式。

```
function Book(title,pages){                 //构造函数模式设计
    this.title = title;
    this.pages = pages;
}
Book.prototype.what = function(){           //原型模式设计
    console.log(this.title +this.pages);
};
var book1 = new Book("JavaScript 程序设计",160);
var book2 = new Book("C 程序设计",240);
console.log(book1.title);
console.log(book2.title);
```

构造原型模式是 ECMAScript 定义类的推荐标准。一般建议使用构造函数模式定义所有属性，使用原型模式定义所有方法。这样所有方法都只创建一次，而每个实例都能够根据需要设置属性值。这也是使用最广的一种设计模式。

10.4.2 动态原型

根据面向对象的设计原则，类型的所有成员应该都被封装在类结构体内。例如：

```
function Book(title,pages){                     //构造函数模式设计
    this.title = title;
    this.pages = pages;
    Book.prototype.what = function(){           //原型模式设计，位于类的内部
        console.log(this.title +this.pages);
    };
}
```

但当每次实例化时，类 Book 中包含的原型方法就会被重复创建，生成大量的原型方法，浪费系统资源。可以使用 if 判断原型方法是否存在，如果存在就不再创建该方法，否则就创建方法。

```
function Book(title,pages){
    this.title = title;
    this.pages = pages;
    if(typeof Book.isLock == "undefined"){  //创建原型方法的锁，如果不存在则创建
        Book.prototype.what = function(){
            console.log(this.title +this.pages);
        };
        Book.isLock = true;                     //创建原型方法后，把锁锁上，避免重复创建
    }
}
var book1 = new Book("JavaScript 程序设计",160);
var book2 = new Book("C 程序设计",240);
console.log(book1.title);
console.log(book2.title);
```

typeof Book.isLock 表达式能够检测该属性值的类型，如果返回为 undefined 字符串，则不存在该属性值，说明没有创建原型方法，并允许创建原型方法，设置该属性的值为 true，这样就不用重复创建原型方法。这里使用类名 Book，而没有使用 this，这是因为原型是属于类本身的，而不是对象实例的。

📢 提示：

动态原型模式与构造原型模式在性能上是等价的，用户可以自由选择，不过构造原型模式应用比较广泛。

10.4.3 工厂模式

工厂模式是定义类型的最基本方法，也是 JavaScript 最常用的一种开发模式。它把对象实例化简单封装在一个函数中，然后通过调用函数，实现快速、批量生产实例对象。

【示例1】下面示例设计一个 Car 类型：包含汽车颜色、驱动轮数、百公里油耗 3 个属性，同时定义一个方法，用来显示汽车颜色。

```
function Car(color,drive,oil) {                  //汽车类
    var _car = new Object();                     //临时对象
    _car.color = color;                          //初始化颜色
    _car.drive = drive;                          //初始化驱动轮数
    _car.oil = oil;                              //初始化百公里油耗
    _car.showColor = function() {                //方法，提示汽车颜色
        console.log(this.color);
    };
    return _car;                                 //返回实例
```

```
}
var car1 = Car("red", 4, 8);
var car2 = Car("blue", 2, 6);
car1.showColor();                                    //输出 "red"
car2.showColor();                                    //输出 "blue"
```

上面代码是一个简单的工厂模式类型，使用 Car 类可以快速创建多个汽车实例，它们的结构相同，但是属性不同，可以初始化不同的颜色、驱动轮数和油耗指标。

【示例 2】在类型中，方法就是一种行为或操作，它能够根据初始化参数完成特定任务，具有共性。因此，可以考虑把方法置于 Car()函数外面，避免每次实例化时都要创建一次函数，让每个实例共享同一个函数。

```
function showColor(){                                //公共方法，提示汽车颜色
    console.log(this.color);
};
function Car(color,drive,oil) {                       //汽车类
    var _car = new Object();                          //临时对象
    _car.color = color;                               //初始化颜色
    _car.drive = drive;                               //初始化驱动轮数
    _car.oil = oil;                                   //初始化百公里油耗
    _car.showColor = showColor;                       //引用外部函数
    return _car;                                      //返回实例
}
```

在上面这段重写的代码中，在函数 Car()之前定义了函数 showColor()。在 Car()内部，通过引用外部 showColor()函数，避免了每次实例化时都要创建一个新的函数。从功能上讲，这样解决了重复创建函数的问题；但是从语义上讲，该函数不太像是对象的方法。

10.4.4　类继承

类继承的设计方法：在子类中调用父类构造函数。

在 JavaScript 中实现类继承，需要注意以下 3 个技术问题。

➥ 在子类中，使用 apply 调用父类，把子类构造函数的参数传递给父类构造函数。让子类继承父类的私有属性，即 Parent.apply(this, arguments);代码行。

➥ 在父类和子类之间建立原型链，即 Sub.prototype = new Parent();代码行。通过这种方式保证父类和子类是原型链上的上下级关系，即子类的 prototype 指向父类的一个实例。

➥ 恢复子类的原型对象的构造函数，即 Sub.prototype.constructor = Sub;语句行。当改动 prototype 原型时，就会破坏原来的 constructor 指针，所以必须重置 constructor。

【示例 1】下面示例演示了一个三重继承的案例，包括基类、父类和子类，它们逐级继承。

```
//基类 Base
function Base( x ){                                   //构造函数 Base
    this.get = function(){                            //私有方法，获取参数值
        return x;
    }
}
Base.prototype.has = function(){                      //原型方法，判断 get()方法返回值是否为 0
    return ! ( this.get() == 0 );
}
//父类 Parent
function Parent(){                                    //构造函数 Parent
    var a = [];                                       //私有数组 a
```

```
    a = Array.apply( a, arguments );              //把参数转换为数组
    Base.call( this, a.length );                  //调用 Base 类，并把参数数组长度传递给它
    this.add = function(){                         //私有方法，把参数数组补加到数组 a 中并返回
        return a.push.apply( a, arguments );
    }
    this.geta = function(){                        //私有方法，返回数组 a
        return a;
    }
}
Parent.prototype = new Base();                    //设置 Parent 原型为 Base 的实例，建立原型链
Parent.prototype.constructor = Parent;            //恢复 Parent 类原型对象的构造器
Parent.prototype.str = function(){                //原型方法，把数组转换为字符串并返回
    return this.geta().toString();
}
//子类 Sub
function Sub(){                                    //构造函数
    Parent.apply( this, arguments );              //调用 Parent 类，并把参数数组长度传递给它
    this.sort = function(){                        //私有方法，以字符顺序对数组进行排序
        var a = this.geta();                      //获取数组的值
        a.sort.apply( a, arguments );             //调用数组排序方法 sort()对数组进行排序
    }
}
Sub.prototype = new Parent();                     //设置 Sub 原型为 Parent 实例，建立原型链
Sub.prototype.constructor = Sub;                  //恢复 Sub 类原型对象的构造器
//父类 Parent 的实例继承类 Base 的成员
var parent = new Parent( 1, 2, 3, 4 );            //实例化 Parent 类
console.log( parent.get() );                      //返回 4，调用 Base 类的方法 get()
console.log( parent.has() );                      //返回 true，调用 Base 类的方法 has()
//子类 Sub 的实例继承类 Parent 和类 Base 的成员
var sub = new Sub( 30, 10, 20, 40 );              //实例化 Sub 类
sub.add( 6, 5 );                                  //调用 Parent 类方法 add()，补加数组
console.log( sub.geta() );                        //返回数组 30，10，20，40，6，5
sub.sort();                                       //排序数组
console.log( sub.geta() );                        //返回数组 10，20，30，40，5，6
console.log( sub.get() );                         //返回 4，调用 Base 类的方法 get()
console.log( sub.has() );                         //返回 true，调用 Base 类的方法 has()
console.log( sub.str() );                         //返回 10，20，30，40，5，6
```

【设计思路】

设计子类 Sub 继承父类 Parent，而父类 Parent 又继承基类 Base。Base、Parent、Sub 三个类之间的继承关系是通过在子类中调用父类的构造函数来维护的。

例如，在 Sub 类中，Parent.apply(this, arguments);能够在子类中调用父类，并把子类的参数传递给父类，从而使子类拥有父类的所有属性。

同理，在父类中，Base.call(this, a.length);把父类的参数长度作为值传递给基类，并进行调用，从而实现父类拥有基类的所有成员。

从继承关系上看，父类继承了基类的私有方法 get()，为了确保能够继承基类的原型方法，还需要为它们建立原型链，从而实现原型对象的继承关系，方法是添加语句行 Parent.prototype = new Base();。

同理，在子类中添加语句 Sub.prototype = new Parent();，这样通过原型链就可以把基类、父类和子类串连在一起，从而实现子类能够继承父类属性，还可以继承基类的属性。

【示例 2】下面尝试把类继承模式封装起来，以便规范代码应用。

【实现代码】

```
function extend(Sub,Sup){                              //类继承封装函数
    var F = function(){};                              //定义一个空函数
    F.prototype = Sup.prototype;                       //设置空函数的原型为父类的原型
    Sub.prototype = new F();                           //实例化空函数，并把父类原型引用传递给子类
    Sub.prototype.constructor = Sub;                   //恢复子类原型的构造器为子类自身
    Sub.sup = Sup.prototype;                           //在子类定义一个私有属性存储父类原型
    //检测父类原型构造器是否为自身
    if(Sup.prototype.constructor == Object.prototype.constructor){
        Sup.prototype.constructor =Sup                 //类继承封装函数
    }
}
```

【操作步骤】

第 1 步，定义一个封装函数。设计入口为子类和父类对象，函数功能是子类能够继承父类的所有原型成员，不设计出口。

```
function extend(Sub,Sup){                              //类继承封装函数
    //其中参数 Sub 表示子类，Sup 表示父类
}
```

第 2 步，在函数体内，首先定义一个空函数 F，用来实现功能中转。设计它的原型为父类的原型，然后把空函数的实例传递给子类的原型，这样就避免了直接实例化父类可能带来的系统负荷。因为在实际开发中，父类的规模可能会很大，如果实例化，会占用大量内存。

第 3 步，恢复子类原型的构造器为子类自己。同时，检测父类原型构造器是否与 Object 的原型构造器发生耦合。如果是，则恢复它的构造器为父类自身。

【应用代码】

下面定义两个类，尝试把它们绑定为继承关系。

```
function A(x){                                         //构造函数 A
    this.x = x;                                        //私有属性 x
    this.get = function(){                             //私有方法 get()
        return this.x;
    }
}
A.prototype.add = function(){                          //原型方法 add()
    return this.x + this.x;
}
A.prototype.mul = function(){                          //原型方法 mul()
    return this.x * this.x;
}
function B(x){                                         //构造函数 B
    A.call(this,x);                                    //在函数体内调用构造函数 A，实现内部数据绑定
}
extend(B,A);                                           //调用封装函数，把 A 和 B 的原型捆绑在一起
var f = new B(5);                                      //实例化类 B
console.log(f.get())                                   //继承类 A 的方法 get()，返回 5
console.log(f.add())                                   //继承类 A 的方法 add()，返回 10
console.log(f.mul())                                   //继承类 A 的方法 mul()，返回 25
```

提示：

在继承类封装函数中，有这么一句 Sub.sup = Sup.prototype;，在上面的代码中没有被利用，那么它有什么作用呢？为了解答这个问题，先看下面的代码。

```
extend(B,A);
```

```
B.prototype.add = function(){            //为 B 类定义一个原型方法
    return this.x + "" + this.x
}
```

上面的代码是在调用封装函数之后，再为 B 类定义了一个原型方法，该方法名与基类中原型方法 add()
同名，但是功能不同。如果此时测试程序，会发现子类 B 定义的原型方法 add()将会覆盖父类 A 的原型
方法 add()。

```
console.log(f.add())                     //返回字符串 55，而不是数值 10
```

如果在 B 类的原型方法 add()中调用父类的原型方法 add()，避免代码耦合现象发生。

```
B.prototype.add = function(){            //定义子类 B 的原型方法 add()
    return B.sup.add.call(this);         //在函数内部调用父类方法 add()
}
```

10.5　模　块　化

模块就是提供一个接口，却隐藏状态与实现的函数或对象。一般在开发中使用闭包函数来构建模块，
摒弃全局变量的滥用，规避 JavaScript 缺陷。

📢 提示：

全局变量是 JavaScript 最糟糕的特性之一，在一个大中型 Web 应用中，全局变量简直就是一个魔鬼，可能带来
无穷的灾难。

【示例 1】本例为 String 扩展一个 toHTML 原型方法，该方法能够把字符串中的 HTML 转义字符替
换为对应的字符。

```
//为 Function 增加 method 原型方法
Function.prototype.method = typeof Function.prototype.method === "function" ?
    Function.prototype.method :         //先检测是否已经存在该方法，否则定义函数
    function (name, func) {
        if(!this.prototype[name]){      //检测当前类型中是否存在指定名称的原型
            this.prototype[name] = func; //绑定原型方法
        }
        return this;                    //返回类型
    };
String.method('toHTML', function() {    //为 String 增加 toHTML 原型方法
    var entity = {                      //过滤的转义字符实体
        quot : '"',
        lt : '<',
        gt : '>'
    };
    return function() {                 //返回方法的函数体
        return this.replace(/&([^&;]+);/g, function(a, b) { //匹配字符串中 HTML 转义字符
            var r = entity[b];          //映射转义字符实体
            return typeof r === 'string' ? r : a; //替换并返回
        });
    };
}());                                   //生成闭包体
```

在上面代码中，为 String 类型扩展了一个 toHTML 原型方法，它调用 String 对象的 replace 方法来查
找以'&'开头和以';'结束的子字符串。如果这些字符可以在转义字符实体表 entity 中找到，那么就将该字
符实体替换为映射表中的值。toHTML 方法用到了一个正则表达式。

```
return this.replace(/&([^&;]+);/g, function(a, b) {
    var r = entity[b];
    return typeof r === 'string' ? r : a;
}));
```

在最后一行使用()运算符立刻调用刚刚构造出来的函数。这个调用所创建并返回的函数才是 toHTML 方法。

```
console.log('&lt;&quot;&gt;');              //&lt;&quot;&gt;
console.log('&lt;&quot;&gt;'.toHTML());     //<">
```

模块利用函数作用域和闭包来创建绑定对象与私有属性的关联。在这个示例中，只有 toHTML 方法才有权访问字符实体表 entity 这个数据对象。

模块开发的一般形式：一个定义了私有变量和函数的函数，利用闭包创建可以访问到的私有变量和函数的特权函数，最后返回这个特权函数，或者把它们保存到可访问的地方。

使用模块可以避免全局变量的滥用，从而保护信息的安全性，实现优秀的设计实践。使用这种模式也可以实现应用程序的封装，或者构建其他框架。

🔊 提示：

模块模式通常结合实例模式使用。JavaScript 的实例就是用对象字面量表示法创建的，对象的属性值可以是数值或函数，并且属性值在该对象的生命周期中不会发生变化。模块通常作为工具为程序其他部分提供功能支持。通过这种方式能够构建比较安全的对象。

【示例 2】下面示例设计一个能够自动生成序列号的对象。toSerial()函数返回一个能够产生唯一序列字符串的对象。这个字符串由两部分组成：字符前缀+序列号。这两部分可以分别使用 setPrefix 和 setSerial 方法进行设置，然后调用实例对象的 get 方法来读取这个字符串。每执行该方法，都会自动产生唯一一个序列字符串。

```
var toSerial = function() {                     //包装函数
    var prefix = '';                            //私有变量，前缀字符，默认为空字符
    var serial = 0;                             //私有变量，序列号，默认为 0
    return {                                    //返回一个对象直接量
        setPrefix : function(p) {               //设置前缀字符
            prefix = String(p);                 //强制转换为字符串
        },
        setSerial : function(s) {               //设置序列号
            serial = typeof s == "number"? s : 0; //如果参数不是数字，则设置为 0
        },
        get : function() {                      //读取自动生成的序列号
            var result = prefix + serial;
            serial += 1;                        //递增序列号
            return result;                      //返回结果
        }
    };
};
var serial = toSerial();                        //获取生成序列号对象
serial.setPrefix('No.');                        //设置前缀字符串
serial.setSerial(100);                          //设置起始序号
console.log( serial.get() );                    //"No.100"
console.log( serial.get() );                    //"No.101"
console.log( serial.get() );                    //"No.102"
```

serial 对象包含的方法都没有使用 this 或 that，因此没有办法损害 serial，除非调用对应的方法，否

则不能改变 prefix 或 serial 的值。serial 对象是可变的，所以它的方法可能会被替换掉，但是替换后的方法依然不能访问私有成员。如果把 serial.get 作为一个值传递给第三方函数，那么这个函数只能通过它产生唯一字符串，不能通过它来改变 prefix 或 serial 的值。

10.6　案 例 实 战

本节模拟 jQuery 框架设计一个 Web 应用模型，训练 JavaScript 面向对象的编程技能。

10.6.1　定义类型

在 JavaScript 中，可以把构造函数理解为一个类型，这个类型是 JavaScript 面向对象编程的基础。定义一个函数就相当于构建了一个类型，然后借助这个类型来实例化对象。

【示例】下面代码定义一个空类型，类名是 jQuery。

```
var jQuery = function(){
    //函数体
}
```

下面为 jQuery 扩展原型。

```
var jQuery = function(){}
jQuery.prototype = {
    //扩展的原型对象
}
```

为 jQuery 的原型起个别名：fn。如果直接命名为 fn，则表示它属于 window 对象，这样不安全。更安全的方法是为 jQuery 类型对象定义一个静态引用 jQuery.fn，然后，把 jQuery 的原型对象传递给这个属性 Query.fn。实现代码如下：

```
jQuery.fn = jQuery.prototype = {
    //扩展的原型对象
}
```

jQuery.fn 引用 jQuery.prototype，因此要访问 jQuery 的原型对象，可以使用 jQuery.fn，直接使用 jQuery.prototype 也是可以的。

下面为 jQuery 类型起个别名：$。

```
var $ = jQuery = function(){}
```

模仿 jQuery 框架，给 jQuery 原型添加两个成员，一个是原型属性 version；另一个是原型方法 size()，分别定义 jQuery 框架的版本号和 jQuery 对象的长度。

```
var $ = jQuery = function(){}
jQuery.fn = jQuery.prototype = {
    version: "3.2.1",              //原型属性
    size: function() {            //原型方法
        return this.length;
    }
}
```

10.6.2　返回 jQuery 对象

本节介绍如何调用原型成员：version 属性和 size()方法。

一般可以按以下方式调用。

```
var test = new $();                    //实例化
console.log( test.version );           //读取属性，返回"3.2.1"
console.log( test.size() );            //调用方法，返回 undefined
```

但是，jQuery 框架按下面方法进行调用。

```
$().version;
$().size();
```

jQuery 没有使用 new 命令调用 jQuery 构造函数，而是直接使用小括号运算符调用 jQuery() 构造函数，然后在后面直接访问原型成员。

如何实现这样的操作呢？

【示例 1】可以使用 return 语句返回一个 jQuery 实例。

```
var $ = jQuery = function(){
    return new jQuery();                //返回类的实例
}
jQuery.fn = jQuery.prototype = {
    version: "3.2.1",                   //原型属性
    size: function() {                  //原型方法
        return this.length;
    }
}
```

执行下面的代码，则会出现如图 10.6 所示的内存溢出错误。

```
$().version;
$().size();
```

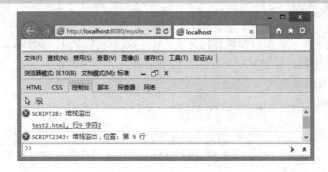

图 10.6 提示内存溢出错误

这说明在构造函数内部实例化对象是不允许的，因为这个引用会导致死循环。

【示例 2】下面尝试使用工厂模式进行设计：在 jQuery() 构造函数中返回 jQuery 的原型引用。

```
var $ = jQuery = function(){
    return jQuery.prototype;            //返回类的原型
}
jQuery.fn = jQuery.prototype = {
    version: "3.2.1",                   //原型属性
    size: function() {                  //原型方法
        return this.length;
    }
}
console.log($().version );             //读取属性，返回"3.2.1"
console.log($().size() );              //调用方法，返回 undefined
```

【示例 3】示例 2 基本实现了 $().size() 这种形式的用法，但是在构造函数中直接返回原型对象，设计思路过于狭窄，无法实现框架内部的管理和扩展。下面模拟其他面向对象语言的设计模式：在类型内部定义一个初始化构造函数 init()，当类型实例化后，直接执行初始化构造函数 init()，然后再返回 jQuery

的原型对象。

```
var $ = jQuery = function(){
    return jQuery.fn.init();                    //调用原型方法 init()，模拟类的初始化构造函数
}
jQuery.fn = jQuery.prototype = {
    init : function(){                           //在原型的初始化方法中返回原型对象
        return this;
    },
    version: "3.2.1",                            //原型属性
    size: function() {                           //原型方法
        return this.length;
    }
}
console.log($().version );                       //读取属性，返回"3.2.1"
console.log($().size() );                        //调用方法，返回 undefined
```

10.6.3　设计作用域

10.6.2 节模拟 jQuery 的用法，让 jQuery() 返回 jQuery 类型的原型。实现方法：定义初始化函数 init() 返回 this，而 this 引用的是 jQuery 原型 jQuery.prototype。但是，在使用过程中也会发现一个问题：作用域混乱，给后期的扩展带来隐患。下面结合一个示例进行说明。

【示例 1】定义 jQuery 原型中包含一个 length 属性，同时初始化函数 init() 内部也包含一个 length 属性和一个 _size() 方法。

```
var $ =jQuery = function(){
    return jQuery.fn.init();
}
jQuery.fn = jQuery.prototype = {
    init : function(){
        this.length = 0;                        //原型属性
        this._size = function(){                //原型方法
            return this.length;
        }
        return this;
    },
    length: 1,
    version: "3.2.1",                           //原型属性
    size: function() {                          //原型方法
        return this.length;
    }
}
console.log( $().version);                       //返回"3.2.1"
console.log( $()._size());                       //返回 0
console.log( $().size());                        //返回 0
```

运行示例 1 可以看到 init() 函数内的 this 与外面的 this 均引用同一个对象：jQuery.prototype 原型对象。因此，会出现 init() 函数内部的 this.length 会覆盖掉外部的 this.length。

简单概括：初始化函数 init() 的内、外作用域缺乏独立性，对于 jQuery 这样的框架来说，很可能造成消极影响。而 jQuery 框架是通过下面方式调用 init() 初始化函数的。

```
var $ =jQuery = function( selector, context ){
    return new jQuery.fn.init(selector, context );     //实例化 init()，分隔作用域
}
```

使用 new 命令调用初始化函数 init()，创建一个独立的实例对象，这样就分隔了 init()函数内外的作用域，确保内外 this 引用不同。

【示例2】修改示例 1 中的 jQuery()，使用 return 返回新创建的实例。

```
var $ =jQuery = function(){
    return new jQuery.fn.init();
}
jQuery.fn = jQuery.prototype = {
    init : function(){
        this.length = 0;                        //本地属性
        this._size = function(){                //本地方法
            return this.length;
        }
        return this;
    },
    length: 1,
    version: "3.2.1",                           //原型属性
    size: function() {                          //原型方法
        return this.length;
    }
}
console.log( $().version);                      //返回undefined
console.log( $()._size());                      //返回0
console.log( $().size());                       //抛出异常
```

运行示例 2 会发现：由于作用域被阻断，导致无法访问 jQuery.fn 对象的属性或方法。

10.6.4　跨域访问

下面来探索如何越过作用域的限制，实现跨域访问外部的 jQuery.prototype。

分析 jQuery 框架源码，发现它是通过原型传递解决这个问题的。实现方法：把 jQuery.fn 传递给 jQuery.fn.init.prototype，用 jQuery 的原型对象覆盖掉 init 的原型对象，从而实现跨域访问。

【示例】下面代码具体演示了跨域访问的过程。

```
var $ =jQuery = function(){
    return new jQuery.fn.init();
}
jQuery.fn = jQuery.prototype = {
    init : function(){
        this.length = 0;                        //本地属性
        this._size = function(){                //本地方法
            return this.length;
        }
        return this;
    },
    length: 1,
    version: "3.2.1",                           //原型属性
    size: function() {                          //原型方法
        return this.length;
    }
}
jQuery.fn.init.prototype = jQuery.fn;          //使用jQuery的原型对象覆盖init的原型对象
console.log( $().version );                    //返回"3.2.1"
```

```
console.log( $()._size() );                         //返回 0
console.log( $().size() );                          //返回 0
```

new jQuery.fn.init()将创建一个新的实例对象，它拥有 init 类型的 prototype 原型对象，现在通过改变 prototype 指针，使其指向 jQuery 类的 prototype，这样新实例实际上就继承了 jQuery.fn 原型对象的成员。

10.6.5 设计选择器

前面几节分步讲解了 jQuery 框架模型的顶层逻辑结构。下面再来探索 jQuery 内部的核心功能：选择器。使用过 jQuery 的用户应该熟悉，jQuery 返回的是 jQuery 对象，jQuery 对象实际上就是伪类数组。

【示例】下面示例尝试为 jQuery()函数传递一个参数，并让它返回一个 jQuery 对象。

jQuery()构造函数包含两个参数：selector 和 context。其中 selector 表示选择器，context 表示匹配的下上文，即可选择的范围，它表示一个 DOM 元素。为了简化操作，本例假设选择器的类型仅为标签选择器。实现的代码如下：

```
<script>
    var $ =jQuery = function(selector, context ){          //jQuery 构造函数
        return new jQuery.fn.init(selector, context );    //jQuery 实例对象
    }
    jQuery.fn = jQuery.prototype = {                      //jQuery 原型对象
        init : function(selector, context){              //初始化构造函数
            selector = selector || document;             //初始化选择器，默认值为 document
            context = context || document;               //初始化上下文对象，默认值为 document
            if ( selector.nodeType ) {                   //如果是 DOM 元素
                this[0] = selector;                      //直接把该 DOM 元素传递给实例对象的伪数组
                this.length = 1;                         //设置实例对象的 length 属性,表示包含 1 个元素
                this.context = selector;                 //重新设置上下文为 DOM 元素
                return this;                             //返回当前实例
            }
            if ( typeof selector === "string" ) { //如果是选择符类型的字符串
                var e = context.getElementsByTagName(selector);   //获取指定名称的元素
                for(var i = 0;i<e.length;i++){ //使用 for 把所有元素传入到当前实例数组中
                    this[i] = e[i];
                }
                this.length = e.length;                  //设置实例的 length 属性, 定义包含元素的个数
                this.context = context;                  //保存上下文对象
                return this;                             //返回当前实例
            } else{
                this.length = 0;                         //设置实例的 length 属性值为 0, 表示不包含元素
                this.context = context;                  //保存上下文对象
                return this;                             //返回当前实例
            }
        }
    }
    jQuery.fn.init.prototype = jQuery.fn;
    window.onload = function(){
        console.log( $("div").length );                  //返回 3
    }
</script>
<div></div>
<div></div>
<div></div>
```

在上面示例中，$("div")基本拥有了 jQuery 框架中$("div")选择器的功能，使用它可以选取页面中的指定范围的 div 元素。同时，读取 length 属性可以返回 jQuery 对象的长度。

10.6.6　设计迭代器

10.6.5 节探索了 jQuery 选择器的基本实现方法，下面探索如何操作 jQuery 对象。

在 jQuery 框架中，jQuery 对象是一个普通的 JavaScript 对象，但是它以索引数组的形式包含了一组数据，这组数据就是使用选择器匹配的所有 DOM 元素。

操作 jQuery 对象实际上就是操作这些 DOM 元素，但是无法直接使用 JavaScript 方法来操作 jQuery 对象。只有逐一读取它包含的每一个 DOM 元素，才能够实现各种操作，如插入、删除、嵌套、赋值、读写属性等。

在实际使用 jQuery 的过程中，我们可以看到类似下面的 jQuery 用法。

```
$("div").html()
```

也就是直接在 jQuery 对象上调用 html()方法来操作 jQuery 包含的所有 DOM 元素。那么这个功能是怎么实现的呢？

jQuery 定义了一个工具函数 each()，利用这个工具可以遍历 jQuery 对象中所有的 DOM 元素，并把操作 jQuery 对象的行为封装到一个回调函数中，然后通过在每个 DOM 元素上调用这个回调函数来实现逐一操作每个 DOM 元素。

实现代码如下：

```
var $ =jQuery = function(selector, context){    //jQuery 构造函数
    return new jQuery.fn.init(selector, context ); //jQuery 实例对象
}
jQuery.fn = jQuery.prototype = {                    //jQuery 原型对象
    init : function(selector, context){             //初始化构造函数
        selector = selector || document;            //初始化选择器，默认值为 document
        context = context || document;              //初始化上下文对象，默认值为 document
        if ( selector.nodeType ) {                  //如果是 DOM 元素
            this[0] = selector;                     //直接把该 DOM 元素传递给实例对象的伪数组
            this.length = 1;                        //设置实例对象的 length 属性，表示包含 1 个元素
            this.context = selector;                //重新设置上下文为 DOM 元素
            return this;                            //返回当前实例
        }
        if ( typeof selector === "string" ) {   //如果是选择符字符串
            var e = context.getElementsByTagName(selector);   //获取指定名称的元素
            for(var i = 0;i<e.length;i++){           //使用 for 把所有元素传入当前实例数组中
                this[i] = e[i];
            }
            this.length = e.length;                 //设置实例的 length 属性，定义包含元素的个数
            this.context = context;                 //保存上下文对象
            return this;                            //返回当前实例
        } else{
            this.length = 0;                        //设置实例的 length 属性值为 0,表示不包含元素
            this.context = context;                 //保存上下文对象
            return this;                            //返回当前实例
        }
    },
    html: function(val){ //模仿 jQuery 的 html()方法，为匹配 DOM 元素插入 html 字符串
        jQuery.each(this, function(val){            //为每一个 DOM 元素执行回调函数
            this.innerHTML = val;
```

```
        }, val);
    }
}
jQuery.fn.init.prototype = jQuery.fn;
//扩展方法：jQuery 迭代函数
jQuery.each = function( object, callback, args ){
    for(var i = 0; i<object.length; i++){        //使用 for 迭代 jQuery 对象中每个 DOM 元素
        callback.call(object[i],args);           //在每个 DOM 元素上调用回调函数
    }
    return object;                               //返回 jQuery 对象
}
```

在上面的代码中，为 jQuery 对象绑定 html()方法，然后利用 jQuery()选择器获取页面中所有的 div 元素，调用 html()方法，为所有匹配的元素插入 HTML 字符串。

🚗 注意：

each()的当前作用对象是 jQuery 对象，故 this 指向当前 jQuery 对象；而在 html()内部，由于是在指定 DOM 元素上执行操作，则 this 指向的是当前 DOM 元素，不再是 jQuery 对象。

最后，在页面中进行测试，预览效果如图 10.7 所示。

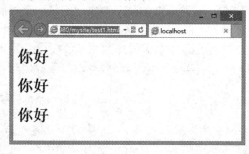

图 10.7　操作 jQuery 对象

```
<script>
    window.onload = function(){
        $("div").html("<h1>你好</h1>");
    }
</script>
<div></div>
<div></div>
<div></div>
```

当然，上面示例所定义的 each()函数和 html()方法的功能比较有限。在 jQuery 框架中，它封装的 each()函数功能就很强大，具体代码我们将在后面章节中详细讲解。

10.6.7　设计扩展

jQuery 提供了良好的扩展接口，方便用户自定义 jQuery 方法。根据设计习惯，如果为 jQuery 或者 jQuery.prototype 新增方法时，可以直接通过点语法，或者在 jQuery.prototype 对象结构内增加。但是，如果分析 jQuery 源码，会发现它是通过 extend()函数来实现功能扩展的。

【示例 1】下面代码是 jQuery 框架通过 extend()函数扩展的功能。

```
jQuery.extend({                              //扩展工具函数
    noConflict: function( deep ) {},
    isFunction: function( obj ) {},
    isArray: function( obj ) {},
```

```
    isXMLDoc: function( elem ) {},
    globalEval: function( data ) {}
});
```

或者

```
jQuery.fn.extend({                              //扩展 jQuery 对象方法
    show: function(speed,callback){},
    hide: function(speed,callback){},
    toggle: function( fn, fn2 ){},
    fadeTo: function(speed,to,callback){},
    animate: function( prop, speed, easing, callback ) {},
    stop: function(clearQueue, gotoEnd){}
});
```

　　这样做有什么好处呢？方便用户快速扩展 jQuery 功能，但不会破坏 jQuery 框架的结构。如果直接在 jQuery 源码中添加方法，这样容易破坏 jQuery 框架的纯洁性，也不方便后期代码维护。如果不需要某个插件，使用 jQuery 提供的扩展工具添加，只需要简单地删除即可，而不需要在 jQuery 源码中去寻找要删除的代码段。

　　extend()函数的功能很简单，它只是把指定对象的方法复制给 jQuery 对象或者 jQuery.prototype。

　　【示例 2】在下面示例中，为 jQuery 类型和 jQuery 对象定义了一个扩展函数 extend()，设计把参数对象包含的所有属性复制给 jQuery 或者 jQuery.prototype，这样就可以实现动态扩展 jQuery 的方法。

```
var $ =jQuery = function(selector, context){    //jQuery 构造函数
    return new jQuery.fn.init(selector, context); //jQuery 实例对象
}
jQuery.fn = jQuery.prototype = {                //jQuery 原型对象
    init : function(selector, context){         //初始化构造函数
        selector = selector || document;        //初始化选择器，默认值为 document
        context = context || document;          //初始化上下文对象，默认值为 document
        if ( selector.nodeType ) {              //如果是 DOM 元素
            this[0] = selector;                 //直接把该 DOM 元素传递给实例对象的伪数组
            this.length = 1;                    //设置实例对象的 length 属性，表示包含 1 个元素
            this.context = selector;            //重新设置上下文为 DOM 元素
            return this;                        //返回当前实例
        }
        if ( typeof selector === "string" ) {   //如果是选择符字符串
            var e = context.getElementsByTagName(selector);  //获取指定名称的元素
            for(var i = 0;i<e.length;i++){      //使用 for 把所有元素传入当前实例数组中
                this[i] = e[i];
            }
            this.length = e.length;             //设置实例的 length 属性，定义包含元素的个数
            this.context = context;             //保存上下文对象
            return this;                        //返回当前实例
        } else{
            this.length = 0;                    //设置实例的 length 属性值为 0，表示不包含元素
            this.context = context;             //保存上下文对象
            return this;                        //返回当前实例
        }
    }
}
jQuery.fn.init.prototype = jQuery.fn;
//扩展方法：jQuery 迭代函数
jQuery.each = function( object, callback, args ){
    for(var i = 0; i<object.length; i++){       //使用 for 迭代 jQuery 对象中每个 DOM 元素
```

```
        callback.call(object[i],args);              //在每个DOM元素上调用回调函数
    }
    return object;                                   //返回jQuery对象
}
//jQuery扩展函数
jQuery.extend = jQuery.fn.extend = function(obj) {
    for (var prop in obj) {
        this[prop] = obj[prop];
    }
    return this;
}
//jQuery对象扩展方法
jQuery.fn.extend({
    html: function(val){ //模仿jQuery的html()方法，为匹配DOM元素插入html字符串
        jQuery.each(this, function(val){          //为每一个DOM元素执行回调函数
            this.innerHTML = val;
        }, val);
    }
})
window.onload = function(){
    $("div").html("<h1>你好</h1>");
}
```

在上面示例中，先定义一个jQuery扩展函数extend()，然后为jQuery.fn原型对象调用extend()函数，为其添加一个jQuery方法html()。这样就可以设计出与10.6.6节相同的示例效果。

10.6.8 传递参数

很多jQuery方法如果包含参数，一般都要求传递参数对象。例如：

```
$.ajax({
    type: "GET",
    url: "test.js",
    dataType: "script"
});
```

使用对象直接量作为参数进行传递，方便参数管理。当方法或者函数的参数长度不固定时，使用对象直接量作为参数进行传递有以下优势。

↘ 参数个数不受限制。

↘ 参数顺序可以随意。

这体现了jQuery用法的灵活性。

如果ajax()函数的参数长度和位置是固定的，如$.ajax("GET", "test.js","script")。这种用法本身没有问题，但是很多jQuery方法包含大量的可选参数，参数位置没有必要限制，再使用传统方式来设计参数，就比较麻烦。所以使用对象直接量作为参数进行传递，是最佳的解决方法。

【示例】使用对象直接量作为参数进行传递，就涉及参数处理问题，如何解析并提取参数，如何处理默认值问题，我们可以通过下面的方式来实现。

【操作步骤】

第1步，在前面示例基础上重新编写jQuery.extend()工具函数。

```
var $ =jQuery = function(selector, context){              //jQuery构造函数
    return new jQuery.fn.init(selector, context);    //jQuery实例对象
}
```

```
jQuery.fn = jQuery.prototype = {                    //jQuery 原型对象
    init : function(selector, context){             //初始化构造函数
        selector = selector || document;            //初始化选择器，默认值为 document
        context = context || document;              //初始化上下文对象，默认值为 document
        if ( selector.nodeType ) {                  //如果是 DOM 元素
            this[0] = selector;                     //直接把该 DOM 元素传递给实例对象的伪数组
            this.length = 1;                        //设置实例对象的 length 属性，表示包含 1 个元素
            this.context = selector;                //重新设置上下文为 DOM 元素
            return this;                            //返回当前实例
        }
        if ( typeof selector === "string" ) {       //如果是选择符字符串
            var e = context.getElementsByTagName(selector);  //获取指定名称的元素
            for(var i = 0;i<e.length;i++){          //使用 for 把所有元素传入当前实例数组中
                this[i] = e[i];
            }
            this.length = e.length;                 //设置实例的 length 属性，定义包含元素的个数
            this.context = context;                 //保存上下文对象
            return this;                            //返回当前实例
        } else{
            this.length = 0;                        //设置实例的 length 属性值为 0，表示不包含元素
            this.context = context;                 //保存上下文对象
            return this;                            //返回当前实例
        }
    }
}
jQuery.fn.init.prototype = jQuery.fn;
//扩展方法：jQuery 迭代函数
jQuery.each = function( object, callback, args ){
    for(var i = 0; i<object.length; i++){           //使用 for 迭代 jQuery 对象中每个 DOM 元素
        callback.call(object[i],args);              //在每个 DOM 元素上调用回调函数
    }
    return object;                                  //返回 jQuery 对象
}
/*重新定义 jQuery 扩展函数****************************************************/
jQuery.extend = jQuery.fn.extend = function() {
    var destination = arguments[0], source = arguments[1];//获取第 1 个和第 2 个参数
    //如果两个参数都存在，且都为对象
    if( typeof destination == "object" && typeof source == "object"){
        //把第 2 个参数对合并到第 1 个参数对象中，并返回合并后的对象
        for (var property in source) {
            destination[property] = source[property];
        }
        return destination;
    }else{//如果包含一个参数，则为 jQuery 扩展功能，把插件复制到 jQuery 原型对象上
        for (var prop in destination) {
            this[prop] = destination[prop];
        }
        return this;
    }
}
```

在上面代码中重写了 jQuery.extend()工具函数，让它实现了两个功能：合并对象、为 jQuery 扩展插件。

为此，在工具函数中使用 if 条件语句检测参数对象 arguments 所包含的参数个数，以及参数类型，

来决定是合并对象还是扩展插件。

如果用户给了两个参数，且都为对象，则把第 2 个对象合并到第 1 个对象中，并返回第 1 个对象；如果用户给了一个参数，则继续沿用前面的设计方法，把参数对象复制到 jQuery 原型对象上，实现插件扩展。

第 2 步，利用 jQuery.extend()工具函数为 jQuery 扩展了一个插件 fontStyle()，使用这个插件可以定义网页字体样式。

```
//jQuery 对象扩展方法
jQuery.fn.extend({
    fontStyle: function(obj){                      //设置字体样式
        var defaults = {                           //设置默认值，可以扩展
                color :    "#000",
                bgcolor :  "#fff",
                size :     "14px",
                style :    "normal"
        };
        defaults = jQuery.extend(defaults, obj || {});   //如果传递参数，则覆盖原默认参数
        jQuery.each(this, function(){                     //为每一个 DOM 元素执行回调函数
            this.style.color = defaults.color;
            this.style.backgroundColor = defaults.bgcolor;
            this.style.fontSize = defaults.size;
            this.style.fontStyle = defaults.style;
        });
    }
})
```

在上面的插件函数 fontStyle()中，首先定义一个默认配置对象 defaults。初始化字体样式：字体颜色为黑色，背景色为白色，大小为 14 像素，样式为正常。

再使用 jQuery.extend()工具函数把用户传递的参数对象 obj 合并到默认配置参数对象 defaults，返回并覆盖掉 defaults 对象。为了避免用户没有传递参数，可以使用 obj || {}检测用户是否传递参数对象，如果没有，则使用空对象参与合并操作。

最后，使用迭代函数 jQuery.each()，逐个访问 jQuery 对象中包含的 DOM 元素，然后分别为它设置字体样式。

第 3 步，在页面中调用 jQuery 查找所有段落文本 p，然后调用 fontStyle 方法，设置字体颜色为白色，背景色为黑色，大小为 24 像素，样式保持默认值。

```
window.onload = function(){
    $("p").fontStyle({
        color: "#fff",
        bgcolor: "#000",
        size:"24px"
    });
}
```

第 4 步，在<body>内设计两段文本，最后在浏览器中查看效果，如图 10.8 所示。

图 10.8　实现 jQuery 扩展的参数传递

<p>少年不识愁滋味，爱上层楼。爱上层楼，为赋新词强说愁。</p>
<p>而今识尽愁滋味，欲说还休。欲说还休，却道天凉好个秋。</p>

在 jQuery 框架中，extend()函数功能很强大，它既能为 jQuery 扩展方法，也能处理参数对象并覆盖默认值。在后面章节中我们会详细分析它的源码。

10.6.9 设计独立空间

当在页面中引入多个 JavaScript 框架，或者编写了大量 JavaScript 代码时，很难确保这些代码不发生冲突。如果希望 jQuery 框架与其他代码完全隔离开，闭包体是一种最佳的方式。

【示例】在下面示例中，把前面小节设计的 jQuery 框架模型放入匿名函数中，然后自调用，并传入 Window 对象。

```
(function(window){
    var $ =jQuery = function(selector, context ){    //jQuery 构造函数
        return new jQuery.fn.init(selector, context ); //jQuery 实例对象
    }
    jQuery.fn = jQuery.prototype = {               //jQuery 原型对象
        init : function(selector, context){        //初始化构造函数
            //省略代码，可参考上节示例，或本节示例源代码
        }
    }
    jQuery.fn.init.prototype = jQuery.fn;
    //扩展方法：jQuery 迭代函数
    jQuery.each = function( object, callback, args ){
        for(var i = 0; i<object.length; i++){      //使用 for 迭代 jQuery 对象中每个 DOM 元素
            callback.call(object[i],args);         //在每个 DOM 元素上调用回调函数
        }
        return object;                             //返回 jQuery 对象
    }
    //jQuery 扩展函数
    jQuery.extend = jQuery.fn.extend = function() {
        var destination = arguments[0], source =  arguments[1];//获取第1个和第2个参数
        //如果两个参数都存在，且都为对象
        if( typeof destination == "object" && typeof source == "object"){
            //把第2个参数对合并到第1个参数对象中，并返回合并后的对象
            for (var property in source) {
                destination[property] = source[property];
            }
            return destination;
        }else{//如果包含一个参数，则把插件复制到 jQuery 原型对象上
            for (var prop in destination) {
                this[prop] = destination[prop];
            }
            return this;
        }
    }
    //开放 jQuery 接口
    window.jQuery = window.$ = jQuery;
})(window)
```

内部代码结构就不再详细说明。其中倒数第二行代码：

```
window.jQuery = window.$ = jQuery;
```

其主要作用是：把闭包体内的私有变量 jQuery 传递给参数对象 window 的 jQuery 属性，而参数对象

window 引用外部传入的 window 变量，window 变量引用全局对象 window。所以，在全局作用域中就可以通过 jQuery 变量来访问闭包体内的 jQuery 框架，通过这种方式向外界暴露自己，允许外界使用 jQuery 框架。但是，外界只能访问 jQuery，不能访问闭包体内其他私有变量。

至此，jQuery 框架的设计模型就初见端倪了，后面的工作就是根据需要使用 extend() 函数扩展 jQuery 功能。例如，在闭包体外，直接引用 jQuery.fn.extend() 函数为 jQuery 扩展 fontStyle 插件。

```javascript
//jQuery 对象扩展方法
jQuery.fn.extend({
    fontStyle: function(obj){                    //设置字体样式
        var  defaults = {                        //设置默认值，可以扩展
                color :    "#000",
                bgcolor :  "#fff",
                size :     "14px",
                style :    "normal"
        };
        defaults = jQuery.extend(defaults, obj || {}); //如果传递参数，则覆盖原默认参数
        jQuery.each(this, function(){             //为每一个 DOM 元素执行回调函数
            this.style.color = defaults.color;
            this.style.backgroundColor = defaults.bgcolor;
            this.style.fontSize = defaults.size;
            this.style.fontStyle = defaults.style;
        });
    }
})
```

最后，就可以在页面中使用这个插件了。

```javascript
window.onload = function(){
    $("p").fontStyle({
        color: "#fff",
        bgcolor: "#000",
        size:"24px"
    });
}
```

上面代码与上节相同，这里就不再赘述，本例完整代码请参考本节示例源代码。

10.7　在线学习

本节为线上继续学习入口，通过扫码读者可以进行巩固练习、补充知识、获取参考资料、拓展阅读。

第 11 章　BOM 操作

浏览器对象模型（Browser Object Model，BOM）被广泛应用于 Web 开发之中，主要用于客户端浏览器的管理。BOM 概念比较古老，但是一直没有被标准化，不过各主流浏览器均支持 BOM，都遵守最基本的规则和用法，W3C 也将 BOM 主要内容纳入了 HTML5 规范之中。

【学习重点】
- ➜ 使用 window 对象和框架集。
- ➜ 使用 navigator、location、screen 对象。
- ➜ 使用 history 对象。

11.1　window 对象

window 是客户端浏览器对象模型的基类，window 对象是客户端 JavaScript 的全局对象。一个 window 对象实际上就是一个独立的窗口，对于框架页面来说，浏览器窗口中每个框架都包含一个 window 对象。

📢 提示：

> 有关 window 对象的属性和方法列表说明可以参考 11.8 节线上内容。

11.1.1　全局作用域

在客户端浏览器中，window 对象是访问 BOM 的接口，如引用 document 对象的 document 属性，引用自身的 window 和 self 属性等。同时 window 也为客户端 JavaScript 提供全局作用域。

【示例】由于 window 是全局对象，因此所有的全局变量都被解析为该对象的属性。

```
var a = "window.a";        //全局变量
function f(){               //全局函数
    console.log(a);
}
console.log(window.a);  //返回字符串"window.a"
window.f();             //返回字符串"window.a"
```

🚗 注意：

> 使用 delete 运算符可以删除属性，但是不能删除变量。

11.1.2　访问客户端对象

使用 window 对象可以访问客户端其他对象，这种关系构成浏览器对象模型，window 对象代表根节点，浏览器对象关系如图 11.1 所示，每个对象说明如下。

- ➜ window：客户端 JavaScript 顶层对象。每当<body>或<frameset>标签出现时，window 对象就会被自动创建。
- ➜ navigator：包含客户端有关浏览器的信息。

- ↘ screen：包含客户端屏幕的信息。
- ↘ history：包含浏览器窗口访问过的 URL 信息。
- ↘ location：包含当前网页文档的 URL 信息。
- ↘ document：包含整个 HTML 文档，可被用来访问文档内容及其所有页面元素。

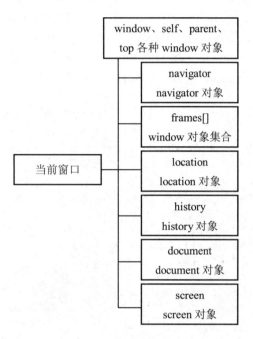

图 11.1　浏览器对象模型

11.1.3　使用系统对话框

window 对象定义了 3 个人机交互的方法，主要方便对 JavaScript 代码进行测试。

- ↘ alert()：确定提示框。由浏览器向用户弹出提示性信息。该方法包含一个可选的提示信息参数。如果没有指定参数，则弹出一个空的对话框。
- ↘ confirm()：选择提示框。由浏览器向用户弹出提示性信息，弹出的对话框中包含两个按钮，分别表示"确定"和"取消"。如果单击"确定"按钮，则该方法将返回 true；单击"取消"按钮，则返回 false。confirm()方法也包含一个可选的提示信息参数，如果没有指定参数，则弹出一个空的对话框。
- ↘ prompt()：输入提示框。可以接收用户输入的信息，并返回输入的信息。prompt()方法也包含一个可选的提示信息参数，如果没有指定参数，则弹出一个没有提示信息的输入文本对话框。

【示例 1】下面示例演示了如何综合调用这 3 个方法来设计一个人机交互的对话。

```
var user = prompt("请输入你的用户名：");
if(! ! user){                              //把输入的信息转换为布尔值
    var ok = confirm("你输入的用户名为：\n" + user + "\n请确认。"); //输入信息确认
    if(ok){
        alert("欢迎你：\n" + user);
    }
    else{                                  //重新输入信息
        user = prompt("请重新输入你的用户名：");
        alert("欢迎你：\n" + user);
```

```
        }
    }else {                                      //提示输入信息
        user = prompt("请输入你的用户名：");
    }
```

这 3 个方法仅接收纯文本信息，忽略 HTML 字符串，只能使用空格、换行符和各种符号来格式化提示对话框中的显示文本。提示，不同的浏览器对于这 3 个对话框的显示效果略有不同。

也可以重置这些方法。设计思路：通过 HTML 方式在客户端输出一段 HTML 片段，然后使用 CSS 修饰对话框的显示样式，借助 JavaScript 来设计对话框的行为和交互效果。

【示例 2】下面是一个简单的 alert() 方法，通过 HTML+CSS 方式，把提示信息以 HTML 层的形式显示在页面中央。

```
window.alert = function(title, info){            //重写 window 对象的 alert() 方法
    var box = document.getElementById("alert_box");
    var html = '<dl><dt>' + title + '</dt><dd>' + info + '</dd><\/dl>';
    if( box ){//如果窗口中已经存在提示对话框，则直接显示内容
        box.innerHTML = html;
        box.style.display = "block";
    }
    else {//如果窗口中不存在提示对话框，则创建提示对话框，并显示内容
        var div = document.createElement("div");
        div.id = "alert_box";
        div.style.display = "block";
        document.body.appendChild(div);
        div.innerHTML = html;
    }
}
alert("重写 alert() 方法", "这仅是一个设计思路，还可以进一步设计");
```

这里仅提供 JavaScript 脚本部分，有关 HTML 结构和 CSS 样式可以参考本节示例源码，效果如图 11.2 所示。

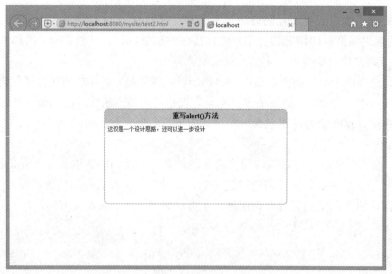

图 11.2　自定义 alert() 方法

💡 注意：

显示系统对话框的时候，JavaScript 代码会停止执行，只有当关闭对话框之后，JavaScript 代码才会恢复执行。因此，不建议在实战中使用这 3 个方法，仅作为开发人员的内测工具即可。

11.1.4　打开和关闭窗口

使用 window 对象的 open()方法可以打开一个新窗口。用法如下：

```
window.open(URL,name,features,replace)
```

参数说明如下。

- ➥ URL：可选字符串，声明在新窗口中显示网页文档的 URL。如果省略，或者为空，则新窗口就不会显示任何文档。
- ➥ name：可选字符串，声明新窗口的名称。这个名称可以用作标记<a>和<form>的 target 目标值。如果该参数指定了一个已经存在的窗口，那么 open()方法就不再创建一个新窗口，而只是返回对指定窗口的引用，在这种情况下，features 参数将被忽略。
- ➥ features：可选字符串，声明了新窗口要显示的标准浏览器的特征，具体说明如表 11.1 所示。如果省略该参数，新窗口将具有所有标准特征。
- ➥ replace：可选的布尔值。规定了装载到窗口的 URL 是在窗口的浏览历史中创建一个新条目，还是替换浏览历史中的当前条目。

该方法返回值为新创建的 window 对象，使用它可以引用新创建的窗口。

表 11.1　新窗口显示特征

特　　征	说　　明
fullscreen=yes|no|1|0	是否使用全屏模式显示浏览器。默认是 no。处于全屏模式的窗口同时处于剧院模式
height=pixels	窗口文档显示区的高度。单位为像素
left=pixels	窗口的 x 坐标。单位为像素
location=yes|no|1|0	是否显示地址字段。默认是 yes
menubar=yes|no|1|0	是否显示菜单栏。默认是 yes
resizable=yes|no|1|0	窗口是否可调节尺寸。默认是 yes
scrollbars=yes|no|1|0	是否显示滚动条。默认是 yes
status=yes|no|1|0	是否添加状态栏。默认是 yes
toolbar=yes|no|1|0	是否显示浏览器的工具栏。默认是 yes
top=pixels	窗口的 y 坐标
width=pixels	窗口的文档显示区的宽度。单位为像素

新创建的 window 对象拥有一个 opener 属性，引用打开它的原始窗口对象。opener 只在弹出窗口的最外层 window 对象（top）中定义，而且指向调用 window.open()方法的窗口或框架。

【示例 1】下面示例演示了打开的窗口与原窗口之间的关系。

```
win=window.open();                                    //打开新的空白窗口
win.document.write("<h1>这是新打开的窗口</h1>");        //在新窗口中输出提示信息
win.focus();                                          //让原窗口获取焦点
win.opener.document.write("<h1>这是原来窗口</h1>");    //在原窗口中输出提示信息
console.log( win.opener == window);                   //检测 window.opener 属性值
```

使用 window 的 close()方法可以关闭一个窗口。例如，关闭一个新创建的 win 窗口可以使用下面的方法实现。

```
win.close;
```

如果在打开窗口内部关闭自身窗口，则应该使用下面的方法。

```
window.close;
```

使用 window.closed 属性可以检测当前窗口是否关闭，如果关闭则返回 true，否则返回 false。

【示例 2】下面示例演示如何自动弹出一个窗口，然后设置半秒钟之后自动关闭该窗口，同时允许用户单击页面超链接，更换弹出窗口内显示的网页 URL。

```
var url = "http://news.baidu.com/";                    //要打开的网页地址
var features = "height=500, width=800, top=100, left=100,toolbar=no, menubar=no,
scrollbars=no, resizable=no, location=no, status=no";  //设置新窗口的特性
//动态生成一个超链接
document.write('<a href="http://www.baidu.com/" target="newW" >切换到百度首页</a>');
var me = window.open (url, "newW", features);          //打开新窗口
setTimeout(function(){                                 //定时器
    if(me.closed){
        console.log("创建的窗口已经关闭。")
    }else{
        me.close();
    }
},5000);                                               //半秒钟之后关闭该窗口
```

11.1.5 使用定时器

window 对象包含 4 个定时器专用方法，说明如表 11.2 所示，使用它们可以实现代码定时执行，或者延迟执行，使用定时器可以设计演示动画。

表 11.2   window 对象定时器方法列表

方　法	说　明
setInterval()	按照指定的周期（单位为毫秒）调用函数或计算表达式
setTimeout()	在指定的毫秒数后调用函数或计算表达式
clearInterval()	取消由 setInterval()方法生成的定时器
clearTimeout()	取消由 setTimeout()方法生成的定时器

1. setTimeout()方法

setTimeout()方法能够在指定的时间段后执行特定代码。用法如下：

```
var o = setTimeout(code, delay )
```

参数 code 表示要延迟执行的字符串型代码，将在 Windows 环境中执行，如果包含多个语句，应该使用分号进行分隔。delay 表示延迟时间，以毫秒为单位。

该方法返回值是一个 Timer ID，这个 ID 编号指向延迟执行的代码控制句柄。如果把这个句柄传递给 clearTimeout()方法，则会取消代码的延迟执行。

【示例 1】下面示例演示了当鼠标指针移过段落文本时，会延迟半秒钟弹出一个提示对话框，显示当前元素的名称。

```
<p>段落文本</p>
<script>
var p = document.getElementsByTagName("p")[0];
p.onmouseover = function(i){
    setTimeout(function(){
        console.log(p.tagName)
    }, 500);
```

```
    }
</script>
```

setTimeout()方法的第一个参数虽然是字符串，但是也可以是一个函数。一般建议把函数作为参数传递给 setTimeout()方法，等待延迟调用。

【示例 2】下面示例演示了如何为集合中每个元素都绑定一个事件延迟处理函数。

```
var o = document.getElementsByTagName("body")[0].childNodes;  //获取 body 下所有子元素
for(var i = 0; i < o.length; i ++ ){               //遍历元素集合
    o[i].onmouseover = function(i){               //注册鼠标经过事件处理函数
        return function(){                        //返回闭包函数
            f(o[i]);                              //调用函数 f，并传递当前对象引用
        }
    }(i);//调用函数并传递循环序号，实现在闭包中存储对象序号值
}
function f(o){                                     //延迟处理函数
    var out = setTimeout( function(){
        console.log(o.tagName);                    //显示当前元素的名称
    }, 500);                                        //定义延迟半秒钟后执行代码
}
```

这样当鼠标指针移过每个页面元素时，都会在延迟半秒钟后弹出一个提示对话框，提示元素名称。

【示例 3】可以利用 clearTimeout()方法在特定条件下清除延迟处理代码。例如，当鼠标指针移过某个元素，停留半秒钟之后才会弹出提示信息，一旦鼠标指针移出当前元素，就立即清除前面定义的延迟处理函数，避免干扰。

```
var o = document.getElementsByTagName("body")[0].childNodes;
for(var i = 0; i < o.length; i ++ ){
    o[i].onmouseover = function(i){               //为每个元素注册鼠标移过时事件延迟处理函数
        return function(){
            f(o[i])
        }
    } (i);
    o[i].onmouseout = function(i) {               //为每个元素注册鼠标移出时清除延迟处理函数
        return function(){
            clearTimeout(o[i].out);                //清除已注册的延迟处理函数
        }
    } (i);
}
function f(o){                                     //把延迟处理定时器存储在每个元素的 out 属性中
    o.out = setTimeout(function(){
        console.log(o.tagName);
    }, 500);
}
```

如果希望反复执行 setTimeout()方法中包含的代码，可以在 setTimeout()方法中包含对自身的调用，这样就可以把自身注册为可以被反复执行的方法。

【示例 4】下面示例会在页面内的文本框中按秒针速度显示递加的数字，当循环执行 10 次后，会调用 clearTimeout()方法清除对代码的执行，并弹出提示信息。

```
<input type="text" />
<script>
var t = document.getElementsByTagName("input")[0];
var i = 1;
function f(){
    var out = setTimeout(                          //定义延迟执行的方法
```

```
function(){                                   //延迟执行函数
    t.value = i ++ ;                          //递加数字
    f();                                      //调用包含 setTimeout()方法的函数
}, 1000);                                     //设置每秒执行一次调用
if(i > 10){                                   //如果超过 10 次，则清除执行，并弹出提示信息
    clearTimeout(out);
    console.log("10 秒钟已到");
}
}
f();                                          //调用函数
</script>
```

2. setInterval()方法

setInterval()方法能够周期性执行指定的代码，如果不加以处理，那么该方法将会被持续执行，直到浏览器窗口关闭或者跳转到其他页面为止。用法如下：

```
var o = setInterval(code, interval )
```

该方法的用法与 setTimeout()方法基本相同，其中参数 code 表示要周期执行的代码字符串，参数 interval 表示周期执行的时间间隔，以毫秒为单位。

该方法返回值是一个 Timer ID，这个 ID 编号指向对当前周期函数的执行引用，利用该值对计时器进行访问，如果把这个值传递给 clearTimeout()方法，则会强制取消周期性执行的代码。

如果 setInterval()方法的第 1 个参数是一个函数，则 setInterval()方法可以接收任意多个参数，这些参数将作为该函数的参数使用。格式如下：

```
var o = setInterval( function, interval[,arg1,arg2,...argn])
```

【示例5】针对示例 4 可以按以下方法进行设计。

```
<input type="text" />
<script>
var t = document.getElementsByTagName("input")[0];
var i = 1;
var out = setInterval(f, 1000);                   //定义周期性执行的函数
function f(){
    t.value = i ++;
    if(i > 10){                                   //如果重复执行 10 次
        clearTimeout(out);                        //则清除周期性调用函数
        console.log("10 秒钟已到");
    }
}
</script>
```

🔊 提示：

setTimeout()方法主要用来延迟代码执行，而 setInterval()方法主要实现周期性执行代码。它们都可以设计周期性动作，其中 setTimeout()方法适合不定时执行某个动作，而 setInterval()方法适合定时执行某个动作。

setTimeout()方法不会每隔固定时间就执行一次动作，它受 JavaScript 任务队列的影响，只有前面没有任务时，才会按时延迟执行动作。而 setInterval()方法不受任务队列的限制，它只是简单地每隔一定时间就重复执行一次动作，如果前面任务还没有执行完毕，setInterval()方法可能会插队按时执行动作。

11.1.6　使用框架集

HTML 允许使用 frameset 和 frame 标签创建框架集页面。另外，在文档中可以使用 iframe

标签创建浮动框架。这两种类型的框架性质是相同的。

【示例1】下面是一个框架集文档，共包含了 4 个框架，设置第 1 个框架装载文档名为 left.htm，第 2 个框架装载文档名为 middle.htm，第 3 个框架装载文档名为 right.htm，第 4 个框架装载文档名为 bottom.htm。

```
<!DOCTYPE html PUBLIC "-// W3C// DTD XHTML 1.0 Frameset// EN"
"http:// www.w3.org/TR/xhtml1/DTD/xhtml1-frameset.dtd">
<html xmlns="http:// www.w3.org/1999/xhtml">
    <head>
        <title>框架集</title>
        <meta http-equiv="Content-Type" content="text/html; charset=utf-8" />
    </head>
    <frameset rows="50%,50%" cols="*" frameborder="yes" border=
    "1" framespacing="0">
        <frameset rows="*" cols="33%,*,33%" framespacing=
                "0" frameborder="yes" border="1">
          <frame src="left.htm" name="left" id="left" />
          <frame src="middle.htm" name="middle" id="middle" />
          <frame src="right.htm" name="right" id="right" />
        </frameset>
        <frame src="bottom.htm" name="bottom" id="bottom" />
    </frameset>
    <noframes><body></body></noframes>
</html>
```

以上代码创建了一个框架集，其中前三个框架居上，后一个框架居下，如图 11.3 所示。

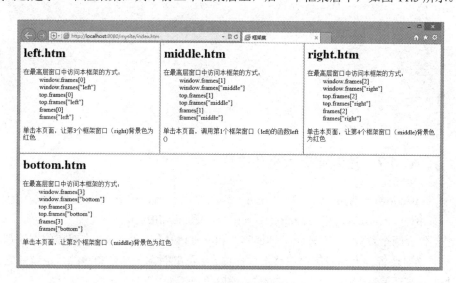

图 11.3　框架之间的关系

每个框架都有一个 window 对象，使用 frames 可以访问每个 window 对象。frames 是一个数据集合，存储客户端浏览器中所有 window 对象，下标值从 0 开始，访问顺序为从左到右、从上到下。例如，top.window.frames[0]、parent.frames[0]表示第一个框架的 window 对象。

📢 提示：

　　使用 frame 标签的 name，可以以关联数组的形式访问每个 window 对象。例如，top.window.frames["left"]、parent.frames["left"]表示第一个框架的 window 对象。

框架之间可以通过 window 相关属性进行引用，详细说明如表 11.3 所示。

表 11.3　window 对象属性

属　　性	说　　明
top	如果当前窗口是框架，它就是对包含这个框架的顶级窗口的 window 对象的引用。注意，对于嵌套在其他框架中的框架，top 未必等于 parent
parent	如果当前的窗口是框架，它就是对窗口中包含这个框架的父级框架引用
window	自引用，是对当前 window 对象的引用，与 self 属性同义
self	自引用，是对当前 window 对象的引用，与 window 属性同义
frames[]	window 对象集合，代表窗口中的各个框架（如果存在）
name	窗口的名称。可被 HTML 标签<a>的 target 属性使用
opener	对打开当前窗口的 window 对象的引用

【示例 2】针对示例 1，下面代码可以访问当前窗口中第 3 个框架。

```
window.onload = function(){
    document.body.onclick = f;
}
var f = function(){//改变第三个框架文档的背景色为红色
    parent.frames[2].document.body.style.backgroundColor = "red";
}
```

【示例 3】针对示例 1，在 left.html 文档中定义一个函数。

```
function left(){
    alert("left.htm");
}
```

然后，就可以在第 2 个框架的 middle.htm 文档中调用该函数。

```
window.onload = function(){
    document.body.onclick = f;
}
var f = function(){
    parent.frames[0].left();//调用第一个框架中的函数 left()
}
```

11.1.7　控制窗口大小和位置

　　window 对象定义了 3 组方法分别用来调整窗口位置、大小和滚动条的偏移位置：moveTo()和 moveBy()、resizeTo()和 resizeBy()、scrollTo()和 scrollBy()。

　　这些方法都包含两个参数，分别表示 x 轴偏移值和 y 轴偏移值。包含 To 字符串的方法都是绝对的，也就是 x 和 y 是绝对位置、大小或滚动偏移；包含 By 字符串的方法都是相对的，也就是它们在窗口的当前位置、大小或滚动偏移上增加所指定的参数 x 和 y 的值。

　　方法 moveTo()可以将窗口的左上角移动到指定的坐标，方法 moveBy()可以将窗口上移、下移或者左移、右移指定数量的像素。方法 resizeTo()和 resizeBy()可以按照绝对数量和相对数量调整窗口的大小。

　　【示例】下面示例能够将当前浏览器窗口的大小重新设置为 200 像素宽、200 像素高，然后生成一个任意数字来随机定位窗口在屏幕中的显示位置。

```
window.onload = function(){
    timer = window.setInterval("jump()", 1000);
}
function jump(){
    window.resizeTo(200, 200)
    x = Math.ceil(Math.random() * 1024)
```

```
        y = Math.ceil(Math.random() * 760)
        window.moveTo(x, y)
    }
```

📢 提示:

window 对象还定义了 focus()和 blur()方法,用来控制窗口的显示焦点。调用 focus()方法会请求系统将键盘焦点赋予窗口,调用 blur()方法则会放弃键盘焦点。

11.2 navigator 对象

navigator 对象存储了与浏览器相关的基本信息,如名称、版本和系统等。通过 window.navigator 可以引用该对象,并利用它的属性来读取客户端基本信息。

📢 提示:

有关 navigator 对象的属性和方法列表说明可以参考 11.8 节线上内容。

11.2.1 浏览器检测方法

检测浏览器类型的方法有多种,常用的方法包括两种:特征检测法和字符串检测法。这两种方法都存在各自的优点与缺点,用户可以根据需要进行选择。

1. 特征检测法

特征检测法就是根据浏览器是否支持特定功能来决定相应操作的方式。这是一种非精确判断法,但却是最安全的检测方法。因为准确检测浏览器的类型和型号是一件很困难的事情,而且很容易存在误差。如果不关心浏览器的身份,仅仅在意浏览器的执行能力,那么使用特征检测法就完全可以满足需要。

【示例 1】下面代码检测当前浏览器是否支持 document.getElementsByName 特性,如果支持就使用该方法获取文档中的 a 元素;否则,再检测是否支持 document.getElementsByTagName 特性,如果支持就使用该方法获取文档中的 a 元素。

```
if(document.getElementsByName){          //如果存在,则使用该方法获取 a 元素
    var a = document.getElementsByName("a");
}
else if(document.getElementsByTagName){    //如果存在,则使用该方法获取 a 元素
    var a = document.getElementsByTagName("a");
}
```

当使用一个对象、方法或属性时,先判断它是否存在。如果存在,则说明浏览器支持该对象、方法或属性,那么就可以放心使用。

2. 字符串检测法

客户端浏览器每次发送 HTTP 请求时,都会附带有一个 user-agent(用户代理)字符串,对于 Web 开发人员来说,可以使用用户代理字符串检测浏览器类型。

【示例 2】BOM 在 navigator 对象中定义了 userAgent 属性,利用该属性可以捕获客户端 user-agent 字符串信息。

```
var s = window.navigator.userAgent;
//简写方法
var s = navigator.userAgent;
console.log(s);
```

```
//返回类似信息：Mozilla/5.0 (compatible; MSIE 10.0; Windows NT 6.2; WOW64;
  Trident/6.0; .NET4.0E; .NET4.0C; InfoPath.3; .NET CLR 3.5.30729; .NET CLR
  2.0.50727; .NET CLR 3.0.30729)
```

user-agent 字符串包含了 Web 浏览器的大量信息，如浏览器的名称和版本。

🚗 注意：

对于不同浏览器来说，该字符串所包含的信息也不尽相同。随着浏览器版本的不断升级，返回的 user-agent 字符串格式和信息也会不断变化。

11.2.2 检测浏览器类型和版本号

检测浏览器类型和版本就比较容易了，用户只需要根据不同浏览器类型匹配特殊信息即可。

【示例 1】下面方法能够检测当前主流浏览器类型，包括 IE、Opera、Safari、Chrome 和 Firefox 浏览器。

```
var ua = navigator.userAgent.toLowerCase();     //获取用户端信息
var info ={
    ie : /msie/.test(ua) && !/opera/.test(ua), //匹配 IE 浏览器
    op : /opera/.test(ua),                      //匹配 Opera 浏览器
    sa : /version.*safari/.test(ua),            //匹配 Safari 浏览器
    ch : /chrome/.test(ua),                     //匹配 Chrome 浏览器
    ff : /gecko/.test(ua) && !/webkit/.test(ua) //匹配 Firefox 浏览器
};
```

在脚本中调用该对象的属性，如果为 true，说明为对应类型浏览器，否则就返回 false。

```
(info.ie) && console.log("IE 浏览器");
(info.op) && console.log("Opera 浏览器");
(info.sa) && console.log("Safari 浏览器");
(info.ff) && console.log("Firefox 浏览器");
(info.ch) && console.log("Chrome 浏览器");
```

【示例 2】通过解析 navigator 对象的 userAgent 属性，可以获得浏览器的完整版本号。针对 IE 浏览器来说，它是在"MSIE"字符串后面带一个空格，然后跟随版本号及分号。因此，可以设计以下的函数获取 IE 的版本号。

```
//获取 IE 浏览器的版本号
//返回数值，显示 IE 的主版本号
function getIEVer(){
    var ua = navigator.userAgent;            //获取用户端信息
    var b = ua.indexOf("MSIE");              //检测特殊字符串"MSIE"的位置
    if(b < 0){
        return 0;
    }
    return parseFloat(ua.substring(b + 5, ua.indexOf(";", b))); //截取版本号，并转换为数值
}
```

直接调用该函数即可获取当前 IE 浏览器的版本号。

```
console.log(getIEVer());                     //返回类似数值：10
```

IE 浏览器版本众多，一般可以使用大于某个数字的形式进行范围匹配，因为浏览器是向后兼容的，检测是否等于某个版本显然不能适应新版本的需要。

【示例 3】利用同样的方法可以检测其他类型浏览器的版本号，下面函数是检测 Firefox 浏览器的版本号。

```
function getFFVer(){
    var ua = navigator.userAgent;
```

```
    var b = ua.indexOf("Firefox/");
    if(b < 0){
        return 0;
    }
    return  parseFloat(ua.substring(b + 8,ua.lastIndexOf("\.")));
}
console.log(getFFVer());                       //返回类似数值：64
```

对于 Opera 等浏览器，可以使用 navigator.userAgent 属性来获取版本号，只不过其用户端信息与 IE
有所不同，如 Opera/9.02 (Windows NT 5.1; U; en)，根据这些格式可以获取其版本号。

🚗 注意：

> 如果浏览器的某些对象或属性不能向后兼容，这种检测方法也容易产生问题。所以更稳妥的方法是采用特征检
> 测法，而不要使用字符串检测法。

11.2.3　检测操作系统

navigator.userAgent 返回值一般都会包含操作系统的基本信息，不过这些信息比较散乱，
没有统一的规则。用户可以检测一些更为通用的信息，如检测是否为 Windows 系统，或者为 Macintosh
系统，而不去分辨操作系统的版本号。

例如，如果仅检测通用信息，那么所有 Windows 版本的操作系统都会包含"Win"字符串，所有
Macintosh 版本的操作系统都包含有"Mac"字符串，所有 Unix 版本的操作系统都包含有"X11"，而 Linux
操作系统会同时包含"X11"和"Linux"。

【示例】通过下面方法可以快速检测客户端信息中是否包含上述字符串。

```
['Win', 'Mac', 'X11', 'Linux'].forEach(function(t) {
    ( t === 'X11') ? t = 'Unix' : t;          //处理 Unix 系统的字符串
    navigator['is' + t] = function () {       //为 navigator 对象扩展专用系统检测方法
        return navigator.userAgent.indexOf(t) != - 1;    //检测是否包含特定字符串
    };
});
console.log(navigator.isWin());              //true
console.log(navigator.isMac());              //false
console.log(navigator.isLinux());            //false
console.log(navigator.isUnix());             //false
```

11.3　location 对象

location 对象存储了与当前文档位置（URL）相关的信息，简单地说就是网页地址字符串。使用 window
对象的 location 属性可以访问。

📢 提示：

> 有关 location 对象的属性和方法列表说明可以参考 11.8 节线上内容。

location 对象定义了 8 个属性，其中 7 个属性可以获取当前 URL 的各部分信息，另一个属性（href）
包含了完整的 URL 信息，详细说明如表 11.4 所示。为了便于更直观地理解，表 11.4 中各个属性将以下
面 URL 示例信息为参考进行说明。

```
http://www.mysite.cn:80/news/index.asp?id=123&name= location#top
```

表 11.4　location 对象属性

属性	说明
href	声明了当前显示文档的完整 URL，与其他 location 属性只声明部分 URL 不同，把该属性设置为新的 URL 会使浏览器读取并显示新 URL 的内容
protocol	声明了 URL 的协议部分，包括后缀的冒号。例如："http:"
host	声明了当前 URL 中的主机名和端口部分。例如："www.mysite.cn:80"
hostname	声明了当前 URL 中的主机名。例如："www.mysite.cn"
port	声明了当前 URL 的端口部分。例如："80"
pathname	声明了当前 URL 的路径部分。例如："news/index.asp"
search	声明了当前 URL 的查询部分，包括前导问号。例如："?id=123&name=location"
hash	声明了当前 URL 中锚部分，包括前导符（#）。例如："#top"，指定在文档中锚记的名称

使用 location 对象，结合字符串方法可以抽取 URL 中查询字符串的参数值。

【示例】下面示例定义了一个获取 URL 查询字符串参数值的通用函数，该函数能够抽取每个参数和参数值，并以名/值对的形式存储在对象中返回。

```
var queryString = function(){              //获取 URL 查询字符串参数值的通用函数
    var q = location.search.substring(1);  //获取查询字符串，如"id=123&name= location"
    var a = q.split("&");                  //以&符号为界把查询字符串劈开为数组
    var o = {};                            //定义一个临时对象
    for(var i = 0; i <a.length; i++){      //遍历数组
        var n = a[i].indexOf("=");         //获取每个参数中的等号下标位置
        if(n == -1) continue;              //如果没有发现则跳到下一次循环继续操作
        var v1 = a[i].substring(0, n);     //截取等号前的参数名称
        var v2 = a[i].substring(n+1);      //截取等号后的参数值
        o[v1] = unescape(v2);              //以名/值对的形式存储在对象中
    }
    return o;                              //返回对象
}
```

然后调用该函数，即可获取 URL 中的查询字符串信息，并以对象形式读取它们的值。

```
var f1 = queryString();                    //调用查询字符串函数
for(var i in f1){                          //遍历返回对象，获取每个参数及其值
    console.log(i + "=" + f1[i]);
}
```

如果当前页面的 URL 中没有查询字符串信息，用户可以在浏览器的地址栏中补加完整的查询字符串，如 "?id=123&name= location"，再次刷新页面，即可显示查询的字符串信息。

🔊 提示：

location 对象的属性都是可读可写的。例如，如果把一个含有 URL 的字符串赋给 location 对象或它的 href 属性，浏览器就会把新的 URL 所指的文档装载进来，并显示出来。
```
location = "http://www.mysite.cn/navi/";   //页面会自动跳转到对应的网页
location.href = "http://www.mysite.cn/";   //页面会自动跳转到对应的网页
```
如果改变 location.hash 属性值，则页面会跳转到新的锚点（<a name="anchor">或<element id="anchor">），但不会重载。
```
location.hash = "#top";
```
除了设置 location 对象的 href 属性外，还可以修改部分 URL 信息，用户只需要给 location 对象的其他属性赋值即可。这时会创建一个新的 URL，浏览器会将它装载并显示出来。

如果需要 URL 其他信息，只能通过字符串处理方法截取。例如，如果要获取网页的名称，可以这样

设计。

```
var p = location.pathname;
var n = p.substring(p.lastIndexOf("/")+1);
```

如果要获取文件扩展名，可以这样设计。

```
var c = p.substring(p.lastIndexOf(".")+1);
```

location 对象还定义了两个方法：reload()和 replace()。

➥ reload()：可以重新装载当前文档。

➥ replace()：可以装载一个新文档而无须为它创建一个新的历史记录。也就是说，在浏览器的历史列表中，新文档将替换当前文档。这样在浏览器中就不能够通过单击"返回"按钮返回当前文档。

对那些使用了框架并且显示多个临时页的网站来说，replace()方法比较有用。这样临时页面都不被存储在历史列表中。

🚗 注意：

window.location 与 document.location 不同，前者引用 location 对象，后者只是一个只读字符串，与 document.URL 同义。但是，当存在服务器重定向时，document.location 包含的是已经装载的 URL，而 location.href 包含的则是原始请求文档的 URL。

11.4　history 对象

history 对象存储了客户端浏览器的浏览历史，通过 window 对象的 history 属性可以访问该对象。实际上，history 对象仅存储最近访问的、有限条目的 URL 信息。

📢 提示：

有关 history 对象的属性和方法列表说明可以参考 11.8 节线上内容。

🚗 注意：

在 HTML5 之前，为了保护客户端浏览信息的安全和隐私，history 对象禁止 JavaScript 脚本直接操作这些访问信息。不过 HTML5 新增了一个 History API，该 API 允许用户通过 JavaScript 管理浏览器的历史记录，实现无刷新更改浏览器地址栏的链接地址，配合 History + Ajax 可以设计不需要刷新页面的跳转。

11.4.1　操作历史记录

➥ 在历史记录中后退

```
window.history.back();1
```

这行代码等效于在浏览器的工具栏上单击"返回"按钮。

➥ 在历史记录中前进

```
window.history.forward();1
```

这行代码等效于在浏览器中单击"前进"按钮。

➥ 移动到指定的历史记录点

使用 go()方法从当前会话的历史记录中加载页面。当前页面位置索引值为 0，上一页就是-1，下一页为 1，以此类推。

```
window.history.go(-1);                          //相当于调用 back()
window.history.go(1);                           //相当于调用 forward()
```

➥ length 属性

使用 length 属性可以了解历史记录栈中一共有多少页。

```
var num = window.history.length;
```

↘ 添加和修改历史记录条目

HTML 5 新增 history.pushState()和 history.replaceState()方法，允许用户逐条添加和修改历史记录条目。

使用 history.pushState()方法可以改变 referrer 的值，而在调用该方法后创建的 XMLHttpRequest 对象会在 HTTP 请求头中使用这个值。referrer 的值则是创建 XMLHttpRequest 对象时所处的窗口的 URL。

【示例】假设 http://mysite.com/foo.html 页面将执行下面 JavaScript 代码。

```
var stateObj = { foo: "bar" };
history.pushState(stateObj, "page 2", "bar.html");
```

这时浏览器的地址栏将显示 http:// mysite.com/bar.html，但不会加载 bar.html 页面，也不会检查 bar.html 是否存在。

如果现在导航到 http://mysite.com/ 页面，然后单击"后退"按钮，此时地址栏会显示 http://mysite.com/bar.html，并且会触发 popstate 事件，该事件中的状态对象会包含 stateObj 的一个拷贝。

如果再次单击"后退"按钮，URL 将返回 http://mysite.com/foo.html，文档将触发另一个 popstate 事件，这次的状态对象为 null，回退同样不会改变文档内容。

↘ pushState()方法

pushState()方法包含 3 个参数，简单说明如下。

↪ 第 1 个参数：状态对象。

状态对象是一个 JavaScript 对象直接量，与调用 pushState()方法创建的新历史记录条目相关联。无论何时用户导航到新创建的状态，popstate 事件都会被触发，并且事件对象的 state 属性都包含历史记录条目的状态对象的拷贝。

↪ 第 2 个参数：标题。可以传入一个简短的标题，标明将要进入的状态。

FireFox 浏览器目前忽略该参数，考虑到未来可能会对该方法进行修改，传一个空字符串会比较安全。

↪ 第 3 个参数：可选参数，新的历史记录条目的地址。

浏览器不会在调用 pushState()方法后加载该地址，如果不指定则为文档当前 URL。

◀》 提示：

调用 pushState()方法类似于设置 window.location='#foo'，它们都会在当前文档内创建和激活新的历史记录条目。但 pushState()有自己的优势。

↘ 新的 URL 可以是任意的同源 URL。相反，使用 window.location 方法时，只有仅修改 hash 才能保证停留在相同的 document 中。

↘ 根据个人需要决定是否修改 URL。相反，设置 window.location='#foo'，只有在当前 hash 值不是 foo 时才创建一条新历史记录。

↘ 可以在新的历史记录条目中添加抽象数据。如果使用基于 hash 的方法，只能把相关数据转码成一个很短的字符串。

🚍 注意：

pushState()方法永远不会触发 hashchange 事件。

↘ replaceState()方法

history.replaceState()与 history.pushState()用法相同，都包含 3 个相同的参数。不同之处是：pushState()是在 history 栈中添加一个新的条目，replaceState()是替换当前的记录值。例如，history 栈中有两个栈块，一个标记为 1，另一个标记为 2，现在有第 3 个栈块，标记为 3。当执行 pushState()时，栈块 3 将被添加栈中，栈就有 3 个栈块了；而当执行 replaceState()时，将使用栈块 3 替换当前激活的栈块 2，history 的记录条数不变。也就是说，pushState()会让 history 的数量加 1。

📢 提示：

> 为了响应用户的某些操作,需要更新当前历史记录条目的状态对象或 URL 时,使用 replaceState()方法会特别合适。

➥ popstate 事件

每当激活的历史记录发生变化时，都会触发 popstate 事件。如果被激活的历史记录条目是由 pushState() 创建，或者是被 replaceState()方法替换的，popstate 事件的状态属性将包含历史记录的状态对象的一个拷贝。

🚗 注意：

> 当浏览会话历史记录时,不管是单击浏览器工具栏中的"前进"或者"后退"按钮,还是使用 JavaScript 的 history.go() 和 history.back()方法,popstate 事件都会被触发。

➥ 读取历史状态

在页面加载时，可能会包含一个非空的状态对象。这种情况是会发生的，例如，如果页面中使用 pushState()或 replaceState()方法设置了一个状态对象，然后重启浏览器。当页面重新加载时，页面会触发 onload 事件，但不会触发 popstate 事件。但是，如果读取 history.state 属性，会得到一个与 popstate 事件触发时一样的状态对象。

可以直接读取当前历史记录条目的状态，而不需要等待 popstate 事件。

```
var currentState = history.state;
```

11.4.2　案例：设计无刷新导航

本例设计一个无刷新页面导航，在首页（index.html）包含一个导航列表，当用户单击不同的列表项目时，首页（index.html）的内容容器（<div id="content">）会自动更新内容，正确显示对应目标页面的 HTML 内容，同时浏览器地址栏正确显示目标页面的 URL（但是首页并没有被刷新），而不是仅显示目标页面。演示效果如图 11.4 所示。

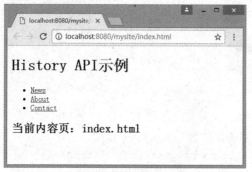

（a）显示 index.html 页面

（b）显示 news.html 页面

图 11.4　应用 History API

在浏览器工具栏中单击"后退"按钮，浏览器能够正确显示上一次单击的链接地址，虽然页面并没有被刷新，同时地址栏中正确显示上一次浏览页面的 URL，如图 11.5 所示。如果没有 History API 支持，使用 Ajax 实现异步请求时，工具栏中的"后退"按钮是无效的。

但是，如果在工具栏中单击"刷新"按钮，则页面将根据地址栏的 URL 信息重新刷新页面，显示独立的目标页面，效果如图 11.6 所示。

此时，如果再单击工具栏中的"后退"和"前进"按钮，会发现导航功能失效，页面总是显示目标页面，如图 11.7 所示。这说明使用 History API 控制导航与浏览器导航功能存在差异，一个是 JavaScript 脚本控制，一个是系统自动控制。

图 11.5　正确后退和前进历史记录　　　　　图 11.6　重新刷新页面显示效果

图 11.7　刷新页面之后工具栏导航失效

【操作步骤】

第 1 步，设计首页（index.html）。新建文档，保存为 index.html，构建 HTML 导航结构。

```html
<h1>History API 示例</h1>
<ul id="menu">
    <li><a href="news.html">News</a></li>
    <li><a href="about.html">About</a></li>
    <li><a href="contact.html">Contact</a></li>
</ul>
<div id="content">
    <h2>当前内容页：index.html</h2>
</div>
```

第 2 步，本例使用 jQuery 作为辅助操作，因此在文档头部位置导入 jQuery 框架。

```html
<script src="jquery/jquery-1.11.0.js" type="text/javascript"></script>
```

第 3 步，定义异步请求函数。该函数根据参数 url 值，异步加载目标地址的页面内容，把它置入内容容器（<div id="content">）中，并根据第 2 个参数 addEntry 的值执行额外操作。如果第 2 个参数值为 true，则使用 history.pushState()方法把目标地址推入浏览器历史记录堆栈中。

```javascript
function getContent(url, addEntry) {
    $.get(url)                                  //异步请求
    .done(function( data ) {
        $('#content').html(data);               //动态加载目标页面
        if(addEntry == true) {
            history.pushState(null, null, url); //把目标地址推入浏览器历史记录堆栈中
        }
    });
}
```

第 4 步，在页面初始化事件处理函数中，为每个导航链接绑定 click 事件，在 click 事件处理函数中调用 getContent() 函数，同时阻止页面的刷新操作。

```
$(function(){
    $('#menu a').on('click', function(e){
        e.preventDefault();                    //阻止页面刷新操作
        var href = $(this).attr('href');
        getContent(href, true);                //执行页面内容更新操作
        $('#menu a').removeClass('active');
        $(this).addClass('active');
    });
});
```

第 5 步，注册 popstate 事件，跟踪浏览器历史记录的变化，如果发生变化，则调用 getContent() 函数更新页面内容，但是不再把目标地址添加到历史记录堆栈中。

```
window.addEventListener("popstate", function(e) {
    getContent(location.pathname, false);
});
```

第 6 步，设计其他页面，如 about.html、contact.html、news.html，详细内容请参考示例源码。

11.5　screen 对象

screen 对象存储了客户端屏幕信息，这些信息可以用来探测客户端硬件配置。利用 screen 对象可以优化程序的设计，提升用户体验。例如，根据显示器屏幕大小选择使用图像的大小，或者根据显示器的颜色深度选择使用 16 色图像或 8 色图像，或者打开新窗口时设置居中显示等。

📢 提示：

有关 screen 对象的属性列表说明可以参考 11.8 节线上内容。

【示例】下面示例演示了如何让弹出的窗口居中显示。

```
function center(url){                          //窗口居中处理函数
    var w = screen.availWidth / 2;            //获取客户端屏幕的宽度一半
    var h = screen.availHeight/2;             //获取客户端屏幕的高度一半
    var t = (screen.availHeight - h)/2;       //计算居中显示时顶部坐标
    var l = (screen.availWidth - w)/2;        //计算居中显示时左侧坐标
    var p = "top=" + t + ",left=" + l + ",width=" + w + ",height=" +h;
                                               //设计坐标参数字符串
    var win = window.open(url,"url",p);        //打开指定的窗口，并传递参数
    win.focus();                               //获取窗口焦点
}
center("https://www.baidu.com/");             //调用该函数
```

🚓 注意：

不同浏览器在解析 screen 对象的 width 和 height 属性时存在差异。

11.6　document 对象

document 对象代表当前文档，使用 window 对象的 document 属性访问。有关 document 对象的属性和方法列表说明可以参考 11.8 节线上内容。

11.6.1 访问文档对象

当浏览器加载文档后，会自动构建文档对象模型，把文档中每个元素都映射到一个数据集合中，然后以 document 进行访问。document 对象与它所包含的各种节点（如表单、图像和链接）构成了早期的文档对象模型（DOM 0 级），如图 11.8 所示。

【示例 1】下面示例使用 name 访问文档元素。

```
<img name="img" src = "bg.gif" />
<form name="form" method="post" action="http://www.mysite.cn/navi/">
</form>
<script>
    console.log(document.img.src);              //返回图像的地址
    console.log(document.form.action);          //返回表单提交的路径
</script>
```

【示例 2】使用文档对象集合可以快速检索。

```
<img src = "bg.gif" />
<form method="post" action="http://www.mysite.cn/navi/">
</form>
<script>
    console.log(document.images[0].src);        //返回图像的地址
    console.log(document.forms[0].action);      //返回表单提交的路径
</script>
```

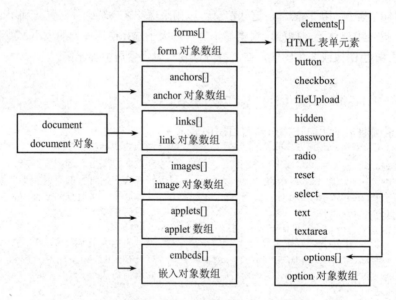

图 11.8　文档对象模型

【示例 3】如果设置了 name 属性，也可以使用关联数组引用对应的元素对象。

```
<img name="img" src = "bg.gif" />
<form name="form" method="post" action="http://www.mysite.cn/navi/">
</form>
<script>
    console.log(document.images["img"].src);            //返回图像的地址
    console.log(document.forms["form"].action);         //返回表单提交的路径
</script>
```

11.6.2　动态生成文档内容

使用 document 对象的 write() 和 writeln() 方法可以动态生成文档内容，包括以下两种方式。

⬎ 在浏览器解析时动态输出信息。

⬎ 在调用事件处理函数时使用 write() 或 writeln() 方法生成文档内容。

write() 方法可以支持多个参数，当为它传递多个参数时，这些参数将被依次写入文档。

【示例 1】 使用 write() 方法生成文档内容。

```
document.write('Hello',',','World');
```

实际上，上面代码与下面的用法是相同的。

```
document.write('Hello,World');
```

writeln() 方法与 write() 方法完全相同，只不过在输出参数之后附加一个换行符。由于 HTML 忽略换行符，所以很少使用该方法，不过在非 HTML 文档输出时使用会比较方便。

【示例 2】 下面示例演示了 write() 和 writeln() 方法的混合使用。

```
function f(){
    document.write('<p>调用事件处理函数时动态生成的内容</p>');
}
document.write('<p onclick="f()">文档解析时动态生成的内容</p>');
```

在页面初始化后，文档中显示文本为"文档解析时动态生成的内容"，而一旦单击该文本后，则 write() 方法动态输出文本为"调用事件处理函数时动态生成的内容"，并覆盖原来文档中显示的内容。

🚗 **注意：**

只能在当前文档正在解析时，使用 write() 方法在文档中输出 HTML 代码，即在 \<script\> 标签中调用 write() 方法，因为这些脚本的执行是文档解析的一部分。

如果从事件处理函数中调用 write() 方法，那么 write() 方法动态输出的结果将会覆盖当前文档，包括它的事件处理函数，而不是将文本添加到其中。所以，使用时一定要小心，不可以在事件处理函数中包含 write() 或 writeln() 方法。

【示例 3】 使用 open() 方法可以为某个框架创建文档，也可以使用 write() 方法为其添加内容。在下面框架集文档中，左侧框架的文档为 left1.htm，而右侧框架还没有文档内容。

```
<!DOCTYPE html PUBLIC "-//W3C//DTD XHTML 1.0 Frameset//EN"
"http://www.w3.org/TR/xhtml1/DTD/xhtml1-frameset.dtd">
<html xmlns="http:// www.w3.org/1999/xhtml">
    <head>
    </head>
    <frameset cols="*,*">
        <frame src="left1.htm" name="leftFrame" id="leftFrame" />
        <frame src="" name="mainFrame" id="mainFrame" />
    </frameset>
    <noframes><body></body></noframes>
</html>
```

然后，在左侧框架文档中定义以下脚本。

```
window.onload = function(){
    document.body.onclick = f;
}
function f(){
    parent.frames[1].document.open();
    parent.frames[1].document.write('<h2>动态生成右侧框架的标题</h2>')
```

```
    parent.frames[1].document.close();
}
```

首先调用 document 对象的 open()方法创建一个文档，然后调用 write()方法在文档中写入内容，最后调用 document 对象的 close()方法结束创建过程。这样在框架页的左侧框架文档中单击时，浏览器会自动在右侧框架中新创建一个文档，并生成一个二级标题信息。

🚗 注意：

使用 open()后，一定要调用 close()方法关闭文档。只有在关闭文档时，浏览器才输出显示缓存信息。

11.7 案 例 实 战

11.7.1 使用框架设计远程脚本

远程脚本（Remote Scripting）就是远程函数调用，通过远程函数调用实现异步通信。所谓异步通信，就是在不刷新页面的情况下，允许客户端与服务器端进行非连续的通信。这样用户不需要等待，网页浏览与信息交互互不干扰，信息传输不用再传输完整页面。

远程脚本的设计思路：创建一个隐藏框架，使用它载入服务器端指定的文件，此时被载入的服务器端文件所包含的远程脚本（JavaScript 代码）就被激活，被激活的脚本把服务器端需要传递的信息通过框架页加载响应给客户端，从而实现客户端与服务器异步通信的目的。

📢 提示：

所谓隐藏框架，就是设置框架高度为 0，以达到隐藏显示的目的。隐藏框架常用来加载一些外部链接和导入一些扩展服务，其中使用最多的就是使用隐藏框架导入广告页。

下面示例演示如何使用框架集实现异步通信的目的。为了方便读者能直观地了解远程交互的过程，本例暂时显示隐藏框架。

【操作步骤】

第 1 步，新建一个简单的框架集（index.htm），其中第 1 个框架默认加载页面为客户交互页面，第 2 个框架加载的页面是一个空白页。

```
<html>
<head>
<title></title>
</head>
<frameset rows="50%,50%">
    <frame src="main.htm" name="main" />
    <frame src="black.htm" name="server" />
</frameset>
</html>
```

第 2 步，设计空白页（black.htm）。

```
<html>
<head>
<title>空白页</title>
</head>
<body>
<h1>空白页</h1>
</body>
</html>
```

第 3 步，在客户交互页面（main.htm）中定义一个简单的交互按钮，当单击该按钮时将为底部框架加载服务器端的请求页面（server.htm）。

```html
<html>
<head>
<title>与客户交互页面</title>
<script>
function request(){                              //请求函数，加载服务器端页面
    parent.frames[1].location.href = "server.htm";
}
window.onload = function(){                       //页面加载完毕，为按钮绑定事件处理函数
    var b = document.getElementsByTagName("input")[0];
    b.onclick = request;
}
</script>
</head>
<body>
<h1>与客户交互页面</h1>
<input name="submit" type="button" id="submit" value="向服务器发出请求" />
</body>
</html>
```

第 4 步，在服务器响应页面（server.htm）中利用 JavaScript 脚本动态改变客户交互页面的显示信息。

```html
<html>
<head>
<title>服务器端响应页面</title>
<script>
window.onload = function(){
    //当该页面被激活并加载完毕后，动态改变客户交互页面的显示信息
    parent.frames[0].document.write("<h1>Hi，大家好，我是从服务器端过来的信息使者。</h1>");
}
</script>
</head>
<body>
<h1>服务器端响应页面</h1>
</body>
</html>
```

第 5 步，在浏览器中预览 index.htm，就可以看到如图 11.9 所示的演示效果。

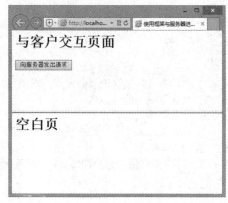
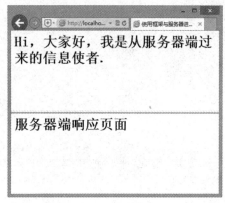

（a）响应前　　　　　　　　　　　　　（b）响应后

图 11.9　异步交互通信演示效果

11.7.2 使用框架设计远程交互

隐藏框架只是异步交互的载体，它仅负责信息的传输，而交互的核心应该是一种信息处理机制，这种处理机制就是回调函数。

📢 提示：

> 所谓回调函数，就是客户端页面中的一个普通函数，但是该函数是在服务器端被调用，并负责处理服务器端响应的信息。

在异步交互过程中，经常需要信息的双向交互，而不仅仅是接收服务器端的信息。下面示例演示如何把客户端的信息传递给服务器端，同时让服务器准确接收客户端信息。本例初步展现了异步交互中请求和响应的完整过程，其中回调函数的处理又是整个案例的焦点。

【操作步骤】

第1步，模仿上一节示例构建一个框架集（index.htm）。

```html
<html>
<head>
<title></title>
</head>
<frameset rows="*,0">
    <frame src="main.htm" name="main" />
    <frame src="black.htm" name="server" />
</frameset>
<noframes>你的浏览器不支持框架集，请升级浏览器版本！</noframes>
</html>
```

本文档框架集由上下两个框架组成，第二个框架高度为0，但是不要设置为0像素高，因为在一些老版本的浏览器中会依然显示。这两个框架的分工如下。

➥ 框架1（main），负责与用户进行信息交互。

➥ 框架2（server），负责与服务器进行信息交互。

使用<noframes>标签兼容老版本浏览器，使用户体验更友好。

第2步，在默认状态下，框架集中第二个框架加载一个空白页面（black.htm），第一个框架中加载与客户进行交互的页面（main.htm）。

第一个框架中主要包含两个函数：一个是响应用户操作的回调函数，另一个是向服务器发送请求的事件处理函数。

```html
<html>
<head>
<title>与客户交互页面</title>
<script>
function request(){                              //向服务器发送请求的异步请求函数
    var user = document.getElementById("user"); //获取输入的用户名
    var pass = document.getElementById("pass"); //获取输入密码
    var s = "user=" + user.value + "&pass=" + pass.value;    //构造查询字符串
    parent.frames[1].location.href = "server.htm?" + s;
    //为框架集中第二个框架加载服务器端请求文件，并附加查询字符串，传送客户端信息，以实现异步信息
      的双向交互
}
function callback(b, n){                         //异步交互的回调函数
    if(b){                                       //如果参数b为真，说明输入信息正确
        var e = document.getElementsByTagName("body")[0];
```

```
                    //获取第一个框架中 body 元素的引用指针,以实现向其中插入信息
          e.innerHTML = "<h1>" + n + "</h1><p>您好,欢迎登录站点</p>";
                                                  //在交互页面中插入新的交互信息
       }
       else{                                      //如果参数 b 为假,说明输入信息不正确
          console.log("你输入的用户名或密码有误,请重新输入");  //提示重新输入信息
          var user = parent.frames[0].document.getElementById("user");
                                                  //获取第一个框架中的用户名文本框
          var pass = parent.frames[0].document.getElementById("pass");
                                                  //获取第一个框架中的密码文本框
          user.value = "";                        //清空用户名文本框中的值
          pass.value = "";                        //清空密码文本框中的值
       }
   }
   window.onload = function(){                     //页面初始化处理函数
      var b = document.getElementById("submit");  // 获取【提交】按钮
      b.onclick = request;                        //绑定鼠标单击事件处理函数
   }
   </script>
   </head>
   <body>
   <h1>用户登录</h1>
   用户名 <input name="" id="user" type="text"><br /><br />
   密  码 <input name="" id="pass" type="password"><br /><br />
   <input name="submit" type="button" id="submit" value="提交" />
   </body>
   </html>
```

由于回调函数是在服务器端文件中被调用的,所以对象作用域的范围就发生了变化,此时应该指明它的框架集和框架名或序号,否则在页面操作中会找不到指定的元素。

第 3 步,在服务器端的文件中设计响应处理函数,该函数将分解 HTTP 传递过来的 URL 信息,获取查询字符串,并根据查询的字符串中的用户名和密码判断当前输入的信息是否正确,并决定具体响应的信息。

```
<html>
<head>
<title>服务器端响应和处理页面</title>
<script>
window.onload = function(){//服务器响应处理函数,当该页面被请求加载时触发
   var query = location.search.substring(1);      //获取 URL 中所包含的查询字符串
   var a = query.split("&");                       //劈开查询字符串为数组
   var o ={};                                      //临时对象直接量
   for(var i = 0; i < a.length; i ++ ){            //遍历查询字符串数组
      var pos = a[i].indexOf("=");                 //找到等号的下标位置
      if(pos == - 1) continue;                     //如果没有等号,则忽略
      var name = a[i].substring(0, pos);           //获取等号前面的字符串
      var value = a[i].substring(pos + 1);         //获取等号后面的字符串
      o[name] = unescape(value);                   //把名/值对传递给对象
   }
   var n, b;
   //如果用户名等于"admin",则记录该信息,否则设置为 null
   ((o["user"]) && o["user"] == "admin") ? (n = o["user"]) : (n = null);
   //如果密码存在,且等于"1234556",则设置变量 b 为 true,否则为 false
   ((o["pass"]) && o["pass"] == "123456") ? (b = true) : (b = false) ;
```

```
    //调用客户端框架集中第 1 个框架中的回调函数，并把处理的信息传递给它
    parent.frames[0].callback(b, n);
}
</script>
</head>
<body>
<h1>服务器端响应和处理页面</h1>
</body>
</html>
```

在实际开发中，服务器端文件一般为动态服务器类型的文件，并借助服务器端脚本来获取用户的信息，然后决定响应的内容，如查询数据库，返回查询内容等。本示例以简化的形式演示异步通信的过程，因此没有采用服务器技术。

第 4 步，预览框架集，在客户交互页面中输入用户的登录信息，当向服务器提交请求之后，服务器首先接收从客户端传递过来的信息并进行处理，然后调用客户端的回调函数把处理后的信息响应回去。示例演示效果如图 11.10 所示。

（a）登录　　　　　　　　　　（b）错误提示　　　　　　　　　（c）正确提示

图 11.10　异步交互和回调处理效果图

11.7.3　使用浮动框架设计异步通信

使用框架集设计远程脚本存在以下缺陷。

➥ 框架集文档需要多个网页文件配合使用，结构不符合标准，也不利于代码优化。

➥ 框架集缺乏灵活性，如果完全使用脚本控制异步请求与交互，不是很方便。

iframe 元素（浮动框架）与 frameset（框架集）功能相同，但是<iframe>是一个普通标签，可以插入到页面任意位置，不需要框架集管理，也便于 CSS 样式和 JavaScript 脚本控制。

【操作步骤】

第 1 步，在客户端交互页面（main.html）中新建函数 hideIframe()，使用该函数动态创建浮动框架，借助这个浮动框架实现与服务器进行异步通信。

```
//创建浮动框架
//参数：url 表示要请求的服务器端文件路径
//返回值：无
function hideIframe(url){
    var hideFrame = null;                        //定义浮动框架变量
    hideFrame = document.createElement("iframe"); //创建 iframe 元素
    hideFrame.name = "hideFrame";                //设置名称属性
    hideFrame.id = "hideFrame";                  //设置 ID 属性
    hideFrame.style.height = "0px";              //设置高度为 0
    hideFrame.style.width = "0px";               //设置宽度为 0
```

```
    hideFrame.style.position = "absolute";        //设置绝对定位,避免浮动框架占据页面空间
    hideFrame.style.visibility = "hidden";        //设置隐藏显示
    document.body.appendChild(hideFrame);         //把浮动框架元素插入 body 元素中
    setTimeout(function(){                        //设置延缓请求时间
        frames["hideFrame"].location.href = url;
    }, 10)
}
```

当使用 DOM 创建 iframe 元素时，应设置同名的 name 和 id 属性，因为不同类型浏览器引用框架时会分别使用 name 或 id 属性值。当创建好 iframe 元素之后，大部分浏览器（如 Mozilla 和 Opera）会需要一点时间（约为几毫秒）来识别新框架并将其添加到帧集合中，因此当加载地址准备向服务器进行请求时，应该使用 setTimeout()函数使发送请求的操作延迟 10 毫秒。这样当执行请求时，浏览器能够识别这些新的框架，避免发生错误。

如果页面中需要多处调用请求函数，则建议定义一个全局变量，专门用来存储浮动框架对象，这样就可以避免每次请求时都创建新的 iframe 对象。

第 2 步，修改客户端交互页面中 request()函数的请求内容，直接调用 hideIframe()函数，并传递 URL 参数信息。

```
function request(){                                      //异步请求函数
    var user = document.getElementById("user");//获取用户名文本框,注意引用路径的不同
    var pass = document.getElementById("pass");//获取密码域,注意引用路径的不同
    var s = "iframe_server.html?user=" + user.value + "&pass=" + pass.value;
    hideIframe(s);                                       //创建浮动框架,指定请求文件和传递的信息
}
```

由于浮动框架与框架集属于不同级别的作用域，浮动框架是被包含在当前窗口中的，所以应该使用 parent 来调用回调函数，而不是使用 parent.frames[0]来调用回调函数，或者在回调函数中读取文档中的元素，客户端交互页面的详细代码可以参阅 iframe_main.html 文件。

```
function callback(b, n){
    if(b && n){                                         //如果返回信息合法,则在页面中显示新的信息
        var e = document.getElementsByTagName("body")[0];
        e.innerHTML = "<h1>" + n + "</h1><p>您好，欢迎登录站点</p>";
    }
    else{//否则，提示错误信息，并显示表单要求重新输入
        console.log("你输入的用户名或密码有误，请重新输入");
        var user = parent.document.getElementById("user");//获取文档中的用户名文本框
        var pass = parent.document.getElementById("pass");//获取文档中的密码域
        user.value = "";                                //清空文本框
        pass.value = "";                                //清空密码域
    }
}
```

第 3 步，在服务器端响应页面中也应该修改引用客户端回调函数的路径（服务器端响应页面详细代码请参阅 server.html 文件）。

```
window.onload = function(){
    //…
    parent.callback(b, n);                             //注意，引用路径的变化
}
```

这样通过 iframe 浮动框架只需要两个文件：客户端交互页面（main.html）和服务器端响应页面（server.html），就可以完成异步信息交互的任务。

第 4 步，预览效果，本例效果与上一节示例相同，如图 11.10 所示，用户可以参阅本书示例源代码了解更具体的代码和运行效果。

11.7.4 设计无刷新图片预览

本例设计一个简单的图片画廊，它使用 History API 作为接口，展示了一个图片预览模式：一个具有相关性的图片无刷新访问。在支持的浏览器中浏览，单击下一张图片画廊的链接将更新照片和更新 URL 地址，没有引发全页面刷新。在不支持的浏览器中，或者当用户禁用了脚本时，导航链接只是作为普通链接，会打开一个新的页面，整页刷新。演示效果如图 11.11 所示。

【操作步骤】

第 1 步，创建网页文档。本例图片画廊包含系列 HTML 文档，这些文档结构相同，确保在关闭脚本的情况下能否顺畅访问。包含文件：adagio.html、angie.html、brandy.html、casey.html、fer.html、pepper.html、willie.html。这些文件都可以独立运行，在网站中属于平级关系，通过图片画廊的链接可以相互访问。

第 2 步，设计文档结构。上述文件包含相同的 HTML 结构。核心结构如下：

（a）上一张　　　　　　　　　　　　　　　　　（b）下一张

图 11.11　无刷新图片画廊演示效果

```
<aside id="gallery">
    <p class="photonav"><a id="photonext" href="pepper.html">下一张 ></a> <a id=
            "photoprev" href="brandy.html">&lt; 上一张</a></p>
    <figure id="photo"><img id="photoimg" src="gallery/1989-willie-500.jpg" alt=
            "Willie" width="500" height="375">
        <figcaption>Willie, 1989</figcaption>
    </figure>
</aside>
```

与本例相关的代码位于\<aside id="gallery"\>包含框中，它由一个\<p\>标签包含的导航链接、一个\<figure\>标签包含的图片，以及一个\<figcaption\>标签包含的图片说明文字组成。其他几个文件的结构相同，但是位于\<aside id="gallery"\>包含框中的信息不同，具体可以参考本节示例。

第 3 步，根据图片画廊的相关文档结构和内容，在 gallery 文件夹中映射一组异步请求的文档片段，对应文件名称为 adagio.html、angie.html、brandy.html、casey.html、fer.html、pepper.html、willie.html。这些文件不能独立运行，仅作为 Ajax 异步请求的文档片段进行加载。

第 4 步，设计文档片段的 HTML 代码结构。这些文档片段文件实际上是图片画廊系列文件中\<aside id="gallery"\>包含的 HTML 字符串提取。例如 gallery/adagio.html 文档，代码如下：

```
<p class="photonav"><a id="photonext" href="angie.html">下一张 ></a> <a id="photoprev"
            href="pepper.html">&lt; 上一张</a></p>
<figure id="photo"><img id="photoimg" src="gallery/1995-adagio-500.jpg" alt="Adagio"
            width="500" height="375">
    <figcaption>Adagio, 1995</figcaption>
```

```
</figure>
```

第 5 步,完成整个图片画廊文档结构设计。下面重点介绍 JavaScript 脚本部分,新建 JavaScript 文件,保存为 gallery.js。CSS 样式表部分可以参考本节示例中 history.css。

第 6 步,为图片画廊的超链接绑定 click 事件处理程序。在处理函数中,先执行 Ajax 异步切换图片显示,如果成功,则调用 history.pushState()方法,在浏览器历史记录中添加一条浏览记录,同时阻止超链接默认的跳转行为。

```
function addClicker(link) {
    link.addEventListener("click", function(e) {
        if (swapPhoto(link.href)) {
            history.pushState(null, null, link.href);
            e.preventDefault();
        }
    }, true);
}
function setupHistoryClicks() {
    addClicker(document.getElementById("photonext"));
    addClicker(document.getElementById("photoprev"));
}
```

第 7 步,设计异步切换图片画廊显示。根据超链接的 href 属性值,使用 Ajax 打开 gallery 目录下对应的目标文件,如果打开成功,则把请求的文档片段写入<aside id="gallery">容器中,同时调用上一步定义的 setupHistoryClicks()函数,为新页面超链接绑定 click 事件处理程序。

```
function swapPhoto(href) {
    var req = new XMLHttpRequest();
    req.open("GET",
        "gallery/" +
         href.split("/").pop(),
        false);
    req.send(null);
    if (req.status == 200) {
        document.getElementById("gallery").innerHTML = req.responseText;
        setupHistoryClicks();
        return true;
    }
    return false;
}
```

第 8 步,在页面初始化事件处理函数中,对页面加载的导航链接绑定 click 事件处理程序,同时注册 popstate 事件,监听浏览器历史记录的更新状态,如果发生变化,则调用 swapPhoto()函数把图片画廊切换到对应的页面。

```
window.onload = function() {
    if (!supports_history_api()) { return; }
    setupHistoryClicks();
    window.setTimeout(function() {
        window.addEventListener("popstate", function(e) {
            swapPhoto(location.pathname);
        }, false);
    }, 1);
}
```

11.7.5　设计可回退的画板

本例利用 History API 的状态对象实时记录用户的每一次操作，把每一次操作信息传递给浏览器的历史记录保存起来，这样当用户单击浏览器的"后退"按钮时，会逐步恢复前面的操作状态，从而实现历史恢复功能。在示例页面中显示一个 canvas 元素，用户可以在该 canvas 元素中随意使用鼠标绘画，当用户单击一次或连续单击浏览器的"后退"按钮时，可以撤销当前绘制的最后一笔或多笔，当用户单击一次或连续单击浏览器的"前进"按钮时，可以重绘当前书写或绘制的最后一笔或多笔，演示效果如图 11.12 所示。

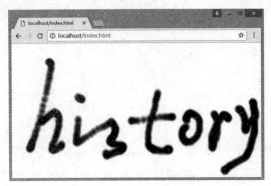
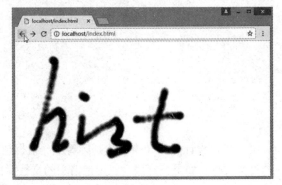

（a）绘制文字　　　　　　　　　　　　　　　（b）恢复前面的绘制

图 11.12　设计历史恢复效果

【操作步骤】

第 1 步，设计文档结构。本例利用 canvas 元素把页面设计为一块画板，image 元素用于在页面中加载一个黑色小圆点，当用户在 canvas 元素中按下并连续拖动鼠标左键时，根据鼠标拖动轨迹连续绘制该黑色小圆点，这样处理之后会在浏览器中显示用户绘画时所产生的每一笔。

```
<canvas id="canvas"></canvas>
<image id="image" src="brush.png" style="display:none;"/>
```

第 2 步，设计 CSS 样式，定义 canvas 元素满屏显示。

```
#canvas {
    position: absolute; top: 0; left: 0; width: 100%; height: 100%;
    margin: 0; display: block;
}
```

第 3 步，添加 JavaScript 脚本。首先，定义引用 image 元素的 image 全局变量、引用 canvas 元素的全局变量、引用 canvas 元素的上下文对象的 context 全局变量，以及用于控制是否继续进行绘制操作的布尔型全局变量 isDrawing，当 isDrawing 的值为 true 时表示用户已按下鼠标左键，可以继续绘制，当该值为 false 时表示用户已松开鼠标左键，停止绘制。

```
var image = document.getElementById("image");
var canvas = document.getElementById("canvas");
var context = canvas.getContext("2d");
var isDrawing =false;
```

第 4 步，屏蔽用户在 canvas 元素中通过按下鼠标左键、以手指或手写笔触发的 pointerdown 事件，它属于一种 touch 事件。

```
canvas.addEventListener("pointerdown", function(e){
    e.preventManipulation(
)}, false);
```

第 5 步，监听用户在 canvas 元素中按下鼠标左键时触发的 mousedown 事件，并将事件处理函数指定为 startDrawing()函数；监听用户在 canvas 元素中移动鼠标时触发的 mousemove 事件，并将事件处理函数指定为 draw()函数；监听用户在 canvas 元素中松开鼠标左键时触发的 mouseup 事件，并将事件处理函数指定为 stopDrawing()函数；监听用户单击浏览器的"后退"按钮或"前进"按钮时触发的 popstate 事件，并将事件处理函数指定为 loadState()函数。

```
canvas.addEventListener("mousedown",startDrawing, false);
canvas.addEventListener("mousemove", draw,false);
canvas.addEventListener("mouseup", stopDrawing, false);
window.addEventListener("popstate",function(e){
    loadState(e.state);
});
```

第 6 步，在 startDrawing()函数中，定义当用户在 canvas 元素中按下鼠标左键时，将全局布尔型变量 isDrawing 的变量值设为 true，表示用户开始书写文字或绘制图画。

```
function startDrawing() {
    isDrawing = true;
}
```

第 7 步，在 draw()函数中，定义当用户在 canvas 元素中移动鼠标左键时，先判断全局布尔型变量 isDrawing 的变量值是否为 true，如果为 true，表示用户已经按下鼠标左键，则在鼠标左键所在位置使用 image 元素绘制黑色小圆点。

```
function draw(event) {
    if(isDrawing) {
        var sx = canvas.width / canvas.offsetWidth;
        var sy = canvas.height / canvas.offsetHeight;
        var x = sx * event.clientX - image.naturalWidth / 2;
        var y = sy * event.clientY - image.naturalHeight / 2;
        context.drawImage(image, x, y);
    }
}
```

第 8 步，在 stopDrawing()函数中，先定义当用户在 canvas 元素中松开鼠标左键时，将全局布尔型变量 isDrawing 的变量值设为 false，表示用户已经停止书写文字或绘制图画。当用户在 canvas 元素中不按下鼠标左键而直接移动鼠标时，不执行绘制操作。

```
function stopDrawing() {
    isDrawing = false;
}
```

第 9 步，使用 History API 的 pushState()方法将当前所绘图像保存在浏览器的历史记录中。

```
function stopDrawing() {
    isDrawing = false;
    var state = context.getImageData(0, 0, canvas.width, canvas.height);
    history.pushState(state,null);
}
```

在本例中，将 pushState()方法的第 1 个参数值设置为一个 CanvasPixelArray 对象，在该对象中保存了由 canvas 元素中的所有像素所构成的数组。

第 10 步，在 loadState()函数中定义当用户单击浏览器的"后退"按钮或"前进"按钮时，首先清除 canvas 元素中的图像，然后读取触发 popstate 事件的事件对象的 state 属性值，该属性值即为执行 pushState()方法时所使用的第一个参数值，其中保存了在向浏览器历史记录中添加记录时同步保存的对象，在本例中为一个保存了由 canvas 元素中的所有像素构成的数组的 CanvasPixelArray 对象。

最后，调用 canvas 元素的上下文对象的 putImageData()方法，在 canvas 元素中输出保存在

CanvasPixelArray 对象中的所有像素，即将每一个历史记录中所保存的图像绘制在 canvas 元素中。

```
function loadState(state) {
    context.clearRect(0, 0, canvas.width,canvas.height);
    if(state){
        context.putImageData(state, 0, 0);
    }
}
```

第 11 步，当用户在 canvas 元素中绘制多笔之后，重新在浏览器的地址栏中输入页面地址，然后重新绘制第一笔，单击浏览器的"后退"按钮，canvas 元素中并不显示空白图像，而是直接显示输入页面地址之前的绘制图像，这样看起来浏览器中的历史记录并不连贯，因为 canvas 元素中缺少了一幅空白图像。为此，设计在页面打开时就将 canvas 元素中的空白图像保存在历史记录中。

```
var state = context.getImageData(0, 0, canvas.width, canvas.height);
history.pushState(state,null);
```

11.8 在 线 学 习

本节为线上继续学习入口，通过扫码读者可以进行巩固练习、补充知识、获取参考资料、拓展阅读。

第 12 章　DOM 操作

DOM（Document Object Model，文档对象模型）是 W3C 制订的一套技术规范，用来描述 JavaScript 脚本如何与 HTML 或 XML 文档进行交互的 Web 标准。DOM 规定了一系列标准接口，允许开发人员通过标准方式访问文档结构、操作网页内容、控制样式和行为等。

【学习重点】
- ↘ 了解 DOM。
- ↘ 使用 JavaScript 操作节点。
- ↘ 使用 JavaScript 操作元素。
- ↘ 使用 JavaScript 操作文本和属性。
- ↘ 使用 JavaScript 操作文档和文档片段。

12.1　DOM 基础

在 W3C 推出 DOM 标准之前，市场上已经流行了不同版本的 DOM 规范，主要包括 IE 和 Netscape 两个浏览器厂商各自制订的私有规范，这些规范定义了一套文档结构操作的基本方法。虽然这些规范存在差异，但是思路和用法基本相同，如文档结构对象、事件处理方式、脚本化样式等。习惯上，我们把这些规范称为 DOM0 级，虽然这些规范没有统一并实现标准化，但是得到所有浏览器的支持并被广泛应用。

1998 年 W3C 对 DOM 进行标准化，并先后推出了 3 个不同的版本，每个版本都是在上一个版本的基础上进行完善和扩展。但是在某些情况下，不同版本之间可能会存在不兼容的规定。

1. DOM1 级

1998 年 10 月，W3C 推出 DOM 1.0 版本规范，作为推荐标准进行正式发布，主要包括两个子规范。

- ↘ DOM Core（核心部分）：把 XML 文档设计为树形节点结构，并为这种结构的运行机制制订了一套规范化标准，同时定义了创建、编辑、操纵这些文档结构的基本属性和方法。
- ↘ DOM HTML：针对 HTML 文档、标签集合，以及与个别 HTML 标签相关的元素定义了对象、属性和方法。

2. DOM2 级

2000 年 11 月，W3C 正式发布了更新后的 DOM 核心部分，并在这次发布中添加了一些新规范，于是人们就把这次发布的 DOM 称为 2 级规范。

2003 年 1 月，W3C 又正式发布了对 DOM HTML 子规范的修订，添加了针对 HTML4.01 和 XHTML 1.0 版本文档中很多对象、属性和方法。W3C 把新修订的 DOM 规范统一称为 DOM2.0 推荐版本，该版本主要包括 6 个推荐子规范。

- ↘ DOM2 Core：继承于 DOM Core 子规范，规定了 DOM 文档结构模型，添加了更多的特性，如针对命名空间的方法等。
- ↘ DOM2 HTML：继承于 DOM HTML，规定了针对 HTML 的 DOM 文档结构模型，并添加了一些属性。

- ➥ **DOM2 Events**：规定了与鼠标相关的事件（包括目标、捕获、冒泡和取消）的控制机制，但不包含与键盘相关事件的处理部分。
- ➥ **DOM2 Style**（或 **DOM2 CSS**）：提供了访问和操纵所有与 CSS 相关的样式及规则的能力。
- ➥ **DOM2 Traversal 和 DOM2 Range**：DOM2 Traversal 规范允许开发人员通过迭代方式访问 DOM，DOM2 Range 规范允许对指定范围的内容进行操作。
- ➥ **DOM2 Views**：提供了访问和更新文档表现（视图）的能力。

3. DOM3 级

2004 年 4 月，W3C 发布了 DOM3 版本。DOM3 版本主要包括以下 3 个推荐子规范。

- ➥ **DOM3 Core**：继承于 DOM2 Core，并添加了更多的新方法和属性，同时修改了已有的一些方法。
- ➥ **DOM3 Load and Save**：提供将 XML 文档的内容加载到 DOM 文档中，以及将 DOM 文档序列化为 XML 文档的能力。
- ➥ **DOM3 Validation**：提供了确保动态生成的文档的有效性的能力，即如何符合文档类型声明。

◀💬 提示：

> 访问 http://www.w3.org/2003/02/06-dom-support.html 页面，会自动显示当前浏览器对 DOM 的支持状态。

12.2 节 点 概 述

在网页中所有对象和内容都被称为节点，如文档、元素、文本、属性、注释等。节点（Node）是 DOM 最基本的单元，并派生出不同类型的节点，它们共同构成了文档的树形结构模型。

12.2.1 节点类型

根据 DOM 规范，整个文档是一个文档节点，每个标签是一个元素节点，元素包含的文本是文本节点，元素的属性是一个属性节点，注释属于注释节点，以此类推。

DOM 支持的节点类型说明如表 12.1 所示。

表 12.1　DOM 节点类型说明

节点类型	说　明	可包含的子节点类型
Document	表示整个文档，DOM 树的根节点	Element (最多一个)、ProcessingInstruction、Comment、DocumentType
DocumentFragment	表示文档片段，轻量级的 Document 对象，仅包含部分文档	ProcessingInstruction、Comment、Text、CDATASection、EntityReference
DocumentType	为文档定义的实体提供接口	None
ProcessingInstruction	表示处理指令	None
EntityReference	表示实体引用元素	ProcessingInstruction、Comment、Text、CDATASection、EntityReference
Element	表示元素	Text、Comment、ProcessingInstruction、CDATASection、EntityReference
Attr	表示属性	Text、EntityReference
Text	表示元素或属性中的文本内容	None
CDATASection	表示文档中的 CDATA 区段，其包含的文本不会被解析器解析	None

节 点 类 型	说　明	可包含的子节点类型
Comment	表示注释	None
Entity	表示实体	ProcessingInstruction、Comment、Text、CDATASection、EntityReference
Notation	表示在 DTD 中声明的符号	None

使用 nodeType 属性可以判断一个节点的类型，取值说明如表 12.2 所示。

表 12.2　nodeType 属性返回值说明

节 点 类 型	nodeType 返回值	常 量 名
Element	1	ELEMENT_NODE
Attr	2	ATTRIBUTE_NODE
Text	3	TEXT_NODE
CDATASection	4	CDATA_SECTION_NODE
EntityReference	5	ENTITY_REFERENCE_NODE
Entity	6	ENTITY_NODE
ProcessingInstruction	7	PROCESSING_INSTRUCTION_NODE
Comment	8	COMMENT_NODE
Document	9	DOCUMENT_NODE
DocumentType	10	DOCUMENT_TYPE_NODE
DocumentFragment	11	DOCUMENT_FRAGMENT_NODE
Notation	12	NOTATION_NODE

【示例】下面示例演示如何借助节点的 nodeType 属性检索当前文档中包含元素的个数，演示效果如图 12.1 所示。

```
<!doctype html>
<html>
<head>
<meta charset="utf-8">
</head>
<body>
<h1>DOM</h1>
<p>DOM 是<cite>Document Object Model</cite>首字母简写，中文翻译为<b>文档对象模型</b>，是
    <i>W3C</i>组织推荐的处理可扩展标识语言的标准编程接口。</p>
<ul>
    <li>D 表示文档，HTML 文档结构。</li>
    <li>O 表示对象，文档结构的 JavaScript 脚本化映射。</li>
    <li>M 表示模型，脚本与结构交互的方法和行为。</li>
</ul>
<script>
function count(n){                        //定义文档元素统计函数
    var num = 0;                          //初始化变量
    if(n.nodeType == 1)                   //检查是否为元素节点
    num ++ ;                              //如果是，则计数器加1
    var son = n.childNodes;              //获取所有子节点
    for(var i = 0; i < son.length; i ++ ){ //循环统一每个子元素
```

```
        num += count (son[i]);                    //递归操作
    }
    return num;                                    //返回统计值
}
console.log("当前文档包含 " + count(document) + " 个元素");//计算元素的总个数
</script>
</body>
</html>
```

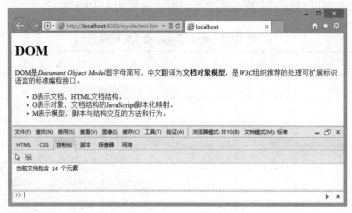

图 12.1　使用 nodeType 属性检索文档中元素个数

　　在上面的 JavaScript 脚本中定义一个计数函数，然后通过递归调用的方式逐层检索 document 下所包含的全部节点，在计数函数中再通过 node.nodeType == 1 过滤掉非元素节点，进而统计文档中包含的全部元素个数。

12.2.2　节点名称和值

　　使用 nodeName 和 nodeValue 属性可以读取节点的名称和值。属性取值说明如表 12.3 所示。

表 12.3　节点的 nodeName 和 nodeValue 属性说明

节 点 类 型	nodeName 返回值	nodeValue 返回值
Document	#document	null
DocumentFragment	#document-fragment	null
DocumentType	doctype 名称	null
EntityReference	实体引用名称	null
Element	元素的名称（或标签名称）	null
Attr	属性的名称	属性的值
ProcessingInstruction	target	节点的内容
Comment	#comment	注释的文本
Text	#text	节点的内容
CDATASection	#cdata-section	节点的内容
Entity	实体名称	null
Notation	符号名称	null

【示例】通过表 12.3 可以看到，不同类型的节点，nodeName 和 nodeValue 属性取值不同。元素的 nodeName 属性返回值是标签名，而元素的 nodeValue 属性返回值为 null。因此在读取属性值之前，应该先检测类型。

```
var node = document.getElementsByTagName("body")[0];
if (node.nodeType==1)
    var value = node.nodeName;
console.log(value);
```

nodeName 属性在处理标签时比较实用，而 nodeValue 属性在处理文本信息时比较实用。

12.2.3 节点关系

DOM 把文档视为一棵树形结构，也称为节点树。节点之间的关系包括：上下父子关系、相邻兄弟关系。简单描述如下：

- ⬐ 在节点树中，最顶端节点为根节点。
- ⬐ 除了根节点之外，每个节点都有一个父节点。
- ⬐ 节点可以包含任何数量的子节点。
- ⬐ 叶子是没有子节点的节点。
- ⬐ 同级节点是拥有相同父节点的节点。

【示例】针对下面这个 HTML 文档结构。

```
<!doctype html>
<html>
<head>
<title>标准 DOM 示例</title>
<meta charset="utf-8">
    </head>
    <body>
        <h1>标准 DOM</h1>
        <p>这是一份简单的<strong>文档对象模型</strong></p>
        <ul>
            <li>D 表示文档，DOM 的结构基础</li>
            <li>O 表示对象，DOM 的对象基础</li>
            <li>M 表示模型，DOM 的方法基础</li>
        </ul>
    </body>
</html>
```

在上面的 HTML 结构中，首先是 DOCTYPE 文档类型声明，然后是 html 元素，网页里所有元素都包含在这个元素里。从文档结构看，html 元素既没有父辈，也没有兄弟。如果用树来表示，这个 html 元素就是树根，代表整个文档。由 html 元素派生出 head 和 body 两个子元素，它们属于同一级别，且互不包含，可以称之为兄弟关系。head 和 body 元素拥有共同的父元素 html，同时它们又是其他元素的父元素，但包含的子元素不同。head 元素包含 title 元素，title 元素又包含文本节点"标准 DOM 示例"。body 元素包含 3 个子元素：h1、p 和 ul，它们是兄弟关系。如果继续访问，ul 元素也是一个父元素，它包含 3 个 li 子元素。整个文档如果使用树形结构表示，示意如图 12.2 所示。使用树形结构可以很直观地把文档结构中各个元素之间的关系表现出来。

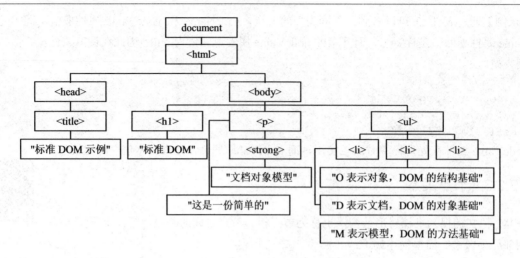

图 12.2　文档对象模型的树形结构

12.2.4　访问节点

DOM 为 Node 类型定义如下属性，以方便 JavaScript 访问节点。

- ➥ ownerDocument：返回当前节点的根元素（document 对象）。
- ➥ parentNode：返回当前节点的父节点，所有的节点都仅有一个父节点。
- ➥ childNodes：返回当前节点的所有子节点的节点列表。
- ➥ firstChild：返回当前节点的第一个子节点。
- ➥ lastChild：返回当前节点的最后一个子节点。
- ➥ nextSibling：返回当前节点之后相邻的同级节点。
- ➥ previousSibling：返回当前节点之前相邻的同级节点。

1. childNodes

childNodes 返回所有子节点的列表，它是一个随时可变的类数组。

【示例 1】下面示例演示了如何访问 childNodes 中的节点。

```html
<ul>
    <li>D 表示文档，HTML 文档结构。</li>
    <li>O 表示对象，文档结构的 JavaScript 脚本化映射。</li>
    <li>M 表示模型，脚本与结构交互的方法和行为。</li>
</ul>
<script>
var tag = document.getElementsByTagName("ul")[0]; //获取列表元素
var a = tag.childNodes;                            //获取列表元素包含的所有子节点
console.log(a[0].nodeType);                        //第 1 个节点类型，返回值为 3，显示为文本节点
console.log(a.item(1).innerHTML);                  //显示第 2 个节点包含的文本
console.log(a.length);                             //包含子节点个数，nodeList 长度
</script>
```

使用中括号语法或者 item()方法都可以访问 childNodes 包含的子元素。childNodes 的 length 属性可以动态返回子节点的个数，如果列表项目发生变化，length 属性值也会随之变化。

【示例 2】childNodes 是一个类数组，不能直接使用数组的方法，但是可以通过动态调用数组的方法把它转换为数组。下面示例把 childNodes 转换为数组，然后调用数组的 reverse()方法颠倒数组中元素的

顺序，演示效果如图 12.3 所示。

```
var tag = document.getElementsByTagName("ul")[0];    //获取列表元素
var a = Array.prototype.slice.call(tag.childNodes,0); //把 childNodes 属性值转换为数组
a.reverse();                                         //颠倒数组中元素的顺序
console.log(a[0].nodeType);                          //第 1 个节点类型，返回值为 3，显示为文本节点
console.log(a[1].innerHTML);                         //显示第 2 个节点包含的文本
console.log(a.length);                              //包含子节点个数，childNodes 属性值长度
```

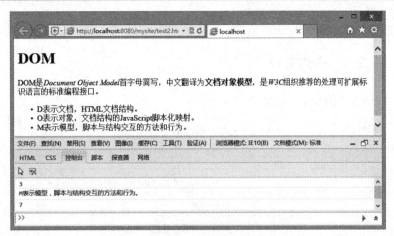

图 12.3 把 childNodes 属性值转换为数组

📢 提示：

文本节点和属性节点都不包含任何子节点，所以它们的 childNodes 属性返回值是一个空集合。可以使用 haschildNodes()方法或者 childNodes.length>0 来判断一个节点是否包含子节点。

2．parentNode

parentNode 返回元素类型的父节点，因为只有元素才可能包含子节点。不过 document 节点没有父节点，document 节点的 parentNode 属性将返回 null。

3．firstChild 和 lastChild

firstChild 返回第一个子节点，lastChild 返回最后一个子节点。文本节点和属性节点的 firstChild 和 lastChild 属性返回值为 null。

🚗 注意：

firstChild 等价于 childNodes 的第一个元素，lastChild 属性值等价于 childNodes 的最后一个元素。如果 firstChild 等于 null，则说明当前节点为空节点，不包含任何内容。

4．nextSibling 和 previousSibling

nextSibling 返回下一个相邻节点，previousSibling 返回上一个相邻节点。如果没有同属一个父节点的相邻节点，则返回 null。

5．ownerDocument

ownerDocument 表示根节点。node.ownerDocument 等价于 document.documentElement。

【示例 3】针对下面文档结构。

```
<!doctype html>
<html>
```

```
<head>
<meta charset="utf-8">
</head>
<body><span class="red">body</span>元素</body></html>
```

可以使用下面方法访问 body 元素。

```
var b = document.documentElement.lastChild;
var b = document.documentElement.firstChild.nextSibling.nextSibling;
```

通过下面方法可以访问 span 包含的文本。

```
var text = document.documentElement.lastChild.firstChild.firstChild.nodeValue;
```

12.2.5 操作节点

操作节点的基本方法如表 12.4 所示。

表 12.4 Node 类型原型方法说明

方　　法	说　　明
appendChild()	向节点的子节点列表的结尾添加新的子节点
cloneNode()	复制节点
hasChildNodes()	判断当前节点是否拥有子节点
insertBefore()	在指定的子节点前插入新的子节点
normalize()	合并相邻的 Text 节点并删除空的 Text 节点
removeChild()	删除（并返回）当前节点的指定子节点
replaceChild()	用新节点替换一个子节点

📢 提示：

appendChild()、insertBefore()、removeChild()、replaceChild()四个方法用于对子节点进行操作。使用这四个方法之前，可以使用 parentNode 属性先获取父节点。另外，并不是所有类型的节点都有子节点，如果在不支持子节点的节点上调用了这些方法将会导致错误发生。

【示例】下面示例为列表框绑定一个 click 事件处理程序，通过深度克隆，新的列表框没有添加 JavaScript 事件，仅克隆了 HTML 类样式和 style 属性，如图 12.4 所示。

```
<h1>DOM</h1>
<p>DOM 是<cite>Document Object Model</cite>首字母简写，中文翻译为<b>文档对象模型</b>，是
    <i>W3C</i>组织推荐的处理可扩展标识语言的标准编程接口。</p>
<ul>
    <li class="red">D 表示文档，HTML 文档结构。</li>
    <li title="列表项目 2">O 表示对象，文档结构的 JavaScript 脚本化映射。</li>
    <li style="color:red;">M 表示模型，脚本与结构交互的方法和行为。</li>
</ul>
<script>
var ul = document.getElementsByTagName("ul")[0];    //获取列表元素
ul.onclick = function(){                            //绑定事件处理程序
    this.style.border= "solid blue 1px";
}
var ul1 = ul.cloneNode(true);                       //深度克隆
document.body.appendChild(ul1);                     //添加到文档树中 body 元素下
</script>
```

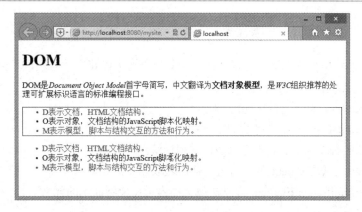

图 12.4 深度克隆

12.3 文档节点

文档节点代表整个文档，使用 document 可以访问。它是文档内其他节点的访问入口，提供了操作其他节点的方法。主要特征值：nodeType 等于 9、nodeName 等于"#document"、nodeValue 等于 null、parentNode 等于 null、ownerDocument 等于 null。

🚗 注意：

在文档中，文档节点是唯一的，也是只读的。

12.3.1 访问文档

在不同环境中，获取文档节点的方法不同。具体说明如下。

❯ 在文档内部节点，使用 ownerDocument 访问。

❯ 在脚本中，使用 document 访问。

❯ 在框架页，使用 contentDocument 访问。

❯ 在异步通信中，使用 XMLHttpRequest 对象的 responseXML 访问。

12.3.2 访问子节点

文档子节点包括以下类型。

❯ doctype 文档类型，如<!doctype html>。

❯ html 元素，如<html>。

❯ 处理指令，如<?xml-stylesheet type="text/xsl" href="xsl.xsl" ?>。

❯ 注释，如<!--注释-->。

访问方法说明如下。

❯ 使用 document.documentElement 可以访问 html 元素。

❯ 使用 document.doctype 可以访问 doctype。注意，部分浏览器不支持。

❯ 使用 document.childNodes 可以遍历子节点。

❯ 使用 document.firstChild 可以访问第一个子节点，一般为 doctype。

❯ 使用 document.lastChild 可以访问最后一个子节点，如 html 元素或者注释。

12.3.3　访问特殊元素

文档中存在很多特殊元素，使用下面的方法可以获取，若获取不到则返回 null。

- 使用 document.body 可以访问 body 元素。
- 使用 document.head 可以访问 head 元素。
- 使用 document.defaultView 可以访问默认视图，即所属的窗口对象 window。
- 使用 document.scrollingElement 可以访问文档内滚动的元素。
- 使用 document.activeElement 可以访问文档内获取焦点的元素。
- 使用 document.fullscreenElement 可以访问文档内正在全屏显示的元素。

12.3.4　访问元素集合

document 包含一组集合对象，使用它们可以快速访问文档内元素，简单说明如下。

- document.anchors：返回所有设置 name 属性的<a>标签。
- document.links：返回所有设置 href 属性的<a>标签。
- document.forms：返回所有 form 对象。
- document.images：返回所有 image 对象。
- document.applets：返回所有 applet 对象。
- document.embeds：返回所有 embed 对象。
- document.plugins：返回所有 plugin 对象。
- document.scripts：返回所有 script 对象。
- document.styleSheets：返回所有样式表集合。

12.3.5　访问文档信息

document 包含很多信息，简单说明如下。

1．静态信息

- document.URL：返回当前文档的网址。
- document.domain：返回当前文档的域名，不包含协议和接口。
- document.location：访问 location 对象。
- document.lastModified：返回当前文档最后修改的时间。
- document.title：返回当前文档的标题。
- document.characterSet：返回当前文档的编码。
- document.referrer：返回当前文档的访问者来自哪里。
- document.dir：返回文字方向。
- document.compatMode：返回浏览器处理文档的模式，值包括 BackCompat（向后兼容模式）和 CSS1Compat（严格模式）。

2．状态信息

- document.hidden：表示当前页面是否可见。如果窗口最小化、切换页面，则 document.hidden 返回 true。

- document.visibilityState：返回文档的可见状态。取值包括 visible（可见）、hidden（不可见）、prerender（正在渲染）、unloaded（已卸载）。
- document.readyState：返回当前文档的状态。取值包括 loading（正在加载）、interactive（加载外部资源）、complete（加载完成）。

12.3.6　访问文档元素

document 对象包含多个访问文档内元素的方法，简单说明如下。

- getElementById()：返回指定 id 属性值的元素。注意，id 值要区分大小写。如果找到多个 id 相同的元素，则返回第一个元素；如果没有找到指定 id 值的元素，则返回 null。
- getElementsByTagName()：返回所有指定标签名称的元素节点。
- getElementsByName()：返回所有指定名称（name 属性值）的元素节点。该方法多用于表单结构中，获取单选按钮组或复选框组。

📢提示：

getElementsByTagName()方法返回的是一个 HTMLCollection 对象，与 nodeList 对象类似，可以使用方括号语法或者 item()方法访问 HTMLCollection 对象中的元素，并通过 length 属性取得这个对象中元素的数量。

【示例】HTMLCollection 对象还包含一个 namedItem()方法，该方法可以通过元素的 name 特性取得集合中的项目。下面示例可以通过 namedItem("news");方法找到 HTMLCollection 对象中 name 为 news 的图片。

```
<img src="1.gif" />
<img src="2.gif" name="news" />
<script>
var images = document.getElementsByTagName("img");
var news = images.namedItem("news");
</script>
```

还可以使用下面用法获取页面中所有元素，其中参数 "*" 表示所有元素。

```
var allElements = document.getElementsByTagName("*");
```

12.4　元 素 节 点

在客户端开发中，大部分操作都是针对元素节点的。主要特征值：nodeType 等于 1、nodeName 等于标签名称、nodeValue 等于 null。元素节点包含 5 个公共属性：id（标识符）、title（提示标签）、lang（语言编码）、dir（语言方向）、className（CSS 类样式），这些属性可读可写。

12.4.1　访问元素

1. getElementById()方法

使用 getElementById()方法可以准确获取文档中指定元素。用法如下：

```
document.getElementById(ID)
```

参数 ID 表示文档中对应元素的 id 属性值。如果文档中不存在指定元素，则返回值为 null。该方法只适用于 document 对象。

【示例 1】在下面示例中，使用 getElementById()方法获取<div id="box">对象，然后使用 nodeName、 nodeType、parentNode 和 childNodes 属性查看该对象的节点类型、节点名称、父节点和第一个子节点的名称。

```
<div id="box">盒子</div>
<script>
var box = document.getElementById("box");   //获取指定盒子的引用
var info = "nodeName: " + box.nodeName;      //获取该节点的名称
info += "\rnodeType: " + box.nodeType;       //获取该节点的类型
info += "\rparentNode: " + box.parentNode.nodeName;    //获取该节点的父节点名称
info += "\rchildNodes: " + box.childNodes[0].nodeName; //获取该节点的子节点名称
console.log(info);                           //显示提示信息
</script>
```

2. getElementByTagName()方法

使用 getElementByTagName()方法可以获取指定标签名称的所有元素。用法如下：

```
document.getElementsByTagName(tagName)
```

参数 tagName 表示指定名称的标签，该方法返回值为一个节点集合，使用 length 属性可以获取集合中包含元素的个数，利用下标可以访问其中某个元素对象。

【示例 2】下面代码使用 for 循环获取每个 p 元素，并设置 p 元素的 class 属性为 red。

```
var p = document.getElementsByTagName("p"); //获取 p 元素的所有引用
for(var i=0;i<p.length;i++){                  //遍历 p 数据集合
    p[i].setAttribute("class","red");         //为每个 p 元素定义 red 类样式
}
```

12.4.2　遍历元素

使用 parentNode、nextSibling、previousSibling、firstChild 和 lastChild 属性可以遍历文档树中任意类型节点，包括空字符（文本节点）。HTML5 新添加 5 个属性专门访问元素节点。

- ➥ childElementCount：返回子元素的个数，不包括文本节点和注释。
- ➥ firscElementChild：返回第一个子元素。
- ➥ lastElementChild：返回最后一个子元素。
- ➥ previousElementSibling：返回前一个相邻兄弟元素。
- ➥ nextElementSibling：返回后一个相邻兄弟元素。

浏览器支持：IE9+、Firefox 3.5+、Safari 4+、Chrome 和 Opera 10+。

12.4.3　创建元素

使用 document 对象的 createElement()方法能够根据参数指定的标签名称创建一个新的元素，并返回新建元素的引用。用法如下：

```
var element = document.createElement("tagName");
```

其中，element 表示新建元素的引用，createElement()是 document 对象的一个方法，该方法只有一个参数，用来指定创建元素的标签名称。

【示例 1】下面代码在当前文档中创建了一个段落标记 p，存储到变量 p 中。由于该变量表示一个元素节点，所以它的 nodeType 属性值等于 1，而 nodeName 属性值等于 p。

```
var p = document.createElement("p");         //创建段落元素
var info = "nodeName: " + p.nodeName;         //获取元素名称
info += ", nodeType: " + p.nodeType;          //获取元素类型，如果为 1 则表示元素节点
console.log(info);
```

使用 createElement()方法创建的新元素不会被自动添加到文档里。如果要把这个元素添加到文档里，还需要使用 appendChild()、insertBefore()或 replaceChild()方法实现。

【示例 2】下面代码演示如何把新创建的 p 元素增加到 body 元素下。当元素被添加到文档树中，就会立即显示出来。

```
var p = document.createElement("p");          //创建段落元素
document.body.appendChild(p);                 //增加段落元素到 body 元素下
```

12.4.4 复制节点

cloneNode()方法可以创建一个节点的副本，其用法可以参考 12.2.5 节的介绍。

【示例 1】在下面示例中，首先创建一个节点 p，然后复制该节点为 p1，再利用 nodeName 和 nodeType 属性获取复制节点的基本信息，该节点的信息与原来创建的节点基本信息相同。

```
var p = document.createElement("p");          //创建节点
var p1 = p.cloneNode(false);                  //复制节点
var info = "nodeName: " + p1.nodeName;        //获取复制节点的名称
info += ", nodeType: " + p1.nodeType;         //获取复制节点的类型
console.log(info);                            //显示复制节点的名称和类型相同
```

【示例 2】以示例 1 为基础，在创建一个文本节点之后，尝试把复制的文本节点增加到段落元素之中，再把段落元素增加到标题元素中，最后把标题元素增加到 body 元素中。如果此时调用复制文本节点的 nodeName 和 nodeType 属性，则返回的 nodeType 属性值为 3，而 nodeName 属性值为#text。

```
var p = document.createElement("p");               //创建一个 p 元素
var h1 = document.createElement("h1");             //创建一个 h1 元素
var txt = document.createTextNode("Hello World");  //创建一个文本节点
var hello = txt.cloneNode(false);                  //复制创建的文本节点
p.appendChild(txt);                                //把复制的文本节点增加到段落节点中
h1.appendChild(p);                                 //把段落节点增加到标题节点中
document.body.appendChild(h1);                     //把标题节点增加到 body 节点中
```

【示例 3】下面示例演示了如何复制一个节点及所有包含的子节点。当复制其中创建的标题 1 节点之后，该节点所包含的子节点及文本节点都将被复制过来，然后增加到 body 元素的尾部。

```
var p = document.createElement("p");               //创建一个 p 元素
var h1 = document.createElement("h1");             //创建一个 h1 元素
var txt = document.createTextNode("Hello World");  //创建一个文本节点,文本内容为"Hello World"
p.appendChild(txt);                                //把文本节点增加到段落中
h1.appendChild(p);                                 //把段落元素增加到标题元素中
document.body.appendChild(h1);                     //把标题元素增加到 body 元素中
var new_h1 = h1.cloneNode(true);                   //复制标题元素及其所有子节点
document.body.appendChild(new_h1);                 //把复制的新标题元素增加到文档中
```

🚗 注意：

由于复制的节点会包含原节点的所有特性，如果原节点中包含 id 属性，就会出现 id 属性值重叠的情况。一般情况下，在同一个文档中，不同元素的 id 属性值应该不同。为了避免潜在冲突，应修改其中某个节点的 id 属性值。

12.4.5 插入节点

在文档中插入节点主要包括两种方法。

1. appendChild()方法

appendChild()方法可向当前节点的子节点列表的末尾添加新的子节点。用法如下：

```
appendChild(newchild)
```

参数 newchild 表示新添加的节点对象，并返回新增的节点。

【示例 1】下面示例展示了如何把段落文本增加到文档中的指定的 div 元素中，使它成为当前节点的最后一个子节点。

```
<div id="box"></div>
<script>
var p = document.createElement("p");              //创建段落节点
var txt = document.createTextNode("盒模型");       //创建文本节点，文本内容为"盒模型"
p.appendChild(txt);                                //把文本节点增加到段落节点中
document.getElementById("box").appendChild(p);     //获取 box 元素，把段落节点增加进来
</script>
```

如果文档树中已经存在参数节点，则将从文档树中删除，然后重新插入新的位置。如果添加的节点是 DocumentFragment 节点，则不会直接插入，而是把它的子节点插入当前节点的末尾。

📢 提示：

将元素添加到文档树中，浏览器会立即呈现该元素。此后，对这个元素所作的任何修改都会实时反映在浏览器中。

【示例 2】在下面示例中，新建两个盒子和一个按钮，使用 CSS 设计两个盒子显示为不同的效果；然后为按钮绑定事件处理程序，设计当单击按钮时执行插入操作。

```
<div id="red">
    <h1>红盒子</h1>
</div>
<div id="blue">蓝盒子</div>
<button id="ok">移动</button>
<script>
var ok = document.getElementById("ok");          //获取按钮元素的引用
ok.onclick = function(){                          //为按钮注册一个鼠标单击事件处理函数
    var red = document.getElementById("red");    //获取红色盒子的引用
    var blue = document.getElementById("blue");  //获取蓝色盒子的引用
    blue.appendChild(red);                       //最后移动红色盒子到蓝色盒子中
}
</script>
```

上面代码使用 appendChild()方法把红盒子移动到蓝色盒子中间。在移动指定节点时，会同时移动指定节点包含的所有子节点，演示效果如图 12.5 所示。

（a）移动前

（b）移动后

图 12.5　使用 appendChild()方法移动元素

2. insertBefore()方法

使用 insertBefore()方法可在已有的子节点前插入一个新的子节点。用法如下：

```
insertBefore(newchild,refchild)
```

其中参数 newchild 表示新插入的节点，refchild 表示插入新节点的节点，用于指定插入节点的后面相邻位置。插入成功后，该方法将返回新插入的子节点。

【示例 3】针对示例 2，如果把蓝盒子移动到红盒子所包含的标题元素的前面，使用 appendChild()方法是无法实现的，此时可以使用 insertBefore()方法来实现。

```
var ok = document.getElementById("ok");        //获取按钮元素的引用
ok.onclick = function(){                        //为按钮注册一个鼠标单击事件处理函数
    var red = document.getElementById("red");   //获取红色盒子的引用
    var blue = document.getElementById("blue"); //获取蓝色盒子的引用
    var h1 = document.getElementsByTagName("h1")[0];   //获取标题元素的引用
    red.insertBefore(blue, h1);                  //把蓝色盒子移动到红色盒子内，且位于标题前面
}
```

当单击“移动”按钮之后，蓝色盒子被移动到红色盒子内部，且位于标题元素前面，效果如图 12.6 所示。

（a）移动前　　　　　　　　　　　　　　（b）移动后

图 12.6　使用 insertBefore()方法移动元素

提示：

insertBefore ()方法与 appendChild()方法一样，可以把指定元素及其所包含的所有子节点都一起插入到指定位置中。同时会先删除移动的元素，再重新插入到新的位置。

12.4.6　删除节点

removeChild()方法可以从子节点列表中删除某个节点。用法如下：

```
nodeObject.removeChild(node)
```

其中参数 node 为要删除节点。如果删除成功，则返回被删除节点；如果失败，则返回 null。

当使用 removeChild()方法删除节点时，该节点所包含的所有子节点将同时被删除。

【示例 1】在下面的示例中单击按钮时将删除红盒子中的一级标题。

```
<div id="red">
    <h1>红盒子</h1>
</div>
<div id="blue">蓝盒子</div>
<button id="ok">移动</button>
<script>
var ok = document.getElementById("ok");        //获取按钮元素的引用
ok.onclick = function(){                        //为按钮注册一个鼠标单击事件处理函数
    var red = document.getElementById("red");   //获取红色盒子的引用
    var h1 = document.getElementsByTagName("h1")[0];    //获取标题元素的引用
    red.removeChild(h1);                         //移出红盒子包含的标题元素
}
</script>
```

【示例 2】如果想删除蓝色盒子，但是又无法确定它的父元素，此时可以使用 parentNode 属性来快速获取父元素的引用，并借助这个引用来实现删除操作。

```javascript
var ok = document.getElementById("ok");              //获取按钮元素的引用
ok.onclick = function(){                             //为按钮注册一个鼠标单击事件处理函数
    var blue = document.getElementById("blue");     //获取蓝色盒子的引用
    var parent = blue.parentNode;                   //获取蓝色盒子父元素的引用
    parent.removeChild(blue);                       //移出蓝色盒子
}
```

如果希望把删除节点插入到文档其他位置，可以使用 removeChild()方法，也可以使用 appendChild()和 insertBefore()方法来实现。

【示例 3】在 DOM 文档操作中删除节点与创建和插入节点一样都是使用最频繁的，为此可以封装删除节点操作函数。

```javascript
//封装删除节点函数
//参数：e 表示预删除的节点
//返回值：返回被删除的节点，如果不存在指定的节点，则返回 undefined 值
function remove(e){
    if(e){
        var _e = e.parentNode.removeChild(e);
        return _e;
    }
    return undefined;
}
```

【示例 4】如果要删除指定节点下的所有子节点，则封装的方法如下：

```javascript
//封装删除所有子节点的方法
//参数：e 表示预删除所有子节点的父节点
function empty(e){
    while(e.firstChild){
        e.removeChild(e.firstChild);
    }
}
```

12.4.7 替换节点

replaceChild()方法可以将某个子节点替换为另一个。用法如下：
```javascript
nodeObject.replaceChild(new_node,old_node)
```

其中参数 new_node 为指定新的节点，old_node 为被替换的节点。如果替换成功，则返回被替换的节点；如果替换失败，则返回 null。

【示例 1】以上节示例为基础重写脚本，新建一个二级标题元素并替换掉红色盒子中的一级标题元素。

```javascript
var ok = document.getElementById("ok");              //获取按钮元素的引用
ok.onclick = function(){                             //为按钮注册一个鼠标单击事件处理函数
    var red = document.getElementById("red");       //获取红色盒子的引用
    var h1 = document.getElementsByTagName("h1")[0]; //获取一级标题的引用
    var h2 = document.createElement("h2");          //创建二级标题元素并引用
    red.replaceChild(h2,h1);                        //把一级标题替换为二级标题
}
```

演示发现，当使用新创建的二级标题替换一级标题之后，原来的一级标题所包含的标题文本已经不存在了。这说明替换节点的操作不是替换元素名称，而是替换其包含的所有子节点以及其包含的所有内容。

同样的道理，如果替换节点还包含子节点，则子节点将一同被插入到被替换的节点中。可以借助 replaceChild() 方法在文档中使用现有的节点替换另一个存在的节点。

【示例 2】在下面示例中使用蓝盒子替换掉红盒子中包含的一级标题元素。此时可以看到，蓝盒子原来显示的位置已经被删除显示，同时被替换元素 h1 也被删除。

```
var ok = document.getElementById("ok");              //获取按钮元素的引用
ok.onclick = function(){                             //为按钮注册一个鼠标单击事件处理函数
    var red = document.getElementById("red");        //获取红盒子的引用
    var blue = document.getElementById("blue");      //获取蓝盒子的引用
    var h1 = document.getElementsByTagName("h1")[0];   //获取一级标题的引用
    red.replaceChild(blue,h1);                       //把红盒子中包含的一级标题替换为蓝盒子
}
```

【示例 3】replaceChild() 方法能够返回被替换掉的节点引用，因此还可以把被替换掉的元素给找回来，并增加到文档中的指定节点中。针对上面示例，使用一个变量 del_h1 存储被替换掉的一级标题，然后再把它插入到红色盒子前面。

```
var ok = document.getElementById("ok");              //获取按钮元素的引用
ok.onclick = function(){                             //为按钮注册一个鼠标单击事件处理函数
    var red = document.getElementById("red");        //获取红盒子的引用
    var blue = document.getElementById("blue");      //获取蓝盒子的引用
    var h1 = document.getElementsByTagName("h1")[0];   //获取一级标题的引用
    var del_h1 = red.replaceChild(blue,h1);          //把红盒子中包含的一级标题替换为蓝盒子
    red.parentNode.insertBefore(del_h1,red);         //把替换掉的一级标题插入到红盒子前面
}
```

12.5　文 本 节 点

文本节点表示元素和属性的文本内容，包含纯文本内容、转义字符，但不包含 HTML 代码。文本节点不包含子节点。主要特征值：nodeType 等于 3、nodeName 等于 "#text"、nodeValue 等于包含的文本。

12.5.1　创建文本节点

使用 document 对象的 createTextNode() 方法可创建文本节点。用法如下：

```
document.createTextNode(data)
```

参数 data 表示字符串。

【示例】下面示例创建一个新 div 元素，并为它设置 class 值为 red，然后添加到文档中。

```
var element = document.createElement("div");
element.className = "red";
document.body.appendChild(element);
```

🚗 注意：

> 由于 DOM 操作等原因，可能会出现文本节点不包含文本，或者接连出现两个文本节点的情况。为了避免这种情况的发生，一般会在父元素上调用 normalize() 方法，删除空文本节点，合并相邻文本节点。

12.5.2　访问文本节点

使用 nodeValue 或 data 属性可以访问文本节点包含的文本。使用 length 属性可以获取包含文本的长度，利用该属性可以遍历文本节点中每个字符。

【示例】设计一个读取元素包含文本的通用方法。

```
//获取指定元素包含的文本
//参数：e 表示指定元素
//返回值：返回包含的所有文本，包括子元素中包含的文本
function text(e){
    var s = "";
    var e = e.childNodes || e;                     //判断元素是否包含子节点
    for( var i = 0; i < e.length; i++){            //遍历所有子节点
        s += e[i].nodeType != 1 ? e[i].nodeValue : text(e[i].childNodes);
                                                   //通过递归遍历所有元素的子节点
    }
    return s;
}
```

在上面函数中，通过递归函数检索指定元素的所有子节点，然后判断每个子节点的类型，如果不是元素，则读取该节点的值，否则继续递归遍历该元素包含的所有子节点。

下面使用上面定义的通用方法读取 div 元素包含的所有文本信息。

```
<div id="div1">
    <span class="red">div</span>
    元素
</div>
<script>
var div = document.getElementById("div1");
var s = text(div);                            //调用读取元素的文本通用方法
console.log(s);                               //返回字符串"div 元素"
</script>
```

这个通用方法不仅可以在 HTML DOM 中使用，也可以在 XML DOM 文档中工作，并兼容不同的浏览器。

12.5.3　读取 HTML 字符串

使用元素的 innerHTML 属性可以返回调用元素包含的所有子节点对应的 HTML 标记字符串。最初它是 IE 的私有属性，HTML5 规范了 innerHTML 的使用，并得到所有浏览器的支持。

【示例】下面示例使用 innerHTML 属性读取 div 元素包含的 HTML 字符串。

```
<div id="div1">
    <style type="text/css">p { color:red;}</style>
    <p><span>div</span>元素</p>
</div>
<script>
var div = document.getElementById("div1");
var s = div.innerHTML;
console.log(s);
</script>
```

12.5.4　插入 HTML 字符串

使用 innerHTML 属性可以根据传入的 HTML 字符串，创建新的 DOM 片段，然后用这个 DOM 片段完全替换调用元素原有的所有子节点。设置 innerHTML 属性值之后，可以像访问文档中的其他节点一样访问新创建的节点。

【示例】下面示例将创建一个 1000 行的表格。先构造一个 HTML 字符串，然后更新 DOM 的 innerHTML 属性。

```
<script>
function tableInnerHTML() {
```

```
    var i, h = ['<table border="1" width="100%">'];
    h.push('<thead>');
    h.push('<tr><th>id<\/th><th>yes?<\/th><th>name<\/th><th>url<\/th><th>action<\/th>
        <\/tr>');
    h.push('<\/thead>');
    h.push('<tbody>');
    for( i = 1; i <= 1000; i++) {
        h.push('<tr><td>');
        h.push(i);
        h.push('<\/td><td>');
        h.push('And the answer is... ' + (i % 2 ? 'yes' : 'no'));
        h.push('<\/td><td>');
        h.push('my name is #' + i);
        h.push('<\/td><td>');
        h.push('<a href="http://example.org/' + i + '.html">http://example.org/' + i +
            '.html<\/a>');
        h.push('<\/td><td>');
        h.push('<ul>');
        h.push(' <li><a href="edit.php?id=' + i + '">edit<\/a><\/li>');
        h.push(' <li><a href="delete.php?id="' + i + '-id001">delete<\/a><\/li>');
        h.push('<\/ul>');
        h.push('<\/td>');
        h.push('<\/tr>');
    }
    h.push('<\/tbody>');
    h.push('<\/table>');
    document.getElementById('here').innerHTML = h.join('');
};
</script>
<div id="here"></div>
<script>
tableInnerHTML();
</script>
```

如果通过 DOM 的 document.createElement()和 document.createTextNode()方法创建同样的表格，代码会非常长。在一个性能苛刻的操作中更新一大块 HTML 页面，innerHTML 在大多数浏览器中执行得更快。

🚗 注意：

使用 innerHTML 属性也有一些限制。例如，在大多数浏览器中，通过 innerHTML 插入<script>标记后，并不会执行其中的脚本。

12.5.5 替换 HTML 字符串

outerHTML 也是 IE 的私有属性，后来被 HTML5 规范，与 innerHTML 的功能相同，但是它会包含元素自身。浏览器支持状态：IE4+、Firefox 8+、Safari 4+、Chrome 和 Opera 8+。

【示例】下面示例演示了 outerHTML 与 innerHTML 属性的不同效果。分别为列表结构中不同列表项定义一个鼠标单击事件，在事件处理函数中分别使用 outerHTML 和 innerHTML 属性改变原列表项的 HTML 标记，会发现 outerHTML 是使用<h2>替换<li>，而 innerHTML 是把<h2>插入到<li>中，演示效果如图 12.7 所示。

```
<h1>单击回答问题</h1>
<ul>
    <li>你叫什么? </li>
```

```
        <li>你喜欢 JS 吗？</li>
</ul>
<script>
var ul = document.getElementsByTagName("ul")[0];         //获取列表结构
var lis = ul.getElementsByTagName("li");                 //获取列表结构的所有列表项
lis[0].onclick = function(){                             //为第二个列表项绑定事件处理函数
    this.innerHTML = "<h2>我是一名初学者</h2>";            //替换 HTML 文本
}
lis[1].onclick = function(){                             //为第四个列表项绑定事件处理函数
    this.outerHTML = "<h2>当然喜欢</h2>";                 //覆盖列表项标签及其包含内容
}
</script>
```

（a）单击前

（b）单击后

图 12.7　比较 outerHTML 和 innerHTML 属性的不同效果

🚗 注意：

在使用 innerHTML、outerHTML 时，应删除被替换元素的所有事件处理程序和 JavaScript 对象属性。

12.5.6　读写文本

innerText 和 outerText 也是 IE 的私有属性，但是没有被 HTML5 纳入规范。

1. innerText 属性

innerText 在指定元素中插入文本内容，如果文本中包含 HTML 字符串，将被编码显示。

浏览器支持状态：IE4+、Safari 3+、Chrome 和 Opera 8+。 Firefox 提供 textContent 属性支持相同的功能。支持 textContent 属性的浏览器还有 IE9+、Safari 3+、Opera 10+和 Chrome。

2. outerText 属性

outerText 与 innerText 功能类似，但是它能够覆盖原有的元素。

【示例】下面示例使用 outerText、innerText、outerHTML 和 innerHTML 这 4 种属性为列表结构中不同列表项插入文本，演示效果如图 12.8 所示。

```
<h1>单击回答问题</h1>
<ul>
    <li>你好</li>
    <li>你叫什么？</li>
    <li>你干什么？</li>
    <li>你喜欢 JS 吗？</li>
</ul>
<script>
```

```
var ul = document.getElementsByTagName("ul")[0];      //获取列表结构
var lis = ul.getElementsByTagName("li");              //获取列表结构的所有列表项
lis[0].onclick = function(){                          //为第一个列表项绑定事件处理函数
    this.innerText = "谢谢";                          //替换文本
}
lis[1].onclick = function(){                          //为第二个列表项绑定事件处理函数
    this.innerHTML = "<h2>我是一名初学者</h2>";        //替换 HTML 文本
}
lis[2].onclick = function(){                          //为第三个列表项绑定事件处理函数
    this.outerText = "我是学生";                       //覆盖列表项标签及其包含内容
}
lis[3].onclick = function(){                          //为第四个列表项绑定事件处理函数
    this.outerHTML = "<h2>当然喜欢</h2>";              //覆盖列表项标签及其包含内容
}
</script>
```

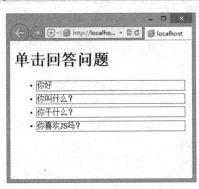

（a）单击前　　　　　　　　　　　　　　　（b）单击后

图 12.8　比较不同文本插入属性的效果

12.6　属　性　节　点

属性节点的主要特征值：nodeType 等于 2、nodeName 等于属性的名称、nodeValue 等于属性的值、parentNode 等于 null，在 HTML 中不包含子节点。属性节点继承于 Node 类型，包含以下 3 个专用属性。

- ↳ name：表示属性名称，等效于 nodeName。
- ↳ value：表示属性值，可读可写，等效于 nodeValue。
- ↳ specified：如果属性值是在代码中设置的，则返回 true；如果为默认值，则返回 false。

12.6.1　创建属性节点

使用 document 对象的 createAttribute()方法可以创建属性节点，具体用法如下：

```
document.createAttribute(name)
```

参数 name 表示新创建的属性的名称。

【示例 1】下面示例创建一个属性节点，名称为 align，值为 center，然后为标签<div id="box">设置属性 align，最后分别使用 3 种方法读取属性 align 的值。

```
<div id="box">document.createAttribute(name)</div>
<script>
var element = document.getElementById("box");
var attr = document.createAttribute("align");
```

```
attr.value = "center";
element.setAttributeNode(attr);
console.log(element.attributes["align"].value);        //"center"
console.log(element.getAttributeNode("align").value);  //"center"
console.log(element.getAttribute("align"));            //"center"
</script>
```

📢 提示：

属性节点一般位于元素的头部标签中。元素的属性列表会随着元素信息预先加载，并被存储在关联数组中。例如，针对下面 HTML 结构。

```
<div id="div1" class="style1" lang="en" title="div"></div>
```

当 DOM 加载后，表示 HTML div 元素的变量 divElement 就会自动生成一个关联集合，它以名值对形式检索这些属性。

```
divElement.attributes = {
    id : "div1",
    class : "style1",
    lang : "en",
    title : "div"
}
```

在传统 DOM 中，常用点语法通过元素直接访问 HTML 属性，如 img.src、a.href 等，这种方式虽然不标准，但是获得了所有浏览器的支持。

【示例 2】img 元素拥有 src 属性，所有图像对象都拥有一个 src 脚本属性，它与 HTML 的 src 特性关联在一起。下面两种用法都可以很好地工作在不同浏览器中。

```
<img id="img1" src="" />
<script>
var img = document.getElementById("img1");
img.setAttribute("src","http://www.w3.org/");  //HTML 属性
img.src = "http://www.w3.org/";                //JavaScript 属性
</script>
```

类似的还有 onclick、style 和 href 等。为了保证 JavaScript 脚本在不同浏览器中都能很好地工作，建议采用标准用法，而且很多 HTML 属性并没有被 JavaScript 映射，所以也就无法直接通过脚本属性进行读写。

12.6.2　读取属性值

使用元素的 getAttribute()方法可以读取指定属性的值。用法如下：

```
getAttribute(name)
```

参数 name 表示属性名称。

🚗 注意：

使用元素的 attributes 属性、getAttributeNode()方法可以返回对应属性节点。

【示例 1】下面示例访问红色盒子和蓝色盒子，然后读取这些元素所包含的 id 属性值。

```
<div id="red">红盒子</div>
<div id="blue">蓝盒子</div>
<script>
var red = document.getElementById("red");    //获取红色盒子
console.log(red.getAttribute("id"));         //显示红色盒子的 id 属性值
var blue = document.getElementById("blue");  //获取蓝色盒子
console.log(blue.getAttribute("id"));        //显示蓝色盒子的 id 属性值
</script>
```

【示例 2】HTML DOM 也支持使用点语法读取属性值，使用比较简便，也获得了所有浏览器的支持。

```
var red = document.getElementById("red");
console.log(red.id);
var blue = document.getElementById("blue");
console.log(blue.id);
```

🚗 注意：

对于 class 属性，则必须使用 className 属性名，因为 class 是 JavaScript 语言的保留字；对于 for 属性，则必须使用 htmlFor 属性名，这与 CSS 脚本中 float 和 text 属性被改名为 cssFloat 和 cssText 是一个道理。

【示例 3】使用 className 读写样式类。

```
<label id="label1" class="class1" for="textfield">文本框：
    <input type="text" name="textfield" id="textfield" />
</label>
<script>
var label = document.getElementById("label1");
console.log(label.className);
console.log(label.htmlFor);
</script>
```

【示例 4】对于复合类样式，需要使用 split()方法劈开返回的字符串，然后遍历读取类样式。

```
<div id="red" class="red blue">红盒子</div>
<script>
// 所有类名生成的数组
var classNameArray = document.getElementById("red").className.split(" ");
for(var i in classNameArray){                    //遍历数组
    console.log(classNameArray[i]);              //当前 class 名
}
</script>
```

12.6.3　设置属性值

使用元素的 setAttribute()方法可以设置元素的属性值。用法如下：

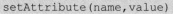

```
setAttribute(name,value)
```

参数 name 和 value 分别表示属性名称和属性值。属性名和属性值必须以字符串的形式进行传递。如果元素中存在指定的属性，它的值将被刷新；如果不存在，则 setAttribute()方法将为元素创建该属性并赋值。

【示例 1】下面示例分别为页面中 div 元素设置 title 属性。

```
<div id="red">红盒子</div>
<div id="blue">蓝盒子</div>
<script>
var red = document.getElementById("red");    //获取红盒子的引用
var blue = document.getElementById("blue"); //获取蓝盒子的引用
red.setAttribute("title", "这是红盒子");         //为红盒子对象设置 title 属性和值
blue.setAttribute("title", "这是蓝盒子");        //为蓝盒子对象设置 title 属性和值
</script>
```

【示例 2】下面示例定义了一个文本节点和元素节点，并为一级标题元素设置 title 属性，最后把它们添加到文档结构中。

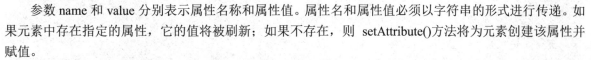

```
var hello = document.createTextNode("Hello World!");  //创建一个文本节点
var h1 = document.createElement("h1");                //创建一个一级标题
h1.setAttribute("title", "你好，欢迎光临!");              //为一级标题定义 title 属性
```

```
h1.appendChild(hello);                                    //把文本节点增加到一级标题中
document.body.appendChild(h1);                            //把一级标题增加到文档
```

【示例 3】也可以使用快捷方法设置 HTML DOM 文档中元素的属性值。

```
<label id="label1">文本框:
    <input type="text" name="textfield" id="textfield" />
</label>
<script>
var label = document.getElementById("label1");
label.className="class1";
label.htmlFor="textfield";
</script>
```

　　DOM 支持使用 getAttribute()和 setAttribute()方法读写自定义属性，不过 IE6.0 及其以下版本浏览器对其的支持不是很完善。

【示例 4】直接使用 className 添加类样式，会覆盖掉元素原来的类样式。这时可以采用叠加的方式添加类。

```
<div id="red">红盒子</div>
<script>
var red = document.getElementById("red");
red.className = "red";
red.className += "blue";
</script>
```

【示例 5】使用叠加的方式添加类也存在问题，这样容易添加大量重复的类。为此，定义一个检测函数，判断元素是否包含指定的类，然后再决定是否添加类。

```
<script>
function hasClass(element,className){              //类名检测函数
    var reg =new RegExp('(\\s|^)'+ className + '(\\s|$)');
    return  reg.test(element.className);          //使用正则检测是否有相同的样式
}
function addClass(element,className){              //添加类名函数
    if(!hasClass(element, className))
        element.className +=' ' + className;
}
</script>
<div id="red">红盒子</div>
<script>
var red = document.getElementById("red");
addClass(red,'red');
addClass(red,'blue');
</script>
```

12.6.4　删除属性

　　使用元素的 removeAttribute()方法可以删除指定的属性。用法如下：

```
removeAttribute(name)
```

　　参数 name 表示元素的属性名。

【示例 1】下面示例演示了如何动态设置表格的边框。

```
<script>
window.onload = function() {                       //绑定页面加载完毕时的事件处理函数
    var table = document.getElementsByTagName("table")[0];  //获取表格外框的引用
```

```
    var del = document.getElementById("del");          //获取删除按钮的引用
    var reset = document.getElementById("reset");       //获取恢复按钮的引用
    del.onclick = function(){                           //为删除按钮绑定事件处理函数
        table.removeAttribute("border");                //移出边框属性
    }
    reset.onclick = function(){                         //为恢复按钮绑定事件处理函数
        table.setAttribute("border", "2");              //设置表格的边框属性
    }
}
</script>
<table width="100%" border="2">
    <tr>
        <td>数据表格</td>
    </tr>
</table>
<button id="del">删除</button><button id="reset">恢复</button>
```

在上面示例中设计了两个按钮，并分别绑定了不同的事件处理函数。单击"删除"按钮即可调用表格的 removeAttribute()方法清除表格边框，单击"恢复"按钮即可调用表格的 setAttribute()方法重新设置表格边框的粗细。

【示例 2】下面示例演示了如何自定义删除类函数，并调用该函数删除指定类名。

```
<script>
function hasClass(element,className){              //类名检测函数
    var reg =new RegExp('(\\s|^)'+ className + '(\\s|$)');
    return  reg.test(element.className);           //使用正则检测是否有相同的样式
}
function deleteClass(element,className){
     if(hasClass(element,className)){
        element.className.replace(reg,' ');        //捕获要删除样式，然后替换为空白字符串
    }
}
</script>
<div id="red" class="red  blue  bold">红盒子</div>
<script>
var red = document.getElementById("red");
deleteClass(red,'blue');
</script>
```

在上面代码使用正则表达式检测 className 属性值字符串中是否包含指定的类名，如果存在，则使用空字符替换掉匹配到的子字符串，从而实现删除类名的目的。

12.6.5　使用类选择器

HTML5 为 document 对象和 HTML 元素新增了 getElementsByClassName()方法，使用该方法可以选择指定类名的元素。getElementsByClassName()方法可以接收一个字符串参数，包含一个或多个类名，类名通过空格分隔，不分先后顺序，方法返回带有指定类的所有元素的 NodeList。

浏览器支持状态：IE9+、Firefox 3.0+、Safari 3+、Chrome 和 Opera 9.5+。

如果不考虑兼容早期 IE 浏览器或者怪异模式，用户可以放心使用。

【示例 1】下面示例使用 document.getElementsByClassName("red")方法选择文档中所有包含 red 类的元素。

```
<div class="red">红盒子</div>
```

```
<div class="blue red">蓝盒子</div>
<div class="green red">绿盒子</div>
<script>
var divs = document.getElementsByClassName("red");
for(var i=0; i<divs.length;i++){
    console.log(divs[i].innerHTML);
}
</script>
```

【示例 2】下面示例使用 document.getElementById("box")方法先获取<div id="box">，然后在它下面使用 getElementsByClassName("blue red")选择同时包含 red 和 blue 类的元素。

```
<div id="box">
    <div class="blue red green">blue red green</div>
</div>
<div class="blue red black">blue red black</div>
<script>
var divs = document.getElementById("box").getElementsByClassName("blue red");
for(var i=0; i<divs.length;i++){
    console.log(divs[i].innerHTML);
}
</script>
```

在 document 对象上调用 getElementsByClassName()会返回与类名匹配的所有元素，在元素上调用该方法就只会返回后代元素中匹配的元素。

12.6.6　自定义属性

HTML5 允许用户为元素自定义属性，但要求添加 data-前缀，目的是为元素提供与渲染无关的附加信息，或者提供语义信息。例如：

```
<div id="box" data-myid="12345" data-myname="zhangsan"  data-mypass="zhang123">自定义数据属性</div>
```

添加自定义属性之后，可以通过元素的 dataset 属性访问自定义属性。dataset 属性的值是一个 DOMStringMap 实例，也就是一个名值对的映射。在这个映射中，每个 data-name 形式的属性都会有一个对应的属性，只不过属性名没有 data-前缀。

浏览器支持状态：Firefox 6+和 Chrome。

【示例】下面代码演示了如何自定义属性，以及如何读取这些附加信息。

```
var div = document.getElementById("box");
//访问自定义属性值
var id = div.dataset.myid;
var name = div.dataset.myname;
var pass = div.dataset.mypass;
//重置自定义属性值
div.dataset.myid = "54321";
div.dataset.myname = "lisi";
div.dataset.mypass = "lisi543";
//检测自定义属性
if (div.dataset.myname){
    console.log(div.dataset.myname);
}
```

虽然上述用法未获得所有浏览器支持，但是我们仍然可以使用这种方式为元素添加自定义属性，然后使用 getAttribute()方法读取元素附加的信息。

12.7　文档片段节点

DocumentFragment 是一个虚拟的节点类型，仅存在于内存中，没有添加到文档树中，所以看不到渲染效果。使用文档片段的好处，就是避免浏览器渲染和占用资源。当文档片段设计完善后，再使用 JavaScript 一次性添加到文档树中显示出来，这样可以提高效率。

主要特征值：nodeType 值等于 11、nodeName 等于"#document-fragment"、nodeValue 等于 null、parentNode 等于 null。

创建文档片段的方法：

```
var fragment = document.createDocumentFragment();
```

使用 appendChild()或 insertBefore()方法可以把文档片段添加到文档树中。

每次使用 JavaScript 操作 DOM 都会改变页面呈现，并触发整个页面重新渲染（回流），从而消耗系统资源。为解决这个问题，可以先创建一个文档片段，把所有的新节点附加到文档片段上，最后再把文档片段一次性添加到文档中，减少页面重绘的次数。

【示例】下面示例使用文档片段创建主流 Web 浏览器列表。

```
<ul id="ul"></ul>
<script>
var element = document.getElementById('ul');
var fragment = document.createDocumentFragment();
var browsers = ['Firefox', 'Chrome', 'Opera', 'Safari', 'Internet Explorer'];
browsers.forEach(function(browser) {
    var li = document.createElement('li');
    li.textContent = browser;
    fragment.appendChild(li);                //此处往文档片段插入子节点，不会引起回流
});
element.appendChild(fragment);               //将打包好的文档片段插入 ul 节点
</script>
```

上面示例准备为 ul 元素添加 5 个列表项。如果逐个添加列表项，将会导致浏览器反复渲染页面。为避免这个问题，可以使用一个文档片段来保存创建的列表项，然后再一次性将它们添加到文档中，这样能够提升系统的执行效率。

12.8　CSS 选择器

在 2008 年以前，浏览器中大部分 DOM 扩展都是专有的。此后，W3C 将一些已经成为事实标准的专有扩展标准化并写入规范中。Selectors API 就是由 W3C 发布的一个事实标准，为浏览器实现原生的 CSS 选择器。

Selector API Level 1（http://www.w3.org/TR/selectors-api/）的核心是两个方法：querySelector()和 querySelectorAll()，在兼容浏览器中可以通过文档节点或元素节点调用。目前已完全支持 Selectors API Level 1 的浏览器有 IE8+、Firefox 3.5+、Safari 3.1+、Chrome 和 Opera 10+。

Selector API Level 2（http://www.w3.org/TR/selectors-api2/）规范为元素增加了 matchesSelector()方法，这个方法接收一个 CSS 选择符参数，如果调用的元素与该选择符匹配，则返回 true；否则返回 false。目前，浏览器对其的支持不是很完善。

querySelector()和 querySelectorAll()方法的参数必须是符合 CSS 选择符语法规则的字符串，其中 querySelector()返回一个匹配元素，querySelectorAll()返回一个匹配集合。

【示例1】新建网页文档，输入下面的 HTML 结构代码。

```html
<div class="content">
    <ul>
        <li>首页</li>
        <li class="red">财经</li>
        <li class="blue">娱乐</li>
        <li class="red">时尚</li>
        <li class="blue">互联网</li>
    </ul>
</div>
```

如果要获得第 1 个 li 元素，可以使用以下方法。

```javascript
document.querySelector(".content ul li");
```

如果要获得所有 li 元素，可以使用以下方法。

```javascript
document.querySelectorAll(".content ul li");
```

如果要获得所有 class 为 red 的 li 元素，可以使用以下方法。

```javascript
document.querySelectorAll("li.red");
```

📢 提示：

DOM API 模块也包含 getElementsByClassName()方法，使用该方法可以获取指定类名的元素。例如：

```javascript
document.getElementsByClassName("red");
```

🚗 注意：

getElementsByClassName()方法只能够接收字符串，且为类名，而不需要加点号前缀，如果没有匹配到任何元素则返回空数组。

CSS 选择器是一个便捷的确定元素的方法，这是因为大家对 CSS 已经很熟悉了。当需要联合查询时，使用 querySelectorAll()更加便利。

【示例2】在文档中一些 li 元素的 class 名称是 red，另一些 class 名称是 blue，可以用 querySelectorAll()方法一次性获得这两类节点。

```javascript
var lis = document.querySelectorAll("li.red, li.blue");
```

如果不使用 querySelectorAll()方法，那么要获得同样的列表，需要选择所有的 li 元素，然后通过迭代操作过滤出那些不需要的列表项目。

```javascript
var result = [], lis1 = document.getElementsByTagName('li'), classname = '';
for(var i = 0, len = lis1.length; i < len; i++) {
    classname = lis1[i].className;
    if(classname === 'red' || classname === 'blue') {
        result.push(lis1[i]);
    }
}
```

比较上面两种不同的用法，使用选择器 querySelectorAll()方法比使用 getElementsByTagName()方法的性能要快得多。因此，如果浏览器支持 document.querySelectorAll()，那么最好使用它。

12.9 案 例 实 战

12.9.1 使用 script 加载远程数据

script 元素能够动态加载远程 JavaScript 脚本文件。JavaScript 脚本文件不仅仅可以被执行，还可以附加数据。在服务器端使用 JavaScript 文件附加数据之后，当在客户端使用 script 元素加载这些远程脚本时，附加在 JavaScript 文件中的信息也一同被加载到客户端，从而实现数据异步交互的目的。下面示例演示如何动态生成 script 元素，并通过 script 元素实现远程数据加载。

【操作步骤】

第 1 步，定义一个异步请求的封装函数。

```
//创建<script>标签，参数 url 表示要请求的服务器端文件路径
function request(url){
    if(! document.script){                        //如果在 document 对象中不存在 script 属性
        document.script = document.createElement("script"); //创建 script 元素
        document.script.setAttribute("type", "text/javascript");//设置脚本类型属性
        document.script.setAttribute("src", url);     //设置 JavaScript 文件的路径
        document.body.appendChild(document.script); //把创建的 script 元素添加到页面中
    } else{                                        //如果已经存在 script 元素
        document.script.setAttribute("src", url);     //则直接设置 src 属性
    }
}
```

第 2 步，完善客户端提交页面的结构和脚本代码。上面这个请求函数是整个 script 异步交互的核心。下面就可以来设计客户端提交页面。

```
<script>
function callback(info){                          //客户端回调函数
    console.log(info);
}
function request(url){                            //script 异步请求函数
    //代码同上
}
window.onload = function(){                        //页面初始化处理函数
    var b = document.getElementsByTagName("input")[0];
    b.onclick = function(){                        //为页面按钮绑定异步请求函数
        request("server.js");
    }
}
</script>
<input name="submit" type="button" id="submit" value="向服务器发出请求" />
```

第 3 步，在服务器端的响应文件（server.js）中输入下面的代码。

```
callback("这里是服务器端数据信息");                       //服务器端响应页面
```

第 4 步，当预览客户端提交页面时，不会立即发生异步交互的动作，而是当单击按钮时才会触发异步请求和响应行为，这正是异步交互所要的设计效果。

12.9.2　使用 JSONP

JSONP（JSON with Padding）是在客户端生成<script>标签来调用跨域脚本（服务器端脚本文件）的一个非官方协议。JSONP 允许在服务器端动态生成 JavaScript 字符串返回给客户端，通过 JavaScript 回调函数的形式实现跨域调用。

现在很多 JavaScript 技术框架都使用 JSONP 实现跨域异步通信，如 dojo、jQuery、Youtube GData API、Google Social Graph API、Digg API 等。

【示例 1】下面示例演示了如何使用 script 实现异步 JSON 通信。

【操作步骤】

第 1 步，在服务器端的 JavaScript 文件中输入下面代码（server.js）。

```
callback({//调用回调函数，并把包含响应信息的对象直接量传递给它
```

```
    "title" : "JSONP Test",
    "link" : "http://www.mysite.cn/",
    "modified" : "2018-12-1",
    "items" : [{
        "title" : "百度",
        "link" : "http://www.baidu.com/"
    }, {
        "title" : "谷歌",
        "link" : "http://www.google.cn/",
    }]
})
```

callback 是回调函数的名称，使用小括号运算符调用该函数，并传递一个 JavaScript 对象。在这个对象中包含 4 个属性：title、link、modified、items。其中前 3 个属性值是字符串，第 4 个属性 items 包含一个数组，数组中包含两个对象。这两个对象又包含两个属性：title、link。

通过这种方式可以在一个 JavaScript 对象中包含更多信息，在客户端的<script>标签中可以利用 src 属性把服务器端的这些 JavaScript 脚本作为响应信息引入到客户端的<script>标签中。

第 2 步，在回调函数中逐层遍历和分解 JSON 数据，有序显示所有响应信息（test.html）。

```
function callback(info){                              //回调函数
    var temp = "";
    for(var i in info){                               //遍历参数对象
        if(typeof info[i] != "object"){               //如果属性值不是对象，则直接显示
            temp += i + " = \"" + info[i] + "\"<br />";
        }
        else if((typeof info[i] == "object") && (info[i].constructor == Array)){
                                                      //如果是数组
            temp += "<br />" + i + " = " + "<br /><br />";
            var a = info[i];                          //获取数组引用
            for(var j = 0; j < a.length; j ++ ){      //遍历数组
                var o = a[j];
                for(var e in o){                      //遍历每个数组元素对象
                    temp += "    " + e + " = \"" + o[e] + "\"<br />";
                }
                temp += "<br />";
            }
        }
    }
    var div = document.getElementById("test");        //获取页面中的 div 元素
    div.innerHTML = temp;                             //输出显示响应信息
}
```

第 3 步，完成用户提交信息的操作。客户端提交页面（test.html）的代码如下：

```
<script>
function callback(info){}                    //回调函数，请参考上面的代码
function request(url){}                       //请求函数，参考上节 request(1)函数代码
window.onload = function(){                   //页面初始化
    var b = document.getElementsByTagName("input")[0];
    b.onclick = function(){
        var url = "server.js"
        request(url);
    }
}
</script>
```

```
<input name="submit" type="button" id="submit" value="向服务器发出请求" />
<div id="test"></div>
```

回调函数和请求函数的名称并不是固定的，用户可以自定义这些函数的名称。

第 4 步，保存页面，在浏览器中预览，则演示效果如图 12.9 所示。

（a）提交前

（b）提交后

图 12.9　响应和回调前后效果

【示例 2】下面结合一个示例说明如何使用 JSONP 实现跨域异步信息交互。

【操作步骤】

第 1 步，在客户端调用 JSONP 约定的 URL 服务，获取 JSONP 格式数据。

◀) 提示：

所谓 JSONP 约定的 URL 服务，就是在请求的 URL 中必须附加在客户端可以回调的函数，并按约定正确设置回调函数参数，默认参数名为 jsonp 或 callback。

🚗 注意：

根据约定，只要服务器能够识别即可。本例定义 URL 服务的代码如下：

http://localhost/mysite/server.php?jsonp=callback&d=1

其中参数 jsonp 的值为约定的回调函数名。

JSONP 格式的数据就是把 JSON 数据作为参数传递给回调函数。如果响应的 JSON 数据如下。

```
{
    "title" : "JSONP Test",
    "link" : "http://www.mysite.cn/",
    "modified" : "2018-12-1",
    "items" : {
        "id" : 1,
        "title" : "百度",
        "link" : "http://www.baidu.com/"
    }
}
```

那么真正返回到客户端的脚本标记则如下：

```
callback({
    "title" : "JSONP Test",
    "link" : "http://www.mysite.cn/",
    "modified" : "2018-12-1",
    "items" : {
        "id" : 1,
        "title" : "百度",
        "link" : "http://www.baidu.com/"
    }
```

```
})
```

第 2 步，当客户端向服务器端发出请求后，服务器应该完成两件事情：一是接收并处理参数信息，如获取回调函数名；二是要根据参数信息生成符合客户端需要的脚本字符串，并把这些字符串响应给客户端。例如，服务器端的处理脚本文件如下（server.php）：

```php
<?php
header("Content-Type: text/html;charset=utf-8");        //设置字符编码
$callback = $_GET["jsonp"];                             //获取客户端请求的参数
$id = $_GET["id"];                                      //获取客户端请求的参数
echo $callback . "(";                                   //根据条件返回 JSON 字符串
?>
{
    "title" : "JSONP Test",
    "link" : "http://www.mysite.cn/",
    "modified" : "2018-12-1",
    "items" :
<?php
if ($id == "1") {
?>
    {
        "title" : "百度",
        "link" : "http://www.baidu.com/"
    }
<?php
} else if ($id == "2") {
?>
    {
        "title" : "谷歌",
        "link" : "http://www.google.cn/"
    }
<?php
} else {
    echo "";
}
echo "})";
?>
```

第 3 步，在客户端设计回调函数，利用回调函数把 JSON 数据显示出来。

```javascript
function callback(info){
    var temp = "";
    for(var i in info){
        if(typeof info[i] != "object"){
            temp += i + " = \"" + info[i] + "\"<br />";
        }
        else if((typeof info[i] == "object")){
            temp += "<br />" + i + " = " + " {<br />";
            var o = info[i];
            for(var j in o){
                temp += "    " + j + " = \"" + o[j] + "\"<br />";
            }
            temp += "}";
        }
    }
    var div = document.getElementById("test");
```

```
        div.innerHTML = temp;
    }
```

第 4 步，设计客户端提交页面与信息展示。在页面中插入一个<div>标签，然后把输出的信息插入到该标签内。同时设计一个交互按钮，单击该按钮将触发请求函数，并向服务器端发去请求。响应完毕，在客户端调用回调函数，对响应的数据进行处理和显示。

```
<div id="test"></div>
```

🚗 注意：

恶意攻击者可以通过发送畸形的 JSON 数据实现攻击目的，这样 eval()函数就会执行这些恶意代码。为了安全，应该采取一些方法来保护 JSON 数据的安全使用。例如，使用正则表达式过滤掉 JSON 数据中不安全的 JavaScript 字符串。

```
var my_JSON_object = ! (/[^,:{}\[\]0-9.\-+Eaeflnr-u \n\r\t]/.test(
    text.replace(/"(\\.|[^"\\])*"/g, ''))) && eval('(' + text + ')');
```

这个正则表达式能够检查 JSON 字符串，如果没有发现字符串中包含的恶意代码，则再使用 eval()函数把它转换为 JavaScript 对象。

12.10　在线学习

本节为线上继续学习入口，通过扫码读者可以进行巩固练习、补充知识、获取参考资料、拓展阅读。

第 13 章 事 件 处 理

早期的互联网访问速度是非常慢的，为了避免用户漫长的等待，开发人员尝试把服务器端需要处理的任务部分前移到客户端，让客户端 JavaScript 脚本代替解决，如表单信息验证等。于是在 IE3.0 和 Netscape 2.0 浏览器中开始出现事件。DOM2 规范开始标准化 DOM 事件，直到 2004 年发布 DOM3.0 时，W3C 才完善事件模型。目前所有主流浏览器都已经支持 DOM2 事件模块。IE8 及其早期版本还继续使用 IE 事件模块。

【学习重点】
- ↘ 了解事件模型。
- ↘ 能够正确注册、销毁事件。
- ↘ 掌握鼠标和键盘事件开发。
- ↘ 掌握页面和 UI 事件开发。
- ↘ 能够自定义事件。

13.1　事 件 基 础

13.1.1　事件模型

在浏览器发展历史中，出现 4 种事件处理模型。

- ↘ 基本事件模型：也称为 DOM0 事件模型，是浏览器初期出现的一种比较简单的事件模型，主要通过 HTML 事件属性，为指定标签绑定事件处理函数。由于这种模型应用比较广泛，获得了所有浏览器的支持，目前依然比较流行。但是这种模型对于 HTML 文档标签依赖严重，不利于 JavaScript 独立开发。
- ↘ DOM 事件模型：由 W3C 制订，是目前标准的事件处理模型。所有符合标准的浏览器都支持该模型，IE 怪异模式不支持。DOM 事件模型包括 DOM2 事件模块和 DOM3 事件模块，DOM3 事件模块为 DOM2 事件模块的升级版，略有完善，主要是新增了一些事情类型，以适应移动设备的开发需要，但大部分规范和用法保持一致。
- ↘ IE 事件模型：IE4.0 及其以上版本浏览器支持，与 DOM 事件模型相似，但用法不同。
- ↘ Netscape 事件模型：由 Netscape 4 浏览器实现，在 Netscape 6 中停止支持。

13.1.2　事件流

事件流就是多个节点对象对同一种事件进行响应的先后顺序，主要包括以下 3 种类型。

1. 冒泡型

事件从最特定的目标向最不特定的目标（document 对象）触发，也就是事件从下向上进行响应，这个传递过程被形象地称为"冒泡"。

【**示例 1**】在下面示例中，文档包含 5 层嵌套的 div 元素，为它们定义相同的 click 事件，同时为每层\<div\>标签定义不同的类名。设计当单击\<div\>标签时，当前对象边框显示为红色虚线效果，同时抓取当前标签的类名，以此标识每个标签的响应顺序。

```
<script>
function bubble(){
    var div = document.getElementsByTagName('div');
    var show = document.getElementById("show");
    for (var i = 0; i < div.length; ++i){       //遍历div元素
        div[i].onclick = (function(i){           //为每个div元素注册鼠标单击事件处理函数
        return function(){                       //返回闭包函数
            div[i].style.border = '1px dashed red'; //定义当前元素的边框线为红色虚线
            show.innerHTML += div[i].className + " > "; //标识每个div元素的响应顺序
        }
        })(i);
    }
}
window.onload = bubble;
</script>
<div class="div-1">div-1
    <div class="div-2">div-2
        <div class="div-3">div-3
            <div class="div-4">div-4
                <div class="div-5">div-5</div>
            </div>
        </div>
    </div>
</div>
<p id="show"></p>
```

在浏览器中预览，如果单击最内层的\<div\>标签，则 click 事件按照从里到外的顺序逐层响应，从结构上看就是从下向上触发，在\<p\>标签中显示事件响应的顺序，演示效果如图 13.1 所示。

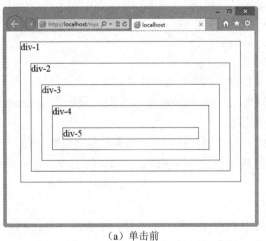
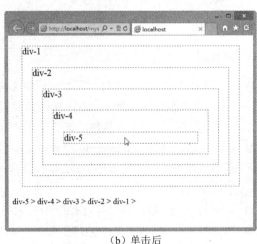

（a）单击前　　　　　　　　　　　　　　　　（b）单击后

图 13.1　冒泡型事件流演示效果

2. 捕获型

事件从最不特定的目标（document 对象）开始触发，然后到最特定的目标，也就是事件从上向下进行响应。

【示例 2】针对示例 1，修改 JavaScript 脚本，使用 addEventListener()方法为 5 个 div 元素注册 click 事件，在注册事件时定义响应类型为捕获型事件，即设置第 3 个参数值为 true。

```
function bubble(){
    var div = document.getElementsByTagName('div');
    var show = document.getElementById("show");
    for (var i = 0; i < div.length; ++i){                //遍历 div 元素
        div[i].addEventListener("click", (function(i){   //注册鼠标单击事件
        return function(){                               //返回闭包函数
            div[i].style.border = '1px dashed red';      //定义当前元素的边框为红色虚线
            show.innerHTML += div[i].className + " > ";
        }
    })(i), true);                                        //定义捕获阶段响应事件
    }
}
window.onload = bubble;
```

在浏览器中预览，如果单击最里层的<div>标签，则 click 事件将按照从外到里的顺序逐层响应，在<p>标签中显示 5 个<div>标签的响应顺序，如图 13.2 所示。

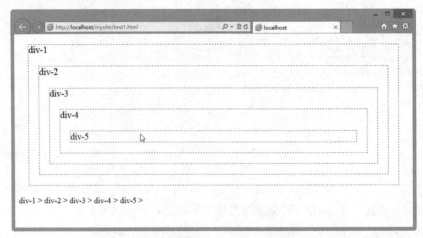

图 13.2　捕获型事件流演示效果

3. 混合型

W3C 的 DOM 事件模型支持捕获型和冒泡型两种事件流，其中捕获型事件流先发生，然后才发生冒泡型事件流。两种事件流会触及 DOM 中的所有层级对象，从 document 对象开始，最后返回 document 对象结束。因此，可以把事件传播的整个过程分为 3 个阶段。

- ➥ 捕获阶段：事件从 document 对象沿着文档树向下传播到目标节点，如果目标节点的任何一个上级节点注册了相同的事件，那么事件在传播的过程中就会首先在最接近顶部的上级节点执行，依次向下传播。
- ➥ 目标阶段：注册在目标节点上的事件被执行。
- ➥ 冒泡阶段：事件从目标节点向上触发，如果上级节点注册了相同的事件，将会逐级响应，依次向上传播。

13.1.3　绑定事件

在基本事件模型中，JavaScript 支持以下两种绑定方式。

- ➥ 静态绑定

把 JavaScript 脚本作为属性值，直接赋予给事件属性。

【示例1】在下面示例中，把 JavaScript 脚本以字符串的形式传递给 onclick 属性，为<button>标签绑定 click 事件。当单击按钮时，就会触发 click 事件，执行这行 JavaScript 脚本。

```
<button onclick="alert('你单击了一次!');">按钮</button>
```

  ↘ 动态绑定

使用 DOM 对象的事件属性进行赋值。

【示例2】在下面示例中，使用 document.getElementById()方法获取 button 元素，然后把一个匿名函数作为值传递给 button 元素的 onclick 属性，实现事件绑定操作。

```
<button id="btn">按 钮</button>
<script>
var button = document.getElementById("btn");
button.onclick = function(){
    alert("你单击了一次!");
}
</script>
```

可以在脚本中直接为页面元素附加事件，不破坏 HTML 结构，比上一种方式灵活。

13.1.4 事件处理函数

事件处理函数是一类特殊的函数，与函数直接量结构相同，主要任务是实现事件处理，为异步调用，由事件触发进行响应。

事件处理函数一般没有明确的返回值。不过在特定事件中，用户可以利用事件处理函数的返回值影响程序的执行，如单击超链接时，禁止默认的跳转行为。

【示例1】下面示例为 form 元素的 onsubmit 事件属性定义字符串脚本，设计当文本框中输入值为空时，定义事件处理函数返回值为 false。这样将强制表单禁止提交数据。

```
<form id="form1" name="form1" method="post" action="http://www.mysite.cn/"
    onsubmit="if(this.elements[0].value.length==0) return false;">
    姓名: <input id="user" name="user" type="text" />
    <input type="submit" name="btn" id="btn" value="提交" />
</form>
```

在上面代码中，this 表示当前 form 元素，elements[0]表示姓名文本框，如果该文本框的 value.length 属性值长度为 0，表示当前文本框为空，则返回 false，禁止提交表单。

事件处理函数不需要参数。在 DOM 事件模型中，事件处理函数默认包含 event 参数对象，event 对象包含事件信息，在函数内进行传播。

【示例2】下面示例为 button 对象绑定一个单击事件。在这个事件处理函数中，参数 e 为形参，响应事件之后，浏览器会把 event 对象传递给形参变量 e，再把 event 对象作为一个实参进行传递，读取 event 对象包含的事件信息，在事件处理函数中输出当前源对象节点名称，如图 13.3 所示。

```
<button id="btn">按钮</button>
<script>
var button = document.getElementById("btn");
button.onclick = function(e){
    var e = e || window.event;                          //获取事件对象
    document.write(e.srcElement ? e.srcElement : e.target);   //获取当前单击对象的标签名
}
</script>
```

图 13.3　捕获当前事件源

📢 提示：

IE 事件模型和 DOM 事件模型对 event 对象的处理方式不同：IE 把 event 对象定义为 window 对象的一个属性，而 DOM 事件模型把 event 定义为事件处理函数的默认参数。所以，在处理 event 参数时，应该判断 event 在当前解析环境中的状态，如果当前浏览器支持，则使用 event（DOM 事件模型）；如果不支持，则说明当前环境是 IE 浏览器，通过 window.event 获取 event 对象。

event.srcElement 表示当前事件的源，即响应事件的当前对象，这是 IE 模型用法。但是 DOM 事件模型不支持该属性，需要使用 event 对象的 target 属性，它是一个符合标准的源属性。为了能够兼容不同的浏览器，这里使用了一个条件运算符，先判断 event.srcElement 属性是否存在，如果不存在则使用 event.target 属性来获取当前事件对象的源。

在事件处理函数中，this 表示当前事件对象，与 event 对象的 srcElement 属性（IE 模型）或者 target（DOM 事件模型）属性所代表的意思相同。

【示例 3】在下面示例中，定义当单击按钮时改变当前按钮的背景色为红色，其中 this 关键字就表示 button 对象。

```
<button id="btn" onclick="this.style.background='red';">按　钮</button>
```

也可以使用下面代码来表示：

```
<button id="btn" onclick="(event.srcElement?event.srcElement:event.target).style.
    background= 'red';">按钮</button>
```

在一些特殊环境中，this 并非都表示当前事件对象。

【示例 4】下面示例分别使用 this 和事件源来指定当前对象，但是会发现 this 并没有指向当前的事件对象按钮，而是指向 window 对象，所以这个时候继续使用 this 引用当前对象就错了。

```
<script>
function btn1(){//事件处理函数，函数中的 this 表示调用该函数的当前对象
    this.style.background = "red";
}
function btn2(event){ //事件处理函数
    event = event || window.event;  //获取事件对象 event
    var src = event.srcElement ? event.srcElement : event.target; //获取当前事件源
    src.style.background = "red";    //改变当前事件源的背景色
}
</script>
<button id="btn1" onclick="btn1();">按 钮 1</button>
<button id="btn2" onclick="btn2(event);">按 钮 2</button>
```

为了能够准确获取当前事件对象，在第二个按钮的 click 事件处理函数中直接把 event 传递给 btn2()。如果不传递该参数，支持 DOM 事件模型的浏览器就会找不到 event 对象。

13.1.5　注册事件

在 DOM 事件模型中，通过调用对象的 addEventListener()方法注册事件。用法如下：

```
element.addEventListener(String type, Function listener, boolean useCapture);
```

参数说明如下。

- ⇘ type：注册事件的类型名。事件类型与事件属性不同，事件类型名没有 on 前缀。例如，对于事件属性 onclick 来说，所对应的事件类型为 click。
- ⇘ listener：监听函数，即事件处理函数。在指定类型的事件发生时将调用该函数。在调用这个函数时，默认传递给它的唯一参数是 event 对象。
- ⇘ useCapture：是一个布尔值。如果为 true，则指定的事件处理函数将在事件传播的捕获阶段触发；如果为 false，则事件处理函数将在冒泡阶段触发。

【示例 1】下面示例使用 addEventListener()为所有按钮注册 click 事件。首先，调用 document 的 getElementsByTagName()方法捕获所有按钮对象；然后，使用 for 语句遍历按钮集（btn），并使用 addEventListener()方法分别为每一个按钮注册事件函数，获取当前对象所显示的文本。

```
<button id="btn1" onclick="btn1();">按 钮 1</button>
<button id="btn2" onclick="btn2(event);">按 钮 2</button>
<script>
var btn = document.getElementsByTagName("button"); //捕获所有按钮
for(var i in btn){                                 //遍历按钮集合
    btn[i].addEventListener("click", function(){
    alert(this.innerHTML);
    }, true);         //为每个按钮对象注册一个事件处理函数，定义在捕获阶段进行响应
}
</script>
```

在浏览器中预览，单击不同的按钮，则浏览器会自动显示按钮的名称，如图 13.4 所示。

图 13.4　响应注册事件

使用 addEventListener()方法能够为多个对象注册相同的事件处理函数，也可以为同一个对象注册多个事件处理函数。为同一个对象注册多个事件处理函数对于模块化开发非常有用。

【示例 2】在下面示例中，为段落文本注册两个事件：mouseover 和 mouseout。当光标移到段落文本上面时会显示为蓝色背景，而当光标移出段落文本时会自动显示为红色背景。这样就不需要破坏文档结构为段落文本增加多个事件属性。

```
<p id="p1">为对象注册多个事件</p>
<script>
var p1 = document.getElementById("p1");      //捕获段落元素的句柄
p1.addEventListener("mouseover", function(){
    this.style.background = 'blue';
} , true);                                   //为段落元素注册第 1 个事件处理函数
p1.addEventListener("mouseout", function(){
    this.style.background = 'red';
}, true);                                    //为段落元素注册第 2 个事件处理函数
</script>
```

IE 事件模型使用 attachEvent()方法注册事件。用法如下：

```
element.attachEvent(etype,eventName)
```

参数说明如下。

➥ etype：设置事件类型，如 onclick、onkeyup、onmousemove 等。

➥ eventName：设置事件名称，也就是事件处理函数。

【示例 3】在下面示例中，为段落标签<p>注册两个事件：mouseover 和 mouseout，设计当光标经过时，段落文本背景色显示为蓝色，当光标移开之后，背景色显示为红色。

```
<p id="p1">IE 事件注册</p>
<script>
var p1 = document.getElementById("p1");      //捕获段落元素
p1.attachEvent("onmouseover", function(){
    p1.style.background = 'blue';
});                                           //注册 mouseover 事件
p1.attachEvent("onmouseout", function(){
    p1.style.background = 'red';
});                                           //注册 mouseout 事件
</script>
```

◀» 提示：

使用 attachEvent()注册事件时，其事件处理函数的调用对象不再是当前事件对象本身，而是 window 对象，因此事件函数中的 this 就指向 window，而不是当前对象，如果要获取当前对象，应该使用 event 的 srcElement 属性。

🚗 注意：

IE 事件模型中的 attachEvent()方法第 1 个参数为事件类型名称，需要加上 on 前缀，而使用 addEventListener()方法时，则不需要这个 on 前缀，如 click。

13.1.6 销毁事件

在 DOM 事件模型中，使用 removeEventListener()方法可以从指定对象中删除已经注册的事件处理函数。用法如下：

```
element.removeEventListener(String type, Function listener, boolean useCapture);
```

参数说明可以参阅 addEventListener()方法的参数说明。

【示例 1】在下面示例中，分别为按钮 a 和按钮 b 注册 click 事件，其中按钮 a 的事件函数为 ok()，按钮 b 的事件函数为 delete_event()。在浏览器中预览，当单击"点我"按钮将弹出一个对话框，在不删除之前这个事件是一直存在的。当单击"删除事件"按钮之后，"点我"按钮将失去任何效果，演示效果如图 13.5 所示。

图 13.5　销毁事件

```
<input id="a" type="button" value="点我" />
<input id="b" type="button" value="删除事件" />
<script>
var a = document.getElementById("a");            //获取按钮 a
var b = document.getElementById("b");            //获取按钮 b
function ok(){                                    //按钮 a 的事件处理函数
    alert("您好，欢迎光临!");
}
function delete_event(){                          //按钮 b 的事件处理函数
    a.removeEventListener("click",ok,false);     //移出按钮 a 的 click 事件
}
a.addEventListener("click",ok,false);            //默认为按钮 a 注册事件
b.addEventListener("click",delete_event,false);  //默认为按钮 b 注册事件
</script>
```

📢 提示：

removeEventListener()方法只能删除 addEventListener()方法注册的事件。如果使用 onclick 等直接写在元素上的事件，将无法使用 removeEventListener()方法删除。

当临时注册一个事件时，可以在处理完毕之后迅速删除它，这样能够节省系统资源。

IE 事件模型使用 detachEvent()方法注销事件。用法如下：

```
element.detachEvent(etype,eventName)
```

参数说明可以参阅 attachEvent()方法的参数说明。

由于 IE 怪异模式不支持 DOM 事件模型，为了保证页面的兼容性，开发时需要兼容两种事件模型，以实现在不同浏览器中具有相同的交互行为。

【示例 2】下面示例设计段落标签<p>仅响应一次光标经过行为。当第 2 个光标经过段落文本时，所注册的事件不再有效。

```
<p id="p1">IE 事件注册</p>
<script>
var p1 = document.getElementById("p1");     //捕获段落元素
var f1 = function(){                          //定义事件处理函数 1
    p1.style.background = 'blue';
};
var f2 = function(){                          //定义事件处理函数 2
    p1.style.background = 'red';
    p1.detachEvent("onmouseover", f1);       //当触发 mouseout 事件后，注销 mouseover 事件
    p1.detachEvent("onmouseout", f2);        //当触发 mouseout 事件后，注销 mouseout 事件
};
p1.attachEvent("onmouseover", f1);           //注册 mouseover 事件
p1.attachEvent("onmouseout", f2);            //注册 mouseout 事件
</script>
```

【示例 3】为了能够兼容 IE 事件模型和 DOM 事件模型，下面示例使用 if 语句判断当前浏览器支持的事件处理模型，然后分别使用 DOM 注册方法和 IE 注册方法为段落文本注册 mouseover 和 mouseout 两个事件。当触发 mouseout 事件之后，再把 mouseover 和 mouseout 事件注销掉。

```
<p id="p1">注册兼容性事件</p>
<script>
var p1 = document.getElementById("p1");     //捕获段落元素
var f1 = function(){                          //定义事件处理函数 1
    p1.style.background = 'blue';
};
var f2 = function(){                          //定义事件处理函数 2
```

```
        p1.style.background = 'red';
        if(p1.detachEvent){                              //兼容 IE 事件模型
            p1.detachEvent("onmouseover", f1);           //注销事件 mouseover
            p1.detachEvent("onmouseout", f2);            //注销事件 mouseout
        } else{                                          //兼容 DOM 事件模型
            p1.removeEventListener("mouseover", f1);     //注销事件 mouseover
            p1.removeEventListener("mouseout", f2);      //注销事件 mouseout
        }
    };
    if(p1.attachEvent){                                  //兼容 IE 事件模型
        p1.attachEvent("onmouseover", f1);               //注册事件 mouseover
        p1.attachEvent("onmouseout", f2);                //注册事件 mouseout
    }else{                                               //兼容 DOM 事件模型
        p1.addEventListener("mouseover", f1);            //注册事件 mouseover
        p1.addEventListener("mouseout", f2);             //注册事件 mouseout
    }
</script>
```

13.1.7 使用 event 对象

event 对象由事件自动创建，记录了当前事件的状态，如事件发生的源节点、键盘按键的响应状态、鼠标指针的移动位置、鼠标按键的响应状态等信息。event 对象的属性提供了有关事件的细节，其方法可以控制事件的传播。

2 级 DOM Events 规范定义了一个标准的事件模型，它被除了 IE 怪异模式以外的所有现代浏览器所实现，而 IE 定义了专用的、不兼容的模型。简单比较两种事件模型如下。

❧ 在 DOM 事件模型中，event 对象被传递给事件处理函数，但是在 IE 事件模型中，它被存储在 window 对象的 event 属性中。

❧ 在 DOM 事件模型中，Event 类型的各种子接口定义了额外的属性，它们提供了与特定事件类型相关的细节；在 IE 事件模型中，只有一种类型的 event 对象，它用于所有类型的事件。

下面列出了 2 级 DOM 事件标准定义的 event 对象属性，如表 13.1 所示。注意，这些属性都是只读属性。

表 13.1 DOM 事件模型中 event 对象属性

属　　性	说　　明
bubbles	返回布尔值，指示事件是否是冒泡事件类型。如果事件是冒泡类型，则返回 true；否则返回 fasle
cancelable	返回布尔值，指示事件是否可以取消的默认动作。如果使用 preventDefault()方法可以取消与事件关联的默认动作，则返回值为 true；否则为 fasle
currentTarget	返回触发事件的当前节点，即当前处理该事件的元素、文档或窗口。在捕获和冒泡阶段，该属性是非常有用的，因为在这两个阶段，它不同于 target 属性
eventPhase	返回事件传播的当前阶段，包括捕获阶段（1）、目标事件阶段（2）和冒泡阶段（3）
target	返回事件的目标节点（触发该事件的节点），如生成事件的元素、文档或窗口
timeStamp	返回事件生成的日期和时间
type	返回当前 event 对象表示的事件的名称。如"submit" "load"或"click"

下面列出了 2 级 DOM 事件标准定义的 event 对象方法，如表 13.2 所示，IE 事件模型不支持这些方法。

表 13.2　DOM 事件模型中 event 对象方法

方　　法	说　　明
initEvent()	初始化新创建的 event 对象的属性
preventDefault()	通知浏览器不要执行与事件关联的默认动作
stopPropagation()	终止事件在传播过程的捕获、目标处理或冒泡阶段进一步传播。调用该方法后，该节点上处理该事件的处理函数将被调用，但事件不再被分派到其他节点

◀》提示：

表 13.2 是 Event 类型提供的基本属性，各个事件子模块也都定义了专用属性和方法。例如，UIEvent 提供了 view（发生事件的 window 对象）和 detail（事件的详细信息）属性；而 MouseEvent 除了拥有 Event 和 UIEvent 属性和方法外，也定义了更多实用属性，详细说明可参考下面章节的内容。

IE7 及其早期版本，以及 IE 怪异模式不支持标准的 DOM 事件模型，并且 IE 的 event 对象定义了一组完全不同的属性，如表 13.3 所示。

表 13.3　IE 事件模型中 event 对象属性

属　　性	描　　述
cancelBubble	如果想在事件处理函数中阻止事件传播到上级包含对象，必须把该属性设为 true
fromElement	对于 mouseover 和 mouseout 事件，fromElement 引用移出鼠标的元素
keyCode	对于 keypress 事件，该属性声明了被敲击的键生成的 Unicode 字符码。对于 keydown 和 keyup 事件，它指定了被敲击的键的虚拟键盘码。虚拟键盘码可能和使用的键盘的布局相关
offsetX、offsetY	发生事件的地点在事件源元素的坐标系统中的 x 坐标和 y 坐标
returnValue	如果设置了该属性，它的值比事件处理函数的返回值优先级高。把这个属性设置为 fasle，可以取消发生事件的源元素的默认动作
srcElement	对于生成事件的 window 对象、document 对象或 element 对象的引用
toElement	对于 mouseover 和 mouseout 事件，该属性引用移入鼠标的元素
x、y	事件发生的位置的 x 坐标和 y 坐标，它们相对于用 CSS 定位的最内层包含元素

IE 事件模型并没有为不同的事件定义继承类型，因此所有和任何事件的类型相关的属性都在上面列表中。

◀》提示：

为了兼容 IE 和 DOM 两种事件模型，可以使用下面表达式进行兼容。
`var event = event || window.event;`　　　　　　　//兼容不同模型的 event 对象
上面代码右侧是一个选择运算表达式，如果事件处理函数存在 event 实参，则使用 event 形参来传递事件信息；如果不存在 event 参数，则调用 window 对象的 event 属性来获取事件信息。把上面表达式放在事件处理函数中即可进行兼容。

在以事件驱动为核心的设计模型中，一次只能处理一个事件，由于从来不会并发两个事件，因此使用全局变量来存储事件信息是一种比较安全的方法。

【示例】下面示例演示了如何禁止超链接默认的跳转行为。

```
<a href="https://www.baidu.com/" id="a1">禁止超链接跳转</a><script>
document.getElementById('a1').onclick = function(e) {
    e = e || window.event;                       //兼容事件对象
    var target = e.target || e.srcElement;       //兼容事件目标元素
    if(target.nodeName !== 'A') {                 //仅针对超链接起作用
```

```
        return;
    }
    if(typeof e.preventDefault === 'function') {    //兼容 DOM 模型
        e.preventDefault();                          //禁止默认行为
        e.stopPropagation();                         //禁止事件传播
    } else {                                         //兼容 IE 模型
        e.returnValue = false;                       //禁止默认行为
        e.cancelBubble = true;                       //禁止冒泡
    }
};
</script>
```

13.1.8　事件委托

事件委托（delegate）也称为事件托管或事件代理，就是把目标节点的事件绑定到祖先节点上。这种简单而优雅的事件注册方式是基于事件传播过程中，逐层冒泡总能被祖先节点捕获。

这样做的好处：优化代码，提升运行性能，真正把 HTML 和 JavaScript 分离，也能防止出现在动态添加或删除节点过程中注册的事件丢失的现象。

【示例 1】下面示例使用一般方法为列表结构中每个列表项目绑定 click 事件，单击列表项目，将弹出提示对话框，提示当前节点包含的文本信息，如图 13.6 所示。但是，当我们为列表框动态添加列表项目之后，新添加的列表项目没有绑定 click 事件，这与我们的愿望相反。

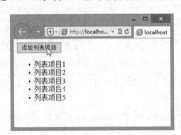

图 13.6　动态添加的列表项目事件无效

```
<button id="btn">添加列表项目</button>
<ul id="list">
    <li>列表项目 1</li>
    <li>列表项目 2</li>
    <li>列表项目 3</li>
</ul>
<script>
var ul=document.getElementById("list");
var lis=ul.getElementsByTagName("li");
for(var i=0;i<lis.length;i++){
    lis[i].addEventListener('click',function(e){
        var e = e || window.event;
        var target = e.target || e.srcElement;
        alert(e.target.innerHTML);
    },false);
}
var i = 4;
var btn=document.getElementById("btn");
btn.addEventListener("click",function(){
    var li = document.createElement("li");
    li.innerHTML = "列表项目" + i++;
```

```
    ul.appendChild(li);
});
</script>
```

【示例 2】下面示例借助事件委托技巧，利用事件传播机制，在列表框 ul 元素上绑定 click 事件，当事件传播到父节点 ul 上时，捕获 click 事件，然后在事件处理函数中检测当前事件响应节点类型，如果是 li 元素，则进一步执行下面代码，否则跳出事件处理函数，结束响应。

```
<button id="btn">添加列表项目</button>
<ul id="list">
    <li>列表项目 1</li>
    <li>列表项目 2</li>
    <li>列表项目 3</li>
</ul>
<script>
var ul=document.getElementById("list");
ul.addEventListener('click',function(e){
    var e = e || window.event;
    var target = e.target || e.srcElement;
    if(e.target&&e.target.nodeName.toUpperCase()=="LI"){      /*判断目标事件是否为li*/
        alert(e.target.innerHTML);
    }
},false);
var i = 4;
var btn=document.getElementById("btn");
btn.addEventListener("click",function(){
    var li = document.createElement("li");
    li.innerHTML = "列表项目" + i++;
    ul.appendChild(li);
});
</script>
```

当页面存在大量元素并且每个元素注册了一个或多个事件时，可能会影响性能。访问和修改更多的 DOM 节点时，程序就会更慢；特别是事件连接过程都发生在 load（或 DOMContentReady）事件中时，对任何一个富交互网页来说，这都是一个繁忙的时间段。另外，浏览器需要保存每个事件句柄的记录，也会占用更多内存。

13.2 使用鼠标事件

鼠标事件是 Web 开发中最常用的事件类型，鼠标事件类型详细说明如表 13.4 所示。

表 13.4 鼠标事件类型

事 件 类 型	说　　明
click	单击鼠标左键时发生，如果右键也按下则不会发生。当用户的焦点在按钮上并按了 Enter 键时，同样会触发这个事件
dblclick	双击鼠标左键时发生，如果右键也按下则不会发生
mousedown	单击任意一个鼠标按钮时发生
mouseout	鼠标指针位于某个元素上且将要移出元素的边界时发生
mouseover	鼠标指针移出某个元素到另一个元素上时发生
mouseup	松开任意一个鼠标按钮时发生
mousemove	鼠标在某个元素上时持续发生

【示例】在下面示例中，定义在段落文本范围内侦测鼠标的各种动作，并在文本框中实时显示各种事件的类型，以提示当前的用户行为。

```
<p>鼠标事件</p>
<input type="text" id ="text" />
<script>
var p1 = document.getElementsByTagName("p")[0];      //获取段落文本的引用指针
var t = document.getElementById("text");             //获取文本框的引用指针
function f(){                                          //事件侦测函数
    var event = event || window.event;                //标准化事件对象
    t.value = (event.type);                           //获取当前事件类型
}
p1.onmouseover = f;                                   //注册鼠标经过时事件处理函数
p1.onmouseout = f;                                    //注册鼠标移开时事件处理函数
p1.onmousedown = f;                                   //注册鼠标按下时事件处理函数
p1.onmouseup = f;                                     //注册鼠标松开时事件处理函数
p1.onmousemove = f;                                   //注册鼠标移动时事件处理函数
p1.onclick = f;                                       //注册鼠标单击时事件处理函数
p1.ondblclick = f;                                    //注册鼠标双击时事件处理函数
</script>
```

13.2.1 鼠标点击

鼠标点击事件包括 4 个：click（单击）、dblclick（双击）、mousedown（按下）和 mouseup（松开）。其中 click 事件类型比较常用，而 mousedown 和 mouseup 事件类型多用在鼠标拖放、拉伸操作中。当这些事件处理函数的返回值为 false 时，会禁止绑定对象的默认行为。

【示例】在下面示例中，当定义超链接指向自身时（多在设计过程中 href 属性值暂时使用"#"或"?"表示），可以取消超链接被单击时的默认行为，即刷新页面。

```
<a name="tag" id="tag" href="#">a</a>
<script>
var a = document.getElementsByTagName("a");           //获取页面中所有超链接元素
for(var i = 0; i < a.length; i ++ ){                  //遍历所有 a 元素
    if((new RegExp(window.location.href)).test(a[i].href)){
        //如果当前超链接 href 属性中包含本页面的 URL 信息
        a[i].onclick = function(){                    //则为超链接注册鼠标单击事件
            return false;                             //将禁止超链接的默认行为
        }
    }
}
</script>
```

当单击示例中的超链接时，页面不会发生跳转变化（即禁止页面发生刷新效果）。

13.2.2 鼠标移动

mousemove 事件类型是一个实时响应的事件，当鼠标指针的位置发生变化时（至少移动一个像素），就会触发 mousemove 事件。该事件响应的灵敏度主要参考鼠标指针移动速度的快慢，以及浏览器跟踪更新的速度。

【示例】下面示例演示了如何综合应用各种鼠标事件实现页面元素拖放操作的设计过程。实现拖放操作设计需要解决以下几个问题。

➥ 定义拖放元素为绝对定位以及设计事件的响应过程，这个比较容易实现。

➥ 清楚几个坐标概念：按下鼠标时的指针坐标，移动中当前鼠标的指针坐标，松开鼠标时的指针坐标，拖放元素的原始坐标，拖动中的元素坐标。

➥ 算法设计：按下鼠标时，获取被拖放元素和鼠标指针的位置，在移动中实时计算鼠标偏移的距离，并利用该偏移距离加上被拖放元素的原坐标位置，获得拖放元素的实时坐标。

如图 13.7 所示，其中变量 ox 和 oy 分别记录按下鼠标时被拖放元素的纵横坐标值，它们可以通过事件对象的 offsetLeft 和 offsetTop 属性获取。变量 mx 和 my 分别表示按下鼠标时，鼠标指针的坐标位置。而 event.mx 和 event.my 是事件对象的自定义属性，用它们来存储当鼠标移动时鼠标指针的实时位置。

当获取了上面 3 对坐标值之后，就可以动态计算拖动中元素的实时坐标位置，即 x 轴值为 ox + event.mx − mx，y 轴为 oy + event.my − my。当释放鼠标按钮时，就可以释放事件类型，并记下松开鼠标指针时拖动元素的坐标值，以及鼠标指针的位置，留待下一次拖放操作时调用。

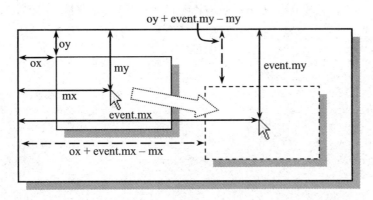

图 13.7　拖放操作设计示意图

整个拖放操作的示例代码如下：

```
<div id="box" ></div>
<script>
//初始化拖放对象
var box = document.getElementById("box");              //获取页面中被拖放元素的引用指针
box.style.position = "absolute";                        //绝对定位
box.style.width = "160px";                              //定义宽度
box.style.height = "120px";                             //定义高度
box.style.backgroundColor = "red";                     //定义背景色
//初始化变量，标准化事件对象
var mx, my, ox, oy;                                     //定义备用变量
function e(event){                                      //定义事件对象标准化函数
   if(!event){                                          //兼容 IE 事件模型
      event = window.event;
      event.target = event.srcElement;
      event.layerX = event.offsetX;
      event.layerY = event.offsetY;
   }
   event.mx = event.pageX || event.clientX + document.body.scrollLeft;
    //计算鼠标指针的 x 轴距离
   event.my = event.pageY || event.clientY + document.body.scrollTop;
    //计算鼠标指针的 y 轴距离
   return event;                                        //返回标准化的事件对象
}
```

```
//定义鼠标事件处理函数
document.onmousedown = function(event){          //按下鼠标时，初始化处理
    event = e(event);                            //获取标准事件对象
    o = event.target;                            //获取当前拖放的元素
    ox = parseInt(o.offsetLeft);                 //拖放元素的 x 轴坐标
    oy = parseInt(o.offsetTop);                  //拖放元素的 y 轴坐标
    mx = event.mx;                               //按下鼠标指针的 x 轴坐标
    my = event.my;                               //按下鼠标指针的 y 轴坐标
    document.onmousemove = move;                 //注册鼠标移动事件处理函数
    document.onmouseup = stop;                   //注册松开鼠标事件处理函数
}
function move(event){                            //鼠标移动处理函数
    event = e(event);
    o.style.left = ox + event.mx - mx  + "px";   //定义拖动元素的 x 轴距离
    o.style.top = oy + event.my - my + "px";     //定义拖动元素的 y 轴距离
}
function stop(event){                            //松开鼠标处理函数
    event = e(event);
    ox = parseInt(o.offsetLeft);                 //记录拖放元素的 x 轴坐标
    oy = parseInt(o.offsetTop);                  //记录拖放元素的 y 轴坐标
    mx = event.mx;                               //记录鼠标指针的 x 轴坐标
    my = event.my;                               //记录鼠标指针的 y 轴坐标
    o = document.onmousemove = document.onmouseup = null;    //释放所有操作对象
}
</script>
```

13.2.3 鼠标经过

鼠标经过包括移过和移出两种事件类型。当移动鼠标指针到某个元素上时，将触发 mouseover 事件；而当把鼠标指针移出某个元素时，将触发 mouseout 事件。如果从父元素中移到子元素中时，也会触发父元素的 mouseover 事件类型。

【示例】在下面实例中分别为 3 个嵌套的 div 元素定义了 mouseover 和 mouseout 事件处理函数，这样当从外层的父元素中移动到内部的子元素中时，将会触发父元素的 mouseover 事件类型，但是不会触发 mouseout 事件类型。

```
<div>
    <div>
        <div>盒子</div>
    </div>
</div>
<script>
var div = document.getElementsByTagName("div"); //获取 3 个嵌套的 div 元素
for(var i=0;i<div.length;i++){                   //遍历嵌套的 div 元素
    div[i].onmouseover = function(e){            //注册移过事件处理函数
        this.style.border = "solid blue";
    }
    div[i].onmouseout = function(){              //注册移出事件处理函数
        this.style.border = "solid red";
    }
}
</script>
```

13.2.4 鼠标来源

当一个事件发生后，可以使用事件对象的 target 属性获取发生事件的节点元素。如果在 IE 事件模型中实现相同的目标，可以使用 srcElement 属性。

【**示例 1**】在下面实例中当鼠标移过页面中的 div 元素时，会弹出提示对话框，提示当前元素的节点名称。

```
<div>div 元素</div>
<script>
var div = document.getElementsByTagName("div")[0];
div.onmouseover = function(e){            //注册 mouseover 事件处理函数
    var e = e || window.event;            //标准化事件对象，兼容 DOM 和 IE 事件模型
    var o = e.target || e.srcElement;     //标准化事件属性，获取当前事件的节点
    alert(o.tagName);                     //返回字符串"DIV"
}
</script>
```

在 DOM 事件模型中还定义了 currentTarget 属性，当事件在传播过程中（如捕获和冒泡阶段）时，该属性值与 target 属性值不同。因此，一般在事件处理函数中，应该使用该属性而不是 this 关键词获取当前对象。

除了使用上面提到的通用事件属性外，如果想获取鼠标指针来移动某个元素，在 DOM 事件模型中可以使用 relatedTarget 属性获取当前事件对象的相关节点元素；而在 IE 事件模型中，可以使用 fromElement 获取 mouseover 事件中鼠标移到过的元素，使用 toElement 属性获取在 mouseout 事件中鼠标移到的文档元素。

【**示例 2**】在下面示例中，当鼠标移到 div 元素上时，会弹出"BODY"字符提示信息，说明鼠标指针是从 body 元素过来的；而移开鼠标指针时，又弹出"BODY"字符提示信息，说明离开 div 元素将要移到的元素。

```
<div>div 元素</div>
<script>
var div = document.getElementsByTagName("div")[0];
div.onmouseover = function(e){
    var e = e || window.event;
    var o = e.relatedTarget || e.fromElement;   //标准化事件属性，获取与当前事件相关的节点
    alert(o.tagName);
}
div.onmouseout = function(e){
    var e = e || window.event;
    var o = e.relatedTarget || e.toElement;     //标准化事件属性，获取与当前事件相关的节点
    alert(o.tagName);
}
</script>
```

13.2.5 鼠标定位

当事件发生时，获取鼠标的位置是件很重要的事件。由于浏览器的不兼容性，不同浏览器分别在各自事件对象中定义了不同的属性，说明如表 13.5 所示。这些属性都以像素值定义了鼠标指针的坐标，但是由于它们参照的坐标系不同，导致准确计算鼠标的位置比较麻烦。

表 13.5　属性及其兼容属性

属　性	说　明	兼　容　性
clientX	以浏览器窗口左上顶角为原点，定位 x 轴坐标	所有浏览器，不兼容 Safari
clientY	以浏览器窗口左上顶角为原点，定位 y 轴坐标	所有浏览器，不兼容 Safari
offsetX	以当前事件的目标对象左上顶角为原点，定位 x 轴坐标	所有浏览器，不兼容 Mozilla
offsetY	以当前事件的目标对象左上顶角为原点，定位 y 轴坐标	所有浏览器，不兼容 Mozilla
pageX	以 document 对象（即文档窗口）左上顶角为原点，定位 x 轴坐标	所有浏览器，不兼容 IE
pageY	以 document 对象（即文档窗口）左上顶角为原点，定位 y 轴坐标	所有浏览器，不兼容 IE
screenX	计算机屏幕左上顶角为原点，定位 x 轴坐标	所有浏览器
screenY	计算机屏幕左上顶角为原点，定位 y 轴坐标	所有浏览器
layerX	最近的绝对定位的父元素（如果没有，则为 document 对象）左上顶角为原点，定位 x 轴坐标	Mozilla 和 Safari
layerY	最近的绝对定位的父元素（如果没有，则为 document 对象）左上顶角为原点，定位 y 轴坐标	Mozilla 和 Safari

【示例 1】下面介绍如何配合使用多种鼠标坐标属性，以实现兼容不同浏览器的鼠标定位设计方案。

首先，来看看 screenX 和 screenY 属性。这两个属性获得了所有浏览器的支持，应该说是最优选用属性，但是它们的坐标系是计算机屏幕，也就是说，以计算机屏幕左上角为定位原点。这对于以浏览器窗口为活动空间的网页来说没有任何价值。因为不同的屏幕分辨率，不同的浏览器窗口大小和位置，都使得在网页中定位鼠标成为一件很困难的事情。

其次，如果以 document 对象为坐标系，则可以考虑选用 pageX 和 pageY 属性实现在浏览器窗口中进行定位。这对于设计鼠标跟随来说是一个好主意，因为跟随元素一般都以绝对定位的方式在浏览器窗口中移动，在 mousemove 事件处理函数中把 pageX 和 pageY 属性值传递给绝对定位元素的 top 和 left 样式属性即可。

IE 事件模型不支持上面的属性，为此还需寻求兼容 IE 的方法。而看 clientX 和 clientY 属性是以 window 对象为坐标系，且 IE 事件模型支持它们，可以选用它们。不过考虑 window 等对象可能出现的滚动条偏移量，所以还应加上相对于 window 对象的页面滚动的偏移量。

```
var posX = 0, posY = 0;                           //定义坐标变量初始值
var event = event || window.event;                //标准化事件对象
if(event.pageX || event.pageY){                   //如果浏览器支持该属性，则采用它们
    posX = event.pageX;
    posY = event.pageY;
}
else if(event.clientX || event.clientY){          //否则，如果浏览器支持该属性，则采用它们
    posX = event.clientX + document.documentElement.scrollLeft +
    document.body.scrollLeft;
    posY = event.clientY + document.documentElement.scrollTop +
    document.body.scrollTop;
}
```

在上面代码中，先检测 pageX 和 pageY 属性是否存在，如果存在则获取它们的值；如果不存在，则检测并获取 clientX 和 clientY 属性值，然后加上 document.documentElement 和 document.body 对象的 scrollLeft 和 scrollTop 属性值，这样在不同浏览器中就获得了相同的坐标值。

【示例 2】封装鼠标定位代码。设计思路：能够根据传递的具体对象，以及相对鼠标指针的偏移量，命令该对象能够跟随鼠标移动。

先定义一个封装函数，设计函数传入参数为对象引用指针、相对鼠标指针的偏移距离，以及事件对象。然后封装函数能够根据事件对象获取鼠标的坐标值，并设置该对象为绝对定位，绝对定位的值为鼠标指针当前的坐标值。

封装代码如下：

```
var pos = function(o, x, y,event){      //鼠标定位赋值函数
    var posX = 0, posY = 0;             //临时变量值
    var e = event || window.event;      //标准化事件对象
    if(e.pageX || e.pageY){             //获取鼠标指针的当前坐标值
        posX = e.pageX;
        posY = e.pageY;
    }
    else if(e.clientX || e.clientY){
        posX = e.clientX + document.documentElement.scrollLeft +
        document.body.scrollLeft;
        posY = e.clientY + document.documentElement.scrollTop +
        document.body.scrollTop;
    }
    o.style.position = "absolute";      //定义当前对象为绝对定位
    o.style.top = (posY + y) + "px";    //用鼠标指针的 y 轴坐标和传入偏移值设置对象 y 轴坐标
    o.style.left = (posX + x) + "px";   //用鼠标指针的 x 轴坐标和传入偏移值设置对象 x 轴坐标
}
```

下面测试封装代码。为 document 对象注册鼠标移动事件处理函数，并传入鼠标定位封装函数，传入的对象为<div>元素，设置其位置向鼠标指针右下方偏移（10,20）的距离。考虑到 DOM 事件模型通过参数形式传递事件对象，所以不要忘记在调用函数中还要传递事件对象。

```
<div id="div1">鼠标跟随</div>
<script>
var div1 = document.getElementById("div1");
document.onmousemove = function(event){
    pos(div1, 10, 20,event);
}
</script>
```

【示例 3】获取鼠标指针在元素内的坐标。使用 offsetX 和 offsetY 属性可以实现这样的目标，但是 Mozilla 浏览器不支持。可以选用 layerX 和 layerY 属性来兼容 Mozilla 浏览器。

设计代码如下：

```
var event = event || window.event;
if(event.offsetX || event.offsetY){         //适用非 Mozilla 浏览器
    x = event.offsetX;
    y = event.offsetY;
}
else if(event.layerX || event.layerY){      //兼容 Mozilla 浏览器
    x = event.layerX;
    y = event.layerY;
}
```

但是，layerX 和 layerY 属性是以绝对定位的父元素为参照物的，而不是元素自身。如果没有绝对定位的父元素，则会以 document 对象为参照物。为此，可以通过脚本动态添加或者手动添加的方式，设计

在元素的外层包围一个绝对定位的父元素，这样可以解决浏览器兼容问题。考虑到元素之间的距离所造成的误差，可以适当减去 1 个或几个像素的偏移量。

完整设计代码如下：

```
<input type="text" id ="text" />
<span style="position:absolute;">
    <div id="div1" style="width:200px;height:160px;border:solid 1px red;">鼠标跟随</div>
</span>
<script>
var  t = document.getElementById("text");
var div1 = document.getElementById("div1");
div1.onmousemove = function(event){
    var event = event || window.event;          //标准化事件对象
    if(event.offsetX || event.offsetY){
        t.value = event.offsetX + " " + event.offsetY;
    }
    else if(event.layerX || event.layerY){
        t.value = (event.layerX - 1) + " " + (event.layerY -1);
    }
}
</script>
```

这种做法能够解决在元素内部定位鼠标指针的问题。但是，由于在元素外面包裹了一个绝对定位的元素，会破坏整个页面的结构布局。在确保这种人为方式不会导致结构布局混乱的前提下，可以考虑选用这种方法。

13.2.6　鼠标按键

通过事件对象的 button 属性可以获取当前鼠标按下的键，该属性可用于 click、mousedown、mouseup 事件类型。不过不同模型的约定不同，具体说明如表 13.6 所示。

表 13.6　鼠标事件对象的 button 属性

单　击	IE 事件模型	DOM 事件模型
左键	1	0
右键	2	2
中键	4	1

IE 事件模型支持位掩码技术，它能够侦测到同时按下的多个键。例如，同时按下左右键，则 button 属性值为 1+2=3；同时按下中键和右键，则 button 属性值为 2+4=6；同时按下左键和中键，则 button 属性值为 1+4=5，同时按下 3 个键，则 button 属性值为 1+2+4=7。

但是 DOM 模型不支持这种掩码技术，如果同时按下多个键，就不能够准确侦测。例如，按下右键（2）与同时按下左键和右键（0+2=2）的值是相同的。因此，对于 DOM 模型来说，这种 button 属性约定值存在很大的缺陷。不过，在实际开发中很少需要同时检测多个鼠标按钮问题，一般仅需要探测鼠标左键或右键点击行为。

【示例】下面代码能够监测右键单击操作，并阻止发生默认行为。

```
document.onclick = function(e){
    var e = e || window.event;                    //标准化事件对象
```

```
    if(e.button == 2){
    e.preventDefault();                    //禁止事件默认行为
        return false;
    }
}
```

🔊 提示：

当鼠标点击事件发生时，会触发很多事件：mousedown、mouseup、click、dblclick。这些事件响应的顺序如下：

mousedown→mouseup→click→mousedown→mouseup→click→dblclick

当鼠标在对象间移动时，首先触发的事件是 mouseout，即在鼠标移出某个对象时发生。接着，在这两个对象上都会触发 mousemove 事件。最后，在鼠标进入对象上触发 mouseover 事件。

13.3 使用键盘事件

当用户操作键盘时会触发键盘事件，键盘事件主要包括下面 3 种类型。

- ↘ keydown：在键盘上按下某个键时触发。如果按住某个键，会不断触发该事件，但是 Opera 浏览器不支持这种连续操作。该事件处理函数返回 false 时，会取消默认的动作（如输入的键盘字符，在 IE 和 Safari 浏览器下还会禁止 keypress 事件响应）。
- ↘ keypress：按下某个键盘键并释放时触发。如果按住某个键，会不断触发该事件。该事件处理函数返回 false 时，会取消默认的动作（如输入的键盘字符）。
- ↘ keyup：释放某个键盘键时触发。该事件仅在松开键盘时触发一次，不是一个持续的响应状态。

当获知用户正按下键码时，可以使用 keydown、keypress 和 keyup 事件获取这些信息。其中 keydown 和 keypress 事件基本上是同义事件，它们的表现也完全一致，不过一些浏览器不允许使用 keypress 事件获取按键信息。所有元素都支持键盘事件，但键盘事件多被应用在表单输入中。

【示例】下面示例实时捕获键盘操作的各种细节，即键盘响应事件类型及对应的键值。

```
<textarea id="key"></textarea>
<script>
var key = document.getElementById("key");
key.onkeydown = f;                      //注册 keydown 事件处理函数
key.onkeyup = f;                        //注册 keyup 事件处理函数
key.onkeypress = f;                     //注册 keypress 事件处理函数
function f(e){
    var e = e || window.event;          //标准化事件对象
    var s = e.type + "  " + e.keyCode;  //获取键盘事件类型和按下的键码
    key.value = s;
}
</script>
```

13.3.1 键盘事件属性

键盘事件定义了很多属性，如表 13.7 所示。利用这些属性可以精确控制键盘操作。键盘事件属性一般只在键盘相关事件发生时才会存在于事件对象中，但是 ctrlKey 和 shiftKey 属性除外，因为它们可以在鼠标事件中存在。例如，当按下 Ctrl 或 Shift 键时单击鼠标操作。

表 13.7　键盘事件定义的属性

属　　性	说　　明
keyCode	该属性包含键盘中对应键位的键值
charCode	该属性包含键盘中对应键位的 Unicode 编码，仅 DOM 支持
target	发生事件的节点（包含元素），仅 DOM 支持
srcElement	发生事件的元素，仅 IE 支持
shiftKey	是否按下 Shift 键，如果按下返回 true，否则为 false
ctrlKey	是否按下 Ctrl 键，如果按下返回 true，否则为 false
altKey	是否按下 Alt 键，如果按下返回 true，否则为 false
metaKey	是否按下 Meta 键，如果按下返回 true，否则为 false，仅 DOM 支持

【示例 1】ctrlKey 和 shiftKey 属性可存在于键盘和鼠标事件中，表示键盘上的 Ctrl 和 Shift 键是否被按住。下面示例能够监测 Ctrl 和 Shift 键是否被同时按下。如果同时按下，且鼠标单击某个页面元素，则会把该元素从页面中删除。

```
document.onclick = function(e){
    var e = e || window.event;              //标准化事件对象
    var t = e.target || e.srcElement;       //获取发生事件的元素，兼容 IE 和 DOM
    if(e.ctrlKey && e.shiftKey)             //如果同时按下 Ctrl 和 Shift 键
        t.parentNode.removeChild(t);        //移出当前元素
}
```

keyCode 和 charCode 属性使用比较复杂，但是它们在实际开发中又比较常用，故比较这两个属性在不同事件类型和不同浏览器中的表现是非常必要的，如表 13.8 所示。读者可以根据需要有针对性地选用事件响应类型和引用属性值。

表 13.8　keyCode 和 charCode 属性值

属　　性	IE 事件模型	DOM 事件模型
keyCode（keypress）	返回所有字符键的正确值，区分大写状态（65~90）和小写状态（97~122）	功能键返回正确值，而 Shift、Ctrl、Alt、PrintScreen、ScrollLock 无返回值，其他所有键值都返回 0
keyCode（keydown）	返回所有键值（除 PrintScreen 键），字母键都以大写状态显示键值（65~90）	返回所有键值（除 PrintScreen 键），字母键都以大写状态显示键值（65~90）
keyCode（keyup）	返回所有键值（除 PrintScreen 键），字母键都以大写状态显示键值（65~90）	返回所有键值（除 PrintScreen 键），字母键都以大写状态显示键值（65~90）
charCode（keypress）	不支持该属性	返回字符键，区分大写状态（65~90）和小写状态（97~122），Shift、Ctrl、Alt、PrintScreen、ScrollLock 键无返回值，其他所有键值为 0
charCode（keydown）	不支持该属性	所有键值为 0
charCode（keyup）	不支持该属性	所有键值为 0

某些键的可用性不是很确定，如 PageUp 和 Home 键等。不过常用功能键和字符键都是比较稳定的，如表 13.9 所示。

表 13.9　键位和码值对照表

键　位	码　值	键　位	码　值
0～9（数字键）	48～57	A～Z（字母键）	65～90
Backspace（退格键）	8	Tab（制表键）	9
Enter（回车键）	13	Space（空格键）	32
Left arrow（左箭头键）	37	Top arrow（上箭头键）	38
Right arrow（右箭头键）	39	Down arrow（下箭头键）	40

【示例 2】下面示例演示了如何使用方向键控制页面元素的移动效果。

```
<div id="box"></div>
<script>
var box = document.getElementById("box");        //获取页面元素的引用指针
box.style.position = "absolute";                 //色块绝对定位
box.style.width = "20px";                        //色块宽度
box.style.height = "20px";                       //色块高度
box.style.backgroundColor = "red";               //色块背景
document.onkeydown = keyDown;                     //在 document 对象中注册 keyDown 事件处理函数
function keyDown(event){                          //方向键控制元素移动函数
    var event = event || window.event;           //标准化事件对象
    switch(event.keyCode){                       //获取当前按下键盘键的编码
    case 37 :                                    //按下左箭头键，向左移动 5 个像素
        box.style.left = box.offsetLeft - 5 + "px";
        break;
    case 39 :                                    //按下右箭头键，向右移动 5 个像素
        box.style.left = box.offsetLeft + 5 + "px";
        break;
    case 38 :                                    //按下上箭头键，向上移动 5 个像素
        box.style.top = box.offsetTop - 5 + "px";
        break;
    case 40 :                                    //按下下箭头键，向下移动 5 个像素
        box.style.top = box.offsetTop + 5 + "px";
        break;
    }
    return false
}
</script>
```

在上面示例中，首先获取页面元素，通过 CSS 脚本控制元素绝对定位、大小和背景色。然后在 document 对象上注册鼠标按下事件类型处理函数，在事件回调函数 keyDown()中侦测当前按下的方向键，并决定定位元素在窗口中的位置。其中元素的 offsetLeft 和 offsetTop 属性可以存取它在页面中的位置。

13.3.2　键盘响应顺序

当按下键盘键时，会连续触发多个事件，它们将按如下顺序发生。

对于字符键来说，键盘事件的响应顺序：keydown→keypress→keyup。

对于非字符键（如功能键或特殊键）来说，键盘事件的响应顺序：keydown→keyup。

如果按下字符键不放，则 keydown 和 keypress 事件将逐个持续发生，直至松开按键。

如果按下非字符键不放，则只有 keydown 事件持续发生，直至松开按键。

【示例】下面设计一个简单示例，以获取键盘事件响应顺序，如图 13.8 所示。

```html
<textarea id="text" cols="26" rows="16"></textarea>
<script>
var n = 1;                                   //定义编号变量
var text = document.getElementById("text");  //获取文本区域的引用指针
text.onkeydown = f;                          //注册 keydown 事件处理函数
text.onkeyup = f;                            //注册 keyup 事件处理函数
text.onkeypress = f;                         //注册 keypress 事件处理函数
function f(e){                               //事件调用函数
    var e = e || window.event;              //标准化事件对象
    text.value += (n++) + "=" + e.type +" (keyCode=" + e.keyCode + ")\n"; //捕获响应信息
}
</script>
```

图 13.8　键盘事件响应顺序比较效果

13.4　使用页面事件

所有页面事件都明确地处理整个页面的函数和状态。主要包括页面的加载和卸载，即用户访问页面和离开关闭页面的事件类型。

13.4.1　页面初始化

load 事件类型在页面完全加载完毕的时候触发。该事件包含所有的图形图像、外部文件（如 CSS、JS 文件等）的加载，也就是说，在页面所有内容全部加载之前，任何 DOM 操作都不会发生。为 window 对象绑定 load 事件类型的方法有两种。

➥ 方法一：直接为 window 对象注册页面初始化事件处理函数。

```javascript
window.onload = f;
function f(){
    alert("页面加载完毕");
}
```

➥ 方法二：在页面<body>标签中定义 onload 事件处理属性。

```html
<body onload="f()">
<script>
function f(){
    alert("页面加载完毕");
}
```

```
</script>
```

【示例 1】如果同时使用上面两种方法定义页面初始化事件类型，它们并不会发生冲突，也不会发生两次触发事件。

```
<body onload="f()">
<script>
window.onload = f;
function f(){
    alert("页面加载完毕");
}
</script>
</body>
```

原来 JavaScript 解释器在编译时，如果发现同时使用两种方法定义 load 事件类型，会使用 window 对象注册的事件处理函数覆盖掉 body 元素定义的页面初始化事件属性。

【示例 2】在下面示例中，函数 f2() 被调用，而函数 f1() 就被覆盖掉。

```
<body onload="f1()">
<script>
window.onload = f2;
function f1(){
    alert('<body onload="f1()">');
}
function f2(){
    alert('window.onload = f2;');
}
</script>
</body>
```

在实际开发中，load 事件类型经常需要调用附带参数的函数，但是 load 事件类型不能够直接调用函数，要解决这个问题，有以下两种方法。

➥ 方法一：在 body 元素中通过事件属性的形式调用函数。

```
<body onload="f('Hi')">
<script>
function f(a){
    alert(a);
}
</script>
</body>
```

➥ 方法二：通过函数嵌套或闭包函数来实现。

```
window.onload = function(){          //事件处理函数
    f("Hi");                         //调用函数
}
function f(a){                       //被处理函数
    alert(a);
}
```

也可以采用闭包函数形式，这样在注册事件时，虽然调用的是函数，但是其返回值依然是一个函数，不会引发语法错误。

```
window.onload = f("Hi");
function f(a){
    return function(){
        alert(a);
    }
}
```

通过这种方法，可以实现在 load 事件类型上绑定更多的响应回调函数。

```
window.onload = function(){
    f1();                                        //绑定响应函数 1
    f2();                                        //绑定响应函数 2
}
function f1(){
    alert("f1()")
}
function f2(){
    alert("f2()")
}
```

但是，如果分别绑定 load 事件处理函数，则会相互覆盖，最终只能够有一个绑定响应函数被调用。

```
window.onload = f1;
function f1(){
    alert("f1()")
}
window.onload = f2;
function f2(){
    alert("f2()")
}
```

也可以通过事件注册的方式来实现。

```
if(window.addEventListener){                         //兼容 DOM 标准
    window.addEventListener("load",f1,false);        //为 load 添加事件处理函数
    window.addEventListener("load",f2,false);        //为 load 添加事件处理函数
}
else{                                                //兼容 IE 事件模型
    window.attachEvent("onload",f1);
    window.attachEvent("onload",f2);
}
```

13.4.2　结构初始化

在传统事件模型中，load 是页面中最早被触发的事件。不过当使用 load 事件来初始化页面时可能会存在一个问题，就是当页面中包含很大的文件时，load 事件需要等到所有图像全部载入完成之后才会被触发。也许用户希望某些脚本能够在页面结构加载完毕之后就能够被执行。要怎么办呢？

这时可以考虑使用 DOMContentLoaded 事件类型。作为 DOM 标准事件，它是在 DOM 文档结构加载完毕的时候触发的，因此要比 load 事件类型先被触发。目前，Mozilla 和 Opera 新版本已经支持了该事件。而 IE 和 Safari 浏览器还不支持。

【示例 1】如果在标准 DOM 中，可以这样设计。

```
<script>
window.onload = f1;                                                //注册 load 事件类型
if(document.addEventListener){                                     //兼容 DOM 标准
    document.addEventListener("DOMContentLoaded", f, false);      //注册事件类型
}
function f(){alert("我提前执行了");}
function f1(){alert("页面初始化完毕");}
</script>
<img src="Winter.jpg">
```

这样，在图片加载之前会弹出"我提前执行了"的提示信息，而当图片加载完毕之后才会弹出"页

面初始化完毕"提示信息。这说明在页面 HTML 结构加载完毕之后触发 DOMContentLoaded 事件类型，也就是说，在文档标签加载完毕时触发该事件并调用函数 f()，然后，当文档所有内容加载完毕（包括图片下载完毕）时才触发 load 事件类型，并调用函数 f1()。

【示例 2】由于 IE 事件模型不支持 DOMContentLoaded 事件类型，为了实现兼容处理，需要运用一点小技巧，即在文档中写入一个新的 script 元素，但是该元素会延迟到文件最后加载。然后，使用 Script 对象的 onreadystatechange 方法进行类似的 readyState 检查后及时调用载入事件。

```
if(window.ActiveXObject){                              //兼容 IE 事件模型
    document.write("<script id=ie_onload defer src=javascript:void(0)>
<\/script>");                                          //写入脚本标签
    document.getElementById("ie_onload").onreadystatechange=function(){
        // 判断脚本标签的状态
        if(this.readyState == "complete"){   //如果状态为完成，则说明文档结构加载已完毕
            this.onreadystatechange = null;   //清空当前方法
            f();                              //调用预先执行的回调函数
        }
    }
}
```

在写入的<script>标签中包含了 defer 属性，defer 表示"延期"的意思，使用 defer 属性可以让脚本在整个页面装载完成之后再解析，而非边加载边解析。这对于只包含事件触发的脚本来说，可以提高整个页面的加载速度。与 src 属性联合使用，还可以使这些脚本在后台被下载，而前台的内容正常显示给用户。目前只有 IE 事件模型支持该属性。当定义了 defer 属性后，<script>标签中就不应包含 document.write 命令，因为 document.write 将产生直接输出效果，而且不包括任何立即执行脚本要使用的全局变量或者函数。

<script>标签在文档结构加载完毕之后才加载，于是，只要判断它的状态就可以确定当前文档结构是否已经加载完毕并触发响应的事件。

【示例 3】针对 Safari 浏览器，可以使用 setInterval()函数周期性地检查 document 对象的 readyState 属性，随时监控文档是否加载完毕，如果完成则调用回调函数。

```
if (/WebKit/i.test(navigator.userAgent)){              //兼容 Safari 浏览器
    var _timer = setInterval(function(){               //定义时间监测器
        if (/loaded|complete/.test(document.readyState)) { //如果当前状态显示完成
            clearInterval(_timer);                     //清除时间监测器
            f();                                       //调用预先执行的回调函数
        }
    }, 10);
}
```

把上面 3 段条件合并在一起即可实现兼容不同浏览器的 DOMContentLoaded 事件处理函数。

13.4.3 页面卸载

unload 表示卸载的意思，这个事件在从当前浏览器窗口内移动文档的位置时触发，也就是说，通过超链接、前进或后退按钮等方式从一个页面跳转到其他页面，或者关闭浏览器窗口时触发。

【示例】下面函数的提示信息将在卸载页面时发生，即在离开页面或关闭窗口前执行。

```
window.onunload = f;
function f(){
    alert("888");
}
```

在 unload 事件类型中无法有效阻止默认行为，因为该事件结束后，页面将不复存在。由于在窗口关

闭或离开页面之前只有很短的时间来执行事件处理函数，所以不建议使用该事件类型。使用该事件类型的最佳方式是取消该页面的对象引用。

📢 提示：

beforeunload 事件类型与 unload 事件类型的功能相近，不过它更人性化，如果 beforeunload 事件处理函数返回字符串信息，那么该字符串会显示在一个确认对话框中，询问用户是否离开当前页面。例如，运行下面的示例，当刷新或关闭页面时，会弹出如图 13.9 所示的提示信息。

```javascript
window.onbeforeunload = function(e){
    return "你的数据还没有保存呢!";
}
```

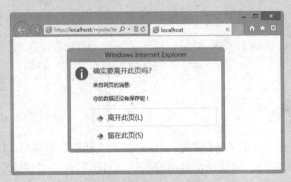

图 13.9　操作提示对话框

beforeunload 事件处理函数返回值可以为任意类型，IE 和 Safari 浏览器的 JavaScript 解释器能够调用 toString()方法，并把它转换为字符串显示在提示对话框中；而对于 Mozilla 浏览器来说，则会视为空字符串显示。如果 beforeunload 事件处理函数没有返回值，则不会弹出任何提示对话框，此时与 unload 事件类型响应效果相同。

13.4.4　窗口重置

resize 事件类型是在浏览器窗口被重置时触发的，如当用户调整窗口大小，或者最大化、最小化、恢复窗口大小显示时触发 resize 事件。利用该事件可以跟踪窗口大小的变化以便动态调整页面元素的显示大小。

【示例】下面的示例能够跟踪窗口大小变化及时调整页面内红色盒子的大小，使其始终保持与窗口固定比例的大小显示。

```javascript
<div id="box"></div>
<script>
var box = document.getElementById("box");    //获取盒子的引用指针
box.style.position = "absolute";             //绝对定位
box.style.backgroundColor = "red";           //背景色
box.style.width = w() * 0.8 + "px";          //设置盒子宽度为窗口宽度的 0.8 倍
box.style.height = h() * 0.8 + "px";         //设置盒子高度为窗口高度的 0.8 倍
window.onresize = function(){                 //注册事件处理函数，动态调整盒子大小
    box.style.width = w() * 0.8 + "px";
    box.style.height = h() * 0.8 + "px";
}
function w(){                                 //获取窗口宽度
    if (window.innerWidth)                    //兼容 DOM
        return window.innerWidth;
    else if ((document.body) && (document.body.clientWidth))  //兼容 IE
```

```
        return document.body.clientWidth;
}
function h(){                                    //获取窗口高度
    if (window.innerHeight)                      //兼容 DOM
        return window.innerHeight;
    else if ((document.body) && (document.body.clientHeight)) //兼容 IE
        return document.body.clientHeight;
}
</script>
```

13.4.5　页面滚动

scroll 事件类型用于在浏览器窗口内移动文档的位置时触发，如通过键盘箭头键、翻页键或空格键移动文档位置，或者通过滚动条滚动文档位置。利用该事件可以跟踪文档位置变化，及时调整某些元素的显示位置，确保它始终显示在屏幕可见区域中。

【示例】在下面示例中，控制红色小盒子始终位于窗口内坐标为（100px,100px）的位置。

```
<div id="box"></div>
<script>
var box = document.getElementById("box");
box.style.position = "absolute";
box.style.backgroundColor = "red";
box.style.width = "200px";
box.style.height = "160px";
window.onload = f;                              //页面初始化时固定其位置
window.onscroll = f;                            //当文档位置发生变化时重新固定其位置
function f(){                                   //元素位置固定函数
    box.style.left = 100 + parseInt(document.body.scrollLeft) + "px";
    box.style.top = 100 + parseInt(document.body.scrollTop) + "px";
}
</script>
<div style="height:2000px;width:2000px;"></div>
```

还有一种方法，就是利用 settimeout()函数实现每间隔一定时间校正一次元素的位置，不过这种方法的损耗比较大，不建议选用。

13.4.6　错误处理

error 事件类型是在 JavaScript 代码发生错误时触发的，利用该事件可以捕获并处理错误信息。error 事件类型与 try/catch 语句功能相似，都用来捕获页面错误信息。不过 error 事件类型无须传递事件对象，且可以包含已经发生错误的解释信息。

【示例】在下面示例中，当页面发生编译错误时，将会触发 error 事件注册的事件处理函数，并弹出错误信息。

```
window.onerror = function(message){             //捕获浏览器错误行为
    alert("错误原因: " + arguments[0]+
        "\n 错误 URL: " +  arguments[1] +
        "\n 错误行号: " + arguments[2]
    );
    return true;                                //禁止浏览器显示标准出错信息
}
a.innerHTML = "";                               //制造错误机会
```

在 error 事件处理函数中，默认包含 3 个参数：其中第 1 个参数表示错误信息，第 2 个参数表示出错文件的 URL，第 3 个参数表示文件中错误位置的行号。

　　error 事件处理函数的返回值可以决定浏览器是否显示一个标准出错信息。如果返回值为 false，则浏览器会弹出错误提示对话框，显示标准的出错信息；如果返回值为 true，则浏览器不会显示标准出错信息。

13.5　使用 UI 事件

　　用户界面（User Interface，UI）事件负责响应用户与页面元素的交互。

13.5.1　焦点处理

　　焦点处理主要包括获取焦点（focus）和失去焦点（blur）事件类型。所谓焦点，就是激活表单字段，使其可以响应键盘事件。

1. focus

　　当单击或使用 Tab 键切换到某个表单元素或超链接对象时，会触发该事件。focus 事件是确定页面内鼠标当前定位的一种方式。在默认情况下，整个文档处于焦点状态，但是单击或者使用 Tab 键可以改变焦点的位置。

2. blur

　　blur 事件类型表示在元素失去焦点时响应，它与 focus 事件类型是对应的，主要作用于表单元素和超链接对象。

　　【示例 1】在下面示例中为所有输入表单元素绑定了 focus 和 blur 事件处理函数，设置当元素获取焦点时呈凸起显示，失去焦点时则显示为默认的凹陷效果。

```
<input type="text" />
<input type="text" />
<script>
var o = document.getElementsByTagName("input");    // 获取输入表单元素集合
for(var i=0;i<o.length;i++){                        // 遍历所有表单元素
    o[i].onfocus = function(){                      // 注册 focus 事件处理函数
        this.style.borderStyle = "outset";
    }
    o[i].onblur  = function(){                      // 注册 blur 事件处理函数
        this.style.borderStyle = "inset";
    }
}
</script>
```

　　每个表单字段都有两个方法：focus() 和 blur()，其中 focus() 方法用于设置表单字段为焦点。

　　【示例 2】在下面示例中设计在页面加载完毕后将焦点转移到表单中的第 1 个文本框字段中，让其准备接收用户输入。

```
<form id="myform" method="post" action="#">
    姓名<input type="text" name="name" /><br>
    密码<input type="password" name="pass" />
</form>
<script>
var form = document.getElementById("myform");
var field = form.elements["name"];
window.onload = function(){
```

```
            field.focus();
    }
</script>
```

☀ **注意:**

如果是隐藏字段（<input type="hidden">）或者使用 CSS 的 display 和 visibility 隐藏字段显示，设置其获取焦点将引发异常。

blur()方法的作用是从元素中移走焦点。在调用 blur()方法时，并不会把焦点转移到某个特定的元素上，仅仅是将焦点移走。早期开发中有用户使用 blur()方法代替 readonly 属性，创建只读字段。

13.5.2　选择文本

当在文本框或文本区域内选择文本时，将触发 select 事件。通过该事件，可以设计用户选择操作的交互行为。

在 IE9+、Opera、Firefox、Chrome 和 Safari 中，只有用户选择了文本且释放鼠标，才会触发 select 事件；但是在 IE8 及更早版本中，只要用户选择了一个字母，不必释放鼠标，就会触发 select 事件。另外，在调用 select()方法时也会触发 select 事件。

【**示例**】在下面的示例中当选择第 1 个文本框中的文本时，则在第 2 个文本框中会动态显示用户所选择的文本。

```
<input type="text" id="a" value="请随意选择字符串" />
<input type="text" id="b" />
<script>
var a = document.getElementsByTagName("input")[0]; //获取第 1 个文本框的引用指针
var b = document.getElementsByTagName("input")[1]; //获取第 2 个文本框的引用指针
a.onselect = function(){                           //为第 1 个文本框绑定事件
    if (document.selection){                        //兼容 IE
        o = document.selection.createRange();       //创建一个选择区域
        if(o.text.length > 0)                       //如果选择区域内存在文本
            b.value = o.text;                       //则把文本赋值给第 2 个文本框
    }else{                                          //兼容 DOM
        p1 = a.selectionStart;                      //获取文本框中选择的初始位置
        p2 = a.selectionEnd;                        //获取文本框中选择的结束位置
        b.value = a.value.substring(p1, p2);
        //截取文本框中被选取的文本字符串，然后赋值给第 2 个文本框
    }
}
</script>
```

13.5.3　字段值变化监测

change 事件类型是在表单元素的值发生变化时触发，它主要用于 input、select 和 textarea 元素。对于 input 和 textarea 元素来说，当它们失去焦点且 value 值改变时触发；对于 select 元素，在其选项改变时触发，也就是说不失去焦点，也会触发 change 事件。

【**示例 1**】在下面示例中，当在第 1 个文本框中输入或修改值时，则第 2 个文本框内会立即显示第 1 个文本框中的当前值。

```
<input type="text" id="a" />
<input type="text" id="b" />
<script>
```

```
var a = document.getElementsByTagName("input")[0];
var b = document.getElementsByTagName("input")[1];
a.onchange = function(){                          //为第 1 个文本框绑定 change 事件处理函数
    b.value = this.value;                         //把第 1 个文本框中的值传递给第 2 个文本框
}
</script>
```

【示例 2】下面示例演示了当在下拉列表框中选择不同的网站时，会自动打开该网站的首页。

```
<select>
    <option value="http://www.baidu.com/">百度</option>
    <option value="http://www.google.cn/">Google</option>
</select>
<script>
var a = document.getElementsByTagName("select")[0];
a.onchange = function(){
    window.open(this.value,"");                   //根据下拉列表框的当前值打开指定的网址
}
</script>
```

【示例 3】在其他表单元素中也可以应用 change 事件类型。下面示例演示了如何在单选按钮选项组中动态显示变化的值。

```
<input type="radio" name="r" value="1"  checked="checked" /> 1
<input type="radio" name="r" value="2" /> 2
<input type="radio" name="r" value="3" /> 3
<script>
var r = document.getElementsByTagName("input");
for(var i = 0; i < r.length; i ++ ){
    r[i].onchange = function(){
        alert(this.value);
    }
}
</script>
```

对于 input 元素来说，由于 change 事件类型仅在用户已经离开了元素且失去焦点时触发，所以当执行上面 3 个示例时会明显感觉延迟响应现象。为了更好地提高用户体验，很多时候会根据需要定义在按键松开或鼠标单击时执行响应，这样速度会快很多。

focus、blur 和 change 事件经常配合使用。一般可以使用 focus 和 blur 事件来以某种方式改变用户界面，要么是向用户给出视觉提示，要么是向界面中添加额外的功能。例如，为文本框显示一个下拉选项菜单。而 change 事件则经常用于验证用户在字段中输入的数据。

【示例 4】下面示例设计一个文本框，只允许用户输入数值。此时，可以利用 focus 事件修改文本框的背景颜色，以便更清楚地表明这个字段获得了焦点。可以利用 blur 事件恢复文本框的背景颜色，利用 change 事件在用户输入了非数字字符时再次修改背景颜色。

```
<form id="myform"  method="post" action="javascript:alert('表单提交啦!')">
    <p><label for="txtNumbers">请输入数字:</label> <br />
        <input type="text" id="txtNumbers" name="numbers" /></p>
    <p><input type="submit" value="提交表单" id="submit-btn" /></p>
</form>
<script>
var form = document.getElementById("myform");
var numbers = form.elements["numbers"];
numbers.onfocus = function(event){
    event = event || window.event;
    var target = event.target || event.srcElement;
    target.style.backgroundColor = "yellow";
```

```
}
numbers.onblur = function(event){
    event = event || window.event;
    var target = event.target || event.srcElement;
    if (/[^\d]/.test(target.value)){
        target.style.backgroundColor = "red";
    } else {
        target.style.backgroundColor = "";
    }
}
numbers.onchange = function(event){
    event = event || window.event;
    var target = event.target || event.srcElement;
    if (/[^\d]/.test(target.value)){
        target.style.backgroundColor = "red";
    } else {
        target.style.backgroundColor = "";
    }
}
numbers.focus();
</script>
```

在上面代码中，onfocus 事件处理程序将文本框的背景颜色修改为黄色，以清楚地表示当前字段已经激活。onblur 和 onchange 事件处理程序则会在发现非数值字符时，将文本框背景颜色修改为红色。为了测试用户输入的是不是非数值，这里针对文本框的 value 属性使用了简单的正则表达式。而且，为确保无论文本框的值如何变化，验证规则始终如一，onblur 和 onchange 事件处理程序中使用了相同的正则表达式。

关于 blur 和 change 事件发生顺序并没有严格的规定，不同的浏览器没有统一规定。因此，不能假定这两个事件总会以某种顺序依次触发。

13.5.4　提交表单

使用<input>或<button>标签都可以定义提交按钮，只要将 type 属性值设置为"submit"即可，而图像按钮则是通过将<input>的 type 属性值设置为"image"。当单击提交按钮或图像按钮时，就会提交表单。submit 事件类型仅在单击提交按钮，或者在文本框中输入文本时按 Enter 键触发。

【示例 1】在下面示例中，当在表单内的文本框中输入文本之后，单击"提交"按钮会触发 submit 事件，该函数将禁止表单提交数据，而是弹出提示对话框显示输入的文本信息。

```
<form id="form1" name="form1" method="post" action="">
    <input type="text" name="t" id="t" />
    <input name="" type="submit" />
</form>
<script>
var t = document.getElementsByTagName("input")[0];   //获取文本框的引用指针
var f = document.getElementsByTagName("form")[0];     //获取表单的引用指针
f.onsubmit = function(e){                              //在表单元素上注册事件
    alert(t.value);
    return false;                                     //禁止提交数据到服务器
}
</script>
```

【示例 2】在下面示例中，当表单内没有包含"提交"按钮时，在文本框中输入文本之后按 Enter 键也一样能够触发 submit 事件。

```
<form id="form1" name="form1" method="post" action="">
    <input type="text" name="t" id="t" />
```

```
</form>
<script>
var t = document.getElementsByTagName("input")[0];
var f = document.getElementsByTagName("form")[0];
f.onsubmit = function(e){
    alert(t.value);
}
</script>
```

☞ 注意：

在<textarea>文本区中按 Enter 键只会换行，不会提交表单。

以这种方式提交表单时，浏览器会在将请求发送给服务器之前触发 submit 事件，用户有机会验证表单数据，并决定是否允许表单提交。

【示例 3】阻止事件的默认行为可以取消表单提交。下面示例先验证文本框中是否输入字符，如果为空，则调用 preventDefault()方法阻止表单提交。

```
<form id="form1" name="form1" method="post" action="">
    <input type="text" name="t" id="t" />
</form>
<script>
var t = document.getElementsByTagName("input")[0];
var f = document.getElementsByTagName("form")[0];
f.onsubmit = function(e){
    if(t.value.length < 1){
        var event = e || window.event;
        if (event.preventDefault){
            event.preventDefault();
        } else {
            event.returnValue = false;
        }
    }
}
</script>
```

【示例 4】如果要禁止按 Enter 键提交响应，可以监测键盘响应，当按下 Enter 键时设置其返回值为false，从而取消键盘的默认动作，禁止按 Enter 键提交响应行为。

```
var t = document.getElementsByTagName("input")[0]; //获取文本框引用指针
t.onkeypress = function(e){        //为文本框绑定键盘 keypress 事件处理函数
    var e = e || window.event;     //标准化事件对象
    return e.keyCode != 13;        //当按下 Enter 键时，设置返回值为 false，禁止默认键盘行为
}
```

【示例 5】调用 submit()方法也可以提交表单，这样就不需表单包含"提交"按钮，任何时候都可以正常提交表单。

```
var t = document.getElementsByTagName("input")[0];
var f = document.getElementsByTagName("form")[0];
t.onchange = function(){
    f.submit();                    //提交表单
}
```

☞ 注意：

调用 submit()方法不会触发 submit 事件，因此在调用此方法之前先要验证表单数据。

📢 提示：

在实际应用中，会出现用户重复提交表单现象。例如，在第 1 次提交表单后，如果长时间没有反应，用户可能

会反复单击提交按钮，这样容易带来严重后果，服务器反复处理请求组，或者错误保存用户多次提交的订单。解决方法：在第一次提交表单后禁用提交按钮，或者在 onsubmit 事件处理函数中取消表单提交操作。

13.5.5 重置表单

为<input>或<button>标签设置 type="reset"属性可以定义重置按钮。

```
<input type="reset" value="重置按钮">
<button type="reset">重置按钮</button>
```

当单击重置按钮时，表单将被重置，所有表单字段恢复为初始值。这时会触发 reset 事件。

【示例 1】下面示例设计当单击【重置】按钮时，弹出提示框，显示文本框中的输入值，同时恢复文本框的默认值，如果没有默认值，则显示为空。

```
<form id="form1" name="form1" method="post" action="">
    <input type="text" name="t" id="t" />
    <input name="" type="reset" />
</form>
<script>
var t = document.getElementsByTagName("input")[0];    //获取文本框的引用指针
var f = document.getElementsByTagName("form")[0];    //获取表单的引用指针
f.onreset = function(e){                             //在表单元素上注册 reset 事件处理函数
    alert(t.value);
}
</script>
```

【示例 2】也可以利用这个机会，在必要时取消重置操作。下面示例检测文本框中的值，如果输入10 个字符以上，就不允许重置了，避免丢失输入的文本。

```
var t = document.getElementsByTagName("input")[0];
var f = document.getElementsByTagName("form")[0];
f.onreset = function(e){
    if(t.value.length > 10){
        var event = e || window.event;
        if (event.preventDefault){
            event.preventDefault();
        } else {
            event.returnValue = false;
        }
    }
}
```

📢 提示：

用户也可以使用 form.reset()方法重置表单，这样就不需要包含重置按钮。

13.5.6 剪贴板数据

HTML 5 规范了剪贴板数据操作，主要包括以下 6 个剪贴板事件。

➽ beforecopy：在发生复制操作前触发。

➽ copy：在发生复制操作时触发。

➽ beforecut：在发生剪切操作前触发。

➽ cut：在发生剪切操作时触发。

➽ beforepaste：在发生粘贴操作前触发。

➽ paste：在发生粘贴操作时触发。

浏览器支持状态：IE、Safari 2+、Chrome 和 Firefox 3+，Opera 不支持访问剪贴板数据。

提示：

在 Safari、Chrome 和 Firefox 中，beforecopy、beforecut 和 beforepaste 事件只会在显示针对文本框的上下文菜单的情况下触发。IE 则会在触发 copy、cut 和 paste 事件之前先行触发这些事件。

至于 copy、cut 和 paste 事件，只要是在上下文菜单中选择了相应选项，或者使用了相应的键盘组合键，所有浏览器都会触发它们。在实际的事件发生之前，通过 beforecopy、beforecut 和 beforepaste 事件可以在向剪贴板发送数据，或者从剪贴板取得数据之前修改数据。

使用 clipboardData 对象可以访问剪贴板中的数据。在 IE 中，可以任何状态下使用 window.clipboardData 访问剪贴板；在 Firefox 4+、Safari 和 Chrome 中，通过事件对象的 clipboardData 属性访问剪贴板，且只有在处理剪贴板事件期间，clipboardData 对象才有效。

clipboardData 对象定义了两个方法：

- getData()：从剪贴板中读取数据。包含 1 个参数，设置取得的数据的格式。IE 提供两种数据格式："text"和"URL"；Firefox、Safari 和 Chrome 中定义参数为 MIME 类型，可以用"text"代表"text/plain"。
- setData()：设置剪贴板数据。包含两个参数，其中第 1 个参数设置数据类型，第 2 个参数是要放在剪贴板中的文本。对于第 1 个参数，IE 支持"text"和"URL"，而 Safari 和 Chrome 仍然只支持 MIME 类型，但不再识别"text"类型。在成功将文本放到剪贴板中后，都会返回 true；否则，返回 false。

【示例 1】可以使用下面两个函数兼容 IE 和非 IE 的剪贴板数据操作。

```
var getClipboardText = function(event){
    var clipboardData =  (event.clipboardData || window.clipboardData);
    return clipboardData.getData("text");
}
var  setClipboardText = function(event, value){
    if (event.clipboardData){
        event.clipboardData.setData("text/plain", value);
    } else if (window.clipboardData){
        window.clipboardData.setData("text", value);
    }
}
```

在上面代码中，getClipboardText()方法比较简单，它只要访问 clipboardData 对象，然后以 text 类型调用 getData()方法；setClipboardText()方法相对复杂，它在取得 clipboardData 对象之后，需要根据不同的浏览器实现为 setData()传入不同的类型。

【示例 2】下面示例利用剪贴板事件，当用户向文本框粘贴文本时，先检测剪贴板中的数据是否都为数字，如果不是数字，取消默认的行为，则禁止粘贴操作，这样可以确保文本框只能接收数字字符。

```
<form id="myform"  method="post" action="#">
    <input type="text" size="25" maxlength="50" value="123456">
</form>
<script>
var form = document.getElementById("myform");
var field1 = form.elements[0];
var getClipboardText = function(event){
    var clipboardData =  (event.clipboardData || window.clipboardData);
    return clipboardData.getData("text");
}
var  setClipboardText = function(event, value){
    if (event.clipboardData){
        event.clipboardData.setData("text/plain", value);
```

```
        } else if (window.clipboardData){
            window.clipboardData.setData("text", value);
        }
}
var addHandler = function(element, type, handler){
    if (element.addEventListener){
        element.addEventListener(type, handler, false);
    } else if (element.attachEvent){
        element.attachEvent("on" + type, handler);
    } else {
        element["on" + type] = handler;
    }
}
addHandler(field1, "paste", function(event){
    event = event || window.event;
    var text = getClipboardText(event);
    if (!/^\d*$/.test(text)){
        if (event.preventDefault){
            event.preventDefault();
        } else {
            event.returnValue = false;
        }
    }
})
</script>
```

13.6 案 例 实 战

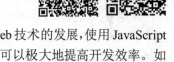

13.6.1 自定义事件

无论从事 Web 开发，还是从事 GUI 开发，事件都是经常用到的。随着 Web 技术的发展，使用 JavaScript 自定义事件愈发频繁，为创建的对象绑定事件机制，通过事件对外通信，可以极大地提高开发效率。如何自定义事件可以扫码阅读。

13.6.2 模拟事件

自定义事件不是由 DOM 原生触发的，目的是让开发人员创建自己的事件。DOM 2 事件规范还允许用户模拟特定事件，定义更方便的调用方式，类似于事件方法，详细说明可以扫码阅读。

13.7 在 线 学 习

本节为线上继续学习入口，通过扫码读者可以进行巩固练习、补充知识、获取参考资料、拓展阅读。

第 14 章　脚本化 CSS

脚本化 CSS 就是使用 JavaScript 来操作 CSS，配合 HTML5、Ajax、jQuery 等技术，可以设计出细腻、逼真的页面特效和交互行为，大幅提升用户体验，如网页对象的显示/隐藏、定位、变形、运动等动态样式。

【学习重点】
- ↘ 使用 JavaScript 控制行内样式。
- ↘ 使用 JavaScript 控制样式表。
- ↘ 控制对象大小。
- ↘ 控制对象位置。
- ↘ 设计显示、隐藏，以及动画效果。

14.1　CSS 脚本化基础

CSS 样式包括两种形式：样式表中样式和行内样式。DOM2 级规范针对样式表提供了一套 API。在 DOM2 级规范之前，还可以使用标签对象的 style 属性访问行内样式。

14.1.1　读写行内样式

任何支持 style 特性的 HTML 标签，在 JavaScript 中都有一个对应的 style 脚本属性。style 是一个可读可写的对象，包含了一组 CSS 样式。

使用 style 的 cssText 属性可以返回行内样式的字符串表示。同时 style 对象还包含一组与 CSS 样式属性一一映射的脚本属性。这些脚本属性的名称与 CSS 样式属性的名称对应。在 JavaScript 中，由于连字符是减号运算符，含有连字符的样式属性（如 font-family），脚本属性会以驼峰命名法重新命名（如 fontFamily）。

【示例】对于 border-right-color 属性来说，在脚本中应该使用 borderRightColor。

```
<div id="box">盒子</div>
<script>
var box = document.getElementById("box");
box.style.borderRightColor = "red";
box.style.borderRightStyle = "solid";
</script>
```

◁))提示：

使用 CSS 脚本属性时，需要注意以下几个问题。
- ↘ float 是 JavaScript 保留字，因此使用 cssFloat 表示与之对应的脚本属性的名称。
- ↘ 在 JavaScript 中，所有 CSS 属性值都是字符串，必须加上引号。
```
elementNode.style.fontFamily = "Arial, Helvetica, sans-serif";
elementNode.style.cssFloat = "left";
elementNode.style.color = "#ff0000";
```
- ↘ CSS 样式声明结尾的分号不能够作为脚本属性值的一部分。
- ↘ 属性值和单位必须完整地传递给 CSS 脚本属性，省略单位则所设置的脚本样式无效。
```
elementNode.style.width = "100px";
elementNode.style.width = width + "px";
```

14.1.2　使用 style 对象

DOM2 级规范为 style 对象定义了一些属性和方法，简单说明如下。

- cssText：返回 style 的 CSS 样式字符串。
- length：返回 style 的声明 CSS 样式的数量。
- parentRule：返回 style 所属的 CSSRule 对象。
- getPropertyCSSValue()：返回包含指定属性的 CSSValue 对象。
- getPropertyPriority()：返回包含指定属性是否附加了!important 命令。
- item()：返回指定下标位置的 CSS 属性的名称。
- getPropertyValue()：返回指定属性的字符串值。
- removeProperty()：从样式中删除给定属性。
- setProperty()：为指定属性设置值，也可以附加优先权标志。

下面重点介绍几个常用的方法。

1. getPropertyValue()方法

getPropertyValue()能够获取指定元素样式属性的值。用法如下：

```
var value = e.style.getPropertyValue(propertyName)
```

参数 propertyName 表示 CSS 属性名，不是 CSS 脚本属性名，复合名应使用连字符进行连接。

【示例1】下面代码使用 getPropertyValue()方法获取行内样式中 width 属性值，然后输出到盒子内显示，如图 14.1 所示。

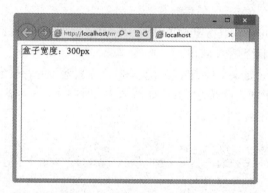

图 14.1　使用 getPropertyValue（读取行内样式）

```
<script>
window.onload = function(){
    var box = document.getElementById("box");          //获取<div id="box">
    var width = box.style.getPropertyValue("width");    //读取 div 元素的 width 属性值
    box.innerHTML = "盒子宽度: " + width;                //输出显示 width 值
}
</script>
<div id="box" style="width:300px; height:200px;border:solid 1px red" >盒子</div>
```

2. setProperty()方法

setProperty()方法为指定元素设置样式。具体用法如下：

```
e.style.setProperty(propertyName, value, priority)
```

参数说明如下。

- propertyName：设置 CSS 属性名。
- value ：设置 CSS 属性值，包含属性值的单位。
- priority：表示是否设置!important 优先级命令，如果不设置可以以空字符串表示。

【示例 2】 在下面示例中使用 setProperty()方法定义盒子的显示宽度和高度分别为 400 像素和 200 像素。

```
<script>
window.onload = function(){
    var box = document.getElementById("box");        //获取<div id="box">
    box.style.setProperty("width","400px","");       //定义盒子宽度为 400 像素
    box.style.setProperty("height","200px","");      //定义盒子高度为 200 像素
}
</script>
<div id="box" style="border:solid 1px red">盒子</div>
```

3. removeProperty()方法

removeProperty()方法可以移出指定 CSS 属性的样式声明。具体用法如下：

```
e.style. removeProperty (propertyName)
```

4. item()方法

item()方法返回 style 对象中指定索引位置的 CSS 属性名称。具体用法如下：

```
var name = e.style.item(index)
```

参数 index 表示 CSS 样式的索引号。

5. getPropertyPriority()方法

getPropertyPriority()方法可以获取指定 CSS 属性中是否附加了!important 优先级命令，如果存在则返回 "important" 字符串，否则返回空字符串。

【示例 3】 在下面示例中，定义鼠标指针移过盒子时，设置盒子的背景色为蓝色，边框颜色为红色，当移出盒子时，又恢复到盒子默认设置的样式；而单击盒子时则在盒子内输出动态信息，显示当前盒子的宽度和高度，演示效果如图 14.2 所示。

```
<script>
window.onload = function(){
    var box = document.getElementById("box");    //获取盒子的引用
    box.onmouseover = function(){                 //定义鼠标经过时的事件处理函数
        box.style.setProperty("background-color","blue", "");//设置背景色为蓝色
        box.style.setProperty("border", "solid 50px red", "");//设置边框为50像素红色实线
    }
    box.onclick = function(){                     //定义鼠标单击事件处理函数
        box.innerHTML = (box.style.item(0) + ":" + box.style.getPropertyValue("width"));
                                                  //显示盒子的宽度
        box.innerHTML = box.innerHTML + "<br>" + (box.style.item(1) + ":" + box.
            style.getPropertyValue("height"));    //显示盒子的高度
    }
    box.onmouseout = function(){                  //定义鼠标移出时的事件处理函数
        box.style.setProperty("background-color", "red", "");    //设置背景色为红色
        box.style.setProperty("border", "solid 50px blue", "");//设置边框为50像素的蓝色实线
    }
}
</script>
<div id="box" style="width:100px; height:100px; background-color:red; border:solid
```

```
50px blue;"></div>
```

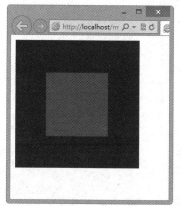
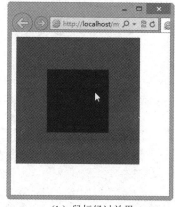

（a）默认显示效果　　　　　　（b）鼠标经过效果　　　　　　（c）鼠标单击效果

图14.2　设计动态交互样式效果

【示例4】针对示例3，可以使用点语法快速设计相同的交互效果，这样能够兼容 IE 早期的版本，JavaScript 代码如下：

```
<script>
window.onload = function(){
    var box = document.getElementById("box");          //获取盒子的引用
    box.onmouseover = function(){
        box.style.backgroundColor = "blue";            //设置背景样式
        box.style.border = "solid 50px red";           //设置边框样式
    }
    box.onclick = function(){                          //读取并输出行内样式
        box .innerHTML = "width:" + box.style.width;
        box .innerHTML = box .innerHTML + "<br>" + "height:" + box.style.height;
    }
    box.onmouseout = function(){                       //设计移出之后，恢复默认样式
        box.style.backgroundColor = "red";
        box.style.border = "solid 50px blue";
    }
}
</script>
```

14.1.3　使用 styleSheets 对象

在 DOM2 级规范中，使用 styleSheets 对象可以访问页面中所有样式表，包括用<style>标签定义的内部样式表，以及用<link>标签或@import 命令导入的外部样式表。

cssRules 对象包含指定样式表中所有的规则（样式）。提示，IE 支持 rules 对象表示样式表中的规则。可以使用下面代码兼容不同的浏览器：

```
var cssRules = document.styleSheets[0].cssRules || document.styleSheets[0].rules;
```

在上面代码中，先判断浏览器是否支持 cssRules 对象，如果支持则使用 cssRules（非 IE 浏览器），否则使用 rules（IE 浏览器）。

【示例】在下面示例中，通过<style>标签定义一个内部样式表，为页面中的<div id="box">标签定义4 个属性：宽度、高度、背景色和边框。然后在脚本中使用 styleSheets 访问这个内部样式表，把样式表中的第 1 个样式的所有规则读取出来，在盒子中输出显示，如图14.3 所示。

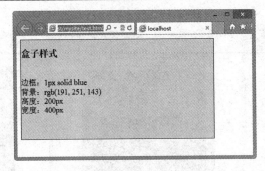

图 14.3　使用 styleSheets 访问内部样式表

```
<style type="text/css">
#box {
    width: 400px;
    height: 200px;
    background-color:#BFFB8F;
    border: solid 1px blue;
}
</style>
<script>
window.onload = function(){
    var box = document.getElementById("box");
    var cssRules = document.styleSheets[0].cssRules || document.styleSheets[0].rules;
                                                    //判断浏览器类型

    box.innerHTML =  "<h3>盒子样式</h3>"
    box.innerHTML += "<br>边框: " + cssRules[0].style.border; //cssRules 的 border 属性
    box.innerHTML += "<br>背景: " + cssRules[0].style.backgroundColor;
    box.innerHTML += "<br>高度: " + cssRules[0].style.height;
    box.innerHTML += "<br>宽度: " + cssRules[0].style.width;
}
</script>
<div id="box"></div>
```

 提示：

cssRules（或 rules）的 style 对象在访问 CSS 属性时，使用的是 CSS 脚本属性名，因此所有属性名称中不能使用连字符。例如：

```
cssRules[0].style.backgroundColor;
```

14.1.4　使用 selectorText 对象

使用 selectorText 对象可以获取样式的选择器字符串表示。

【示例】在下面这个示例中，使用 selectorText 属性获取第 1 个样式表（styleSheets[0]）中的第 3 个样式（cssRules[2]）的选择器名称，输出显示为 ".blue"，如图 14.4 所示。

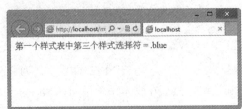

图 14.4　使用 selectorText 访问样式选择符

```
<style type="text/css">
#box { color:green; }
.red { color:red; }
.blue { color:blue; }
</style>
<link href="style1.css" rel="stylesheet" type="text/css" media="all" />
<script>
window.onload = function(){
    var cssRules = document.styleSheets[0].cssRules || document.styleSheets[0].rules;
    var box = document.getElementById("box");
    box.innerHTML = "第一个样式表中第三个样式选择符 = " + cssRules[2].selectorText;
}
</script>
<div id="box"></div>
```

14.1.5 编辑样式

cssRules 的 style 不仅可以读取，还可以写入属性值。

【示例】在下面示例中，样式表中包含 3 个样式，其中蓝色样式类（.blue）定义字体显示为蓝色。用脚本修改该样式类（.blue 规则）字体颜色为浅灰色（#999），效果如图 14.5 所示。

图 14.5　修改样式表中的样式

```
<style type="text/css">
#box { color:green; }
.red { color:red; }
.blue { color:blue; }
</style>
<script>
window.onload = function(){
    var cssRules = document.styleSheets[0].cssRules || document.styleSheets[0].rules;
    cssRules[2].style.color="#999";                 //修改样式表中指定属性的值
}
</script>
<p class="blue">原为蓝色字体，现在显示为浅灰色。</p>
```

📢 提示：

使用上述方法修改样式表中的类样式，会影响其他对象或其他文档对当前样式表的引用，因此在使用时请务必谨慎。

14.1.6 添加样式

使用 addRule()方法可以为样式表增加一个样式。具体用法如下：

```
styleSheet.addRule(selector,style,[index])
```

styleSheet 表示样式表引用，参数说明如下。

↘ selector：表示样式选择符，以字符串的形式传递。

➥ style：表示具体的声明，以字符串的形式传递。

➥ index：表示一个索引号，表示添加样式在样式表中的索引位置，默认为-1，表示位于样式表的末尾，该参数可以不设置。

Firefox 支持使用 insertRule()方法添加样式。用法如下：

```
styleSheet.insertRule(rule,[index])
```

参数说明如下。

➥ rule：表示一个完整的样式字符串，

➥ index：与 addRule()方法中的 index 参数作用相同，但默认为 0，放置在样式表的末尾。

【示例】在下面示例中，先在文档中定义一个内部样式表，然后使用 styleSheets 集合获取当前样式表，利用数组默认属性 length 获取样式表中包含的样式个数，最后在脚本中使用 addRule()（或 insertRule()）方法增加一个新样式，样式选择符为 p，样式声明背景色为红色，字体颜色为白色，段落内部补白为 1 个字体大小。

```html
<style type="text/css">
#box { color:green; }
.red { color:red; }
.blue { color:blue; }
</style>
<script>
window.onload = function(){
    var styleSheets = document.styleSheets[0];    //获取样式表引用
    var index = styleSheets.length;               //获取样式表中包含样式的个数
    if(styleSheets.insertRule){                   //判断浏览器是否支持 insertRule()方法
        //在内部样式表中增加 p 标签选择符的样式，插入样式表的末尾
        styleSheets.insertRule("p{background-color:red;color:#fff;padding:1em;}", index);
    }else{                                         //如果浏览器不支持 insertRule()方法
        styleSheets.addRule("P", "background-color:red;color:#fff;padding:1em;", index);
    }
}
</script>
<p>在样式表中增加样式操作</p>
```

保存页面，在浏览器中预览，显示效果如图 14.6 所示。

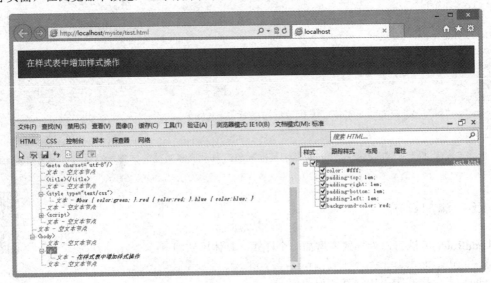

图 14.6   为段落文本增加样式

14.1.7 读取显示样式

CSS 样式具有重叠特性，因此定义的样式与最终显示的样式并非完全相同。DOM 定义了一个方法帮助用户快速检测当前对象的显示样式，不过 IE 和标准 DOM 之间实现的方法不同。

↘ IE 浏览器

IE 使用 currentStyle 对象读取元素的最终显示样式，是只读对象。currentStyle 对象包含元素的 style 属性，以及浏览器预定义的默认 style 属性。

【示例 1】针对上节示例，为类样式 blue 增加了一个背景色为白色的声明，然后把该类样式应用到段落文本中。

```
<style type="text/css">
#box { color:green; }
.red { color:red; }
.blue {
    color:blue;
    background-color:#FFFFFF;
}
</style>
<script>
window.onload = function(){
    var styleSheets = document.styleSheets[0];     //获取样式表引用
    var index = styleSheets.length;                //获取样式表中包含样式的个数
    if(styleSheets.insertRule){                     //判断是否支持 insertRule()方法
        styleSheets.insertRule("p{background-color:red;color:#fff;padding:1em;}", index);
    }else{                                          //如果浏览器不支持 insertRule()方法
        styleSheets.addRule("P", "background-color:red;color:#fff;padding:1em;", index);
    }
}
</script>
<p class="blue">在样式表中增加样式操作</p>
```

在浏览器中预览，会发现脚本中使用 insertRule()（或 addRule()）方法添加的样式无效，效果如图 14.7 所示。

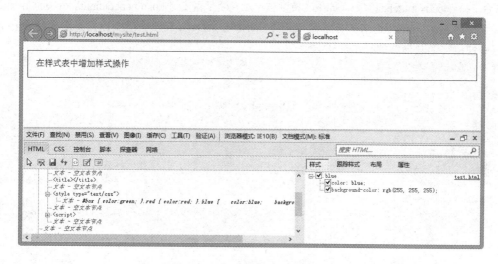

图 14.7　背景样式重叠后的效果

这时可以使用 currentStyle 对象获取当前 p 元素的最终显示样式。

【示例 2】把上面示例另存为 test1.html，然后在脚本中添加代码，使用 currentStyle 获取当前段落标签<p>的最终显示样式，显示效果如图 14.8 所示。

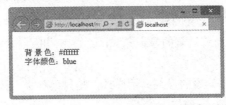

图 14.8　在 IE 中获取 p 的显示样式

```
<script>
window.onload = function(){
    var styleSheets = document.styleSheets[0];            //获取样式表引用
    var index = styleSheets.length;                       //获取样式表中包含样式的个数
    if(styleSheets.insertRule){ //判断是否支持 insertRule()方法，否则调用 addRule
        styleSheets.insertRule("p{background-color:red;color:#fff;padding:1em;}", index);
    }else{
        styleSheets.addRule("P", "background-color:red;color:#fff;padding:1em;", index);
    }
    var p = document.getElementsByTagName("p")[0];
    p.innerHTML = "背景色: "+p.currentStyle.backgroundColor+"<br>字体颜色: "
        +p.currentStyle.color;
}
</script>
```

在上面代码中，首先使用 getElementsByTagName()方法获取段落文本的引用，然后调用该对象的 currentStyle 子对象，并获取指定属性的对应值。通过这种方式，会发现 insertRule()（或 addRule()）方法添加的样式被 blue 类样式覆盖，这是因为类选择符的优先级大于标签选择符的样式。

➥ 非 IE 浏览器

DOM 使用 getComputedStyle()方法获取目标对象的显示样式，但是它属于 document.defaultView 对象。getComputedStyle()方法包含两个参数：第 1 个参数表示元素，用来获取样式的对象；第 2 个参数表示伪类字符串，定义显示位置，一般可以省略，或者设置为 null。

【示例 3】针对上面示例，为了能够兼容非 IE 浏览器，下面对页面脚本进行修改。使用 if 语句判断当前浏览器是否支持 document.defaultView，如果支持则进一步判断是否支持 document.defaultView.getComputedStyle，如果支持则使用 getComputedStyle()方法读取最终显示样式；否则，判断当前浏览器是否支持 currentStyle，如果支持则使用它读取最终的显示样式。

```
<style type="text/css">
#box { color:green; }
.red { color:red; }
.blue {color:blue; background-color:#FFFFFF;}
</style>
<script>
window.onload = function(){
    var styleSheets = document.styleSheets[0];            //获取样式表引用指针
    var index = styleSheets.length;                       //获取样式表中包含样式的个数
    if(styleSheets.insertRule){                           //判断浏览器是否支持
        styleSheets.insertRule("p{background-color:red;color:#fff;padding:1em;}", index);
    }else{
        styleSheets.addRule("P", "background-color:red;color:#fff;padding:1em;", index);
    }
    var p = document.getElementsByTagName("p")[0];
    if(document.defaultView && document.defaultView.getComputedStyle)
    p.innerHTML = "背 景 色: "+document.defaultView.getComputedStyle(p,null).
```

```
backgroundColor+"<br>字体颜色: "+document.defaultView.getComputedStyle(p,null).color;
    else if(p.currentStyle)
            p.innerHTML = "背景色: "+p.currentStyle.backgroundColor+"<br>字体颜色:
    "+p.currentStyle.color;
    else p.innerHTML = "当前浏览器无法获取最终显示样式";
}
</script>
<p class="blue">在样式表中增加样式操作</p>
```

保存页面，在 Firefox 中预览，显示效果如图 14.9 所示。

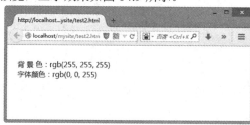

图 14.9　在 Firefox 中获取 p 的显示样式

14.1.8　读取媒体查询

使用 window.matchMedia() 方法可以访问 CSS 的 Media Query 语句。window.matchMedia() 方法接受一个 mediaQuery 语句的字符串作为参数，返回一个 MediaQueryList 对象。该对象有以下两个属性。

➥ media：返回所查询的 mediaQuery 语句字符串。

➥ matches：返回一个布尔值，表示当前环境是否匹配查询语句。

```
var result = window.matchMedia('(min-width: 600px)');
result.media // (min-width: 600px)
result.matches // true
```

【示例 1】下面示例根据 mediaQuery 是否匹配当前环境，执行不同的 JavaScript 代码。

```
var result = window.matchMedia('(max-width: 700px)');
if (result.matches) {
    console.log('页面宽度小于等于 700px');
} else {
    console.log('页面宽度大于 700px');
}
```

【示例 2】下面示例根据 mediaQuery 是否匹配当前环境，加载相应的 CSS 样式表。

```
var result = window.matchMedia("(max-width: 700px)");
if (result.matches){
    var linkElm = document.createElement('link');
    linkElm.setAttribute('rel', 'stylesheet');
    linkElm.setAttribute('type', 'text/css');
    linkElm.setAttribute('href', 'small.css');
    document.head.appendChild(linkElm);
}
```

如果 window.matchMedia 无法解析 mediaQuery 参数，返回的总是 false，而不是报错。例如：

```
window.matchMedia('bad string').matches    // false
```

window.matchMedia 方法返回的 MediaQueryList 对象有两个方法用来监听事件：addListener 方法和 removeListener 方法。如果 mediaQuery 查询结果发生变化，就调用指定的回调函数。例如：

```
var mql = window.matchMedia("(max-width: 700px)");
// 指定回调函数
mql.addListener(mqCallback);
```

```
// 撤销回调函数
mql.removeListener(mqCallback);
function mqCallback(mql) {
    if (mql.matches) {
        // 宽度小于等于 700 像素
    } else {
        // 宽度大于 700 像素
    }
}
```

上面代码中，回调函数的参数是 MediaQueryList 对象。回调函数的调用可能存在两种情况：一种是显示宽度从 700 像素以上变为以下；另一种是从 700 像素以下变为以上，所以在回调函数内部要判断一下当前的屏幕宽度。

14.1.9 使用 CSS 事件

1. transitionEnd 事件

CSS 的过渡效果（transition）结束后，触发 transitionEnd 事件。例如：

```
el.addEventListener('transitionend', onTransitionEnd, false);
function onTransitionEnd() {
    console.log('Transition end');
}
```

transitionEnd 的事件对象具有以下属性。

- propertyName：发生 transition 效果的 CSS 属性名。
- elapsedTime：transition 效果持续的秒数，不含 transition-delay 的时间。
- pseudoElement：如果 transition 效果发生在伪元素上，会返回该伪元素的名称，以 "::" 开头。如果没有发生在伪元素上，则返回一个空字符串。

实际使用 transitionend 事件时，可能需要添加浏览器前缀。

```
el.addEventListener('webkitTransitionEnd', function () {
    el.style.transition = 'none';
});
```

2. animationstart、animationend、animationiteration 事件

CSS 动画有以下 3 个事件。

- animationstart 事件：动画开始时触发。
- animationend 事件：动画结束时触发。
- animationiteration 事件：开始新一轮动画循环时触发。如果 animation-iteration-count 属性等于 1，该事件不触发，即只播放一轮 CSS 动画，不会触发 animationiteration 事件。

【示例】这 3 个事件的事件对象，都有 animationName 属性（返回产生过渡效果的 CSS 属性名）和 elapsedTime 属性（动画已经运行的秒数）。对于 animationstart 事件，elapsedTime 属性等于 0，除非 animation-delay 属性等于负值。

```
var el = document.getElementById("animation");
el.addEventListener("animationstart", listener, false);
el.addEventListener("animationend", listener, false);
el.addEventListener("animationiteration", listener, false);
function listener(e) {
  var li = document.createElement("li");
  switch(e.type) {
    case "animationstart":
```

```
      li.innerHTML = "Started: elapsed time is " + e.elapsedTime;
      break;
    case "animationend":
      li.innerHTML = "Ended: elapsed time is " + e.elapsedTime;
      break;
    case "animationiteration":
      li.innerHTML = "New loop started at time " + e.elapsedTime;
      break;
  }
  document.getElementById("output").appendChild(li);
}
```

上面代码的运行结果如下。

```
Started: elapsed time is 0
New loop started at time 3.01200008392334
New loop started at time 6.00600004196167
Ended: elapsed time is 9.234000205993652
```

animation-play-state 属性可以控制动画的状态（暂停/播放），该属性需要加上浏览器前缀。

```
element.style.webkitAnimationPlayState = "paused";
element.style.webkitAnimationPlayState = "running";
```

14.2 设 计 大 小

本节介绍如何获取元素的大小、视图大小和窗口大小。

14.2.1 使用 offsetWidth 和 offsetHeight

使用 offsetWidth 和 offsetHeight 属性可以获取元素的尺寸，其中 offsetWidth 表示元素在页面中所占据的总宽度，offsetHeight 表示元素在页面中所占据的总高度。

【示例】使用 offsetWidth 和 offsetHeight 属性获取元素大小。

```
<div style="height:200px;width:200px;">
   <div style="height:50%;width:50%;">
      <div style="height:50%;width:50%;">
         <div style="height:50%;width:50%;">
            <div id="div" style="height:50%;width:50%;border-style:solid;"></div>
         </div>
      </div>
   </div>
</div>
<script>
var div = document.getElementById("div");
var w = div.offsetWidth;                    //返回元素的总宽度
var h = div.offsetHeight;                   //返回元素的总高度
</script>
```

📢 提示：

上面示例在怪异模式和标准模式的浏览器中解析结果差异很大，其中怪异模式解析返回宽度为 21 像素，高度为 21 像素、而在标准模式的浏览器中返回高度和宽度都为 19 像素。

🚗 注意：

offsetWidth 和 offsetHeight 是获取元素尺寸的最好方法，但是当元素隐藏显示时，即设置样式属性 display 的值为 none 时，offsetWidth 和 offsetHeight 属性返回值都为 0。

14.2.2 使用 scrollLeft 和 scrollTop

使用 scrollLeft 和 scrollTop 可以读写移出可视区域外面的宽度和高度，具体说明如下。

❧ scrollLeft：读写元素左侧已滚动的距离，即位于元素左边界与元素中当前可见内容的最左端之间的距离。

❧ scrollTop：读写元素顶部已滚动的距离，即位于元素顶部边界与元素中当前可见内容的最顶端之间的距离。

使用这两个属性可以确定滚动条的位置，或者获取当前滚动区域内容。

【示例】下面示例演示了如何设置和更直观地获取滚动外区域的尺寸。

```html
<textarea id="text" rows="5" cols="25" style="float:right;">
</textarea>
<div id="div" style="height:200px;width:200px;border:solid 50px red;padding:50px;
overflow:auto;">
    <div id="info" style="height:400px;width:400px;border:solid 1px blue;"></div>
</div>
<script>
var div = document.getElementById("div");
div.scrollLeft = 200;                       //设置盒子左边滚出区域宽度为 200 像素
div.scrollTop = 200;                        //设置盒子顶部滚出区域高度为 200 像素
var text = document.getElementById("text");
div.onscroll = function(){                   //注册滚动事件处理函数
    text.value = "scrollLeft = " + div.scrollLeft + "\n" +
                "scrollTop = " + div.scrollTop + "\n" +
                "scrollWidth = " + div.scrollWidth + "\n" +
                "scrollHeight = " + div.scrollHeight ;
}
</script>
```

演示效果如图 14.10 所示。

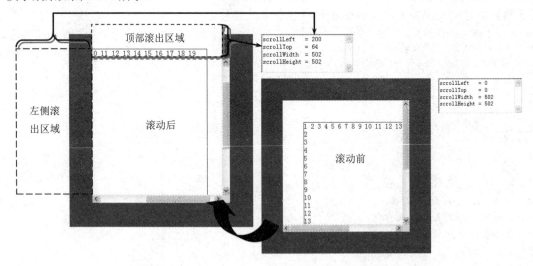

图 14.10　scrollLeft 和 scrollTop 属性指示区域示意图

14.2.3 获取元素大小

上一节介绍了 offsetWidth 和 offsetHeight 的用法，另外还可以使用下面 3 组属性获取元素的大小，说明如表 14.1 所示。

表 14.1　与元素尺寸相关的属性

元素尺寸属性	说　明
clientWidth	获取元素可视部分的宽度，即 CSS 的 width 和 padding 属性值之和，元素边框和滚动条不包括在内，也不包含任何可能的滚动区域
clientHeight	获取元素可视部分的高度，即 CSS 的 height 和 padding 属性值之和，元素边框和滚动条不包括在内，也不包含任何可能的滚动区域
offsetWidth	元素在页面中占据的宽度总和，包括 width、padding、border 以及滚动条的宽度
offsetHeight	元素在页面中占据的高度总和，包括 height、padding、border 以及滚动条的高度
scrollWidth	当元素设置了 overflow:visible 样式属性时，元素的总宽度，也称滚动宽度。在默认状态下，如果该属性值大于 clientWidth 属性值，则元素会显示滚动条，以便能够翻阅被隐藏的区域
scrollHeight	当元素设置了 overflow:visible 样式属性时，元素的总高度，也称滚动高度。在默认状态下，如果该属性值大于 clientHeight 属性值，则元素会显示滚动条，以便能够翻阅被隐藏的区域

【示例】设计一个简单的盒子，盒子的 height 值为 200 像素，width 值为 200 像素，边框显示为 50 像素，补白区域定义为 50 像素。内部包含信息框，其宽度设置为 400 像素，高度也设置为 400 像素，即定义盒子的内容区域为（400px,400px）。盒子演示效果如图 14.11 所示。

```
<div id="div" style="height:200px;width:200px;border:solid 50px red;
overflow:auto;padding:50px;">
    <div id="info" style="height:400px;width:400px;border:solid 1px blue;"></div>
</div>
```

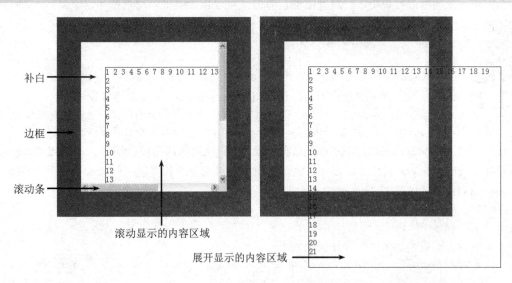

图 14.11　盒子模型及其相关构成区域

现在分别调用 offsetHeight、scrollHeight、clientHeight 属性，可以看到获取不同区域的高度，如图 14.12 所示。

```
var div = document.getElementById("div");
var hc = div.clientHeight;              //可视内容高度为 283 像素
var ho = div.offsetHeight;             //占据页面总高度为 400 像素
var hs = div.scrollHeight;             //展开滚动内容总高度为 452 像素
```

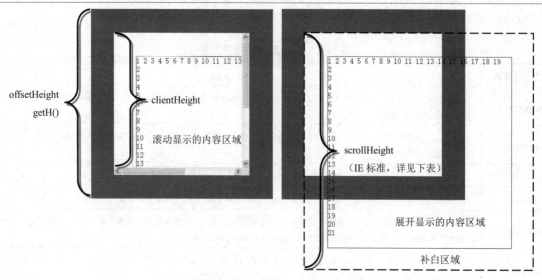

图 14.12　盒子模型不同区域的高度示意图

通过图 14.12，能够很直观地看出 offsetHeight、scrollHeight、clientHeight 这 3 个属性的不同，具体说明如下。

➥ clientHeight = padding-top + height + border-bottom-width – 滚动条的宽度

➥ offsetHeight = border-top-width + padding-top + height + padding-bottom + border-bottom-width

➥ scrollHeight = padding-top + 包含内容的完全高度 + padding-bottom

上面围绕元素高度进行说明，针对宽度的计算方式可以以此类推，这里就不再重复。

14.2.4　获取窗口大小

获取\<html\>标签的 clientWidth 和 clientHeight 属性，就可以知道浏览器窗口的可视宽度和高度，而\<html\>标签在脚本中表示为 document.documentElement。可以这样设计：

```
var w = document.documentElement.clientWidth;    //返回值不包含滚动条的宽度
var h = document.documentElement.clientHeight;   //返回值不包含滚动条的宽度
```

在怪异模式下，body 是最顶层的可视元素，而 html 元素保持隐藏，所以只有通过\<body\>标签的 clientWidth 和 clientHeight 属性才可以知道浏览器窗口的可视宽度和高度，而\<body\>标签在脚本中表示为 document.body。可以这样设计：

```
var w = document.body.clientWidth;
var h = document.body.clientHeight;
```

把上面两种方法兼容起来，则设计代码如下。

```
var w = document.documentElement.clientWidth || document.body.clientWidth;
var h = document.documentElement.clientHeight || document.body.clientHeight;
```

如果浏览器支持 documentElement，则使用 documentElement 对象读取；如果该对象不存在，则使用 body 对象读取。

如果窗口包含内容超出了窗口可视区域，则应该使用 scrollWidth 和 scrollHeight 属性来获取窗口的实际宽度和高度。

🚗 注意：

对于 document.documentElement 和 document.body 来说，不同浏览器对它们的支持略有差异。例如：

```
<body style="border:solid 2px blue;margin:0;padding:0">
```

```
    <div style="width:2000px;height:1000px;border:solid 1px red;">
</div>
</body>
<script>
var wb = document.body.scrollWidth;
var hb = document.body.scrollHeight;
var wh = document.documentElement.scrollWidth;
var hh = document.documentElement.scrollHeight;
</script>
```

不同的浏览器使用 documentElement 对象获取浏览器窗口的实际尺寸是一致的，但是使用 body 对象来获取对应尺寸就会存在解析差异，在实际设计中应该考虑这个问题。

14.3 设 计 位 置

本节介绍如何获取和设置元素的相对位置和绝对位置。

14.3.1 使用 offsetLeft 和 offsetTop

offsetLeft 和 offsetTop 属性返回当前元素的偏移位置。IE 怪异模式以父元素为参照进行偏移位置，DOM 标准模式以最近定位元素为参照进行偏移的位置。

【示例】下面示例是一个 3 层嵌套的结构，其中最外层 div 元素被定义为相对定位显示，在脚本中使用 console.log(box.offsetLeft);语句获取最内层 div 元素的偏移位置，IE 怪异模式返回值为 50 像素，而 DOM 标准模式返回值为 101 像素，效果如图 14.13 所示。

```
<style type="text/css">
div {width:200px; height:100px; border:solid 1px red; padding:50px;}
#wrap { position:relative; border-width:20px; }
</style>
<div id="wrap">
    <div id="sub">
        <div id="box"></div>
    </div>
</div>
```

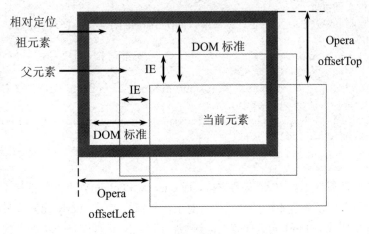

图 14.13　获取元素的位置示意图

14.3.2 使用 offsetParent

offsetParent 属性表示最近的上级定位元素。要获取相对父级元素的位置，可以先判断 offsetParent 属性是否指向父元素，如果是，则直接使用 offsetLeft 和 offsetTop 属性获取元素相对于父元素的距离；否则分别获得当前元素和父元素距离窗口的坐标，然后求差即可。

```javascript
// 获取指定元素距离父元素左上角的偏移坐标
// 参数：e 表示获取位置的元素
// 返回值：返回对象直接量，其中属性 x 表示 x 轴偏移距离，属性 y 表示 y 轴偏移距离
function getP(e){
    if(e.parentNode == e.offsetParent){ //判断 offsetParent 属性是否指向父级元素
        var x = e.offsetLeft;              //如果是，则直接读取 offsetLeft 属性值
        var y = e.offsetTop ;              //读取 offsetTop 属性值
    }
    else{                          //否则调用 getW()扩展函数获取父元素的偏移位置，并返回它们的差值
        var o = getPoint(e);
        var p = getPoint(e.parentNode);
        var x = o.x - p.x;
        var y = o.y - p.y;
    }
    return {                          //返回当前元素距离父元素的坐标
        "x" : x,
        "y" : y
    };
}
```

下面调用该扩展函数获取指定元素相对父元素的偏移坐标。

```javascript
var box = document.getElementById("box");
var o = getP(box);                    //调用扩展函数获取元素相对父元素的偏移坐标
console.log(o.x);                     //读取 x 轴坐标偏移值
console.log(o.y);                     //读取 y 轴坐标偏移值
```

14.3.3 获取指针的页面位置

使用事件对象的 pageX 和 pageY（兼容 Safari），或者 clientX 和 clientY（兼容 IE）属性，同时还需要配合 scrollLeft 和 scrollTop 属性，就可以计算出鼠标指针在页面中的位置。

```javascript
// 获取鼠标指针的页面位置
// 参数：e 表示当前事件对象；  返回值：返回鼠标相对页面的坐标，对象格式(x,y)
function getMP(e){
    var e = e || window.event;              //标准化事件对象
    return {
        x : e.pageX || e.clientX + (document.documentElement.scrollLeft ||
        document.body.scrollLeft),
        y : e.pageY ||  e.clientY + (document.documentElement.scrollTop ||
        document.body.scrollTop)
    }
}
```

pageX 和 pageY 事件属性不被 IE 浏览器支持，而 clientX 和 clientY 事件属性又不被 Safari 浏览器支持，因此可以混合使用它们以兼容不同的浏览器。对于怪异模式来说，body 元素代表页面区域，而 html 元素被隐藏，但是标准模式以 html 元素代表页面区域，而 body 元素仅是一个独立的页面元素，所以需要兼容这两种解析方式。

下面示例演示了如何调用上面扩展函数 getMP()捕获当前鼠标指针在文档中的位置，效果如图 14.14 所示。

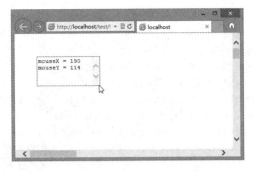

图 14.14　鼠标指针在页面中的位置

```
<body style="width:2000px;height:2000px;">
    <textarea id="t" cols="15" rows="4" style="position:fixed;left:50px;top:50px;"></textarea>
</body>
<script>
var t = document.getElementById("t");
document.onmousemove = function(e){
    var m = getMP(e);
    t.value ="mouseX = " + m.x + "\n" + "mouseY = " + m.y
}
</script>
```

14.3.4　获取指针的相对位置

使用 offsetX 和 offsetY，或者 layerX 和 layerY 可以获取鼠标指针相对定位包含框的偏移位置。如果使用 offsetLeft 和 offsetTop 属性获取元素在定位包含框中的偏移坐标，然后使用 layerX 属性值减去 offsetLeft 属性值，使用 layerY 属性值减去 offsetTop 属性值，即可得到鼠标指针在元素内部的位置。

```
//获取鼠标指针在元素内的位置
//参数：e 表示当前事件对象，o 表示当前元素；返回值：返回相对坐标对象
function getME(e, o){
    var e = e || window.event;
    return {
        x : e.offsetX || (e.layerX - o.offsetLeft),
        y : e.offsetY || (e.layerY - o.offsetTop)
    }
}
```

在实践中上面函数存在以下两个问题。

> ↘ Mozilla 类型和 Safari 浏览器以元素边框外壁的左上角为参照点。
> ↘ 其他浏览器则是以元素边框内壁的左上角为坐标原点。

考虑到边框对鼠标位置的影响，当元素边框很宽时，必须考虑如何消除边框对于鼠标位置的影响。但是，由于边框样式不同，它存在 3 像素的默认宽度，为获取元素的边框实际宽度带来了麻烦。需要设置更多的条件，来判断当前元素的边框宽度。

【示例】完善后的获取鼠标指针在元素内的位置扩展函数如下。

```
//完善获取鼠标指针在元素内的位置
//参数：e 表示当前事件对象，o 表示当前元素
```

```
//返回值：返回鼠标相对元素的坐标位置，其中 x 表示 x 轴偏移距离，y 表示 y 轴偏移距离
function getME(e, o){
    var e = e || window.event;
    //获取元素左侧边框的宽度
    //调用 getStyle()函数获取边框样式值，并尝试转换为数值，如果转换成功，则赋值
    //如果定义边框样式，且值不为 none，则说明边框宽度为默认值，即为 3 像素
    //如果没有定义边框样式，且宽度值为 auto，则说明边框宽度为 0
    var bl = parseInt(getStyle(o, "borderLeftWidth")) ||
        ((o.style.borderLeftStyle && o.style.borderLeftStyle != "none" )? 3 : 0);
    //获取元素顶部边框的宽度，设计思路与获取左侧边框方法相同
    var bt = parseInt(getStyle(o, "borderTopWidth")) ||
        ((o.style.borderTopStyle && o.style.borderTopStyle != "none" ) ? 3 : 0);
    var x = e.offsetX ||                             //一般浏览器下鼠标偏移值
        (e.layerX - o.offsetLeft - bl);
//兼容 Mozilla 类型浏览器，减去边框宽度
    var y = e.offsetY ||                             //一般浏览器下鼠标偏移值
        (e.layerY - o.offsetTop - bt);
//兼容 Mozilla 类型浏览器，减去边框宽度
    var u = navigator.userAgent;                     //获取浏览器的用户数据
    if( (u.indexOf("KHTML") > - 1) ||
        (u.indexOf("Konqueror") > - 1) ||
        (u.indexOf("AppleWebKit") > - 1)
    ){                                              //如果是 Safari 浏览器，则减去边框的影响
        x -= bl;
        y -= bt;
    }
    return {//返回兼容不同浏览器的鼠标位置对象，以元素边框内壁左上角为定位原点
        x : x,
        y : y
    }
}
```

演示效果如图 14.15 所示。

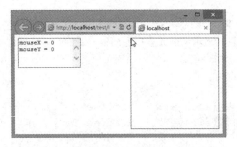

图 14.15　完善鼠标指针在元素内的定位

14.3.5　获取滚动条的位置

使用 scrollLeft 和 scrollTop 属性也可以获取窗口滚动条的位置。

```
//获取页面滚动条的位置
//参数：无；返回值：返回滚动条位置，其中 x 表示 x 轴偏移距离，y 表示 y 轴偏移距离
function getPS(){
    var h = document.documentElement;               //获取页面引用指针
    var x = self.pageXOffset ||                      //兼容早期浏览器
```

```
          (h && h.scrollLeft) ||              //兼容标准浏览器
          document.body.scrollLeft;           //兼容 IE 怪异模式
    var y = self.pageYOffset ||               //兼容早期浏览器
          (h && h.scrollTop) ||               //兼容标准浏览器
          document.body.scrollTop;            //兼容 IE 怪异模式
    return {
        x : x,
        y : y
    };
}
```

14.3.6 设置滚动条位置

使用 window 对象的 scrollTo(x, y)方法可以定位滚动条的位置,其中参数 x 可以定位页面内容在 x 轴方向上的偏移量, 参数 y 可以定位页面在 y 轴方向上的偏移量。

【示例】下面扩展函数能够把滚动条定位到指定的元素位置。其中调用了 getPoint ()扩展函数, 使用 getPoint()函数获取指定元素的页面位置, 该函数可以参考本节示例源代码。

```
//滚动到页面中指定的元素位置
//参数:指定的对象;返回值:无
function setPS(e){
    window.scrollTo(getPoint(e).x, getPoint(e).y);
}
```

14.4 设 计 显 隐

CSS 使用 visibility 和 display 属性控制元素显示或隐藏。visibility 和 display 属性各有优缺点,如果担心隐藏元素会破坏页面结构和页面布局,可以选用 visibility 属性。visibility 属性能够隐藏元素,但是会留下一块空白区域,影响页面视觉效果。如果不考虑布局问题,则可以考虑使用 display 属性。

14.4.1 显示和隐藏

使用 style.display 属性可以设计元素的显示和隐藏。恢复 style.display 属性的默认值,只需设置 style.display 属性值为空字符串(style.display = "")即可。

【示例】下面设计一个扩展函数,根据参数决定是否进行显示或隐藏。

```
//设置或切换元素的显示或隐藏
//参数:e 表示操作元素,b 为 ture 时,将显示元素 e;为 false 时,将隐藏元素 e
//如果省略参数 b,则根据元素 e 的显示状态进行显示或隐藏切换
function display(e, b){
    //如果第 2 个参数存在且不为布尔值,则抛出异常
    if(b && (typeof b != "boolean")) throw new Error("第 2 个参数应该是布尔值!");
    var c = getStyle(e, "display");       //获取当前元素的显示属性值
    (c != "none") && (e._display = c);    //记录元素的显示性质,并存储到元素的属性中
    e._display = e._display || "";        //如果没有定义显示性质,则赋值为空字符串
    if(b || (c == "none")){               //当第 2 个参数值为 true 或者元素隐藏时
        e.style.display = e._display;     //则将调用元素的_display 属性值恢复元素或显示元素
    }
    else{
        e.style.display = "none";         //否则隐藏元素
```

```
    }
  }
```

下面在页面中设置一个向右浮动的元素 p。连续调用 3 次 display()函数后，相当于隐藏元素，代码如下：

```
<p style="float:right; border:solid 1px red; width:100px;height:100px;">p1</p>
<script>
var p = document.getElementsByTagName("p")[0];
display(p);                                    //切换隐藏
display(p);                                    //切换显示
display(p);                                    //切换隐藏
</script>
```

按如下方式调用，则会显示元素。

```
display(p, true);                              //强制显示
```

14.4.2 半透明显示

设计元素的不透明度实现方法：IE 怪异模式支持 filters 滤镜集，DOM 标准浏览器支持 style.opacity 属性。它们的取值范围也不同，IE 的 filters 属性值范围为 0~100，其中 0 表示完全透明，100 表示不透明；DOM 标准的 style.opacity 属性值范围是 0~1，其中 0 表示完全透明，1 表示不透明。

【示例】为了兼容不同的浏览器，可以把设置元素透明度的功能进行函数封装。

```
//设置元素的透明度
//参数：e 表示要预设置的元素，n 表示一个数值，取值范围为 0~100，如果省略，则默认为 100，即不透明
//  显示元素
function setOpacity(e, n){
    var n = parseFloat(n);                     //把第 2 个参数转换为浮点数
    if(n && (n>100) || !n) n = 100;            //如果第 2 个参数大于 100，或者不存在，则设置为 100
    if(n && (n<0))  n = 0;                     //如果第 2 个参数存在且小于 0，则设置为 0
    if (e.filters){                            //兼容 IE 浏览器
        e.style.filter = "alpha(opacity = " + n + ")";
    } else{                                    //兼容 DOM 标准
        e.style.opacity = n / 100;
    }
}
```

📢 提示：

在获取元素的透明度时，应注意在 IE 浏览器中不能够直接通过属性读取，而应借助 filters 集合的 item()方法获取 Alpha 对象，然后读取它的 opacity 属性值。

14.5 设 计 动 画

JavaScript 动画主要利用定时器（setTimeout 和 setInterval）来实现。设计思路：通过循环改变元素的某个 CSS 样式属性，从而达到动态效果，如移动位置、缩放大小、渐隐渐显等。

14.5.1 移动动画

移动动画主要通过动态修改元素的坐标来实现。技术要点如下。

➥ 考虑元素的初始坐标、终点坐标，以及移动坐标等定位要素。

➥ 移动速度、频率等问题可以借助定时器来实现。但效果的模拟涉及算法问题，不同的算法，可能

会设计出不同的移动效果，如匀速运动、加速和减速运动。

【示例】下面示例演示了如何设计一个简单的元素移动效果。通过指向元素、移动的位置，以及移动的步数，可以设计按一定的速度把元素从当前位置移动到指定的位置。本示例引用前面介绍的 getB() 方法，该方法能够获取当前元素的绝对定位坐标值。

```
//简单的移动函数
//参数：e 表示元素，x 和 y 表示要移动的终点坐标，t 表示元素移动的步数
function slide(e, x, y, t){
    var t = t || 100;                        //初始化步数，步数越大，速度越慢，移动越逼真
    var o = getB(e);                         //当前元素的绝对定位坐标值
    var x0 = o.x;
    var y0 = o.y;
    var stepx = Math.round((x - x0) / t);
    //计算 x 轴每次移动的步长，由于像素点不可用小数，所以会存在一定的误差
    var stepy = Math.round((y - y0) / t);    //计算 y 轴每次移动的步长
    var out = setInterval(function(){        //设计定时器
        var o = getB(e);                     //获取每次移动后的绝对定位坐标值
        var x0 = o.x;
        var y0 = o.y;
        e.style["left"] = (x0 + stepx) + 'px';//定位每次移动的位置
        e.style["top"] = (y0 + stepy) + 'px'; //定位每次移动的位置
        //如果距离终点距离小于步长，则停止循环并校正最终坐标位置
        if (Math.abs(x - x0) <= Math.abs(stepx) || Math.abs(y - y0) <= Math.abs(stepy)) {
            e.style["left"] = x + 'px';
            e.style["top"] = y + 'px';
            clearTimeout(out);
        };
    }, 2)
};
```

使用时应该定义元素绝对定位或相对定位显示状态，否则移动无效。在网页动画设计中，一般都使用这种定位移动的方式来实现。

```
<style type="text/css">
.block {width:20px; height:20px; position:absolute; left:200px;
top:200px; background-color:red; }
</style>
<div class="block" id="block1"></div>
<script>
temp1 = document.getElementById('block1');
slide(temp1, 400, 400,60);
</script>
```

14.5.2 渐隐渐显

渐隐渐显效果主要通过动态修改元素的透明度来实现。

【示例】下面示例实现一个简单的渐隐渐显动画效果。

```
//渐隐渐显动画显示函数
//参数：e 表示元素，t 表示速度，值越大速度越慢，
//io 表示显方式，true 表示渐显，false 表示渐隐
function fade(e, t, io){
    var t = t || 10;                              //初始化渐隐渐显速度
```

```
    if(io){ var i = 0; }                          //初始化渐隐渐显方式
    else{ var i = 100; }
    var out = setInterval(function(){             //设计定时器
        setOpacity(e, i);                         //调用 setOpacity()函数
        if(io) {                                  //根据渐隐或渐显方式决定执行效果
            i ++ ;
            if(i >= 100)  clearTimeout(out);
        } else{
            i-- ;
            if(i <= 0)  clearTimeout(out);
        }
    }, t);
}
```

下面调用该函数：

```
<style type="text/css">
.block {width:200px; height:200px; background-color:red; }
</style>
<div class="block" id="block1"></div>
<script>
e = document.getElementById('block1');
fade(e,50,true);                                  //应用渐隐渐显动画效果
</script>
```

14.6　案　例　实　战

14.6.1　设计缓动动画

Tween 表示缓动的意思，用来描述现实生活中各种真实运动的效果，如加速、减速、弹跳、助力跑、碰撞等。目前，Tween 已经成为算法实践的一个重要分支，在 Web 开发中大量应用。本节将详细讲解 Tween 算法设计的基础和 JavaScript 实现的基本方法。详细内容可以扫码阅读。

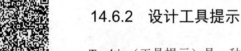

14.6.2　设计工具提示

Tooltip（工具提示）是一种比较实用的 JavaScript 应用。当为一个元素（一般为超链接 a 元素）定义 title 属性时，会在鼠标经过时显示提示信息，这些提示能够详细描绘经过对象的包含信息，这对于超链接（特别是图像式超链接）非常有用。详细内容请扫码阅读。

14.7　在　线　学　习

本节为线上继续学习入口，通过扫码读者可以进行巩固练习、补充知识、获取参考资料、拓展阅读。

第 15 章　脚本化 HTTP

2005 年 2 月，Ajax 第一次正式出现，从此以后 Ajax 成为 JavaScript 脚本发起 HTTP 通信的代名词。2006 年 W3C 发布了 Ajax 标准，Ajax 技术开始快速普及。Ajax 是 Web 2.0 时代的标志，推动 Web 开发技术向纵深发展。

【学习要点】
- ↘ 了解 Ajax 基础知识。
- ↘ 正确使用 XMLHttpRequest。
- ↘ 设计简单的异步交互应用。

15.1　XMLHttpRequest 基础

XMLHttpRequest 是客户端的一个 API，它为浏览器与服务器通信提供了一个便捷通道。现代浏览器都支持 XMLHttpRequest API，如 IE7+、Firefox、Chrome、Safari 和 Opera。

15.1.1　创建 XMLHttpRequest 对象

XMLHttpRequest 用于在后台与服务器交换数据。创建 XMLHttpRequest 对象的方法如下：

```
var xhr = new XMLHttpRequest();
```

📢 提示：

IE5.0 版本开始以 ActiveX 组件形式支持 XMLHttpRequest，IE7.0 版本开始支持标准化 XMLHttpRequest。不过所有浏览器实现的 XMLHttpRequest 对象都提供相同的接口和用法。

【示例】下面示例使用工厂模式把定义 XMLHttpRequest 对象进行封装，这样只要调用 createXHR() 方法就可以返回一个 XMLHttpRequest 对象。

```
//创建 XMLHttpRequest 对象
//参数：无；返回值：XMLHttpRequest 对象
function createXHR(){
    var XHR = [//兼容不同浏览器和版本的创建函数数组
        function () {return new XMLHttpRequest()},
        function () {return new ActiveXObject("Msxml2.XMLHTTP")},
        function () {return new ActiveXObject("Msxml3.XMLHTTP")},
        function () {return new ActiveXObject("Microsoft.XMLHTTP")}
    ];
    var xhr = null;
    //尝试调用函数，如果成功则返回 XMLHttpRequest 对象，否则继续尝试
    for (var i = 0; i < XHR.length; i ++ ){
        try{
            xhr = XHR[i]();
        }catch (e){
            continue                        //如果发生异常，则继续下一个函数调用
        }
        break;                              //如果成功，则中止循环
    }
```

```
return xhr;                               //返回对象实例
}
```

在上面代码中，首先定义一个数组，收集各种创建 XMLHttpRequest 对象的函数。第 1 个函数是标准用法，其他函数主要针对 IE 浏览器的不同版本尝试创建 ActiveX 对象。然后设置变量 xhr 为 null，表示为空对象。接着遍历工厂内所有函数并尝试执行它们，为了避免发生异常，把所有调用函数放在 try 中执行，如果发生错误，则在 catch 中捕获异常并执行 continue 命令，返回继续执行，避免抛出异常。如果创建成功，则中止循环，返回 XMLHttpRequest 对象。

15.1.2 建立连接

使用 XMLHttpRequest 对象的 open()方法可以建立一个 HTTP 请求。用法如下：

```
xhr.open(method, url, async, username, password);
```

其中 xhr 表示 XMLHttpRequest 对象，open()方法包含 5 个参数，简单说明如下。

- method：HTTP 请求方法，必须参数，值包括 POST、GET 和 HEAD，大小写不敏感。
- url：请求的 URL 字符串，必须参数，大部分浏览器仅支持同源请求。
- async：指定请求是否为异步方式，默认为 true。如果为 false，当状态改变时会立即调用 onreadystatechange 属性指定的回调函数。
- username：可选参数，如果服务器需要验证，该参数指定用户名，如果未指定，当服务器需要验证时，会弹出验证窗口。
- password：可选参数，验证信息中的密码部分，如果用户名为空，则该值将被忽略。

建立连接后，可以使用 send()方法发送请求。用法如下：

```
xhr.send(body);
```

参数 body 表示将通过该请求发送的数据，如果不传递信息，可以设置为 null 或者省略。

发送请求后，可以使用 XMLHttpRequest 对象的 responseBody、responseStream、responseText 或 responseXML 属性等待接收响应数据。

【示例】下面示例简单演示了如何实现异步通信的方法。

```
var xhr = createXHR();                        //实例化 XMLHttpRequest 对象
xhr.open("GET","server.txt", false);          //建立连接，要求同步响应
xhr.send(null);                               //发送请求
console.log(xhr.responseText);                //接收数据
```

在服务器端文件（server.txt）中输入下面的字符串。

```
Hello World                                   //服务器端脚本
```

在浏览器控制台会显示"Hello World"的提示信息。该字符串是从服务器端响应的字符串。

15.1.3 发送 GET 请求

发送 GET 请求简单、方便，适用于简单字符串，不适用于大容量或加密数据。实现方法：将包含查询字符串的 URL 传入 open()方法，设置第 1 个参数值为 GET 即可。服务器能够通过查询字符串接收用户信息。

【示例】下面示例以 GET 方式向服务器传递一条信息 callback=functionName。

```
<input name="submit" type="button" id="submit" value="向服务器发出请求"/>
<script>
window.onload = function(){                              //页面初始化
    var b = document.getElementsByTagName("input")[0];
    b.onclick = function(){
        var url = "server.php?callback=functionName" //设置查询字符串
```

```
          var xhr = createXHR();              //实例化 XMLHttpRequest 对象
          xhr.open("GET",url, false);         //建立连接，要求同步响应
          xhr.send(null);                     //发送请求
          console.log(xhr.responseText);      //接收数据
     }
}
</script>
```

在服务器端文件（server.php）中输入下面的代码，获取查询字符串中 callback 的参数值，并把该值响应给客户端。

```php
<?php
echo $_GET["callback"];
?>
```

在浏览器中预览页面，当单击提交按钮时，在控制台显示传递的参数值。

📢 提示：

查询字符串通过问号（?）作为前缀附加在 URL 的末尾，发送数据是以连字符（&）连接的一个或多个名值对。

15.1.4　发送 POST 请求

POST 请求允许发送任意类型、长度的数据，多用于表单提交，以 send()方法进行传递，而不以查询字符串的方式进行传递。POST 字符串与 GET 字符串的格式相同，格式如下：

```
send("name1=value1&name2=value2…");
```

【示例】以上节示例为例，使用 POST 方法向服务器传递数据。

```
window.onload = function(){               //页面初始化
    var b = document.getElementsByTagName("input")[0];
    b.onclick = function(){
        var url = "server.php"              //设置请求的地址
        var xhr = createXHR();              //实例化 XMLHttpRequest 对象
        xhr.open("POST",url, false);        //建立连接，要求同步响应
        xhr.setRequestHeader('Content-type','application/x-www-form-urlencoded');
                                            //设置为表单方式提交
        xhr.send("callback=functionName");  //发送请求
        console.log(xhr.responseText);      //接收数据
    }
}
```

在 open()方法中，设置第一个参数为 POST，然后使用 setRequestHeader()方法设置请求消息的内容类型为"application/x-www-form-urlencoded"，它表示传递的是表单值，一般使用 POST 发送请求时都必须设置该选项，否则服务器无法识别传递过来的数据。

在服务器端设计接收 POST 方式传递的数据，并进行响应。

```php
<?php
echo $_POST["callback"];
?>
```

15.1.5　串行格式化数据

GET 和 POST 方法都是以名值对的字符串格式发送数据的。

1．对象信息

下面是一个包含 3 个名值对的 JSON 类型数据。

```
{ user:"ccs8", pass: "123456", email: "css8@mysite.cn" }
```

将 JSON 数据转换为串行格式化显示如下。

```
'user="ccs8"&pass="123456"&email="css8@mysite.cn"'
```

2. 数组信息

下面是一组有序 JSON 信息，包含多个值。

```
[{ name:"user", value:"css8" }, { name:"pass", value:"123456" },{ name:"email",
value:"css8@mysite.cn" }]
```

将上面数据转换为串行格式显示如下。

```
'user="ccs8"& pass="123456"& email="css8@mysite.cn"'
```

【示例】为了方便开发，下面定义一个工具函数，该函数能够把数据转换为串行格式化字符串并返回。

```
//把 JSON 数据转换为串行字符串
//参数：data 表示数组或对象类型数据；返回值：串行字符串
function JSONtoString(data){
    var a = [];                              //临时数组
    if( data.constructor == Array){          //处理数组
        for(var i = 0; i < data.length; i++){
            a.push(data[i].name + "=" + encodeURIComponent(data[i].value));
        }
    } else{                                  //处理对象
        for(var i in data){
            a.push(i + "=" + encodeURIComponent(data[i]));
        }
    }
    return a.join("&");                      //把数组转换为串行字符串，并返回
}
```

15.1.6　异步响应状态

使用 readyState 属性可以实时跟踪异步响应状态。当该属性值发生变化时，会触发 readystatechange 事件，调用绑定的回调函数。readyState 属性值说明如表 15.1 所示。

表 15.1　readyState 属性值

返回值	说　　明
0	未初始化。表示对象已经建立，但是尚未初始化，尚未调用 open()方法
1	初始化。表示对象已经建立，尚未调用 send()方法
2	发送数据。表示 send()方法已经调用，但是当前的状态及 HTTP 头未知
3	数据传送中。已经接收部分数据，因为响应及 HTTP 头不全，这时通过 responseBody 和 responseText 获取部分数据会出现错误
4	完成。数据接收完毕，此时可以通过 responseBody 和 responseText 获取完整的响应数据

如果 readyState 属性值为 4，则说明响应完毕，那么就可以安全地读取响应的数据。

注意：

考虑到各种特殊情况，更安全的方法是同时监测 HTTP 状态码，只有当 HTTP 状态码为 200 时，才说明 HTTP 响应顺利完成。

【示例】以上节示例为例，修改请求为异步响应请求，然后通过 status 属性获取当前的 HTTP 状态码。如果 readyState 属性值为 4，且 status（状态码）属性值为 200，则说明 HTTP 请求和响应过程顺

利完成，这时可以安全、异步地读取数据。

```
window.onload = function(){                                    //页面初始化
    var b = document.getElementsByTagName("input")[0];
    b.onclick = function(){
        var url = "server.php"                               //设置请求的地址
        var xhr = createXHR();                               //实例化 XMLHttpRequest 对象
        xhr.open("POST", url, true);                         //建立连接，要求异步响应
        xhr.setRequestHeader('Content-type','application/x-www-form-urlencoded');
                                                             //设置为表单方式提交
        xhr.onreadystatechange = function(){                 //绑定响应状态事件监听函数
            if(xhr.readyState == 4){                         //监听 readyState 状态
                if (xhr.status == 200 || xhr.status == 0){   //监听 HTTP 状态码
                    console.log(xhr.responseText);           //接收数据
                }
            }
        }
        xhr.send("callback=functionName");                   //发送请求
    }
}
```

15.1.7 中止请求

使用 abort()方法可以中止正在进行的请求。用法如下：

```
xhr.onreadystatechange = function(){};                       //清理事件响应函数
xhr.abort();                                                 //中止请求
```

📢 提示：

在调用 abort()方法前，应先清除 onreadystatechange 事件处理函数，因为 IE 和 Mozilla 在请求中止后也会激活这个事件处理函数。如果给 onreadystatechange 属性设置为 null，则 IE 会发生异常，所以可以为它设置一个空函数。

15.1.8 获取 XML 数据

XMLHttpRequest 对象通过 responseText、responseBody、responseStream 或 responseXML 属性获取响应信息，说明如表 15.2 所示，它们都是只读属性。

表 15.2　XMLHttpRequest 对象响应信息属性

响 应 信 息	说 　　明
responseBody	将响应信息正文以 Unsigned Byte 数组形式返回
responseStream	以 ADO Stream 对象的形式返回响应信息
responseText	将响应信息作为字符串返回
responseXML	将响应信息格式化为 XML 文档格式返回

在实际应用中，一般将格式设置为 XML、HTML、JSON 或其他纯文本格式。具体使用哪种响应格式，可以参考下面几条原则。

- ➥ 如果向页面中添加大块数据，选择 HTML 格式会比较方便。
- ➥ 如果需要协作开发，且项目庞杂，选择 XML 格式会更通用。
- ➥ 如果要检索复杂的数据，且结构复杂，那么选择 JSON 格式更加轻便。

【示例 1】在服务器端创建一个简单的 XML 文档。

```
<?xml version="1.0" encoding="utf-8"?>
<the>XML 数据</the >
```

然后，在客户端进行如下请求。

```
<input name="submit" type="button" id="submit" value="向服务器发出请求" />
<script>
window.onload = function(){                        //页面初始化
    var b = document.getElementsByTagName("input")[0];
    b.onclick = function(){
        var xhr = createXHR();                     //实例化 XMLHttpRequest 对象
        xhr.open("GET","server.xml", true);        //建立连接，要求异步响应
        xhr.onreadystatechange = function(){//绑定响应状态事件监听函数
            if(xhr.readyState == 4){               //监听 readyState 状态
                if (xhr.status == 200 || xhr.status == 0){    //监听 HTTP 状态码
                    var info = xhr.responseXML;
                    console.log(info.getElementsByTagName("the")[0].firstChild.data);
                                                   //返回元信息字符串"XML 数据"
                }
            }
        }
        xhr.send();                                //发送请求
    }
}
</script>
```

在上面代码中，使用 XML DOM 的 getElementsByTagName()方法获取 the 节点，然后再定位第一个 the 节点的子节点内容。此时如果继续使用 responseText 属性来读取数据，则会返回 XML 源代码字符串。

【示例 2】以示例 1 为例，使用服务器端脚本生成 XML 结构数据。

```
<?php
header('Content-Type: text/xml;');
echo '<?xml version="1.0" encoding="utf-8"?><the>XML 数据</the >';    //输出 XML
?>
```

15.1.9　获取 HTML 字符串

设计响应信息为 HTML 字符串，然后使用 innerHTML 把获取的字符串插入到网页中。

【示例】在服务器端设计响应信息为 HTML 结构代码。

```
<table border="1" width="100%">
    <tr><td>RegExp.exec()</td><td>通用的匹配模式</td></tr>
    <tr><td>RegExp.test()</td><td>检测一个字符串是否匹配某个模式</td></tr>
</table>
```

然后在客户端可以这样接收响应信息。

```
<input name="submit" type="button" id="submit" value="向服务器发出请求"/>
<div id="grid"></div>
<script>
window.onload = function(){                        //页面初始化
    var b = document.getElementsByTagName("input")[0];
    b.onclick = function(){
        var xhr = createXHR();                     //实例化 XMLHttpRequest 对象
        xhr.open("GET","server.html", true);       //建立连接，要求异步响应
        xhr.onreadystatechange = function(){       //绑定响应状态事件监听函数
            if(xhr.readyState == 4){               //监听 readyState 状态
                if (xhr.status == 200 || xhr.status == 0){    //监听 HTTP 状态码
                    var o = document.getElementById("grid");
```

```
                o.innerHTML = xhr.responseText;        //直接插入到页面中
            }
        }
    }
    xhr.send();                                        //发送请求
    }
}
</script>
```

☞ 注意:

在某些情况下，HTML 字符串可能为客户端解析响应信息节省了一些 JavaScript 脚本，但是也带来了一些问题。

❥ 响应信息中包含大量无用的字符，响应数据会变得很臃肿。因为 HTML 标记不含有信息，完全可以把它们放置在客户端，由 JavaScript 脚本负责生成。

❥ 响应信息中包含的 HTML 结构无法有效利用，对于 JavaScript 脚本来说，它们仅仅是一堆字符串。同时结构和信息混合在一起，也不符合标准化设计原则。

15.1.10 获取 JavaScript 脚本

设计响应信息为 JavaScript 代码，与 JSON 数据不同，它是可执行的命令或脚本。

【示例】在服务器端请求文件中包含下面一个函数。

```
function(){
    var d = new Date()
    return d.toString();
}
```

然后在客户端执行下面的请求。

```
<input name="submit" type="button" id="submit" value="向服务器发出请求" />
<script>
window.onload = function(){                  //页面初始化
    var b = document.getElementsByTagName("input")[0];
    b.onclick = function(){
        var xhr = createXHR();               //实例化 XMLHttpRequest 对象
        xhr.open("GET","server.js", true);   //建立连接，要求异步响应
        xhr.onreadystatechange = function(){//绑定响应状态事件监听函数
            if(xhr.readyState == 4){         //监听 readyState 状态
                if (xhr.status == 200 || xhr.status == 0){ //监听 HTTP 状态码
                    var info = xhr.responseText;
                    var o = eval("("+info+")" + "()");     //用 eval()把字符串转换为脚本
                    console.log(o);          //返回客户端当前日期
                }
            }
        }
        xhr.send();                          //发送请求
    }
}
</script>
```

☞ 注意:

使用 eval()方法时，在字符串前后附加两个小括号：一个是包含函数结构体的，一个是表示调用函数的。不建议直接使用 JavaScript 代码作为响应格式，因为它不能传递更丰富的信息，同时 JavaScript 脚本极易引发安全隐患。

15.1.11 获取 JSON 数据

使用 responseText 可以获取 JSON 格式的字符串，然后使用 eval()方法将其解析为本地

JavaScript 脚本，再从该数据对象中读取信息。

【示例】在服务器端请求文件中包含下面 JSON 数据。

```
{user:"ccs8",pass: "123456",email:"css8@mysite.cn"}
```

然后在客户端执行下面的请求。把返回 JSON 字符串转换为对象，然后读取属性值。

```
<input name="submit" type="button" id="submit" value="向服务器发出请求" />
<script>
window.onload = function(){                    //页面初始化
    var b = document.getElementsByTagName("input")[0];
    b.onclick = function(){
        var xhr = createXHR();                  //实例化 XMLHttpRequest 对象
        xhr.open("GET","server.js", true);      //建立连接，要求异步响应
        xhr.onreadystatechange = function(){//绑定响应状态事件监听函数
            if(xhr.readyState == 4){            //监听 readyState 状态
                if (xhr.status == 200 || xhr.status == 0){   //监听 HTTP 状态码
                    var info = xhr.responseText;
                    var o = eval("("+info+")");//调用 eval()把字符串转换为本地脚本
                    console.log(info);          //显示 JSON 对象字符串
                    console.log(o.user);        //读取对象属性值，返回字符串"css8"
                }
            }
        }
        xhr.send();                             //发送请求
    }
}
</script>
```

🚗 注意:

eval()方法在解析 JSON 字符串时存在安全隐患。如果 JSON 字符串中包含恶意代码，在调用回调函数时可能会被执行。解决方法：先对 JSON 字符串进行过滤，屏蔽掉敏感或恶意代码。也可以访问 http://www.json.org/json2.js 下载 JavaScript 版本解析程序。不过，如果确信所响应的 JSON 字符串是安全的，没有被人恶意攻击，那么可以使用 eval()方法解析 JSON 字符串。

15.1.12　获取纯文本

对于简短的信息，可以使用纯文本格式进行响应。但是纯文本信息在传输过程中容易丢失，且没有办法检测信息的完整性。

【示例】服务器端响应信息为字符串"true"，则可以在客户端这样设计。

```
var xhr = createXHR();                        //实例化 XMLHttpRequest 对象
xhr.open("GET","server.txt", true);           //建立连接，要求异步响应
xhr.onreadystatechange = function(){          //绑定响应状态事件监听函数
    if(xhr.readyState == 4){                   //监听 readyState 状态
        if (xhr.status == 200 || xhr.status == 0){   //监听 HTTP 状态码
            var info = xhr.responseText;
            if(info == "true") console.log("文本信息传输完整"); //检测信息是否完整
            else  console.log("文本信息可能存在丢失");
        }
    }
}
xhr.send();                                    //发送请求
```

15.1.13 获取和设置头部消息

HTTP 请求和响应都包含一组头部消息，获取和设置头部消息可以使用下面两个方法。

➥ getAllResponseHeaders()：获取响应的 HTTP 头部消息。

➥ getResponseHeader("Header-name")：获取指定的 HTTP 头部消息。

【示例】下面示例将获取 HTTP 响应的所有头部消息。

```
var xhr = createXHR();
var url = "server.txt";
xhr.open("GET", url, true);
xhr.onreadystatechange = function (){
    if (xhr.readyState == 4 && xhr.status == 200) {
        console.log(xhr.getAllResponseHeaders());    //获取头部消息
    }
}
xhr.send(null);
```

如果要获取指定的某个头部消息，可以使用 getResponseHeader()方法，参数为获取头部的名称。例如，获取 Content-Type 头部的值，可以这样设计。

```
console.log(xhr.getResponseHeader("Content-Type"));
```

除了可以获取这些头部消息外，还可以使用 setRequestHeader()方法在发送请求中设置各种头部消息。用法如下：

```
xhr.setRequestHeader("Header-name", "value");
```

其中 Header-name 表示头部消息的名称，value 表示消息的具体值。例如，使用 POST 方法传递表单数据，可以设置如下头部消息。

```
xhr.setRequestHeader("Content-type", "application/x-www-form-urlencoded");
```

15.1.14 认识 XMLHttpRequest 2.0

XMLHttpRequest 1.0 API 存在以下缺陷。

➥ 只支持文本数据的传送，无法用来读取和上传二进制文件。

➥ 传送和接收数据时，没有进度信息，只能提示有没有完成。

➥ 受到同域限制，只能向同一域名的服务器请求数据。

2014 年 11 月 W3C 正式发布 XMLHttpRequest Level 2（http://www.w3.org/TR/XMLHttpRequest2/）标准规范，新增了很多实用功能，推动异步交互在 JavaScript 中的应用。简单说明如下。

➥ 可以设置 HTTP 请求的时限。

➥ 可以使用 FormData 对象管理表单数据。

➥ 可以上传文件。

➥ 可以请求不同域名下的数据（跨域请求）。

➥ 可以获取服务器端的二进制数据。

➥ 可以获得数据传输的进度信息。

15.1.15 请求时限

XMLHttpRequest 2.0 为 XMLHttpRequest 对象新增 timeout 属性，使用该属性可以设置 HTTP 请求时限。

```
xhr.timeout = 3000;
```

上面语句将异步请求的最长等待时间设为 3000 毫秒。超过时限，就自动停止 HTTP 请求。

与之配套的还有一个 timeout 事件，用来指定回调函数。

```
xhr.ontimeout = function(event){
    console.log('请求超时！');
}
```

15.1.16　FormData 数据对象

XMLHttpRequest 2.0 新增 FormData 对象，使用它可以处理表单数据。

【操作步骤】

第 1 步，新建 FormData 对象。

```
var formData = new FormData();
```

第 2 步，为 FormData 对象添加表单项。

```
formData.append('user', '张三');
formData.append('pass', 123456);
```

第 3 步，直接传送 FormData 对象。

```
xhr.send(formData);
```

第 4 步，FormData 对象也可以直接获取网页表单的值。

```
var form = document.getElementById('myform');
var formData = new FormData(form);
formData.append('grade', '2');                //添加一个表单项
xhr.open('POST', form.action);
xhr.send(formData);
```

15.1.17　上传文件

新版 XMLHttpRequest 对象不仅可以发送文本信息，还可以上传文件。使用 send()方法可以发送字符串、Document 对象、表单数据、Blob 对象、文件和 ArrayBuffer 对象。

【示例】设计一个"选择文件"的表单元素（input[type="file"]），并将它装入 FormData 对象。

```
var formData = new FormData();
for (var i = 0; i < files.length;i++) {
    formData.append('files[]', files[i]);
}
```

然后，发送 FormData 对象给服务器。

```
xhr.send(formData);
```

15.1.18　跨域访问

XMLHttpRequest 2.0 版本允许向不同域名的服务器发出 HTTP 请求。使用跨域资源共享的前提是：浏览器必须支持这个功能，且服务器端必须同意这种跨域。如果能同时满足上面两个条件，则代码的写法与不跨域的请求完全一样。例如：

```
var xhr = createXHR();
var url = 'http://other.server/and/path/to/script';      // 请求的跨域文件
xhr.open('GET', url, true);
xhr.onreadystatechange = function (){
    if ( xhr.readyState == 4 && xhr.status == 200){
        console.log(xhr.responseText);
```

```
    }
}
xhr.send();
```

15.1.19　响应不同类型数据

新版本的 XMLHttpRequest 对象新增 responseType 和 response 属性。

➦ responseType：用于指定服务器端返回数据的数据类型，可用值为 text、arraybuffer、blob、json 或 document。如果将属性值指定为空字符串值或不使用该属性，则该属性值默认为 text。

➦ response：如果向服务器端提交请求成功，则返回响应的数据。

↷ 如果 reaponseType 为 text，则 reaponse 返回值为一串字符串。

↷ 如果 reaponseType 为 arraybuffer，则 reaponse 返回值为一个 ArrayBuffer 对象。

↷ 如果 reaponseType 为 blob，则 reaponse 返回值为一个 Blob 对象。

↷ 如果 reaponseType 为 json，则 reaponse 返回值为一个 JSON 对象。

↷ 如果 reaponseType 为 document，则 reaponse 返回值为一个 Document 对象。

15.1.20　接收二进制数据

XMLHttpRequest 1.0 版本只能从服务器接收文本数据，新版则可以接收二进制数据。使用新增的 responseType 属性，可以从服务器接收二进制数据。

➦ 可以把 responseType 设为 blob，表示服务器传回的是二进制对象。

```
var xhr = new XMLHttpRequest();
xhr.open('GET', '/path/to/image.png');
xhr.responseType = 'blob';
```

接收数据的时候，用浏览器自带的 Blob 对象即可。

```
var blob = new Blob([xhr.response], {type: 'image/png'});
```

🚗 注意：

是读取 xhr.response，而不是 xhr.responseText。

➦ 可以将 responseType 设为 arraybuffer，把二进制数据装在一个数组里。

```
var xhr = new XMLHttpRequest();
xhr.open('GET', '/path/to/image.png');
xhr.responseType = "arraybuffer";
```

接收数据的时候，需要遍历这个数组。

```
var arrayBuffer = xhr.response;
if (arrayBuffer) {
    var byteArray = new Uint8Array(arrayBuffer);
    for (var i = 0; i < byteArray.byteLength; i++){
        //执行代码
    }
}
```

15.1.21　监测数据传输进度

新版本的 XMLHttpRequest 对象新增一个 progress 事件，用来返回进度信息。它分成上传和下载两种情况。下载的 progress 事件属于 XMLHttpRequest 对象，上传的 progress 事件属于 XMLHttpRequest.upload 对象。

【操作步骤】

第 1 步，先定义 progress 事件的回调函数。

```
xhr.onprogress = updateProgress;
xhr.upload.onprogress = updateProgress;
```

第 2 步，在回调函数里面，使用这个事件的一些属性。

```
function updateProgress(event) {
    if (event.lengthComputable) {
        var percentComplete = event.loaded / event.total;
    }
}
```

上面的代码中，event.total 是需要传输的总字节，event.loaded 是已经传输的字节。如果 event.lengthComputable 不为真，则 event.total 等于 0。

与 progress 事件相关的，还有其他 5 个事件，可以分别指定回调函数。

- load：传输成功完成。
- abort：传输被用户取消。
- error：传输中出现错误。
- loadstart：传输开始。
- loadEnd：传输结束，但是不知道成功还是失败。

15.2　案　例　实　战

本节示例以 Windows +Apache + PHP 组合为基础进行演示说明。

15.2.1　接收 ArrayBuffer 对象

当 XMLHttpRequest 对象的 responseType 属性设置为 arraybuffer 时，服务器端响应数据将是一个 ArrayBuffer 对象。

目前，Firefox 8+、Opera 11.64+、Chrome 10+、Safari 5+和 IE10+版本浏览器支持将 XMLHttpRequest 对象的 responseType 属性值指定为 arraybuffer。

【示例】下面示例设计在页面中显示一个"下载图片"按钮和一个"显示图片"按钮，单击"下载图片"按钮时，从服务器端下载一幅图片的二进制数据，在得到服务器端响应后创建一个 Blob 对象，并将该图片的二进制数据追加到 Blob 对象中，使用 FileReader 对象的 readAsDataURL()方法将 Blob 对象中保存的原始二进制数据读取为 DataURL 格式的 URL 字符串，然后将其保存在 IndexDB 数据库中。单击"显示图片"按钮时，从 IndexDB 数据库中读取该图片的 DataURL 格式的 URL 字符串，创建一个 img 元素，然后将该 URL 字符串设置为 img 元素的 src 属性值，在页面上显示该图片。

```
<script>
window.indexedDB = window.indexedDB || window.webkitIndexedDB ||
window.mozIndexedDB || window.msIndexedDB;
window.IDBTransaction = window.IDBTransaction ||
window.webkitIDBTransaction || window.msIDBTransaction;
window.IDBKeyRange = window.IDBKeyRange|| window.webkitIDBKeyRange ||
window.msIDBKeyRange;
window.IDBCursor = window.IDBCursor || window.webkitIDBCursor ||
window.msIDBCursor;
```

```
window.URL = window.URL || window.webkitURL;
var dbName = 'imgDB';                                    //数据库名
var dbVersion = 20190418;                                //版本号
var idb;
function init(){
    var dbConnect = indexedDB.open(dbName, dbVersion);   //连接数据库
    dbConnect.onsuccess = function(e){                   //连接成功
        idb = e.target.result;                           //获取数据库
    };
    dbConnect.onerror = function(){console.log('数据库连接失败'); };
    dbConnect.onupgradeneeded = function(e){
        idb = e.target.result;
        var tx = e.target.transaction;
        tx.onabort = function(e){
            console.log('对象仓库创建失败');
        };
        var name = 'img';
        var optionalParameters = {
            keyPath: 'id',
            autoIncrement: true
        };
        var store = idb.createObjectStore(name, optionalParameters);
        console.log('对象仓库创建成功');
    };
}
function downloadPic(){
    var xhr = new XMLHttpRequest();
    xhr.open('GET', 'images/1.png', true);
    xhr.responseType = 'arraybuffer';
    xhr.onload = function(e) {
        if (this.status == 200) {
            var bb = new Blob([this.response]);
            var reader = new FileReader();
            reader.readAsDataURL(bb);
            reader.onload = function(f) {
                var result=document.getElementById("result");
                //在 IndexDB 数据库中保存二进制数据
                var tx = idb.transaction(['img'],"readwrite");
                tx.oncomplete = function(){console.log('保存数据成功');}
                tx.onabort = function(){console.log('保存数据失败');}
                var store = tx.objectStore('img');
                var value = { img:this.result};
                store.put(value);
            }
        }
    };
    xhr.send();
}
function showPic(){
    var tx = idb.transaction(['img'], "readonly");
    var store = tx.objectStore('img');
    var req = store.get(1);
    req.onsuccess = function(){
```

```
        if(this.result == undefined){
            console.log("没有符合条件的数据");
        } else{
            var img = document.createElement('img');
            img.src = this.result.img;
            document.body.appendChild(img);
        }
    }
    req.onerror = function(){
        console.log("获取数据失败");
    }
}
</script>
<body onload="init()">
<input type="button" value="下载图片" onclick="downloadPic()"><br/>
<input type="button" value="显示图片" onclick="showPic()"><br/>
<output id="result" ></output>
</body>
```

【代码解析】

第 1 步，当用户单击"下载图片"按钮时，调用 downloadPic()函数，在该函数中，XMLHttpRequest 对象从服务器端下载一幅图片的二进制数据，在下载时将该对象的 responseType 属性值指定为 arraybuffer。

```
var xhr = new XMLHttpRequest();
xhr.open('GET', 'images/1.png', true);
xhr.responseType = 'arraybuffer';
```

第 2 步，在得到服务器端响应后，使用该图片的二进制数据创建一个 Blob 对象。然后创建一个 FileReader 对象，并且使用 FileReader 对象的 readAsDataURL()方法将 Blob 对象中保存的原始二进制数据读取为 DataURL 格式的 URL 字符串，然后将其保存在 IndexDB 数据库中。

第 3 步，单击"显示图片"按钮时，从 IndexDB 数据库中读取该图片的 DataURL 格式的 URL 字符串，然后创建一个用于显示图片的 img 元素，然后将该 URL 字符串设置为 img 元素的 src 属性值，在该页面上显示下载的图片。

在浏览器中预览，单击页面中"下载图片"按钮，脚本从服务器端下载图片并将该图片二进制数据的 DataURL 格式的 URL 字符串保存在 indexDB 数据库中，保存成功后在弹出的提示信息框中显示"保存数据成功"文字，如图 15.1 所示。

单击"显示图片"按钮，脚本从 indexDB 数据库中读取图片的 DataURL 格式的 URL 字符串，并将其指定为 img 元素的 src 属性值，在页面中显示该图片，如图 15.2 所示。

图 15.1　下载文件

图 15.2　显示照片

15.2.2 接收 Blob 对象

当 XMLHttpRequest 对象的 responseType 属性设置为 blob 时，服务器端响应数据将是一个 Blob 对象。目前，Firefox 8+、Chrome 19+、Opera 18+和 IE10+版本的浏览器都支持将 XMLHttpRequest 对象的 responseType 属性值指定为 blob。

【示例】以上节示例为基础，直接修改其中 downloadPic()函数中的代码，设置 xhr.responseType = 'blob'。

```
function downloadPic(){
    var xhr = new XMLHttpRequest();
    xhr.open('GET', 'images/1.png', true);
    xhr.responseType = 'blob';
    xhr.onload = function(e) {
        if (this.status == 200) {
            var bb = new Blob([this.response]);
            var reader = new FileReader();
            reader.readAsDataURL(bb);
            reader.onload = function(f) {
                var result=document.getElementById("result");
                //在 IndexDB 数据库中保存二进制数据
                var tx = idb.transaction(['img'],"readwrite");
                tx.oncomplete = function(){console.log('保存数据成功');}
                tx.onabort = function(){console.log('保存数据失败'); }
                var store = tx.objectStore('img');
                var value = {
                    img:this.result
                };
                store.put(value);
            }
        }
    };
    xhr.send();
}
```

修改完毕后，在浏览器中预览，当在页面中单击"下载图片"按钮和"显示图片"按钮时，示例演示效果与上节示例的演示效果完全一致。

15.2.3 接收字符串

为 XMLHttpRequest 对象设置 responseType = 'text'，服务器端响应数据是一个字符串。

【示例】下面示例设计在页面中显示一个文本框和一个按钮，在文本框中输入字符串之后，单击页面上的"发送数据"按钮，将使用 XMLHttpRequest 对象的 send()方法将输入字符串发送到服务器端，在接收到服务器端响应数据后，将该响应数据显示在页面上，演示效果如图 15.3 所示。

图 15.3 发送字符串演示效果

➥ 前台页面

```
<script>
function sendText() {
    var txt=document.getElementById("text1").value;
    var xhr = new XMLHttpRequest();
    xhr.open('POST', 'test.php', true);
    xhr.responseType = 'text';
    xhr.onload = function(e) {
        if (this.status == 200) {
            document.getElementById("result").innerHTML=this.response;
        }
    };
    xhr.send(txt);
}
</script>
<form>
<input type="text" id="text1"><br/>
<input type="button" value="发送数据" onclick="sendText()">
</form>
<output id="result" ></output>
```

➥ 后台页面

```php
<?php
$str =file_get_contents('php://input');
echo '服务器端接收数据：'.$str;
flush();
?>
```

15.2.4 发送表单数据

使用 XMLHttpRequest 对象发送表单数据时，需要创建一个 FotmData 对象。用法如下：

```
var form = document.getElementById("form1");
var formData = new FormData(form);
```

FormData()构造函数包含一个参数，表示页面中的一个表单（form）元素。

创建 formData 对象之后，把该对象传递给 XMLHttpRequest 对象的 send()方法即可。

```
xhr.send(formData);
```

使用 formData 对象的 append()方法可以追加数据，这些数据将在向服务器端发送数据时随着用户在表单控件中输入的数据一起发送到服务器端。append()方法用法如下。

```
formData.append('add_data', '测试');         //在发送之前添加附加数据
```

该方法包含两个参数：第 1 个参数表示追加数据的键名，第 2 个参数表示追加数据的键值。

当 formData 对象中包含附加数据时，服务器端将该数据的键名视为一个表单控件的 name 属性值，将该数据的键值视为该表单控件中的数据。

【示例】下面示例在页面中设计一个表单，表单包含一个用于输入姓名的文本框和一个用于输入密码的文本框，以及一个"发送"按钮。输入姓名和密码，单击"发送"按钮，JavaScript 脚本在表单数据中追加附加数据，然后将表单数据发送到服务器端，服务器端接收到表单数据后进行响应，演示效果如图 15.4 所示。

图 15.4　发送表单数据演示效果

❯ 前台页面

```
<script>
function sendForm() {
    var form=document.getElementById("form1");
    var formData = new FormData(form);
    formData.append('grade', '3'); //在发送之前添加附加数据
    var xhr = new XMLHttpRequest();
    xhr.open('POST','test.php',true);
    xhr.onload = function(e) {
        if (this.status == 200) {
            document.getElementById("result").innerHTML=this.response;
        }
    };
    xhr.send(formData);
}
</script>
<form id="form1">
用户名: <input type="text" name="name"><br/>
密　码: <input type="password" name="pass"><br/>
<input type="button" value="发送" onclick="sendForm();">
</form>
<output id="result" ></output>
```

❯ 后台页面

```
<?php
$name =$_POST['name'] ;
$pass =$_POST['pass'] ;
$grade =$_POST['grade'] ;
echo '服务器端接收数据: <br/>';
echo '用户名: '.$name.'<br/>';
echo '密　码: '.$pass.'<br/>';
echo '等　级: '.$grade;
flush();
?>
```

15.2.5　发送二进制文件

使用 FormData 可以向服务器端发送文件。具体方法：将表单的 enctype 属性值设置为 "multipart/form-data"，然后将需要上传的文件作为附加数据添加到 formData 对象中即可。

【示例】本示例页面中包含一个文件控件和一个"发送"按钮，使用文件控件在客户端选取一些文件后，单击"发送"按钮，JavaScript 将选取的文件上传到服务器端，服务器端在上传文件成功后将这些文件的文件名作为响应数据返回，客户端接收到响应数据后，将其显示在页面中，演示效果如图 15.5 所示。

图 15.5　发送文件演示效果

❯ 前台页面

```
<script>
function uploadFile() {
    var formData = new FormData();
    var files=document.getElementById("file1").files;
    for (var i = 0;i<files.length;i++) {
        var file=files[i];
        formData.append('myfile[]', file);
    }
    var xhr = new XMLHttpRequest();
    xhr.open('POST','test.php', true);
    xhr.onload = function(e) {
        if (this.status == 200) {
            document.getElementById("result").innerHTML=this.response;
        }
    };
    xhr.send(formData);
}
</script>
<form id="form1" enctype="multipart/form-data">
选择文件<input type="file" id="file1" name="file" multiple><br/>
<input type="button" value="发送" onclick="uploadFile();">
</form>
<output id="result" ></output>
```

❯ 后台页面

```
<?php
for ($i=0;$i<count($_FILES['myfile']['name']);$i++) {
    move_uploaded_file($_FILES['myfile']['tmp_name'][$i],'./upload/'.iconv("utf-8","gbk",
$_FILES['myfile']['name'][$i]));
    echo '已上传文件：'.$_FILES['myfile']['name'][$i].'<br/>';
}
flush();
?>
```

15.2.6　发送 Blob 对象

　　所有 File 对象都是一个 Blob 对象，因此可以通过发送 Blob 对象的方法来发送文件。

　　【示例】下面示例在页面中显示一个"复制文件"按钮和一个进度条（progress 元素），单击"复制文件"按钮后，JavaScript 使用当前页面中所有代码创建一个 Blob 对象，然后通过将该 Blob 对象指定为 XML HttpRequest 对象的 send()方法的参数值的方法向服务器端发送该 Blob 对象，服务器端接收到该 Blob 对象后将其保存为一个文件，文件名为"副本"+当前页面文件的文件名（包括扩展名）。在向服务器端发送 Blob 对象的同时，页面中的进度条将同步显示发送进度，演示效果如图 15.6 所示。

图 15.6 发送 Blob 对象演示效果

➥ 前台页面

```
<script>
window.URL = window.URL || window.webkitURL;
function uploadDocument(){ //复制当前页面
    var bb= new Blob ([document.documentElement.outerHTML]);
    var xhr = new XMLHttpRequest();
    xhr.open('POST', 'test.php?fileName='+getFileName(), true);
    var progressBar = document.getElementById('progress');
    xhr.upload.onprogress = function(e) {
        if (e.lengthComputable) {
            progressBar.value = (e.loaded / e.total) * 100;
            document.getElementById("result").innerHTML='已完成进度:'+progressBar.value+'%';
        }
    }
    xhr.send(bb);
}
function  getFileName(){                     //获取当前页面文件的文件名
    var url=window.location.href;
    var pos=url.lastIndexOf("\\");
    if (pos==-1)                             //pos==-1 表示为本地文件
        pos=url.lastIndexOf("/");            //本地文件路径分割符为"/"
    var  fileName=url.substring(pos+1);      //从 url 中获得文件名
    return fileName;
}
</script>
<input type="button" value="复制文件" onclick="uploadDocument()"><br/>
<progress min="0" max="100" value="0" id="progress"></progress>
<output id="result"/>
```

➥ 后台页面

```
<?php
$str =file_get_contents('php://input');
$fileName='副本_'.$_REQUEST['fileName'];
$fp = fopen(iconv("UTF-8","GBK",$fileName),'w');
fwrite($fp,$str);                           //插入第一条记录
fclose($fp);                                //关闭文件
?>
```

📢 提示:

目前，Chrome 浏览器支持在向服务器端发送数据时，同步更新进度条 progress 元素中所显示的进度。

15.2.7 跨域请求

跨域通信实现方法：在被请求域中提供一个用于响应请求的服务器端脚本文件，并在响应头部消息中添加 Access-Control-Allow-Origin 参数，将参数值指定为允许向该页面请求数据的域名+端口

号即可。

【示例】下面示例演示了如何实现跨域数据请求。在客户端页面中设计一个操作按钮，当单击该按钮时，向另一个域中的 server.php 脚本文件发送请求数据，该脚本文件返回一段简单的字符串，本页面接收到该文字后将其显示在页面上，演示效果如图 15.7 所示。

图 15.7　跨域请求数据

↘ 前台页面

```
<script type="text/javascript">
function ajaxRequest(){
    var xhr = new XMLHttpRequest();
    xhr.open('GET', 'http://localhost/server.php', true);
    xhr.onreadystatechange = function() {
        if(xhr.readyState === 4) {
            document.getElementById("result").innerHTML = xhr.responseText;
        }
    };
    xhr.send(null);
}
</script>
<input type="button" value="跨域请求" onclick="ajaxRequest()"></input><br/>
响应数据：<output id="result"/>
```

↘ 跨域后台页面

```
<?php
header('Access-Control-Allow-Origin:http://localhost/');
header('Content-Type:text/plain;charset=UTF-8');
echo '我是来自异域服务器的数据。';
flush();
?>
```

15.2.8　设计文件上传和显示进度条

本例需要 PHP 服务器虚拟环境，同时在站点根目录下新建 upload 文件夹，然后在站点根目录新建前台文件 test1.html，以及后台文件 test.php。在上传文件时，使用 XMLHttpRequest 动态显示文件上传的进度，效果如图 15.8 所示。

图 15.8　上传文件

↘ test.html

```
<script type="text/javascript">
function fileSelected() {
    var file = document.getElementById ('fileToUpload').files[0];
    if (file) {
        var fileSize = 0;
        if (file.size > 1024 * 1024)
            fileSize = (Math.round(file.size * 100 / (1024 * 1024)) / 100).toString() + 'MB';
        else
            fileSize = (Math.round(file.size * 100 / 1024) / 100).toString() + 'KB';
        document.getElementById('fileName').innerHTML = '文件名: ' + file.name;
        document.getElementById('fileSize').innerHTML = '大  小: ' + fileSize;
        document.getElementById('fileType').innerHTML = '类  型: ' + file.type;
    }
}
function uploadFile() {
    var fd = new FormData();
    fd.append("fileToUpload", document.getElementById('fileToUpload').files[0]);
    var xhr = new XMLHttpRequest();
    xhr.upload.addEventListener("progress", uploadProgress, false);
    xhr.addEventListener("load", uploadComplete, false);
    xhr.addEventListener("error", uploadFailed, false);
    xhr.addEventListener("abort", uploadCanceled, false);
    xhr.open("POST", "test.php");
    xhr.send(fd);
}
function uploadProgress(evt) {
    if (evt.lengthComputable) {
        var percentComplete = Math.round(evt.loaded * 100 / evt.total);
        document.getElementById('progressNumber').innerHTML = percentComplete.toString()
+ '%';
    }else {
        document.getElementById('progressNumber').innerHTML = 'unable to compute';
    }
}
function uploadComplete(evt) {
    var info = document.getElementById('info');
    /* 当服务器发送响应时，会引发此事件 */
    info.innerHTML = evt.target.responseText;
}
function uploadFailed(evt) {
    console.log("试图上载文件时出现一个错误");
}
function uploadCanceled(evt) {
    console.log("上传已被用户取消或浏览器放弃连接");
}
</script>
<form id="form1" enctype="multipart/form-data" method="post" action="upload.php">
    <div class="row">
        <label for="fileToUpload">选择上传文件</label>
        <input type="file" name="fileToUpload" id="fileToUpload"
onChange="fileSelected();">
    </div>
```

```html
    <div id="fileName"></div>
    <div id="fileSize"></div>
    <div id="fileType"></div>
    <div class="row">
        <input type="button" onClick="uploadFile()" value="上传">
    </div>
    <div id="progressNumber"></div>
    <div id="info"></div>
</form>
```

➤ test.php

```php
header("content=text/html; charset=utf-8");
$uf = $_FILES['fileToUpload'];
if(!$uf){
    echo "没有 filetoupload 引用";
    exit();
}
$upload_file_temp = $uf['tmp_name'];
$upload_file_name = $uf['name'];
$upload_file_size = $uf['size'];
if(!$upload_file_temp){
    echo "上传失败";
    exit();
}
$file_size_max = 1024*1024*100;                    // 100M, 限制文件上传最大容量(bytes)
// 检查文件大小
if ($upload_file_size > $file_size_max) {
    echo "对不起，你的文件容量超出允许范围: ".$file_size_max;
    exit();
}
$store_dir = "./upload/";                           // 上传文件的储存位置
$accept_overwrite = 0;                             //是否允许覆盖相同的文件
$file_path = $store_dir . $upload_file_name;
// 检查读写文件
if (file_exists($file_path) && !$accept_overwrite) {
    echo "存在相同文件名的文件";
    exit();
}
//复制文件到指定目录
if (!move_uploaded_file($upload_file_temp,$file_path)) {
    echo "复制文件失败".$upload_file_temp." to ". $file_path;
    exit;
}
Echo "<p>你上传了文件:";
echo $upload_file_name;
echo "<br>";
//客户端机器文件的原名称
Echo "文件的 MIME 类型为:";
echo $uf['type'];
//文件的 MIME 类型，需要浏览器提供该信息的支持，如 image/gif
echo "<br>";
Echo "上传文件大小:";
echo $uf['size'];
//已上传文件的大小，单位为字节
```

```
echo "<br>";
Echo "文件上传后被临时储存为:";
echo $uf['tmp_name'];
//文件被上传后在服务端储存的临时文件名
echo "<br>";
$error = $uf['error'];
switch($error){
case 0:
    Echo "上传成功"; break;
case 1:
    Echo "上传的文件超过了 php.ini 中 upload_max_filesize 选项限制的值."; break;
case 2:
    Echo "上传文件的大小超过了 HTML 表单中 MAX_FILE_SIZE 选项指定的值。";break;
case 3:
    Echo "文件只有部分被上传";break;
case 4:
    Echo "没有文件被上传";break;
}
```

15.2.9 使用灯标

灯标与动态脚本 script 用法相似，它使用 JavaScript 创建 image 对象，通过 src 动态向服务器发送一个请求，服务器根据请求响应图像类型的信息。这是跨域、异步交互最有效的方法，开销很小，而且任何服务器端的异常都不会影响客户端。

灯标不能发送 POST 数据，只能通过 GET 方法附带简单的查询字符串。客户端可以在 image 的 load 事件中监听服务器端是否成功接收了数据，并根据事先约定好的条件，检查服务器返回的图片信息，判断服务器的响应目的。

例如，本节示例设计当响应图片的宽度大于 2 像素时，表示登录成功，并进行提示，否则表示登录失败，演示效果如图 15.9 所示。

（a）登录成功　　　　　　　　　　　　　　　（b）登录失败

图 15.9　使用灯标实现异步交互

【操作步骤】

第 1 步，新建网页文档，保存为 test.html。

第 2 步，设计登录框结构。页面代码如下：

```
<div id="login">
    <h1>用户登录</h1>
    用户名 <input name="" id="user" type="text"><br /><br />
    密 码 <input name="" id="pass"  type="password"><br /><br />
    <input name="submit" type="button" id="submit" value="提交" />
```

```
    <span id="title"></span>
</div>
```

第 3 步，设计使用 image 实现异步通信的请求函数。

```
var imgRequest = function( url ){
    if(typeof url != "string" ) return;
    var image = new Image();
    image.src = url;
    image.onload = function() {
        var title = document.getElementById("title");
        title.innerHTML = "";
        if(this.width > 2) {
            console.log("登录成功");
            var image1 = new Image();
            image1.src = "2.png";
            title.appendChild(image1);
        } else {
            console.log("你输入的用户名或密码有误，请重新输入");
            var image1 = new Image();
            image1.src = "1.png";
            title.appendChild(image1);
        }
    };
    image.onerror = function() {
        console.log("加载失败");
    };
}
```

在 imgRequest()函数体内，创建一个 image 对象，设置它的 src 为服务器请求地址，然后在 load 加载事件处理函数中检测图片加载状态，如果加载成功，再检测加载图片的宽度是否大于 2 像素，如果大于 2 像素，说明审核通过，否则为审核没有通过。

第 4 步，定义登录处理函数 login()，在函数体内获取文本框的值，然后连接为字符串，附加在 URl 尾部，调用 imgRequest()函数，发送给服务器。最后，在页面初始化 load 事件处理函数中，为按钮的 click 事件绑定 login 函数。

```
window.onload = function(){
    var b = document.getElementById("submit");
    b.onclick = login;
}
var login = function(){
    var user = document.getElementById("user");
    var pass = document.getElementById("pass");
    var s = "server.asp?user=" + user.value + "&pass=" + pass.value;
    imgRequest(s);
}
```

第 5 步，设计服务器端脚本，让服务器根据接收的用户登录信息，验证用户信息是否合法，然后根据条件响应不同的图片。

```
<?php
header("Content-Type:text/html;Charset=UTF-8"); //设置页面的编码样式
header("Content-Type:image/jpeg");                        //通知浏览器输出的是 jpeg 格式的图像
$user = $_GET["user"];
$pass = $_GET["pass"];
if( $user == "admin" && $pass == "123456" )
    $img = imagecreatetruecolor(3,3);                //创建画布并设置大小，x 为 3，y 为 3
```

```
else
    $img = imagecreatetruecolor(1,1);        //创建画布并设置大小，x 为 1，y 为 1
imagejpeg($img);                             //输出图像
imagedestroy($img);                          //销毁图像
?>
```

　　如果不需要响应返回数据，还可以发送一个 204 No Content 响应代码，表示无消息正文，从而避免客户端继续等待永远不会到来的消息体。

15.3　在　线　学　习

本节为线上继续学习入口，通过扫码读者可以进行巩固练习、补充知识、获取参考资料、拓展阅读。

第 16 章 JavaScript 文件操作

HTML5 新增 FileReader API 和 FileSystem API。其中 FileReader API 负责读取文件内容，FileSystem API 负责本地文件系统的有限操作。另外，HTML5 增强了 HTML4 的文件域功能，允许提交多个文件。

【学习重点】

❯ 使用 FileList 对象。

❯ 使用 Blob 对象。

❯ 使用 FileReader 对象。

❯ 使用 ArrayBuffer 对象和 ArrayBufferView 对象。

❯ 使用 FileSystem API。

16.1 访问文件域

HTML5 在 HTML4 文件域的基础上为 File 控件新添 multiple 属性，允许用户在一个 File 控件内选择和提交多个文件。

【示例 1】下面示例设计在文档中插入一个文件域，允许用户同时提交多个文件。

```
<input type="file" multiple>
```

为了方便用户在脚本中访问这些将要提交的文件，HTML5 新增了 FileList 和 File 对象。

❯ FileList：表示用户选择的文件列表。

❯ File：表示 File 控件内的每一个被选择的文件对象。FileList 对象为这些 File 对象的列表，代表用户选择的所有文件。

【示例 2】下面示例演示了如何使用 FileList 和 File 对象访问用户提交的文件名称列表，演示效果如图 16.1 所示。

```
<script>
function ShowFileName(){
    //document.getElementById("file").files 返回 FileList 对象
    for(var i=0;i<document.getElementById("file").files.length;i++) {
        var file = document.getElementById("file").files[i];//获取每个选择的 File 对象
        console.log(file.name);                           //在控制台显示每个文件的名称
    }
}
</script>
<input type="file" id="file" multiple>
<input type="button" onclick="ShowFileName();" value="文件上传"/>
```

🔊 提示：

File 对象包含两个属性：name 属性表示文件名，但不包括路径；lastModifiedDate 属性表示文件的最后修改日期。

（a）选择多个文件　　　　　　　　（b）在控制台显示提示信息

图 16.1　使用 FileList 和 File 对象获取提交文件信息

16.2　使用 Blob 对象

HTML5 的 Blob 对象用于存储二进制数据，还可以设置存储数据的 MIME 类型，其他 HTML5 二进制对象继承 Blob 对象。

16.2.1　访问 Blob

Blob 对象包含两个属性。

- size：表示一个 Blob 对象的字节长度。
- type：表示 Blob 的 MIME 类型，如果为未知类型，则返回一个空字符串。

【示例 1】下面示例演示了如何获取文件域中第一个文件的 Blob 对象，并访问该文件的长度和文件类型，演示效果如图 16.2 所示。

图 16.2　在控制台显示选择的第一个文件的大小和类型

```
<script>
function ShowFileType(){
    var file = document.getElementById ("file").files[0];    //获取用户选择的第一个文件
    console.log( file.size );                                 //显示文件字节长度
    console.log( file.type);                                  //显示文件类型
}
</script>
<input type="file" id="file" multiple>
<input type="button" onclick="ShowFileType();" value="文件上传"/>
```

🚗 **注意：**

对于图像类型的文件，Blob 对象的 type 属性都是以 "image/" 开头的，后面是图像类型。

【**示例 2**】下面示例利用 Blob 的 type 属性，判断用户选择的文件是否为图像文件。如果在批量上传时只允许上传图像文件，可以检测每个文件的 type 属性值，当提交非图像文件时，弹出错误提示信息，并停止后面的文件上传，或者跳过该文件不上传，演示效果如图 16.3 所示。

```
<script>
function fileUpload(){
    var file;
    for(var i=0;i<document.getElementById("file").files.length;i++){
        file = document.getElementById("file").files[i];
        if(!/image\/\w+/.test(file.type)){
            alert(file.name+"不是图像文件！");
            continue;
        } else{
            //此处加入文件上传的代码
            alert(file.name+"文件已上传");
        }
    }
}
</script>
<input type="file" id="file" multiple>
<input type="button" onclick="fileUpload();" value="文件上传"/>
```

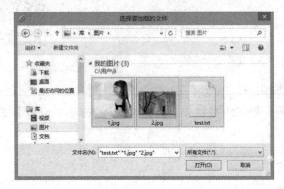

（a）提交多个文件　　　　　　　　　　　　　　　　（b）错误提示信息

图 16.3　对用户提交文件进行过滤

🏵 **补充：**

HTML5 为 file 控件新添加 accept 属性，设置 file 控件只能接受某种类型的文件。目前主流浏览器对其支持还不统一、不规范，部分浏览器仅限于打开文件选择窗口时，默认选择文件类型。

```
<input type="file" id="file" accept="image/*"/>
```

16.2.2　创建 Blob

创建 Blob 对象的基本用法如下：

```
var blob = new Blob(blobParts, type);
```

参数说明如下。

➥ **blobParts：** 可选参数，数组类型，其中可以存放任意个以下类型的对象，这些对象中所携带的数据将被依序追加到 Blob 对象中。

　↘ **ArrayBuffer** 对象。

  ↲ ArrayBufferView 对象。

  ↲ Blob 对象。

  ↲ String 对象。

➠ type：可选参数，字符串型，设置被创建的 Blob 对象的 type 属性值，即定义 Blob 对象的 MIME
类型。默认参数值为空字符串，表示未知类型。

🔊 提示：

  当创建 Blob 对象时，可以使用两个可选参数。如果不使用任何参数，创建的 Blob 对象的 size 属性值为 0，即
Blob 对象的字节长度为 0。代码如下：

```
var blob = new Blob();
```

【示例 1】下面代码演示了如何设置第 1 个参数。

```
var blob = new Blob(["4234" + "5678"]);
var shorts = new Uint16Array(buffer, 622, 128);
var blobA = new Blob([blob, shorts]);
var bytes = new Uint8Array(buffer, shorts.byteOffset + shorts.byteLength);
var blobB = new Blob([blob, blobA, bytes])
var blobC = new Blob([buffer, blob, blobA, bytes]);
```

🚗 注意：

  上面代码用到了 ArrayBuffer 对象和 ArrayBufferView 对象，后面将详细介绍这两个对象。

【示例 2】下面代码演示了如何设置第 2 个参数。

```
var blob = new Blob(["4234" + "5678"], {type: "text/plain"});
var blob = new Blob(["4234" + "5678"], {type: "text/plain; charset=UTF-8"});
```

🔊 提示：

  为了安全起见，在创建 Blob 对象之前，可以先检测一下浏览器是否支持 Blob 对象。

```
if(!window.Blob)
    alert ("您的浏览器不支持 Blbo 对象。");
else
    var blob = new Blob(["4234" + "5678"], {type: "text/plain"});
```

目前，各主流浏览器的最新版本都支持 Blob 对象。

【示例 3】下面示例完整地演示了如何创建一个 Blob 对象。

  在页面中设计一个文本区域和一个按钮，当在文本框中输入文字，然后单击"创建 Blob 对象"按钮
后，JavaScript 脚本根据用户输入文字创建二进制对象，再根据该二进制对象中的内容创建 URL 地址，
最后在页面底部动态添加一个"Blob 对象文件下载"链接，单击该链接可以下载新创建的文件，使用文
本文件打开，其内容为用户在文本框中输入的文字，如图 16.4 所示。

```
<script>
function test(){
    var text = document.getElementById("textarea").value;
    var result = document.getElementById("result");
    //创建 Blob 对象
    if(!window.Blob)
        result.innerHTML="浏览器不支持 Blob 对象。";
    else
        var blob =new Blob([text]);                //Blob 中数据为文字时默认使用 utf-8 格式
    //通过 createObjectURL 方法创建文字链接
    if (window.URL) {
        result.innerHTML = '<a download href="' +window.URL.createObjectURL(blob) + '"
        target="_blank">Blob 对象文件下载</a>';
```

```
    }
}
</script>
<textarea id="textarea"></textarea><br />
<button onclick="test()">创建 Blob 对象</button>
<p id="result"></p>
```

（a）创建 Blob 文件

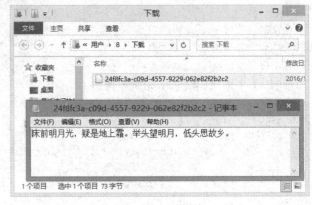
（b）查看文件信息

图 16.4　创建和查看 Blob 文件信息

在动态生成的<a>标签中包含 download 属性，它设置超链接为文件下载类型。

补充：

HTML5 支持 URL 对象，通过该对象的 **createObjectURL** 方法可以根据一个 Blob 对象的二进制数据创建一个 URL 地址，并返回该地址，当用户访问该 URL 地址时，可以直接下载原始二进制数据。

16.2.3　截取 Blob

Blob 对象包含 slice()方法，它可以从 Blob 对象中截取一部分数据，然后将这些数据创建为一个新的 Blob 对象并返回。用法如下：

```
var newBlob = blob.slice(start, end, contentType);
```

参数说明如下。

- start：可选参数，整数值，设置起始位置。
  - 如果值为 0，表示从第一个字节开始复制数据。
  - 如果值为负数，且 Blob 对象的 size 属性值+start 参数值大于等于 0，则起始位置为 Blob 对象的 size 属性值+start 参数值。
  - 如果值为负数，且 Blob 对象的 size 属性值+start 参数值小于 0，则起始位置为 Blob 对象的起点位置。
  - 如果值为正数，且大于等于 Blob 对象的 size 属性值，则起始位置为 Blob 对象的 size 属性值。
  - 如果值为正数，且小于 Blob 对象的 size 属性值，则起始位置为 start 参数值。
- end：可选参数，整数值，设置终点位置。
  - 如果忽略该参数，则终点位置为 Blob 对象的结束位置。
  - 如果值为负数，且 Blob 对象的 size 属性值+end 参数值大于等于 0，则终点位置为 Blob 对象的 size 属性值+end 参数值。
  - 如果值为负数，且 Blob 对象的 size 属性值+end 参数值小于 0，则终点位置为 Blob 对象的起始位置。

    ↳ 如果值为正数,且大于等于 Blob 对象的 size 属性值,则终点位置为 Blob 对象的 size 属性值。

    ↳ 如果值为正数,且小于 Blob 对象的 size 属性值,则终点位置为 end 参数值。

➥ contentType:可选参数,字符串值,指定新建 Blob 对象的 MIME 类型。

如果 slice()方法的 3 个参数均省略时,就相当于把一个 Blob 对象原样复制到一个新建的 Blob 对象中。当起始位置大于等于终点位置时,slice()方法复制从起始位置开始到终点位置结束这一范围中的数据。当起始位置小于终点位置时,slice()方法复制从终点位置开始到起始位置结束这一范围中的数据。新建的 Blob 对象的 size 属性值为复制范围的长度,单位为 byte。

【示例】下面示例演示了 Blob 对象的 slice()方法的应用。

```
<input type="file" id="file" multiple>
<input type="button" onclick="ShowFileType();" value="文件上传"/>
<script>
var file = document.getElementById("file").files[0];
if(file){
    var file1 = file.slice();                        //复制 File 对象
    var file2 = file.slice(0,file.size);             //复制 File 对象
    var file3 = file.slice(-(Math.round(file.size/2))); //复制 File 对象的后半部分
    var file4 = file.slice(0, Math.round(file.size/2)); //复制 File 对象的前半部分
    //复制 File 对象,从开始处复制到结束处之前的 150 个字节处,并设置 MIME 类型
    var file5 = file.slice(0,-150, "application/plain");
}
</script>
```

16.2.4　保存 Blob

HTML5 支持在 indexedDB 数据库中保存 Blob 对象。

📢 提示:

目前 Chrome 37+、Firefox 17+、IE 10+和 Opera 24+支持该功能。

【示例】下面示例设计在页面中显示一个文件控件和一个按钮,通过文件控件选取文件后,单击按钮 JavaScript 脚本将把用户选取的文件保存到 indexedDB 数据库中。

```
<input type="file" id="file" multiple>
<input type="button" onclick="saveFile();" value="保存文件"/>
<script>
window.indexedDB = window.indexedDB || window.webkitIndexedDB || window.mozIndexedDB
    || window.msIndexedDB;
window.IDBTransaction = window.IDBTransaction || window.webkitIDBTransaction ||
    window.msIDBTransaction;
window.IDBKeyRange = window.IDBKeyRange|| window.webkitIDBKeyRange ||
    window.msIDBKeyRange;
window.IDBCursor = window.IDBCursor || window.webkitIDBCursor || window.msIDBCursor;
var dbName = 'test';                        //数据库名
var dbVersion = 20170202;                   //版本号
var idb;
var dbConnect = indexedDB.open(dbName, dbVersion);
dbConnect.onsuccess = function(e){ idb = e.target.result; }
dbConnect.onerror = function(){alert('数据库连接失败'); };
dbConnect.onupgradeneeded = function(e){
    idb = e.target.result;
    idb.createObjectStore('files');
```

```
};
function saveFile(){
    var file = document.getElementById("file").files[0];   //得到用户选择的第一个文件
    var tx = idb.transaction(['files'],"readwrite");     //开启事务
    var store = tx.objectStore('files');
    var req = store.put(file,'blob');
    req.onsuccess = function(e){ alert("文件保存成功"); };
    req.onerror = function(e){ alert("文件保存失败");};
}
</script>
```

在浏览器中预览，页面中显示一个文件控件和一个按钮，通过文件控件选取文件，然后单击"保存文件"按钮，JavaScript 将把用户选取的文件保存到 indexedDB 数据库中，保存成功后弹出提示对话框，如图 16.5 所示。

（a）选择文件

（b）保存文件

图 16.5 保存 Blob 对象应用

16.3 使用 FileReader 对象

FileReader 能够把文件读入内存，并且读取文件中的数据。目前，Firefox 3.6+、Chrome 6+、Safari 5.2+、Opera 11+和 IE 10+版本浏览器都支持 FileReader 对象。

16.3.1 读取文件

使用 FileReader 对象之前，需要实例化 FileReader 类型，代码如下：

```
if(typeof FileReader == "undefined"){alert("当前浏览器不支持 FileReader 对象");}
else{ var reader = new FileReader();}
```

FileReader 对象包含 5 个方法，其中 4 个用于读取文件，另一个用来中断读取操作。

- ➥ readAsText(Blob, type)：将 Blob 对象或文件中的数据读取为文本数据。该方法包含两个参数，其中第 2 个参数是文本的编码方式，默认值为 UTF-8。
- ➥ readAsBinaryString(Blob)：将 Blob 对象或文件中的数据读取为二进制字符串。通常调用该方法将文件提交到服务器端，服务器端可以通过这段字符串存储文件。
- ➥ readAsDataURL(Blob)：将 Blob 对象或文件中的数据读取为 DataURL 字符串。该方法就是将数据以一种特殊格式的 URL 地址形式直接读入页面。
- ➥ readAsArrayBuffer(Blob)：将 Blob 对象或文件中的数据读取为一个 ArrayBuffer 对象。
- ➥ abort()：不包含参数，中断读取操作。

🚨 注意:

上述前 4 个方法都包含一个 Blob 对象或 File 对象参数，无论读取成功或失败，都不会返回读取结果，读取结果存储在 result 属性中。

【示例】下面示例演示如何在网页中读取并显示图像文件、文本文件和二进制代码文件。

```
<script>
window.onload = function(){
    var result=document.getElementById("result");
    var file=document.getElementById("file");
    if (typeof FileReader == 'undefined' ){
        result.innerHTML = "<h1>当前浏览器不支持 FileReader 对象</h1>";
        file.setAttribute('disabled', 'disabled' );
    }
}
function readAsDataURL(){                        //将文件以 Data URL 形式进行读入页面
    var file = document.getElementById("file").files[0];     //检查是否为图像文件
    if(!/image\/\w+/.test(file.type)){
        alert("提交文件不是图像类型");
        return false;
    }
    var reader = new FileReader();
    reader.readAsDataURL(file);
    reader.onload = function(e){
        result.innerHTML = '<img src="'+this.result+'" alt=""/>'
    }
}
function readAsBinaryString(){                   //将文件以二进制形式进行读入页面
    var file = document.getElementById("file").files[0];
    var reader = new FileReader();
    reader.readAsBinaryString(file);
    reader.onload = function(f){
        result.innerHTML=this.result;
    }
}
function readAsText(){                           //将文件以文本形式进行读入页面
    var file = document.getElementById("file").files[0];
    var reader = new FileReader();
    reader.readAsText(file);
    reader.onload = function(f) {
        result.innerHTML=this.result;
    }
}
</script>
<input type="file" id="file" />
<input type="button" value="读取图像" onclick="readAsDataURL()"/>
<input type="button" value="读取二进制数据" onclick="readAsBinaryString()"/>
<input type="button" value="读取文本文件" onclick="readAsText()"/>
<div name="result" id="result"></div>
```

在 Firefox 浏览器中预览，使用 file 控件选择一个图像文件，然后单击"读取图像"按钮，显示效果如图 16.6 所示；重新使用 file 控件选择一个二进制文件，然后单击"读取二进制数据"按钮，显示效果如图 16.7 所示；最后选择文本文件，单击"读取文本文件"按钮，显示效果如图 16.8 所示。

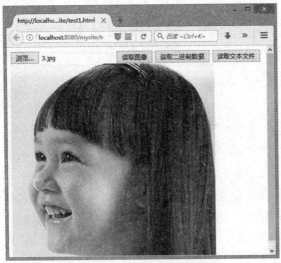

图 16.6　读取图像文件

图 16.7　读取二进制文件

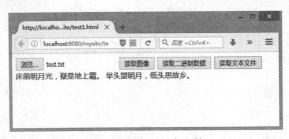

图 16.8　读取文本文件

上面示例演示如何读显文件，用户也可以选择不显示，直接提交给服务器，然后保存到文件或数据库中。注意，fileReader 对象读取的数据都保存在 result 属性中。

16.3.2　事件监测

FileReader 对象提供了 6 个事件，用于监测文件读取状态，简单说明如下。

❧ onabort：数据读取中断时触发。

❧ onprogress：数据读取中触发。

❧ onerror：数据读取出错时触发。

❧ onload：数据读取成功完成时触发。

❧ onloadstart：数据开始读取时触发。

❧ onloadend：数据读取完成时触发，无论成功或失败。

【示例】下面示例设计当使用 fileReader 对象读取文件时，会发生一系列事件，控制台跟踪了读取状态的先后顺序，演示如图 16.9 所示。

```
<script>
window.onload = function(){
    var result=document.getElementById("result");
    var file=document.getElementById("file");
    if (typeof FileReader == 'undefined'){
        result.innerHTML = "<h1>当前浏览器不支持 FileReader 对象</h1>";
        file.setAttribute('disabled', 'disabled' );
```

```
        }
    }
    function readFile(){
        var file = document.getElementById("file").files[0];
        var reader = new FileReader();
        reader.onload = function(e){
            result.innerHTML = '<img src="'+this.result+'" alt=""/>'
            console.log("load");
        }
        reader.onprogress = function(e){ console.log("progress"); }
        reader.onabort = function(e){ console.log("abort"); }
        reader.onerror = function(e){ console.log("error");}
        reader.onloadstart = function(e){ console.log("loadstart");}
        reader.onloadend = function(e){ console.log("loadend"); }
        reader.readAsDataURL(file);
    }
</script>
<input type="file" id="file" />
<input type="button" value="显示图像" onclick="readFile()" />
<div name="result" id="result"></div>
```

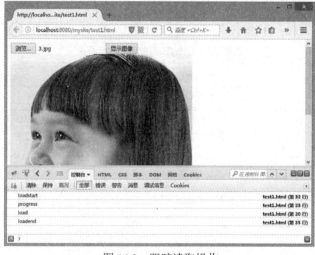

图 16.9　跟踪读取操作

在上面示例中，当单击"显示图像"按钮后，将在页面中读入一个图像文件，同时在控制台可以看到按顺序触发的事件。用户还可以在 onprogress 事件中使用 HTML5 新增元素 progress 显示文件的读取进度。

16.4　使用缓存对象

HTML5 新增了 ArrayBuffer 对象和 ArrayBufferView 对象。ArrayBuffer 对象表示一个固定长度的缓存区，用来存储文件或网络大数据；ArrayBufferView 对象表示将缓存区中的数据转换为各种类型的数值数组。

🚗 注意：

HTML5 不允许直接对 ArrayBuffer 对象内的数据进行操作，需要使用 ArrayBufferView 对象来读写 ArrayBuffer 对象中的内容。

16.4.1　使用 ArrayBuffer

ArrayBuffer 对象表示一个固定长度的存储二进制数据的缓存区。用户不能直接存取 ArrayBuffer 缓存区中的内容，必须通过 ArrayBufferView 对象来读写 ArrayBuffer 缓存区中的内容。ArrayBuffer 对象包含 length 属性，该属性值表示缓存区的长度。

创建 ArrayBuffer 对象的方法如下：

```
var buffer = new ArrayBuffer(32);
```

参数为一个无符号长整型的整数，用于设置缓存区的长度，单位为 byte。ArrayBuffer 缓存区创建成功之后，该缓存区内存储数据初始化为 0。

📢 提示：

目前，Firefox 4+、Opera 11.6+、Chrome 7+、Safari 5.1+、IE 10+等版本浏览器支持 ArrayBuffer 对象。

16.4.2　使用 ArrayBufferView

HTML5 使用 ArrayBufferView 对象以一种标准格式来表示 ArrayBuffer 缓存区中的数据。HTML5 不允许直接使用 ArrayBufferView 对象，而是使用 ArrayBufferView 的子类实例来存取 ArrayBuffer 缓存区中的数据，各种子类说明如表 16.1 所示。

表 16.1　ArrayBufferView 的子类

类　型	字 节 长 度	说　明
Int8Array	1	8 位整数数组
Uint8Array	1	8 位无符号整数数组
Uint8ClampedArray	1	特殊 8 位无符号整数数组
Intl6Array	2	16 位整数数组
Uint I6Array	2	16 位无符号整数数组
Int32Array	4	32 位整数数组
Uint32Array	4	32 位无符号整数数组
Float32Array	4	32 位 IEEE 浮点数数组
Float64Array	8	64 位 IEEE 浮点数数组

📢 提示：

Uint8ClampedArray 子类用于定义一种特殊的 8 位无符号整数数组。该数组的作用：代替 CanvasPixelArray 数组用于 Canvas API 中。

该数组与普通 8 位无符号整数数组的区别：将 ArrayBuffer 缓存区中的数值进行转换时，内部使用箝位（clamping）算法，而不是模数（modulo）算法。

ArrayBufferView 对象的作用：可以根据同一个 ArrayBuffer 对象创建各种数值类型的数组。

【示例 1】在下面示例代码中，根据相同的 ArrayBuffer 对象，可以创建 32 位的整数数组和 8 位的无符号整数数组。

```
//根据 ArrayBuffer 对象创建 32 位整数数组
var array1 = new Int32Array(ArrayBuffer);
//根据同一个 ArrayBuffer 对象创建 8 位无符号整数数组
var array2 = new Uint8Array(ArrayBuffer);
```

在创建 ArrayBufferView 对象时，除了要指定 ArrayBuffer 缓存区外，还可以使用下面两个可选参数。

➥ byteOffset：为无符号长整型数值，设置开始引用位置与 ArrayBuffer 缓存区第 1 个字节之间的偏离值，单位为字节。需要注意的是，属性值必须为数组中单个元素的字节长度的倍数，省略该参数值时，ArrayBufferView 对象将从 ArrayBuffer 缓存区的第 1 个字节开始引用。

➥ length：为无符号长整型数值，设置数组中元素的个数。如果省略该参数值，将根据缓存区长度、ArrayBufferView 对象开始引用的位置、每个元素的字节长度自动计算出元素个数。

如果设置了 byteOffset 和 length 参数值，数组从 byteOffset 参数值指定的开始位置开始，长度为 length 参数值所指定的元素个数 × 每个元素的字节长度。

如果忽略了 byteOffset 和 length 参数值，数组将跨越整个 ArrayBuffer 缓存区。

如果省略 length 参数值，数组将从 byteOffset 参数值指定的开始位置到 ArrayBuffer 缓存区的结束位置。

ArrayBufferView 对象包含以下 3 个属性。

➥ buffer：只读属性，表示 ArrayBuffer 对象，返回 ArrayBufferView 对象引用的 ArrayBuffer 缓存区。

➥ byteOffset：只读属性，表示一个无符号长整型数值，返回 ArrayBufferView 对象开始引用的位置与 ArrayBuffer 缓存区的第 1 个字节之间的偏离值，单位为字节。

➥ length：只读属性，表示一个无符号长整型数值，返回数组中元素的个数。

【示例 2】下面示例代码演示了如何存取 ArrayBuffer 缓存区中的数据。

```
var byte = array2[4];                    //读取第 5 个字节的数据
array2[4] = 1;                           //设置第 5 个字节的数据
```

16.4.3　使用 DataView

除了使用 ArrayBufferView 子类外，也可以使用 DataView 子类存取 ArrayBuffer 缓存区中的数据。DataView 继承于 ArrayBufferView 类，提供了直接存取 ArrayBuffer 缓存区中数据的方法。

创建 DataView 对象的方法如下：

```
var view = new DataView(buffer, byteOffset, byteLength);
```

参数说明如下。

➥ buffer：为 ArrayBuffer 对象，表示一个 ArrayBuffer 缓存区。

➥ byteOffset：可选参数，为无符号长整型数值，表示 DataView 对象开始引用的位置与 ArrayBuffer 缓存区第 1 个字节之间的偏离值，单位为字节。如果忽略该参数值，将从 ArrayBuffer 缓存区的第 1 个字节开始引用。

➥ byteLength：可选参数，为无符号长整型数值，表示 DataView 对象的总字节长度。

如果设置了 byteOffset 和 byteLength 参数值，DataView 对象从 byteOffset 参数值所指定的开始位置开始，长度为 byteLength 参数值所指定的总字节长度。

如果忽略了 byteOffset 和 byteLength 参数值，DataView 对象将跨越整个 ArrayBuffer 缓存区。

如果省略 byteLength 参数值，DataView 对象将从 byteOffset 参数所指定的开始位置到 ArrayBuffer 缓存区的结束位置。

DataView 对象包含的方法说明如表 16.2 所示。

表 16.2　DataView 对象方法

方　　法	说　　明
getInt8(byteOffset)	获取指定位置的一个 8 位整数值

续表

方　法	说　明
getUint8(byteOffset)	获取指定位置的一个 8 位无符号型整数值
getIntl6(byteOffset, littleEndian)	获取指定位置的一个 16 位整数值
getUintl6(byteOffset, littleEndian)	获取指定位置的一个 16 位无符号型整数值
getUint32(byteOffset, littleEndian)	获取指定位置的一个 32 位无符号型整数值
getFloat32(byteOffset, littleEndian)	获取指定位置的一个 32 位浮点数值
getFloat64(byteOffset, littleEndian)	获取指定位置的一个 64 位浮点数值
setInt8(byteOffset, value)	设置指定位置的一个 8 位整数值
setUint8(byteOffset, value)	设置指定位置的一个 8 位无符号型整数值
setIntl6(byteOffset, value, littleEndian)	设置指定位置的一个 16 位整数数值
setUintl6(byteOffset, value, littleEndian)	设置指定位置的一个 16 位无符号型整数值
setUint32(byteOffset, value, littleEndian)	设置指定位置的一个 32 位无符号型整数值
setFloat32(byteOffset, value, littleEndian)	设置指定位置的一个 32 位浮点数值
setFloat64(byteOffset, value, littleEndian)	设置指定位置的一个 64 位浮点数值

◁》提示：

在上述方法中，各个参数说明如下。

❯ byteOffset：为一个无符号长整型数值，表示设置或读取整数所在位置与 DataView 对象对 ArrayBuffer 缓存区的开始引用位置之间相隔多少个字节。

❯ value：为无符号对应类型的数值，表示在指定位置进行设定的整型数值。

❯ littleEndian：可选参数，为布尔类型，判断该整数数值的字节序。当值为 true 时，表示以 little-endian 方式设置或读取该整数数值(低地址存放最有效字节)；当参数值为 false 或忽略该参数值时，表示以 big-endian 方式读取该整数数值（低地址存放最高有效字节）。

【示例】下面示例演示了如何使用 DataView 对象的相关方法，实现对文件数据进行截取和检测，演示效果如图 16.10 所示。

图 16.10　判断选取文件的类型

```
<script>
window.onload = function(){
    var result=document.getElementById("result");
    var file=document.getElementById("file");
    if (typeof FileReader == 'undefined' ){
        result.innerHTML = "<h1>当前浏览器不支持 FileReader 对象</h1>";
        file.setAttribute('disabled', 'disabled' );
    }
}
```

```
function file_onchange(){
    var file=document.getElementById("file").files[0];
    if(!/image\/\w+/.test(file.type)){
        alert("请选择一个图像文件！");
        return;
    }
    var slice=file.slice(0,4);
    var reader = new FileReader();
    reader.readAsArrayBuffer(slice);
    var type;
    reader.onload = function(e){
        var buffer=this.result;
        var view=new DataView(buffer);
        var magic=view.getInt32(0,false);
        if(magic<0)    magic = magic + 0x100000000;
        magic=magic.toString(16).toUpperCase();
        if(magic.indexOf('FFD8FF') >=0)    type="jpg 文件";
        if(magic.indexOf('89504E47') >=0)  type="png 文件";
        if(magic.indexOf('47494638') >=0)   type="gif 文件";
        if(magic.indexOf('49492A00') >=0)   type="tif 文件";
        if(magic.indexOf('424D') >=0)  type="bmp 文件";
        document.getElementById("result").innerHTML ='文件类型为：'+type;
    }
}
</script>
<input type="file" id="file" onchange="file_onchange()" /><br/>
<output id="result"></output>
```

【设计分析】

第 1 步，在上面示例中，先在页面中设计一个文件控件。

第 2 步，当用户在浏览器中选取一个图像文件后，JavaScript 先检测文件类型，当检测为图像文件时，再使用 File 对象的 slice() 方法将该文件中前 4 个字节的内容复制到一个 Blob 对象中。

```
var file=document.getElementById("file").files[0];
if(!/image\/\w+/.test(file.type)){
    alert("请选择一个图像文件！");
    return;
}
var slice=file.slice(0,4);
```

第 3 步，新建 FileReader 对象，使用该对象的 readAsArrayBuffer() 方法将 Blob 对象中的数据读取为一个 ArrayBuffer 对象。

```
var reader = new FileReader();
reader.readAsArrayBuffer(slice);
```

第 4 步，读取 ArrayBuffer 对象后，使用 DataView 对象读取该 ArrayBuffer 缓存区中位于开头位置的一个 32 位整数。

```
reader.onload = function(e){
    var buffer=this.result;
    var view=new DataView(buffer);
    var magic=view.getInt32(0,false);
}
```

第 5 步，根据该整数值判断用户选取的文件类型，并将文件类型显示在页面上。

```
if(magic<0)    magic = magic + 0x100000000;
magic=magic.toString(16).toUpperCase();
```

```
if(magic.indexOf('FFD8FF') >=0)  type="jpg 文件";
if(magic.indexOf('89504E47') >=0)  type="png 文件";
if(magic.indexOf('47494638') >=0)   type="gif 文件";
if(magic.indexOf('49492A00') >=0)  type="tif 文件";
if(magic.indexOf('424D') >=0)   type="bmp 文件";
document.getElementById("result").innerHTML ='文件类型为：'+type;
```

16.5　使用 FileSystem API

HTML5 的 FileSystem API 可以将数据保存到本地磁盘的文件系统中，实现数据的永久保存。

16.5.1　认识 FileSystem API

FileSystem API 包括两部分内容：一部分内容为除后台线程之外的任何场合都可以使用的异步 API，另一部分内容为后台线程中专用的同步 API。本节仅介绍异步 API 内容。

FileSystem API 具有如下特性。

❧ 支持跨域通信，但是每个域的文件系统只能被该域专用，不能被其他域访问。

❧ 存储的数据是永久的，不能被浏览器随意删除，但是存储在临时文件系统中的数据被浏览器自行删除。

❧ 当 Web 应用连续发出多次对文件系统的操作请求时，每一个请求都将得到响应，同时第 1 个请求中所保存的数据可以被之后的请求立即得到。

目前，只有 Chrome 10+版本浏览器支持 FileSystem API。

16.5.2　访问 FileSystem

使用 window 对象的 requestFileSystem()方法可以请求访问受到浏览器沙箱保护的本地文件系统。用法如下：

```
window.requestFileSystem = window.requestFileSystem || window.webkitRequestFileSystem;
window.requestFileSystem(type, size, successCallback, opt_ errorCallback);
```

参数说明如下。

❧ type：设置请求访问的文件系统使用的文件存储空间的类型，取值包括 window.TEMPORARY 和 window.PERSISTENT。当值为 window.TEMPORARY 时，表示请求临时的存储空间，存储在临时存储空间中的数据可以被浏览器自行删除；当值为 window. PERSISTENT 时，表示请求永久存储空间，存储在该空间的数据不能被浏览器在用户不知情的情况下将其清除，只能通过用户或应用程序来清除，请求永久存储空间需要用户为应用程序指定一定的磁盘配额。

❧ size：设置请求的文件系统使用的文件存储空间的大小，单位为 byte。

❧ successCallback：设置请求成功时执行的回调函数，该回调函数的参数为一个 FileSystem 对象，表示请求访问的文件系统对象。

❧ opt_errorCallback：可选参数，设置请求失败时执行的回调函数，该回调函数的参数为一个 FileError 对象，其中存放了请求失败时的各种信息。

FileError 对象包含 code 属性，其值为 FileSystem API 中预定义的常量值，说明如下。

❧ FileError.QUOTA_EXCEEDED_ERR：文件系统所使用的存储空间的尺寸超过磁盘配额控制中指定的空间尺寸。

❧ FileError.NOT_FOUND_ERR：未找到文件或目录。

➥ FileError.SECURITY_ERR：操作不当引起安全性错误。

➥ FileError.INVALID_MODIFICATION_ERR：不能执行对文件或目录所指定的操作（如文件复制、删除、目录拷贝、目录删除等处理）。

➥ FileError.INVALID_STATE_ERR：指定的状态无效。

➥ FileError. ABORT_ERR：当前操作被终止。

➥ FileError. NOT_READABLE_ERR：指定的目录或文件不可读。

➥ FileError. ENCODING_ERR：文字编码错误。

➥ FileError.TYPE_MISMATCH_ERR：用户企图访问目录或文件，但是用户访问的目录事实上是一个文件或用户访问的文件事实上是一个目录。

➥ FileError. PATH_EXISTS_ERR：用户指定的路径中不存在需要访问的目录或文件。

【示例】下面示例演示如何在 Web 应用中使用 FileSystem API。

```
<script>
window.requestFileSystem = window.requestFileSystem || window.webkitRequestFileSystem;
var fs = null;
if(window.requestFileSystem){
    window.requestFileSystem(window.TEMPORARY, 1024*1024,
    function(filesystem) {
        fs = filesystem;
    }, errorHandler);
}
function errorHandler(FileError) {
    switch (FileError.code) {
        case FileError.QUOTA_EXCEEDED_ERR:
            console.log('文件系统的存储空间超过磁盘限额控制中指定的空间尺寸');
            break;
        case FileError.NOT_FOUND_ERR:
            console.log('未找到文件或目录');
            break;
        case FileError.SECURITY_ERR:
            console.log( '操作不当引起安全性错误');
            break;
        case FileError.INVALID_MODIFICATION_ERR:
            console.log('对文件或目录所指定的操作不能被执行');
            break;
        case FileError.INVALID_STATE_ERR:
            console.log('指定的状态无效');
    };
}
</script>
```

在上面代码中，先判断浏览器是否支持 FileSystem API，如果支持则调用 window.requestFileSystem() 请求访问本地文件系统，如果请求失败则在控制台显示错误信息。

16.5.3 申请配额

当在磁盘中保存数据时，首先需要申请一定的磁盘配额。在 Chrome 浏览器中可以通过 window.webkitStorageInfo.requestQuota() 方法向用户计算机申请磁盘配额。用法如下：

```
window.webkitStorageInfo.requestQuota(PERSISTENT, 1024*1024,
    //申请磁盘配额成功时执行的回调函数
    function(grantedBytes){
```

```
        window.requestFilesystem(PERSISTENT, grantedBytes, onInitFs, errorHandler);
    },
    //申请磁盘配额失败时执行的回调函数
    errorHandler
)
```

该方法包含 4 个参数，说明如下。

❧ 第 1 个参数：为 TEMPORARY 或 PERSISTENT。为 TEMPORARY 时，表示为临时数据申请磁盘配额；为 PERSISTENT 时，表示为永久数据申请磁盘配额。当在用户计算机中保存临时数据，如果其他磁盘空间尺寸不足，可能会删除应用程序所用磁盘配额中的数据。在磁盘配额中保存数据后，当浏览器被关闭或关闭计算机电源时，这些数据不会丢失。

❧ 第 2 个参数：为整数值，表示申请的磁盘空间尺寸，单位为 byte。上面代码将参数值设为 1024 × 1024，表示向用户计算机申请 1GB 的磁盘空间。

❧ 第 3 个参数：为一个函数，表示申请磁盘配额成功时执行的回调函数。在回调函数中可以使用一个参数，参数值为申请成功的磁盘空间尺寸，单位为 byte。

❧ 第 4 个参数：为一个函数，表示申请磁盘配额失败时执行的回调函数。该回调函数使用一个参数，参数值为一个 FileError 对象，其中存放申请磁盘配额失败时的各种错误信息。

📢 提示：

当 Web 应用首次申请磁盘配额成功后，将立即获得该磁盘配额中指定的磁盘空间，下次使用该磁盘空间时不需要再次申请。

【示例 1】下面示例演示如何申请磁盘配额。首先在页面中设计一个文本框，当用户在文本框控件中输入需要申请的磁盘空间尺寸后，JavaScript 向用户申请磁盘配额，申请磁盘配额成功后在页面中显示申请的磁盘空间大小。

```
<script>
function getQuota(){                                    //申请磁盘配额
    var size = document.getElementById("capacity").value;
    window.webkitStorageInfo.requestQuota(PERSISTENT,size,
    function(grantedBytes){                            //申请磁盘配额成功时执行的回调函数
        var text="申请磁盘配额成功<br>磁盘配额尺寸:"
        var strBytes,intBytes;
        if(grantedBytes>=1024*1024*1024){
            intBytes=Math.floor(grantedBytes/(1024*1024*1024));
            text+=intBytes+"GB ";
            grantedBytes=grantedBytes%(1024*1024*1024);
        }
        if(grantedBytes>=1024*1024){
            intBytes=Math.floor(grantedBytes/(1024*1024));
            text+=intBytes+"MB ";
            grantedBytes=grantedBytes%(1024*1024);
        }
        if(grantedBytes>=1024){
            intBytes=Math.floor(grantedBytes/1024);
            text+=intBytes+"KB ";
            grantedBytes=grantedBytes%1024;
        }
        text+=grantedBytes+"Bytes";
        document.getElementById("result").innerHTML = text;
    },
```

```
        errorHandler);                        //申请磁盘配额失败时执行的回调函数
}
function errorHandler(FileError) {
    switch (FileError.code) {
        case FileError.QUOTA_EXCEEDED_ERR:
            console.log('文件系统的存储空间超过磁盘限额控制中指定的空间尺寸');
            break;
        case FileError.NOT_FOUND_ERR:
            console.log('未找到文件或目录');
            break;
        case FileError.SECURITY_ERR:
            console.log( '操作不当引起安全性错误');
            break;
        case FileError.INVALID_MODIFICATION_ERR:
            console.log('对文件或目录所指定的操作不能被执行');
            break;
        case FileError.INVALID_STATE_ERR:
            console.log('指定的状态无效');
    };
}
</script>
<form>
    <input type="text" id="capacity" value="1024">
    <input type="button" value="申请磁盘配额" onclick="getQuota()">
</form>
<output id="result" ></output>
```

在 Chrome 浏览器中浏览页面，然后在文本框控件中输入 30000，单击"申请磁盘配额"按钮，则
JavaScript 会自动计算出当前磁盘配额空间的尺寸，如图 16.11 所示。

图 16.11　申请磁盘配额

成功申请磁盘配额之后，可以使用 window.webkitStorageInfo. queryUsageAndQuota()方法查询申请的
磁盘配额信息。用法如下：

```
window.webkitStorageInfo.queryUsageAndQuota(PERSISTENT,
    //获取磁盘配额信息成功时执行的回调函数
    function(usage,quota)  {
        //代码
    },
    //获取磁盘配额信息失败时执行的回调函数
    errorHandler
);
```

该方法包含 3 个参数，说明如下。

➥ 第 1 个参数：可选 TEMPORARY 或 PERSISTENT 常量值。为 TEMPORARY 时，表示查询保存
临时数据用磁盘配额信息；为 PERSISTENT 时，表示查询保存永久数据用磁盘配额信息。

➥ 第 2 个参数：函数，表示查询磁盘配额信息成功时执行的回调函数。在回调函数中可以使用两个
参数，其中第 1 个参数为磁盘配额中已用磁盘空间尺寸，第 2 个参数表示磁盘配额所指定的全部
磁盘空间尺寸，单位为 byte。

➥ 第 3 个参数：函数，表示查询磁盘配额信息失败时执行的回调函数。回调函数的参数为一个 FileError
对象，其中存放了查询磁盘配额信息失败时的各种错误信息。

【示例 2】我们看一个查询磁盘配额信息的代码示例。设计在页面中显示一个"查询磁盘配额信息"
按钮，当用户单击该按钮时，将查询用户申请的磁盘配额信息。查询成功时将磁盘配额中用户已占用磁
盘空间尺寸和磁盘配额的总空间尺寸显示在页面中，演示效果如图 16.12 所示。

图 16.12　查询磁盘配额信息

```
<script>
function queryQuota(){          //查询磁盘配额信息
    window.webkitStorageInfo.queryUsageAndQuota (PERSISTENT,
    function(usage,quota){   //查询磁盘配额信息成功时执行的回调函数
        var text="查询磁盘配额信息成功<br>已用磁盘空间:"
        var strBytes,intBytes;
        if(usage>=1024*1024*1024){
            intBytes=Math.floor(usage/(1024*1024*1024));
            text+=intBytes+"GB ";
            usage=usage%(1024*1024*1024);
        }
        if(usage>=1024*1024){
            intBytes=Math.floor(usage/1024*1024);
            text+=intBytes+"MB ";
            usage=usage%1024*1024;
        }
        if(usage>=1024){
            intBytes=Math.floor(usage/1024);
            text+=intBytes+"KB ";
            usage=usage%1024;
        }
        text+=usage+"Bytes";
        text+="<br>磁盘配额的总空间：";
        if(quota>=1024*1024*1024){
            intBytes=Math.floor(quota/(1024*1024*1024));
            text+=intBytes+"GB ";
            quota=quota%(1024*1024*1024);
        }
        if(quota>=1024*1024){
            intBytes=Math.floor(quota/(1024*1024));
```

```
        text+=intBytes+"MB ";
        quota=quota%(1024*1024);
    }
    if(quota>=1024){
        intBytes=Math.floor(quota/1024);
        text+=intBytes+"KB ";
        quota=quota%1024;
    }
    text+=quota+"Bytes";
    document.getElementById("result").innerHTML = text;
    },
    errorHandler);                          //申请磁盘配额失败时执行的回调函数
}
function errorHandler(FileError) {
    //参考上面示例代码中的 errorHandler()
}
</script>
<h1>查询磁盘配额信息</h1>
<input type="button" value="查询磁盘配额信息" onclick="queryQuota()">
<output id="result" ></output>
```

16.5.4 创建文件

创建文件的操作思路：当用户调用 requestFileSystem()方法请求访问本地文件系统时，如果请求成功，则执行一个回调函数，这个回调函数中包含一个参数，它指向可以获取的文件系统对象，该文件系统对象包含一个 root 属性，属性值为一个 DirectoryEntry 对象，表示文件系统的根目录对象。在请求成功时执行的回调函数中，可以通过文件系统的根目录对象的 getFile()方法在根目录中创建文件。

getFile()方法包含 4 个参数，简单说明如下。

➢ 第 1 个参数：为字符串值，表示需要创建或获取的文件名。

➢ 第 2 个参数：为一个自定义对象。当创建文件时，必须将该对象的 create 属性值设为 true；当获取文件时，必须将该对象的 create 属性值设为 false；当创建文件时，如果该文件已存在，则覆盖该文件；当读取文件时，如果该文件已存在，且被使用排他方式打开，则抛出错误。

➢ 第 3 个参数：为一个函数，代表获取文件或创建文件成功时执行的回调函数。在回调函数中可以使用一个参数，参数值为一个 FileEntry 对象，表示成功创建或获取的文件。

➢ 第 4 个参数：为一个函数，代表获取文件或创建文件失败时执行的回调函数。参数值为一个 FileError 对象，其中存放了获取文件或创建文件失败时的各种错误信息。

FileEntry 对象表示受到沙箱保护的文件系统中每一个文件。该对象包含如下属性。

➢ isFile：区分对象是否为文件。属性值为 true，表示对象为文件；属性值为 false，表示该对象为目录。

➢ isDirectory：区分对象是否为目录。属性值为 true，表示对象为目录；属性值为 false，表示该对象为文件。

➢ name：表示该文件的文件名，包括文件的扩展名。

➢ fullPath：表示该文件的完整路径。

➢ filesystem：表示该文件所在的文件系统对象。

另外，FileEntry 对象包括 remove()（删除）、moveTo()（移动）、copyTo()（拷贝）等方法。

【示例】下面示例演示了创建文件的基本方法。在页面中设计两个文本框和一个"创建文件"按钮，其中一个文本框控件用于输入文件名，另一个文本框控件用于输入文件大小，单位为 byte，用户输入文件名及文件大小后，单击"创建文件"按钮，JavaScript 会在文件系统中的根目录下创建文件，并将创建的文件信息显示在页面中，演示效果如图 16.13 所示。

图 16.13　创建文件

```
<script>
window.requestFileSystem = window.requestFileSystem || window.webkitRequestFileSystem;
function createFile(){                          //创建文件
    var size = document.getElementById("FileSize").value;
    window.requestFileSystem( PERSISTENT, size,
        function(fs){                           //请求文件系统成功时所执行的回调函数
            var filename = document.getElementById("FileName").value;
            fs.root.getFile(                    //创建文件
                filename,
                { create: true },
                function(fileEntry){            //创建文件成功时所执行的回调函数
                    var text = "完整路径："+fileEntry.fullPath+"<br>";
                    text += "文 件 名："+fileEntry.name+"<br>";
                    document.getElementById("result").innerHTML = text;
                },
                errorHandler                    //创建文件失败时所执行的回调函数
            );
        },
        errorHandler                            //请求文件系统失败时所执行的回调函数
    );
}
function errorHandler(FileError) { //省略代码}
</script>
<h1>创建文件</h1>
文 件 名：<input type="text" id="FileName" value="test.txt"><br/><br/>
文件大小：<input type="text" id="FileSize" value="1024"/>Bytes<br/><br/>
<input type="button" value="创建文件" onclick="createFile()"><br/><br/>
<output id="result" ></output>
```

🚗 注意：

　　如果启动系统，初次测试本例，在测试本节示例之前，应先运行 16.5.2 节示例代码，以便请求访问受浏览器沙箱保护的本地文件系统，然后再运行 16.5.3 节示例代码，以便申请磁盘配额。

16.5.5　写入数据

HTML5 使用 FileWriter 和 FileWriterSync 对象执行文件写入操作，其中 FileWriterSync 对象用于在后台线程中进行文件的写操作，FileWriter 对象用于除后台线程之外任何场合进行写操作。

在 FileSystem API 中，当使用 DirectoryEntry 对象的 getFile()方法成功获取一个文件对象之后，可以在获取文件对象成功时所执行的回调函数中，利用文件对象的 createWriter()方法创建 FileWriter 对象。

createWriter()方法包含两个参数，分别为创建 FileWriter 对象成功时执行的回调函数和失败时执行的回调函数。在创建 FileWriter 对象成功时执行的回调函数中，包含一个参数，它表示 FileWriter 对象。

使用 FileWrier 对象的 write()方法在获取到的文件中写入二进制数据。用法如下：

```
fileWriter.write(data);
```

参数 data 为一个 Blob 对象，表示要写入的二进制数据。

使用 FileWrier 对象的 writeend 和 error 事件可以进行监听，在事件回调函数中可以使用一个对象，它表示被触发的事件对象。

【示例】以上节示例为基础，对 createFile()函数进行修改。当用户单击"创建文件"按钮时，首先创建一个文件，在创建文件成功时执行的回调函数中创建一个 Blob 对象，并在其中写入'Hello, World'文字，当写文件操作成功时在页面中显示"写文件操作结束"文字，当写文件操作失败时在页面中显示"写文件操作失败"文字，如图 16.14 所示。

图 16.14　写入文件

```
<script>
window.requestFileSystem = window.requestFileSystem || window.webkitRequestFileSystem;
function createFile(){                      //写入文件操作
    var size = document.getElementById("FileSize").value;
    window.requestFileSystem( PERSISTENT, size,
        function(fs){                       //请求文件系统成功时所执行的回调函数
            var filename = document.getElementById("FileName").value;
            fs.root.getFile(filename,       //创建文件
                {create: true},
                function(fileEntry) {
                    fileEntry.createWriter(function(fileWriter) {
                        fileWriter.onwriteend = function(e) {
                        document.getElementById("result").innerHTML ='写文件操作结束';
                        };
                        fileWriter.onerror = function(e) {
                        document.getElementById("result").innerHTML='写文件操作失败：';
                        };
                        var blob = new Blob(['Hello, World']);
```

```
                    fileWriter.write(blob);
                }, errorHandler);
            }, errorHandler);
        },
        errorHandler                         //请求文件系统失败时所执行的回调函数
    );
}
function errorHandler(FileError) { //省略代码}
</script>

<h1>创建文件</h1>
文 件 名: <input type="text" id="FileName" value="test.txt"><br/><br/>
文件大小: <input type="text" id="FileSize" value="1024"/>Bytes<br/><br/>
<input type="button" value="创建文件" onclick="createFile()"><br/>
<output id="result" ></output>
```

🚌 注意:

如果启动系统，初次测试本例，在测试本节示例之前，应先运行 16.5.2 节示例代码，以便请求访问受浏览器沙箱保护的本地文件系统，然后再运行 16.5.3 节示例代码，以便申请磁盘配额。

16.5.6　添加数据

向文件添加数据与创建文件并写入数据操作类似，区别在于在获取文件之后，首先需要使用 FileWriter 对象的 seek() 方法将文件读写位置设置到文件底部。用法如下：

```
fileWriter.seek(fileWriter.length);
```

参数值为长整型数值。当值为正值时，表示文件读写位置与文件开头处之间的距离，单位为 byte（字节数）；当值为负值时，表示文件读写位置与文件结尾处之间的距离。

【示例】下面示例演示如何向指定文件添加数据。在页面中设计一个用于输入文件名的文本框和一个"添加数据"按钮，当用户在文件名文本框中输入文件名后，单击"添加数据"按钮，将在该文件中添加"新数据"文字，追加成功后在页面中显示"添加数据成功"提示信息，演示效果如图 16.15 所示。

图 16.15　添加数据

```
<script>
window.requestFileSystem = window.requestFileSystem || window.webkitRequestFileSystem;
function addData(){                            //向文件中添加数据
    window.requestFileSystem( PERSISTENT, 1024,
        function(fs){                          //请求文件系统成功时所执行的回调函数
            var filename = document.getElementById("fileName").value;
            fs.root.getFile(filename,          //创建文件
```

```
            {create:false},
            function(fileEntry) {
                fileEntry.createWriter(function(fileWriter) {
                    fileWriter.onwriteend = function(e) {
                    document.getElementById("result").innerHTML ='添加数据成功';
                    };
                    fileWriter.onerror = function(e) {
                    document.getElementById("result").innerHTML='添加数据失败：';
                    };
                    fileWriter.seek(fileWriter.length);
                    var blob = new Blob(['新数据']);
                    fileWriter.write(blob);
                }, errorHandler);
            }, errorHandler);
        },
        errorHandler                         //请求文件系统失败时所执行的回调函数
    );
}
function errorHandler(FileError) { //省略代码 }
</script>
<h1>添加数据</h1>
文件名: <input type="text" id="fileName" value="test.txt"><br/><br/>
<input type="button" value="添加数据" onclick="addData()"><br/>
<output id="result" ></output>
```

🚗 **注意：**

如果启动系统，初次测试本例，在测试本节示例之前，应先运行 16.5.2 节示例代码，以便请求访问受浏览器沙箱保护的本地文件系统，然后再运行 16.5.3 节示例代码，以便申请磁盘配额。

16.5.7　读取数据

在 FileSystem API 中，使用 FileReader 对象可以读取文件，详细介绍可以参考 16.3 节内容。

在文件对象（FileEntry）的 file()方法中包含两个参数，分别表示获取文件成功和失败时执行的回调函数，在获取文件成功时执行的回调函数中，可以使用一个参数，代表成功获取的文件。

【示例】下面示例设计一个用于输入文件名的文本框和一个"读取文件"按钮，当用户在文件名文本框中输入文件名后，单击"读取文件"按钮，将读取该文件中的内容，并将这些内容显示在页面上的 textarea 元素中，演示效果如图 16.16 所示。

图 16.16　读取并显示文件内容

```
<script>
window.requestFileSystem = window.requestFileSystem || window.webkitRequestFileSystem;
function readFile(){                        //读取文件
    window.requestFileSystem( PERSISTENT, 1024,
        function(fs){                       //请求文件系统成功时所执行的回调函数
            var filename = document.getElementById("FileName").value;
            fs.root.getFile(filename,       //获取文件对象
                {create:false},
                function(fileEntry) {       //获取文件对象成功时所执行的回调函数
                    fileEntry.file(         //获取文件
                        function(file) {    //获取文件成功时所执行的回调函数
                            var reader = new FileReader();
                            reader.onloadend = function(e) {
                                var txtArea = document.createElement('textarea');
                                txtArea.value = this.result;
                                document.body.appendChild(txtArea);
                            };
                            reader.readAsText(file);
                        },
                        errorHandler        //获取文件失败时所执行的回调函数
                    );
                },
                errorHandler);              //获取文件对象失败时所执行的回调函数
        },
        errorHandler                        //请求文件系统失败时所执行的回调函数
    );
}
function errorHandler(FileError) {          //省略代码}
</script>
<h1>读取文件</h1>
文件名: <input type="text" id="FileName" value="test.txt"><br/> <br/>
<input type="button" value="读取文件" onclick="readFile()"> <br/>
<output id="result" ></output>
```

🚗 注意:

如果启动系统，初次测试本例，在测试本节示例之前，应先运行 16.5.2 节示例代码，以便请求访问受浏览器沙箱保护的本地文件系统，然后再运行 16.5.3 节示例代码，以便申请磁盘配额。

16.5.8　复制文件

在 FileSystem API 中，可以使用 File 对象引用磁盘文件，然后将其写入文件系统。用法如下:

```
fileWriter.write(file);
```

参数 file 表示用户磁盘上的一个文件对象；也可以为一个 Blob 对象，表示需要写入的二进制数据。在 HTML5 中，File 对象继承 Blob 对象，所以在 write()方法中可以使用 File 对象作为参数，表示使用某个文件中的原始数据进行写文件操作。

【示例】下面示例将用户磁盘上的文件复制到受浏览器沙箱保护的文件系统中。先在页面上设计一个文件控件，当用户选取磁盘上的多个文件后,将用户选取文件复制到受浏览器沙箱保护的文件系统中,复制成功后，在页面中显示所有被复制的文件名，演示效果如图 16.17 所示。

图 16.17　复制文件内容

```
<script>
window.requestFileSystem = window.requestFileSystem || window.webkitRequestFileSystem;
function myfile_onchange(){                    //复制文件
    var files=document.getElementById("myfile").files;
    window.requestFileSystem( PERSISTENT, 1024,
        function(fs){                          //请求文件系统成功时所执行的回调函数
            for(var i = 0, file; file = files[i]; ++i){
                (function(f) {
                    fs.root.getFile(file.name, {create: true}, function(fileEntry) {
                        fileEntry.createWriter(function(fileWriter) {
                            fileWriter.onwriteend = function(e) {
                                document.getElementById("result").innerHTML+='复制文件名为:
                                    '+f.name+'<br/>';
                            };
                            fileWriter.onerror = errorHandler
                            fileWriter.write(f);
                        }, errorHandler);
                    }, errorHandler);
                })(file);
            }
        },
        errorHandler                           //请求文件系统失败时所执行的回调函数
    );
}
function errorHandler(FileError) {  //省略代码   }
</script>
<h1>复制文件</h1>
<input type="file" id="myfile" onchange="myfile_onchange()" multiple /><br>
<output id="result" ></output>
```

注意:

　　如果启动系统，初次测试本例，在测试本节示例之前，应先运行 16.5.2 节示例代码，以便请求访问受浏览器沙箱保护的本地文件系统，然后再运行 16.5.3 节示例代码，以便申请磁盘配额。

16.5.9　删除文件

　　在 FileSystem API 中，使用 FileEntry 对象的 remove()方法可以删除该文件。remove() 方法包含两个参数，分别为删除文件成功和失败时执行的回调函数。

　　【示例】下面示例演示了如何删除指定名称的文件。在页面中设计一个文本框和一个"删除文件"按钮，用户输入文件名后，单击"删除文件"按钮，在文件系统中将删除该文件，删除成功后在页面中显示该文件被删除的提示信息，演示效果如图 16.18 所示。

图 16.18　删除文件

```
<script>
window.requestFileSystem = window.requestFileSystem || window.webkitRequestFileSystem;
function deleteFile(){                            //删除文件
    window.requestFileSystem( PERSISTENT, 1024,
        function(fs){                             //请求文件系统成功时所执行的回调函数
            var filename = document.getElementById("fileName").value;
            fs.root.getFile(                      //获取文件
                filename,
                { create: false },
                function(fileEntry){              //获取文件成功时所执行的回调函数
                    fileEntry.remove(
                        function() {              //删除文件成功时所执行的回调函数
                            document.getElementById("result").innerHTML
                                =fileEntry.name+'文件被删除';
                        },
                        errorHandler              //删除文件失败时所执行的回调函数
                    );
                },
                errorHandler                      //获取文件失败时所执行的回调函数
            );
        },
        errorHandler                              //请求文件系统失败时所执行的回调函数
    );
}
function errorHandler(FileError) {    //省略代码  }
</script>
<h1>删除文件</h1>
文件名：<input type="text" id="fileName" value="test.txt"><br/><br/>
<input type="button" value="删除文件" onclick="deleteFile()"><br/>
<output id="result" ></output>
```

🚨 注意：

　　如果启动系统，初次测试本例，在测试本节示例之前，应先运行 16.5.2 节示例代码，以便请求访问受浏览器沙箱保护的本地文件系统，然后再运行 16.5.3 节示例代码，以便申请磁盘配额。

16.5.10　创建目录

　　在 FileSystem API 中，DirectoryEntry 对象表示一个目录，该对象包括如下属性。

- isFile：区分对象是否为文件。属性值为 true，表示对象为文件；属性值为 false，表示该对象为目录。
- isDirectory：区分对象是否为目录。属性值为 true，表示对象为目录；属性值为 false，表示该对象为文件。
- name：表示该目录的目录名。

❯ fullPath：表示该目录的完整路径。

❯ filesystem：表示该目录所在的文件系统对象。

DirectoryEntry 对象还包括一些可以创建、复制或删除目录的方法。

使用 DirectoryEntry 对象的 getDirectory()方法可以在一个目录中创建或获取子目录，该方法包含 4 个参数，简单说明如下。

❯ 第 1 个参数：为一个字符串，表示需要创建或获取的子目录名。

❯ 第 2 个参数：为一个自定义对象。当创建目录时，必须将该对象的 create 属性值设定为 true；当 获取目录时，必须将该对象的 create 属性值设定为 false。

❯ 第 3 个参数：为一个函数，表示获取子目录或创建子目录成功时执行的回调函数。在回调函数中 可以使用一个参数，参数为一个 DirectoryEntry 对象，代表创建或获取成功的子目录。

❯ 第 4 个参数：为一个函数，表示获取子目录或创建子目录失败时执行的回调函数。参数值为一个 FileError 对象，其中存放了获取子目录或创建子目录失败时的各种错误信息。

【示例 1】下面示例演示了如何创建一个子目录。首先在页面中设计文本框，用于输入目录名称，同时添 加一个"创建目录"按钮。输入目录名后，单击"创建目录"按钮，将在根目录下创建子目录，并将创建的 目录信息显示在页面中，演示效果如图 16.19 所示。

图 16.19　创建子目录

```html
<script>
window.requestFileSystem = window.requestFileSystem || window.webkitRequestFileSystem;
function createDirectory(){                      //创建目录
    window.requestFileSystem(
        PERSISTENT,
        1024,
        function(fs){                            //请求目录系统成功时所执行的回调函数
            var directoryName = document.getElementById("directoryName").value;
            fs.root.getDirectory(                //创建目录
                directoryName,
                { create: true },
                function(dirEntry){              //创建目录成功时所执行的回调函数
                    var text = "目录路径: "+dirEntry.fullPath+"<br>";
                    text += "目 录 名: "+dirEntry.name+"<br>";
                    document.getElementById("result").innerHTML = text;
                },
                errorHandler                     //创建目录失败时所执行的回调函数
            );
        },
        errorHandler                             //请求文件系统失败时所执行的回调函数
    );
}
function errorHandler(FileError) { //省略代码}
</script>
```

```html
<h1>创建目录</h1>
目录名：<input type="text" id="directoryName" value="test"><br/><br/>
<input type="button" value="创建目录" onclick="createDirectory()"><br/>
<output id="result" ></output>
```

在创建树形目录时，如果文件系统中不存在一个目录，直接创建该目录下的子目录时，将会抛出错误。但是有时应用程序中会在执行某个操作后先创建子目录，然后创建该目录下的子目录。

【示例 2】下面示例演示如何使用递归法按正确的顺序创建子目录。在页面中显示一个"创建目录"按钮，单击该按钮后将在文件系统根目录下创建'one/two/three'这种三级目录。创建的同时在页面中按创建顺序显示被创建的每一个子目录，演示效果如图 16.20 所示。

图 16.20　创建树形目录

```html
<script>
var path = 'one/two/three';
function createDirectory(rootDirEntry, folders){    //创建目录
    window.requestFileSystem(
        PERSISTENT,
        1024,
        function(fs){                                //请求文件系统成功时所执行的回调函数
            createDir(fs.root, path.split('/'));     //使用递归函数创建每一级子目录
        },
        errorHandler                                 //请求文件系统失败时所执行的回调函数
    );
}
function createDir(rootDirEntry, folders){           //创建目录时使用的递归函数
    if (folders[0] == '.' || folders[0] == '') {     //将"/foo/./bar"之类的目录名中的'./'
                                                     //或 '/'剔除
        folders = folders.slice(1);
    }
    rootDirEntry.getDirectory(folders[0], {create: true},
        function(dirEntry) {                          //创建目录成功时所执行的回调函数
            if (folders.length) {
                document.getElementById("result").innerHTML += dirEntry.name+"目录已
                    创建<br/>";
                createDir(dirEntry, folders.slice(1));//调用递归函数创建子目录
            }
        },
        errorHandler                                 //创建目录失败时所执行的回调函数
    );
}
function errorHandler(FileError) { //省略代码}
</script>
<h1>创建树形目录</h1>
<input type="button" value="创建目录" onclick="createDirectory()"><br/>
<output id="result" ></output>
```

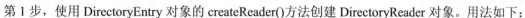

🚗 注意:

如果启动系统，初次测试本例，在测试本节示例之前，应先运行 16.5.2 节示例代码，以便请求访问受浏览器沙箱保护的本地文件系统，然后再运行 16.5.3 节示例代码，以便申请磁盘配额。

16.5.11　读取目录

在 FileSystem API 中，读取目录的操作步骤如下。

第 1 步，使用 DirectoryEntry 对象的 createReader()方法创建 DirectoryReader 对象。用法如下：

```
var dirReader=fs.root.createReader();
```

该方法不包含任何参数，返回值为创建的 DirectoryEntry 对象。

第 2 步，在创建 DirectoryEntry 对象之后，使用该对象的 readEntries()方法读取目录。该方法包含两个参数，简单说明如下。

➲ 第 1 个参数为读取目录成功时执行的回调函数。回调函数包含一个参数，代表被读取的该目录中目录及文件的集合。

➲ 第 2 个参数为读取目录失败时执行的回调函数。

第 3 步，在异步 FileSystem API 中，不能保证一次就能读取出该目录中的所有目录及文件，应该多次使用 readEntries()方法，一直到回调函数的参数集合的长度为 0 为止（表示不再读出目录或文件）。

【示例】下面示例演示了如何读取目录。在页面中设计一个"读取目录"按钮，单击该按钮将读取文件系统根目录中的所有目录和文件，并将其显示在页面上，演示效果如图 16.21 所示。

图 16.21　读取目录

```
<script>
window.requestFileSystem = window.requestFileSystem || window.webkitRequestFileSystem;
function readDirectory(){                         //读取目录
    window.requestFileSystem( PERSISTENT, 1024,
        function(fs){                             //请求文件系统成功时所执行的回调函数
            var dirReader = fs.root.createReader();
            var entries = [];
            var readEntries = function() {        //调用 readEntries，直到读不出目录或文件
                dirReader.readEntries (
                    function(results) {           //读取目录成功时执行的回调函数
                        if (!results.length) {
                            listResults(entries.sort());
                        }
                        else {
                            entries = entries.concat(toArray(results));
                            readEntries();
                        }
                    },
                    errorHandler                  //读取目录失败时执行的回调函数
                );
```

```
        };
            readEntries();                          //开始读取目录
    },
        errorHandler                           //请求文件系统失败时所执行的回调函数
    );
}
function listResults(entries) {
    var type;
    entries.forEach(function(entry, i) {
        if(entry.isFile)
            type="文件: "+entry.name;
        else
            type="目录: "+entry.name;
        document.getElementById("result").innerHTML+=type+"<br/>";
    });
}
function toArray(list) { return Array.prototype.slice.call(list || [], 0);}
function errorHandler(FileError) { //省略代码}
</script>
<h1>读取目录</h1>
<input type="button" value="读取目录" onclick="readDirectory()"><br/>
<output id="result" ></output>
```

16.5.12　删除目录

在 FileSystem API 中，使用 DirectoryEntry 对象的 remove()方法可以删除该目录。该方法包含两个参数，分别为删除目录成功时执行的回调函数和删除目录失败时执行的回调函数。当删除目录时，如果该目录中含有文件或子目录，则抛出错误。

【示例】下面示例演示了如何删除文件系统中某个目录。在页面中设计一个文本框控件和一个"删除目录"按钮，当在文本框中输入目录名后，单击"删除目录"按钮，将在文件系统中删除该目录，删除成功后在页面中显示提示信息，演示效果如图 16.22 所示。

图 16.22　删除目录

```
<script>
window.requestFileSystem = window.requestFileSystem || window.webkitRequestFileSystem;
function deleteDirectory(){                      //删除目录
    window.requestFileSystem(
        PERSISTENT,
        1024,
        function(fs){                           //请求文件系统成功时所执行的回调函数
            var directoryName = document.getElementById("directoyName").value;
            fs.root.getDirectory(                //获取目录
                directoryName,
                { create: false },
```

```
            function(dirEntry){           //获取目录成功时所执行的回调函数
                dirEntry.removeRecursively(
                    function() {           //删除目录成功时所执行的回调函数
                        document.getElementById("result").innerHTML =dirEntry.name+
                            '目录被删除';
                    },
                    errorHandler              //删除目录失败时所执行的回调函数
                );
            },
            errorHandler                      //获取目录失败时所执行的回调函数
        );
    },
    errorHandler                              //请求文件系统失败时所执行的回调函数
    );
}
function errorHandler(FileError) { //省略代码}
</script>
<h1>删除目录</h1>
目录名: <input type="text" id="directoyName" value="test"><br/><br/>
<input type="button" value="删除目录" onclick="deleteDirectory()"><br/>
<output id="result" ></output>
```

📢 提示:

当目录中含有子目录或文件时，要将该目录包括其中的子目录及文件一并删除时，可以使用 DirectoryEntry 对象的 removeRecursively() 方法删除该目录。该方法包含参数及其说明与 remove() 方法的不同仅在于，remove() 方法只能删除空目录，而 removeRecursively() 方法可以连该目录下的所有子目录及文件一并删除。

16.5.13　复制目录

在 FileSystem API 中，使用 FileEntry 对象或 DirectoryEntry 对象的 copyTo() 方法可以将一个目录中的文件或子目录复制到另一个目录中。该方法包含以下 4 个参数。

- ➥ 第 1 个参数：为一个 DirectoryEntry 对象，指定将文件或目录复制到哪个目标目录中。
- ➥ 第 2 个参数：可选参数，为一个字符串值，用于指定复制后的文件名或目录名。
- ➥ 第 3 个参数：可选参数，为一个函数，代表复制成功后执行的回调函数。
- ➥ 第 4 个参数：可选参数，为一个函数，代表复制失败后执行的回调函数。

【示例】下面示例使用 FileSystem API 复制文件系统中的文件。页面包含 3 个文本框控件和一个"复制文件"按钮，其中一个文本框控件用于用户输入复制源目录，一个文本框控件用于用户输入复制的目标目录，一个文本框控件用于输入被复制的文件名，用户输入复制源目录、复制目标目录与被复制的文件名并单击"复制文件"按钮后，将被复制的文件从复制源目录复制到目标目录中，复制成功后在页面中显示提示信息。演示效果如图 16.23 所示。

图 16.23　复制目录中的文件

```
<script>
window.requestFileSystem = window.requestFileSystem || window.webkitRequestFileSystem;
function copyFile(){                              //复制文件
    var src=document.getElementById("src").value;
    var dest=document.getElementById("dest").value;
    var fileName=document.getElementById("fileName").value;
    window.requestFileSystem(window.PERSISTENT, 1024*1024, function(fs) {
        copy(fs.root, src+'/'+fileName, dest+'/');
    }, errorHandler);
}
function copy(cwd, src, dest) {
    cwd.getFile(src, {create:false},
    function(fileEntry) {                         //获取被复制文件成功时执行的回调函数
        cwd.getDirectory(dest, {create:false},
        function(dirEntry) {                      //获取复制目标目录成功时执行的回调函数
            fileEntry.copyTo(dirEntry,fileEntry.name,
            function() {                           //复制文件操作成功时执行的回调函数
                document.getElementById("result").innerHTML ='文件复制成功';
            },
            errorHandler                          //复制文件操作失败时执行的回调函数
        );
    },
    errorHandler);                               //获取复制目标目录失败时执行的回调函数
    }, errorHandler);                            //获取被复制文件失败时执行的回调函数
}
function errorHandler(FileError) {//省略代码}
</script>
<h1>复制文件</h1>
源 目 录：<input type="text" id="src"><br/>
目标目录：<input type="text" id="dest"><br/>
复制文件：<input type="text" id="fileName"><br/>
<input type="button" value="复制文件" onclick="copyFile()">
<output id="result" ></output>
```

16.5.14 重命名目录

在 FileSystem API 中，使用 FileEntry 对象或 DirectoryEntry 对象的 moveTo()方法将一个目录中的文件或子目录复制到另一个目录中。该方法所用参数及其说明与 copyTo()方法完全相同。

两个方法不同点仅在于，使用 copyTo()方法时，将把指定文件或目录从复制源目录复制到目标目录中，复制后复制源目录中该文件或目录依然存在；而使用 moveTo()方法时，将把指定文件或目录从移动源目录移动到目标目录中，移动后移动源目录中该文件或目录被删除。

◀》提示：

用户可以在上节示例的基础上，把 copyTo()方法换为 moveTo()方法进行测试练习。

【示例】下面示例演示了如何实现文件的重命名操作。先在页面中设计 3 个文本框和一个"文件重命名"按钮，在 3 个文本框中分别输入文件所属目录、文件名与新的文件名，单击"文件重命名"按钮后，将该文件名修改为新名，修改成功后在页面上显示提示信息，如图 16.24 所示。

```
<script>
window.requestFileSystem = window.requestFileSystem || window.webkitRequestFileSystem;
function renameFile(){                            //文件重命名
    var folder=document.getElementById("folder").value;
    var oldFileName=document.getElementById("oldFileName").value;
```

```
    var newFileName=document.getElementById("newFileName").value;
    window.requestFileSystem(window.PERSISTENT, 1024*1024, function(fs) {
        rename(fs.root, folder+'/'+oldFileName,newFileName,folder+'/');
    }, errorHandler);
}
function rename(cwd,oldFileName,newFileName,folder) {
    cwd.getFile(oldFileName, {create:false},
    function(fileEntry) {                      //获取文件成功时执行的回调函数
        cwd.getDirectory(folder, {create:false},
        function(folder) {                     //获取文件目录成功时执行的回调函数
            fileEntry.moveTo(folder,newFileName,
                function() {                   //文件重命名操作成功时执行的回调函数
                    document.getElementById("result").innerHTML ='修改文件名成功,新文件
                        名: '+newFileName;
                },
                errorHandler                   //文件重命名操作失败时执行的回调函数
            );
        },
        errorHandler);                         //获取目录失败时执行的回调函数
    }, errorHandler);                          //获取文件失败时执行的回调函数
}
function errorHandler(FileError) {//省略代码 }
</script>
<h1>文件重命名</h1>
目 录: <input type="text" id="folder"><br/>
文件名: <input type="text" id="oldFileName"><br/>
新文件名: <input type="text" id="newFileName"><br/>
<input type="button" value="文件重命名" onclick="renameFile()"><br/>
<output id="result" ></output>
```

图 16.24　文件重命名

16.5.15　使用 filesystem:URL

在 FileSystem API 中,可以使用带有"filesystem:"前缀的 URL,这种 URL 通常用在页面上元素的 href 属性值或 src 属性值中。

用户可以通过 window 对象的 resolveLocalFileSystemURL()方法根据一个带有"filesystem:"前缀的 URL 获取 FileEntry 对象。该方法包含 3 个参数,简单说明如下。

➥ 第 1 个参数:为一个带有"filesystem:"前缀的 URL。

➥ 第 2 个参数:为一个函数,表示获取文件对象成功时执行的回调函数。该函数使用一个参数,表示获取到的文件对象。

> ↘ 第 3 个参数：为一个函数，表示获取文件对象失败时执行的回调函数。该回调函数使用一个参数，参数值为一个 FileError 对象，其中存放获取文件对象失败时的各种错误信息。

【示例】下面示例演示了"filesystem:"前缀的 URL 和 resolveLocalFileSystemURL()方法的基本应用。在页面中显示一个文本框、一个"创建图片"按钮和一个"显示文件名"按钮，当输入图片文件名后，单击"创建图片"按钮，页面中显示该图片，单击"显示文件名"按钮，页面中显示该图片文件的文件名，演示效果如图 16.25 所示。

图 16.25 显示文件

```
<script>
window.requestFileSystem = window.requestFileSystem || window.webkitRequestFileSystem;
var fileSystemURL;
function createImg(){                              //创建图片
    window.requestFileSystem(
        PERSISTENT,
        1024,
        function(fs){                              //请求文件系统成功时所执行的回调函数
            var filename =document.getElementById("fileName").value;
            fs.root.getFile(filename,              //获取文件对象
                {create:false},
                function(fileEntry) {              //获取文件成功时所执行的回调函数
                    var img = document.createElement('img');
                    fileSystemURL=fileEntry.toURL();
                    img.src = fileSystemURL;
                    document.getElementById("form1").appendChild(img);
                    document.getElementById("btnGetFile").disabled=false;
                },
                errorHandler);                     //获取文件失败时所执行的回调函数
        },
        errorHandler                               //请求文件系统失败时所执行的回调函数
    );
}
function getFile(){
    window.resolveLocalFileSystemURL = window.resolveLocalFileSystemURL
        ||window.webkitResolveLocalFileSystemURL;
    window.resolveLocalFileSystemURL(fileSystemURL,
        function(fileEntry) {                      //获取文件对象成功时执行的回调函数
            document.getElementById("result").innerHTML="文件名为:"+fileEntry.name;
        },
        errorHandler                               //获取文件对象失败时执行的回调函数
    );
}
```

```
function errorHandler(FileError) { //省略代码}
</script>
<h1>使用 filesystem 前缀的 URL</h1>
<form id="form1">
<input type="text" id="fileName">
<input type="button" id= "btnCreateImg" value="创建图片" onclick="createImg()">
<input type="button" id= "btnGetFile" value="显示文件名" onclick="getFile()"  disabled><br/>
</form>
<output id="result" ></output>
```

🚓 注意：

在测试本节示例之前，应先运行 16.5.8 节示例代码，在文件系统中复制一个文件。

16.6 案例：设计文件管理器

本例设计在页面中显示一个文件控件、3 个按钮。当页面打开时显示文件系统根目录下的所有文件与目录，通过文件控件可以将磁盘上一些文件复制到文件系统的根目录下，复制完成之后用户可以通过单击"保存"按钮来重新显示文件系统根目录下的所有文件与目录，单击"清空"按钮可以删除文件系统根目录下的所有文件与目录，示例演示效果如图 16.26 所示。具体代码解析可以扫码学习。

图 16.26 操作文件系统

16.7 在 线 学 习

本节为线上继续学习入口，通过扫码读者可以进行巩固练习、补充知识、获取参考资料、拓展阅读。

第 17 章　JavaScript 绘图

HTML5 新增了 Canvas API，允许 JavaScript 在<canvas>标签标识的画布上绘制图形、创建动画，甚至设计实时视频处理或渲染。借助一套编程接口，用户可以在页面上绘制出任何漂亮的图形，设计出更加丰富多彩、赏心悦目的 Web 页面。

【学习重点】
- 使用 canvas 元素。
- 绘制图形。
- 设置图形样式。
- 灵活使用 Canvas API 设计网页动画。

17.1　使用 canvas

在 HTML5 文档中，使用<canvas>标签可以在网页中创建一块画布。用法如下：
```
<canvas id="myCanvas" width="200" height="100"></canvas>
```
该标签包含 3 个属性：
- id：用来标识画布，以方便 JavaScript 脚本对其引用。
- width：设置 canvas 的宽度。
- height：设置 canvas 的高度。

在默认情况下，canvas 创建的画布大小为宽 300px、高 150px，可以使用 width 和 height 属性自定义其宽度和高度。

🚗 注意：

> 与<img>不同，<canvas>需要结束标签</canvas>。如果结束标签不存在，则文档的其余部分会被认为是替代内容，将不会显示出来。

【示例 1】可以使用 CSS 控制 canvas 的外观。例如，在下面示例中使用 style 属性为 canvas 元素添加一个实心的边框，在浏览器中的预览效果如图 17.1 所示。
```
<canvas id="myCanvas" style="border:1px solid;" width="200" height="100"></canvas>
```
使用 JavaScript 可以在 canvas 画布内绘画，或设计动画。

【操作步骤】
第 1 步，在 HTML5 页面中添加<canvas>标签，设置 canvas 的 id 属性值以便 JavaScript 调用。
```
<canvas id="myCanvas" width="200" height="100"></canvas>
```
第 2 步，在 JavaScrip 脚本中使用 document.getElementById()方法，根据 canvas 元素的 id 获取对 canvas 的引用。
```
var c=document.getElementById("myCanvas");
```
第 3 步，通过 canvas 元素的 getContext()方法获取画布上下文（context），创建 context 对象，以获取允许进行绘制的 2D 环境。
```
var context=c.getContext("2d");
```
getContext("2d")方法返回一个画布渲染上下文对象，使用该对象可以在 canvas 元素中绘制图形，参数 2d 表示二维绘图。

第 4 步，使用 JavaScript 进行绘制。例如，使用以下代码可以绘制一个位于画布中央的矩形。

```
context.fillStyle="#FF00FF";
context.fillRect(50,25,100,50);
```

这两行代码中，fillStyle 属性定义将要绘制的矩形的填充颜色为粉红色，fillRect()方法指定了要绘制的矩形的位置和尺寸。图形的位置由前面的 canvas 坐标值决定，尺寸由后面的宽度和高度值决定。在本例中，坐标值为（50,25），尺寸宽为 100px、高为 50px，根据这些数值，粉红色矩形将出现在画面的中央。

【示例 2】下面给出完整的示例代码。

```
<canvas id="myCanvas" style="border:1px solid;" width="200" height="100"></canvas>
<script>
var c=document.getElementById("myCanvas");
var context=c.getContext("2d");
context.fillStyle="#FF00FF";
context.fillRect(50,25,100,50);
</script>
```

以上代码在浏览器中的预览效果如图 17.2 所示。在画布周围加边框是为了能更清楚地看到中间矩形位于画布的什么位置。

图 17.1　为 canvas 元素添加实心边框

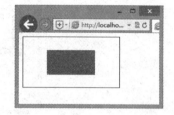

图 17.2　使用 canvas 绘制图形

fillRect(50,25,100,50)方法可以用来绘制矩形图形，它的前两个参数用于指定绘制图形的 x 轴和 y 轴坐标，后面两个参数设置绘制矩形的宽度和高度。

在 canvas 中，坐标原点（0,0）位于 canvas 画布的左上角，x 轴水平向右延伸，y 轴垂直向下延伸，所有元素的位置都相对于原点进行定位，如图 17.3 所示。

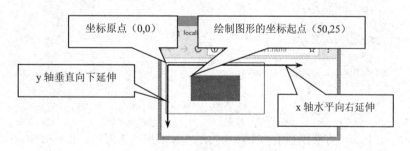

图 17.3　canvas 默认坐标点

目前，IE9+、Firefox、Opera、Chrome 和 Safari 版本浏览器均支持 canvas 元素及其属性和方法。不支持 canvas 的浏览器会忽略 canvas 元素，显示<canvas>标签包含的内容。

17.2 绘 制 图 形

本节将介绍一些基本图形的绘制，包括矩形、直线、圆形、曲线等形状或路径。

17.2.1 矩形

canvas 提供了 3 种方法绘制矩形。

➥ fillRect(x, y, width, height)：绘制一个填充的矩形。

➥ strokeRect(x, y, width, height)：绘制一个矩形的边框。

➥ clearRect(x, y, width, height)：清除指定矩形区域，让清除部分完全透明。

参数说明如下。

➥ x：矩形左上角的 x 坐标。

➥ y：矩形左上角的 y 坐标。

➥ width：矩形的宽度，以像素为单位。

➥ height：矩形的高度，以像素为单位。

【示例】下面示例分别使用上述 3 种方法绘制了 3 个嵌套的矩形，预览效果如图 17.4 所示。

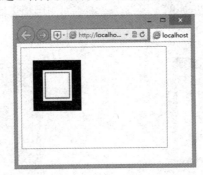

图 17.4　绘制矩形

```html
<canvas id="canvas" width="300" height="200" style="border:solid 1px #999;"> </canvas>
<script>
draw();
function draw() {
    var canvas = document.getElementById('canvas');
    if (canvas.getContext) {
        var ctx = canvas.getContext('2d');
        ctx.fillRect(25,25,100,100);
        ctx.clearRect(45,45,60,60);
        ctx.strokeRect(50,50,50,50);
    }
}
</script>
```

在上面代码中，fillRect()方法绘制了一个边长为 100px 的黑色正方形。clearRect()方法从正方形的中心开始擦除了一个 60×60px 的正方形，接着 strokeRect()在清除区域内生成一个 50×50px 的正方形边框。

17.2.2 路径

使用路径绘制图形的步骤如下。

第 1 步，创建路径起始点。

第 2 步，使用画图命令绘制路径。

第 3 步，封闭路径。

第 4 步，生成路径之后，可以通过描边或填充路径区域来渲染图形。

需要调用的方法说明如下。

➘ beginPath()：开始路径。

➘ closePath()：闭合路径。闭合路径之后图形绘制命令又重新指向上下文。

➘ stroke()：描边路径。通过线条来绘制图形轮廓。

➘ fill()：填充路径。通过填充路径的内容区域生成实心的图形。

📢 提示：

生成路径的第一步是调用 beginPath()方法。每次调用这个方法之后，表示开始重新绘制新的图形。闭合路径 closePath()方法不是必需的；当调用 fill()方法时，所有没有闭合的形状都会自动闭合，所以不需要调用 closePath()方法；但是调用 stroke()方法时不会自动闭合。

【示例 1】下面示例绘制一个三角形，效果如图 17.5 所示。代码仅提供绘图函数 draw()，完整代码可以参考 17.2.1 节示例，后面各节示例类似。

```
function draw() {
    var canvas = document.getElementById('canvas');
    if (canvas.getContext){
        var ctx = canvas.getContext('2d');
        ctx.beginPath();
        ctx.moveTo(75,50);
        ctx.lineTo(100,75);
        ctx.lineTo(100,25);
        ctx.fill();
    }
}
```

使用moveTo(x, y)方法可以将笔触移动到指定的坐标x和y上。在初始化canvas，或者调用beginPath()方法后，通常会使用 moveTo()方法重新设置起点。

【示例 2】用户可以使用 moveTo()方法绘制一些不连续的路径。下面示例绘制一个笑脸图形，效果如图 17.6 所示。

图 17.5　绘制三角形

图 17.6　绘制笑脸

```
function draw() {
    var canvas = document.getElementById('canvas');
    if (canvas.getContext){
        var ctx = canvas.getContext('2d');
        ctx.beginPath();
        ctx.arc(75,75,50,0,Math.PI*2,true);  //绘制大圆
        ctx.moveTo(110,75);
        ctx.arc(75,75,35,0,Math.PI,false);    //绘制口(顺时针)
        ctx.moveTo(65,65);
        ctx.arc(60,65,5,0,Math.PI*2,true);    //绘制左眼
        ctx.moveTo(95,65);
```

```
ctx.arc(90,65,5,0,Math.PI*2,true);      //绘制右眼
ctx.stroke();
    }
}
```

上面代码中使用 arc()方法，调用它可以绘制圆形，在后面小节中将详细说明。

17.2.3　直线

使用 lineTo()方法可以绘制直线。用法如下：

```
lineTo(x,y)
```

参数 x 和 y 分别表示终点位置的 x 坐标和 y 坐标。lineTo(x, y)将绘制一条从当前位置到指定（x, y）位置的直线。

【示例】下面示例绘制两个三角形，一个是填充的，另一个是描边的，效果如图 17.7 所示。

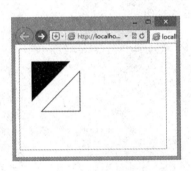

图 17.7　绘制三角形

```
function draw() {
    var canvas = document.getElementById('canvas');
    if (canvas.getContext){
        var ctx = canvas.getContext('2d');      //填充三角形
        ctx.beginPath();
        ctx.moveTo(25,25);
        ctx.lineTo(105,25);
        ctx.lineTo(25,105);
        ctx.fill();                             //描边三角形
        ctx.beginPath();
        ctx.moveTo(125,125);
        ctx.lineTo(125,45);
        ctx.lineTo(45,125);
        ctx.closePath();
        ctx.stroke();
    }
}
```

在上面示例代码中，从调用 beginPath()方法准备绘制一个新的形状路径开始，使用 moveTo()方法移动到目标位置，两条线段绘制后构成三角形的两条边。当路径使用填充（fill）时路径自动闭合；而使用描边（stroke）命令时则不会闭合路径。如果没有添加闭合路径 closePath()到描边三角形中，则只绘制两条线段，并不是一个完整的三角形。

17.2.4　圆弧

使用 arc()方法可以绘制弧或者圆。用法如下：

```
context.arc(x, y, r, sAngle, eAngle, counterclockwise);
```
参数说明如下。

➥ x：圆心的 x 坐标。

➥ y：圆心的 y 坐标。

➥ r：圆的半径。

➥ sAngle：起始角，以弧度计。提示，弧的圆形的三点钟位置是 0 度。

➥ eAngle：结束角，以弧度计。

➥ counterclockwise：可选参数，定义绘图方向。false 为顺时针，为默认值；true 为逆时针。

如果使用 arc()创建圆，可以把起始角设置为 0，结束角设置为 2*Math.PI。

【示例 1】下面示例绘制了 12 个不同的角度以及填充的圆弧。主要使用两个 for 循环，生成圆弧的行列（x,y）坐标。每一段圆弧的开始都调用 beginPath()方法。代码中，每个圆弧的参数都是可变的，（x,y）坐标是可变的，半径（radius）和开始角度（startAngle）都是固定的。结束角度（endAngle）在第一列开始时是 180 度（半圆），然后每列增加 90 度。最后一列形成一个完整的圆。效果如图 17.8 所示。

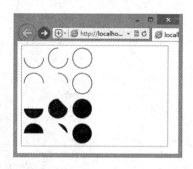

图 17.8　绘制圆和弧

```
function draw() {
    var canvas = document.getElementById('canvas');
    if (canvas.getContext){
        var ctx = canvas.getContext('2d');
        for(var i=0;i<4;i++){
            for(var j=0;j<3;j++){
                ctx.beginPath();
                var x = 25+j*50;                            //x 坐标值
                var y = 25+i*50;                            //y 坐标值
                var radius = 20;                            //圆弧半径
                var startAngle = 0;                         //开始点
                var endAngle = Math.PI+(Math.PI*j)/2;       //结束点
                var anticlockwise = i%2==0 ? false : true;  //顺时针或逆时针
                ctx.arc(x, y, radius, startAngle, endAngle, anticlockwise);
                if (i>1){ ctx.fill(); }
                else { ctx.stroke(); }
            }
        }
    }
}
```

在上面代码中，var anticlockwise = i%2==0 ? false : true;语句作用于第一、三行是顺时针的圆弧，作用于第二、四行为逆时针圆弧。if 让一、二行描边圆弧，下面两行填充路径。

使用 arcTo()方法可以绘制曲线，该方法是 lineTo()的曲线版，它能够创建两条切线之间的弧或曲线。用法如下：

```
context.arcTo(x1,y1,x2,y2,r);
```

参数说明如下。

- ➤ x1：弧的起点的 x 坐标。
- ➤ y1：弧的起点的 y 坐标。
- ➤ x2：弧的终点的 x 坐标。
- ➤ y2：弧的终点的 y 坐标。
- ➤ r：弧的半径。

【示例 2】本例用 lineTo() 和 arcTo() 方法绘制直线和曲线，再连成圆角弧线，如图 17.9 所示。

图 17.9　绘制曲线

```
function draw() {
    var canvas = document.getElementById('canvas');
    var ctx = canvas.getContext('2d');
    ctx.beginPath();
    ctx.moveTo(20,20);                      //设置起点
    ctx.lineTo(100,20);                     //绘制水平直线
    ctx.arcTo(150,20,150,70,50);            //绘制曲线
    ctx.lineTo(150,120);                    //绘制垂直直线
    ctx.stroke();                           //开始绘制
}
```

17.2.5　二次方曲线

使用 quadraticCurveTo() 方法可以绘制二次方贝塞尔曲线。用法如下：

```
context.quadraticCurveTo(cpx,cpy,x,y);
```

参数说明如下。

- ➤ cpx：贝塞尔控制点的 x 坐标。
- ➤ cpy：贝塞尔控制点的 y 坐标。
- ➤ x：结束点的 x 坐标。
- ➤ y：结束点的 y 坐标。

二次方贝塞尔曲线需要两个点。第一个点是用于二次贝塞尔计算中的控制点，第二个点是曲线的结束点。曲线的开始点是当前路径中最后一个点。如果路径不存在，需要使用 beginPath() 和 moveTo() 方法来定义开始点，演示说明如图 17.10 所示。

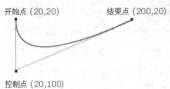

图 17.10　二次方贝塞尔曲线演示示意图

操作步骤如下。

第 1 步, 确定开始点, 如 moveTo(20,20)。

第 2 步, 定义控制点, 如 quadraticCurveTo(20,100, x , y)。

第 3 步, 定义结束点, 如 quadraticCurveTo(20,100,200,20)。

【示例】下面示例先绘制一条二次方贝塞尔曲线, 再绘制其控制点和控制线。

```javascript
function draw() {
    var canvas = document.getElementById('canvas');
    var ctx=canvas.getContext("2d");           //下面开始绘制二次方贝塞尔曲线
    ctx.strokeStyle="dark";
    ctx.beginPath();
    ctx.moveTo(0,200);
    ctx.quadraticCurveTo(75,50,300,200);
    ctx.stroke();
    ctx.globalCompositeOperation="source-over";
    //绘制直线, 表示曲线的控制点和控制线, 控制点坐标即两直线的交点（75,50）
    ctx.strokeStyle="#ff00ff";
    ctx.beginPath();
    ctx.moveTo(75,50);
    ctx.lineTo(0,200);
    ctx.moveTo(75,50);
    ctx.lineTo(300,200);
    ctx.stroke();
}
```

在浏览器中运行效果如图 17.11 所示, 其中曲线即为二次方贝塞尔曲线, 两条直线为控制线, 两直线的交点即曲线的控制点。

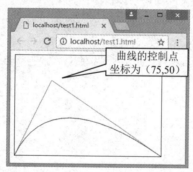

图 17.11　二次方贝塞尔曲线及其控制点

17.2.6　三次方曲线

使用 bezierCurveTo()方法可以绘制三次方贝塞尔曲线, 用法如下。

```
context.bezierCurveTo(cp1x,cp1y,cp2x,cp2y,x,y);
```

参数说明如下:

➥ cp1x: 第一个贝塞尔控制点的 x 坐标。

➥ cp1y: 第一个贝塞尔控制点的 y 坐标。

➥ cp2x: 第二个贝塞尔控制点的 x 坐标。

➥ cp2y: 第二个贝塞尔控制点的 y 坐标。

➥ x: 结束点的 x 坐标。

➥ y: 结束点的 y 坐标。

三次方贝塞尔曲线需要三个点，前两个点是用于三次贝塞尔计算中的控制点，第三个点是曲线的结束点。曲线的开始点是当前路径中最后一个点，如果路径不存在，需要使用 beginPath()和 moveTo()方法来定义开始点，演示说明如图 17.12 所示。

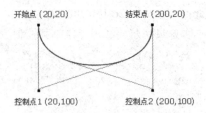

图 17.12　三次方贝塞尔曲线演示示意图

操作步骤如下。

第 1 步，确定开始点，如 moveTo(20,20)。

第 2 步，定义第 1 个控制点，如 bezierCurveTo(20, 100, cp2x, cp2y, x, y)。

第 3 步，定义第 2 个控制点，如 bezierCurveTo(20,100,200,100, x, y)。

第 3 步，定义结束点，如 bezierCurveTo(20,100,200,100,200,20)。

【示例】下面示例绘制了一条三次方贝塞尔曲线，还绘制出了两个控制点和两条控制线。

```javascript
function draw() {
    var canvas = document.getElementById('canvas');
    var ctx=canvas.getContext("2d");            //下面开始绘制三次方贝塞尔曲线
    ctx.strokeStyle="dark";
    ctx.beginPath();
    ctx.moveTo(0,200);
    ctx.bezierCurveTo(25,50,75,50,300,200);
    ctx.stroke();
    ctx.globalCompositeOperation="source-over";
    //下面绘制直线，用于表示上面曲线的控制点和控制线，控制点坐标为（25,50）和（75,50）
    ctx.strokeStyle="#ff00ff";
    ctx.beginPath();
    ctx.moveTo(25,50);
    ctx.lineTo(0,200);
    ctx.moveTo(75,50);
    ctx.lineTo(300,200);
    ctx.stroke();
}
```

在浏览器中的预览效果如图 17.13 所示，其中曲线为三次方贝塞尔曲线，两条直线为控制线，两直线上方的端点为曲线的控制点。

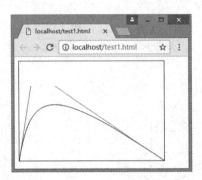

图 17.13　三次方贝塞尔曲线

17.3 定义样式和颜色

canvas 支持颜色和样式选项，如线型、渐变、图案、透明度和阴影。本节介绍样式的设置方法。

17.3.1 颜色

使用 fillStyle 和 strokeStyle 属性可以给图形上色。其中，fillStyle 设置图形的填充颜色，strokeStyle 设置图形轮廓的颜色。

颜色值可以是表示 CSS 颜色值的字符串，也可以是渐变对象或者图案对象。默认情况下，线条和填充颜色都是黑色，CSS 颜色值为#000000。

一旦设置了 strokeStyle 或 fillStyle 的值，那么这个新值就会成为新绘制的图形的默认值。如果要给每个图形定义不同的颜色，就需要重新设置 fillStyle 或 strokeStyle 的值。

【示例 1】本例使用嵌套 for 循环绘制方格阵列，每个方格填充不同颜色，如图 17.14 所示。

```
function draw() {
    var ctx = document.getElementById('canvas'). getContext('2d');
    for (var i=0;i<6;i++){
        for (var j=0;j<6;j++){
            ctx.fillStyle = 'rgb(' + Math.floor(255-42.5*i) + ',' + Math.floor(255-42.5*j)
+ ',0)';
            ctx.fillRect(j*25,i*25,25,25);
        }
    }
}
```

在嵌套 for 结构中，使用变量 i 和 j 为每一个方格产生唯一的 RGB 色彩值，其中仅修改红色和绿色通道的值，保持蓝色通道的值不变。可以通过修改这些颜色通道的值来产生各种各样的色板。通过增加渐变的频率，可以绘制出类似 Photoshop 调色板的效果。

【示例 2】下面示例与示例 1 有些类似，但使用 strokeStyle 属性画的不是方格，而是用 arc()方法画圆，效果如图 17.15 所示。

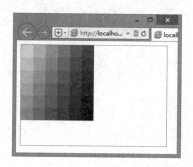

图 17.14 绘制渐变色块

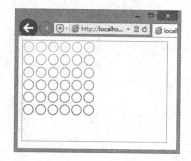

图 17.15 绘制渐变圆圈

```
function draw() {
    var ctx = document.getElementById('canvas').getContext('2d');
    for (var i=0;i<6;i++){
        for (var j=0;j<6;j++){
            ctx.strokeStyle = 'rgb(0,'+Math.floor(255-42.5*i)+',
'+Math.floor(255-42.5*j)+')';
```

```
            ctx.beginPath();
            ctx.arc(12.5+j*25,12.5+i*25,10,0,Math.PI*2,true);
            ctx.stroke();
        }
    }
}
```

17.3.2 不透明度

使用 globalAlpha 全局属性可以设置绘制图形的不透明度，另外也可以通过色彩的不透明度参数来为图形设置不透明度。相对于使用 globalAlpha 属性来说，这种方法更灵活些。使用 rgba()方法可以设置具有不透明度的颜色。用法如下：

```
rgba(R,G,B,A)
```

其中，R、G、B 将颜色的红色、绿色和蓝色成分指定为 0~255 之间的十进制整数；A 把 alpha（不透明）成分指定为 0.0~1.0 之间的一个浮点数值，0.0 为完全透明，1.0 为完全不透明。例如，可以用 "rgba(255,0,0,0.5)"表示半透明的完全红色。

【示例】下面示例使用四色格作为背景，设置 globalAlpha 为 0.2 后，在上面画一系列半径递增的半透明圆，最终结果是一个径向渐变效果，如图 17.16 所示。圆叠加得越多，原来所画的圆的透明度越低。通过增加循环次数，画更多的圆，背景图的中心部分会完全消失。

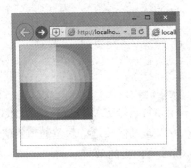

图 17.16 用 globalAlpha 设置不透明度

```
function draw() {
    var ctx = document.getElementById('canvas'). getContext('2d');
    //画背景
    ctx.fillStyle = '#FD0';
    ctx.fillRect(0,0,75,75);
    ctx.fillStyle = '#6C0';
    ctx.fillRect(75,0,75,75);
    ctx.fillStyle = '#09F';
    ctx.fillRect(0,75,75,75);
    ctx.fillStyle = '#F30';
    ctx.fillRect(75,75,75,75);
    ctx.fillStyle = '#FFF';
    ctx.globalAlpha = 0.2;                       //设置透明度值
    for (var i=0;i<7;i++){                        //画半透明圆
        ctx.beginPath();
        ctx.arc(75,75,10+10*i,0,Math.PI*2,true);
        ctx.fill();
    }
}
```

17.3.3 实线

1. 线的粗细

使用 lineWidth 属性可以设置线条的粗细，取值必须为正数，默认为 1.0。

【示例1】下面示例使用 for 循环绘制了 12 条线宽依次递增的线段，效果如图 17.17 所示。

```javascript
function draw() {
    var ctx = document.getElementById('canvas').getContext('2d');
    for (var i = 0; i < 12; i++){
        ctx.strokeStyle="red";
        ctx.lineWidth = 1+i;
        ctx.beginPath();
        ctx.moveTo(5,5+i*14);
        ctx.lineTo(140,5+i*14);
        ctx.stroke();
    }
}
```

2. 端点样式

lineCap 属性用于设置线段端点的样式，包括三种样式：butt、round 和 square，默认值为 butt。

【示例2】下面示例绘制了三条蓝色的直线段，并依次设置上述三种属性值，两侧有两条红色的参考线，以方便观察，预览效果如图 17.18 所示。可以看到这三种端点样式从上到下依次为平头、圆头和方头。

图 17.17　lineWidth 示例

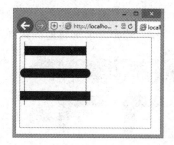

图 17.18　lineCap 示例

```javascript
function draw() {
    var ctx = document.getElementById('canvas').getContext('2d');
    var lineCap = ['butt','round','square'];    //绘制参考线
    ctx.strokeStyle = 'red';
    ctx.beginPath();
    ctx.moveTo(10,10);
    ctx.lineTo(10,150);
    ctx.moveTo(150,10);
    ctx.lineTo(150,150);
    ctx.stroke();                               //绘制直线段
    ctx.strokeStyle = 'blue';
    for (var i=0;i<lineCap.length;i++){
        ctx.lineWidth = 20;
        ctx.lineCap = lineCap[i];
        ctx.beginPath();
        ctx.moveTo(10,30+i*50);
        ctx.lineTo(150,30+i*50);
        ctx.stroke();
    }
}
```

3. 连接样式

lineJoin 属性用于设置两条线段连接处的样式。包括三种样式：round、bevel 和 miter，默认值为 miter。

【示例 3】下面示例绘制了三条蓝色的折线，并依次设置上述三种属性值，观察拐角处（即直线段连接处）样式的区别。在浏览器中的预览效果如图 17.19 所示。

```
function draw() {
    var ctx = document.getElementById('canvas').getContext('2d');
    var lineJoin = ['round','bevel','miter'];
    ctx.strokeStyle = 'blue';
    for (var i=0;i<lineJoin.length;i++){
        ctx.lineWidth = 25;
        ctx.lineJoin = lineJoin[i];
        ctx.beginPath();
        ctx.moveTo(10+i*150,30);
        ctx.lineTo(100+i*150,30);
        ctx.lineTo(100+i*150,100);
        ctx.stroke();
    }
}
```

4. 交点方式

miterLimit 属性用于设置两条线段连接处交点的绘制方式，其作用是为斜面的长度设置一个上限，默认为 10，即规定斜面的长度不能超过线条宽度的 10 倍。当斜面的长度达到线条宽度的 10 倍时，就会变为斜角。如果 lineJoin 属性值为 round 或 bevel 时，miterLimit 属性无效。

【示例 4】通过下面示例可以观察到，当角度和 miterLimit 属性值发生变化时斜面长度的变化。在运行代码之前，也可以将 miterLimit 属性值改为固定值，以观察不同的值产生的结果，效果如图 17.20 所示。

图 17.19　lineJoin 示例

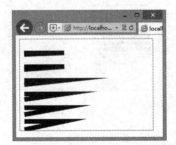

图 17.20　miterLimit 示例

```
function draw() {
    var ctx = document.getElementById('canvas'). getContext('2d');
    for (var i=1;i<10;i++){
        ctx.strokeStyle = 'blue';
        ctx.lineWidth = 10;
        ctx.lineJoin = 'miter';
        ctx.miterLimit = i*10;
        ctx.beginPath();
        ctx.moveTo(10,i*30);
        ctx.lineTo(100,i*30);
        ctx.lineTo(10,33*i);
        ctx.stroke();
    }
}
```

17.3.4 虚线

使用 setLineDash()方法和 lineDashOffset 属性可以定义虚线样式。setLineDash()方法接受一个数组来指定线段与间隙的交替，lineDashOffset 属性设置起始偏移量。

【示例】下面示例绘制一个矩形虚线框，然后使用定时器设计每隔 0.5 秒重绘一次，重绘时改变 lineDashOffset 属性值，从而创建一个行军蚁的效果，效果如图 17.21 所示。

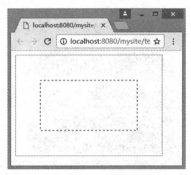

图 17.21 设计动态虚线框

```
var ctx = document.getElementById('canvas').getContext('2d');
var offset = 0;
function draw() {
    ctx.clearRect(0,0, canvas.width, canvas.height);
    ctx.setLineDash([4, 4]);
    ctx.lineDashOffset = -offset;
    ctx.strokeRect(50,50, 200, 100);
}
function march() {
    offset++;
    if (offset > 16) { offset = 0; }
    draw();
    setTimeout(march, 100);
}
march();
```

🚗 注意：

从 IE11 开始才支持 setLineDash()方法和 lineDashOffset 属性。

17.3.5 线性渐变

要绘制线性渐变，首先使用 createLinearGradient()方法创建 canvasGradient 对象，然后使用 addColorStop()方法进行上色。

createLinearGradient()方法用法如下：

```
context.createLinearGradient(x0,y0,x1,y1);
```

参数说明如下。

- ↘ x0：渐变开始点的 x 坐标。
- ↘ y0：渐变开始点的 y 坐标。
- ↘ x1：渐变结束点的 x 坐标。
- ↘ y1：渐变结束点的 y 坐标。

addColorStop()方法用法如下：

```
gradient.addColorStop(stop,color);
```

参数说明如下。

➢ stop：介于 0.0~1.0 之间的值，表示渐变开始与结束之间的相对位置。渐变起点的偏移值为 0，终点的偏移值为 1。如果 position 值为 0.5，则表示色标会出现在渐变的正中间。

➢ color：在结束位置显示的 CSS 颜色值。

【示例】下面示例演示如何绘制线性渐变。在本例中共添加了 8 个色标，分别为红、橙、黄、绿、青、蓝、紫、红，预览效果如图 17.22 所示。

图 17.22　绘制线性渐变

```
function draw() {
    var ctx = document.getElementById('canvas').getContext('2d');
    var lingrad = ctx.createLinearGradient(0,0,0,200);
    lingrad.addColorStop(0, '#ff0000');
    lingrad.addColorStop(1/7, '#ff9900');
    lingrad.addColorStop(2/7, '#ffff00');
    lingrad.addColorStop(3/7, '#00ff00');
    lingrad.addColorStop(4/7, '#00ffff');
    lingrad.addColorStop(5/7, '#0000ff');
    lingrad.addColorStop(6/7, '#ff00ff');
    lingrad.addColorStop(1, '#ff0000');
    ctx.fillStyle = lingrad;
    ctx.strokeStyle = lingrad;
    ctx.fillRect(0,0,300,200);
}
```

使用 addColorStop 可以添加多个色标，色标可以在 0~1 之间任意位置添加。例如，从 0.3 处开始设置一个蓝色色标，再在 0.5 处设置一个红色色标，则从 0~0.3 都会填充为蓝色。从 0.3~0.5 为蓝色到红色的渐变，从 0.5~1 则填充为红色。

17.3.6　径向渐变

要绘制径向渐变，首先需要使用 createRadialGradient()方法创建 canvasGradient 对象，然后使用 addColorStop()方法进行上色。createRadialGradient()方法的用法：

```
context.createRadialGradient(x0,y0,r0,x1,y1,r1);
```

参数说明如下。

➢ x0：渐变的开始圆的 x 坐标。

➢ y0：渐变的开始圆的 y 坐标。

➢ r0：开始圆的半径。

➢ x1：渐变的结束圆的 x 坐标。

➢ y1：渐变的结束圆的 y 坐标。

↳ r1：结束圆的半径。

【示例】下面示例使用径向渐变在画布中央绘制一个圆球形状，预览效果如图 17.23 所示。

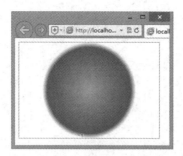

图 17.23　绘制径向渐变

```
function draw() {
    var ctx = document.getElementById('canvas'). getContext ('2d');
    //创建渐变
    var radgrad = ctx.createRadialGradient (150,100, 0,150,100,100);
    radgrad.addColorStop(0, '#A7D30C');
    radgrad.addColorStop(0.9, '#019F62');
    radgrad.addColorStop(1, 'rgba(1,159,98,0)');
    //填充渐变色
    ctx.fillStyle = radgrad;
    ctx.fillRect(0,0,300,200);
}
```

17.3.7　图案

使用 createPattern()方法可以绘制图案效果。用法如下：

```
context.createPattern(image,"repeat|repeat-x|repeat-y|no-repeat");
```

参数说明如下。

↳ image：规定要使用的图片、画布或视频元素。

↳ repeat：默认值。该模式在水平和垂直方向重复。

↳ repeat-x：该模式只在水平方向重复。

↳ repeat-y：该模式只在垂直方向重复。

↳ no-repeat：该模式只显示一次（不重复）。

创建图案的步骤与创建渐变有些类似，需要先创建出一个 pattern 对象，然后将其赋予 fillStyle 属性或 strokeStyle 属性。

【示例】下面示例以一幅 PNG 格式的图像作为 image 对象用于创建图案，以平铺方式同时沿 x 轴与 y 轴方向平铺。在浏览器中的预览效果如图 17.24 所示。

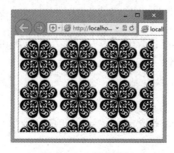

图 17.24　绘制图案

```javascript
function draw() {
    var ctx = document.getElementById('canvas').getContext('2d');
    //创建用于图案的新 image 对象
    var img = new Image();
    img.src = 'images/1.png';
    img.onload = function(){
        //创建图案
        var ptrn = ctx.createPattern(img,'repeat');
        ctx.fillStyle = ptrn;
        ctx.fillRect(0,0,600,600);
    }
}
```

17.3.8 阴影

创建阴影需要 4 个属性，简单说明如下。

- ↘ shadowColor：设置阴影颜色。
- ↘ shadowBlur：设置阴影的模糊级别。
- ↘ shadowOffsetX：设置阴影在 x 轴的偏移距离。
- ↘ shadowOffsetY：设置阴影在 y 轴的偏移距离。

【示例】下面示例演示如何创建文字阴影效果，如图 17.25 所示。

图 17.25　为文字设置阴影效果

```javascript
function draw() {
    var ctx = document.getElementById('canvas').getContext('2d');
    //设置阴影
    ctx.shadowOffsetX = 4;
    ctx.shadowOffsetY = 4;
    ctx.shadowBlur = 4;
    ctx.shadowColor = "rgba(0, 0, 0, 0.5)";
    //绘制文本
    ctx.font = "60px Times New Roman";
    ctx.fillStyle = "Black";
    ctx.fillText("Canvas API", 5, 80);
}
```

17.3.9 填充规则

前面介绍了使用 fill()方法可以填充图形，该方法可以接收两个值，用来定义填充规则。取值说明如下。

- ↘ nonzero：非零环绕数规则，为默认值。
- ↘ evenodd：奇偶规则。

填充规则根据某处在路径的外面或者里面来决定该处是否被填充，这对于路径相交或者路径被嵌套的时候极为有用。

【示例】下面使用 evenodd 规则填充图形，效果如图 17.26 所示，默认效果如图 17.27 所示。

```
function draw() {
    var ctx = document.getElementById('canvas').getContext('2d');
    ctx.beginPath();
    ctx.arc(50, 50, 30, 0, Math.PI*2, true);
    ctx.arc(50, 50, 15, 0, Math.PI*2, true);
    ctx.fill("evenodd");
}
```

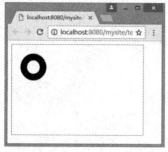

图 17.26 evenodd 规则填充

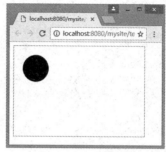

图 17.27 nonzero 规则填充

☛ 注意：

IE 暂不支持 evenodd 规则填充。

17.4 图形变形

本节将介绍如何对画布进行操作，如何对画布中的图形进行变形，以便设计复杂图形。

17.4.1 保存和恢复状态

canvas 状态存储在栈中，一个绘画状态包括两部分。

➢ 当前应用的变形，如移动、旋转和缩放。包括的样式属性：strokeStyle、fillStyle、globalAlpha、lineWidth、lineCap、lineJoin、miterLimit、shadowOffsetX、shadowOffsetY、shadowBlur、shadowColor、globalCompositeOperation

➢ 当前的裁切路径，将在 17.4.2 节介绍。

使用 save() 方法，可以将当前的状态推送到栈中保存，使用 restore() 方法可以将上一个保存的状态从栈中弹出，恢复上一次所有的设置。

【示例】下面示例先绘制一个矩形，填充颜色为#ff00ff，轮廓颜色为蓝色，然后保存这个状态，再绘制另外一个矩形，填充颜色为#ff0000，轮廓颜色为绿色；最后恢复第一个矩形的状态，并绘制两个小的矩形，其中一个矩形填充颜色必为#ff00ff，矩形轮廓颜色必为蓝色。因为此时已经恢复了原来保存的状态，所以会沿用最先设定的属性值，预览效果如图 17.28 所示。

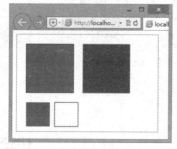

图 17.28 保存与恢复 canvas 状态

```
function draw() {
    var ctx = document.getElementById('canvas').getContext('2d');
    //开始绘制矩形
    ctx.fillStyle="#ff00ff";
    ctx.strokeStyle="blue";
    ctx.fillRect(20,20,100,100);
    ctx.strokeRect(20,20,100,100);
    ctx.fill();
    ctx.stroke();
    ctx.save();·                              //保存当前 canvas 状态
    //绘制另外一个矩形
    ctx.fillStyle="#ff0000";
    ctx.strokeStyle="green";
    ctx.fillRect(140,20,100,100);
    ctx.strokeRect(140,20,100,100);
    ctx.fill();
    ctx.stroke();
    ctx.restore();                            //恢复第一个矩形的状态
    ctx.fillRect(20,140,50,50);               //绘制两个矩形
    ctx.strokeRect(80,140,50,50);
}
```

17.4.2　清除画布

使用 clearRect()方法可以清除指定区域内的所有图形，显示画布背景。用法如下：

```
context.clearRect(x,y,width,height);
```

参数说明如下。

➥ x：要清除的矩形左上角的 x 坐标。

➥ y：要清除的矩形左上角的 y 坐标。

➥ width：要清除的矩形的宽度，以像素计。

➥ height：要清除的矩形的高度，以像素计。

【示例】下面示例演示了如何使用 clearRect()方法擦除画布中的绘图。

```
<canvas id="canvas" width="300" height="200" style="border:solid 1px #999;"></canvas>
<input name="" type="button"  value="清空画布" onClick="clearMap();">
<script>
var ctx = document.getElementById('canvas').getContext('2d');
ctx.strokeStyle="#FF00FF";
ctx.beginPath();
ctx.arc(200,150,100,-Math.PI*1/6,-Math.PI*5/6,true);
ctx.stroke();
function clearMap(){
    ctx.clearRect(0,0,300,200);
}
</script>
```

在浏览器中的预览效果如图 17.29 所示，先在画布上绘制一段弧线。如果单击"清空画布"按钮，则会清除这段弧线，如图 17.30 所示。

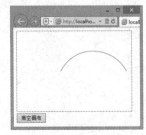

图 17.29　绘制弧线

图 17.30　清空画布

17.4.3 移动坐标

在默认状态下，画布以左上角（0,0）为原点作为绘图参考。使用 translate()方法可以移动坐标原点，这样新绘制的图形就以新的坐标原点为参考进行绘制。其用法如下：

```
context.translate(dx, dy);
```

参数 dx 和 dy 分别为坐标原点沿水平和垂直两个方向的偏移量，如图 17.31 所示。

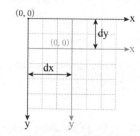

图 17.31　坐标空间的偏移示意图

🚗 注意：

在使用 translate()方法之前，应该先使用 save()方法保存画布的原始状态。当需要时可以使用 restore()方法恢复原始状态，这在重复绘图时非常重要。

【示例】下面示例综合运用了 save()、restore()、translate()方法来绘制一个伞状图形。

```
<canvas id="canvas" width="600" height="200" style="border:solid 1px #999;"> </canvas>
<script>
draw();
function draw() {
    var ctx = document.getElementById('canvas').getContext('2d');
    //注意：所有的移动都是基于这一上下文
    ctx.translate(0,80);
    for (var i=1;i<10;i++){
        ctx.save();
        ctx.translate(60*i, 0);
        drawTop(ctx,"rgb("+(30*i)+","+(255-30*i)+",255)");
        drawGrip(ctx);
        ctx.restore();
    }
}
//绘制伞形顶部半圆
function drawTop(ctx, fillStyle){
    ctx.fillStyle = fillStyle;
    ctx.beginPath();
    ctx.arc(0, 0, 30, 0,Math.PI,true);
    ctx.closePath();
    ctx.fill();
}
//绘制伞形底部手柄
function drawGrip(ctx){
    ctx.save();
    ctx.fillStyle = "blue";
    ctx.fillRect(-1.5, 0, 1.5, 40);
    ctx.beginPath();
```

```
        ctx.strokeStyle="blue";
        ctx.arc(-5, 40, 4, Math.PI,Math.PI*2,true);
        ctx.stroke();
        ctx.closePath();
        ctx.restore();
    }
</script>
```

在浏览器中的预览效果如图 17.32 所示。可见，canvas 中图形移动的实现，其实是通过改变画布的坐标原点来实现的，所谓的"移动图形"，只是"看上去"的样子，实际移动的是坐标空间。领会并掌握这种方法，对随心所欲地绘制图形是非常有帮助的。

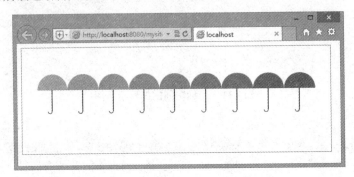

图 17.32　移动坐标空间

17.4.4　旋转坐标

使用 rotate() 方法可以以原点为中心旋转 canvas 上下文对象的坐标空间。用法如下：

```
context.rotate(angle);
```

rotate() 方法只有一个参数，即旋转角度 angle，旋转角度以顺时针方向为正方向，以弧度为单位，旋转中心为 canvas 的原点，如图 17.33 所示。

◀》提示：

如需将角度转换为弧度，可以使用 degrees×Math.PI/180 公式进行计算。例如，如果要旋转 5 度，可套用公式：5×Math.PI/180。

【示例】在上节示例的基础上，下面示例设计在每次开始绘制图形之前，先将坐标空间旋转 PI×(2/4+i/4)，再将坐标空间沿 y 轴负方向移动 100，然后开始绘制图形，从而实现使图形沿一中心点平均旋转分布。在浏览器中的预览效果如图 17.34 所示。

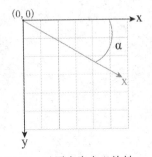

图 17.33　以原点为中心旋转 canvas

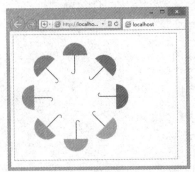

图 17.34　旋转坐标空间

```
function draw() {
    var ctx = document.getElementById('canvas').getContext ('2d');
    ctx.translate(150,150);
    for (var i=1;i<9;i++){
        ctx.save();
        ctx.rotate(Math.PI*(2/4+i/4));
        ctx.translate(0,-100);
        drawTop(ctx,"rgb("+(30*i)+","+(255-30*i)+",255)");
        drawGrip(ctx);
        ctx.restore();
    }
}
```

17.4.5　缩放图形

使用 scale()方法可以增减 canvas 上下文对象的像素数目,从而实现图形的放大或缩小。用法如下:

```
context.scale(x,y);
```

其中,x 为横轴的缩放因子,y 轴为纵轴的缩放因子,值必须是正值。如果需要放大图形,则将参数值设置为大于 1 的数值,如果需要缩小图形,则将参数值设置为小于 1 的数值,当参数值等于 1 时则没有任何效果。

【示例】下面示例使用 scale(0.95,0.95)来缩小图形到上次的 0.95,共循环 80 次,同时移动和旋转坐标空间,从而实现图形呈螺旋状由大到小的变化,预览效果如图 17.35 所示。

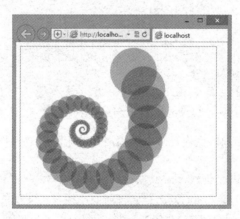

图 17.35　缩放图形

```
function draw() {
    var ctx = document.getElementById('canvas').getContext('2d');
    ctx.translate(200,20);
    for (var i=1;i<80;i++){
        ctx.save();
        ctx.translate(30,30);
        ctx.scale(0.95,0.95);
        ctx.rotate(Math.PI/12);
        ctx.beginPath();
        ctx.fillStyle="red";
        ctx.globalAlpha="0.4";
        ctx.arc(0,0,50,0,Math.PI*2,true);
        ctx.closePath();
        ctx.fill();
```

```
    }
}
```

17.4.6　变换图形

transform()方法可以同时缩放、旋转、移动和倾斜当前的上下文环境。用法如下：

```
context.transform(a,b,c,d,e,f);
```

参数说明如下。

- ➘ a：水平缩放绘图。
- ➘ b：水平倾斜绘图。
- ➘ c：垂直倾斜绘图。
- ➘ d：垂直缩放绘图。
- ➘ e：水平移动绘图。
- ➘ f：垂直移动绘图。

📢 提示：

- ➘ translate(x,y)可以用下面的方法来代替。

```
context.transform(0,1,1,0,dx,dy);
```

或：

```
context.transform(1,0,0,1,dx,dy);
```

其中 dx 为原点沿 x 轴移动的数值，dy 为原点沿 y 轴移动的数值。

- ➘ scale(x,y)可以用下面的方法来代替，

```
context.transform(m11,0,0,m22,0,0);
```

或：

```
context.transform(0,m12,m21,0,0,0);
```

其中，dx、dy 都为 0 表示坐标原点不变，m11、m22 或 m12、m21 为沿 x、y 轴放大的倍数。

- ➘ rotate(angle)可以用下面的方法来代替。

```
context.transform(cosθ,sinθ,-sinθ, cosθ,0,0);
```

其中，θ 为旋转角度的弧度值，dx、dy 都为 0，表示坐标原点不变。

setTransform()方法用于将当前的变换矩阵重置为最初的矩阵，然后以相同的参数调用 transform 方法。用法如下：

```
context.setTransform(m11, m12, m21, m22, dx, dy);
```

【示例】下面示例使用 setTransform()方法首先将前面已经发生变换的矩阵重置为最初的矩阵，即恢复最初的原点，然后再将坐标原点改为（10,10），并以新坐标为基准绘制蓝色矩形。

```
function draw() {
    var ctx = document.getElementById('canvas').getContext('2d');
    ctx.translate(200,20);
    for (var i=1;i<90;i++){
        ctx.save();
        ctx.transform(0.95,0,0,0.95,30,30);
        ctx.rotate(Math.PI/12);
        ctx.beginPath();
        ctx.fillStyle="red";
        ctx.globalAlpha="0.4";
        ctx.arc(0,0,50,0,Math.PI*2,true);
        ctx.closePath();
        ctx.fill();
    }
    ctx.setTransform(1,0,0,1,10,10);
```

```
    ctx.fillStyle="blue";
    ctx.fillRect(0,0,50,50);
    ctx.fill();
}
```

在浏览器中的预览效果如图 17.36 所示。

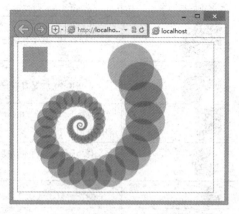

图 17.36　矩阵重置并变换

在本例中，使用 scale(0.95,0.95)来缩小图形到上次的 0.95，共循环 89 次，同时移动和旋转坐标空间，从而实现图形呈螺旋状由大到小的变化。

17.5　图形合成

本节将介绍图形合成的一般方法，以及路径裁切的实现。

17.5.1　合成

当两个或两个以上的图形存在重叠区域时，默认一个图形画在前一个图形之上。通过指定图形 globalCompositeOperation 属性的值可以改变图形的绘制顺序或绘制方式，从而实现更多可能。

【示例】下面示例设置所有图形的透明度为 1，即不透明。设置 globalCompositeOperation 属性值为 source-over，即默认设置，新的图形会覆盖在原有图形之上，也可以指定其他值，详见表 17.1。

```
function draw() {
    var ctx = document.getElementById('canvas').getContext('2d');
    ctx.fillStyle="red";
    ctx.fillRect(50,25,100,100);
    ctx.fillStyle="green";
    ctx.globalCompositeOperation="source-over";
    ctx.beginPath();
    ctx.arc(150,125,50,0,Math.PI*2,true);
    ctx.closePath();
    ctx.fill();
}
```

在浏览器中的预览效果如图 17.37 所示。如果将 globalAlpha 的值更改为 0.5（ctx.globalAlpha=0.5;），则两个图形都会呈现为半透明，如图 17.38 所示。

表 17.1 给出了 globalCompositeOperation 属性所有可用的值，图例矩形表示为 B，为先绘制的图形（原有内容为 destintation）；圆形表示为 A，为后绘制的图形（新图形为 source）。在应用时注意 globalCompositeOperation

语句的位置，应处在原有内容与新图形之间。Chrome 浏览器支持大多数属性值，无效的在表中已经标出。Opera 对这些属性值的支持相对来说更好一些。

表 17.1　globalCompositeOperation 属性所有可用的值

属 性 值	图形合成示例	说　明
source-over（默认值）		A over B，这是默认设置，即新图形覆盖在原有内容之上
destination-over		B over A，即原有内容覆盖在新图形之上
source-atop		只绘制原有内容和新图形与原有内容重叠的部分，且新图形位于原有内容之上
destination-atop		只绘制新图形和新图形与原有内容重叠的部分，且原有内容位于重叠部分之下
source-in		新图形只出现在与原有内容重叠的部分，其余区域变为透明
destination-in		原有内容只出现在与新图形重叠的部分，其余区域变为透明
source-out		新图形中与原有内容不重叠的部分被保留
destination-out		原有内容中与新图形不重叠的部分被保留
lighter		两图形重叠的部分作加色处理
darker		两图形重叠的部分作减色处理
copy		只保留新图形。在 Chrome 浏览器中无效，Opera 11.5 中有效
xor		将重叠的部分变为透明

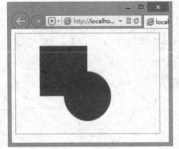

图 17.37　图形的组合

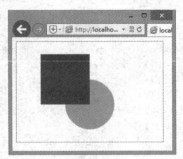

图 17.38　半透明效果

17.5.2　裁切

使用 clip()方法能够从原始画布中剪切任意形状和尺寸。其原理与绘制普通 canvas 图形类似，只不过 clip()的作用是形成一个蒙版，没有被蒙版的区域会被隐藏。

📢 提示:

在使用 clip()方法前,通过使用 save()方法对当前画布区域进行保存,并可以在以后的任意时间通过 restore()方法对其进行恢复。

【示例】如果绘制一个圆形,并进行裁切,则圆形之外的区域将不会绘制在 canvas 上。

```
function draw() {
    var ctx = document.getElementById('canvas').getContext('2d');
    //绘制背景
    ctx.fillStyle="black";
    ctx.fillRect(0,0,300,300);
    ctx.fill();
    ctx.beginPath();                          //绘制圆形
    ctx.arc(150,150,100,0,Math.PI*2,true);
    ctx.clip();                               //裁切路径
    ctx.translate(200,20);
    for (var i=1;i<90;i++){
        ctx.save();
        ctx.transform(0.95,0,0,0.95,30,30);
        ctx.rotate(Math.PI/12);
        ctx.beginPath();
        ctx.fillStyle="red";
        ctx.globalAlpha="0.4";
        ctx.arc(0,0,50,0,Math.PI*2,true);
        ctx.closePath();
        ctx.fill();
    }
}
```

可以看到,只有圆形区域内螺旋图形被显示出来,其余部分被裁切掉了,效果如图 17.39 所示。

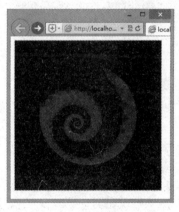

图 17.39　裁切图形

17.6　绘 制 文 本

使用 fillText()和 strokeText()方法,可以分别以填充方式和轮廓方式绘制文本。

17.6.1　填充文字

fillText()方法能够在画布上绘制填色文本,默认颜色是黑色。其用法如下:

```
context.fillText(text,x,y,maxWidth);
```

参数说明如下。

➥ text：规定在画布上输出的文本。

➥ x：开始绘制文本的 x 坐标位置（相对于画布）。

➥ y：开始绘制文本的 y 坐标位置（相对于画布）。

➥ maxWidth：可选参数，允许的最大文本宽度，以像素计。

【示例】下面使用 fillText()方法在画布上绘制文本"Hi"和"Canvas API"，效果如图 17.40 所示。

图 17.40　绘制填充文字

```javascript
function draw() {
    var canvas = document.getElementById('canvas');
    var ctx = canvas.getContext('2d');
    ctx.font="40px Georgia";
    ctx.fillText("Hi",10,50);
    ctx.font="50px Verdana";
    //创建渐变
    var gradient=ctx.createLinearGradient (0,0,canvas.width,0);
    gradient.addColorStop("0","magenta");
    gradient.addColorStop("0.5","blue");
    gradient.addColorStop("1.0","red");
    //用渐变填色
    ctx.fillStyle=gradient;
    ctx.fillText("Canvas API",10,120);
}
```

17.6.2　轮廓文字

使用 strokeText()方法可以在画布上绘制描边文本，默认颜色是黑色。其用法如下：

```javascript
context.strokeText(text,x,y,maxWidth);
```

参数说明如下。

➥ text：规定在画布上输出的文本。

➥ x：开始绘制文本的 x 坐标位置（相对于画布）。

➥ y：开始绘制文本的 y 坐标位置（相对于画布）。

➥ maxWidth：可选参数，允许的最大文本宽度，以像素计。

【示例】下面使用 strokeText()方法绘制文本"Hi"和"Canvas API"，效果如图 17.41 所示。

```javascript
function draw() {
    var canvas = document.getElementById('canvas');
    var ctx = canvas.getContext('2d');
    ctx.font="40px Georgia";
    ctx.fillText("Hi",10,50);
```

```
ctx.font="50px Verdana";
//创建渐变
var gradient=ctx.createLinearGradient(0,0,canvas.width,0);
gradient.addColorStop("0","magenta");
gradient.addColorStop("0.5","blue");
gradient.addColorStop("1.0","red");
//用渐变填色
ctx.strokeStyle=gradient;
ctx.strokeText("Canvas API",10,120);
}
```

图 17.41　绘制轮廓文字

17.6.3　文本样式

下面简单介绍文本样式的相关属性。

↘ font：定义字体样式，语法与 CSS 字体样式相同。默认字体样式为 10px sans-serif。

↘ textAlign：设置正在绘制的文本水平对齐方式，取值说明如下。

  ↳ start：默认值，文本在指定的位置开始。

  ↳ end：文本在指定的位置结束。

  ↳ center：文本的中心被放置在指定的位置。

  ↳ left：文本左对齐。

  ↳ right：文本右对齐。

↘ textBaseline：设置正在绘制的文本基线对齐方式，即文本垂直对齐方式，取值说明如下。

  ↳ alphabetic：默认值，文本基线是普通的字母基线。

  ↳ top：文本基线是 em 方框的顶端。

  ↳ hanging：文本基线是悬挂基线。

  ↳ middle：文本基线是 em 方框的正中间。

  ↳ ideographic：文本基线是表意基线。

  ↳ bottom：文本基线是 em 方框的底端。

◀》提示：

大部分浏览器尚不支持 hanging 和 ideographic 属性值。

↘ direction：设置文本方向，取值说明如下。

  ↳ ltr：从左到右。

  ↳ rtl：从右到左。

  ↳ inherit：默认值，继承文本方向。

【**示例 1**】下面示例在 x 轴 150px 的位置创建一条竖线，位置 150 就被定义为所有文本的锚点。然后比较每种 textAlign 属性值对齐效果，如图 17.42 所示。

```
function draw() {
    var ctx = document.getElementById('canvas').getContext('2d');
    //在位置 150 创建一条竖线
    ctx.strokeStyle="blue";
    ctx.moveTo(150,20);
    ctx.lineTo(150,170);
    ctx.stroke();
    ctx.font="15px Arial";
    //显示不同的 textAlign 值
    ctx.textAlign="start";
    ctx.fillText("textAlign=start",150,60);
    ctx.textAlign="end";
    ctx.fillText("textAlign=end",150,80);
    ctx.textAlign="left";
    ctx.fillText("textAlign=left",150,100);
    ctx.textAlign="center";
    ctx.fillText("textAlign=center",150,120);
    ctx.textAlign="right";
    ctx.fillText("textAlign=right",150,140);
}
```

【**示例 2**】下面示例在 y 轴 100px 的位置创建一条水平线。位置 100 就被定义为用蓝色填充，然后比较每种 textBaseline 属性值对齐效果，如图 17.43 所示。

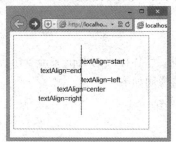
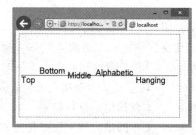

图 17.42　比较每种 textAlign 属性值对齐效果　　图 17.43　比较每种 textBaseline 属性值对齐效果

```
function draw() {
    var ctx = document.getElementById('canvas').getContext('2d');
    //在位置 y=100 绘制蓝色线条
    ctx.strokeStyle="blue";
    ctx.moveTo(5,100);
    ctx.lineTo(395,100);
    ctx.stroke();
    ctx.font="20px Arial"
    //在位置 y=100 以不同的 textBaseline 值放置每个单词
    ctx.textBaseline="top";
    ctx.fillText("Top",5,100);
    ctx.textBaseline="bottom";
    ctx.fillText("Bottom",50,100);
    ctx.textBaseline="middle";
    ctx.fillText("Middle",120,100);
    ctx.textBaseline="alphabetic";
    ctx.fillText("Alphabetic",190,100);
    ctx.textBaseline="hanging";
    ctx.fillText("Hanging",290,100);
}
```

17.6.4 测量宽度

使用 measureText()方法可以测量当前所绘制文字中指定文字的宽度，它返回一个 TextMetrics 对象，使用该对象的 width 属性可以得到指定文字参数后所绘制文字的总宽度。用法如下：

```
metrics=context. measureText(text);
```

其中的参数 text 为要绘制的文字。

📢 提示：

如果需要在文本向画布输出之前就了解文本的宽度，应该使用该方法。

【示例】下面是测量文字宽度的一个示例，预览效果如图 17.44 所示。

图 17.44　测量文字宽度

```
function draw() {
    var ctx = document.getElementById('canvas').getContext('2d');
    ctx.font = "bold 20px 楷体";
    ctx.fillStyle="Blue";
    var txt1 = "HTML5+CSS3";
    ctx.fillText(txt1,10,40);
    var txt2 = "以上字符串的宽度为：";
    var mtxt1 = ctx.measureText(txt1);
    var mtxt2 = ctx.measureText(txt2);
    ctx.font = "bold 15px 宋体";
    ctx.fillStyle="Red";
    ctx.fillText(txt2,10,80);
    ctx.fillText(mtxt1.width,mtxt2.width,80);
}
```

17.7 使用图像

在 canvas 中可以导入图像。导入的图像可以改变大小、裁切或合成。canvas 支持多种图像格式，如 PNG、GIF、JPEG 等。

17.7.1 导入图像

在 canvas 中导入图像的步骤如下。

第 1 步，确定图像来源。

第 2 步，使用 drawImage()方法将图像绘制到 canvas 中。

确定图像来源有以下 4 种方式，用户可以任选一种。

❧ 页面内的图片：如果已知图片元素的 ID，则可以通过 document.images 集合、document.getElementsByTagName() 或 document.getElementById()等方法获取页面内的图片元素。

❧ 其他 canvas 元素：可以通过 document.getElementsByTagName()或 document.getElementById()等方法获取已经设计好的 canvas 元素。例如，可以用这种方法为一个比较大的 canvas 生成缩略图。

❧ 用脚本创建一个新的 Image 对象：使用脚本可以从零开始创建一个新的 Image 对象。不过这种方法存在一个缺点：如果图像文件来源于网络且较大，则会花费较长的时间来装载。所以如果不希望因为图像文件装载时间过长而等待，就需要做好预装载的工作。

❧ 使用 data:url 方式引用图像：这种方法允许用 Base64 编码的字符串来定义一个图片；优点是图片可以即时使用，不必等待装载，而且迁移也非常容易；缺点是无法缓存图像，所以如果图片较大，则不太适合用这种方法，因为这会导致嵌入的 url 数据相当庞大。

使用脚本创建新 image 对象时，其方法如下：

```
var img = new Image();              //创建新的 Image 对象
img.src = 'image1.png';             //设置图像路径
```

如果要解决图片预装载的问题，可以使用 onload 事件一边装载图像一边执行绘制图像的函数。

```
var img = new Image();              //创建新的 Image 对象
img.onload = function(){            //此处放置 drawImage 的语句
}
img.src = 'image1.png';             //设置图像路径
```

不管采用什么方式获取图像来源，之后的工作都是使用 drawImage()方法将图像绘制到 canvas 中。drawImage()方法能够在画布上绘制图像、画布或视频。该方法也能够绘制图像的某些部分，以及增加或减小图像的尺寸。其用法如下：

```
//语法 1：在画布上定位图像
context.drawImage(img,x,y);
//语法 2：在画布上定位图像，并规定图像的宽度和高度
context.drawImage(img,x,y,width,height);
//语法 3：剪切图像，并在画布上定位被剪切的部分
context.drawImage(img,sx,sy,swidth,sheight,x,y,width,height);
```

参数说明如下。

❧ img：规定要使用的图像、画布或视频。

❧ sx：可选。开始剪切的 x 坐标位置。

❧ sy：可选。开始剪切的 y 坐标位置。

❧ swidth：可选。被剪切图像的宽度。

❧ sheight：可选。被剪切图像的高度。

❧ x：在画布上放置图像的 x 坐标位置。

❧ y：在画布上放置图像的 y 坐标位置。

❧ width：可选。要使用的图像的宽度，可以实现伸展或缩小图像。

❧ height：可选。要使用的图像的高度，可以实现伸展或缩小图像。

【示例】下面示例演示了如何使用上述步骤将图像引入 canvas 中，预览效果如图 17.45 所示。至于第 2 和第 3 种 drawImage()方法，我们将在后续小节中单独介绍。

```
function draw() {
    var ctx = document.getElementById('canvas'). getContext ('2d');
    var img = new Image();
    img.onload = function(){
        ctx.drawImage(img,0,0);
```

```
    }
    img.src = 'images/1.jpg';
}
```

17.7.2 缩放图像

drawImage()方法的第 2 种用法可以用于使图片按指定的大小显示。其用法如下:

```
context.drawImage(image, x, y, width, height);
```

其中 width 和 height 分别是图像在 canvas 中显示的宽度和高度。

【示例】下面示例将上节示例中的代码稍作修改,设置导入的图像放大显示,并仅显示头部位置,效果如图 17.46 所示。

图 17.45　向 canvas 中导入图像

图 17.46　放大图像显示

```
function draw() {
    var ctx = document.getElementById('canvas').getContext('2d');
    var img = new Image();
    img.onload = function(){
        ctx.drawImage(img,-100,-40,800,500);
    }
    img.src = 'images/1.jpg';
}
```

17.7.3 裁切图像

drawImage 的第 3 种用法用于创建图像切片。其用法如下:

```
context.drawImage(image,sx,sy,sw,sh,dx,dy,dw,dh);
```

其中,image 参数与前两种的用法相同,其余 8 个参数如图 17.47 所示;sx、sy 为源图像被切割区域的起始坐标,sw、sh 为源图像被切下来的宽度和高度;dx、dy 为被切割下来的源图像要放置到目标 canvas 的起始坐标;dw、dh 为被切割下来的源图像放置到目标 canvas 的显示宽度和高度。

【示例】下面示例演示如何创建图像切片,预览效果如图 17.48 所示。

图 17.47　8 个参数的图示

图 17.48　创建图像切片

```
function draw() {
    var ctx = document.getElementById ('canvas'). getContext ('2d');
    var img = new Image();
    img.onload = function(){
        ctx.drawImage(img,70,50,100,70,5,5,290,190);
    }
    img.src = 'images/1.jpg';
}
```

17.7.4　平铺图像

图像平铺就是让图像填满画布，有两种方法可以实现，下面结合示例进行说明。

【示例 1】第 1 种方法是使用 drawImage()方法。

```
function draw() {
    var canvas = document.getElementById('canvas');
    var ctx = canvas.getContext('2d');
    var image = new Image();
    image.src = "images/1.png";
    image.onload = function(){
        var scale=5                          //平铺比例
        var n1=image.width/scale;            //缩小后图像宽度
        var n2=image.height/scale;           //缩小后图像高度
        var n3=canvas.width/n1;              //平铺横向个数
        var n4=canvas.height/n2;             //平铺纵向个数
        for(var i=0;i<n3;i++)
            for(var j=0;j<n4;j++)
                ctx.drawImage(image,i*n1,j*n2,n1,n2);
    };
}
```

本例用到几个变量以及循环语句，相对来说处理方法复杂一些，预览效果如图 17.49 所示。

【示例 2】使用 createPattern()方法，该方法只使用了几个参数就达到了上面所述的平铺效果。createPattern()方法用法如下：

```
context.createPattern(image,type);
```

参数 image 为要平铺的图像，参数 type 必须是下面的字符串值之一。

➥ no-repeat：不平铺。

➥ repeat-x：横方向平铺。

➥ repeat-y：纵方向平铺。

➥ repeat：全方向平铺。

创建 Image 对象，指定图像文件后，使用 createPattern()方法创建填充样式，然后将该样式指定给图形上下文对象的 fillStyle 属性，最后填充画布，重复填充的效果如图 17.50 所示。

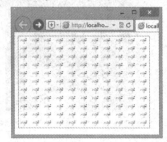

图 17.49　通过 drawImage()方法平铺显示　　　图 17.50　通过 createPattern()方法平铺显示

```
function draw() {
    var canvas = document.getElementById('canvas');
    var ctx = canvas.getContext('2d');
    var image = new Image();
    image.src = "images/1.png";
    image.onload = function(){
        var ptrn = ctx.createPattern(image,'repeat');     //创建填充样式，全方向平铺
        ctx.fillStyle = ptrn;                              //指定填充样式
        ctx.fillRect(0,0,300,200);                         //填充画布
    };
}
```

17.8 像素操作

通过 ImageData 对象可以操纵像素数据，直接读取或将数据数组写入该对象中。

17.8.1 认识 ImageData 对象

ImageData 对象表示图像数据，存储 canvas 对象真实的像素数据，它包含以下几个只读属性。

❧ width：返回 ImageData 对象的宽度，单位是像素。

❧ height：返回 ImageData 对象的高度，单位是像素。

❧ data：返回一个对象，包含指定的 ImageData 对象的图像数据。

图像数据是一个数组，包含着 RGBA 格式的整型数据，范围为 0~255（包括 255），通过图像数据可以查看画布初始像素数据。每个像素用 4 个值来代表，分别是红、绿、蓝和透明值。对于透明值来说，0 是透明的，255 是完全可见的。数组格式如下：

[r1, g1, b1, a1, r2, g2, b2, a2, r3, g3, b3, a3,…]

r1、g1、b1 和 a1 分别为第 1 个像素的红色值、绿色值、蓝色值和透明度值；r2、g2、b2、a2 分别为第 2 个像素的红色值、绿色值、蓝色值、透明度值，以此类推。像素是从左到右，然后自上而下，使用 data.length 可以遍历整个数组。

17.8.2 创建图像数据

使用 createImageData()方法可以创建一个新的、空白的 ImageData 对象。具体用法如下：

```
//以指定的尺寸（以像素计）创建新的 ImageData 对象
var imgData=context.createImageData(width,height);
//创建与指定的另一个 ImageData 对象尺寸相同的新 ImageData 对象（不会复制图像数据）
var imgData=context.createImageData(imageData);
```

参数简单说明如下。

❧ width：定义 ImageData 对象的宽度，以像素计。

❧ height：定义 ImageData 对象的高度，以像素计。

❧ imageData：指定另一个 ImageData 对象。

调用该方法将创建一个指定大小的 ImageData 对象，所有像素被预设为透明黑。

17.8.3 将图像数据写入画布

putImageData()方法可以将图像数据从指定的 ImageData 对象写入画布。具体用法如下：

```
context.putImageData(imgData,x,y,dirtyX,dirtyY,dirtyWidth,dirtyHeight);
```

参数简单说明如下。

- ➘ imgData：要写入画布的 ImageData 对象。
- ➘ x：ImageData 对象左上角的 x 坐标，以像素计。
- ➘ y：ImageData 对象左上角的 y 坐标，以像素计。
- ➘ dirtyX：可选参数，在画布上放置图像的 x 轴位置，以像素计。
- ➘ dirtyY：可选参数，在画布上放置图像的 y 轴位置，以像素计。
- ➘ dirtyWidth：可选参数，在画布上绘制图像所使用的宽度。
- ➘ dirtyHeight：可选参数，在画布上绘制图像所使用的高度。

【示例】下面示例创建一个 100×100px 的 ImageData 对象，其中每个像素都是红色的，然后把它写入画布中并显示出来。

```html
<canvas id="myCanvas"></canvas>
<script>
var c=document.getElementById("myCanvas");
var ctx=c.getContext("2d");
var imgData=ctx.createImageData(100,100);    //创建图像数据
//使用 for 循环语句，逐一设置图像数据中每个像素的颜色值
for (var i=0;i<imgData.data.length;i+=4){
    imgData.data[i+0]=255;
    imgData.data[i+1]=0;
    imgData.data[i+2]=0;
    imgData.data[i+3]=255;
}
ctx.putImageData(imgData,10,10);                //把图像数据写入画布
</script>
```

17.8.4　在画布中复制图像数据

getImageData()方法能复制画布指定矩形的像素数据，返回 ImageData 对象。用法如下：

```
var imgData=context.getImageData(x,y,width,height);
```

参数简单说明如下。

- ➘ x：开始复制的左上角位置的 x 坐标。
- ➘ y：开始复制的左上角位置的 y 坐标。
- ➘ width：将要复制的矩形区域的宽度。
- ➘ height：将要复制的矩形区域的高度。

【示例】下面示例先创建一个图像对象，使用 src 属性加载外部图像源，加载成功之后，使用 drawImage()方法把外部图像绘制到画布上。再使用 getImageData()方法把画布中的图像转换为 ImageData（图像数据）对象。然后，使用 for 语句逐一访问每个像素点，对每个像素的颜色进行反显操作，再存回数组。最后，使用 putImageData()方法将反显操作后的图像重绘在画布上。

```html
<canvas id="myCanvas" width="384" height="240"></canvas>
<script>
var canvas = document.getElementById("myCanvas");
var context = canvas.getContext('2d');
var image = new Image();
image.src = "images/1.jpg";
image.onload = function (){
    context.drawImage(image, 0, 0);
```

```
var imagedata = context.getImageData(0,0,image.width,image.height);
for (var i = 0, n = imagedata.data.length; i < n; i += 4){
    imagedata.data[i+0] = 255 - imagedata.data[i+0]; //red
    imagedata.data[i+1] = 255 - imagedata.data[i+2]; //green
    imagedata.data[i+2] = 255 - imagedata.data[i+1]; //blue
}
context.putImageData(imagedata, 0, 0);
};
</script>
```

以上代码在 IE 浏览器中的预览效果如图 17.51 所示。

(a) 原图

(b) 反转效果图

图 17.51　图像反色显示

17.8.5　保存图片

HTMLCanvasElement 提供的 toDataURL()方法可以将画布保存为图片，返回一个包含
图片展示的 data URI。具体用法如下：

```
canvas.toDataURL(type, encoderOptions);
```
参数简单说明如下。

➥ type：可选参数，默认为 image/png。

➥ encoderOptions：可选参数，默认为 0.92。在指定图片格式为 image/jpeg 或 image/webp 的情况下，
可以设置图片的质量，取值范围为 0~1，如果超出取值范围，将会使用默认值。

📢》提示：

所谓 data URI，是指目前大多数浏览器能够识别的一种 Base64 位编码的 URI，主要用于小型的、可以在网页中
直接嵌入，而不需要从外部文件嵌入的数据，如 img 元素中的图像文件等，类似于 "data:image/png; base64,
iVBORwOKGgoAAAANSUhEUgAAAAoAAAAK...etc"。目前，大多数浏览器都支持该功能。

使用 toBlob()方法，可以把画布存储到 Blob 对象中，用以展示 canvas 上的图片；这个图片文件可以
被缓存或保存到本地。具体用法如下：

```
void canvas.toBlob(callback, type, encoderOptions);
```
参数 callback 表示回调函数，当存储成功时调用，可获得一个单独的 Blob 对象参数。type 和
encoderOptions 参数与 toDataURL()方法相同。

【示例 1】下面示例将绘图输出到 data URL，效果如图 17.52 所示。

```
<canvas id="myCanvas" width="400" height="200"></canvas>
<script type="text/javascript">
var canvas = document.getElementById("myCanvas");
```

```
var context = canvas.getContext('2d');
context.fillStyle = "rgb(0, 0, 255)";
context.fillRect(0, 0, canvas.width, canvas.height);
context.fillStyle = "rgb(255, 255, 0)";
context.fillRect(10, 20, 50, 50);
window.location =canvas.toDataURL("image/jpeg");
</script>
```

【示例 2】下面示例在页面中添加一块画布和两个按钮，画布中显示绘制的几何图形，单击"保存图像"按钮，可以把绘制的图形另存到另一个页面中，单击"下载图像"按钮，可以把绘制的图形下载到本地，演示效果如图 17.53 所示。

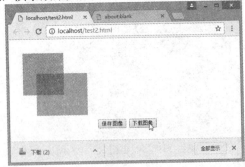

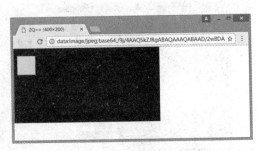

图 17.52　把图形输出到 data URL　　　　　　图 17.53　保存和下载图形

具体代码解析可以扫码学习。

17.9　案例实战

17.9.1　设计基本动画

设计动画的基本步骤如下。

第 1 步，清空 canvas。最简单的方法是使用 clearRect ()方法清空画布。

第 2 步，保存 canvas 状态。如果要改变 canvas 设置状态，如样式、变形等，又要在每画一帧时都要重设原始状态，就需要使用 save()方法先保存 canvas 设置状态。

第 3 步，绘制动画图形。这一步才是重绘动画帧。

第 4 步，恢复 canvas 状态，如果已经保存了 canvas 的状态，可以使用 restore()方法先恢复它，然后重绘下一帧。

有以下 3 种方法可以实现动画操控。

> ↘ setInterval(function, delay)：设定好间隔时间 delay 后，function 会定期执行。

> ↘ setTimeout(function, delay)：在设定好的时间 delay 之后，执行函数 function。

> ↘ requestAnimationFrame(callback)：告诉浏览器希望执行动画，并请求浏览器调用指定的 callback 函数在下一次重绘之前更新动画。requestAnimationFrame()函数不需要指定动画关键帧间隔的时间，浏览器自动设置。

【示例】下面示例在画布中绘制一个红色方块和一个圆球，让它们重叠显示，然后使用一个变量从图形上下文的 globalCompositeOperation 属性的所有参数构成的数组中挑选一个参数来显示对应的图形组合效果，通过动画循环显示所有参数的组合效果，演示如图 17.54 所示。

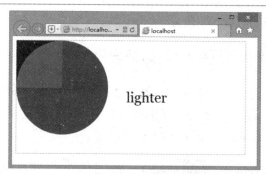

图 17.54　设计图形组合动画

具体代码解析可以扫码学习。

17.9.2　颜色选择器

本例使用 getImageData()方法展示鼠标移动下的颜色，效果如图 17.55 所示。

图 17.55　设计图形组合动画

具体代码解析可以扫码学习。

17.9.3　给图像去色

本例在 17.8.4 节示例的基础上，设计通过按钮控制图像的色彩处理：当单击"反色图像"按钮时，让图像反色显示；当单击"灰色图像"按钮时，让图像以灰度图显示，效果如图 17.56 所示。

（a）反色图像　　　　　　　　　　　　　　　（b）灰色图像

图 17.56　设计图像色彩处理

具体代码解析可以扫码学习。

17.9.4　缩放图像和反锯齿处理

在 drawImage()方法中，通过缩放第 2 块画布的大小，可以实现图像的实时缩放显示，再利用画布环境的 imageSmoothingEnabled 属性，可以设置放大显示的图像是否反锯齿（即平滑方式）显示。演示效果如图 17.57 所示。

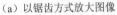

（a）以锯齿方式放大图像

（b）以平滑方式放大图像

图 17.57　设计缩放图像

具体代码解析可以扫码学习。

17.9.5　设计运动动画

在上面示例中，我们初步掌握了基本动画的设计方法，本节将会对运动有更深的了解并学会添加一些符合物理的运动。设计效果如图 17.58 所示。

具体操作步骤可以扫码学习。

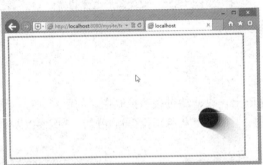

图 17.58　设计长尾效果

17.9.6　设计地球和月球公转动画

本例采用 window.requestAnimationFrame()方法做一个小型的太阳系模拟动画，效果如图 17.59 所示。这个方法提供了更加平缓且更加有效率的方式来执行动画，当系统准备好重绘条件的时候，才调用绘制动画帧。一般每秒钟回调函数执行 60 次，也有可能会被降低。

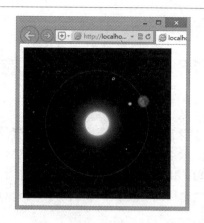

图 17.59　设计地球和月球公转动画效果

具体代码解析可以扫码学习。

17.10　在线学习

本节为线上继续学习入口，通过扫码读者可以进行巩固练习、补充知识、获取参考资料、拓展阅读。

第 18 章　本地数据存储

随着浏览器的功能不断增强，越来越多的网站开始将大量数据存储在客户端，这样可以减少从服务器请求数据，直接从本地读取数据。除了传统的 cookie 技术外，HTML5 新增了 Web Database API、Web SQL Database API 和 IndexedDB API，用来替代 cookie 解决方案。对于简单的 key/value（键值对）信息，使用 Web Storage 比较方便；对于复杂结构的数据，可以使用 Web SQL Database 和 Indexed Database。

【学习重点】
- 使用 cookie。
- 使用 Web Storage。
- 使用 Web SQL 数据库。
- 使用 IndexedDB 数据库。

18.1　HTTP Cookie

cookie 是服务器保存在浏览器的一小段文本信息，浏览器每次向服务器发出请求时，会携带 cookie 信息到服务器。cookie 常用于在本地记录用户信息，利用 cookie 可以完善用户体验。使用 cookie 主要存储下面几类信息。

- JavaScript 对象实例，可以包含基本类型、类成员变量等。
- DOM 节点状态。
- 表单初始状态，如文本框、下拉列表框、单选按钮和复选框的初始值等。
- 页面布局和风格，如主题、皮肤、窗口的大小、位置、打开页面 URL 等。
- 用户习惯性操作，如访问的 URL、执行的排序和查询等。

18.1.1　写入 cookie

cookie 字符串是一组名值对，名称和值之间以等号相连，名值对之间使用分号进行分隔。值中不能包含分号、逗号和空格。如果包含特殊字符，应该使用 escape() 进行编码，在读取 cookie 时才使用 unescape() 函数进行解码。完整的 cookie 信息应该包括下面几个部分。

- cookie 信息字符串，包含一个名值对，默认为空。
- cookie 有效期，包含一个 GMT 格式的字符串，默认为当前会话期，即关闭浏览器时，cookie 信息就会过期。
- cookie 有效路径，默认为 cookie 所在页面目录及其子目录。
- cookie 有效域，默认为设置 cookie 的页面所在的域。
- cookie 安全性，默认为不采用安全加密措施进行传递。

使用 document.cookie 可以读写 cookie 字符串信息。

【示例 1】下面示例演示如何使用 cookie 存储 cookie 信息。

```
var d = new Date();
d = d.toString();
d = "date=" + escape(d);                    //设置 cookie 字符串
```

```
document.cookie = d;                              //写入 cookie 信息
```

如果要长久保存 cookie 信息，可以设置 expires 属性，把字符串"expires=date"附加到 cookie 字符串后面。用法如下：

```
name = value; expires = date
```

date 为格林威治日期时间（GMT），格式为 Sun, 30 Apr 2017 00:00:00 UTC。

📢 提示：

使用 Date.toGMTString()方法可以快速把时间对象转换为 GMT 格式。

【示例 2】下面示例将创建一个有效期为一个月的 cookie 信息。

```
var d = new Date();                               //实例化当前日期对象
d.setMonth(d.getMonth() + 1);                     //提取月份值并加 1，然后重新设置当前日期对象
d = "date=" + escape(d) + ";expires=" + d.toGMTString();   //添加 expires 名值对
document.cookie = d;                              //写入 cookie 信息
```

cookie 信息是有域和路径限制的。在默认情况下，仅在当前页面路径内有效。例如，在下面页面中写入了 cookie 信息。

```
http:// www.mysite.cn/bbs/index.html
```

这个 cookie 只会在 http:// www.mysite.cn/bbs/路径下可见，其他域或本域其他目录中的文件是无权访问的。这种限制主要是为了保护 cookie 信息安全，避免恶意读写。

可以使用 cookie 的 path 和 domain 属性重设可见路径和作用域。其中 path 属性包含了与 cookie 信息相关联的有效路径，domain 属性定义了 cookie 信息的有效作用域。用法如下：

```
name=value; expires=date; domain= domain; path=path;
```

📢 提示：

如果设置 path=/，可以设置 cookie 信息与服务器根目录及其子目录相关联，从而实现在整个网站中共享 cookie 信息；如果只想让 bbs 目录下的网页访问，设置 path=/bbs 即可。

很多网站可能包含很多域名，例如，百度网站包含的域名就有很多个，如 http://www.baidu.com/、http://news.baidu.com/等。在默认情况下，cookie 信息只能在本域中访问，通过设置 cookie 的 domain 属性修改域的范围。例如，在 http://www.baidu.com/index.html 文件中设置 cookie 的 domain 属性为 domain=tieba.baidu.com，就可以在 http://tieba.baidu.com/域下访问该 cookie。如果要允许所有子域都能访问 cookie 信息，设置 domain= baidu.com 即可，这样该 cookie 信息就与 baidu.com 的所有子域下的所有页面相关联。

cookie 使用 secure 属性定义 cookie 信息的安全性。secure 属性取值包括 secure 或者空字符串。在默认情况下，secure 属性值为空，即使用不安全的 HTTP 连接传递数据；如果设置了 secure，就通过 HTTPS 或者其他安全协议传递数据。

【示例 3】下面示例把写入 cookie 信息的实现代码进行封装。

```
//写入 cookie 信息
//参数：name 表示 cookie 名称，value 表示 cookie 值，expires 表示有效天数
//path 表示有效路径，domain 表示域，secure 表示安全性设置。返回值：无
function setCookie(name, value, expires, path, domain, secure){
    var today = new Date();                       //获取当前时间对象
    today.setTime(today.getTime());               //设置现在时间
    if (expires){                                 //如果有效期参数存在，则转换为毫秒数
        expires = expires * 1000 * 60 * 60 * 24;
    }
    var expires_date = new Date(today.getTime() + (expires));//新建有效期时间对象
    document.cookie = name + "=" + escape(value) +  //写入 cookie 信息
        ((expires) ? ";expires=" + expires_date.toGMTString() : "") +   //指定有效期
        ((path) ? ";path=" + path : "" ) +                //指定有效路径
```

```
                    ((domain) ? ";domain=" + domain : "" ) +          //指定有效域
                    ((secure) ? ";secure" : "" );                     //指定是否加密传输
}
```

18.1.2　读取 cookie

访问 document.cookie 可以读取 cookie 信息，cookie 属性值是一个由 0 个或多个名值对的子字符串组成的字符串列表，每个名值对之间通过分号进行分隔。

【示例 1】可以采用下面的方法把 cookie 字符串转换为对象类型。

```
//把 cookie 字符串转换为对象类型
//参数：无。返回值：存储 cookie 信息的名值对对象
function getCookie(){
    var a = document.cookie.split(";");          //把 cookie 字符串劈开为数组
    var o = {};                                  //临时对象直接量
    for(var i=0; i<a.length; i++){               //遍历数组
        var v = a[i].split("=");                 //劈开每个数组元素
        o[v[0]] = v[1];                          //把元素的名和值转换为对象的属性和属性值
    }
    return o;                                     //返回对象
}
```

如果在写入 cookie 信息时，使用了 escape()方法编码 cookie 值，则应该在读取时使用 unescape()方法解码 cookie 值。

下面使用 getCookie()函数读取 cookie 信息，并查看每个名值对信息。

```
var o = getCookie();
for(i in o){
    console.log(i + "=" + o[i]);
}
```

【示例 2】在实际开发中，更多的操作是直接读取某个 cookie 值，而不是读取所有 cookie 信息。下面示例定义一个比较实用的函数，用来读取指定名称的 cookie 值。

```
//读取指定 cookie 信息。参数：cookie 名称。返回值：cookie 值
function getCookie(name){
    var start = document.cookie.indexOf(name + "=");          //提取与 cookie 名相同的字符串索引
    var len = start + name.length + 1;                        //计算值的索引位置
    if ((! start) && (name != document.cookie.substring( 0, name.length))){      //没有返回null
        return null;
    }
    if ( start == - 1 ) return null;                          //如果没有找到，则返回 null
    var end = document.cookie.indexOf( ";", len );            //获取值后面的分号索引位置
    if ( end == - 1 ) end = document.cookie.length;           //如果为-1,设置为 cookie 字符串的长度
    return unescape( document.cookie.substring( len, end ) );  //获取截取值，并解码返回
}
```

18.1.3　修改和删除 cookie

如果要改变指定 cookie 的值，只需要使用相同名称和新值重新设置该 cookie 值即可。如果要删除某个 cookie 信息，只需要为该 cookie 设置一个已过期的 expires 属性值。

【示例】下面示例封装删除指定 cookie 信息的方法，这个方法需要调用上一节的 getCookie()函数。

```
//删除指定 cookie 信息
//参数：name 表示名称，path 表示路径，domain 表示域。返回值：无
function deleteCookie(name, path, domain){
```

```
    if (getCookie(name)) document.cookie = name + "=" +     //如果名称存在，则清空
    ((path) ? ";path=" + path : "") +                       //如果存在路径，则加上
    ((domain) ? ";domain=" + domain : "") +                 //如果存在域，则加上
    //设置有效期为过去时，即表示该 cookie 无效，将会被浏览器清除
    ";expires=Thu, 01-Jan-1970 00:00:01 GMT";
}
```

18.1.4 附加 cookie

浏览器对 cookie 信息都有个数限制，为了避免超出这个限制，可以把多条信息都保存在一个 cookie 中。实现方法：在每个名值对中，再嵌套一组子名值对。子名值对的形式可以自由约定，确保不引发歧义即可。例如，使用冒号作为子名和子值之间的分隔符，使用逗号作为子名值对之间的分隔符，约定类似于对象直接量。

```
subName1 : subValue1, subName2 : subValue2, subName3 : subValue3
```

然后把这组子名值串作为值传递给 cookie 的名称。

```
name=subName1:subValue1,subName2:subValue2,subName3:subValue3
```

为了确保子名值串不引发歧义，建议使用 escape()方法对其进行编码，读取时再使用 unescape()方法转码即可。

【示例 1】下面示例演示了如何在 cookie 中存储更多的信息。

```
var d = new Date();
d.setMonth(d.getMonth() + 1);                    //定义有效期
d = d.toGMTString();                             //转换为毫秒数字符串
var a = "name:a,age:20,addr:beijing"            //定义 cookie 字符串，子名值对
var c = "user=" + escape(a)                      //组合 cookie 字符串
c += ";" + "expires=" + d;                       //设置有效期为 1 个月
document.cookie = c;                             //写入 cookie 信息
```

【示例 2】当读取 cookie 信息时，首先需要获取 cookie 值，然后调用 unescape()方法对 cookie 值进行解码，最后再访问 cookie 值中每个子 cookie 值。因此对于 document.cookie 来说，就需要分解 3 次才能得到精确的信息。

```
//读取所有 cookie 信息，包括子 cookie 信息
//参数：无。返回值：存储子 cookie 的信息对象
function getSubCookie(){
    var a = document.cookie.split(";");
    var o ={};
    for (var i = 0; i < a.length; i++){                       //遍历 cookie 信息数组
        a[i] && (a[i] = a[i].replace(/^\s+|\s+$/, ""));       //清除头部空格符
        var b = a[i].split("=");
        var c = b[1];
        c && (c = c.replace(/^\s+|\s+$/, ""));                //清除头部空格符
        c = unescape(c);                         //解码 cookie 值
        if(! /\, /gi.test(c)){                   //如果不包含子 cookie 信息，则直接写入返回对象
            o[b[0]] = b[1];
        } else{
            var d = c.split(",");                //劈开 cookie 值
            for (var j = 0; j < d.length; j++ ){ //遍历子 cookie 数组
                var e = d[j].split(":");         //劈开子 cookie 名值对
                o[e[0]] = e[1];                  //把子 cookie 信息写入返回对象
            }
        }
    }
```

```
    return o;                                    //返回包含 cookie 信息的对象
}
```

📢 提示：

可以使用下面方法来检测客户端浏览器是否支持 cookie。如果浏览器启用了 cookie，则 CookieEnabled 属性值为 true；当禁用 cookie 时，则该属性值为 false。

```
if(navigator.CookieEnabled){
    //如果存在 CookieEnabled 属性，则说明浏览器支持 cookie
}
```

18.1.5　Http-Only Cookie

设置 cookie 的时候，如果服务器加上了 HttpOnly 属性，则这个 cookie 无法被 JavaScript 读取（即 document.cookie 不会返回这个 cookie 的值），只用于向服务器发送。用法如下。

```
Set-Cookie: key=value; HttpOnly
```

上面的这个 cookie 将无法用 JavaScript 获取。进行 Ajax 操作时，XMLHttpRequest 对象也无法包括这个 cookie。这主要是为了防止 XSS 攻击盗取 Cookie。

📢 提示：

浏览器的同源政策规定，两个网址只要域名和端口相同，就可以共享 cookie。注意，这里不要求协议相同。例如，http://example.com 设置的 cookie，可以被 https://example.com 读取。

18.1.6　案例：打字游戏

本节示例使用 cookie 设计一个打字游戏，页面包含三个控制按钮和一个文本区域。当单击"开始测试打字速度"按钮时，JavaScript 首先判断用户的身份，若发现没有用户注册，则会及时提示注册名称，然后开始计时。当单击"停止测试"按钮时，JavaScript 能够及时计算打字的字数、花费的时间（以分计），测算打字速度，并与历史最好成绩进行比较，同时累计用户打字的总字数，效果如图 18.1 所示。

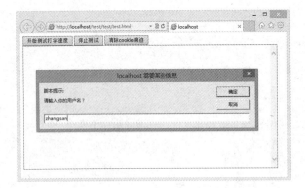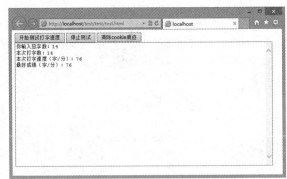

图 18.1　打字游戏演示

【设计步骤】

第 1 步，当单击"开始测试打字速度"按钮时，将触发下面事件处理函数，用来检测用户身份，并开始计时。

```
function start(){
    var words = document.getElementById("words");
    words.value = ""                            //清空文本区域
    if( ! cookie("name")){                      //如果 cookie 中不存在用户名
        var _name = prompt("请输入你的用户名？");   //提示输入
```

```
        cookie("name", _name,{expires : 360});    //并存储到cookie中
    }
    var date = new Date();
    t1 = date.getTime();                          //获取当前时间
    words.focus();                                //设置文本区域获取焦点
}
```

第 2 步，测试完毕，单击"停止测试"按钮，将触发下面事件处理函数。该函数将汇总相关数据，并与 cookie 中相关数据进行比对，存储相关 cookie 数据，最后显示汇总信息。

```
function stop(){
    var words = document.getElementById("words"); //获取文本区域的引用
    var date = new Date();
    t2 = date.getTime();                          //获取现在时间
    var time = (t2- t1) / (1000 * 60);            //计时打字用时
    var num = words.value.length;                 //计时输入的总字数
    rate = Math.round(num/time);                  //计算打字速度
    cookie("rate") || cookie("rate", 0, {expires : 360});    //检测cookie中是否存在历史成绩
    if( parseInt(cookie("rate")) < rate)          //如果现在成绩优于历史成绩,则存储该成绩
        cookie("rate", rate, {expires : 360});
    var sum = cookie("sum") ? cookie("sum") : 0; //检测cookie中的总字数
    cookie("sum", (parseInt(sum) + num),{expires : 360});//存储累计总字数
    var info = "你输入总字数: " + cookie("sum") + "\n" +
               "本次打字数: " + num + "\n" +
               "本次打字速度（字/分）: " + rate + "\n" +
               "最好成绩（字/分）: " + cookie("rate") + "\n";
    words.value = info;                           //输出汇总信息
}
```

第 3 步，定义清除 cookie 信息的事件处理函数。

```
function clear(){
    cookie("name", null);
    cookie("sum", null);
    cookie("rate", null);
    var words = document.getElementById("words");
    words.value = ""
}
```

第 4 步，在页面初始化事件处理函数中分别为 3 个按钮绑定上面定义的函数。

```
var t1 = t2 = 0;
window.onload = function(){
    var b = document.getElementById("start");
    var e = document.getElementById("stop");
    var c = document.getElementById("clear");
    b.onclick = start;
    e.onclick = stop;
    c.onclick = clear;
}
```

18.2 Web Storage

HTML5 新增的 Web Storage API 提供了两种客户端数据存储的方法：localStorage 和 sessionStorage。两者用法相同，具体区别如下。

➥ localStorage：用于持久化的本地存储，除非主动删除，否则数据永远不会过期。

➥ sessionStorage：用于存储本地会话（session）数据，这些数据只在同一个会话周期内访问，当会

话结束后即被销毁，因此 sessionStorage 是一种短期本地存储方式。

目前浏览器如 IE8+、Firefox 3+、Opera 10.5+、Chrome 3.0+和 Safari 4.0+都支持 Web Storage。

18.2.1 使用 Web Storage

localStorage 和 sessionStorage 对象拥有相同的属性和方法，操作方法也都相同。

1. 存储

使用 setItem()方法可以存储值。用法如下：

```
setItem(key, value)
```

参数 key 表示键名，value 表示值，都以字符串形式进行传递。例如：

```
sessionStorage.setItem("key", "value");
localStorage.setItem("site", "mysite.cn");
```

2. 访问

使用 getItem()方法可以读取指定键名的值。用法如下：

```
getItem(key)
```

参数 key 表示键名，字符串类型。该方法将获取指定 key 本地存储的值。例如：

```
var value = sessionStorage.getItem("key");
var site = localStorage.getItem("site");
```

3. 删除

使用 removeItem()方法可以删除指定键名本地存储的值。用法如下：

```
removeItem(key)
```

参数 key 表示键名，字符串类型。该方法将删除指定 key 本地存储的值。例如：

```
sessionStorage.removeItem("key");
localStorage.removeItem("site");
```

4. 清空

使用 clear()方法可以清空所有本地存储的键值对。用法如下：

```
clear()
```

调用 clear()方法可以直接清理本地存储的数据。例如：

```
sessionStorage.clear();
localStorage.clear();
```

📢 提示：

Web Storage 也支持使用点语法，或者使用字符串数组[]的方式来处理本地数据。例如：

```
var storage = window.localStorage;              //获取本地 localStorage 对象
//存储值
storage.key = "hello";
storage["key"] = "world";
//访问值
console.log(storage.key);
console.log(storage["key"]);
```

5. 遍历

Web Storage 定义 key()方法和 length 属性，使用它们可以对存储数据进行遍历操作。

【示例 1】下面示例获取本地 localStorage，然后使用 for 语句访问本地存储的所有数据，并输出到调试台显示。

```
var storage = window.localStorage;
for (var i=0, len = storage.length; i < len; i++){
    var key = storage.key(i);
    var value = storage.getItem(key);
    console.log(key + "=" + value);
}
```

6. 监测事件

Web Storage 定义 storage 事件，当键值改变或者调用 clear() 方法的时候，将触发 storage 事件。

【示例 2】下面示例使用 storage 事件监测本地存储，当发生值变动时，及时进行提示。

```
if(window.addEventListener){
    window.addEventListener("storage",handle_storage,false);
 }else if(window.attachEvent){
    window.attachEvent("onstorage",handle_storage);
 }
function handle_storage(e) {
    var logged = "key:" + e.key + ", newValue:" + e.newValue + ", oldValue:" + e.oldValue
    + ", url:" + e.url + ", storageArea:" + e.storageArea;
    console.log(logged);
}
```

storage 事件对象包含属性说明如表 18.1 所示。

表 18.1　storage 事件对象属性

属　　性	类　　型	说　　明
key	String	键的名称
oldValue	Any	以前的值（被覆盖的值），如果是新添加的项目，则为 null
newValue	Any	新的值，如果是新添加的项目，则为 null
url/uri	String	引发更改的方法所在页面地址

18.2.2　案例：访问统计

本例使用 sessionStorage 和 localStorage 对页面的访问进行计数。在文本框内输入数据后，单击"session 保存"按钮和"local 保存"按钮对数据进行保存；单击"session 读取"按钮和"local 读取"按钮可以对数据进行读取。演示效果如图 18.2 所示。

图 18.2　Web 应用计数器

示例代码如下：

```
<h1>计数器</h1>
<p class="msg" id="msg_1"> </p>
<p class="form_item">
    <label for="">Storage: </label>
    <input type="text" name="text-1" value="" id="text-1"/>
</p>
<p class="form_item">
    <input type="button" name="btn-1" value="session 保存" id="btn-1"/>
    <input type="button" name="btn-2" value="session 读取" id="btn-2"/>
    <input type="button" name="btn-3" value="local 保存" id="btn-3"/>
    <input type="button" name="btn-4" value="local 读取" id="btn-4"/>
</p>
<p class="count_wrap">本页 session 访问次数: <span class="count" id='session_count'> </span>
          本页 local 访问次数: <span class="count" id='local_count'></span></p>
<script>
function getE(ele){                          //自定义一个 getE() 函数
    return document.getElementById(ele);     //输出变量
}
var text_1 = getE('text-1'),                 //声明变量并为其赋值
    mag = getE('msg_1'),
    btn_1 = getE('btn-1'),
    btn_2 = getE('btn-2'),
    btn_3 = getE('btn-3'),
    btn_4 = getE('btn-4');
btn_1.onclick = function(){sessionStorage.setItem('msg','sessionStorage = ' +
    text_1.value ); }
btn_2.onclick = function(){mag.innerHTML = sessionStorage.getItem('msg'); }
btn_3.onclick = function(){localStorage.setItem('msg','localStorage = ' + text_1.value );}
btn_4.onclick = function(){mag.innerHTML = localStorage.getItem('msg');}
//记录页面次数
var local_count = localStorage.getItem('a_count')?localStorage.getItem('a_count'):0;
getE('local_count').innerHTML = local_count;
localStorage.setItem('a_count',+local_count+1);
var session_count = sessionStorage.getItem('a_count')?sessionStorage.getItem
        ('a_count'):0;
getE('session_count').innerHTML = session_count;
sessionStorage.setItem('a_count',+session_count+1);
</script>
```

18.3　Web SQL Database

Web SQL Database API 允许使用 SQL 语法访问客户端数据。目前该 API 获得了 Safari、Chrome 和 Opera 主流浏览器的支持，暂时没有获得 IE、Firefox 浏览器的支持，因此 HTML5 还没有把该 API 作为官方规范进行推广。

18.3.1　使用 Web SQL Database

HTML5 数据库 API 是以一个独立规范的形式出现，它包含 3 个核心方法。

➤ openDatabase：使用现有数据库或创建新数据库的方式创建数据库对象。

➷ transaction：允许根据情况控制事务提交或回滚。

➷ executeSql：用于执行真实的 SQL 查询。

使用 JavaScript 脚本编写 SQLLite 数据库有以下两个必要的步骤。

➷ 创建访问数据库的对象。

➷ 使用事务处理。

1. 创建或打开数据库

首先，必须要使用 openDatabase 方法来创建一个访问数据库的对象。具体用法如下：

```
Database openDatabase(in DOMString name, in DOMString version, in DOMString displayName,
in unsigned long estimatedSize, in optional DatabaseCallback creationCallback)
```

openDatabase 方法可以打开已经存在的数据库，如果不存在则进行创建。openDatabase 中 5 个参数分别表示：数据库名、版本号、描述、数据库大小、创建回调。创建回调没有时也可以创建数据库。

【示例 1】创建一个数据库对象 db，名称是 Todo，版本编号为 0.1。db 还带有描述信息和大概的大小值。浏览器可使用这个描述与用户进行交流，说明数据库是用来做什么的；利用代码中提供的大小值，浏览器可以为内容留出足够的存储空间。如果需要，这个大小是可以改变的，所以没有必要预先假设允许用户使用多少空间。

```
db = openDatabase("ToDo", "0.1", "A list of to do items.", 200000);
```

为了检测之前创建的连接是否成功，可以检查数据库对象是否为 null。

```
if(!db) console.log("Failed to connect to database.");
```

2. 访问和操作数据库

访问数据库的时候，需要调用 transaction()方法执行事务处理。使用事务处理，可以防止在对数据库进行访问及执行有关操作的时候受到外界的打扰。因为在 Web 上，会同时有许多人对页面进行访问。如果在访问数据库的过程中，正在操作的数据被别的用户进行了修改，会引发很多意想不到的后果，transaction()方法的用法如下。

```
db.transaction( function(tx) {})
```

在 transaction 的回调函数内，使用了作为参数传递给回调函数的 transaction 对象的 executeSql()方法，executeSql()方法用法如下。

```
transaction.executeSql(sqlquery,[],dataHandler, errorHandler):
```

该方法使用 4 个参数，第 1 个参数为需要执行的 SQL 语句。

第 2 个参数为 SQL 语句中所有使用到的参数的数组。在 executeSql()方法中，将 SQL 语句中所要使用到的参数先用 "?" 代替，然后依次将这些参数组成数组放在第 2 个参数中。方法如下。

```
transaction.executeSql("UPDATE people set age-? where name=?;",[age, name]);
```

第 3 个参数为执行 SQL 语句成功时调用的回调函数，该回调函数的传递方法如下。

```
function dataRandler(transaction, results){//执行 SQL 语句成功时的处理}
```

该回调函数使用两个参数，第 1 个参数为 transaction 对象，第 2 个参数为执行查询操作时返回的查询到的结果数据集对象。

第 4 个参数为执行 SQL 语句出错时调用的回调函数，该回调函数的传递方法如下。

```
function errorHandler(transaction,errmeg) {//执行 sql 语句出错时的处理}
```

该回调函数使用两个参数，第 1 个参数为 transaction 对象，第 2 个参数为执行发生错误时的错误信息文字。

【示例 2】下面在 mydatabase 数据库中创建表 t1，并执行数据插入操作，完成插入两条记录。

```
var db = openDatabase('mydatabase', '2.0', my db', 2 * 1024);
db.transaction(function (tx) {
```

```
tx.executeSql('CREATE TABLE IF NOT EXISTS t1 (id unique, log)');
tx.executeSql('INSERT INTO t1 (id, log) VALUES (1, "foobar")');
tx.executeSql('INSERT INTO t1 (id, log) VALUES (2, "logmsg")');
});
```

在插入新记录时，还可以传递动态值。

```
var db = openDatabase(' mydatabase ', '2.0', 'my db', 2 * 1024);
db.transaction(function (tx) {
    tx.executeSql('CREATE TABLE IF NOT EXISTS t1 (id unique, log)');
    tx.executeSql('INSERT INTO t1 (id,log) VALUES (?, ?)', [e_id, e_log]);
                                        //e_id 和 e_log 是外部变量
});
```

当执行查询操作时，从查询到的结果数据集中依次把数据取出到页面上，最简单的方法是使用 for 语句循环。结果数据集对象有一个 rows 属性，其中保存了查询到的每条记录，记录的条数可以通过 rows.length 来获取，可以用 for 循环，用 rows[index]或 rows.Item ([index])的形式来依次取出每条数据。在 JavaScript 脚本中，一般采用 rows[index]的形式。另外在 Chrome 浏览器中，不支持 rows.Item ([index])的形式。

如果要读取已经存在的记录，可以使用回调函数来捕获结果，并通过 for 语句循环显示每条记录。

【示例 3】下面示例完整地演示了 Web SQL Database API 的使用，包括建立数据库、建立表格、插入数据、查询数据、将查询结果显示。在最新版本的 Chrome、Safari 或 Opera 浏览器中输出结果如图 18.3 所示。

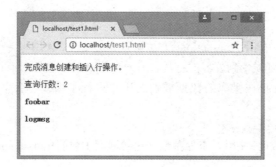

图 18.3　创建本地数据库

示例代码如下：

```
<script type="text/javascript">
var db = openDatabase('mydb', '1.0', 'Test DB', 2 * 1024 * 1024);
var msg;
db.transaction(function(tx) {
    tx.executeSql('CREATE TABLE IF NOT EXISTS LOGS (id unique, log)');
    tx.executeSql('INSERT INTO LOGS (id, log) VALUES (1, "foobar")');
    tx.executeSql('INSERT INTO LOGS (id, log) VALUES (2, "logmsg")');
    msg = '<p>完成消息创建和插入行操作。</p>';
    document.querySelector('#status').innerHTML = msg;
});
db.transaction(function(tx) {
    tx.executeSql('SELECT * FROM LOGS', [], function(tx, results) {
        var len = results.rows.length, i;
        msg = "<p>查询行数: " + len + "</p>";
        document.querySelector('#status').innerHTML += msg;
        for(i = 0; i < len; i++) {
```

```
        msg = "<p><b>" + results.rows.item(i).log + "</b></p>";
        document.querySelector('#status').innerHTML += msg;
      }
   }, null);
});
</script>
<div id="status" name="status"></div>
```

其中第 2 行的 var db = openDatabase('mydb', '1.0', 'Test DB', 2 * 1024 * 1024);建立一个名称为 mydb 的数据库，它的版本为 1.0，描述信息为 Test DB，大小为 2MB。可以看到此时有数据库建立，但并无表格建立，如图 18.4 所示。

图 18.4　创建数据库 mydb

openDatabase()方法打开一个已经存在的数据库，如果数据库不存在则创建数据库，创建数据库包括数据库名、版本号、描述、数据库大小、创建回调函数。最后一个参数创建回调函数，在创建数据库的时候调用（但即使没有这个参数，一样可以在运行时创建数据库）。

第 4 行到第 10 行代码：

```
db.transaction(function(tx) {
   tx.executeSql('CREATE TABLE IF NOT EXISTS LOGS (id unique, log)');
   tx.executeSql('INSERT INTO LOGS (id, log) VALUES (1, "foobar")');
   tx.executeSql('INSERT INTO LOGS (id, log) VALUES (2, "logmsg")');
   msg = '<p>完成消息创建和插入行操作。</p>';
   document.querySelector('#status').innerHTML = msg;
});
```

通过第 5 行语句可以在 mydb 数据库中建立一个 LOGS 表格。在这里如果只执行创建表格语句，而不执行后面两个插入操作，将在 Chrome 中可以看到在数据库 mydb 中有表格 LOGS 建立，但表格 LOGS 为空。

第 9、第 10 两行执行插入操作，在插入新记录时，还可以传递动态值。

```
var db = openDatabase('mydb', '1.0', 'Test DB', 2 * 1024 * 1024);
db.transaction(function (tx) {
   tx.executeSql('CREATE TABLE IF NOT EXISTS LOGS (id unique, log)');
   tx.executeSql('INSERT INTO LOGS (id,log) VALUES (?, ?)', [e_id, e_log];
});
```

这里的 e_id 和 e_log 为外部变量，executeSql 在数组参数中将每个变量映射到 "?"。在插入操作执行后，可以在 Chrome 中看到数据库的状态和插入的数据，此时并未执行查询命令，页面中并没有出现查询结果，如图 18.5 所示。

如果读取已经存在的记录，使用一个回调函数捕获结果，如上面的第 12 到第 19 行代码。

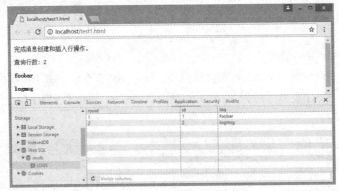

图 18.5　创建数据表并插入数据

```
db.transaction(function(tx) {
    tx.executeSql('SELECT * FROM LOGS', [], function(tx, results) {
        var len = results.rows.length, i;
        msg = "<p>查询行数: " + len + "</p>";
        document.querySelector('#status').innerHTML += msg;
        for( i = 0; i < len; i++) {
    msg = "<p><b>" + results.rows.item(i).log + "</b></p>";
    document.querySelector('#status').innerHTML += msg;
        }
    }, null);
});
```

执行查询命令之后，将信息输出到页面中，可以看到页面中查询数据。

🚗 注意：

如果不需要，不要使用 Web SQL Database，因为它会让代码更加复杂（匿名内部类的内部函数、回调函数等）。大多数情况下，本地存储或会话存储就能够完成相应的任务，尤其是能够保持对象持久化的状态。通过这些 HTML5 Web SQL Database API 接口，可以实现更多功能，相信以后会出现一些非常优秀的、建立在这些 API 之上的应用程序。

18.3.2　案例：设计用户登录

本例设计一个登录页面，演示如何对本地数据库进行操作，运行如图 18.6 所示。

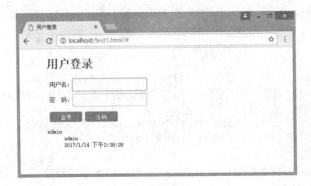

图 18.6　用户登录

在浏览器中访问页面，然后在表单中输入用户名和密码，单击"登录"按钮，登录成功后，用户名、密码以及登录时间将显示在页面上。单击"注销"按钮，将清除已经登录的用户名、密码以及登录时间。

示例代码如下：

```
<form action="#" method="get" accept-charset="utf-8">
    <h1>用户登录</h1>
    <p>用户名: <input type="text" name="" value="" id="name" required/></p>
    <p>密 码: <input type="password" name="" value="" id="msg" required /></p>
    <p><input type="submit" id="save" value="登录"/>
    <input type="submit" id="clear" value="注销"/></p>
</form>
<script>
var datalist = getE('datalist');
if(!datalist){
    datalist = document.createElement('dl');
    datalist.className = 'datalist';
    datalist.id = 'datalist';
    document.body.appendChild(datalist);
}
var result = getE('result');
var db = openDatabase('myData','1.0','test database',1024*1024);
showAllData();
db.transaction(function(tx){
    tx.executeSql('CREATE TABLE IF NOT EXISTS MsgData(name TEXT,msg TEXT,time
            INTEGER)',[]);
})
getE('clear').onclick = function(){
    db.transaction(function(tx){
        tx.executeSql('DROP TABLE MsgData',[]);
    })
    showAllData()
}
getE('save').onclick = function(){
    saveData();
    return false;
}
function getE(ele){return document.getElementById(ele);}
function removeAllData(){
    for (var i = datalist.children.length-1; i >= 0; i--){
        datalist.removeChild(datalist.children[i]);
    }
}
function showData(row){
    var dt = document.createElement('dt');
    dt.innerHTML = row.name;
    var dd = document.createElement('dd');
    dd.innerHTML = row.msg;
    var tt = document.createElement('tt');
    var t = new Date();
    t.setTime(row.time);
    tt.innerHTML =t.toLocaleDateString()+" "+ t.toLocaleTimeString();
    datalist.appendChild(dt);
    datalist.appendChild(dd);
    datalist.appendChild(tt);
}
```

```
function showAllData(){
    db.transaction(function(tx){
        tx.executeSql('CREATE TABLE IF NOT EXISTS MsgData(name TEXT,msg TEXT,time
            INTEGER)',[]);
        tx.executeSql('SELECT * FROM MsgData',[],function(tx,result){
            removeAllData();
            for(var i=0; i < result.rows.length; i++){
                showData(result.rows.item(i));
            }
        });
    });
}
function addData(name,msg,time){
    db.transaction(function(tx){
        tx.executeSql('INSERT INTO MsgData VALUES(?,?,?)',[name,msg,time],
            function(tx,result){
            console.log("登录成功");
        },
        function(tx,error){
            console.log(error.source + ':' + error.message);
        });
    });
}
function saveData(){
    var name =getE('name').value;
    var msg = getE('msg').value;
    var time = new Date().getTime();
    addData(name,msg,time);
    showAllData();
}
</script>
```

18.4　IndexedDB

　　Web SQL Database 和 Indexed Database 都是在客户端存储大容量、结构化数据的解决方案。Web SQL Database 实现了传统的基于 SQL 语句的数据库操作，而 Indexed Database（简称为 IndexedDB）实现了 NoSQL 的存储方式。

　　目前，Chrome 11+、Firefox 4+、Opera 18+、Safari 8+以及 IE10+版本的浏览器都支持 IndexedDB API。

　　在 IndexedDB API 中，一个数据库就是一个命名的对象仓库的集合。每个对象都必须有一个键，通过该键实现存储和获取该对象。键必须是唯一的，同一个存储区中的两个对象不能有相同的键，并且它们必须按照自然顺序存储，以便查询。两个同源的 Web 页面之间可以互相访问对方的数据，但是非同源的页面不可以。

18.4.1　使用 IndexedDB

　　下面简单介绍 IndexedDB 数据库的基本操作。

1. 打开数据库

　　使用 IndexedDB 的第一步是，调用 indexedDB.open()方法打开数据库。用法如下：

```
var request = window.indexedDB.open(databaseName, version);
```

参数 databaseName 表示数据库的名称。如果指定的数据库不存在，则会新建数据库。参数 version 是一个整数，表示数据库的版本；如果省略，打开已有数据库时，默认为当前版本，新建数据库时，默认为 1。

indexedDB.open()方法返回一个 IDBRequest 对象。这个对象通过事件 error、success、upgradeneeded 来处理打开数据库的操作结果。

➥ error 事件表示打开数据库失败时调用监听函数。

```
request.onerror = function (event) {
   console.log('数据库打开报错');
};
```

➥ success 事件表示成功打开数据库时调用监听函数。

```
var db;
request.onsuccess = function (event) {
   db = request.result;
   console.log('数据库打开成功');
};
```

这时可以通过 request 对象的 result 属性获取数据库对象。

➥ 如果指定的版本号大于数据库的实际版本号，就会发生数据库升级事件 upgradeneeded。

```
var db;
request.onupgradeneeded = function (event) {
   db = event.target.result;
}
```

这时可以通过事件对象的 target.result 属性获取数据库实例。

2. 新建数据库

新建数据库与打开数据库是同一个操作。如果指定的数据库不存在，就会新建数据库。但是，新建数据库主要在 upgradeneeded 事件的监听函数里完成。

新建数据库后，第一件事是新建对象仓库，即新建表。

```
request.onupgradeneeded = function(event) {
   db = event.target.result;
   var objectStore = db.createObjectStore('person', { keyPath: 'id' });
}
```

在上面代码中，数据库新建成功以后，会新增一张 person 的表格，主键是 id。

◀》提示：

建议先检测创建的表格是否存在，如果不存在则新建。

```
request.onupgradeneeded = function (event) {
   db = event.target.result;
   var objectStore;
   if (!db.objectStoreNames.contains('person')) {
      objectStore = db.createObjectStore('person', { keyPath: 'id' });
   }
}
```

主键（key）是默认建立索引的属性。例如，数据记录是{ id: 1, name: '张三' }，那么 id 属性可以作为主键。主键也可以指定为下一层对象的属性，如{ foo: { bar: 'baz' } }的 foo.bar 也可以指定为主键。如果数据记录里面没有合适作为主键的属性，那么可以让 IndexedDB 自动生成主键。

```
var objectStore = db.createObjectStore(
   'person',
   { autoIncrement: true }
);
```

在上面代码中，指定主键为一个递增的整数。

新建对象仓库以后，下一步可以新建索引。

```javascript
request.onupgradeneeded = function(event) {
    db = event.target.result;
    var objectStore = db.createObjectStore('person', { keyPath: 'id' });
    objectStore.createIndex('name', 'name', { unique: false });
    objectStore.createIndex('email', 'email', { unique: true });
}
```

在上面代码中，IDBObject.createIndex()的 3 个参数分别为索引名称、索引所在的属性、配置对象，可以看出该属性是否包含重复的值。

3．新增数据

新增数据就是向对象仓库写入数据记录，这需要通过事务完成。

```javascript
function add() {
    var request = db.transaction(['person'], 'readwrite')
      .objectStore('person')
      .add({ id: 1, name: '张三', age: 24, email: 'zhangsan@example.com' });
    request.onsuccess = function (event) {
        console.log('数据写入成功');
    };
    request.onerror = function (event) {
        console.log('数据写入失败');
    }
}
add();
```

在上面代码中，写入数据需要新建一个事务。新建事务时必须指定表格名称和操作模式。新建事务以后，通过 IDBTransaction.objectStore(name)方法获取 IDBObjectStore 对象，再通过 add()方法写入一条记录。最后通过监听 success 事件和 error 事件，了解是否写入成功。

4．读取数据

读取数据也需要通过事务完成。例如：

```javascript
function read() {
    var transaction = db.transaction(['person']);
    var objectStore = transaction.objectStore('person');
    var request = objectStore.get(1);
    request.onerror = function(event) {
        console.log('事务失败');
    };
    request.onsuccess = function( event) {
        if (request.result) {
            console.log('Name: ' + request.result.name);
            console.log('Age: ' + request.result.age);
            console.log('Email: ' + request.result.email);
        } else {
            console.log('未获得数据记录');
        }
    };
}
read();
```

上面代码中，objectStore.get()方法用于读取数据，参数是主键的值。

5. 遍历数据

遍历数据表中所有记录，需要使用指针对象 IDBCursor。例如：

```
function readAll() {
    var objectStore = db.transaction('person').objectStore('person');
    objectStore.openCursor().onsuccess = function (event) {
        var cursor = event.target.result;
        if (cursor) {
            console.log('Id: ' + cursor.key);
            console.log('Name: ' + cursor.value.name);
            console.log('Age: ' + cursor.value.age);
            console.log('Email: ' + cursor.value.email);
            cursor.continue();
        } else {
            console.log('没有更多数据了！');
        }
    };
}
readAll();
```

上面代码中，新建指针对象的 openCursor() 方法是一个异步操作，所以要监听 success 事件。

6. 更新数据

使用 IDBObject.put() 方法可以更新数据。例如：

```
function update() {
    var request = db.transaction(['person'], 'readwrite')
        .objectStore('person')
        .put({ id: 1, name: '李四', age: 35, email: 'lisi@example.com' });
    request.onsuccess = function (event) {
        console.log('数据更新成功');
    };
    request.onerror = function (event) {
        console.log('数据更新失败');
    }
}
update();
```

上面代码中，put() 方法自动更新了主键为 1 的记录。

7. 删除数据

使用 IDBObjectStore.delete() 方法可以删除记录。

```
function remove() {
    var request = db.transaction(['person'], 'readwrite')
        .objectStore('person')
        .delete(1);
    request.onsuccess = function (event) {
        console.log('数据删除成功');
    };
}
remove();
```

8. 使用索引

使用索引可以搜索任意字段。如果不建立索引，默认只能搜索主键，即从主键取值。例如，新建表时，对 name 字段建立索引。

```
objectStore.createIndex('name', 'name', { unique: false });
```

下面就可以从 name 找到对应的数据记录。

```
var transaction = db.transaction(['person'], 'readonly');
var store = transaction.objectStore('person');
var index = store.index('name');
var request = index.get('李四');
request.onsuccess = function (e) {
    var result = e.target.result;
    if (result) {
        //执行结果处理
    } else {
        //执行其他代码
    }
}
```

18.4.2　案例：设计便签

下面通过一个便签管理实例，演示如何使用 IndexedDB 存储数据。便签管理页面代码如下。

```
<div class="notes">                                    <!--创建一个便签容器-->
    <div class="add">                                  <!--添加按钮-->
        <p class="ic_add">+</p>
        <p>添加便签</p>
    </div>
</div>
<!--为了简化代码，基于 jQuery 开发-->
<script src="https://cdn.bootcss.com/jquery/3.2.1/jquery.min.js"></script>
<script>
// 预先定义每一个便签的 HTML 代码
var divstr = '<div class="note"><a class="close">X</a><textarea></textarea></div>';
var db = new LocalDB('db1', 'notes');                  //实例化一个便签数据库、数据表
db.open(function(){                                     //打开数据库
    db.getAll(function(data){                           //页面初始化时，获取所有已有便签
        var div = $(divstr);
        div.data('id', data.id);
        div.find('textarea').val(data.content);
        div.insertBefore(add);                          //将便签插入添加按钮前边
    });
});
var add = $('.add').on('click', function(){            //为添加按钮注册点击事件
    var div = $(divstr);
    div.insertBefore(add);
    db.set({content:''}, function(id){                 //添加一条空数据到数据库
        div.data('id', id);                            //将数据库生成的自增 id 赋值到便签上
    });
});
$('.notes').on('blur', 'textarea', function(){        //监听所有便签编辑域的焦点事件
    var div = $(this).parent();
    var data = { id: div.data('id'), content: $(this).val() }; //获取该便签的 id 和内容
    db.set(data);                                      //写入数据库
})
```

```
.on('click', '.close', function(){              //监听所有关闭按钮的点击事件
    if(confirm('确定删除此便签吗？')){
        var div = $(this).parent();
        db.remove(div.data('id'));              //删除这条便签数据
        div.remove();                           //删除便签 DOM 元素
    }
});
</script>
```

HTML 代码的核心是一个便签容器和一个添加按钮，页面加载后通过读取数据库现有数据显示便签列表。然后可以通过添加按钮添加新的便签，也可以通过删除按钮删除已有便签。页面运行效果如图 18.7 所示。

为了便于维护，本例对 IndexedDB 操作的逻辑都封装在一个独立的模块中，全部代码可以参考示例源码。

图 18.7　设计移动便签

18.5　在　线　学　习

本节为线上继续学习入口，通过扫码读者可以进行巩固练习、补充知识、获取参考资料、拓展阅读。

第 19 章　多线程处理

HTML5 新增 Web Workers API，它能够创建一个并行处理的后台线程，并且在这个后台线程中可以继续创建多个子线程，以帮助 JavaScript 实现多线程运算的能力。使用 Web Workers 可以将耗时运算交给后台线程去处理，从而解决 JavaScript 单线程运算能力较弱的问题。

【学习重点】
- 创建线程对象。
- 设计多线程处理应用。

19.1　Web Workers 基础

19.1.1　认识 Web Workers

使用 JavaScript 创建的 Web 程序中，因为所有的处理都是在单线程内执行，如果脚本长时间运行的话，程序界面就会长时间处于停止响应状态，甚至出现假死或者崩溃现象。

为了解决这个问题，HTML5 新增了一个 Web Workers API。使用这个 API，用户可以很容易地创建在后台运行的线程，这个线程被称为 worker，如果将可能耗费较长时间的处理交给后台去执行的话，那么用户在前台页面中执行的操作就不会受到影响。

如果 Web 应用程序需要执行一些后台数据处理，但又不希望这些数据处理任务影响 Web 页面本身的交互性，那么可以通过 Web Workers 生成一个 Web Worker 去执行数据处理任务。同时添加一个事件监听器进行监听，并与之进行数据交互。Web Workers 的另一个用途是可以监听由后台服务器广播的消息，收到后台服务器的消息后，将其显示在 Web 页面中。

Web Workers 可以创建真正的系统级别的进程，它还可以使用 XMLHttpRequest 来处理 I/O，无论 responseXML 和 channel 属性是否为 null。使用它都可以很容易地设计并发操作效果。例如，在做网站下载的时候使用 worker，或者使用 worker 实现处理扩展功能。

🚗 注意：

> Web Workers 不能直接对 DOM 进行操作。如果希望后台程序处理的结果能够改变 DOM，只能通过返回消息给创建者的回调函数进行处理。

Web Workers 可执行的操作如下。
- 加载一个 JavaScript 文件，进行大量的复杂计算，而不挂起主进程，并通过 postMessage、onmessage 进行通信。
- 可以在 worker 中通过 importScripts(url) 方法加载 JavaScript 脚本文件。
- 可以使用 setTimeout()、clearTimeout()、setInterval() 和 clearInterval()。
- 可以使用 XMLHttpRequest 进行异步请求。
- 可以访问 navigator 的部分属性。
- 可以使用 JavaScript 核心对象。

Web Workers 不可执行的操作如下。

➥ 不能跨域加载 JavaScript。

➥ Worker 内代码不能访问 DOM。如果改变 DOM，只能通过返回消息给创建者的回调函数进行处理。

➥ 各个浏览器对 worker 的实现还没有完善。不是每个浏览器都支持所有新特性。

➥ 使用 Web Workers 加载数据没有 JSONP 和 Ajax 加载数据高效。

19.1.2　使用 Web Workers

调用 worker 构造函数可以创建一个 worker（线程）。Web Workers 在初始化时会接受一个 URL 参数，参数 URI 表示要执行的脚本文件地址，其中包含了供 worker 执行的代码。

```
worker = new Worker("echoWorker.js");
```

如果获取 worker 进程的返回值，可以通过 onmessage 事件处理程序进行监听。

```
var myWorker = new Worker('easyui.js');
myWorker.onmessage = function(event){
    console.log('Called back by the worker!');
}
```

在上面代码中，第 1 行代码将创建和运行 worker 进程，第 2 行设置 worker 的 onmessage 属性，绑定事件处理函数，当 worker 的 postMessage()方法被调用时，这个绑定函数就会被调用。

对于由多个 JavaScript 文件组成的应用程序来说，可以通过包含 script 元素的方式，在页面加载的时候同步加载 JavaScript 文件。由于 Web Workers 没有访问 document 对象的权限，所以在 worker 只能使用 importScripts()方法导入其他 JavaScript 文件。

importScripts()是全局函数，该函数可以将脚本或库导入到它们的作用域中，导入的 JavaScript 文件只会在某一个已有的 worker 中加载和执行。多个脚本的导入同样也可以使用 importScripts()函数，它们会按顺序执行。

importScripts()可以接受空的参数或多个脚本 URI 参数，下面形式都是合法的。

```
importScripts();
importScripts('foo.js');
importScripts('foo.js','bar.js');
```

JavaScript 会加载列出的每一个脚本文件，然后运行并初始化。这些脚本中的任何全局对象都可以被 worker 使用。

🚗 注意：

　　importScripts()方法下载脚本顺序可能不一样，但执行的顺序一定是按 importScripts()方法中列出的顺序进行，而且是同步的，在所有脚本加载完成并运行结束后 importScripts()才会返回。

Web Workers 能够嵌套使用，以创建子 worker。

```
var subWorker = new Worker("subWorker.js");
```

用户可以创建多个 workers。子 worker 必须寄宿于同一个父页面下，且它的 URI 必须与父 worker 的地址同源，这样可以很好地维持它们的依赖关系。

Web Workers 可以使用 setTimeout()和 setInterval()。如果希望 Web Workers 进程周期性地运行而不是不停地循环，使用这两个方法非常实用。

🚗 注意：

　　在后台线程中不能访问页面或窗口对象，此时如果在后台线程的脚本文件中使用 window 对象或 document 对象，则会引发错误。

用户可以通过 worker 对象的 onmessage 事件获取后台线程反馈的消息。

```
worker.onmessage=function( event){
    //处理收到的消息
}
```

使用 worker 对象的 postMessage()方法可以给后台线程发送消息。发送的消息是文本数据，也可以是任何 JavaScript 对象，但需要通过 JSON 对象的 stringify()方法将其转换成文本数据。

```
worker.postMessage(meseage);
```

通过获取 worker 对象的 onmessage 事件句柄及 worker 对象的 postMessage 方法可以实现线程内部的消息接收和发送。

📢 提示：

在 workers 中进出的对象不能包含函数和循环引用，因为 JSON 不支持它们。

在 Web Workers 脚本中如果发生未处理的错误，会引发 Web Workers 对象的错误事件。特别是在调试用到 Web Workers 脚本时，对错误事件的监听就会显得尤为重要。下面显示的是 Web Workers JavaScript 文件中的错误处理函数，它将错误记录在控制台上。

```
function errorHandler(e) {
    console.log(e.message, e);
}
```

为了处理错误，还必须在主页添加一个事件监听器。

```
worker.addEventListener("error", errorHandler, true);
```

当 worker 发生运行错误时，onerror 事件就会被触发。该事件不会冒泡，并且可以取消。取消该事件可以使用 preventDefault()方法。onerror 事件对象有以下 3 个属性。

- ↘ message：可读的错误信息。
- ↘ filename：发生错误的脚本文件名称。
- ↘ lineno：发生错误的脚本所在文件的行数。

Web Workers 不能自行终止，但能够被启用它们的页面所终止。调用 terminate 函数可以终止后台进程。被终止的 Web Workers 将不再响应任何信息或者执行任何其他的计算。终止之后，worker 不能被重新启动，但可以使用同样的 URL 创建一个新的 worker。

```
worker.terminate();
```

如果需要马上终止一个正在运行的 worker，可以调用它的 terminate()方法。

```
myWorker.terminate();
```

这样一个 worker 进程就被结束了。

🎁 补充：

在使用 Web Workers 之前，用户应该熟悉线程中可用的变量、函数与类。在线程调用的 JavaScript 脚本文件中所有可用的变量、函数和类说明如下。

- ↘ self：用来表示本线程范围内的作用域。
- ↘ postMessage(meseage)：向创建线程的源窗口发送消息。
- ↘ onmessage：获取接收消息的事件句柄。
- ↘ importScripts(urls)：导入其他 JavaScript 脚本文件。参数为该脚本文件的 URL 地址，可以导入多个脚本文件。导入的脚本文件必须与使用该线程文件的页面在同一个域中，并在同一个端口中。

```
importScripts("worker.js","worker1.js","worker2.js");
```

- ↘ navigator 对象：与 window.navigator 对象类似，具有 appName、platform、userAgent、appVersion 属性。它们可以用来标识浏览器的字符。
- ↘ sessionStorage/localStorage：在线程中可以使用 Web Storage。
- ↘ XMLHttpRequest：在线程中可以处理 Ajax 请求。
- ↘ Web Workers：在线程中可以嵌套线程。
- ↘ setTimeout()/setInterval()：在线程中可以实现定时处理。

- ➥ close：结束本线程。
- ➥ eval()、isNaN()、escape()等：可以使用所有 JavaScript 核心函数。
- ➥ object：可以创建和使用本地对象。
- ➥ WebSockets：可以使用 Web Sockets API 向服务器发送和接收信息。

19.1.3　案例：设计多线程运算

使用 Web Workers 应该包括下面两部分。

- ➥ 定义主页线程
  - ↪ 通过 worker = new Worker(url)加载一个 JavaScript 文件，创建一个 worker，同时返回一个 worker 实例。
  - ↪ 通过 worker.postMessage(data)方法向 worker 发送数据。
  - ↪ 绑定 worker.onmessage 事件接收 worker 响应的数据。
  - ↪ 使用 worker.terminate()可以终止一个 worker 执行。
- ➥ 定义 Worker 线程
  - ↪ 通过 postMessage(data)方法向主线程发送数据。
  - ↪ 绑定 onmessage 事件接收主线程发送过来的数据。

【示例 1】下面示例演示如何使用 Web Workers 在控制台显示一个提示信息。

首先，设计主页面代码（index.html）。

```
<script>
//主线程。创建一个 Worker 对象并向它传递将在新线程中执行的脚本的 URL
var worker = new Worker("worker.js");
worker.postMessage("hello world");      //向 worker 发送数据
worker.onmessage = function(evt) {       //接收 worker 传过来的数据函数
    console.log(evt.data);                //输出 worker 发送来的数据
}
</script>
```

下面是线程脚本文件 worker.js 代码。

```
onmessage = function(evt) {
    var d = evt.data;                   //通过 evt.data 获得发送来的数据
    postMessage(d);                     //将获取到的数据发送给主线程
}
```

在 Chrome 浏览器中访问主页文件，可以在控制台中看到输出的信息，表示程序执行成功，如图 19.1 所示。

图 19.1　在控制台中查看信息

【示例 2】下面示例演示如何创建 Web workers，并控制 Web workers 与页面进行通信的一般方法，同时设置如何处理异常，以及如何停止 worker 任务处理。

首先，设计主页文件（index.html）。在该文件脚本中定义一个主线程。

```html
<p id="support">你的浏览器不支持 HTML5 Web Workers</p>
<button id="stopButton" >停止任务</button>
<button id="helloButton" >发送消息</button>
<script>
function stopWorker() {                        //终止线程
    worker.terminate();
}
function messageHandler(e) {                    //显示线程响应信息
    console.log(e.data);
}
function errorHandler(e) {                      //线程错误处理
    console.warn(e.message, e);
}
function loadDemo() {
    if( typeof (Worker) !== "undefined") {
        document.getElementById("support").innerHTML = "支持 HTML5 Web Workers";
        worker = new Worker("worker.js");
        worker.addEventListener("message", messageHandler, true);
        worker.addEventListener("error", errorHandler, true);
        document.getElementById("helloButton").onclick = function() {
            worker.postMessage("ok");
        }
        document.getElementById("stopButton").onclick = stopWorker;
    }
}
window.addEventListener("load", loadDemo, true);
</script>
```

然后，设计线程脚本文件（worker.js）的代码。

```javascript
function messageHandler(e) {
    postMessage("worker says: " + e.data + " too");
}
addEventListener("message", messageHandler, true);
```

在主页和线程文件中，分别使用 addEventListener()方法把回调函数绑定到线程监听事件中。

最后，在 Chrome 浏览器中访问主页文件，单击"发送消息"按钮，可以在控制台中看到输出的信息，表示程序手动控制线程交互执行成功，如图 19.2 所示。

图 19.2　在控制台中查看信息

【示例 3】使用 addEventListener 方法注册后台线程的响应事件比较麻烦，也可以把它修改为下面这种传统写法。

↘ 主线程脚本（index.html）

```
window.onload = function() {
    if( typeof (Worker) !== "undefined") {
        document.getElementById("support").innerHTML = "支持 HTML5 Web Workers";
        worker = new Worker("worker.js");
        worker.onmessage = function(e) {
            console.log(e.data);
        }
        worker.onerror = function(e) {
            console.warn(e.message, e);
        }
        document.getElementById("helloButton").onclick = function() {
            worker.postMessage("ok");
        }
        document.getElementById("stopButton").onclick = function() {
            worker.terminate();
        };
    }
}
```

↘ worker 线程文件（worker.js）

```
onmessage = function(e) {
    postMessage("worker says: " + e.data );
}
```

19.2　案　例　实　战

19.2.1　并发运算

本示例设计一个文本框，允许用户在该文本框中输入数字，然后单击按钮，在后台计算从 1 到给定数值的和。

【示例 1】为了方便比较单线程与多线程的运算差异，首先采用传统方式设计一个单线程计算页面，主要代码如下。

```
<script>
function calculate() {
    var num = parseInt(document.getElementById("num").value, 10);
    var result = 0;
    for (var i = 0; i <= num; i++) {
        result += i;
    }
    console.log("合计值为" + result + "。");
}
</script>
输入数值:<input type="text" id="num">
<button onclick="calculate()">计算</button>
```

在浏览器中预览，在文本框中输入数值，然后单击计算按钮。可以看到，当用户在该文本框中输入特别大的数字时，浏览器运行时间明显延迟，如图 19.3 所示。

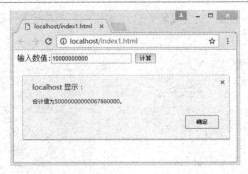

图 19.3　Safari 浏览器运行效果

【示例 2】重写该页面脚本，使用 Web workers 把页面中比较耗时的运算放在后台运行，这样在上例的文本框中无论输入多么大的数值都可以正常运算了。

【操作步骤】

第 1 步，设计主页面，在该页面中创建一个 worker，然后导入汇总计算的外部 JavaScript 文件。通过 postMessage 方法将用户输入的数字传递给 worker，并通过 onmessage 事件回调函数接收运算的结果。

```
<script>
var worker = new Worker("SumCalculate.js"); // 创建执行运算的线程
worker.onmessage = function(event) {          //接收从线程中传出的计算结果
    console.log("合计值为" + event.data + "。");
};
function calculate() {
    var num = parseInt(document.getElementById("num").value, 10);
    worker.postMessage(num);                   //将数值传给线程
}
</script>
输入数值:<input type="text" id="num">
<button onclick="calculate()">计算</button>
```

第 2 步，把对于给定值的求和运算放到线程中单独执行，并把线程代码单独存储在 SumCalculate.js 脚本文件中。

```
onmessage = function(event) {
    var num = event.data;
    var result = 0;
    for (var i = 0; i <= num; i++)   result += i;
    postMessage(result); //向线程创建源送回消息
}
```

第 3 步，在支持 Web Workers 的浏览器中预览，如 Firefox、Safari、Chrome、Opera 等浏览器，在 Firefox 中的运行结果如图 19.4 所示。

图 19.4　Firefox 浏览器多线程运行效果

19.2.2 后台过滤

本示例设计在页面上随机生成一个整数的数组，然后将该整数数组传入线程，让后台帮助挑选出该数组中可以被 3 整除的数字，然后显示在页面表格中。

【操作步骤】

第 1 步，设计前台页面代码，该页面的 HTML 代码部分包含一个空白表格，在前台脚本中随机生成整数数组，然后送到后台线程挑选出能够被 3 整除的数字，再传回前台脚本，在前台脚本中根据挑选结果动态创建表格中的行、列，并将挑选出来的数字显示在表格中。

```
<script>
var intArray=new Array(200);                      //随机数组
var intStr="";
//生成 200 个随机数
for(var i=0;i<200;i++){
    intArray[i]=parseInt(Math.random()*200);
    if(i!=0)  intStr+=";";                         //用分号作随机数组的分隔符
    intStr+=intArray[i];
}
//向后台线程提交随机数组
var worker = new Worker("script.js");
worker.postMessage(intStr);
//从线程中获取计算结果
worker.onmessage = function(event) {
    if(event.data!="") {
        var j,k,tr,td;
        var intArray=event.data.split(";");
        var table=document.getElementById("table");
        for(var i=0;i<intArray.length;i++){
            j=parseInt(i/10,0);
            k=i%10;
            if(k==0) {                              //如果该行不存在，则添加行
                tr=document.createElement("tr");
                tr.id="tr"+j;
                table.appendChild(tr);
            }
            else {                                  //如果该行存在，则获取该行
                tr=document.getElementById("tr"+j);
            }
            td=document.createElement("td");
            tr.appendChild(td);
            td.innerHTML=intArray[j*10+k];
        }
    }
};
</script>
<table id="table"></table>
```

第 2 步，将后台线程中需要处理的任务代码存放在脚本文件 script.js 中，代码如下。

```
onmessage = function(event) {
    var data = event.data;
    var returnStr;
    var intArray=data.split(";");
    returnStr="";
    for(var i=0;i<intArray.length;i++){
        if(parseInt(intArray[i])%3==0) {
            if(returnStr!="")
                returnStr+=";";
```

```
        returnStr+=intArray[i];
    }
  }
  postMessage(returnStr);                    //返回 3 的倍数拼接成的字符串
}
```

第 3 步，在浏览器中预览，则运行结果如图 19.5 所示。

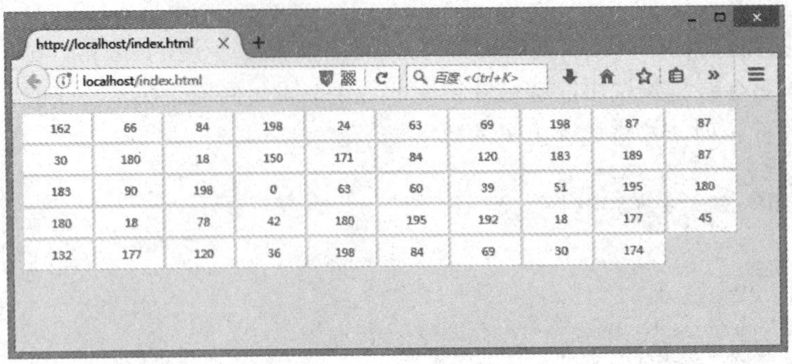

图 19.5　在后台过滤值

19.2.3　设计多线程处理

利用线程可以嵌套的特性，能够在 Web 应用中实现多个任务并发处理，这样可以提高 Web 应用程序的执行效率和反应速度。同时通过线程嵌套把一个较大的后台任务切分成几个子线程，在每个子线程中各自完成相对独立的部分工作。

本示例将在 19.2.2 节示例的基础上，把主页脚本中随机生成数组的工作放到后台线程中，然后使用另一个子线程在随机数组中挑选可以被 3 整除的数字。对于数组的传递以及挑选结果的传递均采用 JSON 对象进行转换，以验证是否能在线程之间进行 JavaScript 对象的传递工作。

【操作步骤】

第 1 步，在主页面中定义一个线程。设计不向该线程发送数据，在 onmessage 事件回调函数中进行后期数据处理，并把返回的数据显示在页面中。

```
<script>
var worker = new Worker("script.js");
worker.postMessage("");
worker.onmessage = function(event) {};
</script>
<table id="table"></table>
```

第 2 步，在后台主线程文件 script.js 中，随机生成 200 个整数构成的数组，然后把这个数组提交到子线程，在子线程中把可以被 3 整除的数字挑选出来，然后送回主线程。主线程再把挑选结果送回页面进行显示。

```
onmessage=function(event){
    var intArray=new Array(200);
    for(var i=0;i<200;i++)
        intArray[i]=parseInt(Math.random()*200);
    var worker;
    worker=new Worker("worker2.js");                    //创建子线程
    worker.postMessage(JSON.stringify(intArray));       //把随机数组提交给子线程进行挑选工作
    worker.onmessage = function(event) {
        postMessage(event.data);                        //把挑选结果返回主页面
    }
}
```

在上面代码中，向子线程提交消息时使用的是 worker.postMessage()方法，而向主页面提交消息时使用 postMessage()方法。在线程中，向子线程提交消息时使用子线程对象的 postMessage()方法，而向本线程的创建源发送消息时直接使用 postMessage()方法即可。

第 3 步，设计子线程的任务处理代码。下面是子线程代码，子线程在接收到的随机数组中挑选能被 3 整除的数字，然后拼接成字符串并返回。

```javascript
onmessage = function(event) {
    var intArray= JSON.parse(event.data);        //还原整数数组
    var returnStr;
    returnStr="";
    for(var i=0;i<intArray.length;i++){
        if(parseInt(intArray[i])%3==0){
            if(returnStr!="")
                returnStr+=";";
            returnStr+=intArray[i];
        }
    }
    postMessage(returnStr);                        //返回拼接字符串
    close();                                       //关闭子线程
}
```

当子线程完成运算，返回消息后，如果不再使用，应该使用 close 语句关闭子线程。

第 4 步，在主页面的主线程回调函数中处理后台线程返回的数据，并将这些数据显示在页面中。

```javascript
//从线程中取得计算结果
worker.onmessage = function(event) {
    if(event.data!=""){
        var j,k,tr,td;
        var intArray=event.data.split(";");
        var table=document.getElementById("table");
        for(var i=0;i<intArray.length;i++){
            j=parseInt(i/10,0);
            k=i%10;
            if(k==0){
                tr=document.createElement("tr");
                tr.id="tr"+j;
                table.appendChild(tr);
            } else { tr=document.getElementById("tr"+j); }
            td=document.createElement("td");
            tr.appendChild(td);
            td.innerHTML=intArray[j*10+k];
        }
    }
};
```

第 5 步，此时在浏览器中预览，可以看到如图 19.6 所示的运行效果。

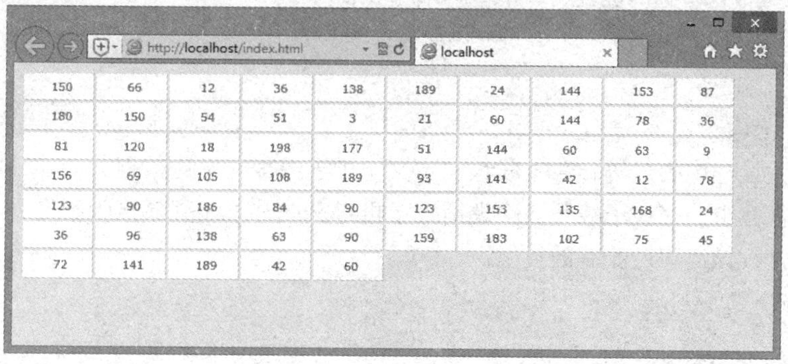

图 19.6　多任务并发处理

19.2.4　并发通信

本示例在前面示例的基础上，将创建随机数组的工作放到了一个单独的子线程中，在该线程中创建随机数组，然后将随机数组传递到另一个子线程中进行能够被 3 整除的数字挑选工作，最后把挑选结果传递回主页面进行显示。

【设计思路】

当主线程嵌套多个子线程时，子线程之间可以通过下面几个步骤进行通信。

第 1 步，先创建发送数据的子线程。

第 2 步，执行子线程中的任务，然后把要传递的数据发送给主线程。

第 3 步，在主线程接收到子线程传回来的消息时，创建接收数据的子线程，然后把发送数据的子线程中返回的消息传递给接收数据的子线程。

第 4 步，执行接收数据子线程中的代码。

【操作步骤】

第 1 步，完成主页面的设计，包括 HTML 结构和 CSS 样式。在主页脚本中创建一个主线程，定义请求数据为空，在主线程响应事件 onmessage 回调函数中处理后台返回的处理数据，并把它们显示在页面中。

```
<script>
var worker = new Worker("script.js");
worker.postMessage("");
worker.onmessage = function(event) {
    if(event.data!=""){
        var j,k,tr,td;
        var intArray=event.data.split(";");
        var table=document.getElementById("table");
        for(var i=0;i<intArray.length;i++){
            j=parseInt(i/10,0);
            k=i%10;
            if(k==0){
                tr=document.createElement("tr");
                tr.id="tr"+j;
                table.appendChild(tr);
            }else { tr=document.getElementById("tr"+j);  }
            td=document.createElement("td");
            tr.appendChild(td);
            td.innerHTML=intArray[j*10+k];
        }
    }
};
</script>
<table id="table"></table>
```

第 2 步，修改主线程中的代码。在主线程中定义一个子线程（发送数据），让其随机生成 200 个数字，并返回这个随机数组。在该子线程的回调函数中再定义一个子线程（接收数据），把接收到的随机数组传递给它，并接收该线程过滤后的数组。

```
onmessage=function(event){
    var worker;
    worker=new Worker("worker1.js");        //创建发送数据的子线程
    worker.postMessage("");
```

```
worker.onmessage = function(event) {
    var data=event.data;                    //接收子线程中数据：创建好的随机数组
    worker=new Worker("worker2.js");        //创建接收数据子线程
    worker.postMessage(data);               //把发回消息传递给接收数据的子线程
    worker.onmessage = function(event) {
        var data=event.data;                //获取接收数据子线程中传回的数据
        postMessage(data);                  //把挑选结果发送回主页面
    }
  }
}
```

第 3 步，在发送数据的子线程中创建一个 200 个整数构成的随机数组，然后把它转换为字符串并返回，最后关闭该子线程。

```
onmessage = function(event) {
    var intArray=new Array(200);
    for(var i=0;i<200;i++)  intArray[i]=parseInt(Math.random()*200);
    postMessage(JSON.stringify(intArray));
    close();
}
```

第 4 步，在接收数据子线程中从接收到的随机数组中挑选能被 3 整除的数字，然后拼接成字符串并返回。

```
onmessage = function(event) {
    var intArray= JSON.parse(event.data);   //还原整数数组
    var returnStr;
    returnStr="";
    for(var i=0;i<intArray.length;i++){
        if(parseInt(intArray[i])%3==0){
            if(returnStr!="")  returnStr+=";";
            returnStr+=intArray[i];
        }
    }
    postMessage(returnStr);                  //返回拼接字符串
    close();                                 //关闭子线程
}
```

19.2.5 计算斐波那契数列

使用 JavaScript 计算斐波那契数列的一般方法如下。

```
var fibonacci =function(n) {
    return n <2? n : arguments.callee(n -1) + arguments.callee(n -2);
};
```

在 Chrome 浏览器中如果调用 fibonacci(39);，执行时间需要大约 19097 毫秒，而要计算 40 的斐波那契时，浏览器就会崩溃，直接提示脚本忙。

下面使用 Web workers 将数列计算过程放入一个新线程，避免单线程计算所带来的问题。

【操作步骤】

第 1 步，定义主页文件。

```
<script>
onload =function(){
    var worker =new Worker('fibonacci.js');
    worker.addEventListener('message', function(event) {
      var timer2 = (new Date()).valueOf();
        console.log( 结果: '+event.data, '时间:'+timer2, '用时: '+ (timer2 -timer));
    }, false);
```

```
var timer = (new Date()).valueOf();
console.log('开始计算: 40','时间:'+ timer );
setTimeout(function(){
    console.log('定时器函数在计算数列时执行了', '时间:'+ (new Date()).valueOf() );
},1000);
worker.postMessage(40);
console.log('我在计算数列的时候执行了', '时间:'+ (new Date()).valueOf() );
}
</script>
```

在主页脚本中创建一个线程，把斐波那契数列计算任务交给新线程来完成。

第2步，在新线程文件（fibonacci.js）中输入下面代码。

```
var fibonacci =function(n) {
    return n <2? n : arguments.callee(n -1) + arguments.callee(n -2);
};
onmessage =function(event) {
    var n = parseInt(event.data, 10);
    postMessage(fibonacci(n));
};
```

第3步，在 Chrome 浏览器中访问主页文件，在控制台中可以看到输出信息，如图 19.7 所示。

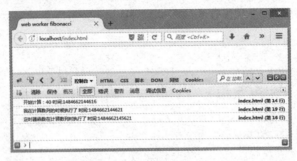

图 19.7 在控制台中查看信息

19.3 在线学习

本节为线上继续学习入口，通过扫码读者可以进行巩固练习、补充知识、获取参考资料、拓展阅读。

第 20 章　离　线　应　用

HTML5 新增了 ApplicationCache API，它提供了离线缓存的功能。离线缓存能够确保在离线状态下，Web 应用还可以正常工作，当在线时会自动更新缓存数据，保证线上和线下内容同步。

【学习重点】

❱ 了解 manifest 文件。

❱ 正确使用 HTML5 离线缓存。

❱ 灵活设计 Web 离线应用。

20.1　HTML5 离线应用基础

20.1.1　认识 HTML5 离线应用

想一想：打开一个页面并加载完成后，突然断网了，刷新页面后就没了，这是什么感觉？有没有想过，刷新页面后还是刚才页面，在新窗口中重新访问该页面，输入相同的网址，在断网的状态下打开还是原来那个页面，这又是什么感觉？如果 Web 应用能够提供离线的功能，让用户在没有网络的地方（如飞机上）和不方便的时候（网络坏了），也能进行 Web 操作，等到网络恢复时，再同步到 Web 上，将大大方便用户的使用。

越来越多的应用被移植到 Web 上。但网络连接中断时有发生，如外出旅行、身处无网环境等。间断性的网络连接一直是网络计算系统致命的弱点，如果应用程序完全依赖于与网络的通信，而网络又无法连接时，用户就无法正常使用应用程序了。

HTML5 离线应用的好处如下。

❱ 用户可以离线访问 Web 应用，不用时刻保持与互联网的连接。

❱ 因为文件被缓存在本地，提升了页面加载速度。

❱ 离线应用只加载被修改过的资源，因此大大降低了用户请求对服务器造成的负载压力。

目前，各主流浏览器都支持 HTML5 离线应用。检测浏览器支持的方法如下。

```
if(window.applicationCache) {
    //浏览器支持的离线应用
}
```

20.1.2　使用 manifest 文件

离线缓存技术包含两部分内容，简单说明如下。

❱ manifest 缓存清单：manifest 缓存文件包含了一些需要缓存的资源清单。

❱ JavaScript 接口：提供了用于更新缓存文件的方法，以及对缓存文件的操作。

manifest 清单文件列出了浏览器为离线应用缓存的所有资源。实际上，manifest 文件是一个文本文件，MIME 类型是 text/cache-manifest。

不同的 Web 服务器都有其独特的配置方法。例如，要配置 Apache HTTP 服务器，开发人员需要将下面一行代码添加到 conf 文件夹内 mime.type 文件中。

```
text/cache-manifest manifest
```

Python 标准库中的 SimpleHTTPServer 模块能为扩展名为.manifest 的文件自动配置头部信息：Content-type:text/cache-manifest，配置方法是打开 PYTHON_HOME/Lib/mimetypes.py 文件并添加下面一行代码。

```
'. manifest': 'text/cache-manifest manifest',
```

manifest 文件的基本格式要求如下。

➥ 第一行必须以 CACHE MANIFEST 开头。

➥ 紧接着是文件的路径或注释。

➥ 注释必须以#开头。

➥ 必须声明一个白名单。白名单指定的文件将在连接互联网后访问，它必须在 NETWORK:的下一行。NETWORK 部分罗列的资源，无论缓存中存在与否，均从网络获取。

➥ 每行单列资源文件，换行符可以是 CR、LF 或者 CRLF，文本编码格式必须是 UTF-8。

【示例 1】创建一个以 manifest 为扩展名的文本文件，命名为 cacheData.manifest，在这个文件中将指定一些文件的路径，如 HTML、CSS、JavaScript、Images。下面是一个完整的 manifest 文件的内容。

```
CACHE MANIFEST
# wanz app v1

# 指明缓存入口
CACHE:
index.html
style.css
images/logo.png
scripts/main.js

# 以下资源必须在线访问
NETWORK:
login.php

# 如果 index.php 无法访问则用 404.html 代替
FALLBACK:
/index.php/404.html
```

上面 manifest 文件包括 3 个节点，简单说明如下。

➥ CACHE：这是 manifest 文件的默认入口，在此入口之后罗列的文件，或直接写在 CACHE MANIFEST 后的文件，在它们下载到本地后会被缓存起来。

➥ NETWORK：可选参数，在此节后面所罗列的文件是需要访问网络的，即使用户离线访问，也会直接跳过缓存而访问服务器。

➥ FALLBACK：可选参数，用来指定资源无法访问时的回调页面。每一行包括两个 URI，第一个是资源文件 URI，第二个是回调页面 URI。

以上描述的这些节是没有先后顺序的，而且在同一个 manifest 中可以多次出现。

◁》提示：

Web 应用的缓存只有在 manifest 文件被修改的情况下才会被更新。所以，如果只是修改了被缓存的文件，本地缓存是不会被更新的，这时可以通过修改 manifest 文件来告诉浏览器需要更新缓存。用户可以通过更新注释信息来更新缓存。

【示例 2】创建好 cacheData.manifest 文件，下面就需要在 HTML 文件中指定文档的 manifest 属性为 cache.mnifest 文件的路径。

```
<!DOCTYPE html>
<html manifest="cacheData.manifest"></html>
```

manifest 的文件路径可以是绝对路径或相对路径，甚至可以引用其他服务器上的 manifest 文件。该文件所对应的 mime-type 应该是 text/cache-manifest，所以需要配置服务器来发送对应的 MIME 类型信息。

📢 提示：

由于部分浏览器仅支持 HTML5 离线缓存，所以建议使用 HTML5 文档声明方式创建页面。

20.1.3 使用离线缓存

实现离线缓存需要以下 3 步。

第 1 步，配置服务器 manifest 文件的 MIME 类型。

第 2 步，编写 manifest 文件。

第 3 步，在页面的 html 元素的 manifest 属性中引用 manifest 文件。

🚗 注意：

启用离线应用之后，若修改 JavaScript 代码或 CSS 样式，然后将更新内容上传到服务器，在本地刷新页面重新预览时，会发现无法看到最新的页面效果。那是因为本地浏览器还没有更新 HTML5 的离线缓存文件。

更新 HTML5 离线缓存有 3 种方法。

➥ 清除离线缓存的数据。这个不一定是清理浏览器历史记录就可以做到的，因为不同的浏览器管理离线缓存的方式不同。例如，在 Firefox 中需要选择"选项"→"高级"→"网络"→"脱机存储"命令，然后在其中清除离线缓存数据。

➥ 修改 manifest 文件。修改了 manifest 文件里所罗列的文件也不会更新缓存，而是要更新 manifest 文件。

➥ 使用 JavaScript 编写更新程序。

ApplicationCache API 是离线缓存的应用接口，通过 window.applicationCache 对象可触发一系列与缓存状态相关的事件。该对象有一个数值型属性 window.applicationCache.status，它代表了缓存的状态。缓存状态共有 6 种，说明如表 20.1 所示。

表 20.1　缓存状态说明

status 值	说　　明
0	UNCACHED（未缓存）
1	IDLE（空闲）
2	CHECKING（检查中）
3	DOWNLOADING（下载中）
4	UPDATEREADY（更新就绪）
5	OBSOLETE（过期）

例如，当缓存更新完成进入空闲状态时，会触发 cached 事件。此时，可能会通知用户，应用程序已处于离线模式可用的状态，可以断开网络连接了。如表 20.2 所示是一些与缓存状态有关的常见事件。

表 20.2　缓存事件说明

事　　件	说　　明
oncached	IDLE（空闲）
onchecking	CHECKING（检查中）
ondownloading	DOWNLOADING（下载中）
onupdateready	UPDATEREADY（更新就绪）
onobsolete	OBSOLETE（过期）

此外，没有可用更新或者发生错误时，还有一些表示更新状态的事件，如 onerror、onnoupdate、onprogress。

window.applicationCache 有一个 update()方法，调用 update()方法会请求浏览器更新缓存，包括检查 manifest 文件，并下载必要的新资源。如果没有缓存或者缓存已过期，则会抛出错误。

【示例 1】离线缓存常用代码说明如下。

```
//返回应用于当前 window 对象文档的 ApplicationCache 对象
cache = window.applicationCache
//返回应用于当前 shared worker 的 ApplicationCache 对象 [shared worker]
cache = self.applicationCache
//返回当前应用的缓存状态，status 有五种无符号短整型值的状态，说明如表 20.1 所示
cache.status
//调用当前应用资源下载过程
cache.update()
//更新到最新的缓存，该方法不会使之前加载的资源突然被重新加载
cache.swapCache()
```

调用 swapCache()方法，图片不会重新加载，样式和脚本也不会重新渲染或解析，唯一的变化是在此之后发出请求页面的资源是最新的 applicationCache 对象，和缓存宿主的关系是一一对应的，window 对象的 applicationCache 属性会返回关联 window 对象的活动文档的 applicationCache 对象。在获取 status 属性时，返回当前 applicationCache 的状态，它的值有以下几种状态。

- UNCACHED(0)：ApplicationCache 对象的缓存宿主与应用缓存无关联。
- IDLE (1)：应用缓存已经是最新的，并且没有标记为 obsolete。
- CHECKING(2)：ApplicationCache 对象的缓存宿主已经和一个应用缓存关联，并且该缓存的更新状态是 checking。
- DOWNLOADING(3)：ApplicationCache 对象的缓存宿主已经和一个应用缓存关联，并且该缓存的更新状态是 downloading。
- UPDATEREADY(4)：ApplicationCache 对象的缓存宿主已经和一个应用缓存关联，该缓存的更新状态是 idle，并且没有标记为 obsolete，但是缓存不是最新的。
- OBSOLETE(5)：ApplicationCache 对象的缓存宿主已经和一个应用缓存关联，并且该缓存的更新状态是 obsolete。

如果 update()方法被调用了，浏览器就必须在后台调用应用缓存下载过程；如果 swapCache()方法被调用了，浏览器会执行以下步骤。

第 1 步，检查 ApplicationCache 的缓存宿主是否与应用缓存关联。

第 2 步，让 cache 成为 ApplicationCache 对象的缓存宿主关联的应用缓存。

第 3 步，如果 cache 的应用缓存组被标记为 obsolete，那么就取消 cache 与 ApplicationCache 对象的缓存宿主的关联，并取消这些步骤。此时，所有资源都会从网络中下载而不是从缓存中读取。

第 4 步，检查同一缓存组中是否存在标志为"完成"的应用缓存，并且版本比 cache 更新。

第 5 步，让标志为"完成"的新 cache 成为最新的应用缓存。

第 6 步，取消 cache 与 ApplicationCache 对象的缓存宿主的关联并用新的 cache 代替关联。

【示例 2】通过下面的代码可以检查当前页面缓存的状态。

```
var appCache = window.applicationCache;
switch (appCache.status) {
    case appCache.UNCACHED:
        console.log('UNCACHED');              // UNCACHED == 0
        break;
    case appCache.IDLE:
        console.log('IDLE');                  // IDLE == 1
        break;
```

```
    case appCache.CHECKING:
        console.log('CHECKING');                // CHECKING == 2
        break;
    case appCache.DOWNLOADING:
        console.log('DOWNLOADING');             // DOWNLOADING == 3
        break;
    case appCache.UPDATEREADY:
        console.log('UPDATEREADY');             // UPDATEREADY == 5
        break;
    case appCache.OBSOLETE:
        console.log('OBSOLETE');                // OBSOLETE == 5
        break;
    default:
        console.log('UKNOWN CACHE STATUS');
        break;
};
```

更新的实现过程如下。

首先，调用 applicationCache.update() 让浏览器开始尝试更新。操作前提是 manifest 文件是更新过的，如修改 manifest 版本号。

在 applicationCache.status 为 UPDATEREADY 状态时，就可以调用 applicationCache.swapCache() 方法将旧的缓存更新为新的。

```
var appCache = window.applicationCache;
appCache.update();                              //开始更新
if (appCache.status == window.applicationCache.UPDATEREADY) {
    appCache.swapCache();   //得到最新缓存列表，并且成功下载资源，更新缓存到最新
}
```

◀)) 提示：

更新过程很简单，但是一个好的应用少不了容错处理，同 Ajax 技术一样，需要对更新过程进行监听，处理各种异常或提示等待状态来使 Web 应用更强壮、用户体验更好。因此，需要了解 applicationCache 的更新过程所触发的事件，主要包括 onchecking、onerror、onnoupdate、ondownloading、onprogress、onupdateready、oncached 和 onobsolete。

要对更新错误进行处理，可以这样写。

```
var appCache = window.applicationCache;
//请求 manifest 文件时返回 404 或 410，下载失败
//或 manifest 文件在下载过程中源文件被修改会触发 error 事件
appCache.addEventListener('error', handleCacheError, false);
function handleCacheError(e) {
    console.log('Error: Cache failed to update!');
};
```

不管是 manifest 文件，还是它所罗列的资源文件下载失败，整个更新过程都会终止，浏览器会使用上一个最新的缓存。

20.1.4　监听在线状态

应用程序处于在线状态和离线状态会有不同的行为模式，是否处于在线状态可以通过检测 window.navigator 对象 onLine 属性来判断。同时，HTML5 还新增了 onLine 和 offline 事件，以便用户进行监听连网状态。

【示例 1】查看页面状态是在线还是离线的代码如下。

```
//当页面加载时，设置状态为 online 或者 offline
function loadDemo() {
```

```
    if(navigator.onLine) {
        log("Online");
    } else {
        log("Offline");
    }
}
//增加事件监听，当在线状态发生变化时，将触发响应
window.addEventListener("online", function(e) {
    log("Online");
}, true);
window.addEventListener("offline", function(e) {
    log("Offline");
}, true);
```

【示例 2】在支持 HTML5 离线缓存的浏览器中，window 对象有一个 applicationcache 属性，通过 window.applicationcach 可以获得一个 DOMApplicationCache 对象，这个对象来自 DOMApplicationCache 类，这个类有一系列的属性和方法。

首先，获取 DOMApplicationCache 对象。

```
var cache = window.applicationcache;
```

接着，触发 cache 对象的一些事件来检测缓存是否成功。

```
//oncached 事件表示：当更新已经处理完成，并且存储
//如果一切正常，这里 cache 的状态应该是 4
cache.addEventListener('cached', function() {
    console.log('Cached,Status:' + cache.status);
}, false);
//onchecking 事件表示：当更新已经开始进行，但资源还没有开始下载，意思就是说：刚刚获取到最新的资源
//如果一切正常，这里 cache 的状态应该是 2
cache.addEventListener('checking', function() {
    console.log('Checking,Status:' + cache.status);
}, false);
//ondownloading 事件表示：开始下载最新的资源
//如果一切正常，这里 cache 的状态应该是 3
cache.addEventListener('downloading', function() {
    console.log('Downloading,Status:' + cache.status);
}, false);
//onerror 事件表示：有错误发生，manifest 文件找不到或服务器端有错误发生
//或资源找不到都会触发 onerror 事件。如果一切正常，这里 cache 的状态应该是 0
cache.addEventListener('error', function() {
    console.log('Error,Status:' + cache.status);
}, false);
//onnoupdate 事件表示：更新已经处理完成，但是 manifest 文件还未改变，处理闲置状态
//如果一切正常，这里 cache 的状态应该是 1
cache.addEventListener('noupdate', function() {
    console.log('Noupdate,Status:' + cache.status);
}, false);
//onupdateready 事件表示：更新已经处理完成，新的缓存可以使用
//如果一切正常，这里 cache 的状态应该是 4
cache.addEventListener('updateready', function() {
    console.log('Updateready,Status:' + cache.status);
    cache.swapCache();
}, false);
```

通过以上代码可以发现，当 DOMApplicationCache 对象触发了 updateready 事件时，才真正更新了缓存文件。

如果在开发过程中就开始对离线缓存功能做单元测试，那么每一次修改文件都必须要更新 manifest

文件中的内容，即使只是更新了一个注释，整个 manifest 文件也会更新，DOMApplicationCache 对象也会触发上述的一系列事件，直到新的缓存文件可用为止。通常情况下，都是通过更新 manifest 文件中的版本号来触发 onupdateready 事件的。

20.2　案　例　实　战

20.2.1　缓存网站

为了方便读者快速、简便地理解离线缓存的应用，下面将通过一个简单的首页缓存演示 HTML 离线缓存的应用，整个过程只需要简单的 5 步即可完成；要设计更加复杂的离线应用，还需要结合 HTML5 的其他新技术，并进行更加复杂的设置才行。

【操作步骤】

第 1 步，添加 HTML5 Doctype。创建符合规范的 HTML5 文档。HTML5 Doctype 相对于 XHTML 版本的 doctype 而言，要简单明得多。

```
<div id="container">
    <header class="ma-class-en-css">
        <h1 id ="logo"><a href="#">HTML5</a></h1>
    </header>
    <div id="content">
        <h2>HTML5</h2>
        <p>…</p>
    </div>
    <footer>html5 by <a href="#">WHATWG</a></footer>
</div>
```

然后另存为 index1.html，放在站点根目录下。

第 2 步，添加.htaccess 支持。在创建用于缓存页面的 manifest 清单文件之前，先要在.htaccess 文件中添加以下代码，具体说明可以参考上节说明。

```
AddType text/cache-manifest.manifest
```

该指令可以确保每个 manifest 文件为 text/cache-manifest MIME 类型。如果 MIME 类型不对，那么整个清单将没有任何效果，页面将无法离线应用。

🚗 注意：

本章案例都是在 Apache HTTP Server 服务器环境下运行，读者在测试之前，应该在本地计算机中构建虚拟的 Apache 服务器环境。

📢 提示：

htaccess 文件被称为分布式配置文件，是 Apache 服务器中的一个配置文件，它提供了针对目录改变配置的方法，负责相关目录下的网页配置。通过 htaccess 文件，可以帮我们实现网页重定向、自定义错误页面、改变文件扩展名、允许/阻止特定的用户或者目录的访问、禁止目录列表、配置默认文档等功能。

启用.htaccess，需要修改 httpd.conf，启用 AllowOverride，还可以用 AllowOverride 限制特定命令的使用。如果需要使用.htaccess 以外的其他文件名，可以用 AccessFileName 指令来改变。例如，需要使用.config，则可以在服务器配置文件中按以下方法配置：AccessFileName .config。

第 3 步，创建 manifest 文件。配置服务器之后，就可以创建 manifest 清单文件。新建一个文本文档，另存为 offline.manifest，然后输入以下代码。

```
CACHE MANIFEST
```

```
#This is a comment

CACHE:
index.html
style.css
image.jpg
image-med.jpg
image-small.jpg
notre-dame.jpg
```

在 CACHE 声明之后，罗列出所有需要缓存的文件，对于缓存简单页面来说已经足够。但是 HTML5 缓存还有更多可能。例如，考虑以下 manifest 文件：

```
CACHE MANIFEST
#This is a comment

CACHE:
index.html
style.css

NETWORK:
search.php
login.php

FALLBACK:
/api offline.html
```

其中，CACHE 声明用于缓存 index.html 和 style.css 文件；NETWORK 声明用于指定无须缓存的文件，如登录页面；FALLBACK 声明，这个声明允许在资源不可用的情况下，将用户重新定向到特定文件，如 offline.html。

第 4 步，关联 manifest 文件到 HTML 文档。设计完 manifest 文件和 HTML 文档，还需要将 manifest 文件关联到 HTML 文档中。使用 html 元素的 manifest 属性：

```
<html manifest="/offline.manifest">
```

第 5 步，测试文档。完成后，使用 Firefox 3.5+本地访问 index.html 文件，效果如图 20.1 所示，浏览器会默认自动缓存。

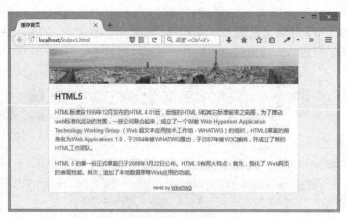

图 20.1　测试首页离线缓存

此后即使服务器停止工作或者无法上网，我们依然可以访问服务器上的该首页。如果没有离线缓存的支持，则不能在服务器停止工作或者无法上网时访问首页，将会显示如图 20.2 所示的效果。

图 20.2 不支持离线缓存的效果

20.2.2 离线编辑内容

本案例将在 20.2.1 节示例的基础上拓展使用 HTML5 开发离线应用。示例中会用到 HTML5 离线缓存、在线状态检测和 DOM Storage 等功能。

设计思路:开发一个便签管理的 Web 应用程序,用户可以在其中添加和删除便签。它支持离线功能,允许用户在离线状态下添加、删除便签,并且当在线以后能够同步到服务器上。

【操作步骤】

第 1 步,设计应用程序 UI。

这个程序的界面很简单,如图 20.3 所示。当用户单击 New Note 按钮时,可以在弹出框中创建新的便签,双击某便签就可以删除该便签。新建文档,输入下面代码,然后保存为 index.html。

```
<body onload = "SyncWithServer()">
<input type="button" value="New Note" onclick="newNote()">
<ul id="list"></ul>
```

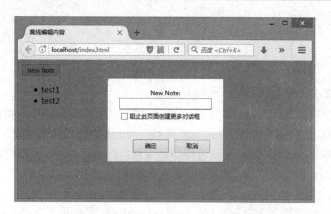

图 20.3 便签管理界面 UI

在 body 中声明了一个按钮和一个无序列表。当单击 New Note 按钮时,newNote 函数将被调用,用来添加一条新的便签。而无序列表初始为空,它用来显示便签的列表。

第 2 步,设计 cache manifest 文件。

定义 cache manifest 文件,声明需要缓存的资源。本例需要缓存 index.html、server.js、data.js 和 UI.js

共 4 个文件。除了前面列出的 index.html 外，server.js、data.js 和 UI.js 分别包含服务器相关、数据存储和用户界面代码。cache manifest 文件的源代码如下。

```
CACHE MANIFEST
index.html
server.js
data.js
UI.js
```

保存为 notes.manifest，然后关联到 HTML 文档中。

```
<html manifest="notes.manifest">
```

第 3 步，设计用户界面代码。用户界面代码定义在 UI.js 文件中，详细代码如下。

```
function newNote() {
    var title = window.prompt("New Note:");
    if(title) { add(title); }
}
function add(title) {
    addUIItem(title);                       //在界面中添加
    addDataItem(title);                     //在数据中添加
}
function remove(title) {
    removeUIItem(title);                    //从界面中删除
    removeDataItem(title);                  //从数据中删除
}
function addUIItem(title) {
    var item = document.createElement("li");
    item.setAttribute("ondblclick", "remove('" + title + "')");
    item.innerHTML = title;
    var list = document.getElementById("list");
    list.appendChild(item);
}
function removeUIItem(title) {
    var list = document.getElementById("list");
    for(var i = 0; i < list.children.length; i++) {
        if(list.children[i].innerHTML == title) {
            list.removeChild(list.children[i]);
        }
    }
}
```

UI.js 中的代码包含添加便签和删除便签的界面操作。

- 添加便签：用户单击 New Note 按钮，newNote 函数被调用。newNote 函数会弹出对话框，用户可以输入新便签内容。newNote 调用 add 函数。add 函数分别调用 addUIItem 和 addDataItem 添加页面元素和数据。addDataItem 代码将在后面列出。addUIItem 函数在页面列表中添加一项，并指明 ondblclick 事件的处理函数是 remove，使得双击操作可以删除便签。
- 删除便签：用户双击某便签时，调用 remove 函数。remove 函数分别调用 removeUIItem 和 removeDataItem 删除页面元素和数据，removeDataItem 将在后面列出。removeUIItem 函数删除页面列表中的相应项。

第 4 步，设计数据存储代码。数据存储代码定义在 data.js 中，详细代码如下。

```
var storage = window['localStorage'];
function addDataItem(title) {
    if(navigator.onLine) {                  //在线状态
        addServerItem(title);
```

```
    } else{                                             //离线状态
        var str = storage.getItem("toAdd");
        if(str == null) { str = title;
        } else { str = str + "," + title; }
        storage.setItem("toAdd", str);
    }
}
function removeDataItem(title) {
    if(navigator.onLine) {                              //在线状态
        removeServerItem(title);
    } else{                                             //离线状态
        var str = storage.getItem("toRemove");
        if(str == null) { str = title; }
        else { str = str + "," + title; }
        storage.setItem("toRemove", str);
    }
}
function SyncWithServer() {
    //如果当前是离线状态，不需要做任何处理
    if(navigator.onLine == false)  return;
    var i = 0;
    var str = storage.getItem("toAdd");         //和服务器同步添加操作
    if(str != null) {
        var addItems = str.split(",");
        for( i = 0; i < addItems.length; i++) { addDataItem(addItems[i]); }
        storage.removeItem("toAdd");
    }
    //和服务器同步删除操作
    str = storage.getItem("toRemove");
    if(str != null) {
        var removeItems = str.split(",");
        for( i = 0; i < removeItems.length; i++) { removeDataItem(removeItems[i]); }
        storage.removeItem("toRemove");
    }
    //删除界面中的所有便签
    var list = document.getElementById("list");
    while(list.lastChild != list.firstElementChild)
    list.removeChild(list.lastChild);
    if(list.firstElementChild) list.removeChild(list.firstElementChild);
    //从服务器获取全部便签，并显示在界面中
    var allItems = getServerItems();
    if(allItems != "") {
        var items = allItems.split(",");
        for( i = 0; i < items.length; i++) { addUIItem(items[i]); }
    }
}
window.addEventListener("online", SyncWithServer,false);
```

data.js 中的代码包含添加便签、删除便签和与服务器同步等数据操作。其中用到了 navigator.onLine 属性、online 事件、DOM Storage 等 HTML5 新功能。

➥ 添加便签：addDataItem

通过 navigator.onLine 判断是否在线。如果在线，则调用 addServerItem 直接把数据存储到服务器上。addServerItem 将在后面列出。如果离线，则把数据添加到 localStorage 的 toAdd 项中。

➥ 删除便签：removeDataItem

通过 navigator.onLine 判断是否在线。如果在线，则调用 removeServerItem 直接在服务器上删除数据。removeServerItem 将在后面列出。如果离线，则把数据添加到 localStorage 的 toRemove 项中。

➥ 数据同步：SyncWithServer

在 data.js 的最后一行，注册了 window 对象的 online 事件处理函数 SyncWithServer。当 online 事件发生时，SyncWithServer 将被调用，其功能如下。

↪ 如果 navigator.onLine 表示当前离线，则不做任何操作。

↪ 把 localStorage 中 toAdd 项的所有数据添加到服务器上，并删除 toAdd 项。

↪ 把 localStorage 中 toRemove 项的所有数据从服务器中删除，并删除 toRemove 项。

↪ 删除当前页面列表中的所有便签。

↪ 调用 getServerItems 从服务器获取所有便签，并添加在页面列表中。getServerItems 将在后面列出。

第 5 步，设计服务器相关代码。服务器相关代码定义在 server.js 中，详细代码如下。

```
function addServerItem(title) {
    //在服务器中添加一项
}
function removeServerItem(title) {
    //在服务器中删除一项
}
function getServerItems() {
    //返回服务器中存储的便签列表
}
```

由于这部分代码与服务器有关，这里只说明各个函数的功能，具体实现可以根据不同的服务器编写代码。在服务器中添加一项，调用 addServerItem 函数；在服务器中删除一项，调用 removeServerItem 函数；返回服务器中存储的便签列表，调用 getServerItems 函数。

20.3 在 线 学 习

本节为线上继续学习入口，通过扫码读者可以进行巩固练习、补充知识、获取参考资料、拓展阅读。

第 21 章　JavaScript 通信

XMLHttpRequest 2.0 允许跨域通信，使用 JSONP、框架、灯标等技巧也可以实现简单的异步交互。HTML5 新增了 postMessage 和 WebSockets API 接口，满足多样化的通信需求。postMessage 可以实现跨文档传递消息，WebSockets API 可以实现客户端与服务器端双向信息推送。

【学习重点】
❯ 使用 postMessage 传递消息。
❯ 了解 WebSockets 基本知识。
❯ 使用 WebSockets 推送消息。

21.1　postMessage

在 Web 开发中，跨文档消息传递存在多种形式，举例如下。
❯ 客户端与服务器端之间。
❯ 页面与其打开的新窗口之间。
❯ 多窗口之间。
❯ 页面与内嵌 iframe 之间。

第一种为传统用法，需借助服务器技术实现，必须在同源之间通信，而后面 3 种可以实现跨域通信，可在 JavaScript 脚本中直接完成。

21.1.1　postMessage 基础

HTML5 增加了在网页文档之间互相接收与发送信息的功能。使用这个功能，只要获取到目标网页所在窗口对象的实例，不仅同源网页之间可以互相通信，甚至可以实现跨域通信。

在 HTML5 中，跨域通信的核心是 postMessage()方法。该方法主要功能：向另一个地方传递数据。另一个地方可以是包含在当前页面中的 iframe 元素，或者由当前页面弹出的窗口，以及框架中其他窗口。postMessage()方法用法如下：

```
otherWindow.postMessage(message,origin);
```

参数说明如下。
❯ otherWindow：表示发送消息的目标窗口对象。
❯ message：发送的消息文本，可以是数字、字符串等。HTML5 规范定义该参数可以是 JavaScript 的任意基本类型或者可复制的对象，但是部分浏览器只能处理字符串参数，考虑浏览器兼容性，可以在传递参数时，使用 JSON.stringify()方法对参数对象序列化，接收数据后再用 JSON.parse()方法把序列号字符串转换为对象。
❯ origin：字符串参数，设置目标窗口的源，格式为"协议+主机+端口号[+URL]"，URL 可以不写，设置该参数主要是为了安全。postMessage()只会将 message 传递给指定窗口，也可以设置该参数为"*"，这样可以传递给任意窗口，如果设置为"/"，则定义目标窗口与当前窗口同源。

目标窗口接收到消息之后，会触发 window 对象的 message 事件。这个事件以异步形式触发，因此从发送消息到接受消息，即触发目标窗口的 message 事件，可能存在延迟现象。

触发 message 事件后，传递给 message 处理程序的事件对象包含以下 3 个重要信息。

- ➥ data：作为 postMessage()方法第 1 个参数传入的字符串数据。
- ➥ origin：发送消息的文档所在域。
- ➥ source：发送消息文档的 window 对象的代理。这个代理对象主要用于在发送上一条消息的窗口中调用 postMessage()方法。如果发送消息的窗口来自同一个域，该对象就是 window。

🚓 注意：

event.source 只是 window 对象的代理，不是引用 window 对象。用户可以通过这个代理调用 postMessage()方法，但不能访问 window 对象的任何信息。

目前，Firefox 4+、Safari 4+、Chrome 8+、Opera 10+、IE8+版本浏览器都支持这种跨文档的消息传输方式。

【示例】下面代码定义了 HTML5 页面与内嵌框架页面之间通信的基本设计模式。

```javascript
//发消息页面
var iframWindow = document.getElementById("myframe");
iframWindow.postMessage("发送消息", "http://www.othersite.com");


//接收消息页面
var EventUtil = {//定义事件处理基本模块
    addHandler: function (element, type, handler) {        //注册事件
        if (element.addEventListener) {                    //兼容 DOM 模型
            element.addEventListener(type, handler, false);
        } else if (element.attachEvent) {                  //兼容 IE 模型
            element.attachEvent("on" + type, handler);
        } else {                                           //兼容传统模型
            element["on" + type] = handler;
        }
    }
};
EventUtil.addHandler(window, "message", function (event) { //为window对象注册message事件
    //确保发送消息的域是已知的域
    if (event.origin == "http://www.mysite.com") {
        //处理接收到的数据
        processMessage(event.data);
        //可选操作：向来源窗口发送回执
        event.source.postMessage("反馈消息", event.origin);
    }
});
```

21.1.2 案例：设计跨域动态对话

本节示例在 21.1.1 节示例的基础上进一步改进跨域通信的互动功能。示例包含两个页面：index.html 和 called.html，其中 index.html 为主叫页面，called.html 为被叫页面。首先，主叫页可以通过底部的文本框向被叫页发出实时消息，被叫页能够在底部文本框中进行动态回应，整个示例演示效果如图 21.1 所示。

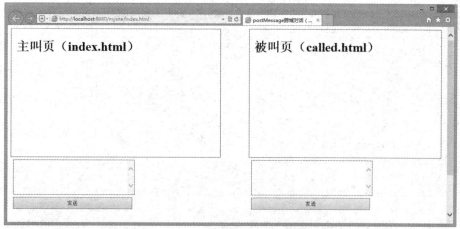

默认效果

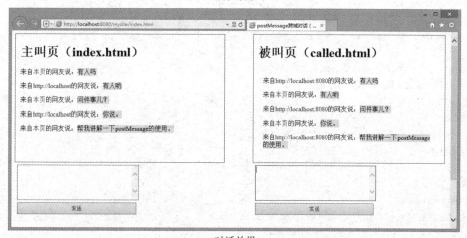

对话效果

图 21.1　跨域动态对话演示效果

❯ 主叫页面 index.html 文档主要代码如下。

```
<div id="calling">
    <h1>主叫页（index.html）</h1>
    <div id="info"></div>
</div>
<div id="called">
    <iframe id="iframe" src="http://localhost/called.html"></iframe>
</div>
<div id="caller">
    <textarea id="call_content"></textarea>
    <button id="send" >发送</button>
</div>
<script type="text/javascript">
var EventUtil = {//定义事件处理基本模块
    //省略，请参考上节示例源码
};
var info = document.getElementById("info");
var iframe = document.getElementById("iframe");
var send = document.getElementById("send");
// 窗口事件监听：监听 message
```

```
EventUtil.addHandler(window, "message", function (event) {
    // 监测消息来源，非法来源屏蔽
    if( event.origin != "http://localhost" ){
        return;
    }
    info.innerHTML += '<p>来自<span class="red">'+ event.origin + '</span>的网友说:
<span class="highlight">' + event.data + '</span></p>';
});
EventUtil.addHandler(send, "click", function (event) {
    var iframeWindow = window.frames[0];
    var origin = iframe.getAttribute("src");
    var call_content = document.getElementById("call_content");
    if(call_content.value.length <=0) return;    //如果文本框为空，则禁止呼叫
    iframeWindow.postMessage(call_content.value, origin);    //发出呼叫
    info.innerHTML += '<p>来自<span class="red">本页</span>的网友说: <span
class="highlight">' + call_content.value + '</span></p>';
    call_content.value = "";                    //清空文本框
});
</script>
```

➤ 被叫页面 called.html 文档的主要代码如下。

```
<div id="call">
    <div>
        <h1>被叫页（called.html）</h1>
        <div id="info"></div>
    </div>
</div>
<div id="caller">
    <textarea id="call_content"></textarea>
    <button id="send" >发送</button>
</div>
<script type="text/javascript">
var EventUtil = {//定义事件处理基本模块
    //省略，请参考上节示例源码
};
var origin,source;
var info = document.getElementById("info");
var send = document.getElementById("send");
EventUtil.addHandler(window, "message", function (event) {
    origin = event.origin;
    source = event.source;
    info.innerHTML += '<p>来自<span class="red">'+ origin +'</span>的网友说: <span
class="highlight">' + event.data + '</span></p>';
});
EventUtil.addHandler(send, "click", function (event) {
    var call_content = document.getElementById("call_content");
    if(call_content.value.length <=0) return;
    source.postMessage(call_content.value,origin);
    info.innerHTML += '<p>来自<span class="red">本页</span>的网友说: <span
class="highlight">' + call_content.value + '</span></p>';
    call_content.value = "";
});
</script>
```

21.2 WebSocket

HTML5 的 Web Sockets API 能够在 Web 应用程序中实现非 HTTP 的通信。本节操作环境：Windows 操作系统+Apache 服务器+ PHP 开发语言。

21.2.1 WebSocket 基础

相对于 HTTP 非持久化而言，WebSocket 是一个持久化的协议。例如，HTTP 1.0 的生命周期就是一个 request（请求）和一个 response（响应）。对于 HTTP 协议来说，本次 client（客户端）与 server（服务器端）的会话到此结束。在 HTTP 1.1 中，稍微有所改进，添加了 keep-alive，也就是在一个 HTTP 连接中可以进行多个 request 请求和多个 response 响应操作。

然而在实时通信中，HTTP 并没有多大的作用，它只能由 client 发起请求，server 才能返回信息，即 server 不能主动向 client 推送信息，无法满足实时通信的要求。

WebSocket 可以持久化连接，即 client 只需要进行一次握手（类似 request），成功后即可持续进行数据通信。WebSocket 能够实现 client 与 server 之间全双工通信（双向同时通信），即通信的双都方可以同时发送和接收信息。

📢 **提示：**

Socket 称为套接字，是基于 W3C 标准开发的在一个 TCP 接口中进行双向通信的技术。通常情况下，socket 用于描述 IP 地址和端口，是通信过程中的一个字符句柄。目前，大部分浏览器都支持 HTML5 的 Web Sockets API。

WebSocket 连接服务器和客户端，这个连接是一个实时的长连接，服务器端一旦与客户端建立了双向连接，就可以将数据推送到 Socket 中，客户端只要有一个 Socket 绑定的地址和端口与服务器建立联系，就可以接收推送来的数据。

【操作步骤】

第 1 步，创建连接。新建一个 WebSocket 对象，代码如下。

```
var host = "ws://echo.websocket.org/";
var socket=new WebSocket(host);
```

🚗 **注意：**

WebSocket()构造函数参数为 URL，必须以"ws"或"wss"（加密通信时）字符开头，后面字符串可以使用 HTTP 地址。该地址没有使用 HTTP 协议写法，因为它的属性为 WebSocket URL。URL 必须由 4 个部分组成，分别是通信标记（ws）、主机名称（host）、端口号（port）和 WebSocket Server。

在实际应用中，socket 服务器端脚本可以是 Python、Node.js、Java 和 PHP。本例使用 http://www.websocket.org/网站提供的 socket 服务端，协议地址为：ws://echo.websocket.org/。这样方便初学者需要架设服务器测试环境，以及编写服务器脚本。

第 2 步，发送数据。当 WebSocket 对象与服务器建立连接后，使用如下代码发送数据。

```
socket.send(dataInfo);
```

🚗 **注意：**

socket 为新创建的 WebSocket 对象，send()方法中的 dataInfo 参数为字符类型，只能使用文本数据或者将 JSON 对象转换成文本内容的数据格式。

第 3 步，接收数据。通过 message 事件接收服务器传过来的数据，代码如下。

```
socket.onmessage=function(event){
```

```
        //弹出收到的信息
        console.log(event.data);
        //其他代码
    }
```

其中，通过回调函数中 event 对象的 data 属性来获取服务器端发送的数据内容，该内容可以是一个字符串或者 JSON 对象。

第 4 步，显示状态。通过 WebSocket 对象的 readyState 属性记录连接过程中的状态值。readyState 属性是一个连接的状态标志，用于获取 WebSocket 对象在连接、打开、变比过程中和关闭时的状态。该状态标志共有 4 个属性值，简单说明如表 21.1 所示。

表 21.1　readyState 属性值

属 性 值	属 性 常 量	说 明
0	CONNECTING	连接尚未建立
1	OPEN	WebSocket 的连接已经建立
2	CLOSING	连接正在关闭
3	CLOSED	连接已经关闭或不可用

提示：

WebSocket 对象在连接过程中，通过侦测 readyState 状态标志的变化，可以获取服务器端与客户端连接的状态，并将连接状态以状态码的形式返回给客户端。

第 5 步，通过 open 事件监听 socket 的打开。

```
webSocket.onopen = function(event){
    //开始通信时处理
}
```

第 6 步，通过 close 事件监听 socket 的关闭。

```
webSocket.onclose=function(event){
    //通信结束时的处理
}
```

第 7 步，调用 close()方法可以关闭 socket，切断通信连接。

```
webSocket.close();
```

本示例完整代码如下：

```
<script>
var socket;                              //声明 socket
function init(){                         //初始化
    var host = "ws://echo.websocket.org/";//声明 host，注意是 ws 协议
    try{
        socket = new WebSocket(host);        //新建一个 socket 对象
        log('当前状态: '+socket.readyState); //将连接的状态信息显示在控制台
        socket.onopen   = function(msg){ log("打开连接: "+ this.readyState); };//监听连接
        socket.onmessage = function(msg){ log("接受消息: "+ msg.data); };
                                        //监听当接收信息时触发匿名函数
        socket.onclose   = function(msg){ log("断开接连: "+ this.readyState); };//关闭连接
        socket.onerror   = function(msg){ log("错误信息: "+ msg.data); };//监听错误信息
    }
    catch(ex){
        log(ex);
    }
```

```
    $("msg").focus();
}
function send(){                                  //发送信息
    var txt,msg;
    txt = $("msg");
    msg = txt.value;
    if(!msg){ console.log("文本框不能够为空"); return; }
    txt.value="";
    txt.focus();
    try{ socket.send(msg); log('发送消息：'+msg); } catch(ex){ log(ex); }
}
function quit(){                                  //关闭 socket
    log("再见");
    socket.close();
    socket=null;
}
//根据 id 获取 DOM 元素
function $(id){ return document.getElementById(id); }
//将信息显示在 id 为 info 的 div 中
function log(msg){ $("info").innerHTML+="<br>"+msg; }
//键盘事件（回车）
function onkey(event){ if(event.keyCode==13){ send(); } }
</script>
<body onload="init()">
<div>HTML5 Websocket</div>
<div id="info"></div>
<input id="msg" type="textbox" onkeypress="onkey(event)"/>
<button onclick="send()">发送</button>
<button onclick="quit()">断开</button>
</body>
```

在浏览器中预览，演示效果如图 21.2 所示。

建立连接　　　　　　　　相互通信　　　　　　　　断开连接

图 21.2　使用 WebSocket 进行通信

WebSockets API 通过使用 WebSocket 协议实现多个客户端与服务器端之间的双向通信。该协议定义客户端与服务器端如何通过握手来建立通信管道，实现数据（包括原始二进制数据）的传送。国际上标准的 WebSocket 协议为 RFC6455 协议（通过 IETF 批准）。到目前为止，Chrome 15+、Firefox 11+，以及 IE10 版本的浏览器均支持该协议，包括该协议中定义的二进制数据的传送。

◀》提示：

WebSockets API 适用于当多个客户端与同一个服务器端需要实现实时通信的场景。

➥ 多人在线游戏网站。

➥ 聊天室。

➥ 实时体育或新闻评论网站。

➥ 实时交互用户信息的社交网站。

21.2.2　案例：设计 WebSocket 通信

本节通过一个简单的示例演示如何使用 WebSockets 让客户端与服务器端握手连接，然后进行简单的呼叫和应答通信。

【操作步骤】

第 1 步，新建客户端页面，保存为 client.html。

第 2 步，在页面中设计一个简单的交互表单。其中<textarea id="data">用于接收用户输入，单击<button id="send">按钮，可以把用户输入的信息传递给服务器，服务器接收到信息之后，响应信息并显示在<div id="message">容器中。

```
<div id="action">
    <textarea id="data"></textarea>
    <button id="send">发送信息</button>
</div>
<div id="message"> </div>
```

第 3 步，设计 JavaScript 脚本，建立与服务器端的连接，并通过 open、message、error 事件处理函数跟踪连接状态。

```
<script>
var message = document.getElementById('message');
var socket = new WebSocket('ws://127.0.0.1:8008');
socket.onopen = function(event) {
    message.innerHTML = '<p>连接成功! </p>';
}
socket.onmessage = function(event) {
    message.innerHTML = "<p>响应信息: "+ event.data +"</p>";
}
socket.onerror = function() {
    message.innerHTML = '<p>连接失败! </p>';
}
</script>
```

第 4 步，获取用户输入的信息，并把它发送给服务器。

```
var send = document.getElementById('send');
send.addEventListener('click', function() { //设计单击按钮提交信息
    var content = document.getElementById('data').value;
    if(content.length <= 0){                        //验证信息
        console.log('消息不能为空! ');
        return false;
    }
    socket.send(content);                           //发送信息
});
```

第 5 步，服务器端应用程序开发。新建 PHP 文件，保存为 server.php，与 client.html 同置于 PHP 站点根目录下。

第 6 步，为了方便操作，定义 WebSocket 类，结构代码如下。

```php
<?php
//定义 WebSocket 类
class WebSocket {
    private $socket;//socket 的连接池，即 client 连接进来的 socket 标志
    private $accept;//不同状态的 socket 管理
    private $isHand = array();// 判断是否握手
    // 在构造函数中创建 socket 连接
    public function __construct($host, $port, $max) { }
    // 对创建的 socket 循环进行监听，处理数据
    public function start() { }
    // 首次与客户端握手
    public function dohandshake($sock, $data, $key) { }
    // 关闭一个客户端连接
    public function close($sock) { }
    // 解码过程
    public function decode($buffer) { }
    // 编码过程
    public function encode($buffer) { }
}
?>
```

第 7 步，在构造函数中创建 socket 连接。

```php
public function __construct($host, $port, $max) {
    //创建服务端的 socket 套接流,net 协议为 IPv4,protocol 协议为 TCP
    $this->socket = socket_create(AF_INET, SOCK_STREAM, SOL_TCP);
    socket_set_option($this->socket, SOL_SOCKET, SO_REUSEADDR, TRUE);
    //绑定接收的套接流主机和端口，与客户端相对应
    socket_bind($this->socket, $host, $port);
    //监听套接流
    socket_listen($this->socket, $max);
}
```

第 8 步，监听并接收数据。

```php
public function start() {
    while(true) {//死循环，让服务器无限获取客户端传过来的信息
        $cycle = $this->accept;
        $cycle[] = $this->socket;
        socket_select($cycle, $write, $except, null); //这个函数同时接受多个连接
        foreach($cycle as $sock) {
            if($sock === $this->socket) {//如果有新的 client 连接进来
                $client = socket_accept($this->socket); //接收客户端传过来的信息
                $this->accept[] = $client; //将新连接进来的 socket 存进连接池
                $key = array_keys($this->accept); //返回包含数组中所有键名的新数组
                $key = end($key); //输出数组中最后一个元素的值
                $this->isHand[$key] = false; //标志该 socket 资源没有完成握手
            } else {
                // 读取该 socket 的信息
                // 注意：第二个参数是引用传参，即接收数据；
                // 第三个参数是接收数据的长度
                $length = socket_recv($sock, $buffer, 204800, 0);
                //根据 socket 在 accept 池里面查找相应的键 ID
                $key = array_search($sock, $this->accept);
                //如果接收的信息长度小于 7，则该 client 的 socket 为断开连接
```

```
            if($length < 7) {
                $this->close($sock);          //给该 client 的 socket 进行断开操作
                continue;
            }
            if(!$this->isHand[$key]) {        //判断该 socket 是否已经握手
                //如果没有握手，则进行握手处理
                $this->dohandshake($sock, $buffer, $key);
            } else {//向该 client 发送信息，对接收到的信息进行 uncode 处理
                // 先解码，再编码
                $data = $this->decode($buffer);
                $data = $this->encode($data);
                // 判断断开连接（断开连接时数据长度小于 10）
                // 如果不为空，则进行消息推送操作
                if(strlen($data) > 0) {
                    foreach($this->accept as $client) {
                        //向 socket_accept 套接流写入信息，也就是反馈信息给 socket_bind() 所绑
                        定的主机客户端。socket_write 的作用是向 socket_create 的套接流写入
                        信息，或者向 socket_accept 的套接流写入信息
                        socket_write($client, $data, strlen($data));
                    }
                }
            }
        }
    }
}
```

第 9 步，定义 dohandshake()函数，建立与客户端的第一次握手连接。

```
// 首次与客户端握手
public function dohandshake($sock, $data, $key) {
    //截取 Sec-WebSocket-Key 的值并加密，其中$key 后面的一部分 258EAFA5-E914-47DA-
    //95CA-C5AB0DC85B11 字符串应该是固定的
    if (preg_match("/Sec-WebSocket-Key: (.*)\r\n/", $data, $match)) {
        $response = base64_encode(sha1($match[1] . '258EAFA5-E914-47DA-95CA
                -C5AB0DC85B11', true));
        $upgrade = "HTTP/1.1 101 Switching Protocol\r\n" .
            "Upgrade: websocket\r\n" .
            "Connection: Upgrade\r\n" .
            "Sec-WebSocket-Accept: " . $response . "\r\n\r\n";
        socket_write($sock, $upgrade, strlen($upgrade));
        $this->isHand[$key] = true;
    }
}
```

关于解码和编码函数，就不再详细说明，读者可以参考本节示例源代码。

第 10 步，实例化 WebSocket 类型，并调用 start()方法开通 WebSocket 服务。

```
//127.0.0.1 是在本地主机测试，如果有多台计算机，可以写 IP 地址
$webSocket = new WebSocket('127.0.0.1', 8008, 10000);
$webSocket->start();
```

第 11 步，在浏览器中先运行 server.php，启动 WebSocket 服务器，此时页面没有任何信息，浏览器一致等待客户端页面的连接请求，如图 21.3 所示。

第 12 步，在浏览器中先运行 client.html，可以看到客户端与服务器端握手成功，如图 21.4 所示。

第 13 步，在 client.html 页面中向服务器发送一条信息，则服务器会通过 WebSocket 通道返回一条响应信息，如图 21.5 所示。

图 21.3 运行 WebSocket 服务

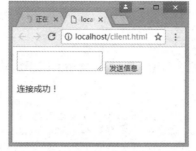

图 21.4 握手成功

图 21.5 相互通信

📢 提示：

直接在浏览器中运行 WebSocket 服务器，PHP 的配置参数（php.ini）有时间限制，也可以通过 "new WebSocket('127.0.0.1', 8008, 10000);" 的 WebSocket() 构造函数的第 3 个参数控制轮询时长，超出这个时限，就会显示如图 21.6 所示的提示错误。

```
default_socket_timeout = 60
```

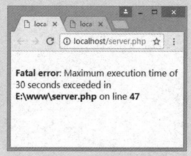

图 21.6 超出时限提示错误

⊕ 补充：

也可以通过命令行运行 WebSocket 服务，实现长连接。具体操作步骤如下。

第 1 步，在 "运行" 对话框中启动命令行工具，如图 21.7 所示。

第 2 步，在命令行中输入 php E:\www\server.php，按 Enter 键，运行 WebSocket 服务器应用程序即可，如图 21.8 所示。

第 3 步，只要不关闭命令行窗口，用户可以随时在客户端使用 WebSocket 与服务器端进行通信，或者服务器主动向用户推送信息。

图 21.7 打开命令行

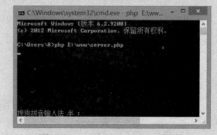

图 21.8 运行 WebSocket 服务

21.2.3 案例：向会员推送信息

本节示例模拟微信推送功能，为特定会员主动推送优惠广告信息。在浏览器中运行 push.php，向客户端 uid 为 2 的会员推送信息，可以看到 client1.html、client2.html 显示通知信息，如图 21.9 所示，而 client3.html 没有收到通知。

| 推送成功 | client1 收到信息 | client2 收到信息 | client3 没有收到信息 |

图 21.9　向特定会员推送信息

【操作步骤】

第 1 步，设计客户端页面，新建 client1.html 文档，然后设计如下代码。

```html
<body style="padding:0; margin:0;">
<div id="message" style="position:fixed; bottom:0; width:100%; display:none;
background:hsla(93,96%,62%,0.6)"></div>
<h1>client1.html</h1>
<script>
var ws = new WebSocket('ws://127.0.0.1:8008');
ws.onopen = function(){
    var uid = '2';
    ws.send(uid);
};
 ws.onmessage = function(e){
    var message = document.getElementById('message');
    message.style.display = "block";
    var jsonData = JSON.parse(event.data);  // 接收推送信息，并转换为 JSON 对象
    message.innerHTML = "<p>"+jsonData.content+"</p>";
};
</script>
</body>
```

在页面中设计一个通知栏，用来接收服务器的推送信息。同时使用 HTML5 的 WebSockets API 构建一个 Socket 通道，实现与服务器即时通信联系。在页面初始化时，首先向服务器发送用户的 ID 信息，以便服务器根据不同的 ID 分类推送信息，也就是仅为 uid 为 2 的部分会员推送信息。

第 2 步，复制 client1.html 文档，新建 client2.html、client3.html，保留代码不动，仅修改每个用户的 uid 参数值，client2.html 的 uid 为 2，client3.html 的 uid 为 1。

第 3 步，新建 WebSocket 服务器应用程序，保存文档为 server.php，输入下面代码。

```php
<?php
//导入 Workerman 框架
use Workerman\Worker;
require_once 'Workerman/Autoloader.php';
//初始化一个 worker 容器，监听 8008 端口
$worker = new Worker('websocket://127.0.0.1:8008');
$worker->count = 1;                            //这里进程数必须设置为 1
//worker 进程启动后建立一个内部通信端口
$worker->onWorkerStart = function($worker){
    //开启一个内部端口，方便内部系统推送数据，Text 协议格式：文本+换行符
    $inner_text_worker = new Worker('Text://127.0.0.1:5678');
    $inner_text_worker->onMessage = function($connection, $buffer){
        global $worker;
```

```php
        //$data 数组格式，里面有 uid，表示向那个 uid 的页面推送数据
        $data = json_decode($buffer, true);
        $uid = $data['uid'];
        //通过 workerman 向 uid 的页面推送数据
        $ret = sendMessageByUid($uid, $buffer);
        //返回推送结果
        $connection->send($ret ? 'ok' : 'fail');
    };
    $inner_text_worker->listen();
};
//新增加一个属性，用来保存 uid 到 connection 的映射
$worker->uidConnections = array();
//当有客户端发来消息时执行的回调函数
$worker->onMessage = function($connection, $data)use($worker) {
    //判断当前客户端是否已经验证，即是否设置了 uid
    if(!isset($connection->uid)) {
        //如果没验证，把第一个包当做 uid（这里为了方便演示，没做真正的验证）
        $connection->uid = $data;
        /* 保存 uid 到 connection 的映射，这样可以方便地通过 uid 查找 connection,
        * 实现针对特定 uid 推送数据 */
        $worker->uidConnections[$connection->uid] = $connection;
        return;
    }
};
//当有客户端连接断开时
$worker->onClose = function($connection)use($worker) {
    global $worker;
    if(isset($connection->uid)) {
        unset($worker->uidConnections[$connection->uid]); // 连接断开时删除映射
    }
};
//向所有验证的用户推送数据
function broadcast($message) {
    global $worker;
    foreach($worker->uidConnections as $connection) {
        $connection->send($message);
    }
}
//针对 uid 推送数据
function sendMessageByUid($uid, $message){
    global $worker;
    if(isset($worker->uidConnections[$uid])) {
        $connection = $worker->uidConnections[$uid];
        $connection->send($message);
        return true;
    }
    return false;
}
//运行所有的 worker
Worker::runAll();
?>
```

第 4 步，新建 push.php 文档，用来定义推送信息脚本，具体代码如下。

```php
<?php
//建立 socket 连接到内部推送端口
```

```
$client = stream_socket_client('tcp://127.0.0.1:5678', $errno, $errmsg, 1);
//推送的数据包含 uid 字段，表示是给这个 uid 推送
$data = array('uid'=>'2', 'content'=>'通知：双十一清仓大促');
//发送数据，注意 5678 端口是 Text 协议的端口，Text 协议需要在数据末尾加上换行符
fwrite($client, json_encode($data)."\n");
//读取推送结果
echo fread($client, 8192);
?>
```

第 5 步，在命令行中输入下面命令启动服务。效果如图 21.10 所示。

```
php E:\www\test\server.php
```

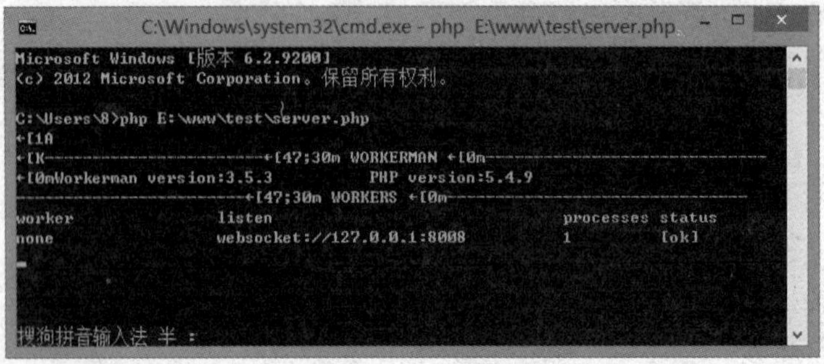

图 21.10　启动服务

第 6 步，同时在浏览器中运行 client1.html、client2.html 和 client3.html。

第 7 步，在浏览器中运行 push.php，向客户端 uid 为 2 的会员推送信息。

21.3　在线学习

本节为线上继续学习入口，通过扫码读者可以进行巩固练习、补充知识、获取参考资料、拓展阅读。

第 22 章　拖　放　操　作

HTML5 拖放 API 使 Web 应用能够在浏览器中使用拖放功能。使用鼠标选择可拖动的元素，将元素拖动到可放置的元素内，并通过释放鼠标按键来放置这些元素。可以自定义能够成为可拖拽的元素类型、可拖拽元素产生的反馈类型，以及可放置的元素。

【学习重点】
- ➥ 正确使用拖放 API。
- ➥ 应用拖放 API。

22.1　拖放 API 基础

拖放 API 包含两部分：拖拽（Drag）和释放（Drop），拖拽指的是鼠标单击源对象后一直移动对象不松手，一旦松手即释放了。

浏览器支持情况：IE9+、Firefox、Opera 12+、Chrome 和 Safari 5 +。另外，在 Safari 5.1.2 中不支持拖放。

在 HTML5 中，实现拖放操作的步骤如下。

第 1 步，设置源对象的 draggable 属性，设置属性值为 true (draggable="true")，这样就可以启动拖放功能。

📢 提示：

img 和 a 元素默认开启了拖放功能，但必须设置 href。

第 2 步，根据 HTML5 拖放 API 定义事件类型，编写与拖放有关的事件处理函数。拖放 API 相关事件说明如表 22.1 所示。

表 22.1　拖放事件

事　件	产生事件的元素	说　明
dragstart	被拖放的元素	开始拖放操作
drag	被拖放的元素	拖放过程中
dragenter	拖放过程中鼠标经过的元素	被拖放的元素开始进入本元素的范围内
dragover	拖放过程中鼠标经过的元素	被拖放的元素正在本元素范围内移动
dragleave	拖放过程中鼠标经过的元素	被拖放的元素离开本元素的范围
drop	拖放的目标元素	有其他元素被拖放到了本元素中
dragend	拖放的对象元素	拖放操作结束

从表 22.1 可以看到，被拖动的源对象可以触发的事件如下。
- ➥ dragstart：源对象开始被拖动。
- ➥ drag：源对象被拖动过程中，即鼠标可能在移动，也可能未移动。
- ➥ dragend：源对象被拖动结束。

拖动源对象进入到目标对象，在目标对象上可以触发的事件如下。

- ❧ dragenter：目标对象被源对象拖动着进入。
- ❧ dragover：目标对象被源对象拖动着悬停在上方。
- ❧ dragleave：拖动着源对象离开了目标对象。
- ❧ drop：拖动着源对象在目标对象上方释放/松手。

【示例】下面示例在页面中插入一个<div id="drag">标签，设置 draggable="true"，启动该元素的拖放功能。同时在页面中插入一个<div id="target">标签，设计为目标对象。本例设计当每次拖放<div id="drag">标签到目标对象<div id="target">标签中时，将在该元素中追加一次提示信息，演示效果如图 22.1 所示。

图 22.1　拖放对象

```
<script type="text/javascript">
function init(){
    var source = document.getElementById("drag");
    var dest = document.getElementById("target");
    source.addEventListener("dragstart", function(ev) { //(1)拖放开始
        //向 dataTransfer 对象追加数据
        var dt = ev.dataTransfer;
        dt.effectAllowed = 'all';
        //(2)拖动元素为 dt.setData("text/plain", this.id);
        dt.setData("text/plain", "拖入源对象");
    }, false);
    dest.addEventListener("dragend", function(ev) {     //(3) dragend：拖放结束
        ev.preventDefault();                             //不执行默认处理，拒绝被拖放
    }, false);
    dest.addEventListener("drop", function(ev) {         //(4) drop：被拖放
        var dt = ev.dataTransfer;                        //从 DataTransfer 对象那里取得数据
        var text = dt.getData("text/plain");
        dest.innerHTML += "<p>" + text + "</p>";
        ev.preventDefault();                             //(5)不执行默认处理，拒绝被拖放
        ev.stopPropagation();                            //停止事件传播
    }, false);
}
//(6)设置不执行默认动作，拒绝被拖放
document.ondragover = function(e){e.preventDefault();};
document.ondrop = function(e){e.preventDefault();};
</script>
<body onload="init()">
<div id="drag" draggable="true">源对象</div>
<div id="target">
    <h1>目标对象</h1>
</div>
```

【代码解析】

第 1 步，开始拖动时，触发 dragstart 事件，使用 setData() 方法把要拖动的数据存入 DataTransfer 对象。

📢 提示：

> DataTransfer 对象专门用来存放拖放操作时要传递的数据，可以通过拖放事件对象的 dataTransfer 属性进行访问。DataTransfer 对象包含两个重要方法：setData() 和 getData()。其中 setData() 方法用于向 DataTransfer 对象传递值，而 getData() 方法能够从 DataTransfer 对象读取值。

setData() 方法的第 1 个参数为携带数据的数据类型，第 2 个参数为要携带的数据。第 1 个参数表示 MIME 类型的字符串，现在支持拖动处理的 MIME 的类型包括以下几种。

- ↘ "text/plain"：文本文字。
- ↘ "text/html"：HTML 文字。
- ↘ "text/xml"：XML 文字。
- ↘ "text/uri-list"：URL 列表，每个 URL 为一行。

如果把下面代码：

```
dt.setData("text/plain", "拖入源对象");
```

改为：

```
dt.setData("text/plain", this.id);
```

即把被拖动元素的 id 作为了参数，浏览器在使用 getData() 方法读取数据时会自动读取该元素中的数据，所以携带的数据就是被拖动元素中的数据。

第 2 步，针对拖放的目标对象，应该在 dragend 或 dragover 事件内调用事件对象的 preventDefault() 方法阻止默认行为。

```
dest.addEventListener("dragend", function(ev) {
    ev.preventDefault();
}, false);
```

第 3 步，目标元素接受到被拖放的元素后，执行 getData() 方法从 DataTransfer 对象获取数据。getData() 方法包含一个参数，参数为 setData() 方法中指定的数据类型，如"text/plain"。

第 4 步，要实现拖放过程，还应在目标元素的 drop 事件中关闭默认处理，否则目标元素不能接收被拖放的元素。

```
dest.addEventListener("drop", function(ev) {
    ev.preventDefault();
    ev.stopPropagation();                    //停止事件传播
}, false);
```

第 5 步，要实现拖放过程，还必须设置整个页面为不执行默认处理，否则拖放处理也不能实现。因为页面是先于其他元素接收拖放的，如果页面拒绝拖放，那么页面上其他元素就都不能接收拖放。

```
document.ondragover = function(e){e.preventDefault();};
document.ondrop = function(e){e.preventDefault();};
```

22.2　案 例 实 战

22.2.1　删除项目

本例设计一个简单的垃圾箱，允许用户通过鼠标拖拽的方式把指定的列表项删除，演示效果如图 22.2 所示。

【操作步骤】

第 1 步，新建 HTML5 文档，保存为 test1.html。

第 2 步，构建 HTML 结构，设计一个简单的列表容器，同时模拟一个垃圾箱容器（<div class="dustbin">），<div class="dragremind">为拖拽信息提示框。

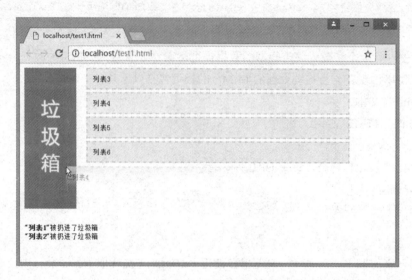

图 22.2　设计删除项目演示效果

```
<div class="dustbin"><br>
    垃<br>
    圾<br>
    箱</div>
<div class="dragbox">
    <div class="draglist" draggable="true">列表 1</div>
    <div class="draglist" draggable="true">列表 2</div>
    <div class="draglist" draggable="true">列表 3</div>
    <div class="draglist" draggable="true">列表 4</div>
    <div class="draglist" draggable="true">列表 5</div>
    <div class="draglist" draggable="true">列表 6</div>
</div>
<div class="dragremind"></div>
```

第 3 步，在文档头部插入<style>标签，定义内部样式表，设计列表样式和垃圾箱样式。

```
body { font-size: 84%; }
.dustbin { width: 100px; height: 260px; line-height: 1.4; background-color: gray;
        font-size: 36px; font-family: "微软雅黑", "Yahei Mono"; text-align: center;
        text-shadow: -1px -1px #bbb; float: left; }
.dragbox { width: 500px; padding-left: 20px; float: left; }
.draglist { padding: 10px; margin-bottom: 5px; border: 2px dashed #ccc; background-color:
        #eee; cursor: move; }
.draglist:hover { border-color: #cad5eb; background-color: #f0f3f9; }
.dragremind { padding-top: 2em; clear: both; }
```

第 4 步，在页面底部（<body>标签下面）插入<script>标签，定义一个 JavaScript 代码块，输入下面代码定义一个选择器函数。

```
var $ = function(selector) {
    if (!selector) { return []; }
    var arrEle = [];
```

```
        if (document.querySelectorAll) {
            arrEle = document.querySelectorAll(selector);
        } else {
            var oAll = document.getElementsByTagName("div"), lAll = oAll.length;
            if (lAll) {
                var i = 0;
                for (i; i<lAll; i+=1) {
                    if (/^\./.test(selector)) {
                        if (oAll[i].className === selector.replace(".", "")) {
                            arrEle.push(oAll[i]);
                        }
                    } else if(/^#/.test(selector)) {
                        if (oAll[i].id === selector.replace("#", "")) {
                            arrEle.push(oAll[i]);
                        }
                    }
                }
            }
        }
        return arrEle;
};
```

第 5 步，获取页面中所有列表项目，然后使用 for 语句逐个为它们绑定 selectstart、dragstart、dragend 事件处理函数。

```
var eleDustbin = $(".dustbin")[0], eleDrags = $(".draglist"), lDrags = eleDrags.length,
    eleRemind = $(".dragremind")[0], eleDrag = null;
for (var i=0; i<lDrags; i+=1) {
    eleDrags[i].onselectstart = function() {
        return false;
    };
    eleDrags[i].ondragstart = function(ev) {
        ev.dataTransfer.effectAllowed = "move";
        ev.dataTransfer.setData("text", ev.target.innerHTML);
        ev.dataTransfer.setDragImage(ev.target, 0, 0);
        eleDrag = ev.target;
        return true;
    };
    eleDrags[i].ondragend = function(ev) {
        ev.dataTransfer.clearData("text");
        eleDrag = null;
        return false
    };
}
```

第 6 步，为垃圾箱容器<div class="dustbin">绑定 dragover、dragenter、drop 的事件，设计拖拽到垃圾箱上时，高亮显示垃圾箱提示文字；同时当拖入垃圾箱时，删除列表框中对应的列表项目；当释放鼠标左键时，在底部<div class="dragremind">容器总显示删除列表项目的提示信息。

```
eleDustbin.ondragover = function(ev) {
    ev.preventDefault();
    return true;
};
eleDustbin.ondragenter = function(ev) {
    this.style.color = "#ffffff";
    return true;
```

```
};
eleDustbin.ondrop = function(ev) {
    if (eleDrag) {
        eleRemind.innerHTML += '<strong>"' + eleDrag.innerHTML + '"</strong>被扔进
            了垃圾箱<br>';
        eleDrag.parentNode.removeChild(eleDrag);
    }
    this.style.color = "#000000";
    return false;
};
```

22.2.2　拖选对象

本例设计一个可视化拖选操作，允许用户通过鼠标拖拽照片，并允许把它拖入不同目标容器中，演示效果如图 22.3 所示。

图 22.3　拖选操作演示效果

【操作步骤】

第 1 步，新建 HTML5 文档，保存为 test1.html。

第 2 步，构建 HTML 结构，设计一个照片备选框和照片列表（<div id="album">），同时设计一个已选容器（<div id="selected">）和一个信息提示容器（<div id="info">）。

```
<div id="info">
    <h2>温馨提示：可将照片直接拖到已选容器中</h2>
</div>
<div id="album" class="album">
    <h2>备选相册</h2>
    <img draggable="true" id="img1" src="images/1.png" />
    <img draggable="true" id="img2" src="images/2.png" />
    <img draggable="true" id="img3" src="images/3.png" />
</div>
<div id="selected" class="album">
    <h2>已选照片</h2>
</div>
```

第 3 步，在文档头部插入<style>标签，定义内部样式表，设计列表样式和方形盒子样式。

```
.album { border: 3px dashed #ccc; float: left; margin: 10px; min-height: 200px; padding:
    10px; width: 350px; }
.album img { width: 100px; }
```

第 4 步，在页面底部（<body>标签下面）插入<script>标签，定义一个 JavaScript 代码块。输入下面代码实现鼠标拖拽操作，同时对拖拽对象和目标容器进行检测，通过事件处理函数做出可视化操作反应。

```javascript
function init(){
    var info = document.getElementById("info");
    //获得被拖放的元素，本示例为相册所在的 DIV
    var src = document.getElementById("album");
    //开始拖放操作
    src.ondragstart = function (e) {
        //获得被拖放的照片 ID
        var dragImgId = e.target.id;
        //获得被拖动元素
        var dragImg = document.getElementById(dragImgId);
        //拖放操作结束
        dragImg.ondragend = function(e){
            //恢复提醒信息
            info.innerHTML="<h2>温馨提示：可将照片直接拖到已选容器中</h2>";
        };
        e.dataTransfer.setData("text",dragImgId);
    };
    //拖放过程中
    src.ondrag = function(e){
        info.innerHTML="<h2>--照片正在被拖动--</h2>";
    }
    //获得拖放的目标元素
    var target = document.getElementById("selected");
    //关闭默认处理
    target.ondragenter = function(e){
        e.preventDefault();
    }
    target.ondragover = function(e){
        e.preventDefault();
    }
    //有东西拖放到了目标元素
    target.ondrop = function (e) {
        var draggedID = e.dataTransfer.getData("text");
        //获取相册中的 DOM 对象
        var oldElem = document.getElementById(draggedID);
        //从相册 DIV 中删除该照片的节点
        oldElem.parentNode.removeChild(oldElem);
        //将被拖动的照片 DOM 节点添加到垃圾桶 DIV 中
        target.appendChild(oldElem);
        info.innerHTML="<h2>温馨提示：可将照片直接拖到垃圾箱中</h2>";
        e.preventDefault();
    }
}
init()
```

22.3　在线学习

本节为线上继续学习入口，通过扫码读者可以进行巩固练习、补充知识、获取参考资料、拓展阅读。

第 23 章 移 动 定 位

Geolocation API 是 HTML5 新增的地理位置应用程序接口，是一个可以准确感知浏览器当前位置的方法。如果浏览器支持，且设备具有定位功能，就能够直接使用这组 API 来获取当前位置信息。

【学习重点】

➥ 使用 Geolocation API。

➥ 根据位置信息设计简单的定位应用。

23.1 Geolocation API 基础

HTML5 Geolocation API 的使用方法比较简单：请求一个位置信息，如果用户同意，浏览器就会返回位置信息，该位置信息是通过支持 HTML5 地理定位功能的底层设备提供的。

位置信息由纬度、经度坐标和一些其他元数据组成。有了这些位置信息就可以构建位置感知类应用程序。位置信息主要由一对纬度和经度坐标组成。

```
Latitude: 39.17222, Longitude: -120.13778
```

纬度是距离赤道以北或以南的数值表示，如 39.17222；经度是距离英国格林威治以东或以西的数值表示，如 120.13778。

经纬度坐标可以用以下两种方式表示。

➥ 十进制格式，如 39.17222。

➥ DMS 角度格式，如 39º20'。

HTML5 Geolocation API 返回坐标的格式为十进制格式。

除了纬度和经度坐标，HTML5 Geolocation 还提供位置坐标的准确度，并提供其他一些元数据，如海拔、海拔准确度、行驶方向和速度等。具体情况取决于浏览器所在的硬件设备。如果这些元数据不存在则返回 null。

HTML5 为 window.navigator 对象新增 geolocation 属性，geolocation 属性包含 3 个方法，利用这些方法可以实现位置信息的读取。

➥ getCurrentPosition 方法

使用 getCurrentPosition 方法可以取得用户当前的地理位置信息。用法如下：

```
getCurrentPosition(success, error, options) ;
```

第 1 个参数为获取当前地理位置信息成功时所执行的回调函数。该参数的用法如下：

```
navigator.geolocation.getCurrentPosition(function(position){
    //获取成功时的处理
}
```

在获取地理位置信息成功时执行的回调函数中，用到了一个参数 position，代表一个 position 对象。

第 2 个参数为获取当前地理位置信息失败时所执行的回调函数。该回调函数使用一个 error 对象作为参数，该对象具有以下两个属性：

　　◇ code 属性：code 属性包含 3 个值。值为 1 时，表示用户拒绝了位置服务；值为 2 时，表示获取不到位置信息；值为 3 时，表示获取信息超时错误。

◊ message 属性：为一个字符串，在该字符串中包含了错误信息，这个错误信息在开发和调试时很有用。因为有些浏览器不支持 message 属性，如 Firefox。

第 3 个参数可以省略，它是一些可选属性的列表，这些可选属性说明如下。

◊ enableHighAccuracy：是否要求高精度的地理位置信息。这个参数在很多设备上设置了都没用，建议设为默认，由设备自身来调整。

◊ timeout：对地理位置信息的获取操作做一个超时限制（单位为毫秒）。如果在该时间内未获取到地理位置信息，则返回错误。

◊ maximumAge：对地理位置信息进行缓存的有效时间（单位为毫秒）。

→ watchPosition 方法

使用 watchPosition 方法可以持续获取用户的当前地理位置信息，它会定期自动获取。

```
watchCurrentPosition(success, error, options) ;
```

该方法参数的用法与 getCurrentPosition()方法相同。调用该方法后会返回一个数字，这个数字的用法与 JavaScript 脚本中 setInterval 方法的返回值类似，可以被 clearWatch 方法使用，以停止对当前地理位置信息的监视。

↘ clearWatch 方法

使用 clearWatch 方法可以停止对当前用户的地理位置信息的监视。

```
clearWatch(watchId);
```

参数 watchId 为调用 watchCurrentPosition 方法监视地理位置信息时的返回值。

如果获取地理位置信息成功，则可以在获取成功后的回调函数中通过访问 position 对象的属性读取地理位置信息。position 对象包含如下这些属性。

↘ latitude：当前地理位置的纬度。

↘ longitude：当前地理位置的精度。

↘ altitude：当前地理位置的海拔高度，不能获取时为 null。

↘ accuracy：获取到的纬度或经度的精度，以米为单位。

↘ altitudeAccuracy：获取到的海拔高度的精度，以米为单位。

↘ heading：设备的前进方向。用面朝正北方向的顺时针旋转角度来表示，不能获取时为 null。

↘ speed：设备的前进速度，以米/秒为单位，不能获取时为 null。

↘ timestamp：获取地理位置信息时的时间。

23.2　案　例　实　战

由于国家网络限制，我国内地访问谷歌地图不是很顺畅，建议选用高德地图或百度地图作为开发 API，进行上机练习。

23.2.1　手机定位位置

本例演示通过 Wi-Fi、GPS 等方式获取当前地理位置的坐标。当用户打开浏览器时，页面会显示通过手机网络信号地理定位的当前坐标，同时用高德地图显示标记当前的地理位置，运行效果如图 23.1 所示。

经度：116.4542
纬度：40.002

图 23.1　定位手机位置

📢 提示：

在第一次运行该页面时，会弹出提示是否授权使用您的地理位置信息，该程序需要授权才可正常使用定位功能。

示例核心代码如下：

```
<script src="http://webapi.amap.com/maps?v=1.4.6&key=93f6f55b917f04781301bad658886335">
</script>
<p id="header" ></p>
<div id="container"  style="width:400px; height:300px"></div>
<script>
if (navigator.geolocation) {
    // 通过 HTML 5 getCurrnetPosition API 获取定位信息
    navigator.geolocation.getCurrentPosition(function(position) {
        var header = document.getElementById("header");
        header.innerHTML = "<p>经度: "  + position.coords.longitude + "<br>纬度: " +
            position.coords.latitude + "</p>";
        var map = new AMap.Map('container', {     //在地图中央位置显示当前位置
            center: [position.coords.longitude, position.coords.latitude],
            zoom: 10                             //地图放大 10 倍显示
        });
        map.plugin(["AMap.ToolBar"], function() {  //定义在地图中显示工具条
            map.addControl(new AMap.ToolBar());
        });
    <!-- 上面是定位，下面是打上标记 -->
    var marker;
    var icon = new AMap.Icon({             //定义标记符号
        image: 'http://vdata.amap.com/icons/b18/1/2.png',
        size: new AMap.Size(24, 24)
    });
    marker = new AMap.Marker({              //使用标记符号标记当前的地理位置
        offset: new AMap.Pixel(-12, -12),
```

```
        zIndex: 101,
        map: map
    });
  });
} else {
    alert("您的浏览器不支持 HTML5 Geolocation API 定位");
}
</script>
```

23.2.2 获取经纬度及其详细地址

下面示例演示如何使用高德地图获取点击位置的经纬度，并获取该位置点的详细地址信息，演示效果如图 23.2 所示。

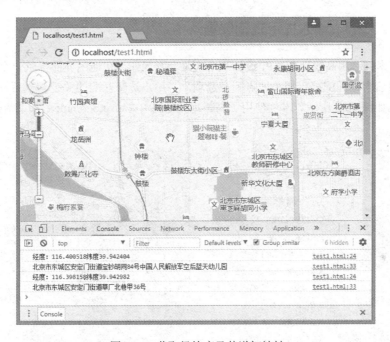

图 23.2 获取经纬度及其详细地址

示例核心代码如下：

```
<script   type="text/javascript"   src="http://webapi.amap.com/maps?v=1.4.6&key=
93f6f55b917f04781301bad658886335"></script>
<div id="container" style="width: 100%;height: 500px"></div>
<script>
var map = new AMap.Map("container", {
    resizeEnable: true,
    zoom:12,
    center: [116.397428, 39.90923]
});
//为地图注册 click 事件，获取鼠标点击处的经纬度坐标
var clickEventListener = map.on('click', function(e) {
    var lng = e.lnglat.getLng();
    var lat = e.lnglat.getLat();
    console.log("经度: "+lng+"纬度"+lat);
    var lnglatXY = [lng, lat];                        //地图上所标点的坐标
    AMap.service('AMap.Geocoder',function() {  //回调函数
```

```
    geocoder = new AMap.Geocoder({ });
  });
  geocoder.getAddress(lnglatXY, function (status, result) {
    if (status === 'complete' && result.info === 'OK') {
      //获得了有效的地址信息:
      //即, result.regeocode.formattedAddress
      console.log(result.regeocode.formattedAddress);
      var address = result.regeocode.formattedAddress;
    } else {
      //获取地址失败
    }
  });
 })
});
</script>
```

23.2.3 输入提示查询位置

本例利用高德地图 API 设计一个定位交互操作。在地图界面提供一个文本框，允许用户输入关键词，然后自动匹配提示相关地点列表选项，当用户选择匹配的关键词之后，会在页面自动标记对应位置，效果如图 23.3 所示。本例使用了高德地图 API 中的 Autocomplete 和 PlaceSearch 类进行定位搜索。

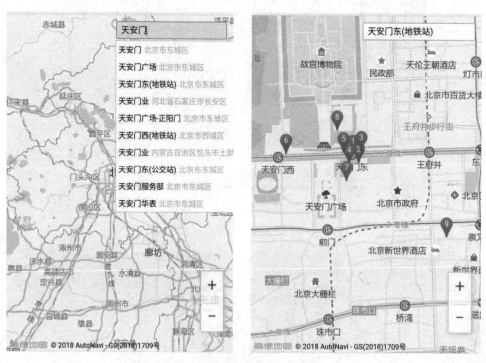

图 23.3　输入提示查询位置

示例核心代码如下：

```
<script type="text/javascript" src="http://webapi.amap.com/maps?v=1.4.6&&key=
93f6f55b917f04781301bad658886335&plugin=AMap.Autocomplete,AMap.PlaceSearch"></script>
<div id="container"></div>
<div id="myPageTop">
  <input id="tipinput" placeholder="请输入关键字"/>
```

```
</div>
<script>
//地图加载
var map = new AMap.Map("container", {
    resizeEnable: true
});
//输入提示
var autoOptions = {
    input: "tipinput"
};
var auto = new AMap.Autocomplete(autoOptions);
var placeSearch = new AMap.PlaceSearch({
    map: map
}); //构造地点查询类
AMap.event.addListener(auto, "select", select); //注册监听，当选中某条记录时会触发
function select(e) {
    placeSearch.setCity(e.poi.adcode);
    placeSearch.search(e.poi.name);              //关键字查询
}
map.plugin(["AMap.ToolBar"], function() {        //定义工具条
    map.addControl(new AMap.ToolBar());
});
</script>
```

23.2.4　从当前位置查询指定位置路线

本例利用 HTML5 Geolocation API 技术，获取用户当前位置的经纬度，然后调用高德地图 API，根据用户在地图中点击的目标点位置，查询最佳的行走路线，演示效果如图 23.4 所示。

图 23.4　从当前位置查询指定位置路线

示例核心代码如下：

```
<script type="text/javascript" src="http://webapi.amap.com/maps?v=1.4.6&key=
93f6f55b917f04781301bad658886335&plugin=AMap.Walking"></script>
<div id="container"></div>
<script>
if (navigator.geolocation) {
    // 通过 HTML 5 getCurrnetPosition API 获取定位信息
    navigator.geolocation.getCurrentPosition(function(position) {
        var map = new AMap.Map('container', {      //在地图中央位置显示当前位置
            center: [position.coords.longitude, position.coords.latitude],
            zoom: 15                                //地图放大 15 倍显示
        });
        map.plugin(["AMap.ToolBar"], function() {//定义在地图中显示工具条
            map.addControl(new AMap.ToolBar());
        });
        <!-- 上面是定位，下面是打上标记 -->
        var marker;
        var icon = new AMap.Icon({                  //定义标记符号
            image: 'http://vdata.amap.com/icons/b18/1/2.png',
            size: new AMap.Size(24, 24)
        });
        marker = new AMap.Marker({                   //使用标记符号标记当前的地理位置
            offset: new AMap.Pixel(-12, -12),
            zIndex: 101,
            map: map
        });
        //为地图注册 click 事件获取鼠标点击出的经纬度坐标
        map.on('click', function(e) {
            //清除覆盖物
            if (walking)
                walking.clearMap;
            var lng = e.lnglat.getLng();
            var lat = e.lnglat.getLat();
            //步行导航
            var walking = new AMap.Walking({
                map: map
            });
            //根据起点和终点坐标规划步行路线
            walking.search([position.coords.longitude, position.coords.latitude], [lng, lat]);
        });
    });
} else {
    alert("您的浏览器不支持 HTML5 Geolocation API 定位");
}
</script>
```

23.2.5　记录行踪路线

本例设计在地图上记录用户运动的轨迹，如图 23.5 所示。启动页面，载入地图，单击"开始记录"按钮，随着用户的移动，同步在地图上呈现行动轨迹；单击"停止记录"按钮，停止记录轨迹，并清除历史记录轨迹。

图 23.5　记录行动路线

【操作步骤】

第 1 步，本例采用高德地图，练习前需要在高德地图官网上申请 AppKey，或者直接使用本例源代码，然后引入高德地图的 JavaScript。

```
<script   type="text/javascript"   src="http://webapi.amap.com/maps?v=1.4.6&key=
93f6f55b917f04781301bad658886335&plugin=AMap.Walking"></script>
```

第 2 步，设计页面结构。

```
<!-- 控制记录轨迹的按钮 -->
<header>
    <button id="btnStart">开始记录</button>
    <button id="btnStop">停止记录</button>
</header>
<!-- 地图容器 -->
<div id="map"></div>
```

第 3 步，调用高德地图 API 绘制地图，并设置地图的中心点和较低的缩放级别，显示整个城市的地图。

```
var map = new AMap.Map('map', {
    //地图中心点
    center: [121.600000, 31.220000],
    //默认的放大级别
    zoom: 20
});
//给地图增加工具条，控制地图的放大和缩小
map.plugin(["AMap.ToolBar"], function () {
    map.addControl(new AMap.ToolBar());
});
```

通过 AMap.Map 构造函数构建地图对象，格式如下：

```
AMap.Map (container, options)
```

参数说明如下。

⤷ container：表示地图容器元素的 ID 或者 DOM 对象。

⤷ options：地图配置项，具体参考高德地图 API。

第 4 步，通过 HTML 5 的地理信息接口获取当前的地理位置。

```javascript
var geoOptions = {
    //是否启用高精度定位（开启 GPS 定位），默认值为 false
    enableHighAccuracy: true,
    //定位接口超时时间，单位为 ms，默认不超时
    timeout: 30000,
    //地理位置最大缓存时间，单位为 ms，默认值为 0
    maximumAge: 1000
}
function getPosition(callback) {
    if (navigator.geolocation) {
        navigator.geolocation.getCurrentPosition(function (position) {
            var coords = position.coords;
            callback(coords);
        }, function (error) {
            switch (error.code) {
                case 0:
                    alert("尝试获取您的位置信息时发生错误：" + error.message);
                    break;
                case 1:
                    alert("用户拒绝了获取位置信息请求。");
                    break;
                case 2:
                    alert("浏览器无法获取您的位置信息。");
                    break;
                case 3:
                    alert("获取您的位置信息超时。");
                    break;
            }
        }, geoOptions);
    }
}
```

上面代码定义了 getPosition 函数，函数中调用 navigator.geolocation.getCurrentPosition 接口，获取当前地理位置，该接口的详细说明可以参考上节内容。

本例需要记录用户的运动轨迹，因此需要获取高精度位置，所以将 options.enableHighAccuracy 设置为 true。在页面加载完毕后，调用定义的 getPosition()方法获取当前地理位置。

第 5 步，获取地理信息之后，设置当前位置为地图中心点并放大地图。单击"开始记录"按钮，程序开始记录用户移动轨迹：

```javascript
function start() {
    timmer = navigator.geolocation.watchPosition(function (position) {
        var coords = position.coords;
        if (coords.accuracy > 20) {              //过滤低精度的位置信息
            return;
        }
        coords = convert(coords.longitude, coords.latitude);//转换坐标信息
        console.log(coords);
        map.setCenter(new AMap.LngLat(coords.longitude, coords.latitude));
```

```
        lineArr.push([coords.longitude, coords.latitude]);
        renderTracer(getPath(lineArr));          //调用方法，在地图上绘制路径
    }, function (error) {
        console.log(error)
    }, geoOptions);
}
```

采用 navigator.geolocation.watchPosition 接口，监听位置信息的变化，得到更新的经纬度信息，去掉低精度数据，以避免绘制轨迹时，轨迹线存在较大误差。该接口的参数和 getCurrentPosition 接口一致。在获取定位数据的时候，可以依据实际情况，去掉定位精度较低的数据。

watchPosition 方法在非 HTTPS 的场景下无法获取定位权限；在 Chrome 下，可以先通过 getCurrentPosition 方法获取定位权限。限于篇幅，这里就不详细介绍绘制轨迹的方法，完整代码可以参考本书源代码。在实际开发中，建议采用 HTTPS 协议，以得到更好的体验。

23.3　在　线　学　习

本节为线上继续学习入口，通过扫码读者可以进行巩固练习、补充知识、获取参考资料、拓展阅读。

第 24 章　帧动画和 DOM 观察器

HTML5 优化了帧动画设计，提供专用的动画调用方法：window.requestAnimationFrame()。使用 Mutation Observer API 可以观察 DOM 的任何变化，包括结构、文本信息、属性等，以便及时跟踪和响应。

【学习重点】

> 掌握 requestAnimationFrame 的基本应用。

> 使用 Mutation Observer。

24.1　requestAnimationFrame

HTML5 新增了 window.requestAnimationFrame()方法，用于以一种更好的性能来实现帧动画。

24.1.1　认识 requestAnimationFrame

在 HTML5+CSS3 时代，设计 Web 动画可以有多种选择，简单说明如下。

> 使用 CSS3 的 animation+keyframes。

> 使用 CSS3 的 transition。

> 通过 HTML5 的 canvas 作图来实现动画。

> 借助 jQuery 动画实现。

> 使用 Javascript 原生的 window.setTimout()或者 window.setInterval()，通过不断更新元素的状态位置来实现动画，前提是画面的更新频率要达到每秒 60 次才能让肉眼看到流畅的动画效果。

现在 HTML5 新增 window.requestAnimationFrame()方法，该方法用来在页面重绘之前，通知浏览器调用一个指定的函数，以满足开发者操作动画的需求。这个方法接收一个函数为参数，该函数会在重绘前调用。

🚗 注意：

如果想得到连贯的逐帧动画，函数中必须重新调用 requestAnimationFrame()。

如果想做逐帧动画，应该调用该方法。这就要求用户设计的动画函数执行先于浏览器重绘动作。通常来说，被调用的频率是每秒 60 次，但是一般会遵循 W3C 标准规定的频率。如果是后台标签页面，重绘频率则会大大降低。用法如下：

```
requestID = window.requestAnimationFrame(callback);          // Firefox 23 / IE10 / Chrome
/ Safari 7 (incl. iOS)
requestID = window.mozRequestAnimationFrame(callback);       // Firefox < 23
requestID = window.webkitRequestAnimationFrame(callback);    // Older versions
Chrome/Webkit
```

参数说明如下。

callback 在每次需要重新绘制动画时，会调用这个参数所指定的函数。这个回调函数会收到一个参数，这个 DOMHighResTimeStamp 类型的参数指示当前时间距离开始触发 requestAnimationFrame 的回调的时间。

返回值 requestID 是一个长整型非零值，作为一个唯一的标识符，可以将该值作为参数传给 window.cancelAnimationFrame()来取消这个回调函数。

📢 提示:

在 Web 动画、APP 动画中,我们经常使用 setInterval 或 setTimeout 定时器修改 DOM、CSS 动画。例如:

```
var timer=setInterval(function(){
    //动画
},1000/60)
//清除动画
clearInterval(timer);
```

不过这种方式非常耗费资源,经常会出现动画卡顿现象。

HTML5 的 requestAnimationFrame 方式的优势如下。

❑ 经过浏览器优化,动画更流畅;

❑ 窗口没激活时,动画将停止,省计算机资源;

❑ 更省电,尤其是对移动终端。

requestAnimationFrame 的使用方式如下。

```
function animate() {
    //任意操作
    requestAnimationFrame(animate);
    //做动画
}
//请求动画
requestAnimationFrame(animate);
```

有的时候需要加一些控制,requestAnimationFrame()可以像 setInterval()一样返回一个句柄,也可以取消它。

```
var globalID;
function animate() {
    //任意操作
    globalID=requestAnimationFrame(animate);
    //做动画
}
//当加时赛开始
globalID=requestAnimationFrame(animate);
//当停止
cancelAnimationFrame(globalID);
```

目前,Firefox 26+、Chrome 31+、IE 10+、Opera 19+、Safari 6+版本浏览器对 requestAnimationFrame 提供支持。

24.1.2 案例:设计进度条

本例模拟一个进度条动画,初始 div 宽度为 1px,在 step()函数中将进度加 1,然后再更新到 div 宽度上,在进度达到 100 之前,一直重复这一过程。为了演示方便,增加了一个运行按钮,演示效果如图 24.1 所示。

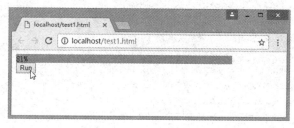

图 24.1 设计进度条

示例代码如下：

```
<div id="test" style="width:1px;height: 17px;background:#0f0;">0%</div>
<input type="button" value="Run" id="run"/>
<script>
window.requestAnimationFrame = window. requestAnimationFrame ||
        window.mozRequestAnimationFrame || window.webkitRequestAnimationFrame ||
        window.msRequestAnimationFrame;
var start = null;
var ele = document.getElementById("test");
var progress = 0;
function step(timestamp) {
    progress += 1;
    ele.style.width = progress + "%";
    ele.innerHTML=progress + "%";
    if (progress < 100) {
        requestAnimationFrame(step);
    }
}
requestAnimationFrame(step);
document.getElementById("run").addEventListener("click", function() {
    ele.style.width = "1px";
    progress = 0;
    requestAnimationFrame(step);
}, false);
</script>
```

24.1.3　案例：设计旋转的小球

本例设计通过 window.requestAnimationFrame()方法在 canvas 画布中绘制一个小球运动动画，演示效果如图 24.2 所示。

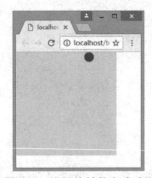

图 24.2　设计旋转的小球动画

示例代码如下：

```
<style>body{ margin:0px; padding:0px;}</style>
<script>
window.requestAnimaFrame = (function(){
    return  window.requestAnimationFrame        ||
            window.webkitRequestAnimationFrame  ||
            window.mozRequestAnimationFrame     ||
            window.oRequestAnimationFrame       ||
            window.msRequestAnimationFrame      ||
            function(){
                window.setTimeout(callback, 1000 / 60);
```

```
        };
})();
var canvas, context;
init();
animate();
function init() {
    canvas = document.createElement('canvas');
    canvas.style.left=0;
    canvas.style.top=0;
    canvas.width = 210;
    canvas.height = 210;
    context = canvas.getContext('2d');
    document.body.appendChild( canvas );
}
function animate() {
    requestAnimaFrame( animate );
    draw();
}
function draw() {
    var time = new Date().getTime() * 0.002;
    var x = Math.sin( time ) * 96 +105;
    var y = Math.cos( time * 0.9 ) * 96 + 105;
    context.fillStyle ='pink';
    context.fillRect( 0, 0, 255, 255 );
    context.fillStyle='rgb(255,0,0)';
    context.beginPath();
    context.arc(x,y,10,0,Math.PI * 2,true);
    context.closePath();
    context.fill();
}
</script>
```

24.2 Mutation Observer

Mutation Observer 表示变动观察器，是监视 DOM 变动的接口。当 DOM 对象树发生任何变动时，Mutation Observer 会得到通知。

24.2.1 认识 Mutation Observer

Mutation Observer 类似于事件，可以理解为当 DOM 发生变动会触发 Mutation Observer 事件。但是，它与事件有一个本质不同，比较如下。

- 事件是同步触发，也就是说 DOM 发生变动立刻会触发相应的事件。
- Mutation Observer 则是异步触发，DOM 发生变动以后，并不会马上触发，而是要等到当前所有 DOM 操作都结束后才触发。

这样设计是为了应付 DOM 变动频繁的情况。例如，如果在文档中连续插入 1000 个段落（p 元素），会连续触发 1000 个插入事件，执行每个事件的回调函数，很可能造成浏览器的卡顿；而 Mutation Observer 完全不同，它只在 1000 个段落都插入结束后才会触发，而且只触发一次。

Mutation Observer 有以下特点。

- 等待所有脚本任务完成后才会运行，采用异步方式。

➥ 把 DOM 变动记录封装成一个数组进行处理，而不是一条条地个别处理 DOM 变动。

➥ 可以观察发生在 DOM 节点的所有变动，也可以观察某一类变动。

目前，Chrome 11+、Firefox 16+、IE 11+、Opera 18+、Safari 6+版本浏览器对该 API 提供支持。Safari 6.0 和 Chrome 18~25 使用这个 API 的时候，需要加上 WebKit 前缀（WebKitMutationObserver）。可以使用下面的表达式检查浏览器是否支持这个 API。

```
var MutationObserver = window.MutationObserver ||
    window.WebKitMutationObserver ||
    window.MozMutationObserver;
var mutationObserverSupport = !!MutationObserver;
```

使用步骤如下。

第 1 步，使用 MutationObserver()构造函数，新建一个实例，同时指定这个实例的回调函数。

```
var observer = new MutationObserver(callback);
```

第 2 步，使用 observe()方法指定所要观察的 DOM 元素，以及要观察的特定变动。

```
var article = document.querySelector('article');
var options = {
    'childList': true,
    'arrtibutes': true
};
observer.observe(article, options);
```

上面代码首先指定所要观察的 DOM 元素是 article，然后指定所要观察的变动是子元素的变动和属性变动。最后，将这两个限定条件作为参数，传入 observer 对象的 observe()方法。

◀》提示：

MutationObserver 所观察的 DOM 变动（即上面代码的 option 对象），包含以下类型，设置值为布尔值。

➥ childList：子元素的变动。

➥ attributes：属性的变动。

➥ characterData：节点内容或节点文本的变动。

想要观察哪一种变动类型，就在 option 对象中指定值为 true。

除了变动类型，option 对象还可以设定以下属性，设置值为布尔值。

➥ attributeOldValue：如果为 true，则表示需要记录变动前的属性值。

➥ characterDataOldValue：如果为 true，则表示需要记录变动前的数据值。

➥ attributesFilter：值为一个数组，表示需要观察的特定属性，如['class', 'str']。

➥ subtree：所有下属节点（包括子节点和子节点的子节点）的变动。

第 3 步，使用 disconnect()方法停止观察。发生相应变动时，不再调用回调函数。

```
observer.disconnect();
```

第 4 步，使用 takeRecord()方法清除变动记录，即不再处理未处理的变动。

```
observer.takeRecord
```

◀》提示：

DOM 对象每次发生变化，就会生成一条变动记录。这个变动记录对应一个 MutationRecord 对象，该对象包含了与变动相关的所有信息。

MutationRecord 对象包含了 DOM 的相关信息。

➥ type：观察的变动类型，如 attribute、characterData 或者 childList。

➥ target：发生变动的 DOM 对象。

➥ addedNodes：新增的 DOM 对象。

➥ removeNodes：删除的 DOM 对象。

➥ previousSibling：前一个同级的 DOM 对象，如果没有则返回 null。

- nextSibling：下一个同级的 DOM 对象，如果没有则返回 null。
- attributeName：发生变动的属性。如果设置了 attributeFilter，则只返回预先指定的属性。
- oldValue：变动前的值。这个属性只对 attribute 和 characterData 变动有效，如果发生 childList 变动，则返回 null。

第 5 步，使用 MutationObserve 对象时，可能触发的各种事件必须设定的 MutationObserver 选项值说明如下，小括号内的选项为可选选项。

- DOMAttrModified：attributes: true(，attributeOldValue: true)(，attributeFilter:["属性名"])
- DOMAttributeNameChanged：attributes: true(，attributeOldValue: true)(，attributeFilter:["属性名"])
- DOMCharactcrDataModified：characterData: true(，characterDataOldValue: true)
- DOMNodelnserted：childList: true(，subtree: true)
- DOMNode insertedlntoDocument：childList: true(，subtree: true)
- DOMNodeRemoved：childList: true(，subtree: true)
- DOMNode RemovedFrom Document：childList: true(，subtree: true)
- DOMSubtreeModified：childList: true，subtree: true

24.2.2　案例：观察 DOM 元素

本例设计在页面中显示一个 div 元素和一个按钮，单击该按钮时 JavaScript 程序在 div 元素中插入一个 span 元素。另外，在脚本中创建一个 MutationObserver 对象观察 div 元素的变化，通过将该对象的 observe()方法中的第 2 个参数值对象的 childList 属性值设置为 true，来观察 div 元素的子元素的变化（包括在 div 元素中插入子元素的操作），当观察到 div 元素中插入子元素时，在浏览器中弹出显示"检测到 DOM 变化"提示信息文字，演示效果如图 24.3 所示。

图 24.3　观察 DOM 元素变化

示例代码如下：

```
<div id="div" style="height: 100px;width:100%;background-color:pink;"></div>
<input type="button" value="插入 span 元素" onclick="changeDiv();">
<script type="text/javascript">
function onchange(mutationRecords,mutationObserver) {
    alert("检测到 DOM 变化");
    console.log(mutationRecords);
    console.log(mutationObserver);
}
var div = document.getElementById('div');
var mo = new window.MutationObserver(onchange),
options = {childList:true};
mo.observe(div,options);
function changeDiv(){
    var span=document.createElement("span");
    span.innerHTML="我是一个 span 元素";
```

```
        div.appendChild(span);
    }
</script>
```

24.2.3 案例：观察 DOM 属性

本例设计在页面中显示两个 a 元素和一个按钮，单击该按钮时，会同时修改两个 a 元素的 href 属性值。使用 MutationObserver 对象来观察两个 a 元素，当单击"修改 a 元素"按钮时，在控制台中输出两个 a 元素被修改的属性名及修改前的 href 属性值，演示效果如图 24.4 所示。

图 24.4　观察 DOM 属性变化

示例代码如下：

```
<a id="a1" href="#a">链接 1</a><a id="a2" href="#b">链接 2</a>
<input type="button" value="修改 a 元素" onclick="changeA();">
<script type="text/javascript">
function onchange(mutationRecords,mutationObserver) {
    for(var i=0;i<mutationRecords.length;i++)
        console.log("修改前的"+mutationRecords[i].attributeName+"属性为： " +
                    mutationRecords[i].oldValue);
}
var a1El = document.getElementById('a1');
var a2El = document.getElementById('a2');
var attr= ["href"];
var mo = new window.MutationObserver(onchange),
options = {attributes: true,attributeFilter: attr,attributeOldValue:true};
mo.observe(a1El,options);
mo.observe(a2El,options);
function changeA(){
    a1El.setAttribute("href","http://www.baidu.com");
    a2El.setAttribute("href","http://www.weibo.com");
}
</script>
```

24.3　在线学习

本节为线上继续学习入口，通过扫码读者可以进行巩固练习、补充知识、获取参考资料、拓展阅读。

第 25 章　全屏和隐藏显示处理

页面可见 API 可以实现：当页面最小化，或者隐藏在其他标签页后面时，页面中有些功能可以暂停工作，如轮询服务器或者某些动画效果。全屏显示 API 可以通过 JavaScript 脚本向用户请求全屏显示，如果交互完成，随时可以退出全屏状态。

【学习重点】

❯ 使用 Page Visibility API。

❯ 掌握 Fullscreen API 的用法。

25.1　页面可见处理

25.1.1　Page Visibility 基础

使用 HTML5 新增的 Page Visibility API（页面可见 API），可以在浏览器窗口中设计只有当前激活的页面处于工作状态，其他隐藏页面将暂停工作，避免隐藏页面继续工作，耗费系统资源，干扰用户浏览。

目前 Firefox 1+、Chrome 14+、IE 10+、Opera 12+、Safari 7+版本浏览器支持 Page Visibility API。

Page Visibility API 应用场景如下。

❯ 网站有图片轮播效果，只有在用户观看轮播的时候，才会自动展示下一显示信息。

❯ 仪表盘的应用程序不希望在页面不可见时轮询服务器进行更新。

❯ 页面想要检测是否正在渲染，以便可以准确地计算网页浏览量。

❯ 当设备进入待机模式时，网站想要关闭设备声音（用户按下电源键关闭屏幕）。

❯ 可应用于视频站点，当用户进入页面播放，离开页面暂停。

❯ 可应用于登录同步。

❯ 可应用于计算在线时长。

❯ 在线聊天离开状态。

❯ 设计切换效果，如用户切换到当前页面时，页面动画显示，或者显示其他高亮效果。

【示例 1】在 HTML5 之前，用户可以监听 focus 事件。如果当前窗口获取焦点，那么可以认为用户在与该页面交互，如果失去焦点（blur），则可以认为用户停止与该页面交互。

```
//当前窗口得到焦点
window.onfocus = function() {
    //开始动画
    //开始 Ajax 轮询等
};
//当前窗口失去焦点
window.onblur = function() {
    //停止动画
    //停止 Ajax 轮询等
};
```

上面设计方法略显简单，如果用户一边打开浏览器看视频，一边在另一个窗口中工作，很显然，焦点集中在工作窗口中，那么浏览器就失去了焦点，而无法正常浏览。Page Visibility API 能够有效帮助用户完全判断，避免不必要的尴尬。

Page Visibility 是一个简单的 API，它包含两个属性和一个事件。

❯ document.hidden：布尔值，表示页面是否隐藏。

◀)) 提示：

页面隐藏包括：页面在后台标签页中，或者浏览器最小化显示。但是，页面被其他软件窗口遮盖并不算隐藏，如打开的 Word 遮住了浏览器。

❯ document.visibilityState：表示当前页面的可见性状态，包括 4 个可能状态值，说明如下。
  ↘ hidden：页面在后台标签页中，或者浏览器最小化。
  ↘ visible：页面在前台标签页中。
  ↘ prerender：页面在屏幕外执行预渲染处理，document.hidden 的值为 true。
  ↘ unloaded：页面正在从内存中卸载。

❯ visibilitychange 事件：当文档从可见变为不可见，或者从不可见变为可见时，将触发该事件。

【示例 2】通过监听 visibilitychange 事件，当该事件触发时，获取 document.hidden 的值，根据该值进行页面处理。

```javascript
document.addEventListener('visibilitychange', function(){
    var isHidden = document.hidden;
    if(isHidden) {
        //动画停止
        //服务器轮询停止
    }else {
        //动画开始
        //服务器轮询
    }
});
```

【示例 3】使用 onfocus/onblur 事件可以兼容低版本 IE 浏览器。

```javascript
(function() {
    var hidden = "hidden";
    //标准用法
    if (hidden in document)
        document.addEventListener("visibilitychange", onchange);
    else if ((hidden = "mozHidden") in document)
        document.addEventListener("mozvisibilitychange", onchange);
    else if ((hidden = "webkitHidden") in document)
        document.addEventListener("webkitvisibilitychange", onchange);
    else if ((hidden = "msHidden") in document)
        document.addEventListener("msvisibilitychange", onchange);
    //兼容 IE9-
    else if ("onfocusin" in document)
        document.onfocusin = document.onfocusout = onchange;
    //兼容其他浏览器
    else
        window.onpageshow = window.onpagehide = window.onfocus = window.onblur = onchange;
    function onchange (evt) {
        var v = "visible", h = "hidden",
            evtMap = {
                focus:v, focusin:v, pageshow:v, blur:h, focusout:h, pagehide:h
            };
```

```
        evt = evt || window.event;
        if (evt.type in evtMap)
            document.body.className = evtMap[evt.type];
        else
            document.body.className = this[hidden] ? "hidden" : "visible";
    }
    //设置初始状态（仅当浏览器支持页面可见性 API）
    if(document[hidden] !== undefined)
        onchange({type: document[hidden] ? "blur" : "focus"});
})();
```

25.1.2 案例：视频暂停与自动播放

本示例使用 Page Visibility 设计当页面被隐藏或最小化显示时，将暂停被播放的视频，同时在标题栏中显示当前暂停播放的时间；当用户切换到当前页面时，再重新播放，标题栏又动态显示播放的进度，演示效果如图 25.1 所示。

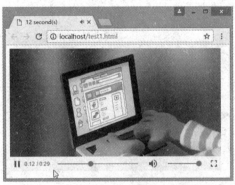

动态播放中   暂停播放中

图 25.1 在视频页面应用 Page Visibility 技术

示例主要代码如下。

```
<video id="videoElement" autoplay controls width="480" height="270">
    <source src="video/chrome.webm" type="video/webm" />
    <source src="video/chrome.ogv" type="video/ogg" />
    <source src="video/chrome.mp4" type="video/mp4; codecs='avc1.42E01E, mp4a.40.2'" />
</video>
<script>
//记录变量，监测视频是否暂停
//视频设置为自动播放
sessionStorage.isPaused = "false";
//设置隐藏属性和可见性变化事件的名称
var hidden, visibilityChange;
if (typeof document.hidden !== "undefined") {
    hidden = "hidden";
    visibilityChange = "visibilitychange";
} else if (typeof document.mozHidden !== "undefined") {
    hidden = "mozHidden";
    visibilityChange = "mozvisibilitychange";
} else if (typeof document.msHidden !== "undefined") {
    hidden = "msHidden";
    visibilityChange = "msvisibilitychange";
```

```
} else if (typeof document.webkitHidden !== "undefined") {
    hidden = "webkitHidden";
    visibilityChange = "webkitvisibilitychange";
}
var videoElement = document.getElementById("videoElement");
//如果该页面是隐藏的，则暂停视频
//如果显示页面，则播放视频
function handleVisibilityChange() {
    if (document[hidden]) {
        videoElement.pause();
    } else if (sessionStorage.isPaused !== "true") {
        videoElement.play();
    }
}
//如果浏览器不支持 addEventListener 或者页面可见性 API，则进行警告
if (typeof document.addEventListener === "undefined" ||
    typeof hidden === "undefined") {
    alert("本例需要一个浏览器，如谷歌浏览器，支持页面可见性 API。");
} else {
    //处理页面可见性变化
    document.addEventListener(visibilityChange, handleVisibilityChange, false);
    //当视频停顿
    videoElement.addEventListener("pause", function(){
        if (!document[hidden]) {
            //如果现在不是因为页面隐藏而暂停，则设置 ispaused 为 true
            sessionStorage.isPaused = "true";
        }
    }, false);
    //当视频播放，设置 ispaused 状态
    videoElement.addEventListener("play", function(){
        sessionStorage.isPaused = "false";
    }, false);
    //以当前视频时间设置文档的标题
    videoElement.addEventListener("timeupdate", function(){
        document.title = Math.floor(videoElement.currentTime) + " second(s)";
    }, false);
}
</script>
```

25.2　全屏显示处理

25.2.1　Fullscreen API 基础

使用 HTML5 新增的 Fullscreen API，可以设计全屏显示模式应用。用户可以通过 DOM 对象的根节点（document.documentElement）或某个元素的 requestFullscreen()方法请求 Fullscreen API。

目前，Firefox 10+、Chrome 16+、Safari 5.1+、Opera 12+、IE11+版本浏览器支持 Fullscreen API。

【示例 1】下面函数 launchFullscreen()可以根据传入的元素，让该元素全屏显示。

```
function launchFullscreen(element){
    if(element.requestFullscreen) {
```

```
        element.requestFullscreen();
    } else if(element.mozRequestFullScreen) {
        element.mozRequestFullScreen();
    } else if(element.msRequestFullscreen){
        element.msRequestFullscreen();
    } else if(element.webkitRequestFullscreen) {
        element.webkitRequestFullScreen();
    }
}
```

🚨 注意:

最新版本的浏览器都支持这个 API，但是在使用时需要加上前缀，如 mozRequestFullScreen。使用的时候，可以针对整个网页，也可以针对某个网页元素。

```
launchFullscreen(document.documentElement);
launchFullscreen(document.getElementById("videoElement"));
```

【示例 2】使用 exitFullscreen()或 CanvelFullScreen()方法可以取消全屏显示。

```
function exitFullscreen() {
    if (document.exitFullscreen) {
        document.exitFullscreen();
    } else if (document.msExitFullscreen) {
        document.msExitFullscreen();
    } else if (document.mozCancelFullScreen) {
        document.mozCancelFullScreen();
    } else if (document.webkitExitFullscreen) {
        document.webkitExitFullscreen();
    }
}
exitFullscreen();
```

FullScreen API 还定义了两个属性，简单说明如下。

➥ document.fullscreenElement：返回正处于全屏状态的网页元素。

➥ document.fullscreenEnabled：返回一个布尔值，表示当前是否处于全屏状态。

【示例 3】下面代码可以判断当前页面是否全屏显示，并获取当前全屏显示的元素。

```
var fullscreenEnabled =
    document.fullscreenEnabled ||
    document.mozFullScreenEnabled ||
    document.webkitFullscreenEnabled ||
    document.msFullscreenEnabled;
var fullscreenElement =
    document.fullscreenElement ||
    document.mozFullScreenElement ||
    document.webkitFullscreenElement;
```

在全屏状态下，大多数浏览器的 CSS 支持 full-screen 伪类，而 IE11+支持 fullscreen 伪类。使用这个伪类，可以对全屏状态设置单独的 CSS 样式。

【示例 4】下面样式代码设计全屏模式下页面样式。

```
<style type="text/css">
:-webkit-full-screen { /* 通用样式 */}
:-moz-full-screen { /* 通用样式 */}
:-ms-fullscreen { /* 通用样式 */}
:full-screen {
    /* 特殊样式 */
    /* 通用样式 */
}
:fullscreen {
```

```
    /* 特殊样式 */
    /* 通用样式 */
}
:-webkit-full-screen video {/* 更深层次的元素 */
    width: 100%;
    height: 100%;
}
</style>
```

当进入或退出全屏模式时，会触发 fullscreenchange 事件。利用该事件可以监测全屏状态的改变，以便及时作出各种页面响应。

【示例 5】在事件处理函数中，可以通过 DOM 对象的 fullscreen 属性值来判断页面或元素是否处于全屏显示状态。

```
document.addEventListener("fullscreenchange", function () {
    fullscreenState.innerHTML =(document.fullscreen) ? "全屏显示" : "非全屏显示";
    btnFullScreen.value=(document.fullscreen) ? "页面非全屏显示": "页面全屏显示";
}, false);
document.addEventListener("mozfullscreenchange", function () {
    fullscreenState.innerHTML =(document.mozFullScreen) ? "全屏显示" : "非全屏显示";
    btnFullScreen.value=(document.mozFullScreen) ? "页面非全屏显示": "页面全屏显示";
}, false);
document.addEventListener("webkitfullscreenchange", function () {
    fullscreenState.innerHTML =(document.webkitIsFullScreen) ? "全屏显示" : "非全屏显示";
    btnFullScreen.value=(document.webkitIsFullScreen)? "页面非全屏显示": "页面全屏显示";
}, false);
```

在上面代码中，根据不同的浏览器添加浏览器前缀，并将 fullscreen 修改为 FullScreen，例如 mozFullScreen。在 Chrome、Opera 或 Safari 浏览器中，需将 fullscreen 改为 webkitlsFullScreen。

25.2.2　案例：全屏视频播放

本示例设计当按 Enter 键时，视频会自动全屏播放，再次按 Enter 键或者 Esc 键，则退出全屏播放模式，演示效果如图 25.2 所示。

非全屏状态

全屏状态

图 25.2　设计视频全屏播放

示例主要代码如下。

```
<style type="text/css">
:-webkit-full-screen #videoElement {/* 使视频拉伸以填充在 WebKit 的屏幕 */
    width: 100%;
```

```
    height: 100%;
}
</style>
<p>注意：按 Enter 键切换全屏模式</p>
<video id="videoElement" autoplay controls width="480" height="270">
    <source src="video/chrome.webm" type="video/webm" />
    <source src="video/chrome.ogv" type="video/ogg" />
    <source src="video/chrome.mp4" type="video/mp4; codecs='avc1.42E01E, mp4a.40.2'" />
</video>
<script>
var videoElement = document.getElementById("videoElement");
function toggleFullScreen() {
    if (!document.mozFullScreen && !document.webkitFullScreen) {
        if (videoElement.mozRequestFullScreen) {
            videoElement.mozRequestFullScreen();
        } else {
            videoElement.webkitRequestFullScreen(Element.ALLOW_KEYBOARD_INPUT);
        }
    } else {
        if (document.mozCancelFullScreen) {
            document.mozCancelFullScreen();
        } else {
            document.webkitCancelFullScreen();
        }
    }
}
document.addEventListener("keydown", function(e) {
    if (e.keyCode == 13) {
        toggleFullScreen();
    }
}, false);
</script>
```

25.3 在线学习

本节为线上继续学习入口，通过扫码读者可以进行巩固练习、补充知识、获取参考资料、拓展阅读。

第 26 章　综 合 案 例

　　本章结合多个综合实战案例，帮助读者上机进行 JavaScript 实战训练，为日后开发实习积累经验。限于篇幅，本章内容全部放在网上，以线上方式呈现。